R. Halin

Graphentheorie

Mathematische Lehrbücher und Monographien
Herausgegeben von der Akademie der Wissenschaften der DDR
Karl-Weierstraß-Institut für Mathematik

I. Abteilung
Mathematische Lehrbücher
Band 40

Graphentheorie

von R. Halin

Graphentheorie

von Rudolf Halin

Mit 56 Abbildungen

Akademie-Verlag Berlin
1989

Verfasser:

Prof. Dr. Rudolf Halin
Universität Hamburg

Die vorliegende Ausgabe ist textidentisch mit der im Originalverlag erschienenen zweiten, überarbeiteten und erweiterten Auflage, Darmstadt 1989.
Die erste Auflage dieses Werkes erschien in 2 Bänden nur in der Reihe „Erträge der Forschung" des Originalverlages.

ISBN 3-05-500405-1 Akademie-Verlag Berlin
ISBN 3-534-10140-5 Wissenschaftliche Buchgesellschaft
ISSN 0076-5422

Erschienen im Akademie-Verlag Berlin, Leipziger Straße 3—4, Berlin, DDR-1086
Lizenzausgabe mit Genehmigung der Wissenschaftlichen Buchgesellschaft, Darmstadt

Lizenznummer: 202 · 100/404/88
Printed in the German Democratic Republic
Gesamtherstellung: VEB Druckhaus „Maxim Gorki", Altenburg, DDR-7400
LSV 1024
Bestellnummer: 763 746 3 (9069)

07900

Meinem verehrten Lehrer,
Herrn Prof. Dr. Klaus Wagner,
in Dankbarkeit gewidmet

Aus dem Vorwort zur ersten Auflage

Die Graphentheorie ist ein relativ junges Teilgebiet der Mathematik. Sie nahm ihren Anfang 1736 mit EULERS berühmter Untersuchung zum sog. Königsberger Brückenproblem. Als einheitliche Disziplin wurde sie genau 200 Jahre später durch das in Stil und Darstellung noch heute vorbildliche Buch „Theorie der endlichen und unendlichen Graphen" des ungarischen Mathematikers DÉNES KÖNIG begründet. Die Entwicklung der Graphentheorie bis zu diesem klassischen Werke ist im wesentlichen durch drei Hauptwurzeln bestimmt, die in der zweiten Hälfte des vorigen Jahrhunderts gelegt wurden:

1. Die Theorie der Stromverzweigungen von KIRCHHOFF;
2. Die Untersuchungen von CAYLEY und SYLVESTER über chemische Verbindungen. CAYLEY hat auch das berühmteste Problem der Graphentheorie, die Vierfarbenvermutung, publik gemacht, und von SYLVESTER rührt der Name „Graph" her;
3. Die Arbeiten von PETERSEN im Anschluß an ein Faktorproblem der Invariantentheorie.

In den Jahren vor dem Erscheinen des Königschen Buches haben vor allem MENGER, WHITNEY, KURATOWSKI und KÖNIG selbst den Grund für die weitere Entwicklung gelegt. Seit fünfundzwanzig Jahren hat die Graphentheorie eine hohe Blütezeit; die entstandene Literatur ist nahezu unübersehbar. Immer noch aber stellt die Graphentheorie sich als eine Fülle von Einzeluntersuchungen dar, mit zum Teil sehr tiefen und geistreichen Ideen, ohne daß man indessen von bestimmten beherrschenden Methoden sprechen könnte. So erscheint eine systematische Darstellung unter einem einheitlichen Gesichtspunkte derzeit schwerlich möglich. Jedoch hat sich ein gewisser Bestand von klassisch gewordenen Sätzen herauskristallisiert, die als grundlegend anzusehen sind, wie z. B. der Heiratssatz von D. KÖNIG und PH. HALL, die Sätze von MENGER, PETERSEN, KURATOWSKI, FRUCHT, TURÁN und das Faktortheorem von TUTTE.

Ziel der vorliegenden Darstellung ist einerseits, eine Einführung in diese Grundtatsachen zu geben, andererseits, soweit es der begrenzte Umfang erlaubt, ein Bild davon zu vermitteln, womit die graphentheoretische Forschung sich gegenwärtig beschäftigt; dabei mußte der Verfasser sich häufig mit Literaturhinweisen begnügen.

Bei der Auswahl des Stoffes waren natürlicherweise persönliche Interessen und Vorlieben ausschlaggebend, aber auch der Wunsch, größere Überschneidungen mit anderen bereits vorliegenden Büchern über Graphen nach Möglichkeit zu vermeiden.

Logisch abstrakt gesehen ist die Graphentheorie eigentlich nichts anderes als die Theorie der Mengen mit einer binären Relation. Die natürliche geometrisch-anschauliche

Auffassung eines Graphen, die jedem Graphen sozusagen eine „Individualität“, eine „Physiognomie“ verleiht, hat hohen heuristischen Wert und führt in natürlicher Weise zu ganz neuartigen, reizvollen Fragestellungen.

Die Erfahrung zeigt, daß, wer etwas tiefer in die Graphentheorie eingedrungen ist, ihrer Faszination kaum widerstehen kann. Er begegnet einer Fülle ansprechender Probleme, deren Schwierigkeit im voraus gar nicht eingeschätzt werden kann und bei deren Lösung die gängigen Methoden der Mathematik versagen. Wie in kaum einer anderen mathematischen Disziplin ist hier der Vorstoß in noch unberührtes Neuland möglich, wo der Einzelne auf sich alleine und seine Findigkeit angewiesen ist.

Angesichts der Natürlichkeit und Einfachheit ihrer Begriffsbildungen fragt man sich, warum die Graphentheorie erst so relativ spät entwickelt worden ist. Eine Erklärung liegt vielleicht darin, daß die klassische Mathematik (mit dem Zentrum Analysis) in Wechselwirkung mit der Physik entwickelt worden ist, aus dem Bedürfnis, die Welt der Naturerscheinungen zu begreifen; da letztere kontinuierlich verlaufen, wurde die Theorie der reellen Zahlen und Funktionen als angemessenes Hilfsmittel geschaffen. Heute wird mehr und mehr ein formales Erfassen der Beziehungen einzelner Individuen untereinander (etwa in den Gesellschaftswissenschaften) wichtig; so gewinnt die diskrete Mathematik (Kombinatorik, Graphentheorie) an Bedeutung. Einen ähnlichen Gedanken finden wir in dem Vorwort des Buches von König: „Vielleicht noch mehr als der Berührung der Menschheit mit der Natur verdankt die Graphentheorie der Berührung der Menschen untereinander“.

In jüngster Zeit gewinnen die Anwendungen der Graphentheorie in Disziplinen wie Operations Research, den Wirtschaftswissenschaften, Theoretischer Physik und Chemie, Biologie, Informatik immer mehr an Bedeutung. Dies spricht für die Lebenskraft und Fruchtbarkeit unserer Disziplin. In der vorliegenden Darstellung werden wir uns jedoch überwiegend auf die reine Theorie konzentrieren. Im Gegensatz zu den meisten neueren Büchern über Graphen beziehen wir die Theorie der unendlichen Graphen mit ein. Eine Einengung des Blickfeldes ausschließlich auf endliche Graphen erscheint dem Verfasser im Hinblick auf die Erschließung neuer Problemkreise und den notwendigen Brückenschlag zu den anderen mathematischen Disziplinen wenig sinnvoll. Der Schwerpunkt liegt auf den ungerichteten Graphen; gerichtete Graphen werden nur am Rande mitbehandelt. Hypergraphen werden lediglich im Anhang kurz angesprochen. Dagegen wird in Kap. 8 ausführlich auf die Beziehungen zwischen Matroiden und Graphen eingegangen.

Die in diesem Buche vorausgesetzten mathematischen Kenntnisse sind gering. Wir bedienen uns der mengentheoretischen Sprechweise; nur in den Teilen, die unendliche Graphen betreffen, werden gewisse transfinite Hilfsmittel (wie das Zornsche Lemma) benutzt. Darüber hinaus werden an einigen wenigen Stellen elementare Kenntnisse aus der linearen Algebra und der Gruppentheorie benötigt. Weniger als in der Mathematik sonst üblich bauen die einzelnen Teile aufeinander auf; man wird daher, nach Kenntnis der Grundbegriffe und der fundamentalen Sätze, die einzelnen Kapitel unabhängig voneinander lesen können. Die Darstellung ist, angesichts des Zieles, möglichst viel Information auf kleinem Raume zu geben, relativ knapp, aber, wie der Verfasser hofft, in den Beweisen lückenlos. Sicher wird der aufmerksame Leser viele kleine (und hoffentlich wenige große) Fehler finden, trotz mehrfacher sorgfältiger Durchsicht des Manuskriptes. Für alle Unbilden, die die Lektüre mit sich bringen mag, bittet der Verfasser im voraus höflichst um Vergebung.

Nach dem ersten Kapitel, sodann nach jedem Paragraphen befindet sich eine Anzahl von Übungsaufgaben, die dem Verständnis und der Vertiefung des Vorangegangenen dienen sollen und meist nicht schwierig sind. Aufgaben, die an späterer Stelle benötigt werden, sind durch Fettdruck ihrer Nummer hervorgehoben; wird zu ihrer Lösung eine besondere Idee erfordert, so ist der Beweisgang kurz skizziert.

Hinweise auf das Literaturverzeichnis sind durch eckige Klammern angedeutet. Arabische Zahlen beziehen sich auf das Verzeichnis von Originalarbeiten, das dem jeweiligen Kapitel (separat mit jeweils neu beginnender Numerierung) beigegeben ist. Bei Lehrbüchern und Monographien ist stets der Anfangsbuchstabe des Verfassernamens hinzugefügt, und römische Zahlen beziehen sich auf Sammelbände.

Hamburg, im Dezember 1979 RUDOLF HALIN

Vorwort zur zweiten Auflage

Es ist mir eine große Freude, daß nunmehr eine zweite Auflage meiner zweibändigen „Graphentheorie" von 1980/81 erscheint. Beide Teile sind jetzt zu einem Band vereinigt, der in Lettern gesetzt ist, statt des bisherigen Schreibdrucks. Ich danke der Wissenschaftlichen Buchgesellschaft Darmstadt, insbesondere Herrn Dr. Hans-Detlef Schulz, und dem Akademie-Verlag Berlin für das Zustandekommen dieser Neuauflage, wie überhaupt für die gute Zusammenarbeit.

Diese zweite Auflage weist gegenüber der ersten nur geringe Veränderungen auf. Eine Reihe von Versehen und Ungenauigkeiten in der ersten Auflage sind berichtigt, zu knappe oder schwer verständliche Passagen klarer dargestellt. Es war jedoch nicht möglich, die wichtigen Entwicklungen der letzten Jahre zu berücksichtigen; ein neues Buch hätte geschrieben werden müssen. Nur einige wenige Hinweise werden gegeben. In Kap. 10 wird nun ein Beweis des Satzes von Lekkerkerker-Boland zur Charakterisierung der Intervallgraphen dargestellt, nachdem eine kurze Beweisführung gefunden worden ist; ferner wird ein Paragraph über universelle Graphen, als eine Anwendung der Homomorphiebasen, hinzugefügt.

Es ist mir ein Bedürfnis, an dieser Stelle meinen Dank an die Damen, die die mühevolle Schreibarbeit für die erste Auflage geleistet haben, zu wiederholen. Ferner danke ich den Herren W. Mader, R. Schmidt und R. Diestel für hilfreiche Kommentare zum Text, insbesondere Hinweise auf eine Reihe von Versehen. Mein besonderer Dank gilt meinem Doktorvater, Herrn Prof. Dr. Klaus Wagner, dem dieses Buch gewidmet ist. Ihm verdanke ich menschlich und mathematisch so viel, daß ohne ihn dieses Buch wohl nicht entstanden wäre.

Hamburg, im August 1986 Rudolf Halin

Inhaltsverzeichnis

Vorbemerkungen zur Bezeichnungsweise und Terminologie

Zur Abkürzung werden gelegentlich logische Symbole benutzt:

$\Rightarrow$ (logische Implikation),
$\Leftrightarrow$ (logische Äquivalenz),
$\bigwedge$ (Allquantor),
$\bigvee$ (Existenzquantor),
$\wedge$ (und),
$\vee$ (oder, in einschließendem Sinne),
$\neg$ (logische Negation).

$\mathbb{N}$ bezeichnet die Menge der natürlichen Zahlen $1, 2, 3 \ldots$, $\mathbb{N}'$ sei die Menge $\mathbb{N} \cup \{0\}$ und $\mathbb{N}_n$ die Menge $\{1, \ldots, n\}$. $\mathbb{Z}$, $\mathbb{Q}$, $\mathbb{R}$, $\mathbb{R}^+$ bezeichnen die Menge der ganzen, der rationalen, der reellen bzw. der reellen positiven Zahlen. Für $x \in \mathbb{R}$ ist $[x]$ die größte ganze Zahl z mit $z \leqq x$, und $\{x\}$ bezeichnet die kleinste ganze Zahl z mit $z \geqq x$. Für $n \in \mathbb{N}$ werde gesetzt

$$(2n)!! = 2n \cdot (2n-2) \cdot (2n-4) \cdot \cdots \cdot 4 \cdot 2,$$

$$(2n-1)!! = (2n-1) \cdot (2n-3) \cdot (2n-5) \cdot \cdots \cdot 3 \cdot 1.$$

$\mathbf{F}_q$ ist das Galois-Feld der Ordnung q.

Die Transponierte einer Matrix A bezeichnen wir durch A^{T}.

$\mathfrak{P}(M)$ bezeichnet die Potenzmenge einer Menge M und $\mathfrak{E}(M)$ die Menge der endlichen Teilmengen von M. „Anzahl" oder „Zahl" (der Elemente einer Menge) werden im Sinne von „Kardinalzahl" gebraucht. $\binom{M}{n}$ bezeichnet die Menge der n-elementigen Teilmengen von M. Die Inklusion von Mengen wird durch $\subseteq$ bezeichnet; $\subset$ bedeutet *echte* Inklusion. Für Mengen A, B bezeichnen wir mit $A - B$ die Differenzmenge $\{x \mid x \in A, x \notin B\}$ und mit $A \oplus B$ die symmetrische Differenz $(A \cup B) - (A \cap B)$.

Eine Relation aus einer Menge A in eine Menge B ist eine Teilmenge ϱ der Paarmenge $A \times B$; speziell im Falle $A = B$ sprechen wir von einer Relation in A. Für $(a, b) \in \varrho$ schreiben wir meist $a\varrho b$.

Abbildungen werden als Relationen, also als Mengen (geordneter Paare) aufgefaßt, so daß das (mengentheoretische) Enthaltensein für Abbildungen, das Bilden der Vereinigung von Abbildungen usw. sinnvoll sind. Mit id_M bezeichnen wir die identische Abbildung von M, mit $f \circ g$ die Hintereinanderausführung von Abbildungen f, g (sofern möglich), wobei $(f \circ g)(x) = f(g(x))$ ist.

Was die transfiniten Teile der Theorie anbelangt, so nehmen wir durchweg das Auswahlpostulat (AWP) als gültig an, ohne dies jeweils besonders zu erwähnen. Ist $\mathfrak{a}$ eine Kardinalzahl, so bezeichne $\mathfrak{a}^+$ ihren Nachfolger und $\omega(\mathfrak{a})$ ihre Anfangszahl. Für eine Ordnungszahl τ bedeute $\bar{\tau}$ die zugehörige Kardinalzahl. (Also $\omega(\mathfrak{a})$ ist die kleinste Ordnungszahl τ mit $\bar{\tau} = \mathfrak{a}$.) Speziell sei $\omega = \omega(\aleph_0)$. $W(\tau)$ bezeichne den Abschnitt von τ, d. h. die Menge aller Ordnungszahlen α mit $\alpha < \tau$. $\aleph$ sei die Mächtigkeit von $\mathbb{R}$. Eine Kardinalzahl $\mathfrak{a}$ heißt regulär, wenn sie sich nicht als Summe von weniger als $\mathfrak{a}$ Kardinalzahlen schreiben läßt, die alle kleiner als $\mathfrak{a}$ sind, andernfalls singulär.

Es sei $\leqq$ eine Teilordnung in M. Eine Abbildung $\varphi\colon M \to M$ heißt Hüllenoperation oder Abschluß (-Operation) auf $(M, \leqq)$, wenn folgende Bedingungen erfüllt sind:

(1) $\bigwedge_{x \in M} x \leqq \varphi(x)$ (Extensionalität),

(2) $x \leqq y \Rightarrow \varphi(x) \leqq \varphi(y)$ (Monotonie),

(3) $\bigwedge_{x \in M} \varphi^2(x) = \varphi(x)$ (Idempotenz).

$\varphi(x)$ heißt die Hülle von x und wird meist durch $\bar{x}$ bezeichnet. (2) und (3) können ersetzt werden durch

(2′) $x \leqq \varphi(y) \Rightarrow \varphi(x) \leqq \varphi(y)$.

Wenn wir von einer Hüllenoperation in einer Menge M (ohne explizite Angabe einer Teilordnung) sprechen, so soll immer ein Abschluß in $\mathfrak{P}(M)$ unter Zugrundelegung der Inklusion $\subseteq$ gemeint sein. Eine Hüllenoperation in M ist also gekennzeichnet durch die Hüllenaxiome

[H 1] $A \subseteq \bar{A}$,

[H 2] $A \subseteq \bar{B} \Rightarrow \bar{A} \subseteq \bar{B}$

(für alle $A, B \subseteq M$).

Die Mengen der Form $\bar{A}$ (das sind zugleich die Mengen, die mit ihrer Hülle übereinstimmen) heißen abgeschlossen. M selbst ist abgeschlossen, und der Durchschnitt abgeschlossener Mengen ist wiederum abgeschlossen; man erhält die Hülle von $A \in \mathfrak{P}(M)$ als Durchschnitt aller A enthaltenden abgeschlossenen Mengen. Man nennt eine Teilmenge $\mathfrak{H}$ von $\mathfrak{P}(M)$ ein Hüllensystem auf M, wenn $M \in \mathfrak{H}$ gilt und der Durchschnitt jeder Familie von Elementen auf $\mathfrak{H}$ wiederum zu $\mathfrak{H}$ gehört. Die abgeschlossenen Mengen bezüglich einer Hüllenoperation bilden dann stets ein Hüllensystem, und umgekehrt gibt es zu jedem solchen genau einen Abschluß in M, so daß die zugehörigen abgeschlossenen Mengen gerade das gegebene Hüllensystem ausmachen. Der Zusammenhang ist so eng, daß man zwischen Hüllensystem und Hüllenoperation nicht immer streng zu unterscheiden braucht.

Kapitel 1

Grundbegriffe

§ 1. Begriff des Graphen

Unter einem *Graphen* verstehen wir eine Menge E zusammen mit einer Teilmenge K von $\binom{E}{2}$. Die Elemente von E heißen die *Ecken*, die von K die *Kanten* des betreffenden Graphen. Wir bezeichnen Graphen meist durch die Buchstaben $G, H, A, B, \ldots$ Ist G der Graph mit der Eckenmenge E und der Kantenmenge K, so schreiben wir $G = (E, K)$.

Haben wir irgendeinen Graphen G, so bezeichne $E(G)$ bzw. $K(G)$ seine Ecken- bzw. Kantenmenge. Ecken werden durch kleine lateinische Buchstaben $e, x, y, a, b, \ldots$ wiedergegeben. Jede Kante von G ist nach unserer Definition eine Zweiermenge $\{x, y\}$, wo $x \neq y$ Ecken von G sind; statt $\{x, y\}$ schreiben wir einfach xy, wenn die betreffende Kante in G auftritt. (In gewissen Zusammenhängen können 2-elementige Teilmengen von $E(G)$ auch in anderer Bedeutung auftreten; in diesen Fällen ist es günstig, wenn wir $\{x, y\}$ von der Kante xy unterscheiden können.) Zur Bezeichnung von Kanten reservieren wir den Bubstaben k.

Ist $k = xy \in K(G)$, so heißen x, y in G *benachbart* (auch: *adjazent*); wir sagen, k *verbindet* x, y, und x, y heißen die *Endpunkte* von k; x, y sind mit k *inzident*. Gelegentlich nennen wir auch zwei verschiedene Kanten inzident, wenn sie eine Ecke gemeinsam haben.

Im Graphen $G = (E, K)$ ist „benachbart" offenbar eine irreflexive und symmetrische Relation auf E; umgekehrt gibt es zu jeder solchen Relation R genau ein $K \subseteq \binom{E}{2}$, so daß „benachbart" in (E, K) mit R übereinstimmt. Ein Graph ist daher relationentheoretisch einfach eine Menge E mit einer irreflexiven, symmetrischen Relation.

Der hohe Reiz unserer Disziplin beruht nicht zuletzt auf der unmittelbaren geometrisch-anschaulichen Bedeutung des Graphenbegriffes. Man „zeichnet" einen Graphen — das Wort „Graph" leitet sich von dem griechischen „graphein" (schreiben, zeichnen) her —, indem man seine Ecken e_i durch Punkte p_i und jede Kante $e_i e_j$ durch die Strecke $p_i p_j$ oder auch einen von p_i nach p_j führenden Jordan-Bogen (= homöomorphes Bild einer Strecke) wiedergibt.

Betrachten wir einige wichtige Beispiele. Die Ecken und Kanten eines Polyeders (sein 1-Skelett) bilden stets einen Graphen. (Von dieser Klasse von Beispielen rühren auch die Bezeichnungen „Ecken" und „Kanten" bei Graphen her.) In Abb. 1 bis 5 sind die Graphen der platonischen Körper dargestellt.

Das 1-Skelett des n-dimensionalen Simplexes liefert einen Graphen, in dem je zwei Ecken benachbart sind. Ein Graph mit dieser Eigenschaft heißt *vollständiger Graph*;

Abb. 1. Tetraeder

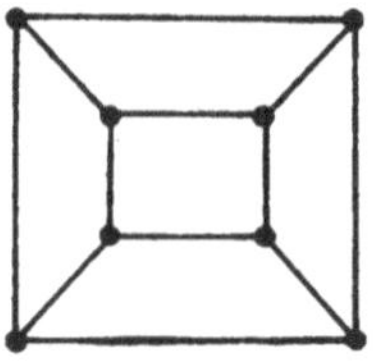

Abb. 2. Würfel

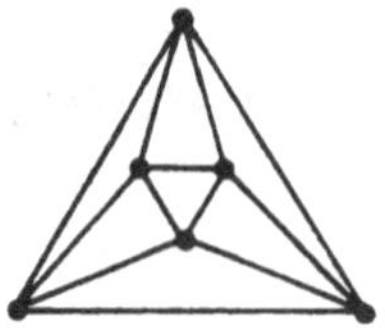

Abb. 3. Oktaeder

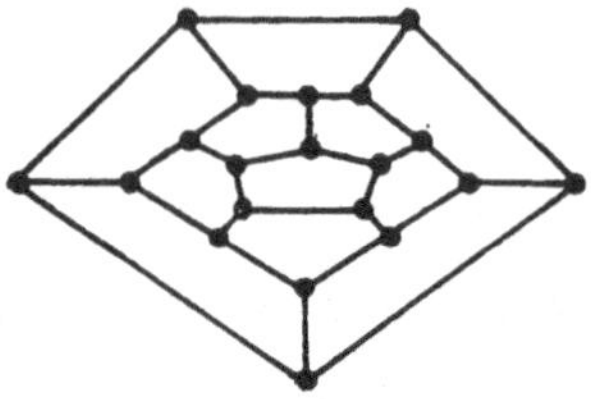

Abb. 4. Dodekaeder

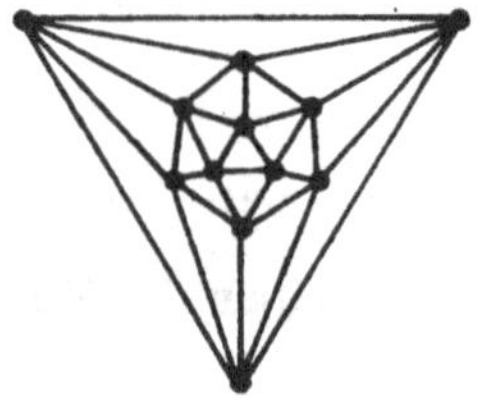

Abb. 5. Ikosaeder

nach seiner Herkunft werden wir ihn aber auch ein *Simplex* nennen. Zur Bezeichnung der Simplexe reservieren wir den Buchstaben S. $S(n)$ bezeichne das Simplex mit n Ecken (kurz: n-Simplex).

Der Graph des ***n-dimensionalen Würfels*** kann wie folgt dargestellt werden: Seine Eckenmenge ist $\{0, 1\}^n$, die Menge aller 0, 1-Folgen der Länge n; zwei derartige Folgen heißen benachbart, wenn sie sich an genau einer Stelle unterscheiden.

Eine wichtige Klasse von Graphen erhält man mittels der Landkarten. Jede solche läßt sich als Graph auffassen, dessen Ecken die einzelnen Länder sind und wobei zwei Länder genau dann benachbart heißen, wenn sie eine gemeinsame Grenze (die mindestens einen Jordan-Bogen umfaßt) besitzen. Die berühmte Vierfarbenvermutung besagt, daß die Länder jeder (denkbaren) Landkarte auf dem Globus sich mit 4 Farben so färben lassen, daß benachbarte Länder stets verschieden gefärbt sind. (Dabei ist vorauszusetzen, daß alle Länder zusammenhängende, durch Jordan-Kurven berandete Gebiete sind.)

Ein weiteres, nicht aus der Geometrie stammendes Beispiel eines Graphen ist etwa die Menge der Menschen (als Ecken) mit der Relation „verheiratet".

Manche Probleme erfordern Variationen des Graphenbegriffes, meist dahingehend, daß die Kanten eine Richtung (Orientierung) besitzen müssen und zwischen gewissen Ecken mehrere Kanten verlaufen dürfen („Mehrfachkanten"), ferner, daß die beiden Endpunkte einer Kante zusammenfallen können (Schlingen). Diese Varianten sollen jetzt formal exakt definiert werden.

Ein ***gerichteter Graph*** (kurz: *D-Graph*) $G = (E, K)$ besteht aus einer Menge E, deren Elemente die Ecken von G heißen, zusammen mit einer Teilmenge K von $E \times E$, deren Elemente (gerichtete) Kanten von G genannt werden. Jedes $k \in K$ hat also die Form $k = (x, y)$ mit $x, y \in E$; x heißt *Anfangs-*, y *Endpunkt* von k, und wir sagen, k führt von x nach y. Anschaulich stellt man k durch einen von x nach y gerichteten Pfeil dar. Kanten der Form (x, x) heißen *Schlingen*.

Ein D-Graph ist also im Prinzip das gleiche wie eine Menge mit einer Relation. Beispiel eines D-Graphen (mit einer großen Zahl von Schlingen) ist etwa die Menge der Menschen zusammen mit der Relation „x liebt y".

Die Theorie der D-Graphen umfaßt begrifflich die der (ungerichteten) Graphen: Jedem Graphen $G = (E, K)$ wird kanonisch ein D-Graph (mit der Eckenmenge E) zugeordnet, wenn man jedem $k = xy \in K$ das Paar der gerichteten Kanten (x, y), (y, x) entsprechen läßt.

Definition. Ein *Multigraph*, kurz *M-Graph*, ist ein Tripel $G = (E, K, \varphi)$, wobei E, K disjunkte Mengen sind, deren Elemente Ecken bzw. Kanten heißen, und φ eine Abbildung von K in $\mathfrak{P}(E)$ mit $\bigwedge_{k \in K} |\varphi(k)| = 1$ oder 2 darstellt; $\varphi(k)$ ist die Menge der Endpunkte von $k \in K$. Hat k nur den einen Endpunkt x, so heißt k eine *Schlinge* (in x); k heißt *eigentliche Kante*, wenn $|\varphi(k)| = 2$ ist.

Zu $x, y \in E$ kann es im M-Graphen G mehr als eine Kante geben, die x, y als Endpunkte hat; wir sprechen dann von „Mehrfachkanten".

Ein Tripel $G = (E, K, \varphi)$ mit $E \cap K = \emptyset$, $\varphi: K \to E \times E$ ist ein *gerichteter Multigraph* (*D-M-Graph*). Ist $\varphi(k) = (x, y)$, so heißt x der Anfangs-, y der Endpunkt der Kante $k \in K$; k heißt *Schlinge*, wenn $x = y$ ist.

Ein *gemischter Multigraph* ist ein Quintupel $G = (E, K, K', \varphi, \varphi')$ derart, daß E, K, K' disjunkte Mengen sind und (E, K, φ) ein M-Graph, (E, K', φ') ein D-M-Graph ist. E ist die Eckenmenge, K bzw. K' die Menge der ungerichteten bzw. gerichteten Kanten von G.

Ein Beispiel für einen M-Graphen erhält man etwa so: Ein Tanzabend ist von einer Menge M von Mädchen und einer Menge J von Jungen besucht. Es sei $E = M \cup J$, und für jeden Tanz, den $m \in M$ mit $j \in J$ macht, ziehe man eine Kante mj.

Natürlich kann auch jeder Graph (E, K) als M-Graph aufgefaßt werden (vermöge $\varphi: K \to \binom{E}{2}$, wobei $\varphi(k) = k$). — Beispiele für gemischte M-Graphen erhält man, wenn man etwa das Straßennetz einer Stadt betrachtet, unter besonderer Berücksichtigung der Einbahnstraßen.

Wir treffen weitere Bezeichnungsfestsetzungen. Für einen M-Graphen $G = (E, K, \varphi)$ bezeichne $\alpha(G)$ bzw. $\varkappa(G)$ die Zahl der Ecken bzw. Kanten von G. $\alpha(G)$ heißt auch die *Ordnung* von G. G heißt *endlich* (*unendlich*, *abzählbar* bzw. *überabzählbar*), wenn $\alpha(G) < \aleph_0$ ($\geqq \aleph_0$, $= \aleph_0$ bzw. $> \aleph_0$) ist. Um die Bezeichnungen im folgenden zu vereinfachen, wollen wir vereinbaren, daß $E, K, \alpha, \varkappa$ stets die Ecken- bzw. Kantenmenge sowie die Ecken- bzw. Kantenzahl eines jeweils mit G bezeichneten Graphen bedeuten sollen. (Entsprechend sollen z. B. auch $G', E', K', \alpha', \varkappa'$ zusammengehören.)

Für $x \in E$ wird der *Grad* von x in G, bezeichnet durch $\gamma_G(x)$, definiert als die Zahl der x enthaltenden eigentlichen Kanten zuzüglich der doppelten Zahl der x enthaltenden Schlingen von G. Ecken vom Grade 0 heißen *isoliert*.

Man zeigt leicht

1.1. $\sum_{x \in E} \gamma_G(x) = 2\varkappa,$

woraus folgt

1.2. *Ist $\varkappa < \infty$, so ist die Zahl der Ecken x mit $\gamma_G(x) \equiv 1 \bmod 2$ gerade.*

Ist $\gamma_G(x) = r$ für alle $x \in E$, so heißt G *regulär* vom Grade r, kurz *r-regulär*. Ist G r-regulär, r ungerade, so ist α wegen (1.2) stets gerade. Mit $\gamma_G^{\min}$ bzw. $\gamma_G^{\max}$ bezeichnen wir das Minimum bzw. Maximum (sofern vorhanden) unter den Eckengraden von G.

Sind $x_1, \ldots, x_n$ die Ecken von G, so heißt $(\gamma_G(x_1), \ldots, \gamma_G(x_n))$ die *Gradsequenz* von G. Ein interessantes Problem ist es, diejenigen n-Tupel ganzer Zahlen zu charakterisieren, die als Gradsequenz eines Graphen auftreten können; (1.2) liefert hier eine erste starke Einschränkung. Vgl. hierzu Berge [B 5], Chap. VI oder Harary [H 3], Chap. 6 sowie die Übungen am Schluß dieses Kapitels.

Im folgenden seien G, G' Graphen[1]). G' heißt *Teilgraph* von G, in Zeichen $G' \subseteq G$, wenn $E' \subseteq E$, $K' \subseteq K$ gilt. — Gelegentlich identifizieren wir eine Teilmenge E' von E mit dem Teilgraphen $(E', \emptyset)$, ebenso die Ecke e mit der Menge $\{e\}$ oder dem Graphen $(\{e\}, \emptyset)$. — Der *Nullgraph* $\Theta = (\emptyset, \emptyset)$ ist Teilgraph jedes Graphen. — $S(1)$ wird der *triviale Graph* genannt.

Für $A \subseteq G$ bezeichne $N_G(A)$ die Menge aller $e \in E - E(A)$, die zu mindestens einem $a \in E(A)$ in G benachbart sind.

G' heißt *Untergraph* von G, in Zeichen $G' \sqsubseteq G$, wenn $E' \subseteq E$ gilt und K' aus genau den Kanten $xy \in K$ mit $x, y \in E'$ besteht, wenn also G' durch Restriktion der Nachbarschaftsrelation in G auf E' entsteht. Ist $G' \subseteq G$, so existiert eindeutig der durch G' *erzeugte* (oder *aufgespannte*) *Untergraph*, das ist der Untergraph von G mit der Eckenmenge $E(G')$. Er werde mit $G[G']$ bezeichnet.

Für $K' \subseteq K$ bezeichne $\langle K' \rangle$ den Graphen (E', K'), wo E' die Menge der Ecken ist, die Endpunkte wenigstens eines $k \in K'$ sind.

Ein *Faktor* von G ist ein Teilgraph von G, der die gleiche Eckenmenge wie G hat. Während also die Untergraphen von G bijektiv den Teilmengen der Eckenmenge entsprechen, entsprechen die Faktoren von G in natürlicher Weise den Teilmengen der Kantenmenge von G.

Es sei $G_i = (E_i, K_i)$, $i \in I$, eine Familie von Graphen. $\left(\bigcap_{i \in I} E_i, \bigcap_{i \in I} K_i\right)$, $\left(\bigcup_{i \in I} E_i, \bigcup_{i \in I} K_i\right)$ sind wiederum Graphen; sie heißen der *Durchschnitt* bzw. die *Vereinigung* der G_i und werden mit $\bigcap_{i \in I} G_i$ bzw. $\bigcup_{i \in I} G_i$ bezeichnet. Die Familie der G_i heißt *disjunkt*, wenn je zwei der E_i leeren Durchschnitt haben. Ein System von Kanten, von denen je zwei keine Ecke gemeinsam haben, heißt *unabhängig*. Die G_i heißen *kantendisjunkt*, wenn die K_i disjunkt sind. Wir schreiben $\dot\bigcup_{i \in I} G_i$, wenn G die disjunkte Vereinigung der G_i ist.

Sind $a, b \in E$ in G nicht benachbart, so nennen wir $k = ab$ eine *neue Kante* zu G; $G \cup k$ bezeichne den durch Adjunktion von $k = ab$ zu G entstehenden Graphen $(E, K \cup \{k\})$.

Sind G, G' Graphen, so heißt $G[E - E']$ der *Differenzgraph* $G - G'$ von G und G'. Für $E' \subseteq E$, $K' \subseteq K$, $e \in E$, $k \in K$ setzen wir $G - E' = G[E - E']$, $G - K' = (E, K - K')$, $G - k = G - \{k\}$, $G - e = G - \{e\}$.

Der *Komplementärgraph* $\overline{G}$ von G wird definiert als der Graph $\left(E, \binom{E}{2} - K\right)$. In $\overline{G}$ sind also zwei Ecken $a \neq b$ benachbart genau dann, wenn $ab \notin K$ gilt.

Ein *Isomorphismus* des Graphen G auf den Graphen G' ist eine bijektive Abbildung φ: $E \to E'$, so daß $ab \in K \Leftrightarrow \varphi(a)\,\varphi(b) \in K'$; wir schreiben dann $\varphi\colon G \simeq G'$. Gibt es ein solches φ, so heißen G, G' isomorph, in Zeichen: $G \simeq G'$. Isomorphe Graphen werden als im wesentlichen gleich angesehen. — Ein *Automorphismus* von G ist ein Isomorphismus von G auf sich selbst. Die Automorphismen von G bilden (bezüglich der Hintereinanderausführung $\circ$ von Abbildungen) eine Gruppe, die *Automorphismengruppe* Aut G von G.

[1]) Die im folgenden definierten Begriffe (abgesehen vom Komplementärgraphen) lassen sich ganz entsprechend auch für M-Graphen einführen.

Ist G ein Graph und m eine Kardinalzahl, so bezeichnen wir mit mG die disjunkte Vereinigung von m zu G isomorphen Graphen. (mG ist bis auf Isomorphie eindeutig bestimmt.)

§ 2. Kantenfolgen, Wege, Zusammenhang

$G = (E, K, \varphi)$ sei ein M-Graph. Eine Folge

$$x_1 k_1 x_2 k_2 x_3 \ldots x_n k_n x_{n+1} \qquad (*)$$

mit $x_\nu \in E$, $k_\nu \in K$, $\varphi(k_\nu) = \{x_\nu, x_{\nu+1}\}$, $n \geqq 1$ heißt eine *Kantenfolge* in G. (*) heißt *geschlossen*, wenn $x_{n+1} = x_1$ ist; (*) heißt ein *Kantenzug*, wenn $\nu \neq \mu \Rightarrow k_\nu \neq k_\mu$, und ein *Weg*, wenn $\nu \neq \mu \Rightarrow x_\nu \neq x_\mu$. Die Zahl n der Kanten heißt die *Länge* des Kantenzuges bzw. Weges (*). Ein Weg der Länge 0 ist also eine einzelne Ecke. (*) heißt ein *Kreis* (der Länge n) oder genauer ein *n-Kreis*, gelegentlich auch *n-Eck*, wenn (*) geschlossen ist und $x_\nu \neq x_\mu$ für $1 \leqq \nu < \mu \leqq n$ gilt. (1-Kreise und 2-Kreise können nur bei echten Multigraphen auftreten, da Schlingen und Mehrfachkanten bei Graphen ja ausgeschlossen sind.) Ein *gerader* bzw. *ungerader Kreis* ist ein Kreis gerader bzw. ungerader Länge.

Ist (*) ein Weg, so sprechen wir genauer von einem x_1,x_{n+1}-Weg und sagen, (*) *verbindet* x_1, x_{n+1} o. ä.; x_1, x_{n+1} heißen die *Endpunkte* des Weges (*), alle übrigen x_i die *inneren Ecken* von (*). Ist W ein x,y-Weg, so setzen wir $\mathring{W} := W - x - y$. $\mathring{W}$ ist wiederum Weg, außer wenn $W = \langle xy \rangle$ gilt. Sind $A, B \subseteq G$ (oder auch $\subseteq E$) und ist W ein Weg in G, so heißt W ein *A,B-Weg*, wenn W Ecken $a \in E(A)$, $b \in E(B)$ verbindet und außer a, b nichts mit $A \cup B$ gemeinsam hat. Ist $A \subseteq G$ und hat W nur die Kante $k = ab$, so ist W demnach ein A,A-Weg genau dann, wenn $a \neq b$ in A liegen und A die Kante k nicht enthält.

Hat man eine Kantenfolge (*), so existiert zu je zwei x_ν, x_μ (mindestens) ein x_ν,x_μ-Weg in dem M-Graphen mit den Ecken x_i und den Kanten k_j; ist (*) speziell ein Weg W, so ist der in W enthaltene x_ν,x_μ-Weg eindeutig bestimmt, er werde durch W_{x_ν,x_μ} bezeichnet.

Daraus ergibt sich unschwer: Setzt man für $x, y \in E$ genau dann $x \sim y$, wenn in G ein x,y-Weg existiert, so ist $\sim$ eine Äquivalenzrelation in E. Die durch die Äquivalenzklassen von $\sim$ aufgespannten Untergraphen von G heißen die (Zusammenhangs-) *Komponenten* von G. $\sigma(G)$ bezeichne die Zahl der Komponenten von G. G heißt *zusammenhängend* (kurz: *zh.*), wenn $\sigma(G) = 1$ ist.

Jede Komponente von G ist zh. – Ein Graph G ist zh. genau dann, wenn G sich nicht als Vereinigung zweier disjunkter nicht-leerer Graphen darstellen läßt (Beweis als Übung).

Für $x, y \in E$ definieren wir als *Abstand* $\delta_G(x, y)$ die kleinste Länge eines x,y-Weges in G, bzw. das Symbol ∞, falls kein x,y-Weg in G existiert. Für zh. G ist δ_G eine *Metrik auf E*. Unter der *n-ten Sphäre* (oder *Schicht*) um x, bezeichnet mit $D_n(x, G)$ oder kurz $D_n(x)$, verstehen wir die Menge der $y \in E$ mit $\delta_G(x, y) = n$. Jedes $y \in D_n(x)$ ($n \geqq 1$) ist zu mindestens einem $z \in D_{n-1}(x)$ benachbart, und die nicht-leeren der $D_n(x)$ zerlegen E, falls G zh. ist, in höchstens abzählbar viele disjunkte Klassen.

Für Teilgraphen, Eckenmengen oder Ecken A, B in G ist $\delta_G(A, B)$ das Minimum der $\delta_G(a, b)$ mit a aus A, b aus B. $\delta_G(A, B) = 0$ bedeutet, daß A, B eine Ecke gemeinsam haben, und $\delta_G(A, B) = 1$, daß A, B disjunkt sind, aber in G eine Kante von A nach B führt.

Als *Durchmesser* $d(G)$ eines Graphen G definiert man die Zahl $\max\limits_{x,y\in E} \delta_G(x, y)$ (bzw. ∞, falls dieses Maximum nicht existiert). Für $a \in E$ sei die *Exzentrizität* $\varepsilon_G(a) = \max\limits_{e\in E} \delta_G(a, e)$ (bzw. ∞, falls dieses Maximum nicht existiert). $\min\limits_{e\in E} \varepsilon_G(e)$ heißt der *Radius* $r(G)$ von G; die Menge der $e \in E$ mit $\varepsilon_G(e) = r(G)$ heiße das *Zentrum* $Z(G)$ von G. Zum Beispiel besteht das Zentrum eines Weges W aus einer Ecke bzw. aus zwei benachbarten Ecken, je nachdem, ob $\varkappa(W)$ gerade oder ungerade ist.

Ist $\gamma_G(x) \leqq g < \infty$ für alle $x \in E$, so $|D_n(x)| \leqq g \cdot |D_{n-1}(x)|$ für alle n, woraus induktiv $|D_n(x)| \leqq g^n$ folgt. Ist $d(G) = s < \infty$, so also $\alpha \leqq \sum\limits_{n=0}^{s} g^n = \dfrac{g^{s+1} - 1}{g - 1}$.

Folgerung:

2.1. *Ist* $\alpha > \dfrac{g^{s+1} - 1}{g - 1}$, *so* $\gamma_G^{\max} > g$ *oder* $d(G) > s$.

Es bezeichne $l' = l'(G)$ die größte Länge eines Weges in einem endlichen zh. Graphen G. Nehmen wir $l'(G) < s$ an. (Dann ist auch $d(G) < s$, und nach (2.1) wird $\gamma_G^{\max}$ beliebig groß, wenn nur α hinreichend groß ist.) Es sei $t \geqq 2$ (ganz); wir suchen ein $W \subseteq G$, $W = \Theta$ oder einen Weg, so daß $\sigma(G - W) \geqq t$ gilt. Dazu führen wir folgendes Verfahren (V) durch:

Ist $\sigma(G) \geqq t$, so sind wir fertig. Andernfalls existiert eine Komponente G_0 von G mit $\alpha(G_0) \geqq \dfrac{\alpha}{t-1}$, in der wir einen Weg $W \sqsubseteq G_0$ wählen, welcher von einem x_0 zu einer Ecke y_0 größten Grades g_0 führt. Man betrachte die Komponenten C_i von $G_0 - W_0$, die $N_G(y_0)$ treffen. Gibt es darunter $\geqq t$ verschiedene oder ist $G_0 = W_0$, so werde (V) abgebrochen; andernfalls kann unter den C_i ein G_1 mit $\alpha(G_1) \geqq \dfrac{g_0 - 1}{t - 1}$ bestimmt werden. — Man wähle nun $x_1 \in E(G_1) \cap N_G(y_0)$ sowie ein y_1 maximalen Grades g_1 in G_1, ferner einen x_1,y_1-Weg $W_1 \sqsubseteq G_1$. — Ist die Zahl der Komponenten C_i von $G_1 - W_1$ mit $C_i \cap N_G(y_1) \neq \emptyset$ gleich 0 oder $\geqq t$, so werde (V) abgebrochen; andernfalls bestimmen wir unter diesen C_i ein G_2 mit $\alpha(G_2) \geqq \dfrac{g_1 - 1}{t - 1}$, in dem wir $x_2 \in N_G(y_1)$ sowie y_2 maximalen Grades g_2 und einen x_2,y_2-Weg $W_2 \sqsubseteq G_2$ wählen. — In dieser Weise fahren wir fort. (V) muß nach $m \leqq s - 1$ Schritten abbrechen, da andernfalls die W_i zusammen mit den $x_i y_{i+1}$ einen Weg der Länge $\geqq s$ bildeten. Ist α hinreichend groß, so sind nach (2.1) $g_0 \geqq g_1 \geqq \cdots \geqq g_{m-1}$ beliebig groß; es muß dann $G_{m-1} \neq W_{m-1}$ und also $\sigma(G_{m-1} - W_{m-1}) \geqq t$ sein. Somit haben wir:

2.2. *Zu je zwei* $s, t \in \mathbb{N}$ *existiert ein* $f(s, t) \in \mathbb{N}$, *so daß aus* $\alpha(G) \geqq f(s, t)$ *folgt: G enthält entweder einen Weg der Länge* $\geqq s$ *oder aber einen Weg W mit* $\sigma(G - W) \geqq t$.

Weiter zeigen wir (vgl. Dirac [1]):

2.3. *Es sei W ein a,b-Weg* $\subseteq G$ *mit* $\varkappa(W) = s > 1$. *Ferner existiere ein Kreis C in G, der a, b enthält. Dann gibt es in G einen Kreis der Länge* $\geqq \sqrt{s}$.

Beweis. W zerfällt kantendisjunkt in nicht-triviale Teilwege $W_1, \ldots, W_t$, von denen jeder entweder $\subseteq C$ ist oder nur die Endpunkte mit C gemeinsam hat. Jedes W_i ist offenbar in einem Kreis von G enthalten. Ist $\alpha(C) \geqq \sqrt{s}$, so ist nichts weiter zu zeigen. Andernfalls ist $t < \sqrt{s}$, woraus wegen $t \cdot \max \varkappa(W_i) \geqq s$ folgt $\max \varkappa(W_i) \geqq s/t > \sqrt{s}$.—

Wir bringen noch einige grundlegende Resultate über unendliche Graphen.

2.4. *Es sei G zh. und $\alpha > \aleph_0$ regulär. Dann existiert $e \in E$ mit $\gamma_G(e) = \alpha$.*

Beweis. Es ist $E = \bigcup_{n=0}^{\infty} D_n(a)$ für irgendein $a \in E$. Wegen der Regularität von α existiert ein kleinstes $n \geqq 1$ mit $|D_n(a)| = \alpha$. Für $x \in D_{n-1}(a)$ sei $N_x = N_G(x) \cap D_n(a)$; $D_n(a)$ ist dann die Vereinigung der N_x. Wegen $|D_{n-1}(a)| < \alpha$ existiert also ein x mit $|N_x| = \alpha$, d. h. $\gamma_G(x) = \alpha$. —

Als Folgerung erhalten wir ein Resultat von Dushnik, das für $\aleph_1$ zuerst von Alexandroff-Urysohn bewiesen wurde (vgl. Dushnik [2]):

2.4′. *Es sei $\aleph_\nu$ reguläre Kardinalzahl $> \aleph_0$* und ω_ν *die Anfangszahl von $\aleph_\nu$. W_ν sei der durch ω_ν bestimmte Abschnitt der Ordnungszahlen (W_ν besteht also aus den Ordnungszahlen $\tau < \omega_\nu$). Es sei $f: W_\nu \to W_\nu$ eine Abbildung mit $f(\tau) < \tau$ für alle $\tau \neq 0$, $f(0) = 0$. Dann existiert $\tau_0 \in W_\nu$ mit $|f^{-1}(\tau_0)| = \aleph_\nu$.*

Beweis. Es sei G der Graph mit $E = W_\nu$ und den Kanten $\tau f(\tau)$, $\tau > 0$. G ist zh., da jede Folge $\tau, f(\tau), f^2(\tau), \ldots$ nach endlich vielen Schritten bei 0 endet. Nach (2.4) existiert $\tau \in W_\nu$ mit $\gamma_G(\tau) = \aleph_\nu$; es ist $N_G(\tau) - \{f(\tau)\} = f^{-1}(\tau)$. —

Ist G abzählbar und zh., so braucht keineswegs eine Ecke unendlichen Grades zu existieren. Beispiele sind der *einseitig unendliche Weg* (kurz *1-Weg*) sowie der *zweiseitig unendliche Weg* (kurz *2-Weg*); sie bestehen aus einer Folge von Ecken $e_1, e_2, e_3, \ldots$ bzw. $\ldots, e_{-2}, e_{-1}, e_0, e_1, e_2, \ldots$ und den Kanten e_ie_{i+1}. Graphen, in denen alle Ecken endlichen Grad haben, heißen *lokalfinit*. Ein 1-Weg hat genau eine Ecke vom Grade 1, seinen *Anfangspunkt*.

Man zeigt leicht durch Induktion über n:

2.5. *Ist G zh., lokalfinit und unendlich, so ist für beliebiges $a \in E$ jedes $D_n(a, G)$ endlich und nicht leer. Insbesondere also muß G abzählbar sein.*

2.6. *Ist G zh. und lokalfinit und $T \subseteq G$ endlich, so ist $\sigma(G - T) < \infty$.*
(Andernfalls müßten unendlich viele Kanten aus T herausführen.)

2.7. Satz von D. König. Ist *G unendlich, lokalfinit und zh., so existiert zu jedem $a \in E$ in G ein 1-Weg mit Anfangspunkt a.*

Beweis. W_n bezeichne in a beginnende Wege der Länge n. Wegen (2.5) ist für jedes n die Menge der W_n endlich und nicht leer. Ein W_n heiße ausgezeichnet, wenn für unendlich viele i ein $W_{n+i} \supset W_n$ existiert. Wir bestimmen nun eine Folge $W_0 \subset W_1 \subset W_2 \subset \cdots$ von sämtlich ausgezeichneten W_n. Es ist $W_0 = \{a\}$ ausgezeichnet. Ist W_n schon bestimmt, so existieren definitionsgemäß unendlich viele $W_{n+i} \supset W_n$; jedes dieser W_{n+i} enthält ein W_{n+1}. Unendlich viele dieser W_{n+i} müssen dasselbe W_{n+1} bestimmen, das demnach ausgezeichnet ist. — Die Vereinigung der so konstruierten W_n liefert dann einen in a beginnenden 1-Weg. —

Die im Beweis benutzte Methode ist ein exemplarisches Beispiel für die im sog. Unendlichkeitslemma von D. König ([K 3], Kap. 6) beschriebene Schlußweise und daher von prinzipiellem Interesse. Der Beweis wird noch etwas einfacher, wenn man wie folgt vorgeht:

Unter den endlich vielen Komponenten von $G - a$ muß eine unendliche vorkommen, etwa C_1; a_1 sei $\in N_G(a) \cap E(C_1)$. $C_1 - a_1$ hat eine unendliche Komponente C_2; a_2 sei $\in N_G(a_1) \cap E(C_2)$. In einer unendlichen Komponente C_3 und $C_2 - a_2$ wähle man $a_3 \in N_G(a_2)$. In dieser Weise fortfahrend, erhält man einen 1-Weg, der in a beginnt. —

Der Leser wende letztere Methode an, um die folgende Charakterisierung der Graphen die keinen 1-Weg enthalten, herzuleiten:

Eine unendliche Teilmenge U von $E(G)$ heiße *zersplittert*, wenn es ein endliches $T \subset G$ gibt derart, daß jede Komponente von $G - T$ nur endlich viele Elemente von U enthält (Halin [5]).

2.8. *Genau dann enthält G keinen 1-Weg, wenn es zu jedem unendlichen $U \subseteq E$ ein zersplittertes $U' \subseteq U$ gibt.*

Es ist klar, daß (2.7) eine unmittelbare Konsequenz von (2.8) ist.

§ 3. Eulersche Linien

Abbildung 6 zeigt schematisch einen Ausschnitt der Landkarte Königsbergs. Die eingezeichneten 7 Brücken über den Pregel sollten, so lautete das *Königsberger Brückenproblem*, in einem Rundweg (jede genau einmal) so überquert werden, daß der Spaziergänger zum Schluß wieder am Anfangspunkt seiner Wanderung ankommt. Euler [4] hat 1736 gezeigt, daß diese Aufgabe unlösbar ist. Er formalisierte das Problem, indem er jedem zusammenhängenden Landgebiet eine Ecke, jeder Brücke eine Kante eines M-Graphen zuordnete (es entsteht Abb. 7). In graphentheoretischer Fassung lautet

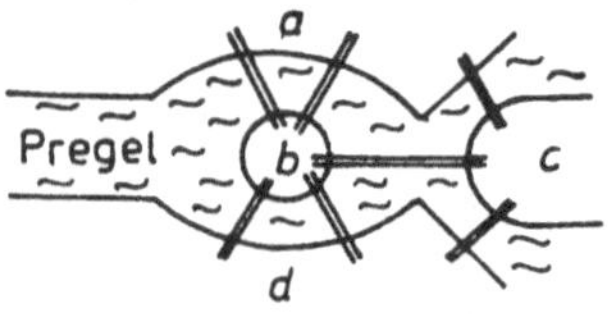

Abb. 6

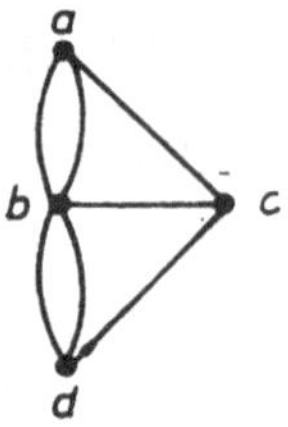

Abb. 7

das Problem dann allgemein: In welchen M-Graphen existiert ein geschlossener Kantenzug, der alle Ecken und Kanten enthält? Solch ein Kantenzug heiße eine *Eulersche Linie* des betreffenden M-Graphen. Existiert eine solche, so sprechen wir von einem *Eulerschen Graphen*. Die Lösung des genannten Problems wird durch den folgenden *Satz von* Euler gegeben:

3.1. *Ein endlicher M-Graph G hat eine Eulersche Linie genau dann, wenn G zh. und der Grad jeder Ecke von G gerade ist.*

Beweis. Ist $a_1k_1a_2 \dots a_nk_na_{n+1}$, $a_1 = a_{n+1}$, eine Eulersche Linie von G, so ist natürlich G zh. Ferner ist der Grad von a_i gleich dem Doppelten der Anzahl von Indizes $\nu \in \mathbb{N}_n$ mit $a_i = a_\nu$. Umgekehrt sei G zh. und $\gamma_G(a) \equiv 0 (\text{mod } 2)$ für alle $a \in E$. Es sei

$$a_1k_1a_2 \dots a_nk_na_{n+1} \qquad (*)$$

ein Kantenzug maximaler Länge n in G; o. B. d. A. $n \geqq 1$, da der Fall $\alpha = 1$ trivial ist. H bezeichne den M-Graphen mit den Ecken a_i und den Kanten k_i. Wäre $a_1 \neq a_{n+1}$, so

$\gamma_H(a_{n+1})$ ungerade, und man könnte (*) noch verlängern. (*) ist also geschlossen. G' entstehe aus G durch Weglassung von $k_1, \ldots, k_n$. Wäre (*) nicht Eulersche Linie in G, so gäbe es eine Komponente C von G' mit $\alpha(C) > 1$, in der natürlich auch jede Ecke geraden Grad hat; weil G zh. ist, kann C so gewählt werden, daß C mit H eine Ecke a_i gemeinsam hat. (**) sei ein maximaler Kantenzug in C durch a_i; auch (**) muß geschlossen sein. Ersetzt man a_i in (*) durch a_i(**) a_i, so erhält man einen echt größeren Kantenzug als (*), mit Widerspruch. —

Der Satz von Euler verallgemeinert sich leicht auf *gerichtete M-Graphen.* In einem solchen habe man eine Folge von Ecken und Kanten (*) $a_1k_1a_2k_2a_3 \ldots a_nk_na_{n+1}$, wo jedes k_i von a_i nach a_{i+1} gerichtet ist. (*) heißt *Kantenzug* bzw. *Bahn* (genauer: a_1, a_{n+1}-*Bahn*), wenn kein k_i bzw. kein a_i in (*) mehr als einmal auftritt. (*) heißt *Eulersche Linie* von G, wenn (*) Kantenzug mit $a_1 = a_{n+1}$ ist und die a_i alle Ecken, die k_i alle Kanten von G durchlaufen. — Ein gerichteter M-Graph heißt *zh.*, wenn der M-Graph, der entsteht, indem man von der Richtung der Kanten absieht, zh. ist. — Analog (3.1) zeigt man dann:

3.2. *Ein endlicher gerichteter M-Graph besitzt eine Eulersche Linie genau dann, wenn er zh. ist und in jeder Ecke a die Zahl der von a ausgehenden Kanten mit der Zahl der in a einmündenden Kanten übereinstimmt.* (*Dabei ist eine Schlinge bei a sowohl als von a ausgehende als auch bei a einmündende Kante zu zählen.*)

Ersetzt man in einem zh. M-Graphen jede Kante ab durch ein Paar gerichteter Kanten (a, b), (b, a), so erhält man einen D-M-Graphen, der die Voraussetzungen von (3.2) erfüllt. Also:

3.3. *Ist G ein endlicher zh.M-Graph, so gibt es eine geschlossene Kantenfolge* (*), *in der jede Kante von G genau zweimal auftritt, und zwar in jeder „Richtung" genau einmal (d.h., ist $k = ab$, so tritt in (*) einmal ... akb ..., das andere Mal ... bka ... auf).*

Bezüglich der Frage, wann ein endlicher M-Graph sich als (nicht geschlossener) Kantenzug durchlaufen oder allgemeiner als kantendisjunkte Vereinigung einer gegebenen Zahl von Kantenzügen schreiben läßt, vgl. die Übung 22 am Schluß dieses Kapitels.

Interessante und weitaus schwierigere Probleme ergeben sich, wenn man die vorstehenden Sätze auf unendliche (naturgemäß abzählbare) Graphen zu übertragen sucht. Ein *einseitig bzw. zweiseitig unendlicher Kantenzug* ist eine Folge der Form $a_1k_1a_2k_2a_3 \ldots$ bzw. $\ldots a_{-2}k_{-2}a_{-1}k_{-1}a_0k_0a_1a_2k_2a_3 \ldots$ wo die a_i Ecken, die k_i verschiedene Kanten mit den Endpunkten a_i, a_{i+1} sind. Erdös, Grünwald und Vaszonyi [3] haben für beide Typen unendlicher Kantenzüge diejenigen M-Graphen charakterisiert, die sich in der betreffenden Form durchlaufen lassen. (Beweise bei Ore [O 1], Theorem 3.2.1, 3.2.2.)

Nash-Williams [6] hat die M-Graphen bestimmt, die sich als kantendisjunkte Vereinigung einer gegebenen Zahl $m \in \mathbb{N}$ von zweiseitig unendlichen Kantenzügen darstellen lassen. Ein M-Graph G heiße *s-verzweigt*, wenn es ein endliches $T \subset E(G)$ gibt, so daß nach Weglassung von T der Restgraph in s unendliche Komponenten $C_1, \ldots, C_s$ zerfällt, jedoch kein solches T existiert, das eine Zerlegung in mehr als s unendliche Komponenten erzeugt. Gibt es ein solches $s < \infty$, so soll G *endlich verzweigt* heißen.

Ein Teilgraph von G, der als C_i in einer Zerlegung obiger Form auftritt, heiße ein *Stück* von G. C_i heiße *gerade* bzw. *ungerade*, wenn die Zahl der Kanten, die aus C_i hinausführen, gerade (oder ∞) bzw. ungerade ist. Zwei Stücke des endlich-verzweigten G heißen *äquivalent*, wenn sie ein Stück von G gemeinsam haben; eine Äquivalenzklasse von Stücken heiße eine *Schwinge* (wing) von G.

Es ist klar, daß für die Darstellbarkeit von G in der gewünschten Weise notwendig ist, daß in G keine Ecke ungeraden Grades existiert. Ist diese Bedingung erfüllt, so kann man zeigen, daß zwei äquivalente Stücke von G immer entweder beide gerade oder ungerade sind; daher darf man von geraden oder ungeraden Schwingen von G sprechen. Es bezeichne s_g bzw. s_u die Zahl der geraden bzw. ungeraden Schwingen. Dann lautet das Resultat von NASH-WILLIAMS:

3.4. *Für ein $m \in \mathbb{N}$ ist der M-Graph G darstellbar als kantendisjunkte Vereinigung von m, aber nicht weniger als m zweiseitig unendlichen Kantenzügen genau dann, wenn folgende Bedingungen erfüllt sind:*

1. $\varkappa = \alpha = \aleph_0$;
2. *G hat keine Ecke ungeraden Grades;*
3. *G ist endlich-verzweigt;*
4. *G hat keine endliche Komponente;*
5. $m = \frac{1}{2} s_u + s_g$. —

Das Problem der Zerlegung in eine gegebene endliche Zahl von kantendisjunkten Kantenzügen ohne Spezifierung (d. h., diese können endlich, einseitig oder zweiseitig unendlich sein) ist von B. ROTHSCHILD [9] behandelt worden. Bezüglich des Euler-Problems für unendliche gerichtete Graphen vgl. NASH-WILLIAMS [7].

Für die Anzahl der Eulerschen Linien in einem endlichen gerichteten Graphen haben VAN AARDENNE-EHRENFEST und DE BRUIJN [11] eine Formel angegeben; vgl. auch TUTTE [T 2] S. 41f.

Ein *Hamilton-Kreis* in einem Graphen G ist ein Kreis $\subseteq G$, der alle Ecken von G enthält; existiert ein solcher, so heißt G *Hamiltonsch.* Wiewohl die Begriffe Eulersche Linie und Hamilton-Kreis formal verwandt erscheinen, so ist doch die Charakterisierung der Hamiltonschen Graphen unvergleichlich viel schwieriger als die der Eulerschen; wir kommen darauf in Kapitel 5 zurück. Der Name „Hamilton-Kreis“ leitet sich von einem Spiel her, das W. R. HAMILTON 1859 herausgegeben hat; die zu lösende Aufgabe lief darauf hinaus, in dem Dodekaedergraphen einen Hamilton-Kreis zu finden. Zur Übung zeige der Leser, daß die Graphen der platonischen Körper sämtlich Hamiltonsch sind.

§ 4. Homomorphismen

$G = (E, K)$, $G' = (E', K')$ seien Graphen. Eine surjektive Abbildung $f: E \to E'$ heißt ein *Homomorphismus von G auf G'*, wenn

1. $$xy \in K \Rightarrow \big(f(x) = f(y) \vee f(x)\, f(y) \in K'\big),$$
2. $$x'y' \in K' \Rightarrow \bigvee_{xy \in K} \big(f(x) = x' \wedge f(y) = y'\big).$$

Ist π eine beliebige Partition von E, so sei G/π der Graph, dessen Ecken die Klassen von π sind; zwei dieser Klassen sollen in G/π benachbart sein genau dann, wenn sie verschieden sind und in G (mindestens) eine Kante zwischen ihnen verläuft. Die kanonische Abbildung φ_π, die jedem $e \in E$ die e enthaltende Klasse von π zuordnet, ist dann ein Homomorphismus von G auf G/π.

Ist f irgendein Homomorphismus von G auf G', so bilden die $f^{-1}(x')$, $x' \in E'$, eine Partition π von E, deren Klassen vermöge

$$f_0: f^{-1}(x') \to x'$$

bijektiv auf E' bezogen sind. Nach Definition des Homomorphismus gilt

$$x'y' \in K' \Leftrightarrow \delta_G\big(f^{-1}(x'), f^{-1}(y')\big) = 1,$$

d. h., f_0 ist ein Isomorphismus zwischen G/π und G'. Das folgende Diagramm ist also kommutativ:

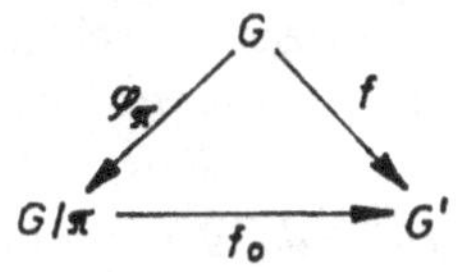

Wir sehen

4.1. *Man erhält, bis auf Isomorphie, alle homomorphen Bilder G' von G in der Form G/π, wo π irgendeine Partition von E ist.*

Ein Homomorphismus f von G auf G' heißt *kontraktiv* (f heißt dann kurz ein *c-Homomorphismus*), wenn alle $f^{-1}(x')$, $x' \in E'$, zh. Untergraphen von G aufspannen. Es gilt dann

4.2. *Es sei f eine surjektive Abbildung von E auf E'. Für $H' \sqsubseteq G'$ bezeichne $f^{-1}[H']$ den durch das Urbild von $E(H')$ aufgespannten Untergraphen von G. f ist dann und nur dann ein c-Homomorphismus von G auf G', wenn für alle $H' \sqsubseteq G'$ gilt*

$$H' \text{ zh.} \Leftrightarrow f^{-1}[H'] \text{ zh.}$$

(Beweis als Übung.)

Einen c-Homomorphismus eines Teilgraphen G_0 von G auf G' nennen wir auch einen *c-Homomorphismus aus G* auf G'; existiert ein solcher, so sagen wir, G sei *c-homomorph* zu G' und schreiben

$$G \succ G'.$$

Die Relation $\succ$ ist eine sinnvolle, anschaulich einprägsame Erweiterung der Teilgraph-Beziehung: $G \succ G'$ besagt einfach, daß sich in G disjunkte zh. Untergraphen, die den Ecken von G' bijektiv entsprechen, so finden lassen, daß benachbarten Ecken von G' auch benachbarte Untergraphen von G entsprechen (benachbart in dem Sinne, daß eine Kante in G von dem einen Untergraphen in den anderen führt).

Klar ist dann:

4.3. $G \succ G' \Rightarrow \alpha \geqq \alpha', \quad \varkappa \geqq \varkappa'.$

Offenbar ist stets $G \succ G$, und man zeigt leicht

$$(G \succ G' \wedge G' \succ G'') \Rightarrow G \succ G''.$$

$\succ$ ist also eine Quasiordnung (d. h. reflexiv und transitiv). $\succ$ ist auch antisymmetrisch im folgenden Sinne: Ist G endlich und $G \succ G'$, $G' \succ G$, so folgt $G \simeq G'$. (Denn $G \succ G'$, $\varkappa = \varkappa'$, $\alpha = \alpha' < \infty \Rightarrow G \simeq G'$; Beweis als Übung.) Also:

4.4. *$\succ$ liefert in der Klasse der endlichen Graphen eine Teilordnung (sofern man isomorphe Graphen als gleich betrachtet).*

Zur Übung konstruiere man unendliche nicht-isomorphe Graphen G, G' mit $G \succ G'$, $G' \succ G$. Die Antisymmetrie von $\succ$ gilt also für unendliche Graphen nicht.

Ist $H \subseteq G$, so werde der durch *Identifizierung* von H hervorgehende Graph G/H wie folgt definiert: Man fügt zu $G - H$ eine neue Ecke $\dot{H}$ hinzu und verbindet $\dot{H}$ genau mit denjenigen Ecken von $G - H$ durch Kanten, die in G zu mindestens einer Ecke von H benachbart sind. (Man läßt also sozusagen H auf einen Punkt „zusammenschrumpfen".) Ist $k \in K$, so schreiben wir statt $G/\langle k \rangle$ einfach G/k und sagen, G/k geht aus G durch *Kontraktion der Kante* k hervor. Offenbar hat man

4.5. $\alpha(G/k) = \alpha(G) - 1$, $\varkappa(G/k) = \varkappa(G) - 1 - \Delta$, *wo* Δ *die Zahl der* k *enthaltenden Dreiecke von* G *bezeichnet.*

4.6. *Ist* $H \subseteq G$ *zh., so liefert* $x \to x$ *für* $x \in E(G - H)$, $h \to \dot{H}$ *für* $h \in E(H)$ *einen c-Homomorphismus von* G *auf* G/H.

Ist H endlich, so sieht man, indem man der Reihe nach alle Kanten von H kontrahiert, daß der c-Homomorphismus in (4.6) durch Hintereinanderausführung einer Folge von Kantenkontraktionen erhalten werden kann.

Es sei nun G endlich und $G \succ G'$ mit $E' = \{e_1, \ldots, e_s\}$. Dann existieren also disjunkte zh. $H_1, \ldots, H_s \sqsubseteq G$ mit $e_i e_j \in K' \Rightarrow \delta_G(H_i, H_j) = 1$. Indem man in G zuerst H_1 identifiziert, in G/H_1 sodann H_2 identifiziert, in $(G/H_1)/H_2$ dann H_3 identifiziert usf., erhält man schließlich einen Graphen, der einen zu G' isomorphen Teilgraphen besitzt. Die Identifizierung eines jeden H_i kann aber nach obigem durch eine Folge von Kantenkontraktionen erreicht werden. Also haben wir:

4.7. *G, G' seien endlich. Dann und nur dann ist $G \succ G'$, wenn G durch eine Folge von Kantenkontraktionen in einen Graphen übergeführt werden kann, der einen zu G' isomorphen Teilgraphen besitzt.*

Ist G ein Graph, so heißt jeder Graph, der aus G dadurch entsteht, daß man auf den Kanten von G neue Ecken (vom Grade 2) einführt, eine *Unterteilung* von G, bezeichnet durch G^{U}. (M. a. W.: Ein G^{U} entsteht aus G durch Ersetzung jeder Kante $k = xy$ von G durch einen x,y-Weg W_k (der auch wieder eine Kante sein kann), wobei $W_k \cap W_{k'}$ für $k \neq k'$ höchstens einen gemeinsamen Endpunkt von k, k' enthalten darf.) Enthält H einen zu einem G^{U} isomorphen Teilgraphen, so schreiben wir $H \succ_{\mathrm{u}} G$. Man zeigt leicht $H \succ_{\mathrm{u}} G \Rightarrow H \succ G$. („Rückgängigmachung" der Unterteilung W_{xy} von xy bedeutet offenbar Kontraktion aller Kanten von W_{xy} bis auf eine.) Natürlich ist auch die Relation $\succ_{\mathrm{u}}$ reflexiv, transitiv und antisymmetrisch, wenn man isomorphe Graphen als gleich ansieht und sich auf endliche Graphen beschränkt. (Zur Übung konstruiere man dagegen unendliche nicht-isomorphe G, G' mit $G \succ_{\mathrm{u}} G'$, $G' \succ_{\mathrm{u}} G$.)

4.8. *Ist* $H \succ G$ *und* $\gamma_G^{\max} \leqq 3$, *so* $H \succ_{\mathrm{u}} G$.

Beweis. Wir wählen disjunkte zh. $Z_e \sqsubseteq H$ $(e \in E)$ mit $ee' \in K \Rightarrow \delta_H(Z_e, Z_{e'}) = 1$; für jedes $k = ee' \in K$ wählen wir ein $\bar{k} \in K(H)$, das von Z_e nach $Z_{e'}$ führt. In jedem Z_e liegen höchstens 3 Endpunkte solcher $\bar{k}$; sie können auch zusammenfallen. Sind in Z_e höchstens zwei verschiedene solche Endpunkte vorhanden, so können wir Z_e durch einen geeigneten Weg $T_e \subseteq Z_e$ ersetzen. Liegen in Z_e dagegen 3 verschiedene der genannten Endpunkte, so verbinde man zwei davon durch einen Weg W in Z_e und den dritten mit W durch einen kürzesten Weg $W' \subseteq Z_e$; es sei $T_e = W \cup W'$. Die T_e zusammen mit den $\bar{k}$ bilden dann offenbar ein G^{U}. —

Ein Homomorphismus f von G auf G' heiße *diskreter Homomorphismus*, kurz *d-Homomorphismus*, wenn für $xy \in K$ stets $f(x) \neq f(y)$ (d. h. $f(x) f(y) \in K'$) gilt; gleichbedeutend mit letzterem ist, daß $G[f^{-1}(x')]$ für jedes $x' \in E'$ kantenlos ist. Identifikation zweier nicht benachbarter Ecken in einem Graphen G kann als d-Homomorphismus gedeutet werden; jeder d-Homomorphismus eines endlichen G ist durch Hintereinanderausführung endlich vieler solcher „elementaren“ d-Homomorphismen realisierbar.

Im Hinblick auf (4.7) kann daher der Begriff des d-Homomorphismus als Gegenstück zu dem des c-Homomorphismus aufgefaßt werden. Als Übungen zeige man:

4.9. *Hintereinanderausführung zweier d-Homomorphismen (sofern möglich) ergibt wieder einen d-Homomorphismus.*

4.10. *Jeder Homomorphismus kann realisiert werden, indem man zuerst einen c-Homomorphismus, sodann einen d-Homomorphismus anwendet.*

§ 5. Die Operation $*$. Paare Graphen

G, G' seien disjunkte Graphen. Mit $G * G'$ bezeichnen wir den Graphen $G \cup G' \cup K^*$, wo K^* die Menge aller Kanten ee' mit $e \in E$, $e' \in E'$ bedeute.

Ist $G \cap G' \neq \Theta$, so wählen wir disjunkte H, H' mit $G \simeq H$, $G' \simeq H'$ und setzen $G * G' = H * H'$. $G * G'$ ist also dann nur bis auf Isomorphie eindeutig definiert. Das führt aber nicht zu Schwierigkeiten, da wir uns i. w. nur für die Struktur von Graphen, kaum für die konkrete Realisierung interessieren.

Man zeigt sehr leicht, daß die Verknüpfung $*$ kommutativ und assoziativ ist und Θ als neutrales Element besitzt. Bei Verknüpfung von mehr als zwei Graphen durch $*$ kommt es also auf deren Reihenfolge oder Beklammerung nicht an. G heißt *$*$-prim*, wenn keine Zerlegung $G = G' * G''$ mit $G', G'' \neq \Theta$ existiert. Offenbar ist G $*$-prim genau dann, wenn das Komplement $\overline{G}$ zh. ist. Jedes endliche G besitzt eine eindeutige Darstellung $H_1 * \cdots * H_m$ mit $*$-primen H_i; diese sind gerade die Komplemente der Komponenten von $\overline{G}$ (Beweis als Übung). Entsprechendes gilt natürlich auch für unendliche G, wenn man nur die Verknüpfung $*$ auf unendliche Familien von Graphen ausdehnt, was ohne weiteres möglich ist, von uns im folgenden aber nicht benötigt wird.

Gemäß der Vereinbarung in § 1 fassen wir eine Menge auch auf als einen Graphen mit leerer Kantenmenge. Demnach ist ein Ausdruck $A_1 * \cdots * A_m$ auch dann erklärt, wenn gewisse der A_i Mengen (von Ecken) sind.

Einen kantenlosen Graphen mit α Ecken bezeichnen wir durch (α), auch einfach, in Verbindung mit $*$, durch α. $G * 1$ ist demnach der Graph, der aus G dadurch entsteht, daß man eine neue Ecke hinzunimmt und diese mit jeder Ecke von G durch eine Kante verbindet. Ist C ein Kreis, so bezeichnen wir $C * 1$ als ein *Rad*.

Ein Graph der Form $\alpha_1 * \cdots * \alpha_m$ ($\alpha_i \in \mathbb{N}$, $m \geqq 1$) heißt *simplexartig* oder, genauer, ein *vollständig m-partiter Graph*. Beispielsweise ist $2 * 2 * 2$ der Graph des Oktaeders. Der *m-dimensionale Oktaedergraph* ist $2 * 2 * \cdots * 2$ (mit m Faktoren).

Man zeigt leicht (Beweis als Übung):

5.1. *Folgende Aussagen über einen endlichen Graphen G sind äquivalent:*

(a) *G ist simplexartig;*
(b) *alle Komponenten von $\overline{G}$ sind Simplexe;*
(c) *„nicht benachbart“ ist eine Äquivalenzrelation in E.*

Ein Graph G heißt *paar*, auch *bipartit*, wenn E sich in disjunkte Teilmengen A, B so zerlegen läßt, daß jedes $k \in K$ ein $a \in A$ mit einem $b \in B$ verbindet, was offenbar mit

$G \subseteq A * B$ gleichbedeutend ist. Das Paar A, B heißt dann eine Zweiteilung von G. Man überlegt sich unschwer, daß A, B eindeutig bestimmt sind genau dann, wenn G zh. ist. Jeder Graph $A * B$ (A, B Mengen) heißt ein *vollständiger paarer Graph.*

5.2. *G ist paar genau dann, wenn G keinen ungeraden Kreis enthält.*

Beweis. Ist $G \subseteq A * B$ paar und C ein Kreis in G, so müssen seine Ecken abwechselnd zu A und B gehören, was nur möglich ist, wenn $\alpha(C)$ gerade ist. Umgekehrt enthalte G keinen ungeraden Kreis. Offenbar bedeutet es keine Einschränkung der Allgemeinheit, G als zh. anzunehmen. Wir wählen $a \in E$ beliebig und setzen $E_i = \{e \in E \mid \delta_G(a, e) \equiv i \pmod 2\}$ für $i = 1, 2$. E_1, E_2 bilden eine Zweiteilung von G. Andernfalls nämlich gäbe es $xy \in K$ mit x, y aus demselben E_i. Notwendig ist $\delta_G(a, x) = \delta_G(a, y)$, etwa $x, y \in D_n(a, G)$. W^x, W^y seien Wege der (minimalen) Länge n von a nach x bzw. y. Es sei m die größte Zahl mit $D = W^x \cap W^y \cap D_m(a, G) \neq \Theta$; es ist $0 \leqq m < n$. Für $z \in E(D)$ sind W^x_{zx}, W^y_{zy} Wege der Länge $n - m$, die nur z gemeinsam haben. $W^x_{zx} \cup W^y_{zy} \cup xy$ wäre dann aber ein ungerader Kreis. —

Ist C ein Kreis, so heißt jede Kante, die zwei Ecken von C verbindet, ohne zu $K(C)$ zu gehören, eine *Sehne* von C. Jede Sehne k zerlegt C auf natürliche Weise in zwei (k enthaltende) Kreise C_1, C_2 kleinerer Länge; ist C ungerade, so eins der C_i gerade, das andere ungerade. Wir schließen:

5.3. *Enthält G einen ungeraden Kreis, so enthält G auch einen ungeraden Kreis ohne Sehnen (der also Untergraph von G ist).*

5.4. $G > H \Leftrightarrow G * 1 > H * 1$.

Beweis. Die Implikation von links nach rechts ist trivial. Umgekehrt gelte $G * 1 > H * 1$ vermöge einer Abbildung φ; die nicht in G (bzw. H) enthaltene Ecke von $G * 1$ (bzw. $H * 1$) werde mit x (bzw. y) bezeichnet. Ist $x \notin \varphi^{-1}(E(H * 1))$ oder $x \in \varphi^{-1}(y)$, so ist klar, daß φ einen c-Homomorphismus aus G auf H vermittelt. Ist dagegen $x \in \varphi^{-1}(h)$, $h \in E(H)$, so kann man φ in einen c-Homomorphismus ψ aus $G * 1$ auf $H * 1$ derart abändern, daß $x \in \psi^{-1}(y)$ gilt; man braucht nur $\psi^{-1}(h) = \varphi^{-1}(y)$, $\psi^{-1}(y) = \{x\}$ zu setzen und im übrigen die $\varphi^{-1}(e)$ unverändert zu lassen. —

Übungen zu Kapitel 1

1. Ist G zh. und haben alle Ecken den Grad $\leqq 2$, so ist G ein endlicher Weg, ein Kreis, ein 1-Weg oder ein 2-Weg.
2. Ist G endlich und $\gamma_G^{\min} \geqq n \geqq 2$, so enthält G einen Kreis der Länge $\geqq n + 1$. (Man betrachte einen Weg W größter Länge; jeder Endpunkt von W ist nur zu Ecken von W benachbart.)
3. Für jedes $\alpha \in \mathbb{N}$ bestimme man die größte Zahl $\varkappa$, so daß ein nicht-zh. Graph mit α Ecken und $\varkappa$ Kanten existiert.
4. Wie groß muß (für endliches G) $\delta_G^{\min}$ im Vergleich zu α sein, damit man sicher ist, daß G zh. ist?
5. Bestimme alle zh. Graphen, die die Gradsequenz $1, 2, 2, \ldots, 2, 3$ bzw. $2, 2, \ldots, 2, 3, 3$ bzw. $1, 2, 2, \ldots, 2, 3, 3, 3$ realisieren.
6. Ist $g_1, g_2, \ldots$ eine Folge natürlicher Zahlen $\geqq 2$, so existiert stets ein zh. abzählbarer Graph mit den Ecken $e_1, e_2, \ldots$, so daß $\gamma_G(e_i) = g_i$ für $i = 1, 2, \ldots$ gilt.
7. $(g_1, \ldots, g_n) \in \mathbb{N}^n$ mit $n > g_1 \geqq g_2 \geqq \cdots \geqq g_n$ ist als Gradsequenz eines Graphen realisierbar genau dann, wenn $(g_2 - 1, g_3 - 1, \ldots, g_{g_1+1} - 1, g_{g_1+2}, \ldots, g_n)$ in dieser Weise realisierbar ist.
8. Ist G nicht zh., so $\overline{G}$ zh. und $\gamma_{\overline{G}}^{\max} \geqq \dfrac{\alpha}{2}$.

9. $d(G) \geqq 3 \Rightarrow d(\overline{G}) \leqq 3$.

10. Dann und nur dann existiert in G ein 1-Weg, wenn es in G eine unendliche absteigende Folge $Z_1 \supset Z_2 \supset Z_3 \supset \cdots$ von nicht-leeren, zh. Teilgraphen mit $\bigcap_{i=1}^{\infty} Z_i = \Theta$ gibt.

11. Für zh. G gilt $r(G) \leqq d(G) \leqq 2r(G) \leqq \alpha - 1$.

12. Für je zwei $r, d \in \mathbb{N}$ mit $r \leqq d \leqq 2r$ konstruiere man einen zh. Graphen G mit $r(G) = r$, $d(G) = d$.

13. Die größtmögliche Kantenzahl $\varkappa$ eines Graphen G vom Radius $r = 1$ bzw. 2 mit α Ecken ist $\binom{\alpha}{2}$ bzw. $\left[\frac{\alpha(\alpha-2)}{2}\right]$. (Für beliebiges r hat Vizing [12] den betreffenden Wert $\varkappa$ bestimmt. Er ist $\frac{1}{2}(\alpha^2 - 4r\alpha + 5\alpha + 4r^2 - 6r)$ für $r \geqq 3$.)

14. G sei endlich, zh. Für $x, y \in E$ sei $\Delta(x, y)$ die größte Länge eines x,y-Weges $\subseteq G$. Δ ist eine Metrik auf E.

Ein Graph G heiße *selbstkomplementär*, wenn $G \simeq \overline{G}$ gilt (vgl. Ringel [8], Sachs [10]).

15. Die selbstkomplementären Graphen mit $\leqq 5$ Ecken sind: der triviale Graph, der Weg der Länge 3, der 5-Kreis sowie der Graph, der aus einem Weg W der Länge 3 und einer weiteren Ecke, die zu den beiden inneren Ecken von W benachbart ist, besteht.

16. Jeder selbstkomplementäre Graph mit $\alpha \geqq 2$ ist zh. und vom Durchmesser 2 oder 3.

17. G endlich, selbstkomplementär $\Rightarrow \alpha \equiv 0$ oder 1 (mod 4).

18. Es existiert kein regulärer selbstkomplementärer Graph von gerader Ordnung.

19. Jeder selbstkomplementäre Graph mit $\geqq 6$ Ecken enthält ein Dreieck.

20. Jeder Graph G vom Durchmesser 2 mit $\alpha \geqq 3$, der kein $\beta * \beta'$ ist, enthält ein Dreieck oder ein Fünfeck.

21. Ein endlicher zh. Graph mit $\geqq 2$ Ecken ist Eulersch genau dann, wenn er die kantendisjunkte Vereinigung von Kreisen ist.

22. G sei endlich und enthalte $2s > 0$ Ecken ungeraden Grades (vgl. (1.2)). G ist als kantendisjunkte Vereinigung von s Wegen ohne gemeinsamen Endpunkt sowie von lauter Kreisen darstellbar. (Mit mehr oder weniger als s Wegen ist eine solche Darstellung nicht möglich.) Ist G zh., so ist G kantendisjunkte Vereinigung von s Kantenzügen, aber nicht von weniger als s Kantenzügen.

23. Man leite eine Formel für die Kantenzahl von $\alpha_1 * \cdots * \alpha_m$ her. Insbesondere zeige man $\varkappa(\alpha_1 * \cdots * \alpha_m) = \binom{m}{2}\alpha^2$, falls $\alpha_1 = \alpha_2 = \cdots = \alpha_m = \alpha$ gilt.

24. Bei gegebener Eckenzahl und bei gegebenem m hat $\alpha_1 * \cdots * \alpha_m$ größtmögliche Kantenzahl genau dann, wenn $|\alpha_i - \alpha_j| \leqq 1$ für alle $i, j = 1, \ldots, m$ gilt. Dieser extremale Graph ist bis auf Isomorphie eindeutig bestimmt.

25. Je zwei längste Wege in einem endlichen zh. Graphen schneiden sich. (Dagegen braucht es keine Ecke zu geben, durch die alle längsten Wege gehen; vgl. Walther [13].)

26. $G \succ H \Rightarrow G * F \succ H * F$ (für jeden Graphen F). Inwieweit gilt hier die Umkehrung? (Vgl. (5.4).)

27. $G \succ S(3) \Leftrightarrow G$ enthält einen Kreis.

28. Ist G ein endlicher Graph, so existiert ein endlicher Graph, der regulär vom Grade $\gamma_G^{\max}$ ist und G als Untergraphen enthält.

29. Durch bessere Ausnützung der Beweismethode in (2.3) zeige man, daß sogar in G ein Kreis der Länge $\geqq \sqrt{2s}$ existieren muß. (Nach Dirac [1] existiert sogar ein Kreis der Länge $\geqq 2\sqrt{s}$.)

30. Man verwandele den Beweis für (2.2) in einen Induktionsbeweis und gebe eine obere Schranke für $f(s, t)$ an.

Kapitel 2

Darstellungsformen für Graphen

Für die Entwicklung der Graphentheorie sind die verschiedenartigen Möglichkeiten, Graphen anschaulich oder an Modellen zu realisieren, von hoher Bedeutung gewesen; sowohl für die Richtung der Fragestellungen als auch für die Beweisideen waren die verschiedenen Darstellungsformen außerordentlich fruchtbar.

§ 1. Topologische Darstellung von Graphen

Es seien $\mathfrak{T}$ ein topologischer Raum (im folgenden fast immer ein $\mathbb{R}^n$ bzw. ein topologischer Unterraum des $\mathbb{R}^n$) sowie $\mathfrak{E}$ eine Menge von Punkten aus $\mathfrak{T}$ und $\mathfrak{K}$ eine Menge von Jorgan-Bögen[1]) in $\mathfrak{T}$ mit folgenden Eigenschaften:

1. Jedes $k \in \mathfrak{K}$ hat mit $\mathfrak{E}$ genau seine beiden Endpunkte gemeinsam.

2. Für verschiedene k, k' aus $\mathfrak{K}$ ist stets $k \cap k'$ entweder leer oder genau ein Punkt aus $\mathfrak{E}$ (der dann gemeinsamer Endpunkt von k und k' ist).

Durch $\mathfrak{E}$, $\mathfrak{K}$ ist dann ein Graph $G(\mathfrak{E}, \mathfrak{K})$ mit der Eckenmenge $\mathfrak{E}$ bestimmt, wenn man für $e, e' \in E$ festsetzt

$$ee' \in K\big(G(\mathfrak{E}, \mathfrak{K})\big) \Leftrightarrow \bigvee_{k \in \mathfrak{K}} k \cap \mathfrak{E} = \{e, e'\}.$$

Wir nennen das geordnete Paar $(\mathfrak{E}, \mathfrak{K})$ einen *topologischen Graphen* in $\mathfrak{T}$ und die Elemente von $\mathfrak{E}$ bzw. $\mathfrak{K}$ seine Ecken bzw. Kanten. Ein beliebiger Graph H heißt in $\mathfrak{T}$ *einbettbar* (oder *darstellbar*), wenn es einen topologischen Graphen $(\mathfrak{E}, \mathfrak{K})$ in $\mathfrak{T}$ gibt, so daß $H \simeq G(\mathfrak{E}, \mathfrak{K})$ ist. $(\mathfrak{E}, \mathfrak{K})$ heißt in diesem Falle eine *Darstellung* oder *Realisierung* von H in $\mathfrak{T}$. Ist dabei speziell $\mathfrak{T}$ ein $\mathbb{R}^n$ und sind die $k \in \mathfrak{K}$ sämtlich Strecken, so sprechen wir von einer *geradlinigen Darstellung* von G.

Topologische Graphen des $\mathbb{R}^2$ heißen *ebene Graphen*; ein Graph G heißt *plättbar*, wenn G isomorph zu einem ebenen Graphen ist. Eine ausführlichere Behandlung der ebenen Graphen wird in Kapitel 7 folgen.

Ohne weiteres ist klar:

1.1. *Ist G darstellbar in $\mathfrak{T}$, so ist auch jeder Teilgraph von G und jede Unterteilung von G in $\mathfrak{T}$ darstellbar.*

---

[1]) Unter einem Jordan-Bogen verstehen wir ein homöomorphes Bild des Einheitsintervalles $[0, 1]$ von $\mathbb{R}$. Die Bilder von 0 und 1 heißen die Endpunkte des betreffenden Jordan-Bogens.

Entsprechendes gilt für die c-homomorphen Bilder eines in $\mathfrak{T}$ darstellbaren G nur unter starken Einschränkungen über die Struktur von $\mathfrak{T}$. Ist der endliche Graph G durch einen topologischen Graphen ($\mathfrak{E}$, $\mathfrak{K}$) in einem $\mathbb{R}^n$ oder auch in einer Fläche (orientierbar oder auch nicht orientierbar) von einem bestimmten Geschlecht p dargestellt, so kann man um ein beliebiges $k_0 \in \mathfrak{K}$ einen „kleinen Schlauch" S legen, worunter wir folgendes verstehen wollen: Zu jedem Punkt P von k_0 bestimmen wir eine abgeschlossene Kugel (bzw. Zelle) S_P mit Mittelpunkt P, so daß alle nicht mit einem Endpunkt von k_0 inzidenten Kanten sowie die übrigen Ecken $\in \mathfrak{E}$ von S_P vermieden werden; S sei dann die Vereinigung dieser S_P. Jedes nach einem der Endpunkte von k_0 verlaufende $k \neq k_0$ aus $\mathfrak{K}$ trifft dann S in einem ersten Punkte P_k; indem man einen beliebigen inneren Punkt $\dot{k}_0$ von S durch Jordan-Bögen $\subseteq S$ mit den P_k so verbindet, daß je zwei von diesen nur $\dot{k}_0$ gemeinsam haben, erhält man offenbar eine topologische Darstellung des Graphen, der aus G durch Kontraktion der k_0 entsprechenden Kante entsteht. Wir haben also

1.2. *Ist das endliche G in $\mathbb{R}^n$ oder in einer (orientierbaren oder nichtorientierbaren) Fläche von irgendeinem Geschlecht p darstellbar, so ist auch jedes c-homomorphe Bild von G dort darstellbar.*

Hat man im $\mathbb{R}^3$ ein System $x_1, \ldots, x_n$ von n Punkten, von denen keine 4 in einer Ebene liegen, so kann man dieses zu einem entsprechenden System mit $n + 1$ Punkten erweitern, indem man irgendeinen Punkt x_{n+1} außerhalb der $\binom{n}{3}$ Ebenen, die durch die Tripel der Form x_i, x_j, x_k bestimmt werden, wählt. Keine zwei verschiedenen der Strecken $x_i x_j$ schneiden sich dann in einem inneren Punkt. Somit folgt induktiv über die Eckenzahl:

1.3. *Jeder endliche Graph läßt sich geradlinig im $\mathbb{R}^3$ darstellen.*

Hat man im $\mathbb{R}^3$ weniger als $\aleph$ Ebenen E_i ($i \in I$), so gibt es immer einen Punkt, der zu keiner dieser Ebenen gehört.[1]) Mittels des Zornschen Lemmas kann man daher die letzte Überlegung ins Transfinite erweitern und erhält:

1.4. *Der vollständige Graph $S(\aleph)$ ist im $\mathbb{R}^3$ geradlinig darstellbar.*

Übungen

1. Man bestimme die im $\mathbb{R}^1$ darstellbaren Graphen.
2. Ist durch $\mathfrak{E}$ und $\mathfrak{K}$ ein topologischer Graph bestimmt, so ist auch die Vereinigung der $k \in \mathfrak{K}$ ein topologischer Raum $\mathfrak{T}$. Welche Graphen lassen sich in $\mathfrak{T}$ darstellen?
3. Man führe den angedeuteten Beweis für (1.4) genau durch.
4. Es sei $\mathfrak{E}$ die Menge der Punkte $x_t = (t, t^2, t^3)$, $t \in \mathbb{R}$. Man führe einen anderen Beweis von (1.4), indem man zeigt, daß keine 4 Punkte von $\mathfrak{E}$ in einer Ebene liegen.

§ 2. Darstellung durch Mengengraphen

Es sei $\mathfrak{E}$ eine Menge von sämtlich nicht-leeren Mengen. Verschiedene $S, T \in \mathfrak{E}$ sollen benachbart heißen genau dann, wenn $S \cap T \neq \emptyset$ gilt. Dadurch ist ein Graph mit der Eckenmenge $\mathfrak{E}$ definiert; er heiße der durch $\mathfrak{E}$ bestimmte *Mengengraph* $G_{\mathfrak{E}}$. Wir sprechen

[1]) Man wähle eine Ebene E, die von allen E_i verschieden ist. Dann kann keine Gerade in E, die von allen $E \cap E_i$ verschieden ist, ganz zur Vereinigung der E_i gehören.

von einem Mengengraphen auf einer Menge M, wenn alle $T \in \mathfrak{E}$ Teilmengen von M sind.

Ist G ein beliebiger Graph, so ordne man jeder Ecke e die Menge $T_e = \{e\} \cup \{ex \mid x \in N_G(e)\}$ zu. Der durch die T_e bestimmte Mengengraph ist offenbar isomorph zu G. Also:

2.1. *Jeder Graph läßt sich durch einen Mengengraphen darstellen.*

Für einen Graphen G bezeichne $q(G)$ das Minimum aller Kardinalzahlen $|M|$ derart, daß G einem Mengengraphen auf M isomorph ist. Nach obigem ist jedenfalls $q(G) \leqq \alpha(G) + \varkappa(G)$. Ist G zh. und $\alpha(G) \geqq 3$, so genügt es, jedem $e \in E$ die Menge der mit e inzidenten Kanten zuzuordnen, und man sieht:

2.2. *Ist G zh. und $\alpha(G) \geqq 3$, so ist $q(G) \leqq \varkappa(G)$.*

Genauer zeigen wir:

2.3. *Ist G zh. und endlich mit $\alpha(G) \geqq 4$, so gilt $q(G) = \varkappa(G)$ genau dann, wenn G kein Dreieck enthält.*

Beweis. Enthält nämlich G ein Dreieck Δ, etwa mit den Ecken a, b, c, so muß eine davon den Grad $\geqq 3$ haben; o. B. d. A. sei dies a. Für eine Ecke $e \notin E(\Delta)$ sei $T_e = \{ex \mid x \in N_G(e)\}$; ferner sei

$$T_a = \{ab, \Delta\} \cup \{k \in K \mid a \in k \notin K(\Delta)\},$$

$$T_b = \{ab, \Delta\} \cup \{k \in K \mid b \in k \notin K(\Delta)\},$$

$$T_c = \{\Delta\} \cup \{k \in K \mid c \in k \notin K(\Delta)\}.$$

Dadurch wird G als Mengengraph auf $K - \{ac, bc\} \cup \{\Delta\}$ dargestellt; also $q(G) \leqq \varkappa(G) - 1$.

Ist G dagegen dreiecklos und ist $e \to T_e$ eine Darstellung von G als Mengengraph auf irgendeiner Menge M, so kann kein Element von M in mehr als zwei der Mengen T_e auftreten. Ordnet man daher jeder Kante $k = ab$ von G ein Element aus $T_a \cap T_b$ zu, so erhält man eine injektive Abbildung von K in M, d. h., es ist notwendig $|K| \leqq |M|$, womit $\varkappa(G) \leqq q(G)$ folgt. —

Es bezeichne $q(n)$ für jedes $n \in \mathbb{N}$ das Maximum aller Werte $q(G)$ mit $\alpha(G) = n$. Erdös, Goodman und Pósa [3] haben $q(n)$ für alle n explizit bestimmt:

2.4. Satz von Erdös, Goodman und Pósa

$$q(n) = n \quad \textit{für} \quad n \leqq 3,$$

$$q(n) = \left[\frac{n^2}{4}\right] \quad \textit{für} \quad n \geqq 4.$$

Beweis. Die Behauptung ist richtig für $n \leqq 5$ (vgl. die Übungen weiter unten). Daß $q(n) \geqq \left[\frac{n^2}{4}\right]$ ist, folgt sofort aus (2.3) durch Betrachtung der dreiecklosen Graphen $\frac{n}{2} * \frac{n}{2}$ (bei geradem n) und $\frac{n-1}{2} * \frac{n+1}{2}$ (bei ungeradem n). $q(n) \leqq \left[\frac{n^2}{4}\right]$ für $n \geqq 4$ zeigen wir durch Schluß von n auf $n + 2$ unter Benutzung der Gleichung $\left[\frac{(n+2)^2}{4}\right] = \left[\frac{n^2}{4}\right] + n + 1$.

Es sei $n \geqq 4$ und G ein Graph mit den Ecken $e_1, \ldots, e_{n+2}$. Der Fall $K = \emptyset$ ist trivial; daher kann o. B. d. A. $e_{n+1}e_{n+2} \in K$ angenommen werden. Der durch $e_1, \ldots, e_n$ erzeugte Untergraph hat nach Induktionsvoraussetzung eine Darstellung $e_i \to T_i$ als Mengengraph auf einer Menge M mit $|M| \leqq \left[\frac{n^2}{4}\right]$. Wir wählen $n+1$ Elemente $x_1, \ldots, x_{n+1} \notin M$ und setzen

$$A_i = \{x_\nu \mid 1 \leqq \nu \leqq n,\ e_\nu \in N_G(e_{n+i})\} \quad \text{für} \quad i = 1, 2.$$

Ist $A_1 \neq A_2$, so setzen wir $T_\nu^* = T_\nu \cup \{x_\nu\}$ für $\nu = 1, \ldots, n$ sowie $T_{n+i}^* = A_i \cup \{x_{n+1}\}$ für $i = 1, 2$; dann liefert $e_i = T_i^*$ eine Darstellung der verlangten Art für G.

Ist $A_1 = A_2 = \emptyset$, so erhalten wir vermöge

$$T_\nu^* = T_\nu \quad (\nu = 1, \ldots, n), \qquad T_{n+1}^* = \{x_1\}, \qquad T_{n+2}^* = \{x_1, x_2\}$$

das Gewünschte.

Ist schließlich $A_1 = A_2 = A \neq \emptyset$, so setzen wir $T_\nu^* = T_\nu \cup \{x_\nu\}$ für $\nu = 1, \ldots, n$ sowie $T_{n+1}^* = A$, $T_{n+2}^* = A \cup \{x_{n+1}\}$.

In jedem Falle erhalten wir eine Darstellung von G, die mit höchstens $n+1$ neuen Elementen auskommt, und die Behauptung folgt induktiv. —

Übungen

1. $q(S(2^n)) = n + 1$.
2. Ist $e \in E(G)$ nicht isoliert, so gilt $q(G - e) \leqq q(G) \leqq q(G - e) + \gamma_G(e)$.
3. Hat G die Komponenten $G_1, \ldots, G_n$, so ist $q(G) = q(G_1) + \ldots + q(G_n)$.
4. Indem man die möglichen Fälle durchprobiert, zeige man $q(n) = n$ für $n \leqq 3$.
5. Ebenfalls durch Probieren zeige man $q(4) = 4$ (man kann sich dabei Übung 1 bis 3 zunutze machen).
6. Es gilt $q(5) = 6$. Zum Beweis unterscheide man die Fälle: i) G (mit $\alpha(G) = 5$) enthält eine Ecke des Grades $\leqq 2$, ii) Es ist $\gamma_G^{\min} \geqq 3$. Fall i) wird mittels Übung 2, 3 erledigt; im Fall ii) hat man drei Graphen zu untersuchen (nämlich $S(5)$, $S(5)$ vermindert um eine Kante, sowie $S(5)$ vermindert um zwei Kanten ohne gemeinsamen Endpunkt).
7. Ein Graph G heiße ein *Intervallgraph*, wenn G einem Mengengraphen isomorph ist, bei dem die auftretenden Mengen sämtlich Intervalle des $\mathbb{R}^1$ sind. Man zeige: Ist C ein Kreis der Länge $\geqq 4$ in einem Intervallgraphen, so besitzt C eine Sehne.
8. Dann und nur dann läßt sich ein endlicher Graph G als Mengengraph eines endlichen Systems von Geraden in der Ebene darstellen, wenn G simplexartig ist.

§ 3. Darstellung durch Matrizen

G sei ein gerichteter oder ungerichteter M-Graph mit den Ecken $e_1, \ldots, e_n$. α_{ij} bezeichne die Zahl der Kanten von e_i nach e_j. Die n,n-Matrix $\mathcal{A} = (\alpha_{ij})$ nennen wir die *Adjazenzmatrix* $\mathcal{A}(G)$ von G.

Es ist klar, daß G durch $\mathcal{A}(G)$ (bis auf Isomorphie) eindeutig bestimmt ist. $\mathcal{A}(G)$ hängt zwar von der Reihenfolge ab, in der die Ecken geschrieben werden, Änderung der genannten Reihenfolge bedeutet jedoch nur die Transformation mit einer Permutationsmatrix, so daß die wesentlichen matrizentheoretischen Eigenschaften von $\mathcal{A}$, insbesondere sofern sie die graphentheoretische Struktur von G widerspiegeln, erhalten bleiben.

Ist G Graph, so ist $\mathcal{A}(G)$ eine symmetrische 0,1-Matrix mit lauter Nullen in der Hauptdiagonale; umgekehrt stellt auch jede solche Matrix einen Graphen dar. Analog entsprechen die gerichteten Graphen gerade allen 0,1-Matrizen.

3.1. *Sind $G_1, \ldots, G_m$ die Komponenten von G, so ist bei geeigneter Reihenfolge der Ecken von G*

$$\mathcal{A}(G) = \begin{pmatrix} \mathcal{A}(G_1) & & 0 \\ & \mathcal{A}(G_2) \cdot \, . \, . & \\ 0 & & \cdot \, \mathcal{A}(G_m) \end{pmatrix}.$$

G ist also zh. genau dann, wenn $\mathcal{A}(G)$ unzerlegbar ist.

Für $\mathcal{A} = (\alpha_{ij})$ bezeichnen wir das (i, j)-te Glied von $\mathcal{A}^m$ durch $\alpha_{ij}^{(m)}$. Dann gilt:

3.2. *$\alpha_{ij}^{(m)}$ ist gleich der Anzahl der in G vorhandenen (gerichteten) Kantenfolgen von e_i nach e_j mit genau m Kanten.*

Denn es ist

$$\alpha_{ij}^{(m)} = \sum_{\nu_1, \ldots, \nu_{m-1}=1}^{n} \alpha_{i\nu_1}\alpha_{\nu_1\nu_2} \ldots \alpha_{\nu_{m-2}\nu_{m-1}}\alpha_{\nu_{m-1}j}$$

nach Definition des Matrizenproduktes. Jeder Summand $\alpha_{i\nu_1}\alpha_{\nu_1\nu_2} \ldots \alpha_{\nu_{m-1}j}$ ist aber gerade die Zahl der Kantenfolgen mit m Kanten von e_i nach e_j über $e_{\nu_1}, \ldots, e_{\nu_{m-1}}$. —

Für einen Graphen G ergeben sich daraus folgende Konsequenzen:

1. Für $i \neq j$ ist $\alpha_{ij}^{(2)}$ gleich der Zahl von e_i,e_j-Wegen der Länge 2 in G.
2. Es ist $\alpha_{ii}^{(2)} = \gamma_G(e_i)$.
3. $\alpha_{ii}^{(3)}$ ist gleich der doppelten Zahl der Dreiecke $\subseteq G$, die e_i enthalten.
4. $\delta_G(e_i, e_j) = \min (\nu \mid \alpha_{ij}^{(\nu)} \neq 0)$.

(Beweise als Übung.)

Es sei nun G ein Graph bzw. ein schlingenloser gerichteter Graph mit den Ecken $e_1, \ldots, e_m$ und den Kanten $k_1, \ldots, k_n$. Den e_i lassen wir die Zeilen, den k_j die Spalten einer m,n-Matrix $\mathcal{B} = (\beta_{ij})$ entsprechen, und zwar sei im gerichteten Falle $\beta_{ij} = 1$ bzw. -1, wenn e_i Anfangspunkt bzw. Endpunkt von k_j ist und, falls e_i nicht auf k_j vorkommt, sei $\beta_{ij} = 0$; im ungerichteten Falle sei $\beta_{ij} = 1$ oder 0, je nachdem ob $e_i \in k_j$ gilt oder nicht. Die Matrix $\mathcal{B}$ heiße die *Inzidenzmatrix* $\mathcal{J}(G)$ von G.

Es ist klar, daß G auch durch $\mathcal{J}(G)$ bis auf Isomorphie eindeutig beschrieben wird. $\mathcal{J}(G)$ hat in jeder Spalte genau zwei von Null verschiedene Glieder (im gerichteten Falle $+1$ und -1, im ungerichteten Falle zweimal 1).

Für $\mathcal{J}(G)$ gilt das Analogon von (3.1). Ferner hat man

3.3. *Ist G ein Graph mit s Komponenten und faßt man $\mathcal{J}(G)$ als Matrix über dem Galois-Feld $\mathbb{F}_2$ auf, so hat $\mathcal{J}(G)$ den Rang $\alpha(G) - s$.*

Beweis. Offenbar genügt es, den Fall $s = 1$ zu betrachten (vgl. (3.1)). Durch Addition der α Zeilen von $\mathcal{J}(G)$ ergibt sich der Nullvektor (mod 2), d. h. $\mathcal{J}(G)$ hat den Rang $\leqq \alpha - 1$. Hat man irgendwelche Zeilen, die über $\mathbb{F}_2$ linear abhängig sind, so gibt es darunter solche, deren Summe mod 2 der Nullvektor ist. Jede Kante hätte dann mit den diesen Zeilen entsprechenden Ecken entweder 2 oder 0 Ecken gemeinsam, was wegen des Zusammenhanges von G nur möglich ist, wenn die genannten Zeilen sämtliche Ecken von G repräsentieren. —

Als Folgerung ergibt sich mit

3.3'. *Ein Graph G ist zh. genau dann, wenn je* $\alpha - 1$ *Zeilen von* $\mathfrak{J}(G)$ *linear unabhängig (bezüglich* $\mathbf{F}_2$*) sind.*

Entsprechendes gilt, wenn G gerichtet ist, wobei die Bedingung, daß die Koeffizienten mod 2 zu betrachten sind, fortfällt. (Dabei heiße ein gerichteter Graph zusammenhängend, wenn der zugrundeliegende ungerichtete Graph zh. ist.)

Man nennt eine Matrix *total unimodular*, wenn jede quadratische Untermatrix die Determinante 0, 1 oder -1 hat (insbesondere müssen dann alle Glieder der Matrix 0, 1 oder -1 sein).

3.4. *Die Inzidenzmatrix eines endlichen gerichteten Graphen G ist total unimodular.*

Beweis. Es sei $\mathcal{T}$ eine quadratische Untermatrix von $\mathfrak{J}(G)$ mit z Zeilen. Für $z = 1$ ist $\det \mathcal{T} = \pm 1$ oder 0 klar. Es sei $z > 1$. Enthält jede Spalte von $\mathcal{T}$ zwei Glieder $\neq 0$ (d. h. 1 und -1), so ergibt die Summe aller Zeilen von $\mathcal{T}$ den Nullvektor; d. h., diese sind linear abhängig, und man hat $\det \mathcal{T} = 0$. Gleichfalls ergibt sich $\det \mathcal{T} = 0$, wenn eine Spalte von $\mathcal{T}$ nur aus Nullen besteht. Im übrigbleibenden Fall, daß eine Spalte von $\mathcal{T}$ genau ein Glied $\neq 0$ enthält, entwickeln wir nach eben dieser Spalte, und es ergibt sich $\det \mathcal{T} = \pm \det \mathcal{T}'$ für eine quadratische Untermatrix $\mathcal{T}'$ mit $z - 1$ Zeilen. Die Behauptung folgt durch Induktion über z. –

Entsprechendes gilt für den ungerichteten Fall nicht:

3.5. *Ist C ein ungerader Kreis, so ist* $\mathfrak{J}(C)$ *quadratisch und* $\det \mathfrak{J}(C) = 2$.

Denn $\mathfrak{J}(C)$ hat die Gestalt

$$\begin{pmatrix} 1 & 0 & 0 & \dots & 0 & 1 \\ 1 & 1 & 0 & & 0 & 0 \\ 0 & 1 & 1 & & 0 & 0 \\ \vdots & & \ddots & \ddots & & \vdots \\ \vdots & & & & 1 & 0 \\ 0 & 0 & 0 & \dots & 1 & 1 \end{pmatrix}$$

Entwicklung nach der 1. Zeile ergibt

$$\det \mathfrak{J}(C) = \det J + (-1)^{n+1} \det J',$$

wo J, J' Dreiecksmatrizen mit lauter Einsen in der Hauptdiagonale sind und n die Länge von C ist. –

3.6. *Für einen (endlichen) Graphen G ist* $\mathfrak{J}(G)$ *total unimodular genau dann, wenn G paar ist.*

Beweis. Ist G paar, $G \subseteq A * B$, so steht in jeder Spalte von $\mathfrak{J}(G)$ die eine Eins in einer A, die andere Eins in einer B entsprechenden Zeile. Es sei $\mathcal{T}$ eine quadratische Untermatrix. Enthält $\mathcal{T}$ in jeder Spalte genau zwei Einsen, so erhält man durch Addition der A entsprechenden Zeilen und Subtraktion der B entsprechenden Zeilen den Nullvektor, also $\det \mathcal{T} = 0$. In den übrigbleibenden Fällen gelangt man wie in (3.4) zum Ziel.

Ist umgekehrt G nicht paar, so enthält G nach Kap. 1, (5.2) einen ungeraden Kreis C als Untergraphen. Ihm entspricht eine quadratische Untermatrix von $\mathfrak{J}(G)$, die nach (3.5) die Determinante 2 hat. –

Weitere interessante Variationen der Inzidenzmatrizen findet man in Kap. 5 von BUSACKER und SAATY [B 16]. Zum Beispiel kann man den Kanten eines Graphen G die Spalten, den Kreisen in G die Zeilen einer Matrix entsprechen lassen und an der Stelle (i, j) eine Eins (bzw. Null) eintragen, wenn die j-te Kante auf dem i-ten Kreise liegt (bzw. nicht liegt). Legt man in der so definierten *Kreismatrix* $\mathcal{C}(G)$ von G und in $\mathcal{J}(G)$ die gleiche Reihenfolge der Kanten zugrunde, so besteht zwischen $\mathcal{J}(G)$ und der Transponierten von $\mathcal{C}(G)$ die folgende Orthogonalitätsbeziehung (über $\mathbb{F}_2$):

$$\mathcal{J}(G) \cdot \mathcal{C}(G)^{\mathsf{T}} = 0 .$$

(Beweis als Übung.)

Später wird uns noch die *Admittanzmatrix* $\hat{\mathcal{A}}(G)$ eines Graphen G (mit den Ecken $e_1, \ldots, e_n$) beschäftigen, die als n,n-Matrix (α_{ij}) wie folgt definiert ist: Für jedes $i = 1, \ldots, n$ sei $\alpha_{ii} = \gamma_G(e_i)$, und für $i \neq j$ sei $\alpha_{ij} = -1$ bzw. 0, je nachdem, ob e_i, e_j in G benachbart sind oder nicht. Ist $\mathcal{D}$ die „Gradmatrix" von G (d. h. die Diagonalmatrix, in der an der i-ten Stelle der Diagonale der Grad von e_i steht), so gilt

$$\hat{\mathcal{A}}(G) = \mathcal{D} - \mathcal{A}(G) .$$

§ 4. Charakteristisches Polynom und Eigenwerte eines Graphen

Im folgenden sei G ein Graph mit den Ecken $e_1, \ldots, e_n$ $(n \geqq 2)$, $\mathcal{A} = (\alpha_{ij})_{n,n}$ mit den Zeilenvektoren $a_1, \ldots, a_n$ sei die Adjazenzmatrix von G. Als reelle symmetrische Matrix hat $\mathcal{A}$ lauter reelle Eigenwerte; diese seien $\lambda_* = \lambda_1 \leqq \lambda_2 \leqq \cdots \leqq \lambda_n = \lambda^*$. Ferner ist die Dimension des Eigenraumes eines jeden λ_i gleich der algebraischen Vielfachheit von λ_i, d. h. gleich der Vielfachheit von λ_i als Nullstelle des charakteristischen Polynoms $\det(\mathcal{A} - \lambda\mathcal{E})$ von $\mathcal{A}$ ($\mathcal{E}$ die n,n-Einheitsmatrix); wir definieren $\det(\mathcal{A} - \lambda\mathcal{E})$ auch als das *charakteristische Polynom* des Graphen G und bezeichnen es mit $\chi_G(\lambda)$. Es ist klar, daß χ_G nicht von der Reihenfolge der Ecken e_i abhängt. Die Zahlen λ_i heißen auch die *Eigenwerte* des Graphen G.

Es ist interessant, die graphentheoretischen Eigenschaften, die sich in den genannten algebraischen Gegebenheiten ausdrücken, zu studieren. Dies haben zuerst COLLATZ und SINOGOWITZ [2] getan; dieser Arbeit folgen wir hier in unseren Überlegungen weitgehend. Für einen weiterführenden Gesamtüberblick über diesen Fragenkreis vgl. man etwa den Artikel von A. J. HOFFMAN in [XLIX]. In diesem Zusammenhang sei auch auf die Monographie von N. H. BIGGS [B 7] sowie auf MOWSHOWITZ [11] hingewiesen.

Nach dem Determinanten-Multiplikationssatz haben wir:

4.1. *Hat G die Komponenten $G_1, \ldots, G_r$, so ist*

$$\chi_G = \chi_{G_1} \cdot \cdots \cdot \chi_{G_r} .$$

Es genügt daher im folgenden, sich i. w. auf zh. Graphen zu beschränken.

Wir schreiben

$$\chi_G(\lambda) = \sum_{\nu=0}^{n} (-1)^\nu c_\nu \lambda^\nu = \sum_{\sigma \in \mathfrak{S}_n} \operatorname{sgn} \sigma \cdot \hat{\alpha}_{1,\sigma(1)} \cdot \cdots \cdot \hat{\alpha}_{n,\sigma(n)}$$

mit $\hat{\alpha}_{ij} = \alpha_{ij}$ für $i \neq j$ bzw. $= -\lambda$ für $i = j$.

Für $T \in \binom{\mathbb{N}n}{s}$ sei $\mathcal{A}_T$ die s-reihige Untermatrix der α_{ij} mit $i, j \in T$. Dann kann man aus dieser Darstellung von χ_G schließen:

4.2. $c_\nu = \sum\limits_{T \in \binom{\mathbb{N}n}{n-\nu}} \det \mathcal{A}_T = \sum \det \mathcal{A}(H)$, *wobei die letzte Summe über alle Untergraphen H von G mit n — ν Ecken erstreckt wird.*

Man sieht, daß die c_ν allesamt eine graphentheoretische Bedeutung haben.

Natürlich ist $c_n = 1$. Stets ist $c_{n-1} = 0$, da kein e_i zu sich selbst benachbart ist.[1]) Weiter ist $c_{n-2} = -\varkappa(G)$, denn $\det \mathcal{A}_{\{i,j\}}$ ist gleich -1 oder 0, je nachdem ob e_i, e_j benachbart sind oder nicht.

$\frac{c_{n-3}}{2}$ ist gleich der Zahl der Dreiecke in G; denn für $\alpha(H) = 3$ ist $\det \mathcal{A}(H) = 2$ oder 0, je nachdem ob H ein Dreieck ist oder nicht, wie man unschwer nachrechnet. Komplizierter ist die graphentheoretische Rolle der übrigen Koeffizienten zu beschreiben; z. B. ist c_{n-4} gleich der Zahl der Paare disjunkter Kanten, vermindert um die doppelte Zahl der Vierecke.

Als Beispiel haben wir

4.3. $\chi_{S(n)}(\lambda) = (-1)^n \cdot \big(\lambda - (n-1)\big) \cdot (\lambda + 1)^{n-1}$.

(Zum Beweise subtrahiere man die 1. Spalte der Matrix $\mathcal{A}\big(S(n)\big) - \lambda\mathcal{E}$ von allen anderen Spalten, sodann addiere man in der entstehenden Matrix die 2. bis n. Zeile zur ersten Zeile.)

Wir wollen nun die Rolle der Eigenwerte von G, insbesondere von λ_* und λ^*, untersuchen. Für $x = (x_1, \ldots, x_n) \in \mathbb{R}^n$, $\neq 0$ bilden wir den Rayleigh-Quotienten

$$R(x) = \frac{(x, \mathcal{A}x)}{(x, x)} = \frac{\sum\limits_{i,j=1}^{n} \alpha_{ij} x_i x_j}{\sum\limits_{i=1}^{n} x_i^2}.$$

Ist $u_1, \ldots, u_n$ eine Orthonormalbasis aus Eigenvektoren von $\mathcal{A}$ (mit $\mathcal{A}u_i = \lambda_i u_i$) und ist $x = \sum \xi_i u_i$, so findet man

$$R(x) = \frac{\sum \lambda_i \xi_i^2}{\sum \xi_i^2}.$$

Daraus sieht man:

4.4. $\lambda_* \leqq R(x) \leqq \lambda^*$ *für alle* $x \neq 0$ *aus* $\mathbb{R}^n$; *es gilt* $R(x) = \lambda^*$ (*bzw.* $= \lambda_*$) *genau dann, wenn x Eigenvektor von* $\mathcal{A}$ *zum Eigenwert* λ^* (*bzw.* λ_*) *ist.*

Für $x = (x_1, \ldots, x_n) \in \mathbb{R}^n$ bezeichne $\bar{x}$ den Vektor $(|x_1|, \ldots, |x_n|)$. Wegen $\alpha_{ij} \geqq 0$ und (4.4) ist stets

$$R(\bar{x}) \geqq R(x) \geqq -R(\bar{x}) \geqq -\lambda^*. \qquad (*)$$

Also:

4.5. $|\lambda_*| \leqq \lambda^*$.

[1]) Ließe man auch Schlingen zu, so ergäbe sich c_{n-1} als die Anzahl derselben.

Ferner ergibt sich mittels (*) aus (4.4):

4.6. *Ist x Eigenvektor zu λ^*, so ist auch $\bar{x}$ Eigenvektor zu λ^*.*

Es sei nun G zh., d. h. $\mathcal{A}$ unzerlegbar. $x = (x_1, \ldots, x_n)$ sei Eigenvektor von $\mathcal{A}$ zu λ^*. Keins der x_i kann verschwinden. Wären nämlich etwa $x_1, \ldots, x_s$ von 0 verschieden, während $x_{s+1} = \cdots = x_n = 0$ gälte ($1 \leqq s < n$), so folgte (wegen $\mathcal{A}\bar{x} = \lambda^*\bar{x}$)

$$\sum_{j=1}^{s} \alpha_{ij}|x_j| = \lambda^*|x_i| = 0$$

für $i = s + 1, \ldots, n$, d. h. $\alpha_{ij} = 0$ für $j = 1, \ldots, s$ und $i = s + 1, \ldots, n$, und G wäre nicht zh.

Aufgrund von (4.6) ist $\lambda^* = R(x) = R(\bar{x})$. Bezeichnet N_+ bzw. N_- die Menge der r mit $x_r > 0$ bzw. $x_r < 0$, so kann diese Gleichheit aber nur gelten, wenn $\alpha_{ij} = 0$ für alle $i \in N_+$, $j \in N_-$ gilt; $N_+, N_- \neq \emptyset$ hätten also zur Folge, daß G nicht zh. ist. Man schließt, daß jeder Eigenvektor x zu λ^* sämtlich von 0 verschiedene Komponenten gleichen Vorzeichens haben muß. Insbesondere kann kein weiterer Eigenvektor zu λ^* existieren, der zu x orthogonal ist. Daher:

4.7. *Der Eigenraum zum Eigenwert λ^* hat, bei zh. G, die Dimension* 1. *M. a. W.: λ^* ist, wenn G zh. ist, einfacher Eigenwert von G. Jeder Eigenvektor zu λ^* hat dann sämtlich von* 0 *verschiedene Komponenten gleichen Vorzeichens.*

Da Eigenvektoren zu verschiedenen Eigenwerten orthogonal sein müssen, ergibt sich auch:

4.8. *Zu keinem Eigenwert $\neq \lambda^*$ existiert ein Eigenvektor mit lauter nichtnegativen Komponenten.*

Im folgenden bezeichne x^1 den Vektor des $\mathbb{R}^n$, dessen sämtliche Komponenten 1 sind. Es ist $(a_i, x^1) = \gamma_G(e_i)$, ferner $R(x^1) = \frac{1}{n} \sum_{i=1}^{n} \gamma_G(e_i)$ der „Durchschnittsgrad" der Ecken von G.

4.9. *G sei zh. Dann gilt*

$$\gamma_G^{\min} \leqq \frac{1}{n} \sum_{i=1}^{n} \gamma_G(e_i) \leqq \lambda^* \leqq \gamma_G^{\max}. \tag{**}$$

Ferner sind folgende Aussagen äquivalent:

(a) *In (**) gilt mindestens einmal das Gleichheitszeichen;*
(b) *in (**) gilt überall das Gleichheitszeichen;*
(c) *G hat x^1 als Eigenvektor (notwendig dann zum Eigenwert λ^*);*
(d) *G ist regulär.*

Beweis. Nach der Vorbemerkung und (4.4) sind die beiden ersten Ungleichungen in (**) schon klar.

Es sei y Eigenvektor zu λ^*; alle y_i können > 0 gewählt werden, und es sei $y_h = \max(y_1, \ldots, y_n)$. Für $i = 1, \ldots, n$ hat man

$$\lambda^* y_i = (a_i, y) = \sum_{e_i e_j \in K} y_j \leqq \gamma_G(e_i) \cdot y_h;$$

für $i = h$ ergibt dies die letzte Ungleichung in (**).

Nunmehr ist klar, daß die Regularität von G äquivalent damit ist, daß in (**) überall Gleichheit gilt; ferner muß dann x^1 Eigenvektor (zu λ^*) sein (vgl. (4.4)).

Ist x^1 Eigenvektor, so gilt $\lambda^* = \lambda^* x_i^1 = (a_i, x^1) = \gamma_G(e_i)$ für $i = 1, \ldots, n$, d. h., G ist regulär.

Zu zeigen ist nur noch (a) $\Rightarrow$ (b). Gilt $\lambda^* = \frac{1}{n} \sum \gamma_G(e_i)$, so ist also x^1 Eigenvektor, und wir sind nach dem bereits Gezeigten fertig. Trivial ist der Fall $\gamma_G^{\min} = \frac{1}{n} \sum \gamma_G(e_i)$.

Ist $\lambda^* = \gamma_G^{\max}$, so treten in $\lambda^* y_h = \sum_j \alpha_{hj} y_j$ genau $\gamma_G(e_h)$ ($\leqq \lambda^*$) Summanden $\neq 0$ auf; jeder ist $\leqq y_h$, so daß $y_j = y_h$ für alle j mit $e_h e_j \in K$ folgt. Für jedes dieser j folgt genau so $y_m = y_j = y_h$ für $e_j e_m \in K$. So können wir fortfahren. Wegen des Zusammenhanges von G folgt die Gleichheit aller y_i. Somit ist y Vielfaches von x^1, G muß also regulär sein. —

Es soll jetzt untersucht werden, wie λ^* sich bei Übergängen zu Teilgraphen verhält. Ist H irgendein endlicher Graph, so bezeichne $\lambda^*(H)$ bzw. $\lambda_*(H)$ den größten bzw. kleinsten Eigenwert von H. Durch R_H bezeichnen wir Rayleigh-Quotienten zu H.

4.10. *Für $k = e_i e_j \in K(G)$ gilt*

$$\lambda^*(G - k) \leqq \lambda^*(G),$$

mit Ungleichheit, wenn $G - k$ zh. ist.

Beweis. Es sei x Eigenvektor zu $\lambda^*(G - k)$ mit $\|x\| = 1$. Wegen (4.6) kann $x_\nu \geqq 0$ für $\nu = 1, \ldots, n$ angenommen werden. Die Behauptung folgt dann aus

$$\lambda^*(G - k) = R_{G-k}(x) = R_G(x) - 2x_i x_j \leqq R_G(x) \leqq \lambda^*(G).$$

4.11. *Für $e \in E(G)$ gilt ($\alpha(G) \geqq 2$ vorausgesetzt)*

$$\lambda_*(G) \leqq \lambda_*(G - e) \leqq \lambda^*(G - e) \leqq \lambda^*(G).$$

In der am weitesten rechts stehenden Ungleichung steht $<$, wenn G zh. ist.

Beweis. Es sei etwa $e = e_i$. Dann entsteht $\mathcal{A}(G - e)$ durch Streichung der i-ten Zeile und i-ten Spalte von $\mathcal{A}$. Für $x \in \mathbb{R}^{n-1}$ sei $\hat{x}$ der durch „Zwischenschieben" einer 0 an der i-ten Stelle entstehende Vektor des $\mathbb{R}^n$. Dann gilt (für $x \neq 0$) $R_{G-e}(x) = R_G(\hat{x})$, und die behauptete Ungleichung folgt aus (4.4). Ist G zh., so kann $\hat{x}$ wegen (4.7) nicht Eigenvektor zu λ^* sein; daher gilt die behauptete echte Ungleichung. —

Nach (4.3) hat $S(n)$ die Eigenwerte -1, $n - 1$. Mit (4.10), (4.11) haben wir also

4.12. *$H \subseteq G \Rightarrow \lambda^*(H) \leqq \lambda^*(G)$, mit echter Ungleichung sicher dann, wenn H, G zh. sind und $H \subset G$ ist. Jeder Graph mit mindestens einer Kante erfüllt $\lambda^* \geqq 1$, $\lambda_* \leqq -1$. Enthält G ein $S(n)$, so ist $\lambda^*(G) \geqq n - 1$.*

Zum Schluß zeigen wir

4.13. *Ist G paar, so hat G mit jedem Eigenwert λ auch $-\lambda$ als Eigenwert, und zwar in der gleichen Vielfachheit wie λ.*
Umgekehrt: Ist G zh. und gilt $\lambda_* = -\lambda^*$, so ist G paar.

Beweis. $\{e_1, \ldots, e_s\}$, $\{e_{s+1}, \ldots, e_n\}$ sei eine Zweiteilung von G. Dann gilt $\alpha_{ij} = 0$ für $i \leqq s$, $j \leqq s$ und für $i > s$, $j > s$. Ist λ Eigenwert und x Eigenvektor zu λ, so ist

$x^* = (x_1, \ldots, x_s, -x_{s+1}, \ldots, -x_n)$ Eigenvektor zu $-\lambda$, und die Zuordnung $x \to x^*$ liefert einen Isomorphismus der Eigenräume.

Umgekehrt sei G zh., und es gelte $\lambda_* = -\lambda^*$. x mit $||x|| = 1$ sei Eigenvektor zu λ_*. Dann gilt $R(x) = \sum \alpha_{ij} x_i x_j = -\lambda^*$, $\sum \alpha_{ij} |x_i|\,|x_j| \geqq |R(x)| \geqq \lambda^*$; mithin besteht hier Gleichheit, und $\bar{x}$ ist Eigenvektor zu λ^*. Nach (4.7) sind alle $x_i \neq 0$. Es seien etwa $x_1, \ldots, x_s > 0$, $x_{s+1}, \ldots, x_n < 0$; wegen $R(x) \leqq 0$ ist $1 \leqq s \leqq n - 1$. $\sum \alpha_{ij} |x_i|\,|x_j| = |\sum \alpha_{ij} x_i x_j|$ kann aber nur gelten, wenn keine zwei Summanden $\alpha_{ij} x_i x_j$ mit $\alpha_{ij} = 1$ entgegengesetztes Vorzeichen haben; damit folgt $\alpha_{ij} = 0$ entweder für alle (i, j) mit $i \leqq s$, $j \geqq s + 1$ oder für alle (i, j) mit $i \leqq s$, $j \leqq s$ bzw. $i > s$, $j > s$. —

Übungen

1. Ist $G = \alpha_1 * \cdots * \alpha_r$, so hat $\mathcal{A}$ den Rang r. 0 ist also $(n - r)$-facher Eigenwert (wobei $n = \sum \alpha_i$). Man bestimme χ_G für $r = 2$ und 3.

2. Ist (in 1.) speziell $\alpha_1 = \ldots = \alpha_r = 2$, so sprechen wir von dem r-dimensionalen Oktaeder. (Es entsteht aus $S(2r)$ durch Wegnahme von r Kanten, die paarweise keinen gemeinsamen Endpunkt haben.) Eigenwerte sind $2r - 2$ (einfach), 0 (r-fach) und -2. Die Eigenvektoren zum Eigenwert -2 sind genau die Vektoren $(x_1, \ldots, x_{2r})$ mit $x_1 = x_2$, $x_3 = x_4, \ldots, x_{2r-1} = x_{2r}$ und $x_1 + x_2 + \cdots + x_r = 0$; also hat -2 die Vielfachheit $r - 1$. Das charakteristische Polynom ist somit

$$(x - (2r - 2)) \cdot x^r \cdot (x + 2)^{r-1}.$$

3. Ist G ein Weg, so sind die Eigenwerte $\lambda_\nu = 2 \cos \frac{\nu\pi}{\alpha + 1}$ $(\nu = 1, \ldots, \alpha)$; diese sind paarweise verschieden, also alle einfach. $(x_1, \ldots, x_n)$ mit $x_j = \sin j \frac{\nu\pi}{\alpha + 1}$ ist Eigenvektor zu λ_ν.

4. Der Kreis der Länge n hat die Eigenwerte $\lambda_\nu = 2 \cos \frac{2\pi\nu}{n + 1}$ $(\nu = 1, \ldots, n)$. Nur $\lambda_n = 2$ und, im Falle eines geraden n, $\lambda_{\frac{n}{2}} = -2$ sind einfache Eigenwerte; im übrigen gilt $\lambda_\nu = \lambda_{n-\nu}$ für $\nu = 1, \ldots, n - 1$. Einen Eigenvektor x zu λ_ν erhält man vermöge $x_j = \cos j \frac{2\pi\nu}{n}$. (Diese Resultate kann man aus der Theorie der zyklischen Determinanten gewinnen.)

Im folgenden habe G die Ecken $1, \ldots, n$ und φ sei Automorphismus von G. Offenbar ist $\varphi \in \mathfrak{S}_n$ ein Automorphismus von G genau dann, wenn stets $\alpha_{ij} = \alpha_{\varphi(i)\varphi(j)}$ gilt.

5. Ist x Eigenvektor zum Eigenwert λ von G, so auch $x^\varphi := (x_{\varphi(1)}, \ldots, x_{\varphi(n)})$.
Also:

6. Ist λ einfacher Eigenwert von G, so ist x^φ (reelles) Vielfaches von x; das ist nur möglich, wenn $x^\varphi = x$ oder $x^\varphi = -x$ ist.

7. Sind alle Eigenwerte einfach, so muß φ^2 die Identität sein. (Dazu wende man 6. auf eine Basis aus Eigenvektoren an.)

8. λ sei einfacher Eigenwert, und die Automorphismengruppe operiere transitiv auf $E(G)$. Dann muß zunächst G regulär (von einem Grade r) sein. Ist n ungerade, so ist notwendig $\lambda = r$. Ist n gerade, so muß λ ganz und $\equiv 2 \pmod r$ sein.

(Mittels 6. schließt man nämlich, daß in einem Eigenvektor x zu λ alle x_i gleichen Betrag haben. Ist $\lambda \neq r$, so $x \perp (1, \ldots, 1)$, also $\sum x_i = 0$, was bei ungeradem n nicht möglich ist. Ist n gerade, so sei o. B. d. A. jedes x_i ganz und etwa $x_1 > 0$. Dann ist $\lambda x_1 = \sum \alpha_{1j} x_j = s x_1 - (r - s)\, x_1$, wenn s die Zahl der $x_j > 0$ mit $1j \in K(G)$ bezeichnet.)

9. Ist G regulär vom Grade 3 und die Automorphismengruppe auf $E(G)$ transitiv, so ist also $\lambda^*(G) = 3$; alle anderen einfachen Eigenwerte sind höchstens ± 1, -3.

10. Der Würfelgraph (Abb. 2) ist paar, 3-regulär, und die Automorphismengruppe operiert transitiv auf seinen Ecken. Also: $\lambda^* = 3$, $\lambda_* = -3$. Ferner ist -1 Eigenwert; 4 verschiedene zugehörige Eigenvektoren erhält man, wenn man den Paaren diametral gegenüberliegender

Ecken des Würfels den Wert -3, den übrigen 6 Ecken jeweils den Wert 1 entsprechen läßt. Genau 3 dieser Eigenvektoren sind linear unabhängig. Man erhält als charakteristisches Polynom des Würfels:

$$(x - 3)(x + 3)(x - 1)^3 (x + 1)^3.$$

11. Die nichtisomorphen Graphen der Abb. 8 und 9 haben beide das charakteristische Polynom $x^8 - 7x^6 + 9x^4$.

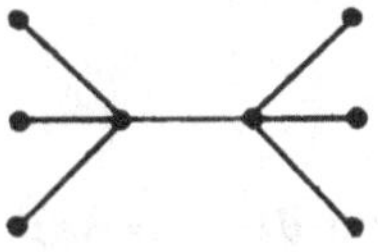

Abb. 8

Abb. 9

§ 5. Das kartesische Produkt von Graphen

Es sei $G_i = (E_i, K_i)$ $(i \in I)$ eine Familie von Graphen. Unter dem *kartesischen Produkt* $\times_{i \in I} G_i$ dieser Familie wollen wir den Graphen G mit der Eckenmenge $E = \times_{i \in I} E_i$ (= Menge aller Familien $(e_i)_{i \in I}$ mit $e_i \in E_i$) verstehen, in dem $(e_i)_{i \in I}$ zu $(e'_i)_{i \in I}$ genau dann benachbart sei, wenn ein $j \in I$ existiert mit $e_j e'_j \in K_j$ und $e_i = e'_i$ für alle $i \neq j$. Die Ecke $(e_i)_{i \in I}$ bezeichnen wir „in vektorieller Schreibweise" auch einfach mit e, wenn keine Irrtümer zu befürchten sind. Ist $I = \{1, \ldots, n\}$ endlich, so schreiben wir $\times_{i \in I} G_i$ meist in der Form $G_1 \times \cdots \times G_n$ und $(e_i)_{i \in I}$ in der Form $(e_1, \ldots, e_n)$.

Beispiele

1. Der n-dimensionale Würfelgraph ist isomorph dem kartesischen Produkt von n zu $S(2)$ isomorphen Graphen.

2. Die Kontur einer n-Eck-Säule ist isomorph zu $C(n) \times S(2)$. ($C(n)$ bezeichnet den n-Kreis.)

3. Es bezeichne W_n den Weg der Länge n. Dann ist $W_n \times W_m$ isomorph dem ganzzahligen Gitter der Ebene mit den Punkten (i, j), $0 \leqq i \leqq n$, $0 \leqq j \leqq m$, wobei (i, j), (i', j') benachbart sind genau dann, wenn $i = i'$ und $|j - j'| = 1$ oder $|i - i'| = 1$ und $j = j'$ gilt. Speziell ist $W_n \times W_1$ die „Leiter mit $n + 1$ Sprossen".

Wir sagen, ein Graph G sei *als kartesisches Produkt* der G_i $(i \in I)$ dargestellt, wenn

$$G \simeq \times_{i \in I} G_i \qquad (*)$$

gilt.

Jedes G_i, das in einer solchen Darstellung von G auftritt, heiße ein (kartesischer) *Teiler* von G. Es ist klar, daß man, wenn man die Zerlegungseigenschaften eines Graphen bezüglich $\times$ untersucht, isomorphe Graphen als im wesentlichen gleich ansehen darf. (Natürlich folgt aus $G_i \simeq G'_i$ $(i \in I)$ auch $\times_{i \in I} G_i \simeq \times_{i \in I} G'_i$). Die Operation $\times$ erfüllt dann, wie man leicht zeigt, das assoziative und das kommutative Gesetz, und der triviale Graph 1 ist neutrales Element:

5.1. $(A \times B) \times C \simeq A \times (B \times C)$,

5.2. $A \times B \simeq B \times A$,

5.3. $A \times 1 \simeq A$

für irgendwelche Graphen A, B, C.

Die Gesamtheit der Graphen (bei Identifizierung isomorpher Graphen) bildet also bezüglich $\times$ eine kommutative Halbgruppe mit Einselement. (Übrigens gelten auch die transfiniten Versionen des assoziativen und kommutativen Gesetzes.)

Ferner zeigt man leicht

5.4. $G = A \times B,\ A = A' \cup A'' \Rightarrow G = (A' \times B) \cup (A'' \times B)$;

entsprechende Verträglichkeitseigenschaften mit $\times$ *gelten auch für die Durchschnitts- und Differenzbildung von Graphen.*

Nach der Definition der Kanten in einem kartesischen Produkt ist auch sofort klar:

5.5. *Ist* $G = \underset{i \in I}{\times} G_i$, *so gilt für jedes* $e \in E(G)$

$$\gamma_G(e) = \sum_{i \in I} \gamma_{G_i}(e_i).$$

Ist also insbesondere jedes G_i zh. und $\alpha(G_i) \geq 2$ für alle $i \in I$, so

5.6. $\gamma_G(e) \geqq |I|$

für jedes $e \in E$.

Sind $a, b \in E(G)$ in $G = \underset{i \in I}{\times} G_i$ durch einen Weg verbunden, so folgt nach Definition der Nachbar-Beziehung in G, daß $a_i \neq b_i$ nur für endlich viele $i \in I$ gelten kann. Also ist $\underset{i \in I}{\times} G_i$ niemals zh., wenn $\alpha(G_i) \geqq 2$ für unendlich viele $i \in I$ ist. Wie steht es nun mit dem Zusammenhang eines Produktes von endlich vielen Graphen? Hier genügt es offenbar, sich auf ein Produkt $G = A \times B$ von zwei Faktoren zu beschränken. Ist etwa A nicht zh.: $A = A' \cup A''$, $A' \cap A'' = \emptyset$, so kann man nach (5.4) diese beiden Gleichungen mit B (kartesisch) multiplizieren und erhält eine entsprechende Aufspaltung von G, die zeigt, daß G nicht zh. ist. — Sind hingegen A, B beide zh. und sind (a, b), (a', b') Ecken von $A \times B$, W ein a,a'-Weg $\subseteq A$, W^* ein b,b'-Weg $\subseteq B$, so enthält $W \times W^*$ einen (a, b), (a', b')-Weg $\subseteq G$ (vgl. Beispiel 2). Also:

5.7. $A \times B$ *zh.* $\Leftrightarrow$ A *und* B *sind zh.*

Ein Graph P heiße $\times$-*prim*, wenn $\alpha(P) \geqq 2$ gilt und es nur triviale kartesische Zerlegungen von P gibt, d. h., wenn aus $P \simeq G \times H$ stets $\alpha(G) = 1$ oder $\alpha(H) = 1$ folgt. Ein $\times$-primer Teiler eines Graphen G wird *Primfaktor* von G genannt, und jede Darstellung eines Graphen G als kartesisches Produkt sämtlich $\times$-primer Graphen heißt eine *Primfaktorzerlegung* von G. Die Frage erhebt sich nach der Existenz und Eindeutigkeit solcher Primfaktorzerlegungen von Graphen. Zunächst gilt:

5.8. *Jeder zh. Graph, der mindestens eine Ecke* e *endlichen Grades hat, besitzt eine Primfaktorzerlegung* $G \simeq \underset{i \in I}{\times} P_i$ *mit endlichem* I.

Beweis. Nach (5.6) ist in jeder Darstellung $\underset{i \in I}{\times} G_i$ von G mit nichttrivialen G_i notwendig $|I| \leqq \gamma_G(e)$. Wir wählen eine solche Darstellung mit größtmöglichem $|I|$. Wären nicht alle G_i prim, so könnte man für eins der G_i eine nichttriviale Darstellung mit mindestens 2 Faktoren einsetzen und erzielte eine Darstellung mit einer größeren Zahl von Faktoren. —

Zum Problem der Eindeutigkeit ist zunächst festzustellen, daß letztere im Falle nicht-zh. Graphen nicht einmal bei der Beschränkung auf endliche G gewährleistet ist (vgl. K. A. Zaretskii [16]). Es ist, wenn Q_i den i-dimensionalen Würfel bezeichnet $(Q_3 \dot\cup 1) \times (Q_2 \dot\cup Q_1 \dot\cup 1) \simeq (Q_1 \dot\cup 1) \times (Q_4 \dot\cup Q_2 \dot\cup 1)$, wie man durch Ausrechnen nach dem „distributiven Gesetz" (5.4) bestätigt. Alle 4 auftretenden Faktoren sind prim, und keine zwei davon sind isomorph.

Jedoch werden wir die fragliche Eindeutigkeitsaussage im Falle der zh. Graphen beweisen können. Hierzu müssen wir genauer analysieren, was eine Darstellung $G \simeq U \times V$ graphentheoretisch-anschaulich bedeutet.

Es sei G zh. und φ ein Isomorphismus von $U \times V$ auf G. Für $v \in E(V)$ bzw. $u \in E(U)$ setzen wir $U_v = \varphi(U \times v)$, $V_u = \varphi(u \times V)$. Die $E(U_v)$, $v \in E(V)$ bilden dann eine Zerlegung von $E(G)$, ebenso die $E(V_u)$, $u \in E(U)$; man hat $U_v \cap V_u = \varphi(u, v)$. $K(U_v)$ besteht aus den Kanten $\varphi(u, v)\,\varphi(u', v)$ mit $uu' \in K(U)$. Analoges gilt für $K(V_u)$. Jedes $k \in K(G)$ gehört zu genau einer der Mengen $K(U_v)$, $K(V_u)$. Vermöge $u \to \varphi(u, v)$ bzw. $v \to \varphi(u, v)$ erhält man einen Isomorphismus von U auf U_v bzw. von V auf V_u. Für $e \in E(G)$ bezeichnen wir mit $U(e)$ bzw. $V(e)$ dasjenige U_v bzw. V_u, das e enthält. Ferner stellt man fest:

5.9. *Sind $v \neq v'$ in V nicht benachbart, so gibt es in G keine Kante von U_v nach $U_{v'}$. Ist dagegen $vv' \in K(V)$, so sind die $\varphi(u, v)\,\varphi(u, v')$ mit $u \in E(U)$ genau die Kanten zwischen U_v und $U_{v'}$. Diese Kanten vermitteln also einen Isomorphismus zwischen U_v und $U_{v'}$.*

Insbesondere:

5.10. *Ist $e \in E(G - U_v)$, so ist e nur zu höchstens einer Ecke von U_v benachbart.*

Jedes U_v ist ein Untergraph von G. Ein $F \subseteq G$, das (bei passenden U, V, φ) als ein U_v erscheint, heiße eine *Faser* von G. (Natürlich ist auch jedes der obigen V_u eine Faser, da man ja wegen (5.2) U und V ihre Rollen austauschen lassen kann.) Jede Faser F von G ist zh. Untergraph von G, und nach (5.10) ist jedes $e \in E - E(F)$ nur zu höchstens einer Ecke von F benachbart. Wir sprechen speziell von einer *e-Faser*, wenn die Ecke e in der betreffenden Faser liegt. Zwei e-Fasern heißen *orthogonal*, wenn sie nur e gemeinsam haben.

Wir wollen die beschriebenen Verhältnisse an einer (evtl. unendlichen) Matrix $\mathcal{M}$ veranschaulichen, deren Zeilen den Ecken von U, deren Spalten den Ecken von V entsprechen, so daß also die Ecke $\varphi(u, v)$ in der „u-ten Zeile" und „v-ten Spalte" von $\mathcal{M}$ steht; die Ecken von U_v stehen somit in der v-ten Spalte, die von V_u in der u-ten Zeile von $\mathcal{M}$. Weiter hat man dann:

(i) $K(G)$ zerfällt in zwei disjunkte Klassen: „horizontale" und „vertikale" Kanten (d. h. Kanten, deren Endpunkte in der gleichen Zeile bzw. in der gleichen Spalte stehen).

(ii) Je zwei Zeilen (bzw. Spalten)[1]) sind isomorph aufeinander bezogen, wenn man übereinander (bzw. nebeneinander) stehende Ecken einander entsprechen läßt.

(iii) Jede Zeile ist $\simeq V$, jede Spalte $\simeq U$.

Umgekehrt: Lassen sich die Ecken von G in einer Matrix $\mathcal{M}$ so anordnen, daß (i), (ii), (iii) gelten, so ist $G \simeq U \times V$, wie man unschwer nachprüft.

[1]) Genauer: die betreffenden Untergraphen von G.

Unter einer *Masche* von G (bezüglich bestimmter U, V, φ bzw. $\mathcal{M}$) verstehe man ein Viereck in G, das sich aus zwei horizontalen und zwei vertikalen Kanten zusammensetzt. Ferner heiße ein Paar von Kanten ein *Winkel* in G, wenn sie inzidieren und die eine horizontal, die andere vertikal ist. Jeder Winkel ist offenbar in genau einer Masche enthalten. Ein Untergraph von G heiße *maschenabgeschlossen*, wenn er mit jedem Winkel auch die durch diesen erzeugte Masche enthält. Der Durchschnitt maschen-abgeschlossener Untergraphen ist offenbar wieder maschen-abgeschlossen, und G selbst ist maschen-abgeschlossen. Zu jedem Teilgraphen H von G existiert daher die maschen-abgeschlossene Hülle in G als Durchschnitt aller maschen-abgeschlossenen Untergraphen, die H enthalten. Ist H endlich, so erhält man diese Hülle, indem man sukzessive Winkel zu Maschen vervollständigt (das Verfahren muß nach endlich vielen Schritten bei der gesuchten Hülle enden; Beweis als Übung). Im Falle eines unendlichen H ist der gleiche Prozeß mit Hilfe des Zornschen Lemmas ins Transfinite zu übertragen. Man bestätigt ohne Schwierigkeit (Beweis als Übung)

5.11. *Die maschen-abgeschlossene Hülle eines $\varphi(u', v)$, $\varphi(u, v')$-Weges $\subseteq G$ enthält die Ecken $\varphi(u, v)$, $\varphi(u', v')$.*

Nunmehr folgt:

5.12. *Es sei $H \sqsubseteq G$ zh. Folgende Aussagen sind äquivalent:*

(a) *H ist maschen-abgeschlossen;*

(b) $\varphi(u, v'), \varphi(u', v) \in E(H) \Rightarrow \varphi(u, v) \in E(H)$;

(c) *die Ecken von H bilden eine Untermatrix von $\mathcal{M}$ (d. h., es ist $H = \varphi(U^* \times V^*)$ für gewisse zh. $U^* \sqsubseteq U$, $V^* \sqsubseteq V$).*

Beweis. (b) $\Leftrightarrow$ (c), (c) $\Rightarrow$ (a) sind sofort klar. (a) $\Rightarrow$ (b) folgt aus (5.11). —

Wegen (5.10) ist jede Faser von G maschen-abgeschlossen in G (bez. der gegebenen U, V, φ). Daher folgt mittels (5.12):

5.13. *Die Eckenmenge jeder Faser von G bestimmt eine Untermatrix $\mathcal{M}$.*

Daraus folgert man unschwer:

5.14. *Für $e \in E(G)$ ist jede zu $U(e)$ orthogonale e-Faser von G in $V(e)$ enthalten.*

Wir ersehen daraus, daß (bei gegebenem zh. G) die Matrix $\mathcal{M}$ schon durch eine einzige ihrer Zeilen (oder auch Spalten) bestimmt ist.[1]) Genauer: Ein einziges U_v bestimmt schon alle anderen U_v und die V_u.

5.15. *Ist H eine e-Faser von G und F eine e-Faser von H, so ist F auch eine e-Faser von G.*

Es sei nämlich

$$\psi\colon H' \times S \simeq G,$$

wobei $\psi(H' \times s_0) = H$ gelte, sowie

$$\varrho\colon F' \times T \simeq H$$

mit $\varrho(F' \times t_0) = F$. Dann ist $\psi^{-1}(F)$ von der Form $F^* \times s_0$ mit $F^* \subseteq H'$. Mit π_1 bezeichnen wir die Projektion auf die erste Komponente eines kartesischen Produktes.

[1]) Bis auf Permutationen ihrer Zeilen und Spalten.

Dann liefert $\pi_1 \circ \psi^{-1}$ einen Isomorphismus von H auf H', bei dem F in F^* übergeht. Nun ist $F' \times (T \times S) \simeq G$ vermöge

$$\big(f'\,(t, s)\big) \to \psi\big(\pi_1 \circ \psi^{-1} \circ \varrho(f', t), s\big);$$

dabei wird $F' \times (t_0, s_0)$ auf F abgebildet. —

Es sei nun wieder wie oben $G \simeq U \times V$ (vermöge $\mathscr{S}$). Aus (5.13) ergibt sich dann weiter:

5.16. *Ist F eine e-Faser von G, so ist*

$$\big(U(e) \cap F\big) \times \big(V(e) \cap F\big) \simeq F.$$

Dabei wird dieser Isomorphismus in natürlicher Weise vermöge der durch $U(e) \cap F$, $V(e) \cap F$ bestimmten Untermatrix von $\mathscr{M}$ vermittelt.[1]) Es ergibt sich also, daß $U(e) \cap F$, $V(e) \cap F$ auch e-Fasern von F sind. Dann sind sie aber wegen (5.15) auch e-Fasern von G. Wir haben also bewiesen:

5.17. *Sind F, F' e-Fasern von G, so ist auch $F \cap F'$ eine e-Faser von G und gleichfalls von F, F'.*

Man zeigt weiter ohne Schwierigkeit:

5.18. *Es sei G zh. und $\varphi\colon G_1 \times \cdots \times G_n \simeq G$. Es seien $e_i \in E(G_i)$ sowie $e = \varphi(e_1, \ldots, e_n)$. Man setze $\tilde{G}_i = \varphi(e_1 \times \cdots \times e_{i-1} \times G_i \times e_{i+1} \times \cdots \times e_n)$. Dann sind $\tilde{G}_1, \ldots, \tilde{G}_n$ e-Fasern von G, und für $i \neq j$ sind $\tilde{G}_i$, $\tilde{G}_j$ zueinander orthogonal. Ebenso sind $U = \varphi(G_1 \times \cdots \times G_{n-1} \times e_n)$ und $\tilde{G}_n$ zueinander orthogonal.*

Es seien nun alle G_i prim. Dann sind die $\tilde{G}_i$ zueinander orthogonale prime e-Fasern von G. Wir behaupten

5.19. *Außer diesen $\tilde{G}_i$ gibt es keine weiteren primen e-Fasern von G.*

Es sei nämlich P eine prime e-Faser von G. Wegen (5.17) sind $U \cap P$, $\tilde{G}_n \cap P$ e-Fasern von P; wegen der Primität von P müssen sie gleich e oder P sein. Wegen $(U \cap P) \times (\tilde{G}_n \cap P) \simeq P$ (vgl. (5.16)) muß $U \cap P = P$ oder $\tilde{G}_n \cap P = P$ gelten, d. h., wegen (5.17) ist P entweder gleich $\tilde{G}_n$ (weil $\tilde{G}_n$ auch prim ist) oder e-Faser von U. U ist darstellbar als Produkt von weniger als n Primfaktoren, ferner sind wegen (5.15) die e-Fasern von U identisch mit den in U enthaltenen e-Fasern von G. Damit folgt die Behauptung durch Induktion über n.

Wir haben erhalten: Ist G zh. und besitzt G eine Primfaktorzerlegung (dann notwendig mit endlich vielen Faktoren), so sind dies, bis auf Isomorphie, gerade alle primen e-Fasern von G für irgendeine Ecke e von G. Folgerung:

5.19. *Besitzt ein zh. G eine Primfaktorzerlegung, so sind die Faktoren (bis auf Isomorphie und Reihenfolge) eindeutig bestimmt.*

Insgesamt haben wir

5.20. Zerlegungssatz. *Jeder zh. Graph, in dem mindestens eine Ecke endlichen Grades existiert, besitzt eine eindeutige Primfaktorzerlegung.*

---

[1]) Genau kann er so beschrieben werden: Der Ecke (x, y) von $\big(U(e) \cap F\big) \times \big(V(e) \cap F\big)$ mit $V(x) = V_u$, $U(y) = U_v$ wird die Ecke $\varphi(u, v)$ zugeordnet.

Dieses Resultat ist 1960 von G. SABIDUSSI [12] (mit einem wesentlich komplizierteren Beweis) gefunden worden.[1]) Ein Nachteil der dargestellten Theorie ist, daß gewisse unendliche zh. Graphen keine Primfaktorzerlegung zu besitzen brauchen. In [5] behebt W. IMRICH diesen Mangel, indem er statt des kartesischen Produktes das (von SABIDUSSI gleichfalls in [12] eingeführte) ,,schwache kartesische Produkt" zugrunde legt. Hierbei werden von vornherein nur Paare (G, a) betrachtet, wo G ein Graph und a eine ausgezeichnete Ecke von G (etwa aufzufassen als der Koordinatenursprung von G) ist. Ist eine Familie (G_i, a_i), $i \in I$, gegeben, so sei $\prod_{i\in I} (G_i, a_i) = (G, a)$, wo $a = (a_i)_{i\in I}$ und G diejenige Komponente von $\times_{i\in I} G_i$ ist, die a enthält. Sind die G_i zh., so besteht also G aus allen den Ecken $(e_i)_{i\in I}$, $e_i \in E(G_i)$, bei denen $e_i \neq a_i$ für nur endlich viele i gilt. Im Falle $|I| < \infty$ stimmt $\prod_{i\in I} G_i$ mit $\times_{i\in I} G_i$ überein. Bei Zugrundelegung von $\prod$ kann nun W. IMRICH zeigen, daß jeder zh. Graph eine eindeutige Primfaktorzerlegung besitzt. Dies wurde unabhängig auch von D. J. MILLER [9] bewiesen.

In [6] bestimmt W. IMRICH alle Möglichkeiten, ein Produkt von Graphen so zu definieren, daß jeweils die Eckenmenge des Produktgraphen gleich dem kartesischen Produkt der Eckenmengen der Faktoren ist und daß das assoziative Gesetz gilt. Insgesamt gibt es 10 solcher Produktbildungen; von diesen erfüllen 8 das kommutative Gesetz. Weiter wird in [6] die Frage nach der eindeutigen Primfaktorzerlegung für diese Produkte untersucht.

Bezüglich des Zusammenhanges zwischen Automorphismengruppen von Graphen und kartesischen Produkten von Graphen vgl. SABIDUSSI [12], W. IMRICH [4, 5, 6], D. J. MILLER [10].

Übungen

1. Das kartesische Produkt paarer Graphen ist wiederum paar.
2. Sind A, B zh. und nicht-trivial, so liegen in $A \times B$ je zwei Kanten auf einem Kreis.
3. $A \times B$ enthält ein Simplex der Ordnung n genau dann, wenn A oder B ein solches enthält.
4. Unter der ***Stabilitätszahl*** $\mathrm{st}(G)$ eines endlichen Graphen G versteht man die maximale Zahl von paarweise nicht benachbarten Ecken in G. Zum Beispiel ist $\mathrm{st}(G) = 1$ genau dann, wenn G Simplex ist. Stets gilt

$$\mathrm{st}(A \times B) \geqq \mathrm{st}(A) \cdot \mathrm{st}(B).$$

Man hat $\mathrm{st}(S(n) \times S(m)) = \min(n, m)$.

5. Mit Ausnahme von $2 * 2$ sind alle simplexartigen Graphen prim bezüglich $\times$.
6. Aus $G \succ H$ folgt $G \times A \succ H \times A$ für jeden Graphen A.
7. Es seien A, B Wege mit $\alpha(A) = m$, $\alpha(B) = n$. Zu zeigen:

a) $A \times B$ besitzt einen Hamiltonschen Weg.

b) $A \times B$ besitzt einen Hamiltonschen Kreis genau dann, wenn m, n nicht beide ungerade sind. Ist letzteres der Fall und sind $m, n \geqq 3$, so enthält $A \times B$ einen Kreis der Länge $mn - 1$.

8. Man benutze Aufgabe 7., um in $A \times B$ die maximale Länge der darin enthaltenen Kreise (mittels der maximalen Weglängen in A bzw. B) anzugeben.
9. Sind $x = (a, b)$, $x' = (a', b')$ Ecken von $A \times B$, so gilt $\delta_{A\times B}(x, x') = \delta_A(a, a') + \delta_B(b, b')$.

§ 6. Der Kantengraph eines Graphen

Aus einem beliebigen Graphen G erhält man einen neuen Graphen, indem man die Rolle der Ecken und Kanten von G gewissermaßen vertauscht:

Definition. Als *Kantengraph* $L(G)$ des Graphen G definieren wir den Graphen mit der Eckenmenge $K(G)$, in dem zwei verschiedene $k, k' \in K(G)$ genau dann benachbart sind, wenn $k \cap k' \neq \emptyset$ gilt.

[1]) Für endliche zh. Graphen wurde dieses Ergebnis auch unabhängig von V. G. VIZING [14] bewiesen.

Die Bezeichnung $L(G)$ leitet sich von dem englischen „line graph" her. Neben „line graph" sind auch die Bezeichnungen „interchange graph" und „graph derivative" gebräuchlich.

$L(G)$ ist ein spezieller Mengengraph, nämlich derjenige, der durch die Kanten von G (als zweielementige Teilmengen von $E(G)$) bestimmt ist. Aus diesem Grunde haben wir vorliegenden Abschnitt mit in Kap. 2 aufgenommen, obwohl er strenggenommen mit der Darstellung von Graphen wenig zu tun hat.

Beispiele und Bemerkungen

(1) $L(n * 1) = S(n)$;

(2) $L(S(4)) = 2 * 2 * 2$ (= Oktaeder);

(3) $L(S(3)) = L(1 * 3) = S(3)$;

(4) $L(G)$ ist leer genau dann, wenn G nur isolierte Ecken hat. Hat G keine isolierten Ecken und sind G_i ($i \in I$) die Komponenten von G, so hat $L(G)$ die Komponenten $L(G_i)$, $i \in I$.

(5) Ist $H \subseteq G$, so $L(H) \sqsubseteq L(G)$.

(6) Ist φ ein Isomorphismus von G auf G^*, so erhält man einen Isomorphismus $\varphi^\#$ von $L(G)$ auf $L(G^*)$ vermöge

$$xy \to \varphi(x)\,\varphi(y)$$

für jedes $xy \in K(G) = E(L(G))$.

(7) Die Untergraphen von $L(G)$ entsprechen in natürlicher Weise bijektiv den Teilmengen von $K(G)$ oder auch den Teilgraphen von G ohne isolierte Ecken. Das heißt insbesondere: Jeder Untergraph eines Kantengraphen ist wiederum ein Kantengraph.

(8) Ist G ein Weg der Länge n, so ist $L(G)$ ein Weg der Länge $n - 1$. Also:

(9) Hat G den Durchmesser δ, so hat $L(G)$ den Durchmesser $\leqq \delta + 1$. ($d(L(G)) = \delta + 1$ kann vorkommen.)

(10) Für $k = ab \in K(G)$ hat man

$$\gamma_{L(G)}(k) = \gamma_G(a) + \gamma_G(b) - 2.$$

(11) Die Kantenzahl $\varkappa'$ von $L(G)$ berechnet sich (bei endlichem G) zu

$$\varkappa' = \sum_{e \in E(G)} \binom{\gamma_G(e)}{2} = -\varkappa + \frac{1}{2} \sum_{e \in E(G)} \gamma_G(e)^2.$$

(12) Ist $L(G)$ isomorph zu G und G endlich, so also $\varkappa' = \varkappa = \alpha$, und man leitet aus (11) ab

$$\alpha = \sum_{e \in E(G)} (\gamma_G(e) - 1)^2,$$

was nur richtig sein kann[1]), wenn $\gamma_G(e) = 2$ für alle e gilt, wenn also die Komponenten von G Kreise sind. In letzterem Falle ist aber offenbar auch $L(G)$ isomorph zu G. Mithin: Genau die Kreise sind die endlichen zh. Graphen, die zu ihren Kantengraphen isomorph sind. Wir werden später dieses Resultat noch verschärfen (vgl. (6.5)). —

[1]) α ist die Summe von α ganzzahligen Quadraten α_i^2, wobei $\sum \alpha_i = \alpha$ und wegen (4) jedes $\alpha_i \geqq 0$ ist.

In natürlicher Weise stellen sich hier die beiden folgenden Fragen: 1. Wie weit ist ein Graph G durch seinen Kantengraphen $L(G)$ eindeutig bestimmt, und 2. welche Graphen L lassen sich (bis auf Isomorphie) als Kantengraphen (irgendwelcher Graphen) darstellen?

Es sei $G = (E, K)$ zh. mit $\alpha(G) \geqq 3$ und $L = L(G)$. Für $e \in E$ sei S_e gleich der Menge aller $k \in K$, die mit e inzidieren. Jedes S_e spannt in L ein Simplex der Ordnung $\gamma_G(e)$ auf (das wir wieder einfach mit S_e bezeichnen), und für die Familie der S_e $(e \in E)$ gilt:

i) $e \neq e' \Rightarrow S_e \neq S_{e'}$;
ii) die $K(S_e)$ bilden eine Zerlegung von $K(L)$ in disjunkte Teilmengen;
iii) jede Ecke von L kommt in genau zwei der S_e vor.

G ist dann isomorph zu dem Mengengraphen, der durch die S_e bestimmt ist.

Bemerkung. Man hat (bei $e \neq e'$) genau dann $S_e \subseteq S_{e'}$, wenn $\gamma_G(e) = \alpha(S_e) = 1$ und $ee' \in K$ gilt. $S_e = S_{e'}$ für $e \neq e'$ ist nach unseren Voraussetzungen nicht möglich, da e, e' dann eine Komponente der Ordnung 2 aufspannen würden.

Umgekehrt: Ist ein beliebiger Graph L mit $\alpha(L) \geqq 2$ gegeben und hat man darin eine Familie S_e (e aus einer Indexmenge E)von Simplexen derart, daß i), ii), iii) gelten, so ist L einem Kantengraphen isomorph, nämlich gerade dem Kantengraphen des durch die $E(S_e)$, $e \in E$ bestimmten Mengengraphen. Damit haben wir

6.1. Kriterium von Krausz. *Ein zh. Graph L mit $\alpha(L) \geqq 2$ ist ein Kantengraph genau dann, wenn in L eine Familie von Simplexen S_e $(e \in E)$ mit obigen Eigenschaften* i), ii), iii) *existiert.*

Bemerkung. Die Bedingung von (6.1.) ist äquivalent mit: $K(L)$ läßt sich disjunkt aufspalten in Teilmengen, von denen jede die Kantenmenge eines Simplexes in L bildet, derart, daß jede Ecke von L in höchstens zwei der betreffenden Simplexe vorkommt. Um die Äquivalenz einzusehen, muß man die Ecken, die in nur einem der betreffenden Simplexe vorkommen, als Simplexe der Ordnung 1 mit unter die S_e aufnehmen.

Da die möglichen Simplexe S_e in L gleichzeitig auch alle G mit $L(G) \simeq L$ bestimmen, reduziert sich die zweite oben gestellte Frage auf die folgende: Wenn in einem Graphen L überhaupt Simplexe S_e $(e \in E)$ mit i), ii), iii) existieren, inwieweit sind diese eindeutig bestimmt?

Wir nennen ein Simplex $S \subseteq G$ eine *Clique* von G, wenn S in keinem weiteren Simplex von G echt enthalten ist. Eine Clique der Ordnung s heiße eine *s-Clique*.

Nehmen wir nun an, daß L mit $\alpha(L) \geqq 2$ ein zh. Kantengraph ist und S_e $(e \in E)$ eine Simplexfamilie in L mit i), ii), iii) darstellt.

Jede s-Clique H von L mit $s \neq 3$ muß unter den S_e vorkommen.

Dies ist zunächst klar für $s = 2$ wegen ii). Es sei $s \geqq 4$. $K(H)$ muß dann, vermöge der $S_e \cap H$, disjunkt in Kantenmengen zerlegt sein, die je ein Teilsimplex in H bestimmen. Sind diese alle (echt) $\subset H$, so sei S' eins der größten Ordnung r $(2 \leqq r \leqq s - 1)$. x sei eine Ecke aus $H - S'$. Ist $r = 2$, so gehören die $s - 1 \geqq 3$ mit x inzidenten Kanten von H zu verschiedenen S_e; ist $r \geqq 3$, so gehören die r von x zu S' führenden Kanten ebenfalls sämtlich zu verschiedenen S_e. In beiden Fällen wird iii) verletzt. Daher muß H unter den S_e vorkommen.

Zu behandeln ist noch der Fall, daß in L eine 3-Clique H existiert. Es können zwei Möglichkeiten auftreten: H ist ein S_e (dann nennen wir H ein A-Dreieck), oder alle 3 Kanten von H gehören verschiedenen S_e an (dann heiße H ein B-Dreieck). Ist $L = H$, so kann H sowohl als A- als auch als B-Dreieck auftreten; dies entspricht der Tatsache, daß $S(3)$ sowohl Kantengraph von sich selbst als auch von $1 * 3$ ist. Im Falle $\alpha(G) \leqq 4$ ist also G durch $L(G)$ nicht (bis auf Isomorphie) festgelegt.

Nehmen wir nun an, daß L Kantengraph eines zh. Graphen G mit $\alpha(G) \geqq 5$ ist. Wir behaupten, daß dann von jeder 3-Clique feststeht, ob sie A- oder B-Dreieck ist, wie auch die S_e vorgegeben sind.

Denn den Ecken von H entsprechen Kanten k, k', k'' in G, die zu je zweien mindestens eine Ecke gemeinsam haben. Zwei Fälle sind möglich:

1. k, k', k'' haben eine Ecke e gemeinsam. Dann ist $\gamma_G(e) = 3$ (sonst wäre H keine Clique). Wegen $\alpha(G) \geqq 5$ und G zh. existiert eine Kante k^*, die (o. B. d. A.) mit k inzidiert und zu k', k'' fremd ist. k^* entspricht in $L(G)$ eine Ecke, die nur zu genau einer Ecke von H benachbart ist. Dann muß aber H wegen iii) ein A-Dreieck sein.

2. k, k', k'' bilden ein Dreieck D in G. Eine Kante k^* von G, die mit (genau) einer Ecke e von D inzidiert, ist in L zu genau zwei der k, k', k'' benachbart, etwa o. B. d. A. zu k, k'. Dann gehören k, k', k^* in L entweder zu einer s-Clique ($s \geqq 4$), oder sie bilden (aufgrund von Fall 1) ein A-Dreieck in L. Wegen iii) und des bereits Gezeigten folgt daraus, daß H ein B-Dreieck sein muß; insbesondere ist jede Ecke von L entweder zu keiner Ecke von H oder zu genau zwei Ecken von H benachbart.

Wir sehen, daß die S_e in L durch die Struktur von L eindeutig bestimmt sind: Es sind genau alle Cliquen von L außer den B-Dreiecken, zuzüglich der Ecken (= Simplexe der Ordnung 1), die nicht in zweien dieser Cliquen vorkommen. (Dabei sind nach obigem die B-Dreiecke charakterisiert als diejenigen 3-Cliquen H, so daß jede Ecke von L genau 2 oder 0 Nachbarn in H hat.) Als Folgerung ergibt sich:

6.2. Satz von Whitney. *Sind G, G' zh. und gilt $L(G) \simeq L(G')$, so muß $G \simeq G'$ sein, ausgenommen den Fall, daß einer der beiden Graphen $\simeq S(3)$, der andere $\simeq 1 * 3$ ist.*

(Für $\alpha(G) \leqq 4$ ist noch eine Sonderbetrachtung nötig, die dem Leser als Übung überlassen bleibe.)

Ein Isomorphismus φ von G auf G^* induziert nach (6) einen Isomorphismus $\varphi^\#$ von G auf G^* (vermöge $ee' \to \varphi(e)\,\varphi(e')$). Unsere Überlegungen ergeben auch, daß jeder Isomorphismus von $L(G)$ auf $L(G^*)$ (mit G zh. und $\alpha(G) \geqq 5$) in dieser Weise durch einen Isomorphismus von G auf G^* induziert wird.

Im Falle $\alpha(G) \leqq 4$ gibt es folgende 3 Ausnahmen (hier sind zwar G und G^* jeweils isomorph, aber der Isomorphismus ψ zwischen $L(G)$ und $L(G^*)$ wird nicht durch einen Isomorphismus von G auf G^* induziert. ψ ist jeweils durch $i \to i'$ bestimmt):

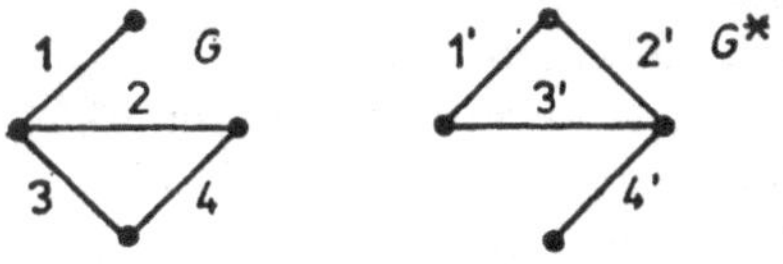

Abb. 10

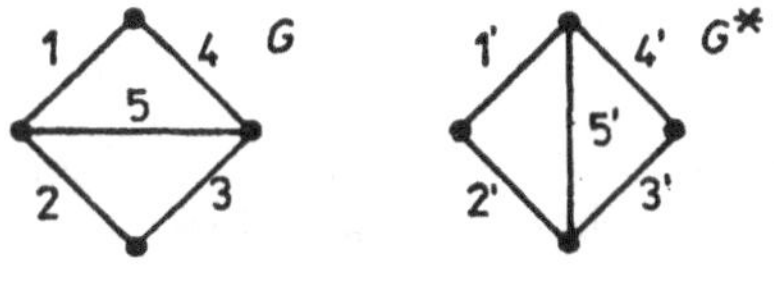

Abb. 11

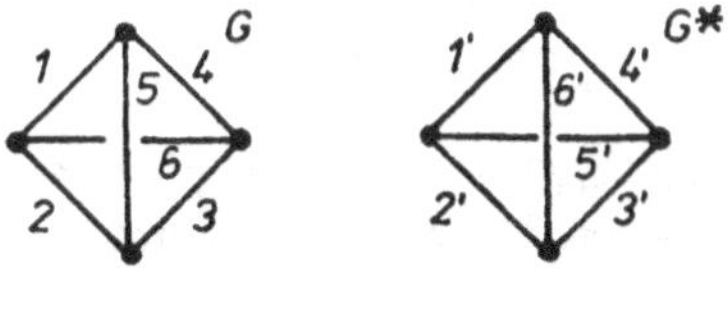

Abb. 12

Durch Fortspinnen unserer obigen Betrachtungen über die möglichen S_e in einem Graphen L erhält man mit einiger Mühe das folgende Kriterium, das L. W. Beineke [1] und N. Robertson (unveröffentlicht) unabhängig voneinander gefunden haben (vgl. Harary [H 3], S. 74ff.):

6.3. Satz. *Ein Graph L ist dann und nur dann ein Kantengraph, wenn er keinen der 9 Graphen von Abb. 13 bis Abb. 21 als Untergraphen enthält.*

Abb. 13

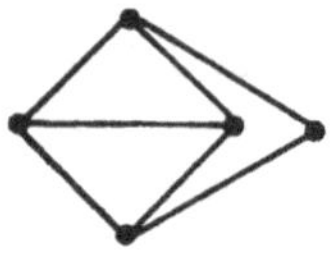
Abb. 14

Abb. 15

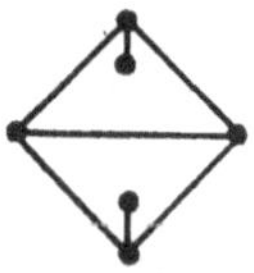
Abb. 16

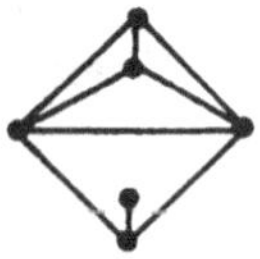
Abb. 17

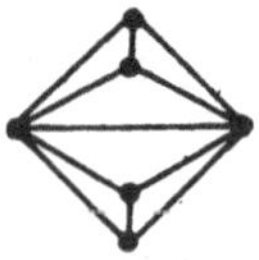
Abb. 18

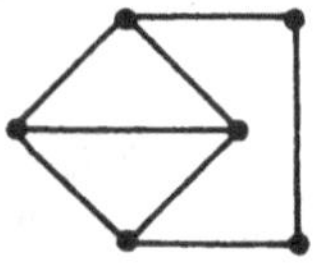
Abb. 19

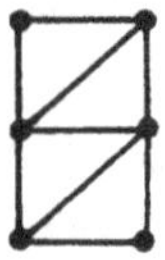
Abb. 20

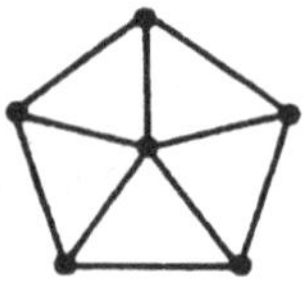
Abb. 21

Wir hatten uns oben überlegt, daß unter den endlichen zh. Graphen nur die Kreise zu ihrem Kantengraphen isomorph sind. Im unendlichen Falle liegen die Verhältnisse gänzlich anders, wie Sabidussi [13] gezeigt hat. Natürlich sind auch der 1-Weg und der 2-Weg jeweils zu ihrem Kantengraphen isomorph, und man könnte versucht sein zu vermuten, daß dies die einzigen unendlichen zh. Graphen mit dieser Eigenschaft sind. Diese Vermutung bestätigt sich nur, wenn man Lokalfinitheit fordert (vgl. (6.5)), tatsächlich gibt es aber wesentlich mehr Graphen dieser Art. Wir geben hier die Konstruktion von Sabidussi wieder.

Ihr Grundgedanke ist recht einfach: Es sei G ein Graph, der einem Teilgraphen G^* von $L(G)$ isomorph ist. Diese Isomorphie induziert dann Einbettungen von $L(G)$ in $L^2(G)$, von $L^2(G)$ in $L^3(G)$ usf. (Dabei wird $L^n(G)$ induktiv definiert durch $L(L^{n-1}(G))$.) Wenn nun angenommen werden darf, daß jeweils $L^i(G)$ mit seinem Bild (bei der genannten induzierten Isomorphie) identifiziert werden kann, so erhält man eine aufsteigende Graphenfolge

$$G = G_0 \subseteq G_1 \subseteq G_2 \subseteq \ldots,$$

wobei jeweils G_{i+1} bis auf Isomorphie gleich $L(G_i)$ ist. Wenden wir nun L auf alle Folgenglieder an, so rückt jedes Glied um éinen Index weiter nach rechts (wobei die Folge sozusagen in sich selbst „hineinschlüpft"); die Vereinigung der Folge, so darf man erwarten, wird also bei Anwendung von L invariant bleiben, d. h. isomorph zu ihrem Kantengraphen sein.

Wir wollen jetzt diesen Gedanken exakt durchführen, wobei wir i. w. SABIDUSSI [13] folgen.

Es sei also G_0 ein Graph, der vermöge einer Abbildung φ_0 isomorph zu einem Teilgraphen G_0^* von $L(G_0)$ ist. SABIDUSSI nennt dann G_0 (zusammen mit der Abbildung φ_0) einen zulässigen („admissable") Graphen. Wir setzen $L^n(G_0) = :G_n$, $L^n(G_0^*) = :G_n^*$ und definieren induktiv φ_n durch $\varphi_n = \varphi_{n-1}^{\#}$ (vgl. (6)). Dann gilt für jedes $n = 0, 1, 2, \ldots$

$$\varphi_n : G_n \simeq G_n^* \subseteq L(G_n) = G_{n+1}.$$

Die Graphen $G_0, G_1, G_2, \ldots$ seien o. B. d. A. disjunkt. Wir setzen $G := \bigcup_{n=0}^{\infty} G_n$ sowie zur Vereinfachung $\varphi := \bigcup_{n=0}^{\infty} \varphi_n$. φ ist dann eine Abbildung von $E(G) = E$ in sich, für jedes n ist $\varphi \mid E(G_n) = \varphi_n$, und für $r, n \geqq 0$ liefert φ^r einen Isomorphismus von G_n auf einen Teilgraphen von G_{n+r}. Für $uv \in K(G_n) = E(G_{n+1}), u, v \in E(G_n)$ gilt dabei $\varphi^r(uv) = \varphi^r(u)\varphi^r(v) \in K(G_{n+r}) = E(G_{n+r+1})$. Es sei $K_\varphi := \{x\varphi(x) \mid x \in E\}$. Der Graph (E, K_φ) hat lauter 1-Wege als Komponenten; jeder dieser 1-Wege beginnt in einem G_i und hat dann mit jedem G_n $(n \geqq i)$ genau eine Ecke gemeinsam, während er die G_n mit $n < i$ vermeidet. Insbesondere liegt jedes $x \in E$ auf genau einem der genannten 1-Wege; dieser werde durch $\bar{x}$ bezeichnet.

Nun sei A der Graph mit den Ecken $\bar{x}$, wobei $\bar{x}, \bar{y}$ in A benachbart seien genau dann, wenn $x \in E(\bar{x})$, $y \in E(\bar{y})$ existieren mit $xy \in K(G)$. (Dann gehören x, y notwendig zu demselben G_i, und es ist $xy \in K(G_i)$.) A entsteht also aus G, indem man jede Komponente von (E, K_φ) auf eine Ecke kontrahiert.

Seien $x, y \in E(\bar{x})$ für ein $\bar{x} \in E(A)$, etwa $x \in E(G_n)$, $y \in E(G_{n+r})$, $r \geqq 0$; nach Konstruktion gilt $y = \varphi^r(x)$. Es ist $\varphi(x) = u_x v_x \in E(G_{n+1}) = K(G_n)$, $u_x, v_x \in E(G_n)$; analog $\varphi(y) = u_y v_y \in E(G_{n+r+1}) = K(G_{n+r})$. Also $u_y v_y = \varphi(y) = \varphi^{r+1}(x) = \varphi^r(u_x v_x) = \varphi^r(u_x)\, \varphi^r(v_x)$, woraus (o. B. d. A.) folgt $u_y = \varphi^r(u_x)$, $v_y = \varphi^r(v_x)$, d. h. $\bar{u}_x = \bar{u}_y$, $\bar{v}_\varphi = \bar{v}_y$, insbesondere also $\bar{u}_x \bar{v}_x = \bar{u}_y \bar{v}_y$.

Also: Für $\bar{x} \in E(A)$ sei $\sigma(\bar{x}) := \bar{u}_x \bar{v}_x$, wobei x irgendeine Ecke von $\bar{x}$ und $\varphi(x) = u_x v_x$ ist. Dann liefert σ eine wohldefinierte Abbildung von A auf $L(A)$.

Wir behaupten: σ ist ein Isomorphismus.

i) σ ist injektiv. Wir haben aus $\sigma(\bar{x}) = \sigma(\bar{y})$ zu schließen $\bar{x} = \bar{y}$. O. B. d. A. seien nämlich die Vertreter x, y von $\bar{x}$ bzw. $\bar{y}$ aus dem gleichen G_n. Mit $\varphi(x) = u_x v_x$, $\varphi(y) = u_y v_y$ gilt dann also $\sigma(\bar{x}) = \bar{u}_x \bar{v}_x$, $\sigma(\bar{y}) = \bar{u}_y \bar{v}_y$; o. B. d. A. folgt daraus $\bar{u}_x = \bar{u}_y$, $\bar{v}_x = \bar{v}_y$. Wegen $u_x, u_y, v_x, v_y \in E(G_n)$ ergibt sich $u_x = u_y$, $v_x = v_y$, d. h. $x = y$ und damit natürlich $\bar{x} = \bar{y}$.

ii) σ ist surjektiv. Es sei $k \in K(A) = E(L(A))$ gegeben. Es existiert $uv \in K(G_n)$ mit $k = \bar{u}\bar{v}$. Dann ist $x := uv \in E(G_{n+1})$, $\bar{x} \in E(A)$ und $\varphi(x) = \varphi(u)\, \varphi(v)$. Wir haben also $\sigma(\bar{x}) = \overline{\varphi(u)}\, \overline{\varphi(v)} = \bar{u}\bar{v} = k$.

iii) $\bar{x}\bar{y} \in K(A) \Leftrightarrow \sigma(\bar{x})\, \sigma(\bar{y}) \in K(L(A))$.

1. Ist $\bar{x}\bar{y} \in K(A)$, so existieren x, y aus einem G_n mit $xy \in K(G_n)$. Sei $\varphi(x) = u_x v_x$, $\varphi(y) = u_y v_y$. Nun liefert φ einen Isomorphismus von G_n auf $G_n^* \subseteq L(G_n)$; nach Definition der Nachbarschaft in $L(G_n)$ muß also $|\{u_x, v_x\} \cap \{u_y, v_y\}| = 1$ sein. O. B. d. A. sei

$u_x = u_y$, $v_x \neq v_y$. Es ist $\sigma(\bar{x}) = \bar{u}_x\bar{v}_x$, $\sigma(\bar{y}) = \bar{u}_y\bar{v}_y$ mit $\bar{u}_x = \bar{u}_y$, $\bar{v}_x \neq \bar{v}_y$ (wegen $v_x \neq v_y$ beide $\in E(G)$) also sind $\sigma(\bar{x})$, $\sigma(\bar{y})$ in $L(A)$ benachbart.

2. Ist $\sigma(\bar{x})\,\sigma(\bar{y}) \in K(L(A))$, so wählen wir Vertreter x, y von $\bar{x}$ bzw. $\bar{y}$ in dem gleichen G_n. Dann ist $\varphi(x) = u_xv_x$, $\varphi(y) = u_yv_y$, $\sigma(\bar{x}) = \bar{u}_x\bar{v}_x$, $\sigma(\bar{y}) = \bar{u}_y\bar{v}_y$ mit $\bar{u}_x = \bar{u}_y$, $\bar{v}_x \neq \bar{v}_y$ (o. B. d. A.). Es folgt, daß u_x bzw. u_y der Vertreter von $\bar{u}_x$ bzw. von $\bar{u}_y$ in G_n sein muß; also $u_x = u_y$. Entsprechend ergibt sich $v_x \neq v_y$. Also $\varphi(x)$, $\varphi(y)$ sind benachbart in $L(G_n) = G_{n+1}$, mithin ist $\overline{\varphi(x)}\,\overline{\varphi(y)} = \overline{xy} \in K(A)$.

A ist also tatsächlich (vermöge σ) isomorph zu seinem Kantengraphen. Überdies ergibt die Konstruktion leicht, daß A zh. sein muß, wenn G_0 zh. ist. Ebenso ist ohne weiteres klar, daß $\alpha(A) = \max(\aleph_0, \alpha(G_0))$ gilt (außer wenn G_0 endlich und $\alpha(G_0) = \varkappa(G_0)$ ist). Ist $\mathfrak{a}$ eine transfinite Kardinalzahl und G_0 irgendein (zh.) Graph mit $\alpha(G_0) = \mathfrak{a}$, der eine Ecke vom Grade $\mathfrak{a}$ besitzt[1]), so ist G_0 zulässig, da ja $L(G_0)$ ein $S(\mathfrak{a})$ als Teilgraphen hat und G_0 sich leicht auf einen Teilgraphen von $S(\mathfrak{a})$ isomorph abbilden läßt. Wir erhalten also:

6.4. Satz (SABIDUSSI [13]). *Zu jeder Kardinalzahl* $\mathfrak{a} \geqq 3$ *existiert ein zh. Graph* A *mit* $\alpha(A) = \mathfrak{a}$, *der zu seinem Kantengraphen* $L(A)$ *isomorph ist.*

Insbesondere gibt es also auch abzählbare zh. Graphen mit Ecken unendlichen Grades, die zu ihrem Kantengraphen isomorph sind. Diese müssen dann natürlich ein unendliches Simplex enthalten.

In [13] gibt SABIDUSSI noch wesentliche Verfeinerungen dieses Resultates. Unter anderem zeigt er folgendes: Zu jeder Folge von Kardinalzahlen $2 \leqq n_0 \leqq n_1 \leqq \ldots$, wobei $n_0 \leqq \aleph_0 \leqq n_1$ ist, gibt es einen zh. Graphen G mit $L(G) \simeq G$, der eine Ecke vom Grade 2 und für jedes $i \geqq 0$ eine Ecke vom Grade n_i besitzt. Insbesondere muß es also zu jeder transfiniten Kardinalzahl $\mathfrak{a}$ sogar $\mathfrak{a}$ nichtisomorphe zh. Graphen G mit $G \simeq L(G)$ und $\alpha(G) = \mathfrak{a}$ geben.

Zum Abschluß dieses Paragraphen bringen wir noch folgenden Satz von SABIDUSSI [13]:

6.5. Satz. *Es sei* G *zh. und lokalfinit, und es gelte* $G \approx L(G)$. *Dann ist* G *ein Kreis, ein 1-Weg oder ein 2-Weg.*

Beweis. Nach Voraussetzung existiert eine Bijektion $\varphi: E \to K$ mit

$$ee' \in K \Leftrightarrow \varphi(e) \cap \varphi(e') \neq \emptyset.$$

Es sei $E_i = \{e \in E \mid \gamma_G(e_i) = i\}$ sowie $E' = E_1 \cup E_2$ und $E^* = E - E'$. Nehmen wir $E^* \neq \emptyset$ an; es genügt offenbar zum Beweis, diese Annahme zu widerlegen.

1. Es ist $E' \neq \emptyset$. Denn es muß (aufgrund von (10)) für jedes $e \in E^*$ mindestens ein Endpunkt der Kante $\varphi(e)$ den Grad $< \gamma_G(e)$ haben; daher $\gamma_G^{\min} < 3$.

2. Ist W ein Weg mit den Ecken $x_0, \ldots, x_n$ und den Kanten $x_0x_1, \ldots, x_{n-1}x_n$ mit $n \geqq 2$ und sind $x_1, \ldots, x_{n-1} \in E'$, so erhält man mittels der Kanten $\varphi(x_0), \ldots, \varphi(x_n)$ einen Weg von um 1 größerer Länge, in dem ebenfalls alle inneren Ecken in E' liegen.

3. $E_1 = \emptyset$. Denn für (jedes) $x \in E_1$ sei x^* die Ecke in E^* kleinsten Abstandes von x. Ist $\delta_G(x, x^*) = \delta$, so erhält man durch Anwendung von φ, daß ein Endpunkt $\bar{x}$ von $\varphi(x)$ in E_1 liegen und $\delta_G(\bar{x}, \bar{x}^*) > \delta$ gelten muß. E_1 müßte also, falls $\neq \emptyset$, unendlich sein. Für $x \neq y$ aus E_1 ist $x^* \neq y^*$. (Andernfalls seien a bzw. b die Nachbarn von $x^* = y^*$ auf dem x^*x- bzw. y^*y-Weg. Es sei $\varphi(x^*) = uv$. Dann ist (wegen $ab \notin K$) etwa $\varphi(a) \cap \varphi(x^*)$

[1]) Z. B. ist $\mathfrak{a} * 1$ ein solcher Graph.

$= u$, $\varphi(b) \cap \varphi(x^*) = v$. Ist $x^*c \in K$, $c \neq a, b$, so muß also $\varphi(c) \cap \varphi(a)$ oder $\varphi(c) \cap \varphi(b) \neq \emptyset$ sein, gegen $ca, cb \notin K$.) Nun wähle man $x \neq y$ aus E_1 so, daß $\delta_G(x^*, y^*)$ minimal ist. Man schließt aber $\delta_G(\bar{x}^*, \bar{y}^*) < \delta_G(x^*, y^*)$.

4. Es gibt keine $x \neq y$ in E', die zu demselben $z \in E^*$ benachbart sind. Andernfalls sei $wz \in K$, $w \neq x, y$.

Ist $xy \in K$, so ist w zu x, y nicht benachbart (wegen $x, y \in E'$). $\varphi(x)$, $\varphi(y)$, $\varphi(z)$ können kein Dreieck bilden, da sonst $\varphi(w)$ auch mit $\varphi(y)$ oder $\varphi(x)$ eine Ecke gemeinsam hätte. Also bilden $\varphi(x)$, $\varphi(y)$, $\varphi(z)$ ein $1 * 3$. Dies muß Untergraph von G sein, weil sonst x oder y noch zu einer weiteren Ecke benachbart wäre; G könnte dann aber kein Kantengraph sein.

Ist $xy \notin K$, so muß, damit $1 * 3 \sqsubseteq G$ ausgeschlossen ist, etwa die Kante xw vorhanden sein. $\varphi(x)$, $\varphi(y)$ sind eckenfremd, $\varphi(z)$ trifft aber beide; $\varphi(x)$, $\varphi(z)$, $\varphi(y)$ bilden also einen Weg. $\varphi(w)$ trifft $\varphi(x)$ und $\varphi(z)$. Falls $\varphi(x)$, $\varphi(w)$, $\varphi(z)$ ein Dreieck bilden, findet man auf $\varphi(y)$, falls $\varphi(x) \cap \varphi(w) \cap \varphi(z) \neq \emptyset$ auf $\varphi(x)$, eine Ecke $\in E_1$, gegen 3.

5. C_i $(i \in I)$ seien die Komponenten von $G - E'$. Wir behaupten: Es gibt keine zwei verschiedenen Kanten der Form $k = cx$, $k' = dy$ mit $c, d \in C_i$, $x, y \in E'$. Denn andernfalls können wir i, k, k' so gewählt denken, daß $\delta_{C_i}(c, d)$ minimal ist. $W \subseteq C_i$ sei ein c,d-Weg dieser Länge; wegen 4. ist diese > 0. $\varphi(c)$, $\varphi(d)$ haben je genau eine Ecke in E'; durch Anwendung von φ gewinnen wir einen Weg W' kürzerer Länge, der die beiden Endpunkte $c', d' \in E^*$ von $\varphi(c)$ bzw. $\varphi(d)$ verbindet. Sei C_j die c' enthaltende Komponente von $G - E'$. W'' sei der maximale in c' beginnende, in C_j verlaufende Teilweg von W'. W'' ergibt einen Widerspruch zur Minimalwahl von W.

6. $G - E'$ muß zh. sein. Wäre nämlich $\sigma(G - E') \geqq 3$, so müßte ein C_{i_0} existieren, aus dem zu mindestens zwei anderen C_i Wege über E' führen, gegen 5. Wäre $\sigma(G - E') = 2$, so lägen wegen 5. alle Ecken von E' auf dem die betreffenden beiden Komponenten verbindenden Wege, was wegen 2. nicht sein kann.

7. Es bleibt nur die Möglichkeit, daß alle Ecken von E' auf einem 1-Weg U liegen, der genau nur seinen Endpunkt u mit E^* gemeinsam hat. y sei der Nachbar von u größten Grades. Dann ist $\gamma_{L(G)}(yu) = \gamma_G(y) + \gamma_G(u) - 2 > \gamma_G(y)$. In $L(G)$ ist aber yu Nachbar von ux, wenn x den Nachbarn von u auf U bezeichnet, und in $L(G)$ beginnt der U entsprechende 1-Weg in ux. Wegen $G \simeq L(G)$ und der Eindeutigkeit von U ist dies ein Widerspruch.

Damit folgt der Satz. —

Übungen

1. Irgend zwei nichtbenachbarte Ecken in einem Kantengraphen haben höchstens 4 gemeinsame Nachbarn.

2. Für welche zh. Graphen G ist

a) $L(G)$ paar,
b) $L(G)$ regulär,
c) $L(G)$ simplexartig,
d) $L(G)$ Eulersch?

3. Ist G Eulerscher Graph, so besitzt $L(G)$ einen Hamilton-Kreis. Hiervon gilt nicht die Umkehrung.

4. Man mache sich am Beispiel des Oktaeders $2 * 2 * 2 = L(S(4))$ klar, daß unsere Überlegung vor (6.2) nur funktionieren kann, wenn $\alpha(G) \geqq 5$ ist.

5. Für ein endliches zh. G betrachte man die Folge G, $L(G)$, $L^2(G)$, ... Für welche G bricht sie nach

endlich vielen Schritten ab, für welche bleibt sie konstant, und für welche „divergiert" sie (in dem Sinne, daß immer größere Graphen auftreten)? Es ist unmöglich, daß die Folge „periodisch" ist, d. h., daß $L^i(G) \not\simeq L^{i+1}(G)$, aber $L^i(G) \simeq L^n(G)$ für ein $n \geqq i + 1$ gilt.

6. Man führe den (knapp gefaßten) Beweis von (6.5) genau durch. An welchen Stellen wird die Lokalfinitheit von G benutzt? Man überlege sich, daß (schärfer als (6.5), aber mit der gleichen Beweisführung) das Folgende gilt: Ist G zh., $L(G) \simeq G$ und enthält G wenigstens eine Ecke endlichen Grades, so ist G entweder ein Kreis, ein 1-Weg, ein 2-Weg, oder aber von der Form $H \cup U$, wobei H unendlich und U ein 1-Weg ist, der mit H nur seinen Anfangspunkt u gemeinsam hat und auf dem alle Ecken des Grades 2 von G liegen. (Ecken vom Grade 1 kann es nicht geben.)

7. Man beweise, daß in letzterer Situation sogar alle Ecken $\notin U$ unendlichen Grad haben müssen Sabidussi [13], Theorem 6).

Kapitel 3

Bäume und Gerüste

§ 1. Bäume

Ein Graph $G \neq \Theta$ heißt *Baum*, wenn er zh. ist und keinen Kreis enthält.

Die Bäume bilden eine relativ einfache Klasse von Graphen, die gleichwohl von grundlegender Bedeutung ist und auch wichtige Anwendungen hat (chemische Verbindungen, z. B. Alkohole; Netzwerke).

Eine Kante $k = ab$ in einem Graphen G heiße *Brücke*, wenn es in $G - k$ keinen a,b-Weg gibt. (Dies ist gleichbedeutend damit, daß k in keinem Kreis von G liegt, oder auch damit, daß, wenn C die k enthaltende Komponente von G ist, $\sigma(C - k) = 2$ gilt. Beweis als Übung.) Eine Ecke vom Grade 1 heiße *Endecke* des betreffenden Graphen, jede mit einer Endecke inzidierende Kante eine *Endkante*. Jede Endkante ist Brücke; eine Brücke, die nicht Endkante ist, heiße *echte Brücke*. Es ist dann klar:

1.1. *Für jede Kante k von G gilt genau eine der drei Aussagen:* (i) *k liegt in einem Kreis von G;* (ii) *k ist Endkante von G;* (iii) *k ist echte Brücke von G.*

Nunmehr folgt leicht:

1.2. *Folgende Aussagen über einen Graphen G sind äquivalent:*

(a) *G ist ein Baum;*

(b) *Für je zwei $e, e' \in E(G)$ existiert genau ein e,e'-Weg in G;*

(c) *G ist zh., und jedes $k \in K(G)$ ist Brücke;*

(d) *G ist zh., und für jedes $k \in K(G)$ ist $G - k$ nicht zh. („G ist minimal zh.");*

(e) *G ist kreislos, aber für jede neue Kante k zu G enthält $G \cup k$ einen Kreis („G ist maximal kreislos").*

Der einfache Beweis sei dem Leser als Übungsaufgabe überlassen.

In einem Baum B mit $\alpha(B) \geqq 3$ gibt es keine benachbarten Endecken. Aufgrund von (b) gilt daher:

1.3. *Ist B ein Baum mit $\alpha(B) \geqq 3$ und E' eine Menge von Endecken von B, so ist auch $B - E'$ ein Baum.*

Ist B Baum und W ein Weg $\subseteq B$, der etwa a, b verbindet, so läßt sich, falls a (bzw. b) keine Endecke von B ist, W durch eine mit a (bzw. b) inzidente Kante zu einem größeren Weg erweitern. Daraus sieht man:

1.4. *Ist B Baum mit $2 \leqq \alpha(B) < \infty$, so verbindet jeder längste Weg in B zwei Endecken von B. Insbesondere muß also B mindestens zwei Endecken enthalten.*

Letzteres kann aufgrund von (1.3) zur Reduktion auf kleinere Bäume dienen. Auf diese Weise zeigt man durch Induktion über α:

1.5. *Es sei B Baum mit $2 \leqq \alpha(B) < \infty$. Dann ist $\varkappa = \alpha - 1$, und bezeichnet α_n die Zahl der Ecken vom Grade n in B, so gilt für die Zahl der Endecken von B*

$$\alpha_1 = 2 + \sum_{n \geqq 2} \alpha_n(n-2).$$

Ist umgekehrt $\varkappa = \alpha - 1$, so schließt man aus Kap. 1, (1.1), daß mindestens eine Ecke vom Grade $\leqq 1$ vorhanden ist. Induktiv über α folgt daher:

1.6. *Folgende Aussagen über einen endlichen Graphen G sind äquivalent:*

(a) *G ist Baum;*
(b) *G ist zh. und $\varkappa = \alpha - 1$;*
(c) *G ist kreislos und $\varkappa = \alpha - 1$.*

Die Gradsequenzen endlicher Bäume können sehr leicht charakterisiert werden, und zwar benutzt man wieder die Reduktion vermöge einer Endkante (Durchführung des Beweises als Übung):

1.7. *Es sei $(\gamma_1, \ldots, \gamma_n) \in \mathbb{N}^n$. Dann und nur dann gibt es einen Baum B mit Ecken $e_1, \ldots, e_n$ und $\gamma_B(e_i) = \gamma_i$ $(i = 1, \ldots, n)$, wenn $\frac{1}{2} \sum_{i=1}^{n} \gamma_i = n - 1$ gilt.*

Die Gradsequenzen der Bäume sind also alle aufgrund der Gleichung $\varkappa = \alpha - 1$ numerisch möglichen Folgen.

Es sei B ein Baum mit $3 \leqq \alpha(B) < \infty$. Offenbar ist $d(B)$ gleich der Länge eines längsten Weges in B. B' sei der aus B durch Entfernung aller Endecken entstehende Baum. Jede Endecke von B' ist (in B) zu einer Endecke von B benachbart. Offenbar endet jeder längste, in einer gegebenen Ecke x von B (bzw. B') beginnende Weg $\subseteq B$ (bzw. $\subseteq B'$) in einer Endecke von B (bzw. B'). Man erhält daraus für $x \in E(B')$

$$\varepsilon_B(x) = \varepsilon_{B'}(x) + 1.$$

Ferner, ist x Endecke von B und y der Nachbar von x, so ist sicher $\varepsilon_B(x) > \varepsilon_B(y)$; d. h., in $Z(B)$ liegt keine Endecke von B.

Man erhält daraus:

$$Z(B) = Z(B').$$

Ferner: Man erhält genau die längsten Wege W von B, indem man den längsten Wegen W' von B' an den beiden Endpunkten je eine Endkante (bez. B) hinzufügt. Daher

$$d(B) = d(B') + 2.$$

Induktiv schließt man:

1.8. *Ist B ein endlicher Baum, so besteht das Zentrum $Z(B)$ entweder aus einer einzigen Ecke oder aus zwei benachbarten Ecken, und zwar je nachdem, ob $d(B)$ gerade oder ungerade ist. Das Zentrum jedes längsten Weges von B ist identisch mit $Z(B)$.*

Übungen

1. Ein kreisloser Graph heißt *Wald*. G ist ein Wald genau dann, wenn alle seine Komponenten Bäume sind. Ist G endlich, so ist G ein Wald genau dann, wenn $\varkappa = \alpha - \sigma(G)$ gilt.
2. G (endlich) ist ein Baum genau dann, wenn für jedes $K' \subseteq K$ gilt $\sigma(G - K') = |K'| + 1$.

3. Man bestimme die endlichen Bäume, in denen je zwei Endecken den gleichen Abstand haben.

4. Ist B ein Baum mit $2 \leqq \alpha(B) < \infty$ und kein Weg ungerader Länge, so gibt es in B ein Paar von Endecken mit geradem Abstand.

5. Bestimme alle Bäume vom Durchmesser 2, 3 und 4.

6. Unter den endlichen Bäumen mit α Ecken und s Endecken haben genau diejenigen maximalen Durchmesser, die nach Streichung aller Endecken in einen Weg übergehen.

7. Ein zh. Graph G heißt *unizyklisch,* wenn er genau einen Kreis enthält. Die unizyklischen Graphen sind genau diejenigen, die man aus einem Baum durch Adjunktion einer neuen Kante erhält. Dann und nur dann ist $(\gamma, \ldots, \gamma_n) \in \mathbb{N}^n$ Gradsequenz eines unizyklischen Graphen, wenn $\frac{1}{2} \sum \gamma_i = n$ gilt und mindestens drei der $\gamma_i \geqq 2$ sind.

8. Ist e Ecke in einem endlichen Baum B, so zerfällt $B - e$ in genau $\gamma_G(e)$ Komponenten. Jede solche zusammen mit e und der in sie hineinführenden Kante heiße ein *Zweig* von B bei e.

9. Die *Höhe* $h_B(e)$ von e bezüglich B ist das Maximum der Kantenzahlen aller Zweige von B bei e. Das Maximum von $h_B(e)$ wird genau dann erreicht, wenn e Endecke ist.

10. Das Minimum von $h_B(e)$ wird entweder an genau einer Ecke oder an zwei benachbarten Ecken angenommen; man spricht dann von dem *Massenzentrum* bzw. *Massenbizentrum* von B. Für das Massenzentrum e (falls vorhanden) gilt $h_B(e) < \frac{\alpha}{2}$, für das Massenbizentrum ab (falls vorhanden) gilt $h_B(a) = h_B(b) = \frac{\alpha}{2}$. Für die übrigen Ecken x gilt $h_B(x) > \frac{\alpha}{2}$. (C. Jordan 1869; s. D. König [K 3], S. 73ff.)

11. Bei jedem Automorphismus eines endlichen Baumes bleibt (mindestens) entweder eine Ecke oder eine Kante fest.

12. Ist φ ein Automorphismus eines unendlichen Baumes, bei dem weder eine Ecke noch eine Kante festbleibt, so gibt es einen unendlichen Weg, der bei φ auf einen echten Teilweg von sich selbst abgebildet wird.

§ 2. Gerüste

Ist G zh. und $B \subseteq G$ ein Baum, der alle Ecken von G enthält (also einen Faktor von G darstellt), so heißt B ein *Gerüst* von G.

2.1. *Jeder zh. Graph G besitzt ein Gerüst. Schärfer: Ist W irgendein Wald $\subseteq G$, so gibt es ein Gerüst von G, das W enthält.*

Beweis. Ist W_i $(i \in I)$ eine Kette (bez. $\subseteq$) von Wäldern in G, die alle W enthalten, so ist auch $\bigcup_{i \in I} W_i$ ein solcher Wald (denn ein etwa auftretender Kreis müßte schon in einem der W_i ganz enthalten sein). Nach dem Zornschen Lemma gibt es also in G einen maximalen W enthaltenden Wald W^*.

Es ist $E(W^*) = E(G)$. (Andernfalls erhielte man durch Hinzunahme einzelner Ecken W^* echt umfassende Wälder $\subseteq G$.) Ferner ist W^* zh. Andernfalls nämlich können wir wegen des Zusammenhanges von G einen Ecken aus verschiedenen Komponenten von W^* verbindenden Weg $P \subseteq G$ wählen. Es gibt dann (mindestens) eine Kante k auf P, deren Endpunkte zu verschiedenen Komponenten von W^* gehören. $W^* \cup k$ wäre dann ein W^* echt umfassender Wald.

Also erfüllt W^* die Bedingungen für ein Gerüst von G. —

Man kann natürlich noch schärfere Fragen hinsichtlich der Gestalt eines Gerüstes oder seiner Lage in dem gegebenen Graphen stellen. Eine solche Verschärfung werden wir in § 3 kennenlernen. Die Frage nach Hamiltonschen Wegen in einem endlichen, zh. Graphen ist nichts anderes als die Frage nach einem Gerüst, das ein Weg ist (bzw. nur 2 Endpunkte hat bzw. in dem jede Ecke den Grad $\leqq 2$ hat). Sein-Win [19, 20] hat

Bedingungen dafür angegeben, wann ein Graph G ein Gerüst hat, in dem alle Eckengrade $\leqq$ einer gegebenen Zahl s sind bzw. das eine vorgegebene Höchstzahl von Endecken besitzt.

Wir wollen jetzt eine Formel für die Zahl der Gerüste in einem endlichen Graphen herleiten; dieses Resultat geht auf KIRCHHOFFS grundlegende Arbeit [5] von 1847 zurück. Der folgende Beweis stammt von H. TRENT [22].

Zuvor sollen noch einige Bezeichnungen für Matrizen eingeführt werden. Wird in einer Matrix $\mathcal{A}$ die i-te Zeile gestrichen, so wollen wir die entstehende Matrix kurz mit $\mathcal{A}_i$ bezeichnen; werden die i-te Zeile und die i-te Spalte gestrichen, so schreiben wir $\mathcal{A}_{[i]}$. Man stellt leicht fest:

(1) $\mathcal{A}_i(\mathcal{A}_i)^{\mathsf{T}} = (\mathcal{A}\mathcal{A}^{\mathsf{T}})_{[i]}$.

Es sei nun G ein Graph mit n Ecken $(2 \leqq n < \infty)$; $\mathcal{J}(G)$ sei seine Inzidenz-, $\hat{\mathcal{A}} = \hat{\mathcal{A}}(G)$ seine Admittanzmatrix (vgl. Kap. 2, § 3). In $\mathcal{J}(G)$ stehen in jeder Spalte genau zwei Einsen; wir versehen jeweils die eine mit einem Plus-, die andere mit einem Minuszeichen. Das bedeutet nichts anderes, als daß wir jeder Kante von G eine Richtung gegeben haben; wir erhalten also einen gerichteten Graphen $\vec{G}$. Man rechnet unschwer nach

(2) $\hat{\mathcal{A}}(G) = \mathcal{J}(\vec{G}) \cdot \mathcal{J}(\vec{G})^{\mathsf{T}}$,

woraus wegen (1) folgt (für $i = 1, \ldots, n$)

(3) $\hat{\mathcal{A}}(G)_{[i]} = \mathcal{J}(\vec{G})_i \cdot \mathcal{J}(\vec{G})_i^{\mathsf{T}}$.

Für $L \subseteq K$ sei $G_L = (E, L)$ bzw. $\vec{G}_L = (E, \vec{L})$, wo $\vec{L}$ gleich der Menge der Kanten aus L, nur mit der entsprechenden Richtung versehen, ist. Insbesondere betrachten wir die $L \subseteq K(G)$ mit $|L| = n - 1$. Nach Kap. 2, § 3 (vgl. die Bemerkungen im Anschluß an (3.4)) ist G_L zh. (d. h. wegen (1.6) ein Gerüst von G) genau dann, wenn $\mathcal{J}(\vec{G}_L)$ den (größtmöglichen!) Rang $n - 1$ hat. Für $i \in \{1, \ldots, n\}$ ist dann $\mathcal{J}(\vec{G}_L)_i$ eine nichtsinguläre quadratische Matrix (mit $n - 1$ Zeilen), deren Determinante also $\neq 0$ ist und wegen Kap. 2, (3.5) den Wert $+1$ oder -1 haben muß. — Ist dagegen G_L kein Gerüst, so ist $\mathcal{J}(\vec{G}_L)_i$ vom Range $\leqq n - 2$, so daß also $\det \mathcal{J}(\vec{G}_L)_i$ verschwindet. Zusammenfassend können wir sagen:

(4) Für $L \in \binom{K}{n-1}$ ist $\det \mathcal{J}(\vec{G}_L)_i = \pm 1$ oder 0, je nachdem, ob G_L ein Gerüst von G ist oder nicht.

Nach (2) und dem Satz von CAUCHY-BINET[1]) gilt nun

$$\det \hat{\mathcal{A}}_{[i]} = \det\left(\mathcal{J}(\vec{G})_i \cdot \mathcal{J}(\vec{G})_i^{\mathsf{T}}\right) = \sum_{L \in \binom{K}{n-1}} \det \mathcal{J}(\vec{G}_L)_i \cdot \det \mathcal{J}(\vec{G}_L)_i^{\mathsf{T}} = \sum_{L \in \binom{K}{n-1}} \det \mathcal{J}(\vec{G}_L)_i^2,$$

wobei die letzte Summe wegen (4) gerade gleich der Zahl der Gerüste von G ist.

---

[1]) Dieser Satz besagt: Ist A eine m,n-Matrix, B eine n,m-Matrix, so ist

$$\det(AB) = \sum_{T \in \binom{\mathbb{N}_n}{m}} \det A_T \cdot \det B_T,$$

wobei A_T bzw. B_T für $T \in \binom{\mathbb{N}_n}{m}$ die Teilmatrix von A bzw. B mit den durch die $\nu \in T$ indizierten Spalten bzw. Zeilen bedeutet. Im Falle $m > n$ sei die rechte Summe als 0 definiert.

Damit ist bewiesen:

2.2. Matrix-Gerüst-Satz. *Für einen endlichen Graphen G ist die Zahl der Gerüste gleich* det $\hat{\mathcal{A}}(G)_{[i]}$, *wo i irgendeine der Zahlen* $1, \ldots, \alpha(G)$ *ist.*

Ein anderer Beweis von (2.2), der den Satz von CAUCHY-BINET nicht benutzt, stammt von HUTSCHENREUTHER und ist in SACHS [S 2], I, S. 33ff., dargestellt.

Als Beispiel wollen wir die Zahl der Gerüste von $S(n)$ berechnen. $\hat{\mathcal{A}}(S(n))_{[1]}$ ist eine $(n-1, n-1)$-Matrix, wobei an jeder Stelle der Hauptdiagonale $n-1$ und an jeder anderen Stelle -1 steht. Die Determinante dieser Matrix ist n^{n-2}. (Dies erkennt man etwa dadurch, daß man die erste Spalte von allen übrigen Spalten abzieht und in der entstehenden Matrix die $n-2$ letzten Zeilen zu der ersten addiert.) Wir haben also das folgende Resultat von CAYLEY bewiesen:

2.3. *Die Zahl der Gerüste von $S(n)$ (zugleich die Zahl der Bäume mit n vorgegebenen Ecken) ist n^{n-2}.*

Bezüglich weiterer Anzahlprobleme für Bäume sei auf die Monographie „Counting Labelled Trees" von J. W. MOON [M 5] verwiesen.

Der Matrix-Gerüst-Satz macht keinerlei Aussagen darüber, wann ein Graph G eine gegebene Anzahl n von kantendisjunkten Gerüsten besitzt. Dieses interessante Problem haben TUTTE [23] und NASH-WILLIAMS [8] im Jahre 1961 gleichzeitig und unabhängig voneinander gelöst:

2.4. Satz von Tutte und Nash-Williams. *Ein endlicher Graph G hat n kantendisjunkte Gerüste dann und nur dann, wenn für jedes $L \subseteq K$ gilt*

$$n \cdot \bigl(\sigma(G - L) - 1\bigr) \leqq |L|.$$

Hier ist die eine Richtung unmittelbar einsichtig (vgl. Übung 2); den nichttrivialen Teil des Satzes werden wir in Kap. 8 in allgemeinerem Zusammenhange beweisen. Mit (2.4) sind also die Graphen charakterisiert, die sich als Vereinigung von n kantendisjunkten zh. Faktoren darstellen lassen. Dual dazu (in einem Sinne, der in Kap. 8 deutlich werden wird) ist die Frage, wann sich ein Graph als Vereinigung von n kantendisjunkten kreislosen Faktoren schreiben läßt. Dieses Problem ist von NASH-WILLIAMS [12] wie folgt gelöst worden:

2.5. Satz von Nash-Williams. *Dann und nur dann läßt sich ein endlicher Graph G als die Vereinigung von n kantendisjunkten kreislosen Faktoren darstellen, wenn für jedes $H \sqsubseteq G$ gilt*

$$\varkappa(H) \leqq n \cdot \bigl(\alpha(H) - 1\bigr).$$

Auch hier ist die eine Richtung offensichtlich (vgl. Übung 3 unten); die nichttriviale werden wir in Kap. 8 beweisen.

Übungen

1. Ist G zh. und $K' \subseteq K$, so gilt $\sigma(G - K') \leqq |K'| + 1$.
2. Hat G kantendisjunkte zh. Faktoren $F_1, \ldots, F_n$ und ist $\sigma(G - K') \geqq r$ für ein $K' \subseteq K$, so gilt $|K'| \geqq n(r-1)$.
3. Ist G die Vereinigung von n kreislosen Graphen, so gilt $\varkappa \leqq n \cdot (\alpha - 1)$. (Entsprechendes gilt dann auch für jeden Teilgraphen von G.)

4. Existieren n zh. Faktoren in G, so gibt es zu je zwei Ecken n kantendisjunkte Wege, die diese Ecken verbinden. Hiervon gilt nicht die Umkehrung, wie man durch Beispiele belege.

5. Ein Graph, in dem je zwei Gerüste eine Kante gemeinsam haben, kann gleichwohl eine beliebig hohe Zahl von Gerüsten besitzen.

6. G sei zh. und endlich. Man wende so oft wie möglich folgende Operation an: Streichung einer beliebigen Kante in einem Kreis. Behauptung: Nach $\varkappa - \alpha + 1$ Schritten erhält man ein Gerüst von G.

7. G sei zh. und endlich, und $c: K \to \mathbb{R}$ sei eine Bewertungsfunktion der Kanten („Kostenfunktion"). Ein Gerüst B von G ist ein *Minimalgerüst* (von G bez. c), wenn $\sum_{k \in K(B)} c(k)$ kleinstmöglich ist. Zu zeigen ist, daß man alle Minimalgerüste durch folgenden Algorithmus erhält:
(i) Man wähle $k_0 \in K$ mit kleinstem $c(k_0)$,
(ii) Ist $K' = \{k_0, \ldots, k_n\} \subseteq K$ schon gewählt, so daß $\langle K' \rangle$ zh. und kreislos ist, so wähle man k_{n+1} derart, daß k_{n+1} mit $\langle K' \rangle$ genau eine Ecke gemeinsam hat und $c(k_{n+1})$ minimal ist.
Ist c injektiv, so gibt es genau ein Minimalgerüst (vgl. Sachs [S 2], I, S. 36ff.)

8. Ist $|E| = n \geqq 3$ und B ein Baum mit n Ecken, so gibt es mindestens n verschiedene Bäume mit der Eckenmenge E, die alle zu B isomorph sind. Mehr als n solche Bäume braucht es nicht zu geben, wie das Beispiel $1 * (n - 1)$ zeigt.

9. Man erweitere den Matrix-Gerüst-Satz auf Multigraphen.

10. Jedem Baum B mit den Ecken $1, \ldots, n$ $(n \geqq 3)$ ordnen wir eindeutig ein $(n - 2)$-Tupel $t_B = (i_1, \ldots, i_{n-2})$ von Zahlen aus $\mathbb{N}_n$ zu wie folgt: Ist j_1 das kleinste $\nu \in \mathbb{N}_n$, das Endecke von B ist, so sei i_1 der Nachbar von j_1. In $B - j_1$ sei j_2 die kleinste Endecke; ihr Nachbar sei i_2. So fahren wir fort, bis nach $n - 2$ Schritten nur noch eine Kante übrigbleibt. Man zeige, daß die Abbildung $B \to t_B$ eine Bijektion von der Menge aller Bäume auf $\mathbb{N}_n$ auf die Menge aller $(n - 2)$-Tupel zu $\mathbb{N}_n$ liefert. Man erhält einen neuen Beweis von (2.3). (Vgl. Prüfer [17].)

§ 3. Normale Wurzelbäume

Unter einem *Wurzelbaum* (kurz WB) verstehen wir einen Baum B, in dem eine Ecke w als Wurzel ausgezeichnet ist; wir bezeichnen diesen Wurzelbaum durch (B, w). Setzt man für $x, y \in E(B)$ genau dann $x \leqq y$, wenn x auf dem in B enthaltenen w,y-Weg liegt, so wird dadurch, wie man leicht nachprüft, auf $E(B)$ eine Teilordnung definiert; diese werde durch $\leqq_{(B,w)}$ bezeichnet. Sie hat offenbar folgende Eigenschaften:

3.1. *Ist $x \leqq_{(B,w)} y$ und $z \in E(B)$ mit y vergleichbar, so ist z auch mit y vergleichbar. (M. a. W.: $E(B)$ mit $\leqq_{(B,w)}$ ist eine Baumordnung*[1]*.)*

3.2. *Jedes $x \neq w$ hat bez. $\leqq_{(B,w)}$ einen unmittelbaren Vorgänger. Ist φ eine Abbildung, die jedem $x \neq w$ einen unmittelbaren Vorgänger zuordnet, so bricht jede Folge x, $\varphi(x)$, $\varphi^2(x), \ldots$ nach endlich vielen Schritten bei w ab.*

Als Übung zeige man:

3.3. *Ist $(E, \leqq)$ eine teilgeordnete Menge mit den in* (3.1), (3.2) *beschriebenen Eigenschaften, so existiert genau ein Baum B mit $E(B) = E$, so daß $\leqq_{(B,w)}$ mit $\leqq$ übereinstimmt.*

Wir notieren noch:

3.4. *Jede Kette (d. h. totalgeordnete Teilmenge) bezüglich $\leqq_{(B,w)}$ liegt auf einem in w beginnenden Weg $\subseteq B$, ist also höchstens abzählbar.*

---

[1]) Darunter verstehen wir eine teilgeordnete Menge $(M, \leqq)$, so daß für jedes $a \in M$ die Menge der $x \in M$ mit $x \leqq a$ eine Kette bildet.

3.5. *Ist B Baum, B' Teilbaum von B mit $w \in E(B')$, so ist $\leqq_{(B',w)}$ gleich der Restriktion von $\leqq_{(B,w)}$ auf $E(B')$. Ist $x \in E(B')$ und $y \leqq_{(B,w)} x$, so $y \in E(B')$.*

H. A. JUNG [3, 4] hat folgenden Begriff eingeführt:

Definition. G sei ein Graph. Ein Wurzelbaum (B, w) heißt *normaler Wurzelbaum von G*, wenn

1. B Gerüst von G ist,
2. benachbarte Ecken von G stets bez. $\leqq_{(B,w)}$ vergleichbar sind.

(Grob anschaulich besagt die 2. Bedingung, daß die Kanten von G in bezug auf B nicht „quer", sondern nur „von oben nach unten" laufen dürfen.)
Es ist klar, daß ein normaler Wurzelbaum einen wesentlich tieferen Einblick in die Struktur des Graphen gewährt als nur ein Gerüst.

Im folgenden werden wir interessante notwendige und hinreichende Bedingungen für die Existenz von normalen Wurzelbäumen in Graphen herleiten, die von H. A. JUNG [4] stammen. Insbesondere wird sich das überraschende Resultat ergeben, daß diese Existenz von der Wahl der Wurzel unabhängig ist.

Zunächst gilt:

3.6. *Jeder endliche zh. Graph G hat einen normalen Wurzelbaum, wobei die Wurzel w beliebig vorgegeben werden kann.*

(Denn es sei $w \in E(G)$ beliebig, und $G_1, \ldots, G_m$ seien die Komponenten von $G - w$. Man wähle $w_j \in E(G_j)$ mit $ww_j \in K(G)$. Sind nun (B_j, w_j) normale Wurzelbäume von G_j, so erhält man einen normalen Wurzelbaum (B, w) von G, indem man zu den B_j die Ecke w und die Kanten ww_j hinzunimmt. Die Behauptung folgt induktiv.)

Wesentlich interessanter und schwieriger ist der unendliche Fall. Entscheidend ist folgender von H. A. JUNG eingeführter Hilfsbegriff:

Definition. Ein Baum $B \subseteq G$ mit $w \in E(B)$ heißt *fast-normaler* WB von G (bez. w), wenn jeder B,B-Weg in G bez. $\leqq_{(B,w)}$ vergleichbare Ecken verbindet.

Ist dann C eine Komponente von $G - B$, so muß die Menge der $e \in E(B)$ mit $\delta_G(e, C) = 1$ durch $\leqq_{(B,w)}$ totalgeordnet sein, also wegen (3.4) auf einem in w beginnenden Weg $\subseteq B$ liegen; ferner muß B normaler WB von $G[B]$ sein. Diese beiden Bedingungen zusammen haben auch umgekehrt zur Folge, daß B fast-normaler WB von G (bez. w) ist. — Ein fast-normaler WB ist ein normaler WB genau dann, wenn er ein Gerüst ist.

3.7. *Ist B fast-normaler WB von G (bez. w) und ist B' mit $w \in B'$ ein Teilbaum von B, so ist auch B' fast-normaler WB von G (bez. w).*

B e w e i s. Nehmen wir an, die Behauptung wäre falsch. Dann gibt es einen B',B'-Weg $W \subseteq G$, der zwei nicht vergleichbare Ecken x, y von B' verbindet. O. B. d. A. können wir B', W so gewählt denken, daß $\varkappa(W)$ kleinstmöglich ist. Es sei z die erste Ecke $\neq x$ von B, die W (von x nach y durchlaufen) trifft; sicher ist $z \neq y$, weil B fast-normal ist. W_{xz} ist ein B,B-Weg, so daß x, z vergleichbar sein müssen, und wegen $z \notin B'$ folgt $x <_{(B,w)} z$. B'' sei der Teilbaum von B, der durch Hinzufügung des (x enthaltenden) z,w-Weges $\subseteq B$ zu B' entsteht. z' sei die letzte Ecke vor y, die W mit B'' gemeinsam hat; nach Konstruktion muß $x <_{(B,w)} z' \leqq_{(B,w)} z$ gelten. $W_{z'y}$ ist ein B'',B''-Weg mit $\varkappa(W_{z'y}) < \varkappa(W)$; also müssen z', y vergleichbar sein. Wegen (3.1) müßten dann aber auch x, y vergleichbar sein, mit Widerspruch. —

3.8. *B_i $(i \in I)$ sei eine bezüglich $\subseteq$ totalgeordnete Familie von fast-normalen WB von G bezüglich w. Dann ist auch $B = \bigcup_{i \in I} B_i$ ein fast-normaler WB von G bezüglich w.*

Beweis. Hätte B einen Kreis oder wäre B nicht zh., so müßte schon eins der B_i diese Eigenschaft haben. Also ist B Baum. Ferner ist jeder B,B-Weg schon ein B_i,B_i-Weg für passendes $i \in I$. Die Behauptung folgt aus (3.5). —

3.9. *Ist B fast-normal* in G *(bez. w) und enthält B keinen 1-Weg, so kann man zu jeder Ecke x von $G - B$ einen fast-normalen WB $B' \supset B$ finden, der aus B durch Hinzufügung eines geeigneten x,B*-Weges *$W \subseteq G$ entsteht.*

Beweis. C sei die x enthaltende Komponente von $G - B$. Da B keinen 1-Weg enthält, muß wegen (3.4) die Menge der Nachbarn von C in B endlich sein. Es sei y das Maximum dieser Menge (bez. $\leqq_{(B,w)}$). Ein beliebiger x,y-Weg $W \subseteq G$ mit $W \cap B = \{y\}$ leistet dann das Verlangte. —

$X \subseteq E(G)$ heißt *verstreut*, wenn für jeden 1-Weg $U \subseteq G$ ein endliches T existiert, so daß jeder X,U-Weg T trifft. (Natürlich ist jede Teilmenge einer verstreuten Menge wieder verstreut, und jede endliche Menge von Ecken in G ist verstreut.) Durch Gegenteilbildung zeigt man unschwer:

3.10. *Folgende Aussagen sind äquivalent:*

(a) *X ist nicht verstreut;*

(b) *Es gibt einen 1-Weg U, so daß für jedes endliche $T \subset G$ ein X,U-Weg $\subseteq G - T$ existiert;*

(c) *Es gibt einen 1-Weg U sowie eine unendliche Folge $W_1, W_2, \ldots$ disjunkter Wege, so daß jedes W_ν* eine Ecke *$x_\nu \in X$ mit einer Ecke u_ν von U verbindet.*

Entscheidend für das Folgende ist nun:

3.11. *B_0 sei fast-normaler WB (bez. w) in dem zh. Graphen G; B_0 enthalte keinen 1-Weg. $X \subseteq E(G)$ sei verstreut in G. Dann gibt es in G einen fast-normalen WB (bez. w) B_1 mit $B_1 \supseteq B_0$, $E(B_1) \supseteq X$, so daß B_1 ebenfalls keinen 1-Weg enthält.*

Beweis. Es sei $\mathfrak{B}$ die Menge der (bez. w) fast-normalen WB in G von der Form

$$B = B_0 \cup \bigcup_{e \in X'} W_e, \qquad (*)$$

wo $X' \subseteq X$ gilt und W_e einen e,B_0-Weg bezeichnet.

1. Jedes $B \in \mathfrak{B}$ ist frei von 1-Wegen. Nehmen wir nämlich an, daß in $B = B_0 \cup \bigcup_{e \in X'} W_e$ ein 1-Weg U existiert; o. B. d. A. beginne U in B_0. Sei $k_1 \in K(U)$, $\notin B_0$. Dann existiert ein W_{e_1} $(e_1 \in X')$, das k_1 enthält; W_1 sei der Teilweg von W_{e_1}, der von e_1 bis U führt. — Sei nun $k_2 \in K(U)$, $\notin B_0 \cup W_{e_1}$; man wähle ein W_{e_2} $(e_2 \in X')$, das k_2 enthält, und W_2 sei der Teilweg von W_{e_2}, der von e_2 bis U führt. — Jetzt wählt man $k_3 \in K(U)$, $\notin B_0 \cup W_{e_1} \cup W_{e_2}$ sowie ein W_{e_3} $(e_3 \in X')$, das k_3 enthält, und W_3 sei der Teilweg von e_3 bis U. — Auf diese Weise fortfahrend, erhält man eine unendliche Folge disjunkter Wege W_ν, wo jedes W_ν ein $e_\nu \in X$ mit einem u_ν aus U verbindet, mit Widerspruch zu der Verstreutheit von X.

2. Ist B_i $(i \in I)$ eine Kette von Elementen aus $\mathfrak{B}$, so ist auch $B = \bigcup_{i \in I} B_i$ Element von $\mathfrak{B}$. (Nach (3.8) ist B fast-normaler WB, und natürlich hat B wieder die Form $(*)$.)

3. Nach Zorn existiert also in $\mathfrak{B}$ ein maximales Element B_1. Wegen 1. enthält B_1 keinen 1-Weg, und wegen (3.9) muß B_1 alle Ecken von X enthalten. –

3.12. *Es sei G zh. und $X \subseteq E(G)$ die Vereinigung einer Folge X_n ($n \in \mathbb{N}$) von sämtlich verstreuten Mengen. Dann gibt es in G, bei Vorgabe einer beliebigen Wurzel w, einen fast-normalen WB bez. w, der X enthält.*

Beweis. Es sei $B_0 = \{w\}$. – Ist B_n als fast-normaler WB ohne 1-Weg bereits konstruiert, so wähle man als B_{n+1} gemäß (3.11) einen fast-normalen WB ohne 1-Weg, der B_n und X_{n+1} enthält. – Man erhält eine unendliche Folge $B_0 \subseteq B_1 \subseteq B_2 \subseteq \ldots$ fast-normaler WB, deren Vereinigung wegen (3.8) wieder fast-normaler WB ist und nach Konstruktion X enthält. –

Umgekehrt gilt auch:

3.13. *B sei fast-normaler WB von G (bez. w) und $X_n = D_n(w, B)$. Dann ist jedes X_n (in G) verstreut. (Insbesondere also ist jede Teilmenge von $E(B)$ Vereinigung einer Folge verstreuter Mengen.)*

Beweis. Andernfalls gibt es ein kleinstes $n \geqq 1$, so daß X_n nicht verstreut ist. Für $x \in X_n$ sei $\bar{x}$ das Element von X_{n-1}, zu dem x benachbart ist. Wir bestimmen U und die W_ν, $x_\nu (\in X_n)$, u_ν gemäß (3.10), (c).

1. Fall. Es gibt eine unendliche Folge $\nu_1 < \nu_2 < \nu_3 < \ldots$, so daß die $\bar{x}_\nu$ alle gleich einer Ecke z sind. Es sei dann W der w,z-Weg $\subseteq B$, und B' entstehe aus W durch Hinzufügung aller Kanten zx_{ν_i}. Nach (3.7) ist B' fast-normal. $U \cup W_{\nu_1} \cup W_{\nu_2} \cup \ldots$ enthält nun unendlich viele disjunkte endliche Wege P_j, wobei jeweils P_j zwei der x_{ν_i} verbindet (der einfache Beweis sei dem Leser als Übung überlassen). Man findet daher auch ein P_j, das W vermeidet, also ein B',B'-Weg ist und zwei unvergleichbare Ecken verbindet, mit Widerspruch.

2. Fall. Es gibt eine Folge $\nu_1 < \nu_2 < \nu_3 < \ldots$, so daß die $\bar{x}_{\nu_i}$ paarweise verschieden sind. Indem wir die Kanten $\bar{x}_{\nu_i} x_{\nu_i}$, zu den W_{ν_i} hinzunehmen, finden wir aber dann unendlich viele disjunkte Wege von X_{n-1} nach U, so daß X_{n-1} nicht verstreut wäre, gegen die Minimalwahl von n. –

Das folgende Satzpaar, von H. A. Jung [4] stammend, faßt die Untersuchungen dieses Paragraphen zusammen.

3.14. Satz. *Es sei G ein zh. Graph und $w \in E(G)$ beliebig. Eine Teilmenge X von $E(G)$ ist dann und nur dann in einem fast-normalen Wurzelbaum (bez. w) von G enthalten, wenn X sich als Vereinigung einer (endlichen oder abzählbaren) Folge $X_1, X_2, \ldots$ von sämtlich verstreuten Eckenmengen darstellen läßt.*

3.15. Satz. *Für einen zh. Graphen G sind folgende Aussagen äquivalent:*

(a) *G besitzt für mindestens ein $w \in E(G)$ einen normalen Wurzelbaum mit der Wurzel w.*
(b) *Für jedes $w \in E(G)$ besitzt G einen normalen Wurzelbaum mit der Wurzel w.*
(c) *Es gibt eine Folge $X_1, X_2, X_3, \ldots$ von verstreuten Eckenmengen in G mit $E(G) = \bigcup_{\nu=1}^{\infty} X_\nu$.* –

Insbesondere ist die Tatsache erstaunlich, daß die Existenz eines normalen WB von der Wahl der Wurzel unabhängig ist.

Als Folgerungen (vgl. Übung 1) ergeben sich die Resultate:

3.16. Satz. *Existiert in G ein normaler WB und ist $H \subseteq G$ zh., so besitzt auch H einen normalen WB (mit irgendeiner seiner Ecken als Wurzel).*

3.17. Satz. *Jeder abzählbare zh. Graph und jeder zh. Graph ohne 1-Weg hat einen normalen WB.*

3.18. Satz. *Ein zh. Graph G enthält keinen 1-Weg genau dann, wenn G aus einem Wurzelbaum (B, w) ohne 1-Weg durch Adjunktion von lauter Kanten der Form xy mit $x \leqq_{(B,w)} y$ entsteht.* (Vgl. Übung 1 unten.)

Damit ist ein vollständiger Überblick über alle Graphen ohne 1-Wege gegeben, wenn man die Bäume mit dieser Eigenschaft als bekannt ansieht.

Übungen

1. Man führe die Herleitung der letzten drei Sätze aus (3.14) explizit durch. Bei (3.18) benutze man zum Nachweis, daß ein Graph der angegebenen Gestalt keinen 1-Weg enthält, etwa folgendes Lemma:

Ist $u_1, u_2, u_3, \ldots$ eine Folge verschiedener Ecken in (B, w), so daß u_i mit u_{i+1} vergleichbar ist für alle $i \in \mathbb{N}$, so findet man eine unendliche monoton wachsende Teilfolge $u_{i_1} < u_{i_2} < u_{i_3} < \cdots$ (also in B einen 1-Weg). Nämlich: Für jedes i sei $s(i)$ das größte $s \geqq i$ mit $u_s \leqq_{(B,w)} u_i$; man zeigt leicht $u_{s(i)} <_{(B,w)} u_{s(s(i+1))}$, woraus sich durch Iteration das Behauptete ergibt.

2. Ein überabzählbares Simplex besitzt keinen normalen WB.
3. Man bestimme alle normalen WB in $S(n)$, $n \leqq \aleph_0$, sowie im Würfel, im Oktaeder und in den Rädern.
4. Enthält G keinen 2-Weg, so besitzt G einen normalen WB.
5. Enthält G einen normalen WB, so gibt es eine Wohlordnung von E derart, daß jede Ecke e nur zu endlich vielen Ecken benachbart ist, die in der Wohlordnung vor e kommen.
6. Die Umkehrung von 5. gilt nicht: Es sei G ein Graph, der aus einem überabzählbaren Simplex S durch Einführung einer Ecke e_k auf jeder Kante k von S entsteht. In G existiert keine unendliche verstreute Menge von Ecken, so daß G sicher keinen normalen WB besitzt. Andererseits kann man die Ecken von G so wohlordnen, daß jede Ecke unendlichen Grades vor jedem e_k kommt; dann ist jede Ecke nur zu höchstens zwei Vorgängern benachbart.

§ 4. Wohl-Quasiordnung

Kruskal [6] bewies 1960 das folgende bemerkenswerte Resultat:

4.1. Satz. *Gibt man eine Folge $B_1, B_2, B_3, \ldots$ von endlichen Bäumen beliebig vor, so kann man darin stets eine unendliche Teilfolge $B_{i_1}, B_{i_2}, B_{i_3}, \ldots$ $(i_1 < i_2 < i_3 < \ldots)$ finden derart, daß $B_{i_{r+1}} >_\mu B_{i_r}$ für alle $r = 1, 2, 3, \ldots$ gilt.*

Nash-Williams [14] zeigte, daß hier sogar die Voraussetzung der Endlichkeit der B_i weggelassen werden kann; dieser Satz ist eines der erstaunlichsten und tiefsten Resultate der Graphentheorie. Der außerordentlich komplizierte und langwierige Beweis liegt jedoch außerhalb des Rahmens, der in diesem Bande gesteckt ist. Wir werden hier nur den Fall endlicher Bäume behandeln, und zwar werden wir einen geistreichen Beweis für (4.1) geben, der gleichfalls auf Nash-Williams [9] zurückgeht. Hierzu müssen wir etwas weiter ausholen.

In der Menge M sei eine Quasiordnung $\leqq$ (d. h. eine reflexive und transitive Relation) gegeben. Eine Folge $x_1, x_2, x_3, \ldots$ von Elementen aus M heiße *schlecht*, wenn $x_i \nleqq x_j$

für alle $i < j$ gilt; andernfalls heiße sie *gut*. (Ist die Folge (x_n) schlecht, so natürlich auch jede ihrer Teilfolgen.) M heißt durch $\leqq$ *wohl-quasigeordnet* (kurz: wqo), wenn jede Folge von Elementen aus M gut (bez. $\leqq$) ist.

$S \subseteq M$ heiße unabhängig (bez. $\leqq$), wenn keine Beziehung $x \leqq y$ für irgendwelche $x \neq y$ aus S besteht. Es gilt:

4.2. *Es sei $\leqq$ eine Quasiordnung in M. Dann und nur dann ist M durch $\leqq$ wqo, wenn die folgenden Bedingungen gelten:*

(a) *Die absteigende Kettenbedingung: Jede Kette $x_1 > x_2 > x_3 > \dots$ bricht nach endlich vielen Schritten ab.*[1])

(b) *Es gibt keine unendliche, bez. $\leqq$ unabhängige Teilmenge von M.*

Beweis. Gilt (a) oder (b) nicht, so erhält man sofort eine schlechte Folge. Umgekehrt seien (a), (b) erfüllt. Nehmen wir an, $x_1, x_2, x_3, \dots$ sei eine schlechte Folge. S sei die Menge derjenigen x_j, so daß für alle $i > j$ gilt $x_j \nleqq x_i$. Dann ist S sicher unabhängig. Ferner ist S unendlich.

Denn sind $x_{i_1}, \dots, x_{i_m} \in S$ mit $i_1 < i_2 < \dots < i_m$, so betrachte man eine maximale Kette der Form

$$x_{i_m+1} > x_{j_1} > x_{j_2} > \dots$$

mit $i_m + 1 < j_1 < j_2 < \dots$ Wegen (a) muß diese Kette nach endlich vielen Schritten, etwa bei x_{j_s}, abbrechen. Für alle $n > j_s$ ist dann aber $x_{j_s} \nleqq x_n$, mithin $x_{j_s} \in S$, $j_s > i_m$. Dieser Widerspruch beendet den Beweis. —

4.3. *Sei M durch $\leqq$ wqo, und $x_1, x_2, x_3, \dots$ sei eine beliebige Folge von Elementen $\in M$. Es sei*

$$\overline{N} := \left\{ n \in \mathbb{N} \,\middle|\, \bigwedge_{i>n} x_n \nleqq x_i \right\}.$$

Dann ist $\overline{N}$ endlich, und es gibt eine unendliche Folge natürlicher Zahlen $i_1 < i_2 < i_3 < \dots$ mit $x_{i_1} \leqq x_{i_2} \leqq x_{i_3} \leqq \dots$

Beweis. Wäre $\overline{N}$ unendlich und wären $n_1 < n_2 < n_3 < \dots$ die Elemente von $\overline{N}$, so gälte für alle $i < j$ also $x_{n_i} \nleqq x_{n_j}$, d. h., die x_{n_i} bildeten eine schlechte Folge. $\overline{N}$ ist also endlich, und n_0 sei das größte Element von $\overline{N}$ (bzw. 1, falls $\overline{N} = \emptyset$). Für jedes $n > n_0$ existiert dann ein $m > n$ mit $x_m \geqq x_n$, woraus die Behauptung durch Iteration folgt. —

Entscheidend ist nun das folgende Lemma (vgl. Higman [1], Tarkowski [21]):

4.4. *Es sei M durch $\leqq$ wqo. Für endliche Teilmengen A, B von M setzen wir $A \lesssim B$ genau dann, wenn eine injektive Abbildung $\varphi: A \to B$ existiert, so daß $a \leqq \varphi(a)$ für alle $a \in A$ gilt. Wir behaupten, daß $\lesssim$ eine Wohl-Quasiordnung in der Menge $\mathfrak{E}(M)$ aller endlichen Teilmengen von M definiert.*

Beweis. Wir bemerken vorweg, daß aus $A \subseteq B \in \mathfrak{E}(M)$ folgt $A \lesssim B$. Die Reflexivität von $\lesssim$ ist damit klar. Ist $A \lesssim B$ und $B \lesssim C$, so existieren also injektive Abbildungen $\varphi: A \to B$, $\psi: B \to C$ mit $\varphi(a) \geqq a$, $\psi(b) \geqq b$ für alle $a \in A$ bzw. $b \in B$. Die Hintereinanderausführung von φ und ψ zeigt dann $A \lesssim C$; $\lesssim$ ist also auch transitiv.

[1]) Hier bedeutet $x > y$, daß $x \geqq y$ und $x \nleqq y$ gilt.

Nehmen wir nun an, $\lesssim$ sei keine Wohl-Quasiordnung, d. h., es gibt schlechte Folgen von $\mathfrak{E}(M)$. Man wähle $A_1 \in \mathfrak{E}(M)$, so daß 1. A_1 als erstes Glied (mindestens) einer schlechten Folge bez. $\lesssim$ auftritt, 2. $|A_1|$ kleinstmöglich mit dieser Eigenschaft ist. — Es seien nun $A_1, \ldots, A_n$ schon bestimmt, und zwar derart, daß es schlechte Folgen bez. $\lesssim$ gibt, die mit $A_1, \ldots, A_n$ anfangen. Man wähle dann $A_{n+1} \in \mathfrak{E}(M)$ mit kleinstmöglichem $|A_{n+1}|$ derart, daß mit $A_1, \ldots, A_n, A_{n+1}$ beginnende schlechte Folgen existieren. — Auf diese Weise wird eine unendliche Folge Σ: $A_1, A_2, A_3, \ldots$ von Elementen aus $\mathfrak{E}(M)$ konstruiert. Σ ist schlecht; andernfalls gäbe es ein $i < j$ mit $A_i \lesssim A_j$, und A_j wäre falsch bestimmt worden. Kein A_n ist leer, weil $\emptyset \lesssim A$ für jedes $A \in \mathfrak{E}(M)$ gilt. In jedem A_n wählen wir ein a_n und setzen $B_n := A_n - \{a_n\}$ sowie $\mathfrak{B} = \{B_n \mid n \in \mathbb{N}\}$.

Wir behaupten, $\mathfrak{B}$ ist durch $\lesssim$ wqo. Andernfalls nämlich existiert eine Folge $i_1, i_2, i_3, \ldots$, so daß $B_{i_1}, B_{i_2}, B_{i_3}, \ldots$ schlecht bez. $\lesssim$ ist.[1]) Es sei $n = i_j = \min (i_\nu | \nu \in \mathbb{N})$. Dann ist die Folge

$$A_1, \ldots, A_{n-1}, \quad B_n = B_{i_j}, B_{i_{j+1}}, B_{i_{j+2}}, \ldots \tag{*}$$

schlecht. (Andernfalls müßte nach Wahl der A_i und der $B_{i_{j+\nu}}$ eine Beziehung $A_\varrho \lesssim B_{i_{j+\nu}}$ $(1 \leqq \varrho \leqq n - 1, \nu \geqq 0)$ gelten. Aber

$$B_{i_{j+\nu}} \lesssim A_{i_{j+\nu}}, \qquad i_{j+\nu} \geqq n > \varrho$$

implizierte $A_\varrho \lesssim A_{i_{j+\nu}}$, so daß Σ nicht schlecht wäre.) Nun ergibt aber $|B_n| < |A_n|$ einen Widerspruch zur Minimalwahl von A_n.

$\mathfrak{B}$, $\lesssim$ ist also wqo. Daher existiert nach (4.3) eine Folge $i_1 < i_2 < i_3 < \ldots$, so daß $B_{i_1} \lesssim B_{i_2} \lesssim B_{i_3} \lesssim \ldots$ gilt. Weil $\leqq$ eine Wohl-Quasiordnung in M ist, existieren Zahlen $\nu < \mu$, so daß $a_{i_\nu} \leqq a_{i_\mu}$ ist. Nach Definition von $\lesssim$ haben wir eine Injektion $\varphi: B_{i_\nu} \to B_{i_\mu}$ mit $\varphi(b) \leqq b$ für alle $b \in B_{i_\nu}$. Bilden wir noch zusätzlich a_{i_ν} auf a_{i_μ} ab, so sehen wir

$$A_{i_\nu} = B_{i_\nu} \cup \{a_{i_\nu}\} \lesssim A_{i_\mu} = B_{i_\mu} \cup \{a_{i_\mu}\},$$

was einen Widerspruch dazu ergibt, daß Σ schlecht ist.

$\mathfrak{E}(M)$ muß also durch $\lesssim$ wqo sein. —

Wir wenden jetzt unsere Aufmerksamkeit wieder der graphentheoretischen Seite zu. Um (4.1) zeigen zu können, müssen wir die Relationen $\simeq$, $\supseteq$, $>_\mathrm{u}$ noch speziell auf Wurzelbäume und die zugehörigen Teilordnungen (vgl. § 3) zurechtschneiden. Tatsächlich werden wir eine etwas schärfere Aussage als (4.1) beweisen können.

Zwei Wurzelbäume (B, w), (B', w') heißen *isomorph* (bezeichnet durch $\simeq$), wenn es einen Isomorphismus φ von B auf B' gibt, bei dem speziell w in w' übergeht. Insbesondere entsprechen sich die Teilordnungen in (B, w) und (B', w').

Ferner setzen wir $(B, w) \sqsubseteq (B', w')$, wenn $B \subseteq B'$ und für alle $x, y \in E(B)$ gilt $x \leqq_{(B,w)} y \Leftrightarrow x \leqq_{(B',w')} y$. (Letzteres ist offenbar gleichbedeutend mit $w \leqq_{(B',w')} x$ für alle $x \in E(B)$.)

Schließlich setzen wir $(B', w') >_\mathrm{u} (B, w)$ genau dann, wenn $(B_0, w_0) \sqsubseteq (B', w')$ existiert derart, daß (B_0, w_0) isomorph zu einem (B^U, w) ist.

Man stellt ohne weiteres fest: $(B, w) \sqsubseteq (B', w') \Rightarrow (B, w) {}_\mathrm{u}\!< (B', w')$. ${}_\mathrm{u}\!<$ ist eine Quasiordnung in der Klasse aller Wurzelbäume. ${}_\mathrm{u}\!<$ ist für endliche Wurzelbäume

---

[1]) Wir können nicht $i_1 < i_2 < i_3 < \ldots$ annehmen, weil $\mathfrak{B}$ als Menge definiert ist.

auch antisymmetrisch, in dem Sinne, daß $(B, w) {}_{\mathrm{u}}\!< (B', w')$, $(B', w') {}_{\mathrm{u}}\!< (B, w)$ zur Folge hat $(B, w) \simeq (B', w')$.

Der Satz von KRUSKAL kann nun in der etwas schärferen Form bewiesen werden:

4.1′. Satz. ${}_{\mathrm{u}}\!<$ *ist eine Wohl-Quasiordnung in der Klasse aller endlichen Wurzelbäume.*

Beweis. Nehmen wir an, es gäbe (bez. ${}_{\mathrm{u}}\!<$) schlechte Folgen von endlichen Wurzelbäumen. Man wähle (B_1, w_1) derart, daß 1. (B_1, w_1) erstes Glied einer solchen Folge ist, 2. $\alpha(B_1)$ kleinstmöglich (mit 1.) ist. Nehmen wir nun an, für ein $n \geqq 1$ seien $(B_1, w_1), \ldots, (B_n, w_n)$ schon bestimmt, so daß dieses n-Tupel Anfang einer schlechten Folge endlicher Wurzelbäume ist. Nun wählen wir (B_{n+1}, w_{n+1}) mit kleinstmöglicher Eckenzahl derart, daß $(B_1, w_1), \ldots, (B_n, w_n), (B_{n+1}, w_{n+1})$ Anfang wenigstens einer schlechten Folge ist.

Auf diese Weise erhalten wir eine unendliche Folge $(B_1, w_1), (B_2, w_2), (B_3, w_3), \ldots$, die, nach Konstruktion, schlecht ist. Es ist auch klar, daß $\alpha(B_i) > 1$ für alle i gelten muß. Für jedes $i = 1, 2, \ldots$ seien $w_{i1}, \ldots, w_{i\gamma_i}$ $(\gamma_i \geqq 1)$ die Nachbarn von w_i in B_i. $B_i - w_i$ hat genau γ_i Komponenten $B_{i1}, \ldots, B_{i\gamma_i}$, wobei $w_{ij} \in E(B_{ij})$ und

$$(B_{ij}, w_{ij}) \subseteq (B_i, w_i) \quad \text{für alle} \quad i = 1, 2, \ldots; j = 1, \ldots, \gamma_i \tag{*}$$

gilt.

Es bezeichne M die Menge aller dieser Wurzelbäume (B_{ij}, w_{ij}). Wir behaupten, daß M durch ${}_{\mathrm{u}}\!<$ wqo ist. Andernfalls sei $(B_{i_\nu j_\nu}, w_{i_\nu j_\nu})$, $\nu = 1, 2, \ldots$, eine schlechte Folge in M. Man setze $n = i_\lambda = \min(i_\nu \mid \nu \in \mathbb{N})$. Dann ist $(B_1, w_1), \ldots, (B_{n-1}, w_{n-1})$, $(B_{i_\lambda j_\lambda}, w_{i_\lambda j_\lambda})$, $(B_{i_{\lambda+1} j_{\lambda+1}}, w_{i_{\lambda+1} j_{\lambda+1}}), \ldots$ eine schlechte Folge bez. ${}_{\mathrm{u}}\!<$. (Denn $(B_s, w_s) {}_{\mathrm{u}}\!< (B_{i_{\lambda+\mu} j_{\lambda+\mu}}, w_{i_{\lambda+\mu} j_{\lambda+\mu}})$ für gewisse s, μ mit $1 \leqq s \leqq n - 1$, $\mu \geqq 0$ hätte mit $t := i_{\lambda+\mu}$, nach Wahl von n und wegen (*) zur Folge $(B_s, w_s) {}_{\mathrm{u}}\!< (B_t, w_t)$, $s < t$.) Aber $\alpha(B_{i_\lambda j_\lambda}) < \alpha(B_n)$ würde dann einen Widerspruch zur Minimalwahl von $\alpha(B_n)$ bedeuten, so daß also M tatsächlich durch ${}_{\mathrm{u}}\!<$ wqo sein muß.

Nach (4.4) ist nun $\mathfrak{E}(M)$ durch ${}_{\mathrm{u}}\!\lessdot$ wqo. Wir setzen $A_i := \{(B_{i1}, w_{i1}), \ldots, (B_{i\gamma_i}, w_{i\gamma_i})\}$ für $i = 1, 2, \ldots$ Dann gibt es also $i < j$ mit $A_i {}_{\mathrm{u}}\!\lessdot A_j$; o. B. d. A. seien die $B_{i\nu}$ so numeriert, daß $(B_{i\nu}, w_{i\nu}) {}_{\mathrm{u}}\!< (B_{j\nu}, w_{j\nu})$ für $\nu = 1, \ldots, \gamma_i$ gilt. Für $\nu = 1, \ldots, \gamma_i$ existieren somit $(B_{0\nu}, w_{0\nu}) {}_{\mathrm{u}}\!< (B_{j\nu}, w_{j\nu})$ mit $(B_{0\nu}, w_{0\nu}) \simeq (B^*_{i\nu}, w_{i\nu})$, wo $B^*_{i\nu}$ eine Unterteilung von $B_{i\nu}$ bezeichnet. Man hat weiter

$$w_j <_{(B_j, w_j)} w_{j\nu} \leqq_{(B_j, w_j)} w_{0\nu} \leqq_{(B_j, w_j)} x$$

für jedes $x \in E(B_{0\nu})$. P_ν bezeichne den $w_j, w_{0\nu}$-Weg $\subseteq B_j$. Dann sehen wir:

$$\begin{aligned}(B_j, w_j) &\supseteq \left(\bigcup_{\nu=1}^{\gamma_i} (B_{0\nu} \cup P_\nu), w_j\right) \\ &>_{\mathrm{u}} \left(\bigcup_{\nu=1}^{\gamma_i} (B_{i\nu} \cup \langle w_{i\nu} w_i \rangle), w_j\right) = (B_i, w_j).\end{aligned}$$

Das bedeutet aber, daß die Folge (B_n, w_n) nicht schlecht sein kann, und dieser Widerspruch beendet den Beweis. —

Der Satz von KRUSKAL gibt Anlaß zu einer ganzen Reihe weiterer Fragen. Zunächst wird man wissen wollen, ob nicht am Ende die Klasse aller endlichen Graphen durch ${}_{\mathrm{u}}\!<$ wqo ist. Diese Frage ist jedoch verneinend zu beantworten; vgl. Übung 2. Bei den Gliedern der dort angegebenen schlechten Folge treten Ecken vom Grade 4 auf. Eine alte Vermutung von VASZONYI fragt: Ist die Klasse aller endlichen Graphen, in denen alle Ecken einen Grad $\leqq 3$ haben, durch ${}_u\!<$ wqo? Aufgrund von Kap. 1, (4.8) wäre diese Vermutung bewiesen, könnte man folgendes Problem in positivem Sinne entscheiden: Ist die Klasse aller endlichen Graphen durch $<$ wqo? Hier sind nur Teilresultate bekannt.[1]) MADER [7] zeigte, daß die Klasse aller endlichen Graphen G mit $G \not> D_5$, wo D_5 den Graphen bezeichnet, der aus $S(5)$ durch Weglassung einer Kante entsteht, durch $<$ wqo ist. Ein anderer Beweis dieses Resultates und weitere Untersuchungen über wqo Graphenklassen finden sich bei HÜNSELER [2]. MADER [7] zeigte auch, daß für jedes $m \in \mathbb{N}$ die Klasse aller endlichen Graphen, in denen sich kein System von m disjunkten Kreisen finden läßt, durch ${}_u\!<$ wqo ist.

Man könnte die vorstehenden Resultate und Probleme als Teile einer „Graphentheorie zweiter Stufe" betrachten: Die betreffenden Aussagen beziehen sich auf (unendliche) Familien von Graphen; für einzelne Graphen wären diese Fragen sinnlos. Die „Graphentheorie erster Stufe" beschäftigt sich hingegen mit der Struktur einzelner Graphen; die bisherigen Untersuchungen über Graphen sind fast ausnahmslos solche der ersten Stufe.

Weitere interessante und tiefsinnige Studien über Wohl-Quasiordnung und verwandte Probleme, die jedoch nur entfernter mit der Graphentheorie zu tun haben, finden sich in den Arbeiten [11], [13], [15] von NASH-WILLIAMS. Einen zusammenfassenden Überblick gibt NASH-WILLIAMS [16].

Übungen

1. Ist $\leqq$ eine Totalordnung in einer Menge M, so ist $\leqq$ eine Wohl-Quasiordnung genau dann, wenn $\leqq$ eine Wohlordnung ist.

2. Für $n \leqq 3$ sei Q_n der Graph, den man erhält, indem man in einem Kreis mit n Ecken jede Kante xy durch ein Viereck mit gegenüberliegenden Ecken x, y ersetzt. Die Folge der Q_n ist bez. ${}_u\!<$ schlecht.

3. Die Klasse aller endlichen Wälder ist durch ${}_u\!<$ wqo.

4. Die Klasse der Graphen $\alpha_1 * \cdots * \alpha_m$ ($\alpha_i \in \mathbb{N}$, $m \in \mathbb{N}$ beliebig) ist durch $\subseteq$ wqo.

5. In dieser Klasse gibt es für jedes $n \in \mathbb{N}$ ein System von n bez. $>$ unabhängigen Graphen.

6. Ist H ein endlicher Graph und Γ die Klasse aller Graphen G mit $G > H$, aber $G - x \not> H$ für jedes $x \in E \cup K$, so ist Γ bez. ${}_u\!<$ wqo.

[1]) Gegenwärtig arbeiten N. ROBERTSON und P. D. SEYMOUR an einem Beweis dieser Vermutung, die inzwischen als Vermutung von K. WAGNER bekannt geworden ist. Die Untersuchung von ROBERTSON-SEYMOUR wird in einer Serie von 15 bis 20 längeren Abhandlungen im J. Combin. Theory (B) erscheinen.

Kapitel 4

Mengerscher Satz und verwandte Probleme

Der Satz von Menger [30] ist eine der fundamentalen Tatsachen in der Graphentheorie; er drückt einen Dualismus des Trennens und Verbindens von Ecken oder Eckenmengen in einem Graphen aus, der grundlegend für alle Fragen des Zusammenhanges in Graphen ist. Als unmittelbare Folgerungen erhält man z. B. den sog. Heiratssatz und andere Resultate über Paarungen („matchings") in paaren Graphen.

Der hier dargestellte Beweis des Mengerschen Satzes (für den endlichen Hauptfall) ist neu. Bezüglich anderer Beweise vgl. Menger [30], Hajós [14], Grünwald [13], Halin [15, 16], Dirac [8], Zykow (in Sachs [S 2], I, S. 142ff.), Pym [36], McDiarmid [29], Lovász [22], Escalante [9], Polat [35], Nash-Williams und Tutte [31]. Besonders einfach und elegant sind die Beweise von Dirac und Pym.

§ 1. Trennende Eckenmengen

Es seien a, b Ecken in dem Graphen G, und T sei ein Teilgraph von G, der a, b nicht enthält. Wir sagen dann, T *trennt* a, b in G, in Zeichen:

$$a \cdot T \cdot b\,(G),$$

wenn T von jedem a,b-Weg getroffen wird (oder, damit äquivalent, wenn a, b zu verschiedenen Komponenten von $G - T$ gehören). Wir sagen, T trennt G, wenn es $a, b \in E(G)$ gibt mit $a \cdot T \cdot b\,(G)$. Da es beim Trennen durch T nur auf die Ecken von T ankommt, brauchen wir zwischen trennenden Teilgraphen und trennenden Eckenmengen nicht streng zu unterscheiden. Gilt $a \cdot T \cdot b\,(G)$, so $ab \notin K(G)$. Umgekehrt: Ist $ab \notin K(G)$, so $a \cdot E(G) - \{a, b\} \cdot b\,(G)$.

Trennt $T \subseteq E(G)$ die Ecken a, b und hat keine echte Teilmenge von T auch noch diese Eigenschaft, so heißt T ein *a,b-Schnitt*. Jedes a, b trennende $T \subseteq E$ enthält einen a,b-Schnitt T_0. (Es sei nämlich T' die Menge der Ecken aus T, von denen eine Kante in die a enthaltende Komponente von $G - T$ hineinführt, und T_0 sei die Menge der Ecken aus T', von denen eine Kante in die b enthaltende Komponente von $G - T'$ hineinführt.)

Für $a, b \in E$ mit $ab \notin K$ existieren trennende $T \subseteq E$ von kleinster Mächtigkeit; letztere heiße die *Trennungszahl* $\tau_G(a, b)$ von a, b in G. Ein a,b-Schnitt der Eckenzahl $\tau_G(a, b)$ heiße ein *a,b-Minimalschnitt*. Die Menge der a,b-Schnitte bzw. a,b-Minimalschnitte in G werde durch $S_G(a, b)$ bzw. $S_G^*(a, b)$ bezeichnet.

T, T' seien zwei a, b trennende Eckenmengen in G. C_a bzw. C_a' sei die Komponente von $G - T$ bzw. $G - T'$, die a enthält; analog seien C_b, C_b' definiert. Wir setzen

$D = T \cap T'$, $T_a = T \cap C'_a$, $T_b = T \cap C'_b$, $T'_a = T' \cap C_a$, $T'_b = T' \cap C_b$. Diese 5 Eckenmengen sind dann offenbar disjunkt. Wir behaupten:

1.1. *$T^* = T_a \cup T'_a \cup D$ und $T^{**} = T_b \cup T'_b \cup D$ sind wiederum a, b trennende Eckenmengen in G. Jeder a,T^{**}-Weg trifft T^*, jeder b,T^*-Weg trifft T^{**}.*

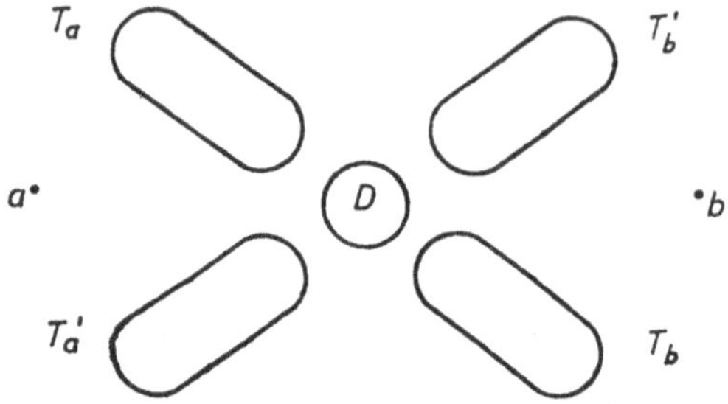

Abb. 22

Beweis. Es sei W irgendein a,b-Weg; zu zeigen ist, daß T^* durch W getroffen wird. Weil a, b durch T, T' getrennt werden, hat W (von a aus durchlaufen) eine erste Ecke t mit $T \cup T'$ gemeinsam; o. B. d. A. sei $t \in T$. Im Falle $t \in D$ sind wir fertig. Im Falle $t \in T - D$ ist aber $W_{at} \subseteq C'_a$, d. h. $t \in T_a$. T^* (und analog T^{**}) trennt also a, b. Durch die gleiche Überlegung folgt auch, daß jeder a,T^{**}-Weg T^* (und jeder b,T^*-Weg T^{**}) treffen muß. —

1.2. *Sind $T, T' \in S^*_G(a, b)$ und ist $\tau_G(a, b) < \infty$, so sind auch $T^*, T^{**} \in S^*_G(a, b)$.*

Dies folgt sofort aus (1.1) und $|T^*| + |T^{**}| \leqq |T| + |T'| = 2\tau_G(a, b)$. —
Wichtig für den Beweis des Mengerschen Satzes ist das folgende Lemma:

1.3. *Ist $\tau_G(a, b) < \infty$ und sind $T, T' \in S^*_G(a, b)$, ist ferner $x \in D = T \cap T'$, $y \in T' - D$, so werden a, b durch $(T - x) \cup y$ nicht getrennt.*

Beweis. Wegen $T^* \in S^*_G(a, b)$ existiert ein a,b-Weg W^* in G mit $W^* \cap T^* = x$ (andernfalls würden a, b auch durch $T^* - x$ getrennt). Ebenso existiert ein a,b-Weg W^{**} mit $W^{**} \cap T^{**} = x$. Wegen (1.1) trifft W^*_{ax} weder T_b noch T'_b; ebenso vermeidet W^{**}_{xb} sowohl T_a auch auch T'_a. Mittels W^*_{ax} und W^{**}_{xb} erhält man dann einen a,b-Weg, der $T^* \cup T^{**}$ nur in x trifft, insbesondere also $(T - x) \cup y$ vermeidet. —

Übungen

1. $a \cdot T \cdot b(G) \Leftrightarrow$ Es gibt eine Darstellung $G = G' \cup G''$, $G' \cap G'' = T$ mit $a \in G' - T$, $b \in G'' - T$.
2. (1.2) bleibt nicht richtig, wenn man $S^*_G(a, b)$ durch $S_G(a, b)$ ersetzt. Man konstruiere ein Beispiel.
3. In (1.1) kann es vorkommen, daß $T_a \cup T_b \cup D$ nicht ganz T ergibt, auch wenn $T, T' \in S_G(a, b)$ sind. Man konstruiere ein Beispiel. (Im Falle von Minimalschnitten kann solches nicht eintreten.)

§ 2. Mengerscher Satz

Ein System von Wegen W_i ($i \in I$) heiße *kreuzungsfrei*, wenn keine innere Ecke eines W_i in einem $E(W_j)$ mit $j \neq i$ vorkommt.

Es seien $a \neq b$ zwei Ecken. Die Vereinigung von n kreuzungsfreien a,b-Wegen heiße eine *a,b-Verbindung der Stärke n*. Wir bezeichnen eine solche durch $\theta_n(a, b)$. Sind $a, b \in E(G)$, so definieren wir das Supremum aller Kardinalzahlen n, so daß in G ein $\theta_n(a, b)$ existiert, als die *Menger-Zahl* $\mu_G(a, b)$ dieser beiden Ecken $a \neq b$ bezüglich G. (Tatsächlich ist $\mu_G(a, b)$ das Maximum aller dieser n. Dies ist im Falle $\mu_G(a, b) < \infty$ sofort klar. Im Falle, daß $\mu_G(a, b)$ transfinit ist, folgt dies durch eine Anwendung des Zornschen Lemmas auf das durch $\subseteq$ teilgeordnete System aller a,b-Verbindungen in G; vgl. den 3. Teil des Beweises von (2.5).)

Es sei $k = xy \in K(G)$. In einem $\theta_n(a, b) \subseteq G$ kann durch Weglassung von k nur höchstens einer der a,b-Wege zerstört werden. Daher folgt:

2.1. $\mu_{G-k}(a, b) = \mu_G(a, b)$ *oder* $\mu_G(a, b) - 1$.

Inzidiert $k = xy$ nicht mit a oder b, so sieht man leicht, daß jedem $\theta_n(a, b) \subseteq G/k$ eine a,b-Verbindung gleicher Stärke in G entspricht, und jedem $\theta_n(a, b)$ in G entspricht in G/k mindestens ein $\theta_{n-1}(a, b)$. Daher:

2.2. *Falls* $k \cap \{a, b\} = \emptyset$, *so* $\mu_{G/k}(a, b) = \mu_G(a, b)$ *oder* $\mu_G(a, b) - 1$.

Entsprechendes gilt für die Trennungszahl:

2.3. *Es seien a, b in G nicht-benachbarte Ecken, und es gelte* $\tau_G(a, b) = \tau < \infty$. *Es sei* $k = xy$, $k \in K(G)$.

1. *Es ist* $\tau_{G-k}(a, b) = \tau$ *oder* $\tau - 1$. *Gilt letzteres, so hat man für jedes* $T \in S^*_{G-k}(a, b)$: *Alle a,b-Wege $\subseteq G$ treffen T oder enthalten k; insbesondere* $x, y \notin T$ *sowie* $T \cup x$, $T \cup y \in S^*_G(a, b)$.

2. *Ist* $k \cap \{a, b\} = \emptyset$, *so gilt* $\tau_{G/k}(a, b) = \tau$ *oder* $\tau - 1$. *Im letzteren Falle gilt für jedes* $T \in S^*_{G/k}(a, b)$ *notwendig* $\dot{k} \in T$ *sowie* $(T - \dot{k}) \cup \{x, y\} \in S^*_G(a, b)$.

Beweis. 1. kann dem Leser als Übung überlassen bleiben. Zu 2.: Ist $\tau_{G/k}(a, b) < \tau$, so sei $T \in S^*_{G/k}(a, b)$. Wäre $\dot{k} \notin T$, so $T \subseteq E(G)$, und es existierte wegen $|T| < \tau$ ein a,b-Weg $W \subseteq G$, der T vermeidet. W entspräche aber in G/k ein a,b-Weg, der ebenfalls T nicht trifft. Also ist $\dot{k} \in T$.

Jeder Weg in G, der x, y vermeidet, ist auch in G/k. Daher muß in G jeder a,b-Weg $(T - \dot{k}) \cup \{x, y\}$ treffen. —

Wir können jetzt ganz leicht folgendes Hauptlemma, das praktisch unmittelbar den Mengerschen Satz (für endliche Graphen) zur Folge hat, beweisen:

2.4. *Es seien $a \neq b$ nicht benachbarte Ecken des endlichen Graphen G, und $k = xy$ sei eine Kante von G, die weder a noch b als Endpunkt hat. Dann gilt wenigstens eine der Gleichungen*

$$\tau_{G-k}(a, b) = \tau_G(a, b)$$

oder

$$\tau_{G/k}(a, b) = \tau_G(a, b).$$

Beweis. Nehmen wir an, daß keine der beiden Gleichungen gilt. Aufgrund von (2.3) existiert dann ein $T' \in S^*_G(a, b)$ mit $x, y \in T'$; ist ferner $T_0 \in S^*_{G-k}(a, b)$, so sind $T := T_0 \cup x$ und $T_0 \cup y$ in $S^*_G(a, b)$. Dies widerspricht jedoch (1.3). —

Nunmehr folgt:

2.5. Mengerscher Satz. *Sind a, b nicht benachbarte Ecken in einem Graphen G, so gilt*

$$\mu_G(a, b) = \tau_G(a, b).$$

Beweis. Nach Definition der trennenden Eckenmenge ist $\mu_G(a, b) \leqq \tau_G(a, b)$ klar. Es bleibt also, in G eine a,b-Verbindung der Stärke $\tau_G(a, b) = \tau$ zu konstruieren.

1. Fall: G ist endlich. Ist jede Kante $k = xy$ mit a oder b inzident, so ist offenbar sowohl $\tau_G(a, b)$ als auch $\mu_G(a, b)$ gleich der Zahl der gemeinsamen Nachbarn von a, b. Existiert jedoch $k = xy$ in G, das weder a noch b enthält, so haben nach (2.4) a, b in $G - k$ oder in G/k die gleiche Trennungszahl wie in G. Die Behauptung folgt daher durch vollständige Induktion über $\varkappa(G)$.

2. Fall: G ist unendlich, aber τ ist endlich. Nach einer Idee von P. Erdös (vgl. D. König [K 3], S. 247) führen wir diesen Fall auf den ersten zurück. Angenommen, es sei $n = \mu_G(a, b) < \tau$, und es seien $W_1, \ldots, W_n$ die a,b-Wege eines $\theta_n(a, b) \subseteq G$. Zu jedem $T = \{t_1, \ldots, t_n\}$ mit $t_i \in E(W_i)$, $t_i \neq a, b$, können wir dann wegen $\tau > n$ einen a,b-Weg P_T in G wählen, der T vermeidet. Es sei H gleich der Vereinigung der W_i sowie dieser P_T; da es nur endlich viele T der genannten Art gibt, ist H endlich. Ist $F \subseteq E(H) - \{a, b\}$, $|F| \leqq n$, so muß F nach Konstruktion stets durch einen der Wege W_i, P_T vermieden werden; also $n < \mu_H(a, b) \leqq \mu_G(a, b)$, mit Widerspruch.

3. Fall: τ ist unendlich. Es sei $\mathfrak{S}$ die Menge aller a,b-Verbindungen in G; $\mathfrak{S}$ ist teilgeordnet durch $\subseteq$. Ist $\mathfrak{T}$ eine Kette in $\mathfrak{S}$ (d. h. eine Familie θ^i $(i \in I)$ von a,b-Verbindungen, so daß für alle $i, j \in I$ gilt $\theta^i \subseteq \theta^j$ oder $\theta^j \subseteq \theta^i$), so ist die Vereinigung der Elemente von $\mathfrak{T}$ offenbar wieder in $\mathfrak{S}$. Nach dem Zornschen Lemma existiert daher ein)bezüglich $\subseteq$) maximales θ in $\mathfrak{S}$. Wäre die Stärke von θ kleiner als τ, so $\alpha(\theta) < \tau$ (da $\tau \geqq \aleph_0$ und jedes $W_{ab} \subseteq \theta$ endlich ist), und $E(\theta) - \{a, b\}$ wäre eine a, b trennende Eckenmenge der Mächtigkeit $< \tau$ (andernfalls wäre θ nicht maximal). Also ist $\mu_G(a, b) = \tau_G(a, b)$, und gleichzeitig haben wir eine a,b-Verbindung der Stärke $\mu_G(a, b)$ aufgewiesen (vgl. die Bemerkung im Anschluß an die Definition der Menger-Zahl). —

Wir wollen noch zwei weitere äquivalente Formen des Mengerschen Satzes[1]) kennenlernen, die häufig benötigt werden.

Es seien a eine Ecke, B eine Menge von Ecken mit $a \notin B$. Unter einem *a,B-Fächer* verstehen wir die Vereinigung von Wegen W_b $(b \in B)$, wobei jedes W_b von a nach b führt und W_b, $W_{b'}$ für $b \neq b'$ nur a gemeinsam haben. Ist $a \in E(G)$ und ist $B \subseteq E(G)$, $a \notin B$, so sei $\mu_G(a, B)$ das Supremum aller $|B'|$ mit $B' \subseteq B$ derart, daß in G ein a,B'-Fächer existiert. $T \subseteq E(G)$ *trennt* a und B, wenn $a \notin T$ gilt und jeder a,B-Weg T trifft. (B selbst trennt also a, B.) $\tau_G(a, B)$ wird dann als die kleinste Mächtigkeit eines a, B trennenden $T \subseteq E(G)$ definiert.

Wir adjungieren nun eine neue Ecke b zu G, die wir genau mit den Ecken von B durch Kanten verbinden; der so entstehende Graph heiße $\hat{G}$. Die a, b in $\hat{G}$ trennenden Eckenmengen sind dann identisch mit den a,B in G trennenden Eckenmengen, und die a,B'-Fächer in G mit $B' \subseteq B$ entsprechen bijektiv den a,b-Verbindungen in $\hat{G}$. Durch Anwendung von (2.5) erhalten wir daher die „Fächerform" des Mengerschen Satzes:

2.6. $\mu_G(a, B) = \tau_G(a, B)$.

Insbesondere gibt es einen a,B'-Fächer in G mit $B' \subseteq B$, $|B'| = \mu_G(a, B)$. Falls B endlich ist, so existiert also ein a,B-Fächer in G genau dann, wenn $\tau_G(a, B) = |B|$ gilt.

Es seien nun A, B disjunkte Teilmengen von $E(G)$. $T \subseteq E(G)$ *trennt* A, B in G, wenn jeder A,B-Weg T trifft. $\tau_G(A, B)$ sei die Mächtigkeit eines kleinsten solchen T. Weiter

[1]) Diese gehen, wie auch die Ausdehnung des Mengerschen Satzes auf den Fall unendlicher Trennungszahl, auf G. A. Dirac [6, 7] zurück.

bezeichne $\mu_G(A, B)$ das Supremum aller Kardinalzahlen c, so daß ein System von c fremden A,B-Wegen in G existiert. Wir adjungieren nun zwei neue Ecken a,b zu G und verbinden a mit den Ecken von A, b mit den Ecken von B durch Kanten. Die a,b-Verbindungen des so gebildeten Graphen $\hat{G}$ stehen dann in bijektiver Beziehung zu den Systemen fremder A,B-Wege in G, und die A, B in G trennenden Eckenmengen sind mit den a, b in $\hat{G}$ trennenden Eckenmengen identisch.[1]) Aus (2.5) folgt daher:

2.7. $\mu_G(A, B) = \tau_G(A, B)$.
Insbesondere existiert ein System von $\mu_G(A, B)$ fremden A,B-Wegen.

Ein System von fremden A,B-Wegen soll eine *Wegepaarung* von A und B heißen, wenn jede Ecke von A und jede Ecke von B auf (genau) einem dieser Wege erscheint. (Insbesondere muß dann $|A| = |B|$ gelten.)

Aus (2.7) ergibt sich die Folgerung:

2.8. *Sind $A, B \subseteq E(G)$ disjunkt und ist $|A| = |B| = n < \infty$, so existiert eine Wegepaarung von A und B in G genau dann, wenn jede A, B trennende Eckenmenge mindestens n Elemente enthält.*

Definition. Ein Graph G heißt *n-fach zusammenhängend* (kurz: n-zh.), wenn $\alpha(G) \geqq n + 1$ gilt und $\mu_G(a, b) \geqq n$ für je zwei Ecken $a \neq b$ aus G gilt.

Es gilt dann der folgende auf Whitney [47] zurückgehende Satz:

2.9. *Für einen Graphen G mit $\alpha(G) \geqq n + 1$ sind folgende Aussagen äquivalent:*

(i) *G ist n-zh.;*
(ii) *jedes trennende T in G hat mindestens n Ecken;*
(iii) *für je zwei nichtbenachbarte Ecken $a \neq b$ in G gilt $\mu_G(a, b) \geqq n$.*

Beweis. (i) $\Rightarrow$ (ii) $\Rightarrow$ (iii) sind nach dem Vorangegangenen klar. (iii) $\Rightarrow$ (i). Zu zeigen ist: Ist $k = ab \in K(G)$, so gilt $\mu_G(a, b) \geqq n$. Nehmen wir an, es sei $\mu_G(a, b) < n$. Dann besteht nach Menger eine Relation $a \cdot T \cdot b$ $(G - k)$ mit $|T| \leqq n - 2$. $(G - k) - T$ hat Komponenten $C_a \neq C_b$ mit $a \in C_a$, $b \in C_b$; andere Komponenten kann $(G - k) - T$ nicht haben, da sonst T schon G trennte. Also: $E(G) = E(C_a) \cup E(C_b) \cup T$. Aus Anzahlgründen ist (etwa) $\alpha(C_a) > 1$. Für $ca \in K(C_a)$ gilt dann $c \cdot T \cup a \cdot b$ (G), $|T \cup a| < n$, mit Widerspruch. —

Als *Zusammenhangszahl* $z(G)$ von G definiert man die kleinste Mächtigkeit einer G trennenden Eckenmenge, falls G kein Simplex ist; ist $G = S(\alpha)$, so werde $z(G) = \alpha - 1$ gesetzt. Also: $z(G) = \min \mu_G(a, b)$, und $z(G)$ ist zugleich die größte Zahl n, so daß G n-zh. ist.

Mit den n-zh. Graphen werden wir uns später noch ausführlicher beschäftigen.

Wichtig sind neben den bisher betrachteten trennenden Eckenmengen auch trennende Kantenmengen: $T \subseteq K(G)$ *trennt* zwei Ecken a, b von G, wenn jeder a,b-Weg $\subseteq G$ eine Kante von T enthält. $\bar{\tau}_G(a, b)$ bezeichne die kleinste Mächtigkeit einer a, b trennenden Kantenmenge in G. Ferner bezeichne $\bar{\mu}_G(a, b)$ die Maximalzahl kantenfremder a,b-Wege in G. Dann gilt die „Kantenform" des Mengerschen Satzes:

2.10. *Für jeden Graphen G und je zwei Ecken $a \neq b$ aus G gilt*

$$\bar{\mu}_G(a, b) = \bar{\tau}_G(a, b).$$

[1]) Ein A,B-Schnitt sei eine bezüglich $\subseteq$ minimale A, B trennende Eckenmenge. Es ergibt sich (vgl. § 1), daß jedes A, B trennende T einen A,B-Schnitt enthält.

Offenbar bedeutet es keine Einschränkung, a, b als nicht benachbart in G anzunehmen. Es sei A die Menge der mit a, B die Menge der mit b inzidenten Kanten von G. Dann gilt (Beweise als Übung) $\mu_{L(G)}(A, B) = \bar{\mu}_G(a, b)$, $\tau_{L(G)}(A, B) = \bar{\tau}_G(a, b)$, und die Behauptung folgt aus (2.7). —

Wir nennen G *n-fach kantenzusammenhängend*, wenn $\alpha(G) \geqq n + 1$ ist und $\bar{\mu}_G(a,b) \geqq n$ für alle $a \neq b$ aus $E(G)$ gilt. Ist $\alpha(G) \geqq 2$, so definiert man als die *Kantenzusammenhangszahl* $\bar{z}(G)$ von G die kleinste Mächtigkeit einer G (d. h. genauer: zwei Ecken von G) trennenden Kantenmenge. $\bar{z}(G)$ ist zugleich die größte der Zahlen n, so daß G n-fach kantenzusammenhängend ist. ($\bar{z}(S(1))$ definiert man als 0.)

Im Graphen $G = (E, K)$ setze man für $k, k' \in K$ genau dann $k \sim k'$, wenn $k = k'$ ist oder k, k' auf einem Kreis von G liegen. $\sim$ ist eine Äquivalenzrelation in K (Beweis als Übung[1])); sind K_i $(i \in I)$ die zugehörigen Äquivalenzklassen, so heiße jeder der Graphen $\langle K_i \rangle$ ein *Glied* von G. Eine Kante k bildet genau dann für sich allein ein Glied von G, wenn k eine Brücke ist. Die übrigen Glieder sind genau die maximalen 2-zh. Teilgraphen von G (Beweis als Übung); sie heißen auch die *Blöcke* von G.

Wird G durch $T = \{t\} \subseteq E$ getrennt, so heißt t eine *Artikulation* von G. Sei G zh. und B ein Glied von G. Sind C_i $(i \in I)$ die Komponenten von $G - B$, so existiert für jedes i genau ein $a_i \in E(B)$, zu dem von C_i Kanten hinführen; a_i ist notwendig Artikulation (Beweis als Übung). Sei $C_i^* = G\,[C_i \cup a_i]$. Dann ist

$$G = B \cup \bigcup_{i \in I} C_i^*, \qquad C_i^* \cap B = a_i \tag{$*$}$$

und $C_i^* \cap C_j^*$ leer bzw. gleich a_i, je nachdem, ob $a_i \neq a_j$ oder $a_i = a_j$ ist. $t \in E(C_i)$ ist Artikulation bez. C_i^* genau dann, wenn es Artikulation von G ist. (a_i selbst ist nicht Artikulation von C_i^*.) Jedes Glied von C_i^* ist auch Glied von G, und jedes Glied $\neq B$ von G ist Glied genau eines der C_i^*. In C_i^* existiert genau ein a_i enthaltendes Glied B_i. Indem man jedes C_i^* gemäß $(*)$ (mit B_i anstelle von B) weiterzerlegt, erhält man induktiv:

2.11. *Ist G ein endlicher, zh. Graph und B_0 ein beliebig gegebenes Glied von G, so existiert eine Darstellung $G = B_0 \cup B_1 \cup \cdots \cup B_m$, wo $B_0, \ldots, B_m$ genau alle Glieder von G (in geeigneter Reihenfolge) sind und $(B_0 \cup \cdots \cup B_{i-1}) \cap B_i$ für jedes $i = 1, \ldots, m$ eine Artikulation a_i ist.*

G wird also, ausgehend von B_0, sukzessive durch Anheften der B_i längs einzelner Ecken (etwa wie ein Kaktus) aufgebaut. Ist $\lambda(i)$ für $1 \leqq i \leqq m$ das kleinste j mit $a_i \in B_j$, so ist der Graph mit den Ecken $B_0, \ldots, B_m$ und den Kanten $B_i B_{\lambda(i)}$ ein Baum. (Der den $E(B_i)$ entsprechende Mengengraph braucht kein Baum zu sein, da eine Artikulation möglicherweise zu mehr als zwei der B_i gehört.) Ein Glied B heißt *Endglied* von G, wenn entweder $G = B$ ist oder B nur eine einzige Artikulation von G enthält. B ist Endglied von G genau dann, wenn die Reihenfolge $B_0, \ldots, B_m$ so gewählt werden kann, daß B in dem genannten Baum Endecke ist (Beweise als Übung).

Der Mengersche Satz (2.5) gilt auch für M-Graphen, wie man sofort erkennt, wenn man jede Kante unterteilt, so daß ein Graph entsteht.

Ein M-Graph G heiße 2-zh., wenn $\alpha(G) \geqq 2$ ist, G keine Schlingen besitzt und je zwei seiner Ecken durch zwei kreuzungsfreie Wege verbunden sind. (Dies ist äquivalent da-

[1]) Der Beweis für die Transitivität von $\sim$ kann direkt durch Betrachtung der auftretenden Kreise erfolgen oder aber durch Anwendung von (2.7) auf die Zweiermengen aus den Endpunkten der betreffenden Kanten.

mit, daß $\varkappa(G) \geqq 2$ ist, keine isolierten Ecken existieren und je zwei Kanten auf einem Kreis liegen.) Die Zerlegung von G in Glieder ist analog wie bei den Graphen; als Glieder von G mit einer einzigen Kante erscheinen neben den Brücken noch die 1-Kreise (Schlingen). Die mit Schlingen inzidenten Ecken des Grades $\geqq 3$ werden auch als Artikulationen aufgefaßt.

Für $n \geqq 3$ soll ein echter M-Graph (d. h., der Schlingen oder Mehrfachkanten besitzt) niemals n-zh. sein. Diese Vereinbarung wird sich als zweckmäßig erweisen (vgl. die Dualitätsbetrachtungen in Kap. 7 und 8).

Übungen

1. (Zu (2.2)): Falls $a \in k$ gilt, so kann $\mu_{G/k}(a, b) > \mu_G(a, b)$ werden (in G/k ist hierbei k mit a zu identifizieren).

2. Man folgere (umgekehrt) das Hauptlemma (2.4) aus dem Mengerschen Satz.

3. Der Mengersche Satz läßt sich ohne weiteres auf *gerichtete* Graphen G übertragen. $T \subseteq G$ *trennt* a, b, wenn $a, b \notin T$ gilt und jede a,b-Bahn T trifft. (Die Trennbeziehung ist hierbei nicht symmetrisch: Wenn a, b durch T getrennt werden, so braucht T nicht b, a zu trennen.) Es gilt dann der *Mengersche Satz für gerichtete Graphen* G: Ist $(a, b) \notin K(G)$, so ist die Minimalzahl a, b trennender Ecken in G gleich der Maximalzahl bis auf a, b fremder a,b-Bahnen in G. Man beweise dieses Resultat, indem man den hier gegebenen Beweis des Mengerschen Satzes auf den gerichteten Fall überträgt.

4. Man übertrage auch die Sätze (2.6), (2.7), (2.8), (2.10) auf gerichtete Graphen.

5. Für jeden Graphen G ist $z(G) \leqq \bar{z}(G) \leqq \gamma_G^{\min}$.

6. Für G mit $\alpha(G) \geqq n + 1$ gilt $z(G) \geqq n$ genau dann, wenn für jedes $a \in E$ und jedes $B \subseteq E - \{a\}$ mit $|B| = n$ in G ein a,B-Fächer existiert.

7. Für G mit $\alpha(G) \geqq 2n$ gilt $z(G) \geqq n$ genau dann, wenn für je zwei disjunkte n-elementige Teilmengen A, B von E eine Wegepaarung von A und B existiert.
(Bei 6. und 7. ist $n < \infty$ anzunehmen. Wie verhält sich die Sache bei transfinitem n?)

8. Ist $\alpha(G) \geqq n + 1$, so gilt $z(G) \geqq n$ genau dann, wenn $\overline{G}$ kein $r * s$ enthält mit $r, s > 0$ und $r + s = \alpha - n + 1$.

9. Ist $\alpha(G) = n + 2$, so $z(G) \geqq n$ genau dann, wenn $\overline{G}$ als Komponenten nur isolierte Ecken oder Kanten hat.

10. Ist $\alpha(G) = n + 3$, so $z(G) \geqq n$ genau dann, wenn G als Komponenten nur Wege oder Kreise der Länge $\neq 4$ hat.

11. Man bestimme die Zusammenhangszahlen der Graphen $\alpha_1 * \alpha_2 * \cdots * \alpha_m$.

12. Ist G zh. und sind $a \neq b$ Ecken von G, so ist die Maximalzahl disjunkter a, b trennender Kantenmengen in G gleich dem Abstand von a, b.

13. Je zwei längste Kreise in einem 2-zh. Graphen schneiden sich in mindestens zwei Ecken. (Es braucht jedoch nicht 2 Ecken zu geben, die allen längsten Kreisen gemeinsam sind; vgl. Walther [47].)

14. Es sei G 2-zh. und nicht paar. Dann gibt es durch jede Ecke einen ungeraden Kreis. Ferner gibt es zu je zwei $x, y \in E$ zwei x,y-Wege W_1, W_2, so daß $\varkappa(W_1)$ gerade, $\varkappa(W_2)$ ungerade ist.

15. Ist G zh., so gehören alle Ecken des Zentrums $Z(G)$ dem gleichen Glied von G an (Harary und Norman [19]).

16. Zu jedem 2-zh. endlichen Graphen G, der kein Kreis und kein Simplex ist, existieren Ecken a, b mit $\delta_G(a, b) = 2$, so daß $G - a - b$ zh. ist. (Denn es existiert $x \in E$ mit $\gamma_G(x) = \gamma_G^{\max} \geqq 3$. Ist $\gamma_G(x) = \alpha - 1$, so wähle man $a, b \in E - \{x\}$ mit $ab \notin K$. Daher sei $\gamma_G(x) \leqq \alpha - 2$. Ist $z(G - x) \geqq 2$, so wähle man $a = x$, $b \in D_2(x, G)$. Besitzt $G - x$ mindestens zwei Glieder, so wähle man $a, b \in N_G(x)$ aus verschiedenen Endgliedern von $G - x$.)

17. Jeder 3-zh. Graph enthält eine Unterteilung des $S(4)$.
(Wähle Ecken $a \neq b$ sowie 3 kreuzungsfreie a,b-Wege W_1, W_2, W_3, wobei W_1, W_2 keine Kanten seien. Da a, b nicht trennen, gibt es einen Weg W', der eine innere Ecke von W_1 mit einer inneren Ecke von W_2 oder W_3 verbindet und selbst keine innere Ecke mit $W_1 \cup W_2 \cup W_3$ gemeinsam hat. $W_1 \cup W_2 \cup W_3 \cup W'$ bildet dann eine Unterteilung von $S(4)$.)

18. Sind A, B Teilgraphen von G und ist $T \subseteq G$, so sagen wir, daß T diese A, B (in G) *trennt*, wenn $T \supseteq E(A \cap B)$ ist und $a \cdot T \cdot b$ (G) für alle $a \in E(A - B)$, $b \in E(B - A)$ gilt. Man erweitere (2.7) und (2.8) auf diesen formal allgemeineren Fall.

19. Es sei G ein M-Graph; G' sei der M-Graph, der entsteht, wenn man jede Kante von G genau einmal unterteilt. G ist 2-zh. genau dann, wenn G' ein 2-zh. Graph ist. Im übrigen entsprechen sich die Zerlegungen in Glieder längs Artikulationen bei G und G' vollständig.

§ 3. Weitere Varianten des Mengerschen Satzes

In diesem Paragraphen werden i. w. drei Erweiterungen des Mengerschen Satzes behandelt. Bei der ersten vereinfachen, vereinheitlichen und erweitern wir Ideen von G. A. Dirac [6, 7]. Im folgenden sollen A, B disjunkte Eckenmengen in einem Graphen $G = (E, K)$ bedeuten.

Es sei f eine Funktion, die jedem $e \in E$ eine Kardinalzahl $f(e)$ zuordnet. Eine Familie P_i $(i \in I)$ von A,B-Wegen heiße *f-restringiert*, wenn jedes $e \in E$ auf höchstens $f(e)$ der P_i vorkommt. Für $T \subseteq E$ sei $f(T) = \sum_{e \in T} f(e)$. Wir setzen $\tau_{G,f}(A, B)$ als das Minimum aller $f(T)$, wo T die A, B trennenden Eckenmengen von G durchläuft. Ferner definieren wir $\mu_{G,f}(A, B)$ als die maximale Zahl von Elementen in einer f-restringierten Familie von A,B-Wegen in G. (Daß dieses Maximum immer existiert, wird sich im nächsten Beweis ergeben.) Dann gilt:

3.1. Satz. $\tau_{G,f}(A, B) = \mu_{G,f}(A, B)$.

Beweis. Für jede $e \in E$ wähle man eine Menge V_e mit $|V(e)| = f(e)$ und $e \neq e' \Rightarrow V_e \cap V_{e'} = \emptyset$. G^f sei der Graph mit $E(G^f) = \bigcup_{e \in E} V(e)$, in dem v, w benachbart seien genau dann, wenn $v \in V_e$, $w \in V_{e'}$ mit $ee' \in K$ gilt. Man setze $\hat{A} = \bigcup_{e \in A} V_e$, $\hat{B} = \bigcup_{e \in B} V_e$. Für $v \in E(G^f)$ sei $\varphi(v) = e$, wenn $v \in V_e$ ist, und für $vw \in K(G^f)$ sei

$$\varphi(vw) = \varphi(v)\,\varphi(w) \qquad (\in K).$$

Es sei nun P_i $(i \in I)$ eine Familie disjunkter $\hat{A},\hat{B}$-Wege in G^f. Trifft ein P_i ein V_e mehr als einmal, so kann P_i durch ein kürzeres P_i' mit $E(P_i') \subset E(P_i)$ ersetzt werden. Daher können wir o. B. d. A. annehmen, daß jedes P_i jedes V_e nur höchstens einmal trifft. Die $\varphi(P_i)$ bilden dann eine f-restringierte Familie von $\hat{A},\hat{B}$-Wegen in G. Umgekehrt: Bilden P_i $(i \in I)$ eine solche Familie in G, so existieren in G^f disjunkte A,B-Wege $\hat{P}_i$ $(i \in I)$ mit $\varphi(\hat{P}_i) = P_i$ für $i \in I$. Daher folgt $\mu_{G,f}(A, B) = \mu_{G^f}(\hat{A}, \hat{B})$.

Andererseits, werden A, B durch T in G getrennt, so werden $\hat{A}, \hat{B}$ durch $\bigcup_{e \in T} V_e = \hat{T}$ in G^f getrennt, $|\hat{T}| = f(T)$. Daher $\tau_{G,f}(A, B) \geqq \tau_{G^f}(\hat{A}, \hat{B})$. Umgekehrt sei $\hat{T}$ eine $\hat{A}, \hat{B}$ in G^f trennende Menge kleinster Mächtigkeit; aufgrund der Fußnote zu Seite 75 kann $\hat{T}$ als $\hat{A},\hat{B}$-Schnitt angenommen werden. Ist $t \in \hat{T}$, $t \in V_e$, so folgt $V_e \subseteq \hat{T}$. (Denn es gibt einen $\hat{A},B$-Weg P in $\hat{G}$, der $\hat{T} - t$ vermeidet. Gäbe es ein $t' \in V_e$, $\notin \hat{T}$, so erhielten wir durch Ersetzung von t durch t' einen $\hat{A},\hat{B}$-Weg $P' \subseteq G^f$, der $\hat{T}$ vermeidet.) $T = \{e \mid V_e \subseteq \hat{T}\}$ trennt daher A, B, und es gilt $f(T) = \sum_{e \in T} |V_e| = |\hat{T}|$. Somit folgt auch $\tau_{G,f}(A, B) \leqq \tau_{G^f}(A, B)$. Insgesamt folgt die Behauptung daher aus (2.7). —

Folgerungen und Bemerkungen. (Im folgenden bedeute ∞ irgendeine Kardinalzahl $> \alpha(G) + \varkappa(G)$).

1. Ist $f(e) = 1$ für alle $e \in E$, so folgt (2.7).
2. Ist $A = \{a\}$, $B = \{b\}$ und setzt man $f(a) = f(b) = \infty$, $f(e) = 1$ für $e \neq a, b$, so ergibt sich die ursprüngliche Form des Mengerschen Satzes.
3. Ist $A = \{a\}$, $B \neq \emptyset$ beliebig und setzt man $f(a) = \infty$, $f(e) = 1$ für $e \neq a$, so ergibt sich die Fächerform des Mengerschen Satzes.
4. Setzen wir $f(e) = \infty$ für alle $e \in A \cup B$ sowie $f(e) = 1$ sonst, so erhalten wir:

3.2. *Kein $a \in A$ sei zu einem $b \in B$ in G benachbart. Dann ist die Maximalzahl von kreuzungsfreien A,B-Wegen gleich der kleinsten Mächtigkeit einer A, B trennenden, zu $A \cup B$ fremden Eckenmenge in G.*

5. Ist $\sum_{a \in A} f(a) = \sum_{b \in B} f(b) = n < \infty$ und ist $f(T) \geqq n$ für jedes A, B trennende T, so gibt es also n kreuzungsfreie A,B-Wege derart, daß jedes $x \in A \cup B$ in genau $f(x)$ von diesen Wegen vorkommt. Damit erhalten wir (wobei speziell $f(e) = 1$ für Ecken $e \notin A \cup B$ zu denken ist):

3.3. *Es sei $f: A \cup B \to \mathbb{N}$ gegeben mit $\sum_{a \in A} f(a) = \sum_{b \in B} f(b) = n < \infty$ (dies impliziert die Endlichkeit von A, B). Kein T mit $|T| < n$, $T \not\supseteq A$, $\not\supseteq B$ trenne A, B. Dann gibt es n kreuzungsfreie A,B-Wege, so daß jedes $x \in A \cup B$ auf genau $f(x)$ dieser Wege erscheint.*

6. Satz (3.1) kann sofort auf den Fall ausgedehnt werden, daß f *auch auf den Kanten von G definiert* ist, d. h., daß f jedem $x \in E \cup K$ eine Kardinalzahl $f(x)$ zuordnet. Eine Familie von *A,B-Wegen P_i ($i \in I$)* heiße dann *f-restringiert,* wenn jedes $x \in E \cup K$ in höchstens $f(x)$ der P_i auftritt. Ein $T \subseteq E \cup K$ trennt A, B, wenn jeder A,B-Weg ein Element von T enthält. Wir setzen $f(T) = \sum_{t \in T} f(t)$. $\hat{\mu}_{G,f}(A, B)$ bezeichne die Maximalzahl von Wegen in einer f-restringierten Familie von A,B-Wegen, und $\hat{\tau}_{G,f}(A, B)$ sei der kleinste Wert $f(T)$ für ein A, B trennendes $T \subseteq E \cup K$. Dann haben wir

3.4. Satz. $\hat{\tau}_{G,f}(A, B) = \hat{\mu}_{G,f}(A, B)$.

Dies folgt sofort aus (3.1), wenn wir G durch den Graphen G' ersetzen, der aus G durch Einführung je einer Ecke e_k auf jedem $k \in K$ entsteht, und sodann $f'(e) = f(e)$ für $e \in E$, $f'(e_k) = f(k)$ für $k \in K$ setzen. —

Der folgende zweite Problemkreis rührt auch von G. A. Dirac her. Eine Familie $W^1, \ldots, W^n$ von A,B-Wegen heiße *kohärent,* wenn für alle $i \neq j$ gilt: Ist $D = E(W^i) \cap E(W^j)$, so erscheinen beim Durchlaufen von W^i und W^j die Ecken von D jeweils in der gleichen Reihenfolge. Es gilt dann:

3.5. Satz. *Es sei $W^1, \ldots, W^n$ eine Familie von A,B-Wegen. Eine Funktion f wie oben sei gegeben. Dann gibt es eine Familie $W^1_*, \ldots, W^n_*$ von A,B-Wegen mit folgenden Eigenschaften:*

1. *Die W^i_* sind kohärent.*
2. $W^1 \cup \cdots \cup W^n \supseteq W^1_* \cup \cdots \cup W^n_*$, *mit echter Inklusion, wenn die W^i nicht kohärent sind.*
3. *Ist die Familie W^i f-restringiert, so können auch die W^i_* f-restringiert gewählt werden.*

Beweis durch Induktion über $\varkappa(W^1) + \cdots + \varkappa(W^n) = \varkappa'$. Der Fall $\varkappa' = 1$ ist trivial, ebenso der Fall $n = 1$. — Es sei $n = 2$. Wir setzen $W^1 \cup W^2 = H$. Gibt es zwei kreuzungsfreie Wege von $A' = A \cap E(H)$ nach $B' = B \cap E(H)$ in H, so sind wir fertig. Andernfalls gibt es nach (3.3) ein $t \notin E(H)$, $t \notin A' \cup B'$, so daß jeder A',B'-Weg $\subseteq H$ durch t geht. Dann haben $W^1_{A',t} \cup W^2_{A',t}$ und $W^1_{t,B'} \cup W^2_{t,B'}$ beide weniger Kanten als H, so daß wir die Behauptung für diese Graphen (bezüglich A', $\{t\}$ und $\{t\}$, B') als bewiesen annehmen können. Indem wir die so erhaltenen Paare kohärenter A',t-Wege bzw. t,B'-Wege in geeigneter Weise zusammensetzen, erhalten wir zwei kohärente A',B'-Wege $W^1_*, W^2_* \subseteq H$; hier gilt echte Inklusion, wenn W^1, W^2 nicht schon kohärent waren. — Ist $n \geqq 3$ und sind nicht schon die W^i kohärent, so gibt es nicht-kohärente W^i, W^j, auf die wir vorstehende Reduktion anwenden können; damit reduzieren wir das Problem auf ein Wegesystem mit kleinerem $\varkappa'$. —

Eine weitere interessante Variation des Mengerschen Satzes stammt von Beineke und Harary [2]. In G seien Ecken $a \neq b$ gegeben. Ein Paar (r, s) von ganzen Zahlen heißt ein *Zusammenhangspaar* für a, b, wenn es r Ecken und s Kanten gibt, die a, b trennen, aber nicht $r - 1$ Ecken und s Kanten und auch nicht r Ecken und $s - 1$ Kanten mit dieser Trennungseigenschaft. Dann behaupten Beineke und Harary [2]:

3.6. *Ist (r, s) ein Zusammenhangspaar für a, b in G, so gibt es $r + s$ kantendisjunkte a,b-Wege in G, von denen r kreuzungsfrei sind.*

Übungen

1. Leite die Kantenform des Mengerschen Satzes (2.10) aus (3.4) ab.
2. Ist $D \subseteq E \cup K$, so betrachte man Systeme von A,B-Wegen, von denen je zwei sich in D und nur in D schneiden dürfen. Man bestimme die Maximalzahl solcher A,B-Wege (als kleinstes $f(T)$, für passendes f und A,B trennendes T).
3. Man führe in einem gerichteten Graphen den Begriff des f-restringierten Systems von A,B-Bahnen ein (analog dem des f-restringierten Systems von A,B-Wegen) und übertrage die Sätze (3.1) bis (3.4) auf gerichtete Graphen.
4. Dann und nur dann existieren in G Ecken $a \neq b$ und zwei nichtkohärente a,b-Wege, wenn G zwei Ecken $x \neq y$ mit $\mu_G(x, y) \geqq 3$ enthält.
5. Man folgere den Mengerschen Satz aus (3.6).
6. Man konstruiere einen Graphen G, so daß (r, s) ein Zusammenhangspaar bezüglich zweier a, b ist, aber in G mehr als $r + s$ kantendisjunkte a,b-Wege existieren, von denen mehr als r kreuzungsfrei sind.

§ 4. Netzwerke

Unter einem *Netzwerk* verstehen wir einen endlichen gerichteten Graphen $G = (E, K)$ zusammen mit einer Kapazitätsfunktion $c\colon K \to \mathbb{R}^+$.

Für $F \subseteq E$ bezeichne F^+ die Menge aller Kanten $(x, y) \in K$ mit $x \in F$, $y \notin F$; entsprechend sei F^- die Menge der $(x, y) \in K$ mit $y \in F$, $x \notin F$. Ist $f\colon K \to \mathbb{R}$ eine Funktion, so setzen wir $f^+(F) := \sum_{k \in F^+} f(k)$, $f^-(F) = \sum_{k \in F^-} f(k)$. Analog führen wir die Bezeichnungen e^+, e^-, $f^+(e)$, $f^-(e)$ für eine Ecke e ein.

Im folgenden seien zwei Ecken $a \neq b$ von G fest gegeben (genannt *Quelle* bzw. *Senke*). Eine Funktion $\varphi\colon K \to \mathbb{R}$ heißt ein *Fluß* (von a nach b), auch: a,b-Fluß, wenn 1. $0 \leqq \varphi(k) \leqq c(k)$ für alle $k \in K$, 2. $\varphi^+(e) = \varphi^-(e)$ für alle Ecken $e \neq a, b$ gilt. (Letztere

Bedingung drückt aus, daß in $e \neq a, b$ genau so viel hinzufließt wie abfließt, d. h. der Fluß stationär ist.) Sicher ist $\varphi = 0$ stets ein a,b-Fluß.

Man hat dann $\sum_{k \in K} \varphi(k) = \sum_{e \in E} \varphi^+(e) = \sum_{e \in E} \varphi^-(e)$, d. h. $0 = \sum_{e \in E} \big(\varphi^+(e) - \varphi^-(e)\big)$ $= \big(\varphi^+(a) - \varphi^-(a)\big) + \big(\varphi^+(b) - \varphi^-(b)\big)$.

Der Wert

$$\Delta(\varphi) := \varphi^+(a) - \varphi^-(a) = \varphi^-(b) - \varphi^+(b) \qquad (*)$$

heißt die *Ergiebigkeit* des Flusses φ. In vielen praktischen Anwendungen (Transportproblemen) geht es darum, $\Delta(\varphi)$ möglichst groß zu machen. Man kann das Problem der Maximierung von $\Delta(\varphi)$ in die Form einer linearen Optimierungsaufgabe kleiden und entsprechend lösen; jedoch werden wir weiter unten einen wesentlich einfacheren Lösungsalgorithmus entwickeln.

Unter einer *a,b-Teilung* in G wollen wir im folgenden eine Teilmenge von K der Form F^+ verstehen, wo $F \subseteq E$, $a \in F$, $b \notin F$ gilt. Die Zahl $c(F^+) = \sum_{k \in F^+} c(k)$ heiße die *Kapazität* der a,b-Teilung F^+. Jede a,b-Teilung F^+ trennt a, b. (Denn jede a,b-Bahn hat eine letzte Ecke $\neq b$ mit F gemeinsam.) Umgekehrt gilt

4.1. *Jedes a, b trennende $K' \subseteq K$ enthält eine a,b-Teilung F^+ als Teilmenge.*

Beweis. Man wähle F als die Menge aller $e \in E$, für die a,e-Bahnen existieren, die mit K' leeren Durchschnitt haben. —

4.2. $\Delta(\varphi) = \varphi^+(F) - \varphi^-(F) \leqq c(F^+)$ *für jeden Fluß φ und jede a,b-Teilung F^+.*

Beweis. Die Behauptung stimmt für $F = \{a\}$ und $F = E - \{b\}$ (wegen (*) und $\varphi^{\pm}(b) = \varphi^{\mp}(E - \{b\})$. Ist sie für ein F mit $b \notin F$ richtig und ist $e \notin F$, $\neq b$, so folgt sie auch für $F_* = F \cup \{e\}$. (Denn es bezeichne η bzw. ξ die Summe der φ-Werte aller von F nach e bzw. von e nach F führenden Kanten. Dann gilt $\varphi^+(F_*) = \varphi^+(F) - \eta + \varphi^+(e) - \xi$, $\varphi^-(F_*) = \varphi^-(F) - \xi + \varphi^-(e) - \eta$, woraus sich wegen $\varphi^+(e) = \varphi^-(e)$ durch Subtraktion die Behauptung für F_* ergibt.) Unser Satz folgt also durch Induktion über $|F|$. —

Nunmehr folgt das Hauptresultat dieses Paragraphen:

4.3. Satz von Ford-Fulkerson.

$$\text{Max}\, \Delta(\varphi) = \text{Min}\, c(F^+),$$

wobei φ alle möglichen a,b-Flüsse, F^+ alle möglichen a,b-Teilungen durchläuft.

Beweis. Zunächst seien die $c(k)$ ganzzahlig. Wir erklären $f\colon E \cup K \to \mathbb{N} \cup \{\infty\}$ durch $f(k) = c(k)$, $f(e) = \infty$ für $k \in K$, $e \in E$. Dann ist $\text{Min}\, f(K') = \text{Min}\, c(F^+) =: \tau < \infty$ (wobei K' die a,b-trennenden Teilmengen von $E \cup K$, F^+ die a,b-Teilungen durchläuft) aufgrund von (4.1). Also existiert ein System von τ f-restringierten a,b-Bahnen (vgl. (3.4) sowie Übung 3 von § 3). Für $k \in K$ setze man nun $\varphi(k)$ gleich der Zahl derjenigen dieser a,b-Bahnen, auf denen k liegt. Dann ist offenbar φ ein a,b-Fluß, und es ist $\Delta(\varphi) = \tau$. Also ist $\text{Max}\, \Delta(\varphi) \geqq \tau$, woraus die Behauptung wegen (4.2) folgt.

Den Fall, daß alle $c(k)$ rationalzahlig sind, führt man durch Multiplikation mit dem Hauptnenner auf den vorigen zurück. Kommen schließlich unter den $c(k)$ irrationale

Zahlen vor[1]), so wählen wir für jedes $k \in K$, $n \in \mathbb{N}$ ein rationales $c_n(k) > 0$, so daß die $c_n(k)$ für jedes k eine monoton wachsende gegen $c(k)$ konvergierende Folge bilden. Für jedes n wählen wir einen Fluß φ_n bezüglich c_n, so daß $\Delta(\varphi_n) = \underset{F^+}{\mathrm{Min}}\, c_n(F^+)$ gilt. Es gibt eine unendliche Folge $i_i < i_2 < \ldots$, so daß $\mathrm{Min}\, c_{i_n}(F^+)$ für alle $n \in \mathbb{N}$ bei demselben F_0^+ angenommen wird; offenbar ist dann $c(F_0^+) = \lim_{n\to\infty} c_{i_n}(F_0^+)$ auch das Minimum der $c(F^+)$. Man findet eine Teilfolge $j_1 < j_2 < \ldots$ von (i_n), so daß für jedes $k \in K$ die Folge $\varphi_{j_n}(k)$, $n \in \mathbb{N}$, konvergent ist; der Grenzwert sei $\varphi(k)$. Man stellt dann unschwer fest, daß φ ein Fluß bezüglich c ist und daß $\Delta(\varphi) = \mathrm{Min}\, c(F^+) = c(F_0^+)$ gilt.

Wegen der praktischen Wichtigkeit von (4.3) geben wir noch einen zweiten Beweis, der zugleich einen Algorithmus zur Berechnung eines Flusses maximaler Ergiebigkeit liefert. Der Beweis stammt von Ford und Fulkerson und ist vom Mengerschen Satze unabhängig. Vorausgesetzt wird, daß alle $c(k)$ ganz sind. φ sei ein (bereits konstruierter) ganzzahliger Fluß. Der Algorithmus wird zeigen, daß entweder φ schon optimal ist, oder einen Fluß mit um 1 größerer Ergiebigkeit liefern.

Man markiere die Ecke a mit $+$. Hat man nach endlich vielen Schritten alle Ecken aus einer Menge $M \subseteq E$ jeweils mit $+$ oder $-$ markiert und existiert ein $k = (x, y) \in K$ mit (i) $x \in M$, $y \notin M$, $\varphi(k) < c(k)$ oder (ii) $x \notin M$, $y \in M$, $\varphi(k) > 0$, so markiere man im Falle (i) y mit $+$, im Falle (ii) x mit $-$; existiert dagegen kein solches k, so werde der Markierungsprozeß abgebrochen. Jedenfalls kommt dieser nach endlich vielen Schritten zu einem Ende; die Menge der markierten Ecken sei F.

1. Fall: $b \in F$. Indem man den Markierungsprozeß von b aus bis zum Ausgangspunkt zurückverfolgt, erhält man eine Folge von Ecken $e_0 = a, e_1, \ldots, e_n = b$ sowie Kanten $k_1, \ldots, k_n$, so daß $k_i = (e_{i-1}, e_i)$, $\varphi(k_i) < c(k_i)$ oder $k_i = (e_i, e_{i-1})$, $\varphi(k_i) > 0$ gilt. Im ersteren Falle setze man $\varphi'(k_i) = \varphi(k_i) + 1$, im zweiten $\varphi'(k_i) = \varphi(k_i) - 1$; für die übrigen k sei $\varphi'(k) = \varphi(k)$. φ' bildet dann einen Fluß mit $\Delta(\varphi') = \Delta(\varphi) + 1$.

2. Fall: $b \notin F$. Dann bildet F^+ eine a,b-Teilung, und für jedes $k \in F^+$ ist $\varphi(k) = c(k)$, für jedes $k \in F^-$ ist $\varphi(k) = 0$ (aufgrund der Markierungsvorschrift). Also ist $\Delta(\varphi) = \varphi(F^+) - \varphi(F^-) = c(F^+)$, und wegen (4.2) ist $\Delta(\varphi)$ maximal, $c(F^+)$ minimal. Die Behauptung von (4.3) folgt. —

Wir wollen noch ein Beispiel betrachten, an dem die praktische Bedeutung der vorstehenden Untersuchungen deutlich wird. Es sei E die Menge der Orte mit Bahnhöfen, und es werde eine Kante (x, y) für $x, y \in E$ gezogen, wenn eine Direktverbindung von x nach y besteht (d. h. ein direktes Gleis — jedes Gleis sei nur in einer Richtung befahrbar). $x_1, \ldots, x_m, y_1, \ldots, y_n$ seien $\in E$. Jedes x_i enthalte eine Fabrik, die ein bestimmtes Produkt in der Quantität q_i (gemessen etwa in kg pro Tag) herstellt, und an jedem y_j werde dieses Produkt in der Quantität q_j^* benötigt. $c(k)$ bezeichne die maximale Quantität des Produktes, die auf k befördert werden kann. Wie ist die Produktion in den x_i und der Transport auf den Strecken k zu organisieren, damit eine optimale Versorgung der y_j und eine optimale Auslastung der x_i gewährleistet wird? Die Antwort gibt (4.3), angewendet auf das Netzwerk mit den Ecken aus E und zwei zusätzlichen Ecken $a \neq b$, wobei a mit jedem x_i durch eine Kante $k_i = (a, x_i)$, b mit jedem y_j durch eine Kante $k_j^* = (y_j, b)$ verbunden sei und $c(k_i) = q_i$, $c(k_j^*) = q_j^*$ gesetzt werde (und im übrigen die Kanten k und ihre Kapazitäten $c(k)$ beibehalten werden mögen).

[1]) Dieser Fall kann in der Praxis ausgeschlossen werden.

Als erste Untersuchungen über Netzwerke sind die Kirchhoffschen Arbeiten über die Theorie der Stromverzweigungen anzusehen. Bezüglich ausführlicherer Darstellungen der Netzwerktheorie s. FORD und FULKERSON [F 3], BUSACKER und SAATY [B 16], BERGE und GHOUILA-HOURI [B 6], MAYEDA [M 2].

Wir haben den Satz von FORD-FULKERSON aus dem Mengerschen Satz geschlossen. Umgekehrt kann der Mengersche Satz aus (4.3) hergeleitet werden; s. Übung 4.

Übungen

1. Satz (4.3) kann in dieser Form nicht auf unendliche Netzwerke übertragen werden. Das Netzwerk mit der Eckenmenge $\mathbb{Z}$ und den Kanten (0, 1) sowie $(i, i-1)$ für $i \geqq 2$ und $i \leqq 0$ (sämtlich mit der Kapazität 1) liefert dafür ein Gegenbeispiel (mit $a = 0$, $b = 1$). Wieso?
2. Wo wurde bei den beiden Herleitungen von (4.3) die Endlichkeit von E benutzt?
3. Man folgere aus (4.3) den Mengerschen Satz in der Kantenform.
4. Es seien $a \neq b$ Ecken in dem endlichen Graphen $G = (E, K)$. Für jedes $x \in E - \{a, b\}$ wähle man zwei neue Elemente $x' \neq x''$. Man ziehe alle Kanten (x', x'') sowie (a, x'), falls $ax \in K$, (x'', b), falls $bx \in K$, und, falls $xy \in K$, $x, y \in E - \{a, b\}$, die Kanten (y'', x'), (x'', y'). Die Kanten (x', x'') bewerte man mit 1, die übrigen Kanten mit einer Zahl $> \alpha(G)$. Man beweise den Mengerschen Satz (2.5) für den endlichen Fall, indem man (4.3) auf das soeben konstruierte Netzwerk anwendet (vgl. BERGE [B 5], S. 161).

§ 5. Paare Graphen

$G = (E, K) \subseteq A * B$ sei ein paarer Graph, den wir im folgenden festhalten. $T \subseteq E$ trennt A, B genau dann, wenn T jede Kante von G trifft. Die Systeme unabhängiger Kanten von G sind identisch mit den Systemen fremder A,B-Wege in G. Nach (2.7) gilt daher

5.1. Satz von D. König [20]. *In einem paaren Graphen ist die Maximalzahl unabhängiger Kanten gleich der kleinsten Zahl einer alle Kanten von G treffenden Eckenmenge.*

Es sei $T \subseteq A$ oder $\subseteq B$. Ein System k_t $(t \in T)$ von Kanten heiße eine *Paarung* von T, wenn $t \in k_t$ für alle $t \in T$ und $k_t \cap k_{t'} = \emptyset$ für jede zwei $t \neq t'$ gilt. Existiert eine solche in G, so heiße T *paarbar*. Ein System unabhängiger Kanten von G heißt eine *vollständige Paarung* von G, wenn es sowohl eine Paarung von A als auch von B ist.

5.2. Satz. *Es sei A endlich oder G lokalfinit. A ist paarbar genau dann, wenn für A die sog. Heiratsbedingung erfüllt ist: Für alle endlichen* $A' \subseteq A$ *gilt* $|N_G(A')| \geqq |A'|$.

Beweis. Es ist klar, daß die Heiratsbedingung notwendig für die Paarbarkeit von A ist. Umgekehrt sei nun diese Bedingung erfüllt. Zunächst sei A endlich. Wäre A nicht paarbar, so existierte nach (5.1) ein A, B trennendes T mit $|T| < |A|$. Dann gälte $N_G(A - T) \subseteq B \cap T$ sowie $|B \cap T| = |T - A| = |T| - |A \cap T| < |A| - |A \cap T| = |A - T|$, mit Widerspruch zur Heiratsbedingung.

A sei jetzt unendlich, G lokalfinit. G zerfällt in lauter höchstens abzählbare Komponenten; o. B. d. A. sei daher G abzählbar. Es sei $A = \{a_1, a_2, a_3, \ldots\}$, $A_n := \{a_1, \ldots, a_n\}$. Nach dem bereits Bewiesenen ist jedes A_n paarbar; die Zahl der Paarungen von A_n ist wegen der Lokalfinitheit endlich. Für $m < n$ induziert jede Paarung von A_n eine solche von A_m. Man wähle nun eine Paarung P_1 von A_1, die durch Paarungen von A_n für unendlich viele n induziert wird. — Ist für ein m schon eine Paarung P_m von A_m bestimmt, die durch Paarungen von A_n für unendlich viele $n > m$ induziert wird, so gibt es unter letzteren wieder unendlich viele, die die gleiche Paarung von A_{m+1} induzieren; diese wählen wir als P_{m+1}. So erhalten wir für jedes n eine Paarung P_n von A_n, und für $m < n$ ist $P_m \subset P_n$. Die Vereinigung der P_i liefert dann eine Paarung von A. —

Der Ausdruck „Heiratsbedingung" rührt von der folgenden „Heiratsproblem" genannten Aufgabe her: Ein Fest werde von n Jungen und n Mädchen besucht. Gewisse Jungen und Mädchen sind miteinander befreundet. Jedem Jungen soll genau ein mit ihm befreundetes Mädchen als Tischdame zugeordnet werden; kein Mädchen sei Tischdame von mehr als einem Jungen. Diese Aufgabe ist aufgrund von (5.2) lösbar genau dann, wenn für je s Jungen ($1 \leqq s \leqq n$) die Gesamtzahl der mit (mindestens) einem dieser Jungen befreundeten Mädchen mindestens s beträgt. Dies ist nämlich gerade die Heiratsbedingung von (5.2), wenn wir mit A die Menge der n Jungen, mit B die Menge der n Mädchen bezeichnen und eine Kante ab genau dann ziehen, wenn $a \in A$ und $b \in B$ befreundet ist. (Wegen $|A| = |B| < \infty$ ist jede Paarung von A automatisch eine vollständige Paarung des in Rede stehenden Graphen.) Wir können feststellen:

5.3. Heiratssatz. *Es sei $G \subseteq A * B$ paar mit $|A| = |B| < \infty$. Dann und nur dann existiert eine vollständige Paarung von G, wenn $|N_G(A')| \geqq |A'|$ für alle $A' \subseteq A$ gilt.*

Bei der Erweiterung dieses Satzes auf unendliche Graphen müssen wir die Heiratsbedingung auch für B fordern. Wir erhalten folgende Verallgemeinerung des Bernsteinschen Äquivalenzsatzes[1]):

5.4. Satz. *Es sei $G \subseteq A * B$ paar und lokalfinit. Dann und nur dann besitzt G eine vollständige Paarung, wenn für jedes endliche $T \subseteq A$ oder $\subseteq B$ gilt $|N_G(T)| \geqq |T|$.*

Beweis. Die Notwendigkeit der geannten Bedingung ist klar. — Ist sie erfüllt, so existieren nach (5.2) Paarungen K_A, K_B von A bzw. B. Sei $G' = (A \cup B, K_A \cup K_B)$. Besitzt jede Komponente C von G' eine vollständige Paarung, so können wir diese Paarungen zu einer vollständigen Paarung von G' (und damit von G) zusammensetzen. Ist C endlich, so sind wir wegen (5.3) fertig. Sei C unendlich. C ist zh. und enthält nur Ecken des Grades $\leqq 2$, muß also ein 1-Weg oder 2-Weg (vgl. Übung 1 zu Kap. 1) sein, dessen Kanten abwechselnd zu K_A und zu K_B gehören und mittels derer man ohne weiteres eine vollständige Paarung von C findet. —

5.5. Satz. *Es sei G paar und regulär vom Grade r, $1 \leqq r < \infty$. Dann ist $K(G)$ die disjunkte Vereinigung von r vollständigen Paarungen von G.*

Beweis. Sei $T \subseteq A$ oder $\subseteq B$ endlich. Es existieren genau $r \cdot |T|$ Kanten, die von T ausgehen. Wäre $|N_G(T)| < |T|$, so müßte es ein $t \in N_G(T)$ geben, das mit mehr als r dieser Kanten inzidiert. Nach (5.4) existiert also eine vollständige Paarung P_1. $G - P_1$ ist $(r - 1)$-regulär; die Behauptung folgt rekursiv. —

Kehren wir noch einmal auf das Fest zurück. Ist jeder Junge und jedes Mädchen mit genau r Partnern des anderen Geschlechts befreundet, so folgt aus (5.5), daß man r Tanzrunden so einrichten kann, daß jedes befreundete Paar genau einmal zusammen tanzt.

---

[1]) Dieser besagt: Gibt es Injektionen φ von A in B und ψ von B in A, so gibt es eine Bijektion von A auf B. Durch Ziehen der Kanten $(a, \varphi(a))$, $(\psi(b), b)$ kann dieses Problem graphentheoretisch erfaßt werden.

M_i $(i \in I)$ sei eine Mengenfamilie. Eine Familie x_i $(i \in I)$ heißt eine *Transversale* der M_i $(i \in I)$, wenn $x_i \in M_i$ für alle $i \in I$ und $i \neq j \Rightarrow x_i \neq x_j$ gilt.

5.6. Satz (Ph. Hall [18]). *Sind alle M_i endlich, so existiert eine Transversale der M_i genau dann, wenn für jedes endliche $J \subseteq I$ gilt $|J| \leqq \left|\bigcup_{j \in J} M_j\right|$.*

Zum Beweise wende man (5.2) auf den paaren Graphen mit der Zweiteilung $I, \bigcup_{i \in I} M_i$ an, in dem $i \in I$ zu $x \in \bigcup_{i \in I} M_i$ benachbart sei genau dann, wenn $x \in M_i$ ist. —

Ist A_i $(i \in I)$ eine Familie disjunkter Mengen, so heiße eine Menge $R \subseteq \bigcup_{i \in I} A_i$, die mit jedem A_i genau ein Element gemeinsam hat, ein *Repräsentantensystem* dieser Familie. Es seien A_i $(i \in I)$, B_j $(j \in J)$ Familien disjunkter, sämtlich endlicher Mengen. Wann besitzen beide ein gemeinsames Repräsentantensystem? Wir bilden ($I \cap J = \emptyset$ angenommen) den paaren Graphen $G \subseteq I * J$, in dem i, j benachbart seien genau dann, wenn $A_i \cap B_j \neq \emptyset$ ist. Genau dann existiert ein gemeinsames Repräsentantensystem, wenn G eine vollständige Paarung besitzt. Nach (5.4) gilt also:

5.7. Satz. *Die A_i und B_j besitzen ein gemeinsames Repräsentantensystem genau dann, wenn für jedes endliche $I' \subseteq I$ und jedes endliche $J' \subseteq J$ die Zahl der B_j mit $B_j \cap \bigcup_{i \in I'} A_i \neq \emptyset$ mindestens $|I'|$ und die Zahl der A_i mit $A_i \cap \bigcup_{j \in J'} B_j \neq \emptyset$ mindestens $|J'|$ beträgt.*

Betrachten wir den Fall, daß die A_i und die B_j zwei Partitionen derselben Menge bilden. Dann folgt aus (5.7):

5.7′. Satz. *Zwei Partitionen einer Menge M in sämtlich endliche Klassen besitzen ein gemeinsames Repräsentantensystem genau dann, wenn je endlich viele Klassen der einen Partition nicht durch eine kleinere Zahl von Klassen der anderen Partition überdeckt werden können.*

Insbesondere existiert ein gemeinsames Repräsentantensystem immer dann, wenn alle Klassen der beiden Partitionen die gleiche (endliche) Mächtigkeit haben. Als Anwendung ergibt sich z. B.:

5.7″. Satz. *Ist G Gruppe und H endliche Untergruppe von G, so gibt es eine Teilmenge R von G, die ein Repräsentantensystem sowohl für die Zerlegung von G nach H in rechte als auch für die Zerlegung von G nach H in linke Nebenklassen bildet.*

Die im vorstehenden kurz angesprochene Theorie der Transversalen ist von D. König (s. [K 3] und die dort angegebene Literatur), P. Hall und R. Rado begründet worden. Eine ausführliche Darstellung dieser Theorie findet sich in dem Buche von Mirsky [M 3]. Kap. 7 in Ore [O 1] ist gleichfalls dieser Theorie gewidmet. Bezüglich der Sätze (5.7′), (5.7″) vgl. auch van der Waerden [46] und Sperner [40].

Übungen

1. Es sei $G \subseteq A * B$ paar. Jedes endliche $A' \subseteq A$ sei paarbar. Man zeige an einem Beispiel, daß dann A nicht paarbar zu sein braucht. Ist G lokalfinit (oder auch nur $\gamma_G(a) < \infty$ für alle $a \in A$), so folgt jedoch die Existenz einer Paarung von A.

2. Die Sätze (5.6), (5.7), (5.7′) werden falsch, wenn man die Voraussetzung, daß die auftretenden Mengen endlich sind, fallen läßt. Man gebe Beispiele an. Diese Sätze bleiben jedoch richtig, wenn man nur verlangt, daß die Indexmengen I, J (bzw. in (5.7′) die Zahl der Klassen) endlich sind. Satz (5.7″) gilt also auch, wenn H unendlich, aber von endlichem Index unter G ist. (van der Waerden [46] hat ein Beispiel einer Gruppe G angegeben, die eine Untergruppe H besitzt, so daß

die linken und die rechten Nebenklassen von G nach H kein gemeinsames Repräsentantensystem besitzen.)

3. Man führe einen neuen, induktiven Beweis für den Heiratssatz (5.3) durch Unterscheidung der Fälle:

i) Es existiert A', $\emptyset \subset A' \subset A$, mit $|N_G(A')| = |A'|$. (Dann konstruiere man Paarungen von A' auf $N_G(A')$ und von $A - A'$ auf $B - N_G(A')$, nachdem man sich klargemacht hat, daß für jeden der beiden angedeuteten Teilgraphen die Heiratsbedingung aus der entsprechenden Bedingung für A folgt.)

ii) Für jedes A' mit $\emptyset \subset A' \subset A$ ist $|N_G(A')| > |A'|$. (Dann bleibt bei Weglassung irgendeiner Kante die Heiratsbedingung gültig.)

4. Auch für den Satz (5.1) von D. König im Falle eines endlichen G leite man einen neuen, induktiven Beweis her, wobei man folgende Fälle unterscheide:

i) Es gibt ein A, B trennendes T mit $|T| = \tau_G(A, B) = \tau$ und $T \cap A$, $T \cap B \neq \emptyset$.

Dann besitzt $T \cap B$ eine Paarung P' nach $A - T$. (Andernfalls würde, nach Induktionsvoraussetzung, jede von $A - T$ nach $T \cap B$ führende Kante von einem $R \subseteq (A - T) \cup (B \cap T)$ mit $|R| < |B \cap T|$ getroffen. $(A \cap T) \cup R$ würde dann A, B trennen und hätte weniger als τ Ecken.) Analog gibt es eine Paarung P'' von $A \cap T$ nach $B - T$. $P' \cup P''$ ist dann ein System von τ unabhängigen Kanten.

ii) Jedes A, B trennende T mit τ Ecken ist $\subseteq A$ oder $\subseteq B$.

Es sei dann $k = ab$ eine Kante, $a \in A$, $b \in B$. Gibt es in $G - k$ ein A, B trennendes T' mit $|T'| < \tau$, so sind $T' \cup a$, $T' \cup b$ Mengen mit τ Elementen, die A, B trennen, und wir gelangen zu Fall i) zurück.

5. Ist $G \subseteq A * B$ paar, $\gamma_G(a) \geqq 2$ für alle $a \in A$ und ist A paarbar, so existieren sogar zwei verschiedene Paarungen von A.

6. In einer 0,1-Matrix ist die Minimalzahl von Zeilen und Spalten, die alle Einsen erfassen, gleich der Maximalzahl von Einsen, von denen je zwei nicht in der gleichen Zeile oder Spalte stehen. Man mache sich klar, daß dieser Satz nichts weiter als eine matrizentheoretische Übersetzung des Satzes (5.1) (für endliches G) ist. (Den Zeilen entsprechen die Ecken von A, den Spalten die von B, und den Einsen die Kanten von G.)

Weitere interessante Anwendungen auf Matrizen und Determinanten finden sich z. B. bei D. König [K 3], Kap. 14, § 3.

7. Ist $M = \{x_1, \ldots, x_n\}$ eine endliche Menge mit einer Teilordnung $\leqq$, so ist die Maximalzahl u unabhängiger (d. h. paarweise bez. $\leqq$ nicht vergleichbarer) Elemente von M gleich der Minimalzahl v von Ketten (bez. $\leqq$), als deren Vereinigung sich M darstellen läßt.[1]) Fulkerson [10] führt diesen Satz auf (5.1) zurück, wie im folgenden angedeutet sei.

Man betrachte den paaren Graphen P mit der Zweiteilung $A = \{a_1, \ldots, a_n\}$, $B = \{b_1, \ldots, b_n\}$ und $a_i b_j \in K(P) \Leftrightarrow x_i < x_j$. Man zeige (i), (ii):

(i) Gibt es r unabhängige Kanten in P, so kann M durch $\leqq n - r$ Ketten überdeckt werden.

(ii) Bilden $a_{i_1}, \ldots, a_{i_r}, b_{j_1}, \ldots, b_{j_s}$ eine A, B trennende Eckenmenge in P, so ist $M - \{x_{i_1}, \ldots, x_{i_r}, x_{j_1}, \ldots, x_{j_s}\}$ unabhängig.

Aus (i), (ii) folgere man $v \leqq u$ mittels (5.1); $u \leqq v$ ist trivial.

8. Es sei $G = (E, K)$ ein endlicher gerichteter Graph. Als *Stabilitätszahl* $\mathrm{st}(G)$ von G definiert man die maximale Zahl von Ecken aus E, von denen keine zwei durch eine Kante $\in K$ verbunden sind. $u(G)$ bezeichne die minimale Anzahl disjunkter Bahnen (evtl. nur aus einer Ecke bestehend) von G, mit denen E überdeckt werden kann. Man zeige ganz analog wie bei 7. (anstelle der Teilordnung tritt hier nur die Relation K), daß

$$\mathrm{st}(G) \geqq u(G) \qquad (*)$$

gilt.

9. In $(*)$ gilt nicht allgemein Gleichheit. Durch passende Umorientierung der Kanten von G kann jedoch Gleichheit in $(*)$ erreicht werden.

10. Aus dem Satz von Dilworth folgere man das folgende bekannte Resultat von E. Sperner: Die Maximalzahl von Teilmengen einer n-elementigen Menge M, die zueinander in keiner In-

---

[1]) Dies ist ein bekannter Satz von R. P. Dilworth.

klusionsbeziehung stehen, beträgt $\binom{n}{\left[\frac{n}{2}\right]}$. (Denn für jedes i, $1 \leq i \leq n$, bildet $\binom{M}{i}$ ein unabhängiges System in $(\mathfrak{P}(M), \subseteq)$, und $\binom{n}{i}$ erreicht sein Maximum für $i = \left[\frac{n}{2}\right]$. Andererseits läßt sich $\mathfrak{P}(M)$ als Vereinigung von $\binom{n}{\left[\frac{n}{2}\right]}$ Ketten darstellen.)

§ 6. Faktorprobleme

$G = (E, K)$ sei ein endlicher M-Graph, $f\colon E \to \mathbb{N}'$ eine Abbildung. $H \subseteq G$ heißt ein *f-Faktor* von G, wenn $E(H) = E$ und $\gamma_H(e) = f(e)$ für alle $e \in E$ gilt. Ist speziell f konstant gleich $r \in \mathbb{N}$, so sprechen wir auch von einem *r-Faktor*.

Ein 1-Faktor von G ist demnach eine Menge unabhängiger Kanten (Schlingen ausgeschlossen), die alle Ecken von G erfassen. (Für paares G sind die Begriffe „1-Faktor" und „vollständige Paarung" identisch.) Ein 2-Faktor ist ein System von Kreisen C_i in G, so daß jede Ecke in genau einem der C_i vorkommt.

Die ersten systematischen Studien über Faktoren von Graphen stammen von PETERSEN [34]. Im Anschluß an Untersuchungen von GORDAN und HILBERT zur Invariantentheorie behandelte er folgendes Problem: $F = \prod_{1 \leq i < j \leq n} (x_i - x_j)^{\alpha_{ij}}$ sei ein Polynom in n Unbestimmten, das in jedem x_i den gleichen Grad $s > 0$ habe. F soll als Produkt von Polynomen der gleichen Bauart, aber mit kleinerem Grad dargestellt werden. Bildet man den M-Graph G mit den Ecken $x_1, \ldots, x_n$, in dem x_i mit x_j durch genau α_{ij} Kanten verbunden ist, so ist das Problem gleichbedeutend damit, das s-reguläre G in reguläre Faktoren kleineren Grades (kantendisjunkt) zu zerlegen. Von diesem Problem rührt die Bezeichnung „Faktor" eines Graphen her.

Das Problem, bei einem Schachturnier mit $2n$ Teilnehmern $2n - 1$ Runden so zu organisieren, daß jeder Teilnehmer gegen jeden anderen genau einmal spielt, ist offenbar gleichbedeutend mit der Aufgabe, den vollständigen $2n$-Graphen in $2n - 1$ kantendisjunkte 1-Faktoren zu zerlegen. Dazu organisiert man zunächst die Rundeneinteilung für ein Turnier mit $2n - 1$ Teilnehmern etwa wie folgt: Man zeichnet in der Ebene ein regelmäßiges $(2n - 1)$-Eck und verbindet (zusätzlich) je zwei Ecken des Polygons geradlinig. $K(S(2n - 1))$ zerfällt dann in $2n - 1$ Klassen von je $n - 1$ (bezüglich dieser Darstellung als Strecken) parallelen Kanten; jede solche Klasse symbolisiert eine Runde, wobei in jeder Runde genau ein Teilnehmer spielfrei ist. Im Falle von $2n$ Spielern erhält man die Lösung des Problems dadurch, daß man obige Rundeneinteilung für $2n - 1$ Teilnehmer übernimmt und zusätzlich den $2n$-ten Teilnehmer noch gegen den jeweils spielfreien Teilnehmer antreten läßt.

Das Problem, die Graphen zu charakterisieren, die einen f-Faktor (für irgendein gegebenes f) besitzen, wurde 1947 von TUTTE [41] zunächst für 1-Faktoren, allgemein dann 1952 in [43] gelöst. (Siehe auch ORE [32], LOVÁSZ [23], TUTTE [42]; für gerichtete Graphen TUTTE [44], ORE [33].) Wir behandeln hier nur den Fall der 1-Faktoren, einmal, weil sie (neben den 2-Faktoren) die am besten überschaubare Struktur haben und auch das Kriterium von TUTTE für sie relativ einfach zu formulieren und zu handhaben ist, zum anderen, weil sich die Frage nach allgemeineren f-Faktoren auf die nach 1-Faktoren zurückführen läßt (Tutte [45]; vgl. Übung 6). Offenbar dürfen wir uns bei der Frage nach 1-Faktoren auf Graphen beschränken (d. h., Schlingen und Mehrfachkanten können unterdrückt werden). Für einen Graphen H bezeichne $\sigma_u(H)$ die *Zahl seiner ungeraden Komponenten* (d. h. mit ungerader Eckenzahl).

6.1. Satz von Tutte. *Ein endlicher Graph $G = (E, K)$ hat einen 1-Faktor genau dann, wenn für jedes $T \subseteq E$ gilt $|T| \geqq \sigma_u(G - T)$.*

Kurze Beweise sind von Gallai [11], Anderson [1], Mader [26] und Lovász [25] gegeben worden. Im folgenden leiten wir mittels der Ideen von Gallai, Anderson und Mader eine von Berge [4] stammende Erweiterung her. — Es bezeichne $\beta = \beta(G)$ die Maximalzahl unabhängiger Kanten in G. $\alpha - 2\beta$ ist dann die Minimalzahl von Ecken, die, bei jedem System K^* unabhängiger Kanten, von K^* nicht überdeckt werden. Man habe ein solches K^*. Es sei $T \subseteq E$, $U_1, \ldots, U_s$ seien die ungeraden Komponenten von $G - T$; $s = \sigma_u(G - T)$. Für jedes $i = 1, \ldots, s$ wird dann entweder mindestens eine Ecke von U_i nicht von K^* getroffen, oder aber es gibt eine von U_i nach T führende Kante in K^*. Letzterer Fall kann aber nur für höchstens $|T|$ der U_i eintreten; d. h., mindestens $\sigma_u(G - T) - |T| =: \Delta_T$ Ecken von G werden von K^* nicht überdeckt. Man setze $\Delta(G) = \operatorname{Max} \Delta_T$. Wegen $\Delta_\emptyset \geqq 0$ ist $\Delta(G) \geqq 0$. Ferner haben wir $\Delta(G) \leqq \alpha - 2\beta$ gezeigt. Die Bedingung von Tutte in (6.1) ist offenbar äquivalent mit $\Delta(G) = 0$. Daher ist (6.1) enthalten in

6.2. Satz. $\alpha - 2\beta = \Delta(G)$.

Beweis. Zu zeigen ist nur $\alpha - 2\beta \leqq \Delta(G)$. Wir induzieren über α. Der Fall $\alpha = 1$ ist trivial. Es sei $\alpha > 1$, die Behauptung für kleinere Eckenzahlen richtig. Wir wählen $T \subseteq E$ mit $\Delta_T = \Delta(G)$, $|T|$ maximal. H sei eine Komponente von $G - T$. H ist ungerade. (Andernfalls ist $\sigma_u(H - e) \geqq 1$ für beliebiges $e \in E(H)$, und man errechnet $\Delta_{T \cup e} \geqq \Delta_T$.) Für jedes $e \in E(H)$ ist $\Delta(H - e) = 0$. (Andernfalls existiert nach Induktionsvoraussetzung $F \subseteq H - e$ mit $\sigma_u(H - e - F) \geqq |F| + 1$. Hier muß $>$ gelten; sonst wäre $\alpha(H - e)$ ungerade. Dann aber ist, weil die Komponenten $\neq H$ von $G - T$ auch Komponenten von $G - (T \cup e \cup F)$ sind, $\sigma_u\big(G - (T \cup e \cup F)\big) \geqq \big(\sigma_u(G - T) - 1\big) + |F| + 2$, d. h. $\Delta_{T \cup e \cup F} \geqq \Delta_T$, mit Widerspruch zur Maximalwahl von T.)

Es seien $U_1, \ldots, U_s$ die Komponenten von $G - T$. Wir bilden den paaren Graphen P mit $E(P) = T \cup \{U_1, \ldots, U_s\}$ und (für $t \in T$) $tU_j \in K(P)$: $\Leftrightarrow \delta_G(t, U_j) = 1$. Sei $F \subseteq T$, $F^* := T - F$. Ist $U_j \notin N_P(F)$, so ist U_j auch Komponente von $G - F^*$. Also $\sigma_u(G - F^*) \geqq s - |N_P(F)|$, d. h. $\Delta_{F^*} \geqq s - |N_P(F)| - |F^*| = s - |T| - |N_P(F)| + |F|$. Wegen $\Delta_{F^*} \leqq \Delta_T = s - |T|$ ergibt sich $|N_P(F)| \geqq |F|$. Nach (5.2) gibt es also in P eine Paarung von T. Einer solchen entspricht in G ein System K_T von $|T|$ unabhängigen Kanten, die von T in $|T|$ verschiedene der U_j laufen. In jedem dieser U_j wähle man u_j als den Endpunkt $\in U_j$ der von T nach U_j laufenden Kante $\in K_T$; in jedem der übrigen U_j wähle man u_j beliebig. Wegen $\Delta(U_j - u_j) = 0$ existiert nach Induktionsvoraussetzung ein 1-Faktor K_j in $U_j - u_j$ $(j = 1, \ldots, s)$. $K^* = K_T \cup K_1 \cup \cdots \cup K_s$ ist dann ein System unabhängiger Kanten, das nur Δ_T Ecken von G freiläßt. —

Bemerkung. Der Beweis ergibt auch einen Einblick in die Struktur aller maximalen unabhängigen Kantenmengen von G, da diese alle so gebildet sein müssen wie das im Beweis konstruierte K^*.

Als Anwendung beweisen wir das Hauptergebnis von Petersen [34].

6.3. Satz von Petersen. *Jeder 3-reguläre brückenlose endliche M-Graph besitzt einen 1-Faktor.*

Beweis. Gäbe es keinen 1-Faktor, so existierte nach TUTTE ein $T \subseteq E(G)$ mit $\sigma_u(G - T) > |T|$. (Das gilt natürlich auch, wenn Schlingen oder Mehrfachkanten vorhanden sind.) Es sei U ungerade Komponente von $G - T$. Wegen $\sigma_u(G) = 0$ (vgl. Kap. 1, (1.2)) muß eine Kante k_1 von einem $u_1 \in E(U)$ zu T führen (insbesondere ist $T \neq \emptyset$). Da k_1 keine Brücke ist, existiert eine Kante $k_2 \neq k_1$, die von $u_2 \in E(U)$ zu T führt. Es muß sogar noch eine dritte derartige Kante geben, da man sonst durch Hinzufügung einer neuen Kante von u_1 nach u_2 einen 3-regulären M-Graphen ungerader Ordnung erhielte. Wir sehen: In T führen mindestens $3 \cdot \sigma_u(G - T) \geqq 3|T| + 3$ Kanten hinein; es müßte dann aber in T ein t mit $\gamma_G(t) > 3$ geben, mit Widerspruch. —

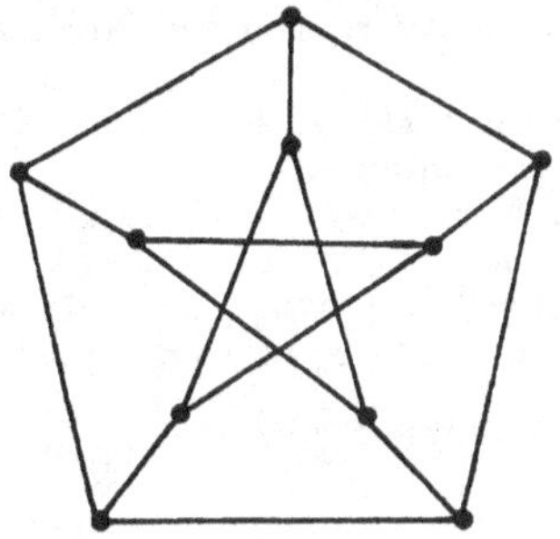

Abb. 23

Der Petersensche Graph (Abb. 23) widerlegt die Vermutung, daß jeder brückenlose 3-reguläre Graph kantendisjunkt in drei 1-Faktoren zerfällt. Die Richtigkeit dieser Vermutung speziell für ebene Graphen ist, wie wir in Kap. 7 sehen werden, äquivalent mit dem Vierfarbensatz. Bezüglich feinerer Untersuchungen über die Lage und Zahl von 1-Faktoren insbesondere auch in n-fach zh. Graphen vgl. man die Arbeiten von GALLAI [12], KOTZIG [21], BEINEKE-PLUMMER [2], ZAKS [49, 50], LOVÁSZ [24], MADER [26, 27]. Das bisher stärkste Resultat in dieser Richtung wurde von MADER [28] erzielt. Es bezeichne $F(G)$ die Anzahl der verschiedenen 1-Faktoren in G. Bezüglich $F(S(2n))$ sowie $F(O_{2n})$ (wobei O_{2n} das n-dimensionale Oktaeder $2 * 2 * \cdots * 2$ (n Faktoren 2) bezeichnet) vgl. Übung 11. Der Satz von MADER lautet dann: *Ist G endlich und 2-zh. mit $F(G) > 0$, $\gamma_G^{\min} \geqq n$, so gilt $F(G) \geqq F(S(n+1))$ für ungerades n, $F(G) \geqq F(O_{2(n+1)})$ für gerades n, wobei für $n \geqq 3$ Gleichheit nur für $G = S(n+1)$ bzw. $G = O_{2(n+1)}$ eintritt.*

Übungen

1. G (endlich) habe einen 1-Faktor F. $k \in K - F$ gehört zu einem 1-Faktor ($\neq F$) von G genau dann, wenn es in G einen k enthaltenden Kreis gibt, dessen Kanten abwechselnd zu F und zu $K - F$ gehören.

2. Jeder endliche Baum hat entweder keinen oder genau einen 1-Faktor. Man erhält genau alle endlichen Bäume mit 1-Faktor, indem man, beginnend mit $S(2)$, sukzessive in irgendeiner Ecke eines bereits konstruierten Baumes einen Weg der Länge 2 anheftet.

3. Ist G n-zh. und n-regulär, $\alpha(G)$ gerade, so hat G einen 1-Faktor (TUTTE [41]).

4. Jeder 4-reguläre endliche Graph G zerfällt in zwei 2-Faktoren. (In einer Eulerschen Linie $k_1, \ldots, k_{2\alpha}$ von G bilden die k_i mit geradem i einen 2-Faktor.)

5. Ist $\gamma_G(e) \leqq 2s$ für alle $e \in E(G)$, so existiert eine Zerlegung von $K(G)$ in s Klassen $K_1, \ldots, K_s$, so daß jedes e nur mit höchstens 2 Kanten der gleichen Klasse inzidiert. Folgerung: Jeder $2s$-reguläre endliche Graph zerfällt in 2-Faktoren.

6. Es sei $G = (E, K)$ ein M-Graph, $0 \leqq f(e) \leqq \gamma_G(e)$ für alle $e \in E$. Zunächst enthalte G keine Schlingen. Man konstruiere folgenden Graphen G^*: Für jedes $a \in E$ und jedes mit a inzidente $k \in K$ bilde man eine Ecke (a, k), ferner wähle man eine Menge B_a von $\gamma_G(a) - f(a)$ zusätzlichen Ecken; die Gesamtheit der beschriebenen Ecken, von denen keine zwei zusammenfallen mögen, bilde $E(G^*)$. Sind $a, b \in E$ durch $k \in K$ verbunden, so verbinde man (a, k) mit (b, k) in G^*; ferner verbinde man jedes (a, k) mit jedem $b \in B_a$. (Im Falle, daß in G auch Schlingen auftreten, ersetze man jede Schlinge k bei a durch zwei benachbarte Ecken, die man mit allen Ecken von B_a durch Kanten verbindet.) Behauptung: G hat einen f-Faktor genau dann, wenn G^* einen 1-Faktor hat.

7. Anhand des Beweises von (6.2) und der anschließenden Bemerkung charakterisiere man die Struktur derjenigen Graphen G, für die β bei jeder Adjunktion einer neuen Kante echt größer wird.

8. G (zh., endlich) habe genau einen 1-Faktor. Dann hat G eine Brücke k, so daß $G - k$ in zwei ungerade Komponenten zerfällt (Mader [26]). Hinweis: Man vergegenwärtige sich den Beweis von (6.2) sowie die anschließende Bemerkung. K^* ist nur dann eindeutig bestimmt, wenn es K_T ist. Das ist (beachte Übung 5 in § 5) nur möglich, wenn ein U_j existiert, von dem nur eine einzige Kante nach T führt.

9. Ein 3-regulärer Graph mit nur einer Brücke enthält einen 1-Faktor. Man konstruiere jedoch 3-reguläre Graphen mit mehreren Brücken, die keinen 1-Faktor besitzen.

10. Unter den Voraussetzungen von (6.3) liegt sogar jede Kante von G in einem 1-Faktor.

11. Es gilt $F(S(2n)) = (2n - 1)!!$, und für das n-dimensionale Oktaeder $O_{2n} = 2 * 2 * \cdots * 2$ (n Faktoren 2) gilt die Rekursionsformel $F(O_{2(n+1)}) = 2n(F(O_{2n}) + F(O_{2(n-1)}))$. (Hinweis: Man halte eine Ecke e fest und betrachte für jede mit e inzidente Kante k jeweils die k enthaltenden 1-Faktoren.) Aus der letzten Rekursionsformel folgere man induktiv $F(O_{2(n+1)}) > \frac{1}{2}(2n + 1)!!$ für $n \geqq 1$.

Kapitel 5

Reichhaltigkeitssätze

Das folgende Kapitel behandelt Sätze, in denen aufgrund quantitativer Forderungen (meist an die Kantenzahl bei gegebener Eckenzahl oder an die Grade der Ecken) auf das Vorhandensein bestimmter Konfigurationen geschlossen wird. In diesen Bereich gehören insbesondere die sog. Extremalprobleme, zu denen von der ungarischen graphentheoretischen Schule die bisher wichtigsten Beiträge geleistet worden sind. Naturgemäß können wir im Rahmen dieser Darstellung nur eine ganz geringe Auswahl von Sätzen geben, die zwar für diesen Zweig der Graphentheorie typisch sind, aber nicht so langwierige und verwickelte Beweisführungen erfordern. Der Leser, der in diese Materie tiefer eindringen möchte, sei auf das Buch von B. Bollobás „Extremal Graph Theory" [B 10] verwiesen. Speziell über Kreise in Graphen informiert ausführlich die Monographie von Walther und Voss [W 2].

Mit in dieses Kapitel haben wir (zugegebenermaßen etwas willkürlich) dasjenige aufgenommen, was im Rahmen der vorliegenden Darstellung über den Fragenkreis des Ramseyschen Satzes gebracht werden kann. Auch dieser Teil der Kombinatorik ist mittlerweile so reichhaltig, was die Zahl und Tiefe der Ergebnisse angeht, daß hierüber nur eine eigene Monographie annähernd vollständig informieren kann; hier sei auf das Buch von Graham-Rothschild-Spencer [G 3] verwiesen.

Es sollen jetzt noch einige Anmerkungen zur Sprechweise gemacht werden.

Γ sei eine Klasse von (endlichen) Graphen. Als *maximal* in Γ bezeichnen wir jedes Element $G \in \Gamma$, für das $G \cup k \notin \Gamma$ für jede neue Kante $k = xy$ (also mit $x, y \in E$, $xy \notin K$) gilt. (Ist $G \in \Gamma$ ein Simplex, so ist also G nach Definition maximal in Γ.) Die Teilklasse der maximalen Graphen von Γ, die „Maximalschicht" von Γ, werde im allgemeinen mit $\hat{\Gamma}$ bezeichnet.

Ein Graph G heiße *extremal* in Γ, wenn G unter den Graphen, die zu Γ gehören und die Eckenzahl $\alpha(G)$ haben, einer mit der größten Kantenzahl ist. Jeder extremale Graph von Γ ist also (erst recht) maximal; das Umgekehrte gilt jedoch nicht.

Es sei $\leqq$ eine teilweise Ordnung, die in der Klasse der Graphen definiert ist.[1]) Sinnvollerweise werde verlangt, daß $\leqq$ die Inklusion $\subseteq$ für Graphen umfaßt, d.h., $G \subseteq H$ soll $G \leqq H$ zur Folge haben. $G \in \Gamma$ heiße *minimal* in Γ (bez. $\leqq$), wenn aus $H \leqq G$ und $H \neq G$ folgt $H \notin \Gamma$. Die Teilklasse der in diesem Sinne minimalen Graphen aus Γ heißt dann die *Minimalschicht* (auch gelegentlich Minimalbasis) von Γ bez. $\leqq$.

Die in der Ordnungstheorie dualen Begriffe „maximal" und „minimal" werden hier

---

[1]) Evtl. nur in einer geeigneten Teilklasse. Im allgemeinen werden wir $\subseteq$, ${}_{u}\!\prec$ oder $\prec$ wählen. Isomorphe Graphen werden fast immer identifiziert.

also nicht ganz symmetrisch gebraucht. Das liegt letzten Endes daran, daß die Klasse der endlichen Graphen die absteigende Kettenbedingung erfüllt (d. h., jede Folge $G_1 \supset G_2 \supset G_3 \supset \ldots$ endlicher Graphen bricht nach endlich vielen Schritten ab), während Entsprechendes für aufsteigende Folgen von Graphen nicht gilt.

Ist $\mathfrak{E}$ eine für Graphen sinnvolle Eigenschaft, so wollen wir die Redeweisen „maximal (extremal, minimal) mit $\mathfrak{E}$" ganz entsprechend verwenden (wobei wir $\mathfrak{E}$ und die Klasse der Graphen mit der Eigenschaft $\mathfrak{E}$ in Gedanken identifizieren).

Die in diesem Kapitel auftretenden Graphen sollen, sofern nicht ausdrücklich etwas anderes gesagt ist, endlich sein.

§ 1. Der Turánsche Graphensatz

Es sei H ein Graph. Für jedes $\alpha \in \mathbb{N}$ bezeichne $f(\alpha, H)$ die größte Kantenzahl, die ein Graph mit α Ecken haben kann, ohne H zu enthalten. ($f(\alpha, H)$ ist also die Kantenzahl eines extremalen H nicht enthaltenden Graphen der Eckenzahl α.) Für $\alpha < \alpha(H)$ ist $f(\alpha, H) = \binom{\alpha}{2}$.

Der Satz von Turán [70, 71] aus dem Jahre 1941, der die Beschäftigung mit Extremalproblemen initiiert hat, leistet die Bestimmung von $f(\alpha, H)$ und aller extremalen Graphen, wenn speziell H ein Simplex $S(r)$ ist.

Für $\alpha, r \in \mathbb{N}$, $r \geqq 2$ sei $T(\alpha, r)$ der Graph mit den Ecken $1, \ldots, \alpha$, wobei i zu j benachbart sei genau dann, wenn $i \not\equiv j \mod (r-1)$ gilt. $T(\alpha, r)$ ist ein vollständig $(r-1)$-partiter Graph¹) und als solcher $\not\supseteq S(r)$, aber maximal bezüglich dieser Eigenschaft. Unter den vollständig $(r-1)$-partiten Graphen der Eckenzahl α ist $T(\alpha, r)$ dadurch ausgezeichnet, daß je zwei Klassen²) sich in der Elementezahl um höchstens 1 unterscheiden, oder auch dadurch, daß $T(\alpha, r)$ eine größtmögliche Kantenzahl hat (vgl. Übung 24 zu Kap. 1).

Ist ein $S(r-1) \subseteq T(\alpha, r)$ gegeben, so ist jede Ecke e aus $T(\alpha, r) - S(r-1)$ zu genau einem $s \in S(r-1)$ nicht benachbart, nämlich zu demjenigen s, das zur gleichen Klasse wie e gehört. Überdies gilt

$$T(\alpha, r) - S(r-1) = T(\alpha - r + 1, r).$$

Die $T(\alpha, r)$ nennen wir die *Turán-Graphen.*

1.1. Satz von Turán. *Bis auf Isomorphie ist $T(\alpha, r)$ der einzige extremale Graph mit α Ecken, der kein $S(r)$ enthält.*

Wir führen den Beweis durch Induktion über α. Die Behauptung ist für $\alpha \leqq r-1$ trivial. Es sei $\alpha \geqq r$ und G ein Graph ohne $S(r)$ mit α Ecken und $f(\alpha, S(r))$ Kanten. G ist kein Simplex, enthält aber ein $S(r-1)$. (Andernfalls könnte man bei Adjunktion einer neuen Kante kein $S(r)$ erhalten.) Jede Ecke von $H := G - S(r-1)$ ist zu höchstens $r-2$ Ecken aus $S(r-1)$ benachbart, und es gilt $\varkappa(H) \leqq f(\alpha - r + 1, S(r))$. Nach Induktionsvoraussetzung ist $T(\alpha - r + 1, r)$ der einzige Graph mit $f(\alpha - r + 1, S(r))$ Kanten und $\alpha - r + 1$ Ecken ohne $S(r)$. Vergleich mit $T(\alpha, r)$ bzw. $T(\alpha, r) - S(r-1)$

---

¹) Falls $\alpha \geqq r - 1$ gilt. Im Falle $\alpha \leqq r - 1$ ist $T(\alpha, r) = S(\alpha)$.

²) Von nicht benachbarten Ecken; vgl. Kap. 1, (5.1).

hinsichtlich der in $S(r-1)$ hineinführenden Kanten zeigt, daß G sicher weniger als $f(\alpha, S(r))$ Kanten hat, wenn $H \neq T(\alpha - r + 1, r)$ ist oder von einer Ecke $\in H$ weniger als $r - 2$ Kanten nach $S(r-1)$ führen. Jede Ecke e von $H = T(\alpha - r + 1, r)$ ist also zu genau einer Ecke s_e von $S(r-1)$ nicht benachbart. Für benachbarte e, e' aus H ist $s_e \neq s_{e'}$, da sonst e, e' zusammen mit $S(r-1) - s_e$ ein $S(r)$ aufspannten. Ist $\alpha(H) \geqq r$, so entsprechen also bei der Zuordnung $e \to s_e$ die $r - 1$ Klassen nichtbenachbarter Elemente von H bijektiv den Elementen von $S(r-1)$, d. h., es muß $G = T(\alpha, r)$ sein. Ist $\alpha(H) < r$, so ist H also ein Simplex, und man erkennt, daß G von der Form $1 * \cdots * 1 * 2 * \cdots * 2$, also wiederum gleich $T(\alpha, r)$ sein muß. —

Ist $\alpha = (r-1)\beta + \varrho$, $0 \leqq \varrho < r - 1$, so besteht $T(\alpha, r)$ aus ϱ Klassen mit $\beta + 1$ Ecken und $r - 1 - \varrho$ Klassen mit β Ecken. Daraus errechnet man (vgl. Übung 2):

1.2. $$\varkappa(T(\alpha, r)) = f(\alpha, S(r)) = \frac{1}{2}\,\frac{r-2}{r-1}\,(\alpha^2 - \varrho^2) + \binom{\varrho}{2}.$$

Bei gegebenem $r \geqq 3$ wächst also $f(\alpha, S(r))$ quadratisch mit α.

Aus (1.2) erhält man sofort das folgende Resultat von Zarankiewicz [78]:

1.3. *Ist $\alpha \geqq r \geqq 3$ und ist G ein Graph mit α Ecken und*

$$\gamma_G^{\min} \leqq \alpha\,\frac{r-2}{r-1} < \gamma_G^{\max},$$

so enthält G ein $S(r)$.

Von P. Erdös [22] stammt das folgende hübsche Resultat, das im Prinzip den Turánschen Satz impliziert (vgl. Übung 3):

1.4. *Es sei G ein Graph ohne $S(r)$; seine Ecken seien $x_1, \ldots, x_\alpha$. Dann gibt es einen (vollständig) $(r-1)$-partiten Graphen H mit den Ecken $x_1, \ldots, x_\alpha$, so daß $\gamma_G(x_i) \leqq \gamma_H(x_i)$ für $i = 1, \ldots, \alpha$* gilt.

Beweis. Die Behauptung ist trivial für $\alpha < r$. Sei nun $\alpha \geqq r$ und die Behauptung für kleinere α-Werte richtig. Es sei etwa $\gamma_G(x_\alpha) = \gamma_G^{\max}$. G^* sei der durch die Nachbarn von x_α aufgespannte Untergraph von G. Da G^* kein $S(r-1)$ enthält und $\alpha(G^*) < \alpha$ gilt, existiert nach Induktionsvoraussetzung ein $(r-2)$-partiter Graph H^* auf $N_G(x_\alpha)$ mit $\gamma_{G^*}(x) \leqq \gamma_{H^*}(x)$ für alle $x \in N_G(x_\alpha)$. H entstehe nun dadurch, daß man alle $x_i \notin N_G(x_\alpha)$ mit allen Ecken von H^* durch Kanten verbindet. H hat dann offenbar die verlangten Eigenschaften, und die Behauptung folgt durch Induktion über α. —

Die $S(r)$ $(r \geqq 3)$ bilden Graphen H ganz unterschiedlicher Größe und Kompliziertheit, für die gleichwohl $f(\alpha, H)$ stets quadratisch mit α wächst.[1]) Man könnte versucht sein zu vermuten, daß dies für jedes H der Fall ist, wenn letzteres nicht von gar zu armer Struktur ist. Es gelten jedoch folgende Ungleichungen (W bezeichne den Würfelgraphen, W^- bzw. W' entstehen aus W durch Streichung einer Kante bzw. Ecke):

1.5. (i) $f(\alpha, 2 * 2) \leqq (1 + O(1))\,\dfrac{\alpha^{3/2}}{2}$,

(ii) $f(\alpha, W) < c \cdot \alpha^{5/3}$,

---

[1]) Wegen $\varkappa(G) \leq \binom{\alpha(G)}{2}$ ist natürlich die zweite Potenz die höchstmögliche, mit der $f(\alpha, H)$ wachsen kann.

(iii) $c_1\alpha^{3/2} \leqq f(\alpha, W^-) \leqq c_2\alpha^{3/2}$,

(iv) $c_1'\alpha^{3/2} \leqq f(\alpha, W') \leqq c_2'\alpha^{3/2}$

(*vgl.* Erdös-Simonovits [30]). *Dabei sind* c, c_1, c_2, c_1', c_2' *positive Konstanten* (*d. h. unabhängig von* α).

Daß in diesen Beispielen f von kleinerer als zweiter Ordnung mit α wächst, liegt nun aber daran, daß die betreffenden Graphen paar sind, wie aus sehr allgemeinen Untersuchungen von Erdös und Simonovits folgt.

Es seinen $H_1, \ldots, H_m$ Graphen. Mit $f(\alpha; H_1, \ldots, H_m)$ bezeichnen wir die größte Kantenzahl, die ein Graph mit α Ecken haben kann, ohne eines der H_i zu enthalten. Weiter sei $r = \min(\chi(H_1), \ldots, \chi(H_m))$, wobei $\chi(H_i)$ die chromatische Zahl von H_i bezeichnet (vgl. Kap. 6, wir greifen hier etwas vor). Dann gilt nach Erdös-Simonovits [29]:

1.6. $f(\alpha; H_1, \ldots, H_m) = f(\alpha, S(r)) + O(\alpha^{2-c})$, *wobei* $c > 0$ *eine Konstante ist, die durch* $H_1, \ldots, H_m$ *bestimmt ist.*

Insbesondere also ist $f(\alpha; H_1, \ldots, H_m) = \frac{1}{2} \cdot \frac{r-2}{r-1} \cdot \alpha^2 + O(\alpha^{2-c})$, d. h. genau dann von der Ordnung α^2, wenn die $\chi(H_i) > 2$ sind, also kein H_i paar ist. Die extremalen Graphen zu $H_1, \ldots, H_m$ haben also, wenn diese alle nicht paar sind, asymptotisch die gleiche Kantenzahl wie die extremalen Graphen zu $S(r)$. Aber auch der Gestalt nach sind die extremalen Graphen für $H_1, \ldots, H_m$ den $T(\alpha, r)$ sehr ähnlich: Ist Q ein solcher extremaler Graph mit α Ecken, so kann Q aus $T(\alpha, r)$ erhalten werden, indem man höchstens $O(\alpha^{2-c})$ Kanten wegnimmt und höchstens $O(\alpha^{2-c})$ neue Kanten hinzufügt. Bezüglich dieses Resultats und weiterer Verschärfungen vgl. Simonovits [66].

Hat man $\varkappa > f(\alpha, H)$, so kann man im allgemeinen gleich wesentlich mehr aussagen, als daß G nur einen zu H isomorphen Teilgraphen enthält. Zum Beispiel zeigte Dirac [13], daß aus $\varkappa > f(\alpha, S(r))$ und $\alpha \neq r$ sogar $G \supseteq S(r+1)^-$ folgt (hierbei bezeichnet $S(r+1)^-$ ein $S(r+1)$ mit einer fehlenden Kante).

Man hat also

1.7. *Für* $\alpha \neq r$ *ist* $f(\alpha, S(r)) = f(\alpha, S(r+1)^-)$, *und* $T(\alpha, r)$ *ist der einzige Extremalgraph bezüglich* $S(r+1)^-$.

Wie Rademacher zeigte, folgt aus $\varkappa > f(\alpha, S(3)) = \left[\frac{\alpha^2}{4}\right]$, daß G sogar mindestens $\left[\frac{\alpha}{2}\right]$ verschiedene Dreiecke enthält (unveröffentlicht). Erdös [20] verschärfte dieses Resultat, indem er die Existenz einer Konstanten $c > 0$ bewies, so daß $\varkappa \geqq \left[\frac{\alpha^2}{4}\right] + h$, $h < c\alpha$ die Existenz von mindestens $h\left[\frac{\alpha}{2}\right]$ Dreiecken in G nach sich zieht. Eine analoge Fragestellung, betreffend allgemeine $S(r)$ anstelle von Dreiecken, wurde von Erdös [21] behandelt. Die Resultate von Erdös wurden verschärft durch Lovász-Simonovits [45] und Bollobás [1, 2].

Übungen

1. G ist maximal bzw. extremal bezüglich des Nichtenthaltens von H genau dann, wenn $G * 1$ maximal bzw. extremal bezüglich des Nichtenthaltens von $H * 1$ ist.

2. Man leite (1.2) her. (Es ist $\varkappa(T(\alpha, r)) = \varkappa(T(\alpha - \varrho, r)) + \binom{\varrho}{2} + (r-2) \cdot \beta \cdot \varrho$; wegen $\varkappa(T(\alpha - \varrho, r))$ siehe Übung 23 in Kap. 1.)

3. Man zeige, daß (1.4) den Turánschen Satz impliziert, indem man im Beweis von (1.4) induktiv mitbeweist: Sofern nicht G schon selbst vollständig $(r-1)$-partit ist, erhöht sich die Kantenzahl bei der Konstruktion.

4. Ist $\alpha > r \geqq 3$ und $\varkappa > f(\alpha, S(r))$, so enthält G mindestens zwei verschiedene $S(r)$.

5. Man beweise (1.7) mit der Methode von (1.4).

§ 2. Unterteilungen und Homomorphismen (Sätze von W. Mader)

Ist H ein endlicher Graph und $\alpha \in \mathbb{N}$, $\alpha \geqq \alpha(H)$, so bezeichne $g(\alpha, H)$ bzw. $h(\alpha, H)$ die kleinste Zahl $\varkappa$, so daß für jeden Graphen G mit α Ecken und $\varkappa$ Kanten $G >_u H$ bzw. $G > H$ gilt. Im Gegensatz zu der im vorigen Paragraphen betrachteten Funktion $f(\alpha, H)$

wachsen $g(\alpha, H)$, $h(\alpha, H)$ für festes H linear mit α. Dies ist von W. MADER [46] gezeigt worden.

Als die *Kantendichte* $\Delta(G)$ des endlichen Graphen $G \neq \Theta$ definieren wir den Quotienten $\frac{\varkappa(G)}{\alpha(G)}$. Dann gilt

2.1. Satz (MADER [46]). *Für jedes* $n \in \mathbb{N}$ *existiert eine Zahl* $c_n \leqq 2^{n-3}$, *so daß aus* $\Delta(G) \geqq c_n$ *folgt* $G > S(n)$.

Beweis. Wir zeigen

$$\varkappa \geqq 2^{n-3}\,\alpha \Rightarrow G > S(n)$$

durch Induktion über α. Für $\alpha = 1, 2$ gilt diese Implikation trivialerweise; daher sei $\alpha \geqq 3$ und die Behauptung für Graphen kleinerer Eckenzahl richtig. Wir wählen $e \in E$ beliebig und setzen $H = G[N_G(e)]$.

1. Fall: Es ist $\gamma_H^{\min} \geqq 2^{n-3}$. Dann ist $\Delta(H) \geqq 2^{n-4}$, nach Induktionsvoraussetzung also $H > S(n-1)$, so daß $G \supseteq H * 1 > S(n)$ gilt.

2. Fall: Es existiert ein $x \in N_G(e)$ mit $\gamma_H(e) < 2^{n-3}$. Bei Kontraktion von ex verringert sich die Eckenzahl um 1, die Kantenzahl um höchstens 2^{n-3}, so daß $\Delta(G/ex) \geqq 2^{n-3}$ ist. Nach Induktionsvoraussetzung ist also $G > G/ex > S(n)$. —

Durch eine Modifikation des letzten Beweises zeigen wir nun

2.2. Satz (MADER [46]). *Für jedes* $n \in \mathbb{N}$ *existiert eine Zahl* $c_n' \leqq 2^{\binom{n}{2}}$, *so daß aus* $\Delta(G) \geqq c_n'$ *folgt* $G >_{\mathrm{u}} S(n)$.

Zum Beweis genügt es offenbar zu zeigen:

1. Zu jedem $n \in \mathbb{N}$ und $r \leqq \binom{n}{2}$ existiert eine (kleinste ganze) Zahl $j(n, r)$, so daß $\Delta(G) \geqq j(n, r)$ zur Folge hat $G >_{\mathrm{u}} H(n, r)$, wobei $H(n, r)$ irgendeinen Graphen mit n Ecken und r Kanten bezeichnet;
2. $j(n, r+1) \leqq 2j(n, r)$ für $0 \leqq r < \binom{n}{2}$.

Für $r = 0, 1$ ist 1. trivial. Sei nun die Existenz von $j(n, r)$ für ein $r < \binom{n}{2}$ schon bewiesen und G irgendein Graph mit $\Delta(G) \geqq 2j(n, r)$. Wir wählen einen zh. Teilgraphen Z von G maximaler Eckenzahl, so daß auch $\Delta(G/Z) \geqq 2j(n, r)$ gilt, und setzen $e := \dot{Z}$, $G^* := G/Z$, $H := G^*[N_{G^*}(e)]$. H ist dann gleich dem durch die Menge der $x \in E(G)$ mit $\delta_G(x, Z) = 1$ aufgespannten Untergraphen von G. Gäbe es ein x in H mit $\gamma_H(x) < 2j(n, r)$, so wäre auch $\Delta(G/Z \cup x) \geqq 2j(n, r)$, gegen die Maximalwahl von Z. Daher ist $\gamma_H^{\min} \geqq 2j(n, r)$, d. h. $\Delta(H) \geqq j(n, r)$. Somit gibt es in H eine Unterteilung U eines $H(n, r)$. Da Z zh. ist und $\delta(x, Z) = 1$ für alle $x \in E(H)$ gilt, kann man einen Weg W in G mit $\dot{W} \subseteq Z$ finden, der zwei in $H(n, r)$ nicht benachbarte Ecken verbindet. $U \cup W$ ist dann eine Unterteilung eines $H(n, r+1)$ in G. Also existiert $j(n, r+1)$, und es gilt 2. —

Wir setzen $C_n = \{c \mid \Delta(G) \geqq c \Rightarrow G > S(n)\}$, $C_n' = \{c \mid \Delta(G) \geqq c \Rightarrow G >_{\mathrm{u}} S(n)\}$ sowie $\bar{c}_n = \inf C_n$, $\bar{c}_n' = \inf C_n'$. (2.1), (2.2) besagen, daß C_n, $C_n' \neq \emptyset$ sind, und damit die Existenz von $\bar{c}_n$, $\bar{c}_n'$. Übrigens gilt sogar $\bar{c}_n = \min C_n$, $\bar{c}_n' = \min C_n'$ (vgl. Übung 1). Da aus $\varkappa \geqq \alpha$ folgt, daß G einen Kreis enthält, und die Kantendichte eines Baumes beliebig nahe an 1 liegt, wenn nur die Eckenzahl hinreichend groß ist, haben wir

$$\bar{c}_3 = \bar{c}_3' = 1.$$

Ferner gilt nach MADER [46] (vgl. Übung 2)

2.3. $\bar{c}_{n+1} \geqq \bar{c}_n + 1$, $\bar{c}_{n+1}' \geqq \bar{c}_n' + 1$.

Wir haben also

2.4. $\bar{c}_n \geqq n - 2$, $\bar{c}_n' \geqq n - 2$ für $n \geqq 3$.

W. MADER [47] konnte $\bar{c}_n = n - 2$ für alle $n \leqq 7$ zeigen. Allgemein gelang MADER in [47] durch eine recht tiefliegende Beweisführung für $n \geqq 4$ die Abschätzung

2.5. $\bar{c}_n \leqq 8 \left\{\dfrac{n \log n}{\log 2}\right\}$.

Bezüglich einer Darstellung des Beweises vgl. auch BOLLOBÁS [B 10], Kap. VII. Zu vermuten ist, daß allgemein $\bar{c}_n = n - 2$ gilt.

In [48] gelang MADER die Abschätzung

2.6. $\bar{c}_n' \leqq 2^{n-1}$.

Der Beweis ist ebenfalls bei BOLLOBÁS [B 10], Kap. 7, dargestellt. Präzise Aussagen über $g(\alpha, H)$, $h(\alpha, H)$ für Graphen H mit Eckenzahlen $\leqq 7$ sind in den Arbeiten DIRAC [12, 14], HALIN [41, 42], THOMASSEN [68, 69], K. WAGNER [76, 77] gemacht worden, meist im Hinblick auf Färbungsprobleme bzw. HADWIGERS Vermutung (vgl. hierzu § 6 des nächsten Kapitels, wo sich auch weitere Literaturhinweise befinden). Zum Beispiel gilt $h(\alpha, S(5)) = 3\alpha - 5$ $(\alpha \geqq 4)$[1]; dagegen ist der genaue Wert von $g(\alpha, S(5))$ bisher nicht bekannt. Die beste bisher bekannte Abschätzung (THOMASSEN [68]) ist $g(\alpha, S(5)) \leqq 4\alpha - 10$ für $\alpha \geqq 6$; zu vermuten ist $g(\alpha, S(5)) = 3\alpha - 5$.

Schließlich sei auf das folgende interessante Resultat von BOLLOBÁS [3] hingewiesen (es war von P. ERDÖS vermutet worden):

2.7. *Für jede ungerade natürliche Zahl h gibt es eine Konstante* $C_h \leqq \dfrac{(h+1)^h - 1}{h}$, *so daß jeder Graph G mit $\Delta(G) \geqq C_h$ für jedes $n \in \mathbb{N}$ einen Kreis enthält, dessen Länge* $\equiv n \bmod h$ *ist.*

Übungen

1. Ist $G' \not\succ S(n)$, $G'' \simeq G'$ und entsteht G dadurch, daß man eine Ecke von G' mit einer Ecke von G'' identifiziert (d. h., es ist $G = G' \cup G''$, $G' \cap G''$ eine Ecke), so ist auch $G \not\succ S(n)$ und $\Delta(G) > \Delta(G')$. Daraus folgere man $\bar{c}_n \in C_n$. Analog zeige man $\bar{c}_n' \in C_n'$.

2. Man beweise (2.3) wie folgt: Zu gegebenem $\varepsilon > 0$ existiert ein G mit $\Delta(G) \geqq \bar{c}_n - \varepsilon$, $G \not\succ S(n)$. Für $m \in \mathbb{N}$ sei G_m der Graph $(mG) * 1$. Man rechnet leicht nach, daß für $m \to \infty$ der Wert $\Delta(G_m)$ gegen $\Delta(G) + 1$ konvergiert. Andererseits ist $G_m \not\succ S(n+1)$ für alle $m \in \mathbb{N}$. Analog zeigt man $\bar{c}_{n+1}' \geqq \bar{c}_n' + 1$.

---

[1]) Nach MADER [47] gilt $h(\alpha, S(n)) = (n-2)\,\alpha - \binom{n-1}{2} + 1$ für alle $n \leq 7$, aber nicht für $n = 8$.

3. Man zeige $\bar{c}_4 = \bar{c}'_4 = 2$.
4. Zu jedem $n \in \mathbb{N}$ existiert ein kleinstes $g(n) \in \mathbb{N}$, so daß für endliches G und $\gamma_G^{\min} \geqq g(n)$ folgt $G \succ S(n)$. Für $n \geqq 3$ gilt $\bar{c}_n \leqq g(n) \leqq \{2\bar{c}_n\}$. (Analoges gilt bezüglich $\succ_u$.)
5. Man überlege sich, daß, wenn H mindestens eine Ecke vom Grade $\geqq 2$ enthält, $g(\alpha, H)$ und $h(\alpha, H)$ nicht mit kleinerer als erster Potenz von α wachsen können.
6. (2.7) wäre für gerades h falsch, wie die Graphen $\frac{\alpha}{2} * \frac{\alpha}{2}$ zeigen. Vgl. hierzu auch (5.11) in § 5.

§ 3. Disjunkte und kürzeste Kreise

Es bezeichne $\eta(G)$ bzw. $\eta'(G)$ die Maximalzahl disjunkter bzw. kantendisjunkter Kreise in einem Graphen G. Nach (2.1) wissen wir, daß $\eta(G)$ beliebig groß wird, wenn nur die Kantendichte $\Delta(G)$ hinreichend groß ist; nach (2.1) gilt

$$\Delta(G) \geqq c_{3n} \Rightarrow \eta(G) \geqq n.$$

Das ist jedoch eine recht grobe Abschätzung. Genaueres sagt der folgende Satz von Erdös-Pósa aus, den wir hier jedoch wegen der Kompliziertheit seiner Beweisführung nur zitieren können:

3.1. Satz (Erdös-Pósa [25]). *Ist $m > 1$ eine ganze Zahl sowie $\alpha \geqq 24m$, so folgt aus $\varkappa > (2m-1)\alpha - 2m^2 + m$, daß m disjunkte Kreise in G enthalten sind. Ist $\varkappa = (2m-1)\alpha - 2m^2 + m$, so gilt $\eta(G) < m$ genau dann, wenn $G \simeq S(2m-1) * (\alpha - 2m + 1)$ ist.*

Über die Abhängigkeit von $\eta(G)$ vom Minimalgrad des Graphen G gilt das folgende tiefliegende Resultat, das wir gleichfalls nur zitieren können:

3.2. Satz (Corradi-Hajnal [11]). *Aus $\alpha \geqq 3m$ und $\gamma_G^{\min} \geqq 2m$ folgt $\eta(G) \geqq m$.*

Wir wenden uns jetzt dem Problem kantendisjunkter Kreise zu, das wir genauer studieren wollen, und zwar im Hinblick auf eine Anwendung im nächsten Paragraphen. Wir benötigen noch eine Hilfsbetrachtung über kürzeste Kreise in einem Graphen. Als *Taillenweite* $t(G)$ des M-Graphen G definieren wir die kleinste Länge eines in G vorhandenen Kreises. (Im Falle, daß G kreislos ist, sei $t(G) = \infty$.)

Es seien $r \geqq 3$ und m natürliche Zahlen. Wir setzen

$$\vartheta(r, m) := 1 + r + r(r-1) + r(r-1)^2 + \cdots + r(r-1)^{m-1} = \frac{r(r-1)^m - 2}{r-2}.$$

Dann gilt

(i) $\vartheta(r, m) > (r-1)^m$, speziell (ii) $\vartheta(3, m) \geqq 2^{m+1}$.

Es sei nun G ein endlicher M-Graph mit $\gamma_G^{\min} \geqq r$.[1]) Wir greifen eine Ecke a von G heraus und betrachten die „Sphären" $D_i(a, G) = D_i$ um a. Wenn $x \neq y$ im gleichen D_i existieren, die entweder zueinander oder zu dem gleichen $z \in D_{i+1}$ benachbart sind, so existiert in G ein Kreis der Länge $\leqq 2i + 1$ bzw. $\leqq 2i + 2$. Wenn daher $t(G) > 2m$ ist,

[1]) Wir gebrauchen im folgenden Bezeichnungen, die an sich für Graphen (im engeren Sinne) eingeführt worden sind, auch bei M-Graphen. Ihr Sinn liegt jedoch jeweils auf der Hand; Irrtümer sind dabei nicht zu befürchten.

so muß $|D_1| \geqq r$ sowie $|D_{i+1}| \geqq |D_i| \cdot (r-1)$ für $i = 1, \ldots, m-1$ gelten, woraus induktiv $|D_i| \geqq r(r-1)^{i-1}$ für $i = 1, \ldots, m-1$ und damit

(iii) $\quad \alpha \geqq \vartheta(r, m)$

folgt.

Wir setzen

$$s = \left\{\frac{\log \alpha}{\log (r-1)}\right\}$$

im Falle $r \geqq 4$ sowie

$$s = \left[\frac{\log \alpha}{\log 2}\right]$$

im Falle $r = 3$. Aufgrund von (i) bzw. (ii) gilt dann

$$\vartheta(r, s) > (r-1)^s \geqq \alpha$$

bzw.

$$\vartheta(3, s) \geqq 2^{s+1} > \alpha;$$

insbesondere ergibt sich wegen (iii)

$$t(G) \leqq 2s.$$

Folgerung:

3.3. *Ist G endlicher M-Graph und $\gamma_G^{\min} \geqq r \geqq 3$, so gilt*

$$t(G) \leqq 2\left\{\frac{\log \alpha}{\log (r-1)}\right\}.$$

Im Falle $r = 3$ gilt etwas schärfer

$$t(G) \leqq 2\left[\frac{\log \alpha}{\log 2}\right].$$

Nunmehr können wir zeigen:

3.4. Satz (Erdös-Posa [25]). *Zu jedem $h \in \mathbb{N}$ existiert eine (kleinste) Zahl $\xi(h)$, so daß jeder endliche M-Graph G mit*

$$\varkappa \geqq \alpha + \xi(h)$$

mindestens h kantendisjunkte Kreise enthält. Ist die reelle Zahl $c \geqq \dfrac{2}{\log 2}$ so groß gewählt, daß für alle $h \geqq 2$ gilt

$$\log (2c\, h \log h) < \frac{c \log 2}{4} \cdot \log h, \tag{$*$}$$

so haben wir

$$\xi(h) \leqq [c\, h \log h] \tag{$**$}$$

für alle $h \in \mathbb{N}$.

Beweis. Wir induzieren über h. Zunächst ist klar, daß $\xi(1)$ existiert und gleich 0 ist. Es sei nun $h > 1$, und für $h - 1$ seien die Existenz von $\xi(h-1)$ und die Gültigkeit von (**) bereits bewiesen.

Es sei $\varkappa = \alpha + [c\,h \log h]$. Ist $\alpha = 1$, so enthält G mindestens $\alpha + h$ Schlingen. Daher kann $\alpha > 1$ angenommen werden. Existiert in G eine Ecke x des Grades 1, so ist $\varkappa(G - x) = \alpha + [c\,h \log h] - 1 = \alpha(G - x) + [c\,h \log h]$. Genauso reduziert man, wenn es in G ein x gibt, das nur mit einer Schlinge inzidiert. Existiert in G ein x des Grades 2, das zu den (von x verschiedenen) Ecken y, z benachbart ist (wobei $y = z$ möglich ist), so sei G' der Graph, der aus G durch Streichung von x sowie Hinzufügung einer neuen Kante yz entsteht. Man sieht leicht $\eta'(G) = \eta'(G')$[1]) ein sowie $\varkappa' = \alpha' + [c\ h \log h]$.

Diese Reduktionen wenden wir immer wieder an, solange noch Ecken vom Grade 1 oder 2 vorhanden sind. Wir kommen dann entweder auf den schon erledigten Fall $\alpha = 1$ zurück oder aber gelangen zu einem Graphen vom Minimalgrad $\geqq 3$. Wir sehen somit, daß wir uns von vornherein auf den Fall $\gamma_G^{\mathrm{mi}} \geqq 3$ beschränken können. Dann ist $\varkappa \geqq \frac{3}{2}\,\alpha$, woraus man

$$\alpha \leqq 2\,c\,h \log h$$

ersieht. Nach (3.3) und (*) existiert also in G ein Kreis C der Länge

$$\leqq 2\left[\frac{\log \alpha}{\log 2}\right] < 2\left[\frac{c}{4}\log h\right] \leqq \frac{c}{2}\log h\,.$$

Man schließt

$$\begin{aligned}\varkappa\big(G - K(C)\big) &\geqq \varkappa - \frac{c}{2}\log h\\ &\geqq \alpha + c\,h \log h - \frac{c}{2}\log h - 1\\ &\geqq \alpha\, c(h-1)\log(h-1)\,.\end{aligned}$$

Nach Induktionsannahme folgt die Existenz von $h - 1$ kantendisjunkten Kreisen in $G - K(C)$, also $\eta'(G) \geqq h$. Damit ist alles bewiesen. —

Bemerkung. Bei Erdös-Pósa [25] wird weiter die Existenz einer Konstanten $c' > 0$ gezeigt, so daß $\xi(h) \geqq c'h \log h$ für alle $h \in \mathbb{N}$ gilt.

Wir beschließen diesen Paragraphen mit einem Existenzsatz über reguläre Graphen gegebenen Grades und gegebener Taillenweite. Ist $a \in E(G)$ und $\gamma_G^{\max} \leqq r$, so folgt $|D_1(a, G)| \leqq r$ und $|D_n(a, G)| \leqq (r-1) \cdot |D_{n-1}(a, G)|$ für $n \geqq 2$, woraus sich induktiv $|D_n(a, G)| \leqq r(r-1)^{n-1}$ für $n \geqq 1$ ergibt. Daher

$$\left|\bigcup_{i=0}^{m} D_i(a, G)\right| \leqq \vartheta(r, m)$$

für jedes $a \in E(G)$ und $m \in \mathbb{N}$, mit Ungleichheit sicher dann, wenn $\gamma_G(a) < r$ ist.

---

[1]) Jedem Kreis in G', der yz enthält, entspricht in G ein Kreis durch y, x, z und umgekehrt.

3.5. Satz (ERDÖS-SACHS [28]). *Zu je zwei natürlichen Zahlen $t \geqq 3$, $r \geqq 3$ existiert ein regulärer Graph G vom Grade r mit der Taillenweite t und der Eckenzahl $\alpha_0 := \vartheta(r, t-1) + \vartheta(r, t-2)$.*

Beweis. Es sei Γ die Klasse aller Graphen G der Eckenzahl α_0 mit $t(G) = t$ und $\gamma_G^{\max} \leqq r$. Γ ist nicht leer, da z. B. der t-Kreis zuzüglich $\alpha_0 - t$ isolierten Ecken zu Γ gehört. Für $G \in \Gamma$ sei $Q(G) = \{x \in E \mid \gamma_G(x) < r\}$, $q(G) = \max\limits_{x,y \in Q(G)} \delta_G(x, y)$ (speziell sei $q(G) = 0$, wenn $Q(G) = \emptyset$ ist). Wir wählen nun ein $G \in \Gamma$ mit folgenden Eigenschaften:

(1) $\varkappa(G)$ ist maximal,
(2) $|Q(G)|$ ist maximal (bei Gültigkeit von (1)),
(3) $q(G)$ ist maximal (bei Gültigkeit von (1) und (2)).

Jedenfalls ist $q(G) \leqq t - 2$. (Sind nämlich $x, y \in Q(G)$ mit $\delta_G(x, y) \geqq t - 1$, so ist ersichtlich auch $G \cup xy \in \Gamma$, was (1) widerspricht.)

Nehmen wir nun $Q(G) \neq \emptyset$ an sowie $\delta_G(x, y) = q(G)$, wobei x, y nicht notwendig verschiedene Ecken aus $Q(G)$ sind.

Es existiert ein v in G mit $\delta_G(x, v) \geqq t - 1$, $\delta_G(y, v) \geqq t$. (Andernfalls wäre nämlich jedes $v \in E$ in $\bigcup\limits_{i=0}^{t-2} D_i(x, G) \cup \bigcup\limits_{i=0}^{t-1} D_i(y, G)$ enthalten, und es ergäbe sich nach der Vorbemerkung $\alpha(G) < \alpha_0$). Wegen $\delta_G(x, v) > q(G)$ ist $\gamma_G(v) = r \geqq 3$. Man kann daher ein $w \in N_G(v)$ wählen, so daß in $G - vw$ immer noch ein t-Kreis vorkommt. Wegen $\delta_G(y, w) \geqq \delta_G(y, v) - 1 > q(G)$ ist auch $\gamma_G(w) = r$.

Nunmehr sei $G' := (G - vw) \cup xv$; natürlich ist $G' \in \Gamma$ und $\varkappa' = \varkappa$. Es muß $\gamma_{G'}(x) = r$, d. h. $\gamma_G(x) = r - 1$ gelten, da andernfalls $|Q(G')| > |Q(G)|$ wäre. Nun ist sicher α_0 eine gerade Zahl. Mit Kap. 1, (1.2) schließt man daraus, daß $|Q(G)| > 1$, insbesondere also $x \neq y$ sein muß. y, w sind also verschiedene Ecken aus $Q(G')$.

Es sei P irgendein y,w-Weg $\subseteq G'$. Ist $P \subseteq G$, so $\varkappa(P) \geqq \delta_G(y, w) > q(G)$. Enthält P die Kante xv und ist P' der Teilweg von P bis zum erstmaligen Treffen von xv, so ist jedenfalls $\varkappa(P) > \varkappa(P') \geqq \min\big(\delta_G(y, x), \delta_G(y, v)\big) = \delta_G(y, x)$. Man schließt $\delta_{G'}(y, w) > q(G)$, womit sich ein Widerspruch zu (3) ergibt. Also muß $Q(G) = \emptyset$ und daher G von der gewünschten Art sein. —

Ein 3-regulärer Graph der Taillenweite t und kleinstmöglicher Eckenzahl heißt nach TUTTE ein *t-Käfig*. Wegen (3.5) existiert also für alle $t \geqq 3$ mindestens ein t-Käfig. In TUTTE [T 2], Chap. 8 werden alle t-Käfige für $3 \leqq t \leqq 8$ ermittelt; sie sind, für diese t, jeweils eindeutig bestimmt und weisen besonders interessante Symmetrieeigenschaften auf. N. ROBERTSON hat das analoge Problem für $r = 4$ und $t = 5$ gelöst; er zeigte, daß 19 die kleinstmögliche Eckenzahl eines 4-regulären Graphen der Taillenweite 5 ist und daß es nur einen Graphen dieser Art gibt [62].

Übungen

1. Man zeige $\xi(2) = 4$.

2. Es bezeichne $f(t, r)$ die kleinste Zahl α, so daß ein r-regulärer Graph G der Eckenzahl α mit $t(G) = t$ existiert. Man zeige

$$f(t, r) \geqq \vartheta\left(r, \left[\frac{t-1}{2}\right]\right).$$

3. Nach (3.5) ist $f(t, r) \leqq \vartheta(r, t-1) + \vartheta(r, t-2)$. Man verbessere diese Abschätzung, indem man $\gamma_G(x)$, $\gamma_G(y) < r$ im Beweise von (3.5) voll ausnützt.

4. Man beweise wie in (3.5), daß im Falle $r \geqq 3$ gerade für jedes $\alpha \geqq \alpha_0$, im Falle $r \geqq 3$ ungerade für jedes gerade $\alpha \geqq \alpha_0$ ein r-regulärer Graph der Eckenzahl α und der Taillenweite $t \geqq 3$ existiert.

5. Es ist $f(3, r) = r + 1$, $f(4, r) = 2r$. Der einzige r-reguläre Graph G mit $t(G) = 3$ und $\alpha(G) = f(3, r)$ bzw. $t(G) = 4$ und $\alpha(G) = f(4, r)$ ist $S(r + 1)$ bzw. $r * r$. $S(4)$ ist daher der einzige 3-Käfig, $3 * 3$ der einzige 4-Käfig.

6. Es ist $f(5, 3) = 10$, und der Petersensche Graph (vgl. Abb. 23) ist der einzige 5-Käfig.

7. Ist $\gamma_G^{\min} \geqq 3$ und $\eta(G) = 1$, so $t(G) \leqq 4$.

8. Für jeden 4-zh. Graphen $G \neq S(5)$ ist $\eta(G) \geqq 2$.

9. Ist G 3-zh. mit $\alpha \geqq 6$ und $\eta(G) = 1$, so ist G entweder ein Rad $C * 1$ (C ein Kreis) oder von der Form $T * (\alpha - 3)$, $T \sqsubseteq G$ mit $\alpha(T) = 3$. (Denn nach 8. ist G trennbar durch einen Untergraphen T mit 3 Ecken. Ist $\sigma(G - T) \geqq 3$, so wird man auf die Form $T * (\alpha - 3)$ geführt; ist $\sigma(G - T) = 2$, so führt die Betrachtung der Komponenten von $G - T$ mittels einer Reihe von Fallunterscheidungen auf die Gestalt $C * 1$. Das ist im einzelnen mühsam, aber nicht prinzipiell schwer.)

10. Ist $\varkappa \geqq 3\alpha - 6$, so gilt $\eta(G) \geqq 2$, ausgenommen genau den Fall $G = S(3) * (\alpha - 3)$. (Dies folgt aus 9., falls G 3-zh. ist. Ist $G = G' \cup G''$, $\alpha(G' \cap G'') \leqq 2$, $\alpha(G')$, $\alpha(G'') < \alpha$, so hat G' oder G'' wieder so große Kantenzahl, daß Induktion angewendet werden kann.)

§ 4. Die Kreisbedeckungszahl

Ziel dieses Abschnittes ist der Beweis eines weiteren Satzes von Erdös und Pósa, der Systeme disjunkter Kreise betrifft. Als Hilfsmittel hierzu benötigen wir ein Resultat von Gallai [36], das auch für sich allein von Interesse ist.

G sei ein Graph, $F \subseteq E$ sei eine endliche Menge von Ecken aus G, die im folgenden *Hauptecken* genannt werden. Wir sagen, *$T \subseteq E$ trennt F total*, wenn in $G - T$ keine zwei verschiedenen Ecken von F durch einen Weg verbunden sind. Es bezeichne $\tau_G(F)$ die kleinste Mächtigkeit einer F total trennenden Eckenmenge in G.

Ein *Hauptweg* von G (bei Auszeichnung von F) ist ein Weg $W \subseteq G$, der verschiedene Ecken von F verbindet und $\mathring{W} \cap F = \emptyset$ erfüllt. $\mu_G(F)$ bezeichne die Maximalzahl disjunkter Hauptwege in G.

Wir fragen nach einem Zusammenhang zwischen $\tau_G(F)$ und $\mu_G(F)$. Gleichheit gilt im allgemeinen nicht, wie man vielleicht aufgrund des Mengerschen Satzes erwarten könnte. Dies zeigt der Graph G, der aus n disjunkten Dreiecken besteht, wobei alle $3n$ Ecken als Hauptecken ausgezeichnet seien; man hat $\mu_G(E) = n$, aber $\tau_G(E) = 2n$. Dies ist aber auch der ungünstigste Fall; es gilt nämlich:

4.1. Satz (Gallai [36]). *Für jedes endliche $F \subseteq E$ besteht die Ungleichung*

$$\mu_G(F) \leqq \tau_G(F) \leqq 2\mu_G(F).$$

Für unsere Zwecke ist nur wesentlich, daß für $\tau_G(F)$ überhaupt eine obere Schranke in Abhängigkeit von $\mu_G(F)$ angegeben werden kann. Wir zeigen hier durch einen recht kurzen Beweis lediglich

4.1′. $\tau_G(F) \leqq 3\mu_G(F)$.

B e w e i s. Es sei $\mu_G(F) = s$, und $W_1, \ldots, W_s$ seien disjunkte Hauptwege von G. W_i habe die Endpunkte a_i, b_i, und $c_1, \ldots, c_r$ seien die von den a_i, b_i verschiedenen Ecken aus F. C_j bezeichne die c_j enthaltende Komponente von $G - (W_1 \cup \cdots \cup W_s)$. Für $i \neq j$ ist dann $C_i \neq C_j$, aufgrund der Bedeutung von s.

Betrachten wir ein W_i. D_i sei die Menge aller $x \in E(W_i)$, die zu irgendeiner Ecke aus einem der C_j benachbart sind. Folgende drei Fälle sind möglich:

(i) $D_i = \emptyset$,
(ii) D_i besteht nur aus einer Ecke d_i,
(iii) $|D_i| \geqq 2$.

Im Falle (iii) kann es aber nur ein zu W_i benachbartes C_j geben. (Andernfalls könnte man zwei disjunkte Wege von gewissen c_{j_1}, c_{j_2} nach W_i finden und damit leicht $s + 1$ disjunkte Hauptwege konstruieren.)

Wir setzen $T_i = \{a_i, b_i\}$ bzw. $\{a_i, b_i, d_i\}$ bzw. $\{a_i, b_i, c_j\}$, je nachdem, ob (i), (ii) oder (iii) eintritt. $T := T_1 \cup \cdots \cup T_s$ trennt dann F total, und es ist $|T| \leqq 3s$. —

Unter der *Kreisbedeckungszahl* $\omega(G)$ des Graphen G wollen wir die kleinste Zahl von Ecken aus G verstehen, die alle Kreise von G „repräsentieren", d. h. die kleinste Zahl von Ecken, die man wegnehmen muß, damit der Restgraph keinen Kreis mehr enthält. Natürlich ist stets $\omega(G) \geqq \eta(G)$, und im allgemeinen gilt hier Ungleichheit.

Wir wollen folgendes interessante Resultat von Erdös-Pósa [26] beweisen: Für jedes $h \in \mathbb{N}$ existiert ein (kleinstes) $\omega(h)$, so daß aus $\eta(G) \leqq h$ folgt $\omega(G) \leqq \omega(h)$. Das heißt: Unabhängig von der Gestalt von G, wenn nur G nicht mehr als h disjunkte Kreise enthält, können stets $\omega(h)$ oder weniger Ecken in G gefunden werden, die alle Kreise von G repräsentieren. Klar ist, daß, wenn $\omega(h)$ mit dieser Eigenschaft für ein $h \geqq 2$ existiert, dann auch $\omega(h-1)$ existiert und $\omega(h-1) \leqq \omega(h)$ gilt.

4.2. Satz (Erdös-Pósa [26]). *$\omega(h)$ existiert für alle $h \in \mathbb{N}$, und es gibt eine Konstante c^*, so daß für alle $h \geqq 2$ gilt*

$$\omega(h) \leqq c^* h \log h.$$

Bemerkung. Durch wahrscheinlichkeitstheoretische Betrachtungen zeigten Erdös-Pósa [26] auch die Existenz einer Konstanten $c^{**} > 0$, so daß $\omega(n) \geqq c^{**}\, n \log n$ gilt. Konstruktive Beweise hierfür haben Simonovits [67] sowie Voss [73, 74] gegeben; vgl. hierzu Walther-Voss [W 2], Teil II, Kap. 3, § 4, wo auch eine allgemeinere Fragestellung behandelt und zahlreiche weitere Details erörtert werden. Insbesondere werden dort die Konstanten c^*, c^{**} genauer abgeschätzt.

Beweis von (4.2). Es seien h eine natürliche Zahl $\geqq 3$ und G ein Graph mit $\eta(G) = h - 1$. $C_1, \ldots, C_{h-1}$ seien disjunkte Kreise in G. Wir setzen $G^* := G - K\left(\bigcup_{i=1}^{h-1} C_i\right)$, $F := \bigcup_{i=1}^{h-1} E(C_i)$. Es sei $s = \mu_{G^*}(F)$, und $W_1, \ldots, W_s$ sei ein maximales System disjunkter Hauptwege bez. F in G^*. Wegen (4.1') existiert dann $T \subseteq E$ mit $|T| \leqq 3s$, so daß F durch T in G^* total getrennt wird.

Nun sei $H := C_1 \cup \cdots \cup C_{h-1} \cup W_1 \cup \cdots \cup W_s$. Nach Konstruktion ist

$$\varkappa(H) = \alpha(H) + s$$

und $\gamma_H^{\max} \leqq 3$. Wäre $s \geqq c\, h \log h$ (mit dem c in (3.4)), so wären h kantendisjunkte Kreise in H enthalten, die wegen $\gamma_H^{\max} \leqq 3$ sogar disjunkt sein müßten, gegen $\eta(G) < h$. Also gilt $s < c\, h \log h$, d. h.

$$|T| < 3\, c\, h \log h. \tag{$*$}$$

Es sei C ein beliebiger Kreis $\neq C_1, \ldots, C_{h-1}$ in $G - T$. Hätte C mindestens 2 Ecken mit $C_1 \cup \cdots \cup C_{h-1}$ gemeinsam, so enthielte C einen Hauptweg ($\subseteq G$, bezüglich F), müßte also T treffen. Wegen $\eta(G) < h$ ist aber $C \cap (C_1 \cup \cdots \cup C_{h-1}) \neq \emptyset$. Also hat C genau eine Ecke mit $C_1 \cup \cdots \cup C_{h-1}$ gemeinsam, die etwa in C_i liegt; wir sagen dann kurz, C gehört zu C_i.

Als e_i wählen wir nun in jedem C_i eine Ecke, die C_i mit einem zu C_i gehörenden Kreise C_i' ($\subseteq G - T$) gemeinsam hat; gibt es keinen zu C_i gehörenden Kreis, so sei e_i aus C_i beliebig gewählt. Es sei $T' := \{e_1, \ldots, e_{h-1}\}$. Wir behaupten, daß $T \cup T'$ alle Kreise C von G repräsentiert.

Wir haben nur noch den Fall zu betrachten, daß $C \subseteq G - T$ zu einem C_i gehört, aber e_i nicht trifft. Wäre $C \cap C_i' = \emptyset$, so könnten wir C_i durch C und C_i' ersetzen und erhielten h disjunkte Kreise in G; im Falle $C \cap C_i' \neq \emptyset$, $C \cap C_i' \neq \{e_i\}$ erhielte man aber einen Hauptweg $\subseteq C \cup C_i'$, der T nicht trifft, mit Widerspruch.

Für die alle Kreise repräsentierende Menge $T \cup T'$ gilt nun

$$|T \cup T'| \leqq 3\,c\,h \log h + h - 1,$$

was leicht mit einer (von h unabhängigen) Konstanten c^* durch

$$c^*(h - 1) \log (h - 1)$$

nach oben abgeschätzt werden kann. —

Übungen

1. Gelten die Resultate dieses Paragraphen auch für unendliche Graphen?
2. Man zeige $\omega(1) \geqq 3$; hier gilt, nach B. Bollobás (unveröffentlicht), Gleichheit.
3. Für kleine Werte von h leite man mittels des vorstehenden Beweises explizite obere Schranken von $\omega(h)$ ab.
4. Stets ist $\omega(h) < \omega(h + 1)$.
5. Ist $\eta(G) \leqq n$, so gibt es nach obigem ein $T \subseteq E$ mit $|T| \leqq \omega(n)$, so daß $G - T$ kreislos ist, also weniger als $\alpha(G - T)$ Kanten besitzt. Man folgere daraus die Existenz einer Konstanten $\bar{c}$, so daß jeder Graph G mit $\eta(G) \leqq n$ eine Kantendichte $< \bar{c} n \log n$ besitzt. Man vergleiche dieses Resultat mit dem Satz (3.1) von Erdös-Pósa.

§ 5. Längste und Hamiltonsche Kreise

Es bezeichne $l(G)$ bzw. $l'(G)$ die maximale Länge eines in dem (endlichen) Graphen G enthaltenen Kreises bzw. Weges. Nach (2.1) ist klar, daß zu jedem s eine Zahl $f(s)$ existiert, so daß aus $\Delta(G) \geqq f(s)$ folgt $l(G) \geqq s$. In diesem Abschnitt wollen wir uns jedoch mit einem völlig anders gelagerten Problem befassen, nämlich mit der Frage nach Kreisen oder Wegen, die einen bestimmten Anteil der Ecken eines Graphen umfassen. Enthält ein Kreis bzw. Weg alle Ecken von G, so sprechen wir von einem Hamiltonschen Kreis bzw. Weg (vgl. Kap. 1, § 3). Es ist offensichtlich, daß $\Delta(G)$ beliebig groß sein kann, ohne daß G einen Hamiltonschen Kreis oder Weg zu enthalten braucht (vgl. Übung 2). Auch die Zusammenhangszahl von G kann beliebig groß sein, ohne daß G einen solchen Kreis enthält, wie z. B. die Graphen $n * (n + 1)$ zeigen (vgl. Übung 3).

Während die Graphen mit Eulerschen Linien sich ziemlich leicht charakterisieren ließen, entziehen sich die Hamiltonschen Graphen einer einfachen Beschreibung. Es gibt kein einheitliches Kriterium, das aussagte, woran es im Prinzip liegt, daß ein Graph einen Hamilton-Kreis besitzt. Vielmehr sind die vorhandenen Kriterien alle nur hinreichend für die Existenz von Hamiltonschen Kreisen bzw. Wegen. Diese Kriterien lassen sich nach den in ihnen gemachten Grundannahmen im wesentlichen in drei Klassen einteilen:

1. solche, die auf Bedingungen an die Grade der Ecken basieren,
2. solche, die auf topologischen Eigenschaften beruhen (Einbettbarkeit in bestimmte Flächen),
3. solche, die auf Verallgemeinerungen des Begriffes des Hamilton-Kreises beruhen (s. unten die Potenzen eines Graphen).

In diesem Paragraphen betrachten wir hauptsächlich Kriterien der ersten Art (solche der zweiten Art werden im übernächsten Kapitel angesprochen werden). Wir beginnen mit einem Satz von G. A. Dirac (Kap. 1, [1]) aus dem Jahre 1952. Vgl. hierzu auch Übung 2 zu Kap. 1.

5.1. Satz. *Es sei* $\gamma_G^{\min} \geqq r$. *Dann gilt:*

(1) *Falls* $\alpha \leqq 2r$, *so ist* G *Hamiltonsch.*

(2) *Ist* $\alpha > 2r$ *und* G *2-zh., so ist* $l(G) \geqq 2r$.

Zum Beweis sind einige Hilfsbetrachtungen erforderlich.

5.2. Hilfssatz. *Der Graph* G *habe einen Hamilton-Kreis* $C : x_1x_2 \ldots x_\alpha x_{\alpha+1} = x_1$ *(hierbei seien also* $x_1, \ldots, x_\alpha$ *die Ecken von* G, *die* $x_ix_{i+1} \in K$, *und die Indizes mögen* mod α *betrachtet werden). Gibt es für bestimmte* i, j $(1 \leqq i < j \leqq \alpha)$ *keinen Hamilton-Weg in* G, *der von* x_i *nach* x_j *führt, so ist* $\gamma_G(\alpha_{i+1}) + \gamma_G(x_{j+1}) \leqq \alpha$.

Beweis: O. B. d. A. sei $i = 1$. Natürlich können x_1, x_j auf C nicht benachbart sein; also $\alpha \geqq 4$, und x_1, x_2, x_j, x_{j+1} sind paarweise verschieden. Wir setzen $I = \{\nu \mid x_2x_\nu \in K\}$, $J = \{\mu \neq j+1 \mid x_{j+1}x_\mu \notin K\}$; dann ist $|I| = \gamma_G(x_2)$, $|J| = \alpha - \gamma_G(x_{j+1}) - 1$. Es gilt $j+1 \notin I$, sonst lieferte $x_1x_\alpha \ldots x_{j+1}x_2x_3 \ldots x_j$ einen Hamilton-Weg. Für $\nu \in I$ sei $\varphi(\nu) = \nu - 1$, falls $3 \leqq \nu \leqq j$, und $\varphi(\nu) = \nu + 1$, falls $j + 1 \leqq \nu \leqq \alpha + 1$ gilt. Es gilt dann $\varphi(\nu) \in J$ für alle $\nu \in I$. (Denn ist $3 \leqq \nu \leqq j$ und wäre $x_{j+1}x_{\nu-1} \in K$, so muß zunächst $\nu \geqq 4$ gelten, wie wir schon gesehen haben; dann bildete aber $x_1x_\alpha \ldots x_{j+1}x_{\nu-1}x_{\nu-2} \ldots x_2x_\nu x_{\nu+1} \ldots x_j$ einen Hamilton-Weg. Analog schließt man im (symmetrischen) Falle $j + 1 \leqq \nu \leqq \alpha + 1$ und $x_{j+1}x_{\nu+1} \in K$.) Abgesehen von $\varphi(1) = \varphi(3) = 2$, ist die Abbildung $\varphi: I \to J$ injektiv. Also gilt $|J| \geqq |I| - 1$, d. h. $\alpha - \gamma_G(x_{j+1}) - 1 \geqq \gamma_G(x_2) - 1$, woraus die Behauptung folgt. —

Durch Betrachtung der Komponenten von G bzw. von $G - e$ für $e \in E$ findet man unschwer:

5.3. Hilfssatz. *Ist* $\gamma_G^{\min} \geqq r \geqq 2$ *und* $\alpha \leqq 2r + 1$, *so ist entweder* G *2-zh oder* G *besteht aus zwei* $S(r + 1)$, *die längs einer Ecke zusammengeheftet sind.* —

Insbesondere ergibt sich, daß auch im Falle (1) von (5.1) G 2-zh. sein muß.

Unter einem *Lasso* L verstehen wir die Vereinigung eines Kreises C und eines Weges W, der mit C genau eine Ecke und zwar einen seiner Endpunkte gemeinsam hat. Wir bezeichnen im folgenden die Ecken von W mit $w_1, \ldots, w_m$ (in ihrer natürlichen Reihenfolge) und die von C mit $x_1, \ldots, x_n, x_{n+1} = x_1$, wobei $x_ix_{i+1} \in K(C)$ und $x_1 = w_1$ sei. Der Fall

$\alpha(W) = 1$ ist zugelassen; ist $\alpha(W) > 1$, so heißt L ein *echtes Lasso*. Ist G zh. und besitzt G keinen Hamilton-Kreis, so ist offenbar jeder Kreis C von G der Kreis eines echten Lassos von G. x_j $(1 < j \leqq n)$ heißt *H-Ecke* des Lassos L von G, wenn in $G[C]$ ein Hamilton-Weg existiert, der von x_1 nach x_j führt.

$L \subseteq G$ heiße ein maximales Lasso in G, wenn

1. $\alpha(L) = \varkappa(L)$ größtmöglich ist,
2. $\alpha(C)$ größtmöglich ist (bei Erfülltsein von 1.).

Klar ist dann: Ist $\gamma_G^{\min} \geqq 2$, und ist L maximal in G, so ist $L - x_1x_n$ ein längster Weg in G. (Denn ein Weg größerer Länge ergäbe auch ein Lasso mit größerer Eckenzahl.)

5.4. Hilfssatz. *Ist L maximales Lasso in G mit $\gamma_G^{\min} \geqq 2$, so gilt $N_G(x_j) \subseteq E(C)$ für jede H-Ecke x_j von L.*

Beweis. Es sei P ein Hamilton-Weg von $G[C]$, der x_1 mit x_j verbindet. Ist $y \in N_G(x_j)$, $\notin E(C)$, so erhielte man durch Hinzunahme von x_jy zu $W \cup P$ entweder einen Weg mit mehr als $\alpha(L)$ Ecken oder aber ein Lasso mit $\alpha(L)$ Ecken und größerem Kreis; beides widerspräche der Maximalität von L.

5.5. Hilfssatz. *Es sei L ein Lasso in G, $\alpha(C) \leqq 2r - 1$. Für jede H-Ecke x_j von L gelte $\gamma_{G[C]}(x_j) \geqq r$. Dann ist jedes $x_i \neq x_1$ eine H-Ecke von L (bez. G).*

Beweis. Natürlich sind x_2, x_n H-Ecken. Zu zeigen ist: Ist x_{j+1} $(3 \leqq j \leqq n - 1)$ eine H-Ecke, so auch x_j. Wäre aber x_j keine H-Ecke, so folgte aus (5.2) $\gamma_{G[C]}(x_2) + \gamma_{G[C]}(x_{j+1}) \leqq 2r - 1$, mit Widerspruch. —

Nun folgt (5.1) sehr leicht. Es sei L maximales Lasso von G, wobei C kein Hamilton-Kreis sei bzw. $\alpha(C) \leqq 2r - 1$ gelte; L ist dann jedenfalls echtes Lasso. Wegen (5.4) ist $N_G(x_j) \subseteq E(C)$ für alle H-Ecken x_j von C, d. h. (wegen $\gamma_G^{\min} \geqq r$), daß die Voraussetzungen von (5.5) erfüllt sind. Somit sind alle $x_i \neq x_1$ H-Ecken von L, d. h., es ist $N_G(x_i) \subseteq E(C)$ für alle diese x_i nach (5.4). Das bedeutete aber, daß G durch x_1 getrennt wird, gegen den 2-Zusammenhang von G. Im Falle (1) von (5.1) muß daher L ein Hamilton-Kreis von G sein, im Falle (2) muß $\alpha(C) \geqq 2r$ gelten. —

(5.1), (1) ist das erste wichtige Kriterium für das Vorhandensein von Hamilton-Kreisen. Ist $\gamma_G^{\min} \geqq r$ und $\alpha(G) = 2r + 1$, so braucht G nicht Hamiltonsch zu sein, wie der in (5.3) genannte Ausnahmegraph oder auch $r * (r + 1)$ zeigen. Interessanterweise gilt jedoch:

5.6. *Ist $\alpha = 2r + 1$ und G r-regulär $(r \geqq 2)$, so ist G Hamiltonsch.*

Beweis. Aufgrund von (5.3) ist G *2-zh.*, so daß wegen (5.1) in G ein Kreis C der Länge $2r$ oder $2r + 1$ existiert. Nur der Fall $\alpha(C) = 2r$ ist zu behandeln. Sei z die Ecke $\notin C$, $y_1, \ldots, y_r$ seien die Nachbarn von z, $x_1, \ldots, x_r$ die übrigen Ecken von C. Sind zwei verschiedene y_i auf C benachbart, so findet man leicht einen Hamilton-Kreis in G. Daher kann angenommen werden, daß die x_i und die y_i auf C alternieren. Wegen $\gamma_G(y_i) < r + 1$ existiert ein x_j mit $x_jy_i \notin K$, woraus wegen $\gamma_G(x_j) \geqq r$ die Existenz eines $h \neq j$ folgt mit $x_jx_h \in K$. Vermöge C, den Kanten zy_i und x_jx_h findet man aber unschwer einen Hamilton-Kreis in G. —

Mittels (5.1) erhalten wir ohne Schwierigkeit folgenden Satz von Erdös-Gallai [24].

5.7. *Es sei $m \geqq 3$, $l(G) \leqq m$. Dann gilt $\varkappa \leqq \frac{m}{2}(\alpha - 1)$.*

Beweis durch Induktion über α. Für $m \geqq \alpha$ ist die Behauptung trivial. Es sei $\alpha > m$ und die Behauptung für Graphen kleinerer Eckenzahl richtig.

Ist G nicht 2-zh., so $G = G' \cup G''$ mit $\alpha(G' \cap G'') = 1$, $\alpha', \alpha'' < \alpha$. Nach Induktionsvoraussetzung gilt

$$\varkappa' \leqq \frac{m}{2}(\alpha' - 1), \varkappa'' \leqq \frac{m}{2}(\alpha'' - 1), \text{ also } \varkappa = \varkappa' + \varkappa'' \leqq \frac{m}{2}(\alpha' + \alpha'' - 2) = \frac{m}{2}(\alpha - 1).$$

Ist aber G 2-zh., so existiert wegen (5.1) ein $x \in E$ mit $\gamma_G(x) \leqq \left[\frac{m}{2}\right]$. Für $G' = G - x$ gilt nach Induktionsvoraussetzung $\varkappa' \leqq \frac{m}{2}(\alpha - 2)$; mithin $\varkappa \leqq \frac{m}{2}(\alpha - 2) + \frac{m}{2} = \frac{m}{2}(\alpha - 1)$. —

Zusatz. Für $\alpha \equiv 1 \mod (m - 1)$ ist die in (5.7) gegebene Schranke für $\varkappa$ bestmöglich.

Denn ist $\alpha = t(m - 1) + 1$, so erhält man einen Graphen G mit α Ecken, $\frac{m}{2}(\alpha - 1)$ Kanten und $l(G) \leqq m$, indem man t Simplexe der Ordnung m (sukzessive) längs einzelner Ecken zusammenheftet (so daß der entstehende Graph also zh. ist und t Glieder hat, die sämtlich zu $S(m)$ isomorph sind).

Bezüglich längster gerader bzw. ungerader Kreise (bei gegebenem Minimalgrad) vgl. Voss-Zuluaga [75].

Das Kriterium (5.1), (1) von Dirac wurde von Ore [55], Pósa [59], Bondy [4] sukzessive weiter verbessert. Die hinreichenden Bedingungen für das Vorhandensein eines Hamilton-Kreises in G, die von Dirac, Ore, Pósa, Bondy angegeben wurden, seien wie folgt zusammengestellt. ($E_{\leqq i}$ bezeichne dabei die Menge der Ecken vom Grade $\leqq i$ in G und $\gamma_1 \leqq \gamma_2 \leqq \cdots \leqq \gamma_\alpha$ die Gradsequenz von G.)

(D) $\gamma_G^{\min} \geqq \frac{\alpha}{2}$.

(O) Für verschiedene $x, y \in E$ mit $xy \notin K$ ist $\gamma_G(x) + \gamma_G(y) \geqq \alpha$.

(P) Für $i < \frac{\alpha - 1}{2}$ ist $|E_{\leqq i}| < i$, und, falls $\alpha = 2j + 1$ ungerade, ist $|E_{\leqq j}| \leqq j$.

(B) $\gamma_i \leqq i, \gamma_j \leqq j, i \neq j \Rightarrow \gamma_i + \gamma_j \geqq \alpha$.

Übrigens ist (P), wie man leicht sieht, äquivalent mit

(P') Für $i < \frac{\alpha - 1}{2}$ ist $\gamma_i \geqq i$ und, falls $\alpha = 2j + 1$ ungerade, gilt $\gamma_{j+1} \geqq j + 1$.

Chvátal [9] hat eine weitere Verschärfung dieser Kriterien gegeben; den Gedankengängen in dieser Arbeit folgen wir jetzt.

Eine Folge $(\gamma_1, \gamma_2, \ldots, \gamma_\alpha)$ ganzer Zahlen $\geqq 0$ heiße eine *Hamiltonsche Gradsequenz*, kurz: *Hamiltonsch*, wenn sie realisierbar (als Gradsequenz eines Graphen) ist und jede Realisierung einen Hamilton-Kreis besitzt. Sind $(\gamma_1, \ldots, \gamma_\alpha)$, $(\gamma_1', \ldots, \gamma_\alpha')$ realisierbar, so heiße $(\gamma_1', \ldots, \gamma_\alpha')$ *Majorante* zu $(\gamma_1, \ldots, \gamma_\alpha)$, in Zeichen: $(\gamma_1, \ldots, \gamma_\alpha) \trianglelefteq (\gamma_1', \ldots, \gamma_\alpha')$, wenn $\gamma_i \leqq \gamma_i'$ für $i = 1, \ldots, \alpha$ gilt. Eine Hamiltonsche Gradsequenz $(\gamma_1, \ldots, \gamma_\alpha)$ heiße *stark Hamiltonsch*, wenn auch jede ihrer Majoranten Hamiltonsch ist.

Letztere Definition ist sinnvoll, denn nicht notwendig ist eine Majorante einer Hamiltonschen Gradsequenz wieder Hamiltonsch — eine Tatsache, die im ersten Augenblick überraschen mag. Ein Beispiel kann ohne Schwierigkeit angegeben werden. Offenbar ist (2, 2, 2, 2, 2) eine Hamiltonsche Gradsequenz, denn der 5-Kreis ist ihre einzige Realisation. Dagegen liefert der Graph $2 * 3$, der ja keinen Hamilton-Kreis besitzt, die nicht Hamiltonsche Majorante (2, 2, 2, 3, 3). Auch der Graph, der durch Zusammenheftung zweier Dreiecke längs einer Ecke entsteht, liefert eine nicht-Hamiltonsche Majorante. Allgemein: Ist $r \geqq 2$ gerade, so ist die Folge $(r, \ldots, r)$ der Länge $\alpha = 2r + 1$ realisierbar (vgl. Übung 6), also wegen (5.6) Hamiltonsch; $r * (r + 1)$ sowie der Ausnahmegraph in (5.3) liefern jedoch nicht-Hamiltonsche Majoranten.

Die Kriterien von Dirac, Ore, Pósa und Bondy besagen, daß jede (realisierbare) Gradsequenz, die den Bedingungen (D), (O), (P) bzw. (B) genügt, Hamiltonsch ist; aus der Gestalt dieser Bedingungen folgt dann überdies, daß jede solche Gradsequenz sogar stark Hamiltonsch ist. In dem folgenden Resultat von Chvátal werden alle stark Hamiltonschen Gradsequenzen charakterisiert; es liefert also das stärkstmögliche Kriterium auf der Linie der genannten (hinreichenden) Bedingungen für Hamiltonsche Graphen.

5.8. Satz von Chvátal [9]. *Die realisierbare Sequenz* $(\gamma_1, \ldots, \gamma_\alpha)$ *mit* $\gamma_1 \leqq \gamma_2 \leqq \cdots \leqq \gamma_\alpha$, $\alpha \geqq 3$, *ist stark Hamiltonsch genau dann, wenn die Bedingung*

(C) $\gamma_i \leqq i \Rightarrow \gamma_{\alpha-i} \geqq \alpha - i$

für jedes i, $1 \leqq i < \dfrac{\alpha}{2}$, *erfüllt ist.*

Wir folgen der Beweisführung von Chvátal [9], die ihrerseits dem Beweise des Pósaschen Satzes von Nash-Williams [51] ähnlich ist.

Zunächst überlegt man sich leicht, daß, wenn $(\gamma_1, \ldots, \gamma_\alpha)$ der Bedingung (C) genügt, dann auch jede Majorante $(\gamma_1', \ldots, \gamma_\alpha')$ (nach eventueller Umordnung, so daß die γ_i' der Größe nach aufeinander folgen) diese Bedingung erfüllt.

1. Nehmen wir zunächst an, $(\gamma_1, \ldots, \gamma_\alpha)$ erfülle (C), besitze aber eine Realisierung G ohne Hamilton-Kreis. Da bei Adjunktion neuer Kanten zu G die Bedingung (C) gültig bleibt, kann o. B. d. A. G als maximaler Graph ohne Hamilton-Kreis angenommen werden. Wir wählen nichtbenachbarte Ecken $x \neq y$, so daß $\gamma_G(x) + \gamma_G(y)$ größtmöglich ist und $\gamma_G(x) \leqq \gamma_G(y)$ gilt. Da $G \cup xy$ Hamiltonsch ist, existiert in G ein Hamilton-Weg W mit den Ecken $x = x_1, x_2, \ldots, x_\alpha = y$ und den Kanten $x_1x_2, \ldots, x_{\alpha-1}x_\alpha$. Wir setzen $I = \{i \mid x_{i+1} \in N_G(x)\}$, $J = \{j \mid x_j \in N_G(y)\}$. Wäre $h \in I \cap J$, so erhielte man in G einen Hamilton-Kreis (mit der Durchlaufung $x_1x_{h+1}x_{h+2} \ldots x_\alpha x_h x_{h-1} \ldots x_2x_1$). Also ist $I \cap J = \emptyset$, ferner $I \cup J \subseteq \mathbb{N}_{\alpha-1}$, so daß wegen $|I| = \gamma_G(x)$, $|J| = \gamma_G(y)$ folgt

$$\gamma_G(x) + \gamma_G(y) \leqq \alpha - 1,$$

insbesondere $\gamma_G(x) < \dfrac{\alpha}{2}$.

Da für $i \in I$ gilt $x_i \notin N_G(y)$, folgt wegen der Maximalwahl von $\gamma_G(x) + \gamma_G(y)$

$$\gamma_G(x_i) \leqq \gamma_G(x)$$

für alle $i \in I$. Es gibt also mindestens $|I| = \gamma_G(x)$ Ecken vom Grade $\leqq \gamma_G(x)$ in G.

Nach (C) ist also, mit $h := \gamma_G(x) < \frac{\alpha}{2}$,

$$\gamma_{\alpha-h} \geqq \alpha - h,$$

d. h. es gibt mindestens $h + 1$ Ecken vom Grade $\geqq \alpha - h$ in G. Da aber $\gamma_G(x) < h + 1$, existiert ein $z \in E$ mit $xz \notin K$ und $\gamma_G(z) \geqq \alpha - h$; dann aber ist

$$\gamma_G(x) + \gamma_G(z) \geqq \alpha > \gamma_G(x) + \gamma_G(y),$$

mit Widerspruch. Also impliziert (C) tatsächlich das Vorhandensein eines Hamilton-Kreises.

2. Umgekehrt sei $(\gamma_1, \ldots, \gamma_\alpha)$ mit $\gamma_1 \leqq \gamma_2 \leqq \cdots \leqq \gamma_\alpha$ eine realisierbare Gradsequenz, die nicht (C) erfüllt. Dann existiert also ein h mit $1 \leqq h < \frac{\alpha}{2}$, so daß $\gamma_h \leqq h$ und $\gamma_{\alpha-h} < \alpha - h$ gilt. Wir betrachten die Sequenz

$$(\underbrace{h, \ldots, h}_{h \text{ Glieder}}, \underbrace{\alpha - h - 1, \ldots, \alpha - h - 1}_{\alpha - 2h \text{ Glieder}}, \underbrace{\alpha - 1, \ldots, \alpha - 1}_{h \text{ Glieder}}). \qquad [*]$$

Diese bildet eine nicht-Hamiltonsche Majorante von $(\gamma_1, \ldots, \gamma_\alpha)$.

Für ganze Zahlen α, β, γ mit $0 < \beta < \frac{\alpha}{2}$, $\gamma \leqq \alpha - \beta$ bezeichne $G[\alpha, \beta, \gamma]$ den Graphen (der Ordnung α), der aus einem $S(\alpha - \beta)$ entsteht, indem man β neue Ecken $x_1, \ldots, x_\beta$ hinzufügt, in $S(\alpha - \beta)$ verschiedene Ecken $y_1, \ldots, y_\gamma$ auswählt und (zusätzlich zu den Kanten von $S(\alpha - \beta)$) alle Kanten $x_i y_j$ zieht. Offenbar ist, in unserem Falle, dann $G[\alpha, h, h]$ eine Realisierung von [*] ohne Hamilton-Kreis. $(\gamma_1, \ldots, \gamma_\alpha)$ ist dann also nicht stark Hamiltonsch. —

Jedem der behandelten Kriterien für die Existenz von Hamilton-Kreisen entspricht auch ein solches für das Vorhandensein von Hamilton-Wegen. Wir bringen hier nur die Übertragung des Chvátalschen Kriteriums.

5.9. (Chvátal [9]). *Ist $\gamma_1 \leqq \gamma_2 \leqq \cdots \leqq \gamma_\alpha$ eine realisierbare Gradsequenz, die für alle $i < \frac{1}{2}(\alpha + 1)$ die Bedingung*

$$\gamma_i \leqq i - 1 \Rightarrow \gamma_{\alpha+1-i} \geqq \alpha - i \qquad (*)$$

erfüllt, so hat jede Realisierung G von $(\gamma_1, \ldots, \gamma_\alpha)$ einen Hamilton-Weg. Andererseits, wenn $(\gamma_1, \ldots, \gamma_\alpha)$ nicht der obigen Bedingung genügt, so besitzt $(\gamma_1, \ldots, \gamma_\alpha)$ eine durch einen Graphen G' ohne Hamilton-Weg realisierbare Majorante $(\gamma_1', \ldots, \gamma_\alpha')$.

Beweis. Zunächst macht man sich leicht klar, daß G einen Hamilton-Weg besitzt genau dann, wenn in $G * 1$ ein Hamilton-Kreis existiert. Ist $(\gamma_1, \ldots, \gamma_\alpha)$ die Gradsequenz von G, so ist $(\gamma_1 + 1, \gamma_2 + 1, \ldots, \gamma_\alpha + 1, \alpha)$ diejenige von $G * 1$; erfüllt erstere (*), so folgt leicht, daß letztere Gradsequenz (C) erfüllt. Damit folgt aus (5.8) der erste Teil des Satzes.

Erfüllt andererseit $(\gamma_1, \ldots, \gamma_\alpha)$ nicht (*), so existiert ein $h < \frac{1}{2}(\alpha + 1)$ mit $\gamma_h \leqq h - 1$ und $\gamma_{\alpha+1-h} < \alpha - h$. Dann hat $G[\alpha, h, h - 1]$ (vgl. den Beweis von (5.8)) keinen Hamilton-Weg, und seine Gradsequenz ist eine Majorante zu $(\gamma_1, \ldots, \gamma_\alpha)$. (Einzelheiten des Beweises als Übung.) —

Bezüglich weiterer Resultate über Hamiltonsche Kreise und Wege, insbesondere einer Verfeinerung des Chvátalschen Kriteriums, vgl. DIRAC [15, 16]; s. auch LAS VERGNAS [44]. In BONDY-CHVÁTAL [6] werden verschiedene Kriterien für das Vorhandensein gewisser Konfigurationen (speziell von Hamilton-Kreisen und -Wegen), die auf Gradbedingungen beruhen, auf einen einheitlichen Grundgedanken zurückgeführt. Von NASH-WILLIAMS wurde folgende interessante und tiefliegende Verschärfung des Dirac-Kriteriums (5.1), (1) bewiesen: Ist $\gamma_G^{\min} \geqq \frac{\alpha}{2}$, so besitzt G mindestens $\left[\frac{5(\alpha + \varepsilon_\alpha + 10)}{224}\right]$ kantendisjunkte Hamilton-Kreise, wobei $\varepsilon_\alpha = 0$ bzw. 1, je nachdem, ob α gerade oder ungerade ist [53].

Ein *n-Baum* eines zh. Graphen G ist ein Gerüst B von G, so daß $\gamma_B(e) \leqq n$ für alle $e \in E$ gilt. Ein 2-Baum von G ist also identisch mit einem Hamilton-Weg von G. Von SEIN-WIN (Kap. 3, [19]) wurden den Kriterien von DIRAC, ORE und PÓSA entsprechende Kriterien für die Existenz von n-Bäumen ($n \geqq 2$ beliebig) angegeben. Das Vorhandensein eines n-Baumes in G ermöglicht mittels (2.1) in Kap. 1 auch eine Abschätzung von $l'(G)$ nach unten.

Ein Baum heiße *n-endig*, wenn er nicht mehr als n Endecken hat. Ein 2-endiges Gerüst eines Graphen G ist dann wiederum dasselbe wie ein Hamilton-Weg von G. Von LAS VERGNAS stammt folgende Vermutung: Ist G n-zh. und enthält G nicht mehr als $n + s - 1$ paarweise nicht benachbarte Ecken ($n \geqq 1$, $s \geqq 2$) so besitzt G ein s-endiges Gerüst. Dies konnte von SEIN-WIN [64] bewiesen werden. (Wegen des Falles $s = 2$ vgl. Übung 3.)

Wir behandeln noch einige Verschärfungen des Begriffes Hamiltonscher Graph.

G heiße *Hamilton-zh.*, wenn für je zwei $x \neq y$ aus E ein Hamilton-Weg in G existiert, der von x nach y führt. Man überlegt sich leicht, daß jeder Hamilton-zh. Graph erst recht Hamiltonsch ist, aber nicht umgekehrt. Es gilt (ORE [57]):

5.10. *Gilt $\gamma_G(x) + \gamma_G(y) \geqq \alpha + 1$ für je zwei nicht benachbarte Ecken x, y von G, so ist G Hamilton-zh.*

Ein Graph G mit $\alpha \geqq 3$ heiße *panzyklisch*, wenn für jedes n mit $3 \leqq n \leqq \alpha$ in G ein Kreis der Länge n vorkommt. Von BONDY [5] wurde das folgende schöne Resultat bewiesen:

5.11. *Ist G Hamiltonsch und $\varkappa \geqq \frac{\alpha^2}{4}$, so ist G panzyklisch oder isomorph zu $\frac{\alpha}{2} * \frac{\alpha}{2}$.*

Als Folgerung ergibt sich, daß ein Graph, der (O) erfüllt, panzyklisch sein muß, außer genau in dem Fall, daß er isomorph zu $\frac{\alpha}{2} * \frac{\alpha}{2}$ ist.

CHARTRAND, KAPOOR und LICK [8] nennen einen Graphen *n-Hamiltonsch*, wenn nach Streichung von irgend ν Ecken, $0 \leqq \nu \leqq n$, der Restgraph stets einen Hamilton-Kreis besitzt. (0-Hamiltonsch ist dann dasselbe wie Hamiltonsch.)

5.12. (CHVÁTAL [9]). *Ist $0 \leqq n \leqq \alpha - 3$ und genügt die Gradsequenz $\gamma_1 \leqq \gamma_2 \leqq \cdots \leqq \gamma_\alpha$ von G für jedes m mit $0 \leqq m \leqq n$ der Bedingung*

$$\gamma_h \leqq h + m < \frac{1}{2}(\alpha + m) \Rightarrow \gamma_{\alpha-m-h} \geqq \alpha - h, \tag{**}$$

so ist G n-Hamiltonsch. (Auch jeder Graph mit α Ecken, dessen Gradsequenz Majorante zu $(\gamma_1, \ldots, \gamma_\alpha)$ ist, ist dann n-Hamiltonsch.)

Erfüllt dagegen $(\gamma_1, \ldots, \gamma_\alpha)$ nicht die genannte Bedingung, so gibt es also m, h, für die (**) falsch ist; dann ist $G[\alpha, h, h + m]$ nicht n-Hamiltonsch, wie man erkennt, wenn man m der Ecken y_i (s. den Beweis von (5.8)) löscht, und $G[\alpha, h, h + m]$ liefert eine Majorante zu $(\gamma_1, \ldots, \gamma_\alpha)$.

Setzt man die betrachteten Graphen speziell als paar voraus, so kann man die angegebenen Bedingungen für Hamilton-Kreise usw. meist erheblich abschwächen; vgl. hierzu Moon-Moser [50], Chvátal [9].

Die in diesem Abschnitt behandelten Kriterien sind zum großen Teil auch auf gerichtete Graphen übertragen worden, wo ihr Beweis erheblich schwieriger ist. Eine *Bahn* [bzw. ein *Zyklus*] in einem gerichteten Graphen G ist eine Folge von Ecken $x_1, \ldots, x_n$ zusammen mit den Kanten $(x_i x_{i+1})$, $i = 1, \ldots, n - 1$, [bzw. $(x_i x_{i+1})$, $i = 1, \ldots, n - 1$ und (x_n, x_1)]. Eine Bahn oder ein Zyklus von G heißt *Hamiltonsch*, wenn darauf alle Ecken von G vorkommen.

Der *Außen-* bzw. *Innengrad* $\gamma_G^+(x)$ bzw. $\gamma_G^-(x)$ der Ecke x von G ist die Zahl der Kanten von G, die x als Anfangs- bzw. Endpunkt hat. $\gamma_G(x) := \gamma_G^+(x) + \gamma_G^-(x)$ heißt der *Grad* von x in G. G heißt *stark-zh.*, wenn zu je zwei Ecken x, y von G eine Bahn in G existiert, die von x nach y führt. Das Dirac-Kriterium (5.1), (1) überträgt sich dann wie folgt (α bezeichnet wie bisher die Eckenzahl von G):

5.13. Satz von Ghouila-Houri [37]. *Ist G stark-zh. und gilt $\gamma_G(x) \geqq \alpha$ für jede Ecke x von G, so besitzt G einen Hamiltonschen Zyklus.*

Dieses Resultat wurde von Meyniel zu einem Kriterium vom „Ore-Typ" verschärft:

5.14. (Meyniel [49]). *Ist G stark-zh. und gilt für je zwei nicht benachbarte Ecken $x \neq y$*

$$\gamma_G(x) + \gamma_G(y) \geqq 2\alpha - 1,$$

dann besitzt G einen Hamiltonschen Zyklus.

Von Overbeck-Larisch [58] wurde dieser Satz neu und kürzer bewiesen und auf Resultate, die eine Übertragung des Hamilton-Zusammenhanges betreffen, angewendet. Zum Beispiel wurde gezeigt:

5.15. (Overbeck-Larisch [58]). *Gilt für je zwei Ecken $x \neq y$ von G mit $(x, y) \notin K(G)$*

$$\gamma_G^+(x) + \gamma_G^-(y) \geqq \alpha + 1,$$

so gibt es zu je zwei Ecken $a \neq b$ von G eine Hamiltonsche Bahn von G, die a als Anfangs-, b als Endpunkt hat.

Der Satz (5.11) von Bondy über panzyklische Graphen wurde durch Häggkvist-Thomassen [40] auf den gerichteten Fall übertragen. Ein gerichteter Graph G heiße *panzyklisch*, wenn für jedes t mit $2 \leqq t \leqq \alpha$ in G ein Zyklus mit t Ecken vorkommt.

5.16. (Häggkvist-Thomassen [40]). *Ist G stark-zh. und $\gamma_G(x) \geqq \alpha$ für jede Ecke x von G, so ist G panzyklisch, außer genau in dem Falle, daß G aus dem (ungerichteten) Graphen $\frac{\alpha}{2} * \frac{\alpha}{2}$ durch Ersetzung jeder Kante ab durch das Paar gerichteter Kanten (a, b), (b, a) entsteht.*

(Dies ist auch eine Verschärfung des Satzes (5.13) von Ghouila-Houri.)

Ein (endlicher) gerichteter Graph G heißt ein *Turnier*, wenn zu je zwei Ecken $x \neq y$ von G genau eine der Kanten (x, y), (y, x) in G vorhanden ist.

Es gilt

5.17. (RÉDEI [61]). *In jedem Turnier G existiert eine Hamiltonsche Bahn.*

Beweis. Für $\alpha = 2, 3$ ist die Behauptung leicht zu verifizieren. Sei $\alpha \geqq 4$, und für $\alpha - 1$ sei sie richtig. x sei eine beliebige Ecke von G; $G - x$ ist dann wieder ein Turnier und hat daher nach Annahme eine Hamiltonsche Bahn $x_1 x_2 \ldots x_{\alpha-1}$ (mit den Kanten (x_i, x_{i+1}), $i = 1, \ldots, \alpha - 2$). Ist (x, x_1) oder $(x_{\alpha-1}, x)$ in G, so liefert $x\, x_1 \ldots x_{\alpha-1}$ bzw. $x_1 \ldots x_{\alpha-1} x$ eine Bahn der verlangten Art. Sind aber (x_1, x), $(x, x_{\alpha-1})$ in G, so existiert ein (kleinstes) i, $1 \leqq i \leqq \alpha - 2$, so daß (x_i, x), (x, x_{i+1}) in G vorkommen; dann aber erhält man durch $x_1 \ldots x_i x\, x_{i+1} \ldots x_{\alpha-1}$ die gewünschte Bahn. —

Wir wollen uns mit diesen wenigen Bemerkungen über Hamiltonsche Probleme in gerichteten Graphen begnügen (vgl. noch Übung 13). Für weiterführende Untersuchungen sei auf die zitierte Literatur sowie auf die Bücher von BERGE [B 4] und MOON [M 4] verwiesen.

Zum Schluß dieses Paragraphen werde kurz über Hamilton-Probleme in Potenzen von (ungerichteten) Graphen berichtet. Als *n-te Potenz* G^n des Graphen G (wobei $n \in \mathbb{N}$) werde der Graph mit der gleichen Eckenmenge E wie G definiert, wobei $x \neq y$ aus E in G^n benachbart seien genau dann, wenn ihr Abstand $\delta_G(x, y) \leqq n$ ist. SEKANINA [65] war der erste, der Hamilton-Kreise in Potenzen von Graphen untersuchte. Er zeigte

5.18. *Für jedes (endliche) zh. G ist G^3 Hamilton-zh.*

Beweisskizze: O. B. d. A. sei G ein Baum. Für $\alpha \leqq 3$ ist die Behauptung leicht ersichtlich; daher sei $\alpha \geqq 4$ und der Satz für kleinere Eckenzahlen richtig. Man wähle $x \neq y$ beliebig aus E, und es sei t der Nachbar von x auf dem x,y-Weg $\subseteq G$. $G - tx$ zerfällt in zwei Komponenten G_x, G_y mit $x \in G_x$, $y \in G_y$. Im Falle $\alpha(G_x) \geqq 2$ sei $x' \in N_{G_x}(x)$, im Falle $\alpha(G_x) = 1$ sei $x' = x$. Nach Annahme existiert in G_x^3 ein Hamilton-Weg W von x nach x'. Ist $t \neq y$, so wählen wir in G_y^3 einen Hamilton-Weg W^* von t nach y; dann liefert, wegen $x't \in K(G^3)$, $W \cup \langle x't \rangle \cup W^*$ einen solchen in G^3, der von x nach y führt. Ist dagegen $t = y$, so sei $y' \in N_{G_y}(y)$ (im Falle $\alpha(G_y) = 1$ ist alles noch einfacher), und wir wählen in G_y^3 einen Hamilton-Weg W^* von y' nach y. Dann ist, da ja $x'y' \in K(G^3)$ gilt, $W \cup \langle x'y' \rangle \cup W^*$ ein Hamilton-Weg in G^3, der x mit y verbindet. —

Es lassen sich sehr leicht Bäume angeben, deren Quadrat nicht Hamiltonsch ist (vgl. Übung 14). Dagegen war es eine mehrere Jahre offene, von M. D. PLUMMER und NASH-WILLIAMS unabhängig voneinander ausgesprochene Vermutung, daß das Quadrat jedes 2-zh. Graphen einen Hamilton-Kreis besitzt; diese Vermutung konnte schließlich 1971 durch H. FLEISCHNER [32, 33] bewiesen werden. Der sehr komplizierte und langwierige Beweis dieses prinzipiell wichtigen Resultats konnte auch in der Folgezeit nicht nennenswert vereinfacht werden, so daß wir uns seine Wiedergabe hier versagen müssen. Das Resultat von Fleischner wurde seither in verschiedener Weise verschärft:

5.19. *Das Quadrat jedes 2-zh. Graphen ist Hamilton-zh., 1-Hamiltonsch und panzyklisch.*

Dies wurde von HOBBS und FLEISCHNER in einer Reihe von Arbeiten gezeigt. Wegen der Literaturhinweise und einer Reihe weiterer bemerkenswerter Resultate vgl. FLEISCHNER [34].

Übungen

1. Ist G 2-zh., so $l(G) \geqq \sqrt{l'(G)}$.

2. Ist $\varkappa \geqq \frac{1}{2}(\alpha - 1)(\alpha - 2) + 1$, so ist G Hamiltonsch, mit einer einzigen Ausnahme, in der G aus einem $S(\alpha - 1)$ zuzüglich einer Kante besteht, die mit $S(\alpha - 1)$ genau eine Ecke gemeinsam hat (Ore [56]).

3. Ist G n-zh. und enthält G nicht mehr als n bzw. $n + 1$ paarweise nichtbenachbarte Ecken, so besitzt G einen Hamiltonschen Kreis bzw. Weg (Chvátal-Erdös [10]). Man gebe ein Beispiel eines n-zh. Graphen G an mit (höchstens) $n + 1$ bzw. $n + 2$ paarweise nichtbenachbarten Ecken, der keinen Hamilton-Kreis bzw. -Weg besitzt.

4. (D) $\Rightarrow$ (O) $\Rightarrow$ (P) $\Rightarrow$ (B) $\Rightarrow$ (C).

5. Es sei $\alpha \geqq 3$. Für $t < \frac{\alpha}{2}$ bezeichne $g(\alpha, t)$ die maximale Kantenzahl $\varkappa$, die ein Graph G mit α Ecken und $\gamma_G^{\min} \geqq t$ haben kann, ohne einen Hamilton-Kreis zu besitzen. Mittels der Graphen $G[\alpha, h, h]$ für $t \leqq h < \frac{\alpha}{2}$ erhält man $g(\alpha, t) \geqq \max\limits_{t \leqq h < \frac{\alpha}{2}} \left(\binom{\alpha - h}{2} + h^2\right)$. Zu zeigen ist, daß hier Gleichheit gilt. Hinweis: Hat G keinen Hamilton-Kreis, so muß es wegen (P) ein t, $1 \leqq t < \frac{\alpha}{2}$, geben, so daß mindestens t Ecken $x_1, \ldots, x_t$ des Grades $\leqq t$ existieren. Von den x_i gehen insgesamt höchstens t^2 Kanten aus, so daß $\varkappa \leqq t^2 + \binom{\alpha - t}{2}$ folgt. (Erdös [19].)

6. Ist $s \geqq 2$ gerade, so gibt es für jedes $r \geqq s$ einen regulären Graphen vom Grade s mit $2r + 1$ Ecken. (Ist $s < r$ und G ein s-regulärer Graph mit $\alpha = 2r + 1$, so enthält das Komplement $\overline{G}$ aufgrund von (5.2), (1) einen Hamilton-Kreis C. Durch Hinzufügung von C zu G erhält man einen $(s + 2)$-regulären Graphen mit $2r + 1$ Ecken. Die Behauptung folgt induktiv über s, da der Fall $s = 2$ trivial ist.)

7. Man beweise (5.10).

8. Ist G Hamilton-zh., $\alpha \geqq 4$, so ist G 3-zh., also insbesondere $\gamma_G^{\min} \geqq 3$. Mithin $\varkappa \geqq \frac{3}{2}\alpha$, so daß $\varkappa = \left[\frac{1}{2}(3\alpha + 1)\right]$ die kleinstmögliche Kantenzahl eines Hamilton-zh. Graphen mit α Ecken ist. Umgekehrt zeigen die Graphen der Abb. 24 und 25, daß für jedes $\alpha \geqq 4$ ein Hamilton-zh. Graph mit α Ecken existiert, in dem, falls α gerade, alle Ecken den Grad 3 haben, und falls α ungerade, eine Ecke den Grad 4 und alle übrigen Ecken den Grad 3 haben. (Moon 1965, zitiert nach Berge [B 5].)

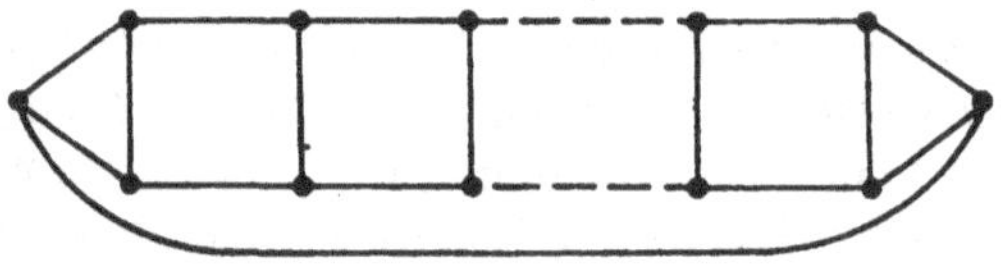

Abb. 24

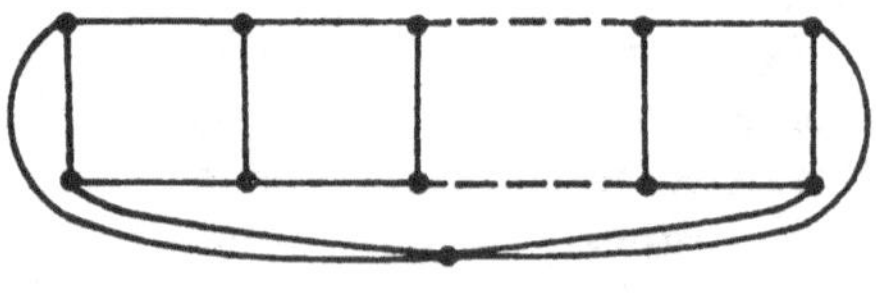

Abb. 25

9. Ist $\varkappa \geqq \frac{(\alpha - 1)(\alpha - 2)}{2} + 3$, so ist G Hamilton-zh. Diese Schranke für $\varkappa$ ist bestmöglich, wie der Graph zeigt, der aus einem $S(\alpha - 1)$ und einer (zusätzlichen) Ecke vom Grade 2 besteht. (Ore [57].)

10. Man beweise (5.12), indem man zeigt, daß, wenn G der Bedingung (**) genügt, nach Weglassung von irgend m Ecken ($0 \leqq m \leqq n$) der Restgraph (C) erfüllt.

11. Jeder n-Hamiltonsche Graph ist $(n + 2)$-zh.

12. G heißt *hypo-Hamiltonsch*, wenn G keinen Hamilton-Kreis besitzt, aber $G - x$ für jedes $x \in E$ Hamiltonsch ist. Der Petersen-Graph (vgl. Abb. 23) ist ein hypo-Hamiltonscher Graph (der einzige mit $\leqq 10$ Ecken). Ist G hypo-Hamiltonsch, so $\gamma_G^{\max} \leqq \frac{\alpha - 1}{2}$.

13. Das Problem, in einem (ungerichteten) Graphen G einen Hamilton-Kreis zu finden, läßt sich auf das Problem der Existenz von Hamilton-Zyklen in gerichteten Graphen zurückführen: Ist nämlich $\alpha \geqq 3$, so ist G Hamiltonsch genau dann, wenn der gerichtete Graph, den man erhält, indem man jedes $xy \in K$ durch die beiden gerichteten Kanten (x, y), (y, x) ersetzt, einen Hamilton-Zyklus besitzt. Erstaunlicherweise gilt auch das Umgekehrte, wie Nash-Williams [52] gezeigt hat: Zu jedem gerichteten D läßt sich (kanonisch) eine ungerichteter Graph G konstruieren, so daß D einen Hamilton-Zyklus genau dann enthält, wenn G Hamiltonsch ist. Jeder Ecke x von D lasse man nämlich einen Weg P_x mit $\alpha(P_x) \geqq 3$ entsprechen, derart, daß für $x \neq y$ gilt $P_x \cap P_y = \emptyset$; die Endpunkte von P_x seien a_x, b_x. Jeder Kante $k = (x, y)$ von D lasse man nun die (ungerichtete) Kante $k^* = b_x a_y$ entsprechen, und es sei G der Graph, der aus allen P_x sowie allen k^* besteht. Man zeige, daß G (bez. D) die gewünschte Eigenschaft hat.

14. Es sei G ein Baum mit $\alpha \geqq 3$. Folgende Aussagen sind äquivalent:

(a) G^2 ist Hamiltonsch,

(b) Es existiert ein Weg in G, von dem alle Ecken aus G den Abstand $\leqq 1$ haben;

(c) Es gibt kein $x \in E$, so daß $G - x$ drei oder mehr Komponenten mit $\geqq 2$ Ecken hat. (Harary-Schwenk [43].)

15. Man beweise (5.17) mittels Übung 8 zu Kap. 4, § 5.

§ 6. Der Satz von Ramsey nebst Folgerungen

Im Jahre 1930 bewies F. P. Ramsey [60] einen allgemeinen kombinatorischen Satz, der in seiner Grundidee mit dem Dirichletschen Schubfachprinzip verwandt ist, aber wesentlich tiefer gehend ist. Es hat eine solche Fülle von weiterführenden Untersuchungen und Anwendungen nach sich gezogen, daß man heute bereits, um nur die wichtigsten dieser Ergebnisse zu würdigen, eine mindestens hundert Seiten umfassende Darstellung benötigte. Wir können uns hier nur mit einigen grundlegenden Resultaten näher auseinandersetzen und verweisen auf die Monographie von Graham-Rothschild-Spencer [G 3].

Die einfachste Form des Ramseyschen Satzes, die aber bereits das prinzipiell Wesentliche erkennen läßt, lautet:

6.1. *Zu jedem $n \in \mathbb{N}$ existiert ein (kleinstes) $r_n \in \mathbb{N}$, so daß folgendes gilt: Zerlegt man die Kantenmenge von $S(r_n)$ irgendwie in zwei disjunkte Teilmengen R, B, so gibt es stets ein Teilsimplex S der Ordnung n von $S(r_n)$ derart, daß die Kanten von S entweder sämtlich zu R oder sämtlich zu B gehören.*

Zum Beweise betrachten wir eine beliebige Menge E sowie eine Zerlegung $\binom{E}{2} = R \dot\cup B$. Die Elemente von R mögen rote, die von B blaue Kanten heißen. Eine Folge $e_1, \ldots, e_s$ von Elementen aus E heiße ausgezeichnet, wenn für jedes $i = 1, \ldots, s$ gilt: Die $e_i e_j$ mit $j < i$ haben alle die gleiche Farbe (die also nur von i abhängt). Es gilt dann:

Ist $|E| \geqq 2^s$, so existiert zu jeder Zerlegung $\binom{E}{2} = R \dot\cup B$ eine ausgezeichnete Folge von s Elementen.

Wir zeigen dies durch Induktion über s. Für $s = 1, 2$ ist die Behauptung trivial. Sie sei nun für $s - 1$ richtig ($s \geqq 3$), und es sei $|E| \geqq 2^s$. $\binom{E}{2} = R \dot\cup B$ sei irgendeine Zerlegung. Wir wählen e beliebig in E. Da jede der $\geqq 2^s - 1$ mit e inzidenten Kanten entweder rot oder blau ist, gibt es mindestens 2^{s-1} mit e inzidente Kanten der gleichen Farbe. Die Menge der von e verschiedenen Endpunkte dieser Kanten sei E'. Natürlich zerfällt auch $\binom{E'}{2}$ in rote und blaue Kanten, gemäß obiger Zerlegung; nach Induktionsannahme gibt es also in E' eine ausgezeichnete Folge $e_1, \ldots, e_{s-1}$. Dann leistet $e_1, \ldots, e_{s-1}, e$ das Gewünschte.

Wir können nun leicht (6.1) zeigen, mit der Schranke

$$r_n \leqq 4^{n-1}.$$

Es sei nämlich $|E| \geqq 4^{n-1}$, $\binom{E}{2} = R \,\dot{\cup}\, B$. Nach dem gerade Gezeigten existiert in E dann eine ausgezeichnete Folge $e_1, \ldots, e_{2n-2}$. Für $1 < i \leqq 2n - 2$ heiße e_i „rot" bzw. „blau", wenn die $e_j e_i$ $(j < i)$ alle rot bzw. alle blau sind. Damit sind die $2n - 3$ Ecken $e_2, \ldots, e_{2n-2}$ in zwei Klassen geteilt, von denen eine mindestens $n - 1$ Elemente enthält. e_1 zusammen mit letzteren bestimmt dann offenbar ein „monochromatisches" $S(n)$. —

Als Folgerung aus (6.1) erhält man z. B.: Sind 4^{n-1} Zahlen $\in \mathbb{N}$ gegeben, so gibt es darunter immer n viele, so daß entweder diese zu je zweien teilerfremd sind oder je zwei von ihnen einen (echten) gemeinsamen Teiler haben.

(6.1) läßt sich mit der gleichen Methode leicht „aufs Abzählbare" ausdehnen:

6.2. *Ist* $|E| \geqq \aleph_0$ *und* $\binom{E}{2} = R \,\dot{\cup}\, B$, *so existiert ein* $E' \subseteq E$ *mit* $|E'| = \aleph_0$, *so daß* $\binom{E'}{2} \subseteq R$ *oder* $\binom{E'}{2} \subseteq B$ *gilt.*

Um (6.1) zu verallgemeinern, wollen wir zunächst eine Schreibweise einführen, die von Erdös-Rado [27] stammt. Es seien $a, b_1, \ldots, b_s, n$ Kardinalzahlen (wobei $s, n \in \mathbb{N}$). Wir schreiben

$$a \to (b_1, \ldots, b_s)^n, \qquad (*)$$

wenn gilt: Immer, wenn $|E| = a$ und $\binom{E}{n} = B_1 \,\dot{\cup}\, \cdots \,\dot{\cup}\, B_s$ gilt, existieren ein $T \subseteq E$ und ein $i \in \{1, \ldots, s\}$, so daß $|T| = b_i$ ist und $\binom{T}{n} \subseteq B_i$ gilt. Ist speziell $b_1 = b_2 = \cdots = b_s = b$, so schreiben wir statt $(*)$ auch

$$a \to (b)_s^n.$$

(6.1) und (6.2) lassen sich dann auch wie folgt ausdrücken:

$$\bigwedge_{n \in \mathbb{N}} \bigvee_{r_n \in \mathbb{N}} r_n \to (n)_2^2$$

bzw.

$$\aleph_0 \to (\aleph_0)_2^2.$$

Unser „Partitionssymbol" hat die folgende, unmittelbar klare Monotonie-Eigenschaft:

6.3. *Gilt* $a \to (b_1, \ldots, b_s)^n$ *und ist* $a \leqq a'$, $b_i \geqq b_i'$ $(i = 1, \ldots, s)$, *so gilt auch* $a' \to (b_1', \ldots b_s')^n$.

Als allgemeine Form des Ramseyschen Satzes für den endlichen Fall formulieren wir

6.4. *Sind* $b_1, \ldots, b_s, n$ *natürliche Zahlen, so gibt es eine kleinste natürliche Zahl* $r = r(b_1, \ldots, b_s; n)$, *so daß*

$$r \to (b_1, \ldots, b_s)^n$$

gilt.

Die Zahl $r(b_1, \ldots, b_s; n)$, deren Existenz behauptet wird, heißt *Ramsey-Zahl* (zu den Parametern $b_1, \ldots, b_s$ und n). Im Falle $b_1 = b_2 = \cdots = b_s = b$ bezeichnen wir die Ramsey-Zahl einfacher durch $r(b; s; n)$. Aufgrund von (6.3) genügt es, die Existenz der Zahlen $r(b; s; n)$ nachzuweisen; wir folgen dabei derselben Idee wie bei (6.1).

Ist B eine Menge von Mengen und ist x irgendein Element, so bezeichne im folgenden $B + x$ die Menge aller $b \cup \{x\}$, $b \in B$.

Es sei nunmehr E irgendeine Menge, und $B_1 \dot\cup \cdots \dot\cup B_s$ sei eine Zerlegung von $\binom{E}{n}$. Eine Folge $e_1, \ldots, e_t$ von Elementen aus E heiße ausgezeichnet (bez. dieser Zerlegung), wenn zu jedem $i, n \leqq i \leqq t$, ein $j = j(i) \in \{1, \ldots, s\}$ existiert, so daß $\binom{\{e_1, \ldots, e_{i-1}\}}{n-1} + e_i \subseteq B_j$ gilt.

Es sei $r^*(t, s, n)$ die kleinste Zahl ϱ, so daß in jedem E mit $|E| \geqq \varrho$ zu jeder Zerlegung von $\binom{E}{n}$ in s Klassen immer eine ausgezeichnete Folge der Länge t existiert. (Falls kein solches ϱ existieren sollte, werde $r^*(t, s, n) = \infty$ gesetzt.)

Wir beweisen nun die Existenz von $r(b; s; n)$ durch Induktion über n. Der Fall $n = 1$ ist gerade das wohlbekannte Schubfachprinzip. Sei nun $n \geqq 2$ und die Existenz von $r(b; s; n-1)$ für alle b, s aus $\mathbb{N}$ schon bewiesen.

Zunächst zeigen wir, durch Induktion über t, daß $r^*(t, s, n) < \infty$ für alle t, s und unser spezielles n gilt.

Der Fall $t = 1$ ist trivial. Sei nun $t \geqq 2$ und $r^*(t-1, s, n) < \infty$ schon gezeigt. Wir verifizieren

$$r^*(t, s, n) \leqq \varrho := 1 + r\big(r^*(t-1, s, n); s; n-1\big). \tag{**}$$

Es sei nämlich $|E| \geqq \varrho$, $\binom{E}{n} = B_1 \dot\cup \cdots \dot\cup B_s$. Sei $e \in E$ beliebig und $E' := E - \{e\}$. Für $1 \leqq i \leqq s$ sei $B_i' := \left\{T \in \binom{E'}{n-1} \,\middle|\, T \cup \{e\} \in B_i\right\}$. Dann ist $B_1' \dot\cup \cdots \dot\cup B_s'$ eine Zerlegung von $\binom{E'}{n-1}$. Wegen $|E'| \geqq r\big(r^*(t-1, s, n); s; n-1\big)$ existieren also ein $E^* \subseteq E'$ mit $|E^*| = r^*(t-1, s, n)$ sowie ein $j \leqq s$, so daß

$$\binom{E^*}{n-1} \subseteq B_j', \quad \text{d. h.} \quad \binom{E^*}{n-1} + e \subseteq B_j$$

(nach Definition von B_j') gilt. Nun existiert in E^* (wegen $|E^*| = r^*\big(t-1, s, n)\big)$ eine ausgezeichnete Folge $e_1, \ldots, e_{t-1}$ zu der Zerlegung $B_i^* := B_i \cap \binom{E^*}{n}$, $i = 1, \ldots, s$, von $\binom{E^*}{n}$. Offenbar ist dann aber $e_1, \ldots, e_{t-1}, e$ eine ausgezeichnete Folge der Länge t zur Zerlegung $B_1, \ldots, B_s$.

Nunmehr folgt leicht

$$r(b; s; n) \leqq r^*\big((s(b-n) + n), s, n\big).$$

Denn ist $|E| \geqq$ letzterer Zahl und $\binom{E}{n} = B_1 \dot\cup \cdots \dot\cup B_s$, so gibt es also zu dieser Zerlegung eine ausgezeichnete Folge $e_1, \ldots, e_{s(b-n)+n}$. Es gibt dann unter den i mit $n \leqq i$

$\leqq s(b-n)+n$ nach dem Schubfachprinzip mindestens $b-n+1$ viele, für die $j(i)$ (s. oben) die gleiche Zahl j_0 zwischen 1 und s darstellt. Die entsprechenden e_i zusammen mit $e_1, \ldots, e_{n-1}$ bilden ein $T \subseteq E$ mit $|T| = b$ und $\binom{T}{n} \subseteq B_{j_0}$, q. e. d. —

Es ist leicht einsichtig, daß letzterer Satz mit Beweis sich auch auf den abzählbaren Fall übertragen läßt:

6.5. $\aleph_0 \to (\aleph_0)^n_s$ *(für alle $s, n \in \mathbb{N}$).*

Von Erdös-Rado [27] wurde eine Fülle weiterer „Partitionsrelationen" gerade für unendliche Kardinalzahlen diskutiert. Wir bringen noch folgenden Satz von Dushnik-Miller [17], der (6.2) verschärft:

6.6. *Für jedes $\mathfrak{a} \geqq \aleph_0$ gilt $\mathfrak{a} \to (\mathfrak{a}, \aleph_0)^2$.*

Wir führen hier den Beweis lediglich für reguläres $\mathfrak{a}$. Wegen (6.2) ist nur der Fall $\mathfrak{a} > \aleph_0$ zu behandeln. Es sei also $|E| = \mathfrak{a}$ und $\binom{E}{2} = R \dot\cup B$ eine Zerlegung in „rote" und „blaue" Kanten. Für $M \subseteq E$ bezeichne M_R bzw. M_B den Graphen $\left(M, \binom{M}{2} \cap R\right)$ bzw. $\left(M, \binom{M}{2} \cap B\right)$.

Wir unterscheiden zwei Fälle.

1. Fall: Es existiert ein $M \subseteq E$ mit $|M| = \mathfrak{a}$, so daß für alle $x \in M$ gilt $\gamma_{M_B}(x) < \mathfrak{a}$. Dann hat (wegen Kap. 1, (2.4)) jede Komponente von M_B die Ordnung $< \mathfrak{a}$, so daß die Zahl der Komponenten von M_B gleich $\mathfrak{a}$ ist (hier wird die Regularität von $\mathfrak{a}$ benutzt). Indem man aus jeder Komponente von M_B eine Ecke auswählt, bekommt man offenbar ein Simplex der Ordnung $\mathfrak{a}$ mit lauter roten Kanten.

2. Fall: In jeder Teilmenge M von E mit $|M| = \mathfrak{a}$ existiert ein $x \in M$ mit $\gamma_M(x) = \mathfrak{a}$. Wähle $x_0 \in E := M^{(0)}$ mit $\gamma_{E_B}(x_0) = \mathfrak{a}$. In $N_{M^{(0)}_B}(x_0) =: M^{(1)}$ existiert dann nach Annahme ein x_1 mit $\gamma_{M^{(1)}_B}(x_1) = \mathfrak{a}$; man setze $M^{(2)} := N_{M^{(1)}_B}(x_1)$. In $M^{(2)}$ existiert entsprechend ein x_2 mit $\gamma_{M^{(2)}_B}(x_2) = \mathfrak{a}$, in $M^{(3)} := N_{M^{(2)}_B}(x_2)$ ein x_3 mit $\gamma_{M^{(3)}_B}(x_3) = \mathfrak{a}$, usf. Es entsteht eine nicht abbrechende Folge $x_0, x_1, x_2, \ldots$ verschiedener Ecken, durch die offenbar ein unendliches Simplex mit sämtlich blauen Kanten aufgespannt wird. —

Für überabzählbares $\mathfrak{a}$ kann nicht $\mathfrak{a} \to (\mathfrak{a}, \mathfrak{a})^2$ behauptet werden, wie für $\mathfrak{a} = \aleph$ dargetan werde. Es sei E die Menge der reellen Zahlen; $<$ bezeichne deren natürliche Anordnung, und $\lhd$ sei irgendeine Wohlordnung von E. Nun sei B die Menge aller $\{x, y\} \in \binom{E}{2}$, so daß $x < y$ und $x \lhd y$ gilt. $R := \left\{\{x, y\} \in \binom{E}{2} \,\middle|\, x < y, y \lhd x\right\}$ bildet dann zusammen mit B eine Zerlegung von $\binom{E}{2}$. Ist $T \subseteq E$, $\binom{T}{2} \subseteq B$, so induzieren $<$ und $\lhd$ auf T dieselben Ordnungen; T muß daher abzählbar sein, weil es keine überabzählbare Menge reeller Zahlen gibt, die durch $<$ wohlgeordnet ist.[1]) Analog: Ist $T \subseteq E$, $\binom{T}{2} \subseteq R$, so stimmt die duale Ordnung von $\lhd$ auf T mit der natürlichen Ordnung $<$ von T überein, was wiederum nur sein kann, wenn T abzählbar ist.

[1]) Ist $W \subseteq \mathbb{R}$ durch $<$ wohlgeordnet und bezeichnet w^+ den unmittelbaren Nachfolger von $w \in W$ bei dieser Wohlordnung, so erhält man eine injektive Abbildung von W in , wenn man jedem w ein $q(w) \in \mathbb{Q}$ zwischen w und w^+ zuordnet.

Ein ähnlicher Gedanke wie in letzterem Beispiel führt zu folgendem auf LINDENBAUM zurückgehenden Satz:

6.7. *E sei eine unendliche Menge, und $<_1$, $<_2$ seien zwei beliebige Wohlordnungen von E. Dann gibt es eine Teilmenge M von E mit $|M| = |E|$, so daß $<_1$ und $<_2$ auf M übereinstimmen.*

Beweis. Es ist $\binom{E}{2} = R \mathbin{\dot\cup} B$, wobei R aus den $\{x, y\} \in \binom{E}{2}$ bestehe mit $x <_1 y$, $x <_2 y$. Nach (6.6) existiert entweder ein $M \subseteq E$ mit $|M| = |E|$ und $\binom{M}{2} \subseteq R$, oder es existiert ein $M \subseteq E$ mit $|M| = \aleph_0$, $\binom{M}{2} \subseteq B$. In ersterem Falle sind wir offenbar fertig; der zweite kann indessen gar nicht auftreten, da wir sonst bezüglich einer der beiden Wohlordnungen eine unendliche, echt absteigende Kette erhielten (letzterer Nachweis sei dem Leser als Übung überlassen). –

Wir bringen noch zwei interessante Anwendungen im endlichen Fall.

Es seien $P_1, \ldots, P_n$ $(n \geqq 3)$ Punkte der Ebene. Wir sagen, daß diese Punkte ein *konvexes Polygon* aufspannen, wenn keiner von ihnen in der konvexen Hülle der übrigen P_i liegt. (Das ist gleichbedeutend damit, daß, bei passender Numerierung, die Strecken $P_1P_2, P_2P_3, \ldots, P_{n-1}P_n, P_nP_1$ ein einfach geschlossenes Polygon bilden, dessen Inneres konvex ist und dessen Ecken durch die P_i gebildet werden.) Durch Induktion über n zeigt man unschwer, daß $P_1, \ldots, P_n$ $(n \geqq 4)$ dann und nur dann ein konvexes Polygon aufspannen, wenn je 4 der P_i ein solches aufspannen. Ferner überlegt man sich ohne Schwierigkeit, daß unter 5 Punkten der Ebene, von denen keine 3 kollinear sind, immer 4 gefunden werden können, die ein konvexes Polygon aufspannen.

Man habe nun eine Menge E von Punkten der Ebene, von denen keine 3 kollinear sind. Es sei $\binom{E}{4} = R \mathbin{\dot\cup} B$, wobei $T \in R$ bzw. B sei, je nachdem, ob T ein konvexes Viereck aufspannt oder nicht. Ist $n \geqq 5$ gegeben, so gibt es nach RAMSEY, wenn $|E|$ hinreichend groß ist, ein $T \subseteq E$ mit $\binom{T}{4} \subseteq R$ oder $\binom{T}{4} \subseteq B$ und $|T| = n$. Nun ist aber $\binom{T}{4} \subseteq B$ für $|T| \geqq 5$ ausgeschlossen, wie wir oben bemerkt haben. Wir erhalten folgenden Satz von ERDÖS-SZEKERES [31], durch den ein von ESTHER KLEIN gestelltes Problem gelöst wurde.

6.8. *Zu jedem $n \in \mathbb{N}$ existiert ein (kleinstes) $f(n) \in \mathbb{N}$, so daß unter beliebig gegebenen $f(n)$ Punkten der Ebene, von denen nur je drei nicht kollinear seien, immer n so ausgewählt werden können, daß sie ein konvexes Polygon aufspannen.*

Die zweite Anwendung ist zahlentheoretischer Natur. Im Jahre 1916 gab I. SCHUR [63] einen einfachen Beweis für den von DICKSON stammenden Satz, daß für jedes $m \in \mathbb{N}$ und jede hinreichend große Primzahl p die Kongruenz $x^m + y^m \equiv z^m \pmod p$ Lösungen mit ganzen, nicht durch p teilbaren x, y, z besitzt. Diesen Satz führte SCHUR auf folgendes mehr kombinatorische Resultat zurück:

6.9. *Zu jedem $n \in \mathbb{N}$ existiert ein (kleinstes) $g(n) \in \mathbb{N}$, so daß gilt: Zerlegt man $\{1, 2, \ldots, g(n)\}$ irgendwie in n Klassen $E_1, \ldots, E_n$, so gibt es immer ein Tripel x, y, z von Zahlen, die zu dem gleichen E_i gehören und $x + y = z$ erfüllen. Es ist $g(n) \leqq r(3; n; 2)$.*

Beweis. Es sei $E := \{1, \ldots, r(3; n; 2)\}$ und $E = E_1 \cup \cdots \cup E_n$ eine Zerlegung. $xy \in \binom{E}{2}$ werde genau dann in B_i aufgenommen, wenn $|x - y| \in E_i$ gilt. $B_1, \ldots, B_n$ bilden dann eine Zerlegung von $\binom{E}{2}$. Nach RAMSEY existieren $a < b < c$ in E, so daß ab, bc, ca alle zum gleichen B_i gehören; also $b - a$, $c - b$, $c - a \in E_i$ sowie $(b - a) + (c - b) = c - a$. —

An dem letzten Resultat ist bemerkenswert, daß hier eine Art Schubfachprinzip vorliegt, das auch bestimmte algebraische Gegebenheiten mit einschließt. Eine gewisse logische Verwandtschaft mit dem folgenden berühmten Satz von VAN DER WAERDEN [72] drängt sich auf: Sind $k, l \in \mathbb{N}$ gegeben, so gibt es eine Zahl $n = n(k, l)$ derart, daß, wie auch immer man $\mathbb{N}_n$ in k Klassen zerlegt, stets in mindestens einer dieser Klassen eine arithmetische Progression der Länge l vorkommt. Es liegt nahe, nach einem gemeinsamen Obersatz für die Sätze von RAMSEY und VAN DER WAERDEN zu fragen. Ein solcher gemeinsamer Überbau gelang erstmals GRAHAM, ROTHSCHILD und LEEB auf kategorientheoretischem Wege (vgl. [38], [39]). Siehe hierzu vor allem GRAHAM, ROTHSCHILD, SPENCER [G 3].

Auch innerhalb der Graphentheorie wurden in dem durch RAMSEY initiierten Fragenkreis bemerkenswerte Fortschritte erzielt. Sind $G_1, \ldots, G_s$ irgendwelche (endliche) Graphen, so gibt es aufgrund des Ramseyschen Satzes eine kleinste Zahl $r = r(G_1, \ldots, G_s)$, so daß für jede Zerlegung $\binom{\mathbb{N}_r}{2} = B \dot{\cup} \cdots \dot{\cup} B_s$ immer ein i, $1 \leqq i \leqq s$, existiert, so daß $(\mathbb{N}_r, B_i)$ einen zu G_i isomorphen Teilgraphen enthält. Diese verallgemeinerten Ramsey-Zahlen $r(G_1, \ldots, G_s)$ konnten in einer überraschend großen Zahl von Fällen genau bestimmt werden, insbesondere wenn die G_i Simplexe, vollständige paare Graphen, Kreise, Wege oder Bäume sind. Einen Bericht über diese Untersuchungen mit zahlreichen Literaturhinweisen gibt BURR [7]. Zusätzlich sei auf ERDÖS, FAUDREE, ROUSSEAU und SCHELP [23] hingewiesen. Das schon klassische Problem, $r_n = r(S(n), S(n))$ genau zu bestimmen, bleibt jedoch weiter ungelöst (bez. Abschätzungen vgl. die folgenden Übungen).

In anderer Richtung haben NEŠETŘIL und RÖDL die Ramsey-Theorie weiterentwickelt. In [54] erzielten sie folgendes bemerkenswerte Resultat: Es sei G ein endlicher Graph mit $G \supseteq S(m)$, $\not\supseteq S(m + 1)$. Dann gibt es für jedes $r \in \mathbb{N}$ einen endlichen Graphen H, ebenfalls mit $H \supseteq S(m)$, $\not\supseteq S(m + 1)$, so daß bei jeder Zerlegung von $K(H)$ in Klassen $K_1, \ldots, K_r$ stets ein Untergraph von H existiert, der isomorph zu G ist und dessen Kanten sämtlich dem gleichen K_i angehören.

Übungen

Im folgenden schreiben wir kurz $r(m, n)$ für $r(S(m), S(n))$.

1. Man zeige $r(3, 3) = 6$, $r(3, 4) = 9$.
2. Für $m, n \geqq 2$ gilt

$$r(m, n) \leqq r(m, n - 1) + r(m - 1, n).$$

Daraus schließe man induktiv

$$r(m, n) \leqq \binom{m + n - 2}{n - 1}.$$

Speziell für $m = n$ ergibt sich $r(n, n) \leqq \binom{2n-2}{n-1}$, was eine bessere Abschätzung als die oben gegebene Schranke 4^{n-1} liefert. (Dies erkennt man, wenn man $4^{n-1} = (1 + 1)^{2n-2}$ nach dem binomischen Satze entwickelt.)

3. Von ERDÖS [18] stammt die Abschätzung

$$r(n, n) \geqq 2^{\frac{n}{2}}.$$

Zu ihrem Beweis führe man folgende Überlegung aus ($n \geqq 3$ vorausgesetzt):

Auf $\mathbb{N}_\alpha$ gibt es $2^{\binom{\alpha}{2}-\binom{n}{2}}$ Graphen, die ein Simplex $S(n)$ mit einer gegebenen Eckenmenge enthalten. Insgesamt gibt es also höchstens $\binom{\alpha}{n} \cdot 2^{\binom{\alpha}{2}-\binom{n}{2}}$ Graphen auf $\mathbb{N}_\alpha$, die $\supseteq S(n)$ sind. Also ist der Anteil dieser Graphen (an allen Graphen auf $\mathbb{N}_\alpha$) höchstens $\binom{\alpha}{n} 2^{-\binom{n}{2}} < \frac{\alpha^n 2^{-\binom{n}{2}}}{n!}$; letzteres wird $< \frac{1}{2}$, wenn $\alpha < 2^{\frac{n}{2}}$ ist.

Entsprechend schließt man, daß (für $\alpha < 2^{\frac{n}{2}}$) weniger als die Hälfte der Graphen auf $\mathbb{N}_\alpha$ ein $S(n)$ in ihrem Komplement enthalten. Es muß also ein G auf $\mathbb{N}_\alpha$ geben, so daß weder G noch $\overline{G}$ ein $S(n)$ enthalten; d. h., es ist $r(n, n) > \alpha$ für jedes $\alpha < 2^{\frac{n}{2}}$. (Dies ist ein „wahrscheinlichkeitstheoretischer" Beweis; er ist nicht konstruktiv. P. FRANKL [35] gelang erstmalig die explizite Konstruktion einschlägiger Beispiele.)

4. Zu jedem n existiert ein $h(n)$, so daß unter $h(n)$ Punkten der Ebene immer n existieren, die entweder alle auf einer Geraden liegen oder von denen keine drei kollinear sind. Analog: Zu jedem n existiert ein $h^*(n)$, so daß unter je $h^*(n)$ Punkten des $\mathbb{R}^3$ immer n gefunden werden können, die alle in einer Ebene liegen oder aber von denen keine vier komplanar sind. (Entsprechendes gilt dann für die höheren Dimensionen.)

5. Es bezeichne Γ_n die Klasse der (endlichen) Graphen G mit $G \not\supseteq S(3)$ und $\overline{G} \not\supseteq S(n)$.

a) Für jedes $G \in \Gamma_n$ ist $\gamma_G^{\max} \leqq n - 1$.

b) Streicht man in $G \in \Gamma_n$ eine Ecke mitsamt ihren Nachbarn, so erhält man einen Graphen $\in \Gamma_{n-1}$ ($n \geqq 3$).

c) Daraus schließe man induktiv $r(3, n) \leqq r(3, n - 1) + n$.

d) Aus c) leite man die Ungleichung $r(3, n) \leqq \frac{1}{2}(n^2 + 3)$ her, indem man einen Reduktionsprozeß wie bei b) anwendet. (Dabei streiche man jeweils eine Ecke kleinsten Grades, wobei man sich im Falle $n \equiv 0 \pmod 2$ die Tatsache zunutze mache, daß ein Graph mit ungerader Eckenzahl stets eine Ecke geraden Grades besitzt.)

6. Man zeige $r(3, 5) = 14$. (Der Graph G, der aus einem Kreis C mit 13 Ecken dadurch entsteht, daß man noch alle Kanten xy mit $d_C(x, y) = 5$ hinzufügt, zeigt $r(3, 5) \geqq 14$. Aus 5. findet man $r(3, 5) \leqq 14$.)

7. Man bestimme alle $r(G, H)$, wo G, H einen Kreis oder einen Weg mit 4 Ecken darstellen.

Kapitel 6

Färbungsprobleme

Bei der Gestaltung einer Landkarte verlangt man sinnvollerweise, die Länder so mit Farben (von minimaler Anzahl) zu versehen, daß benachbarte Staaten verschieden gefärbt sind. In dieser Forderung ist die Beziehung der Nachbarschaft primär; Färbungsprobleme können daher auch allgemein für „abstrakte" (d. h. nicht als Landkarte oder sonstwie auf Flächen geometrisch realisierte) Graphen untersucht werden. Das soll in diesem Kapitel geschehen. Färbungen von Landkarten werden im nächsten Abschnitt im Zusammenhang mit allgemeinen Untersuchungen über ebene Graphen behandelt.

§ 1. Färbungen

$G = (E, K)$ sei ein Graph, F eine Menge, deren Elemente Farben heißen mögen. Eine Abbildung $\varphi: E \to F$ heißt eine *Färbung* von G, wenn $xy \in K \Rightarrow \varphi(x) \neq \varphi(y)$. φ heißt speziell eine *n-Färbung*, wenn $|F| = n$ gilt. Außerdem sagen wir, der Nullgraph (und nur dieser) besitzt eine 0-Färbung.

G hat sicher Färbungen, z. B. $\varphi = \mathrm{id}_E$ (wobei also $E = F$ ist). Die kleinste Zahl n, so daß G eine n-Färbung besitzt, heißt die *chromatische Zahl* $\chi(G)$ von G. Ist $\chi(G) = n$, so nennen wir G *n-chromatisch*, auch einfach *n-chrom*. Natürlich ist $\chi(G) \leqq \alpha$, mit Gleichheit (bei endlichem G) genau dann, wenn $G = S(\alpha)$ ist. Für χ gelten folgende einfache Grundtatsachen, deren Beweis dem Leser als Übung überlassen bleibe:

1.1. $G \supseteq H \Rightarrow \chi(G) \geqq \chi(H)$,

speziell

1.1'. *Ist* $x \in E \cup K$, *so* $\chi(G - x) = \chi(G)$ *oder* $\chi(G) - 1$.

Ferner gilt

1.2. $\chi(G * 1) = \chi(G) + 1$.

Allgemeiner:

1.2'. $\chi(G * H) = \chi(G) + \chi(H)$.

Daraus folgt

1.2''. $\chi(G) \leqq 2 \Leftrightarrow G$ *ist paar.*

Anders ausgedrückt: Es ist $\chi(G) \geqq 3$ dann und nur dann, wenn G einen ungeraden Kreis enthält.

Da die Ecken eines Simplex alle verschieden gefärbt sein müssen, ergibt sich unschwer:

1.3. *Ist $G = G' \cup G''$, $G' \cap G'' = S$ ein Simplex, so* $\chi(G) = \max\left(\chi(G'), \chi(G'')\right)$.

Ist $\varphi: E \to F$ eine Färbung von G, so bilden die $\varphi^{-1}(x)$, $x \in F$, eine Partition π_φ von E, deren Klassen (Farbklassen bei φ genannt) sämtlich kantenlose Untergraphen aufspannen. $\pi_\varphi[e]$ bezeichne die Klasse von $e \in E$ bei π_φ. Dann liefert $e \to \pi_\varphi[e]$ also einen d-Homomorphismus von G auf G/π_φ. Ist φ surjektiv, so entsprechen die Klassen von π_φ den Farben von F bijektiv. — Umgekehrt läßt sich offenbar jeder d-Homomorphismus φ von G auf ein G' als eine Färbung von G mit den Farben $e' \in E'$ auffassen. $\chi(G)$ ist also die kleinste Eckenzahl eines d-homomorphen Bildes von G.

Ist φ ein d-Homomorphismus von G auf G' mit $\alpha' = \chi(G) < \infty$, so ist G' notwendig ein Simplex. (Andernfalls gäbe es $x' \neq y'$ in E' mit $x'y' \notin K'$; dann $\delta_G\left(\varphi^{-1}(x'), \varphi^{-1}(y')\right) > 1$, und durch Vereinigung der Farbklassen $\varphi^{-1}(x')$, $\varphi^{-1}(y')$ könnte man eine Farbe einsparen.) Die größte Zahl n, so daß $S(n)$ d-homomorphes Bild des endlichen G ist, bezeichnet man als die *achromatische Zahl* $\psi(G)$ von G. Stets ist $\psi(G) \geqq \chi(G)$; hier gilt im allgemeinen Ungleichheit. Interessant ist, daß aus $G \supseteq H$ nicht $\psi(G) \geqq \psi(H)$ folgt; vgl. hierzu die Übungen.

Färbungen $\varphi: E \to F$, $\varphi': E \to F'$ von G heißen äquivalent, wenn $\pi_\varphi = \pi_{\varphi'}$ gilt. Bei den meisten Färbungsproblemen in der Graphentheorie treten äquivalente Färbungen als völlig gleichberechtigt auf, so daß man sie im Prinzip identifizieren könnte. Bei der Färbung einer Landkarte z. B. kommt es ja nur darauf an, welche Paare von Ländern gleiche bzw. verschiedene Farbe tragen, nicht auf die Farben selbst. In anderen Zusammenhängen, z. B. bei Anzahlfragen, kommt es dagegen auf feinere Unterscheidungen an.

Für endliches $G \neq \Theta$ und $n \in \mathbb{N}'$ bezeichne $P(n, G)$ die Anzahl der n-Färbungen von G speziell mit den Farben $1, \ldots, n$. Sind $a \neq b$ aus E mit $ab \notin K$, so ist $P(n, G/\{a, b\})$ bzw. $P(n, G \cup ab)$ gleich der Zahl der n-Färbungen φ von G mit $\varphi(a) = \varphi(b)$ bzw. $\varphi(a) \neq \varphi(b)$. Daraus folgt

$$P(n, G \cup ab) = P(n, G) - P(n, G/\{a, b\}). \tag{$*$}$$

Mit $P\left(n, (\alpha)\right) = n^\alpha$ ergibt sich somit induktiv (über $\varkappa$) die interessante Tatsache, daß $P(n, G)$ ein Polynom in n ist. Es heißt das *chromatische Polynom* von G. Induktiv ergibt sich mit, daß 1. $P(n, G)$ normiert vom Grade α ist, 2. die Koeffizienten abwechselnd $\geqq 0$ und $\leqq 0$ sind, 3. der Koeffizient bei $n^{\alpha-1}$ gleich $-\varkappa$ ist. — $P(n, G)$ ist $\geqq 0$ für alle $n \in \mathbb{N}'$, > 0 genau für alle $n \geqq \chi(G)$. Insbesondere muß das konstante Glied von $P(n, G)$ verschwinden. Hat G die Komponenten $G_1, \ldots, G_r$, so kann man die n-Färbungen der G_i ganz unabhängig voneinander wählen. Daher:

$$P(n, G) = P(n, G_1) \cdot \ldots \cdot P(n, G_r). \tag{$**$}$$

Ist G nicht zh., so hat demnach G die Nullstelle 0 mindestens 2-fach. Also: Wenn der Koeffizient von n in $P(n, G)$ nicht verschwindet, so ist G zh. Man schließt z. B.: Ist $P(n, G) = n \cdot (n - 1)^{\alpha-1}$, so muß $\varkappa = \alpha - 1$ und G zh., also G ein Baum sein. Ist umgekehrt G ein Baum, so schließt man durch Weglassung einer Endkante vermöge ($*$) und

(**) induktiv, daß $P(n, G) = n \cdot (n-1)^{\alpha-1}$ ist. (Die Behauptung ist natürlich für $\alpha = 1$ und 2 richtig.) Damit sind die chromatischen Polynome aller Bäume bestimmt. Weiter sieht man daraus zweierlei: 1. Nichtisomorphe Graphen können das gleiche chromatische Polynom haben, 2. Für die möglichen chromatischen Polynome von Graphen gelten starke Einschränkungen (über die bereits festgestellten hinaus). Die Charakterisierung der möglichen chromatischen Polynome ist ein noch ungelöstes Problem.

Nach (*) ist $P(n, G)$ Summe der chromatischen Polynome eines Graphen der Form $G \cup xy$ und eines Graphen mit $\alpha - 1$ Ecken. Durch wiederholte Anwendung dieser Feststellung erhält man eine Darstellung von $P(n, G)$ als Summe von lauter $P(n, S_i)$, wo die S_i Simplexe bedeuten. Man hat $P(n, S(\alpha)) = n \cdot (n-1) \cdot \dots \cdot (n - \alpha + 1)$. (Denn $P(n, S(\alpha))$ muß ein normiertes Polynom vom Grade α sein, das $0, \dots, \alpha - 1$ als Nullstellen hat.)

Die Theorie der chromatischen Polynome wurde von BIRKHOFF [1, 2], BIRKHOFF-LEWIS [3] und H. WHITNEY [48, 49] begonnen. Wir können hier nur die vorstehenden wenigen Bemerkungen bringen. Bezüglich weitergehender Darstellungen und Literaturhinweise vgl. BIGGS [B 7], R. C. READ [36] sowie TUTTE [42, 43, 44].

Übungen

1. Ist φ ein d-Homomorphismus von G auf G', so ist $\chi(G) \leqq \chi(G')$.

2. Sind x, y in G nicht benachbart, so ist $\chi(G) \leqq \chi(G/\{x, y\}) \leqq \chi(G) + 1$. (Ist dagegen $k = xy \in K$, so kann $\chi(G/k)$ gleich, kleiner oder größer als $\chi(G)$ sein, wie man sich an Beispielen verdeutliche. Stets gilt aber $|\chi(G) - \chi(G/k)| \leqq 1$.) Für nicht benachbarte x, y gilt $\psi(G) - 2 \leqq \psi(G/\{x, y\}) \leqq \psi(G)$. Die untere Schranke kann angenommen werden, wie das Beispiel der Abb. 26 zeigt. (Dort ist $\psi(G) = 5$, aber $\psi(G/\{x, y\}) = 3$.)

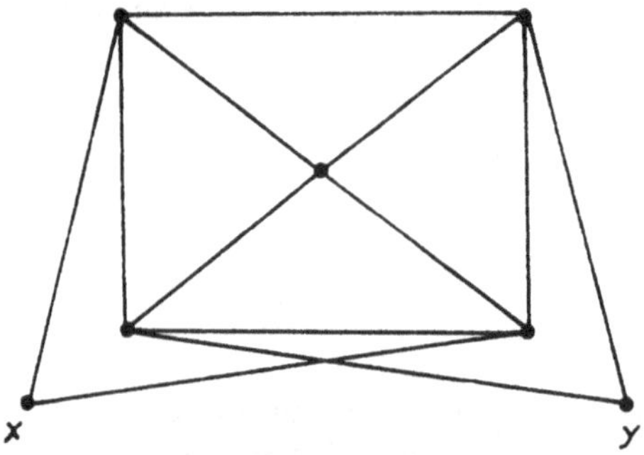

Abb. 26

3. Ist $\chi(G) = n < \infty$ und φ eine n-Färbung, so hat der durch irgendwelche r Farbklassen (bei φ) aufgespannte Untergraph die chromatische Zahl r.

4. Ist $\chi(G) \leqq m \leqq \psi(G)$, so ist $S(m)$ ein d-homomorphes Bild von G (HARARY, HEDETNIEMI, PRINS [24]).

5. Ist G ein Kreis, so $\chi(G) = 2$ oder 3, je nachdem, ob die Länge gerade oder ungerade ist.

6. Die achromatische Zahl eines Weges oder Kreises wird mit wachsender Länge beliebig groß.

7. $\psi(A * B) = 2$.

Aus 6. und 7. ergibt sich, daß aus $G \supseteq H$ nicht $\psi(G) \geqq \psi(H)$ folgt. Dagegen gilt:

8. Ist $G \sqsupseteq H$, so $\psi(G) \leqq \psi(H)$.

9. Besteht G aus $\binom{n}{2}$ disjunkten Kanten, so ist $\psi(G) = n$.

10. Ist $d(G)$ hinreichend groß, so wird $\psi(G)$ beliebig groß.

11. Setzt man $x \sim y$ genau dann, wenn $N_G(x) = N_G(y)$ ist (insbesondere dann $xy \notin K$), so erhält man in E eine Äquivalenzrelation; die Klassen der zugehörigen Partition π von E spannen kanten-

lose Untergraphen von G auf. Zu zeigen ist $\chi(G/\pi) = \chi(G)$, $\psi(G/\pi) = \psi(G)$. HELL und MILLER [25] bezeichnen einen Graphen G als irreduzibel, wenn jede Klasse von π einelementig ist, wenn also $x \sim y \Rightarrow x = y$. In der Arbeit beweisen sie das folgende interessante Resultat: Zu jedem $n \in \mathbb{N}$ gibt es ein $c_n \in \mathbb{N}$, so daß für jedes irreduzible G mit $\psi(G) \leqq n$ gilt $\alpha(G) < c_n$.

12. Die simplexartigen Graphen der Form $\alpha_1 * \cdots * \alpha_n$ sind genau diejenigen n-chromen Graphen, die nach Adjunktion irgendeiner neuen Kante die Eigenschaft der n-Färbbarkeit verlieren.

13. Ist G zh., so ist der Koeffizient von n in $P(n, G)$ nicht Null. Er ist positiv, wenn α ungerade, und negativ, wenn α gerade ist. Dies folgere man mittels (*) induktiv, beginnend mit einem Gerüst von G unter Ausnutzung der Tatsache, daß man für Bäume das chromatische Polynom kennt und die Koeffizienten in einem chromatischen Polynom im Vorzeichen alternieren.

§ 2. Einige grundlegende Resultate über die chromatische Zahl

Ist $H \sqsubseteq G$ und φ eine n-Färbung von H, ist weiter $e \in E(G - H)$ mit $\gamma_G(e) \leqq n - 1$, so kann man φ offenbar zu einer n-Färbung von $G[H \cup e]$ fortsetzen. Daher gilt für endliches G

2.1. $\chi(G) \leqq 1 + \gamma_G^{\max}$.

Hier gilt Gleichheit sicher dann, wenn G ein ungerader Kreis oder ein Simplex ist. Nach einem klassischen Satz von R. L. BROOKS [4] sind dies auch i. w. die einzigen Fälle:

2.2. Satz von R. L. Brooks. *Es sei G endlich, zh. und weder ein ungerader Kreis noch ein Simplex. Dann ist $\chi(G) \leqq \gamma_G^{\max}$.*

Beweis nach L. LOVÁSZ, Kap. 5 [45]. Der Fall $\gamma_G^{\max} \leqq 2$ ist trivial (vgl. Übung 1 zu Kap. 1 und Übung 5 zu § 1). Daher sei $\gamma_G^{\max} = n \geqq 3$. Nach (1.3) kann man, falls eine Artikulation auftritt, reduzieren; also sei G 2-zh. Aufgrund von Übung 16 zu Kap. 4, § 2 existieren in G Ecken a, b mit $ab \notin K$ und einem gemeinsamen Nachbarn x, so daß $G - a - b$ zh. bleibt. Dann können die Ecken von $G - a - b$ so als Folge $x_1 = x, x_2, \ldots, x_{\alpha-2}$ aufgeschrieben werden, daß jedes x_i $(i \geqq 2)$ zu einem x_j mit $j < i$ benachbart ist. Wir setzen noch $x_{\alpha-1} = a$, $x_\alpha = b$. Dann hat jedes x_i $(i \geqq 2)$ weniger als n Nachbarn x_j mit $j > i$. Dies ermöglicht die sukzessive Konstruktion einer n-Färbung φ von G: Zunächst setzt man $\varphi(a) = \varphi(b) = 1$, und sind für ein i schon alle $\varphi(x_j)$, $j > i$, bestimmt, so wählt man $\varphi(x_i) \in \{1, \ldots, n\}$ verschieden von den $\varphi(x_j)$ mit $x_ix_j \in K$, $j > i$. Daß dies möglich ist, ist für $i \geqq 2$ nach obigem klar; für $i = 1$ folgt es aus $\gamma_G(x) \leqq n$ und $a, b \in N_G(x)$, $\varphi(a) = \varphi(b)$. —

Das folgende Resultat ist, wie wir in Kap. 7 sehen werden, im Prinzip eine Verallgemeinerung des Fünffarbensatzes für ebene Graphen:

2.3. Satz. *Es sei Γ eine bez. c-Homomorphismen abgeschlossene Klasse von endlichen Graphen (d. h. $[G \in \Gamma \wedge G \succ H] \Rightarrow H \in \Gamma$). In jedem $G \in \Gamma$ gebe es ein $x \in E$ mit $\gamma_G(x) \leqq r$, und es sei $S(r + 1) \notin \Gamma$. Dann folgt $\chi(G) \leqq r$ für alle $G \in \Gamma$.*

Beweis durch Induktion über α. Die Behauptung ist für $\alpha = 1, 2$ klar. Es sei $G \in \Gamma$, $\alpha \geqq 3$ und die Behauptung richtig für kleinere Eckenzahlen. Sei $e \in E$ mit $\gamma_G(e) = \gamma \leqq r$. Ist $\gamma < r$, so können wir eine beliebige, nach Induktionsvoraussetzung existierende r-Färbung von $G - e$ auf G ausdehnen. Daher sei $\gamma = r$. $N_G(e)$ kann kein Simplex in G aufspannen, da wir sonst $S(r + 1) \subseteq G$ hätten, gegen $S(r + 1) \notin \Gamma$. Daher existieren $a, b \in N_G(e)$ mit $ab \notin K$. Wir kontrahieren $\langle ea \rangle \cup \langle eb \rangle$ auf eine Ecke e^*; der entstehende

Graph H hat nach Induktionsvoraussetzung eine r-Färbung φ. Insgesamt werden zur Färbung von e^* und der Ecken $\in N_G(e) - \{a, b\}$ nur $r - 1$ Farben benötigt. Wir erhalten daher eine r-Färbung von G, wenn wir e die restliche Farbe geben, a und b mit $\varphi(e^*)$ färben und im übrigen φ beibehalten. —

2.4. Satz von de Bruijn-Erdös [6]. *Ist G ein unendlicher Graph und gilt $\chi(H) \leqq n < \infty$ für jedes endliche $H \subseteq G$, so gilt auch $\chi(G) \leqq n$.*

Beweis mittels einer Idee von H. A. JUNG (unveröffentlicht).

Eine n-Färbung $\varphi: E(H) \to \mathbb{N}_n$ von $H \sqsubseteq G$ heiße ausgezeichnet, wenn sich φ für jedes endliche $T \subseteq E$ zu einer n-Färbung ϕ von $G[H \cup T]$ fortsetzen läßt.

Es sei φ_i ($i \in I$) eine Kette von ausgezeichneten n-Färbungen gewisser $G_i \sqsubseteq G$ (d. h., für alle $i, j \in I$ ist $\varphi_i \supseteq \varphi_j$ oder $\varphi_j \supseteq \varphi_i$, insbesondere auch $G_i \sqsupseteq G_j$ oder $G_j \sqsupseteq G_i$). Dann ist $\varphi = \bigcup_{i \in I} \varphi_i$ wieder eine ausgezeichnete n-Färbung (von $H = \bigcup_{i \in I} G_i$). Andernfalls existierte ein endliches T, so daß $G[H \cup T]$ keine n-Färbung besitzt, die φ fortsetzt. (Natürlich ist φ eine n-Färbung von H.) Das heißt, sind $\psi_1, \ldots, \psi_s$ die endlich vielen n-Färbungen von $G[T]$, so existiert zu jedem $\nu = 1, \ldots, s$ ein $t_\nu \in E(T)$ und $e_\nu \in E(H)$, so daß $t_\nu e_\nu \in K$ und $\varphi(e_\nu) = \psi_\nu(t_\nu)$ gilt. e_ν kommt in einem G_{i_ν} vor, und es gibt ein G_{i_μ}, das die anderen G_{i_ν} ($\nu = 1, \ldots, s$) enthält. Dann wäre aber φ_{i_μ} nicht auf $G[G_{i_\mu} \cup T]$ fortsetzbar.

Nach dem Zornschen Lemma gibt es daher eine maximale ausgezeichnete n-Färbung φ (eines gewissen $H \sqsubseteq G$). Wir behaupten $H = G$.

Andernfalls existiert $x \in E(G - H)$. Wegen der Maximalität von φ läßt sich φ nicht zu einer ausgezeichneten n-Färbung von $G[H \cup x]$ fortsetzen. Also: Zu jedem $\nu = 1, \ldots, n$ existiert ein endliches $T_\nu \subseteq E(G - H - x)$, so daß keine n-Färbung ϕ von $G[H \cup x \cup T_\nu]$ vorhanden ist, die φ fortsetzt und $\phi(x) = \nu$ erfüllt. Dann besitzt aber auch $G[H \cup x \cup T_1 \cup \cdots \cup T_n]$ keine n-Färbung, die φ fortsetzt, d. h. φ wäre nicht ausgezeichnet.

Also ist $H = G$, insbesondere $\chi(G) \leqq n$. —

Der nächste Satz von NORDHAUS-GADDUM [35] gibt interessante Zusammenhänge zwischen der chromatischen Zahl eines endlichen Graphen G und seines Komplementes:

2.5. (i) $2\sqrt{\alpha} \leqq \chi(G) + \chi(\overline{G}) \leqq \alpha + 1$,

(ii) $\alpha \leqq \chi(G) \cdot \chi(\overline{G}) \leqq \dfrac{(\alpha + 1)^2}{4}$.

Beweis. Bei jeder $\chi(G)$-Färbung von G muß eine Klasse mit $\geqq \alpha/\chi(G)$ Elementen auftreten; in $\overline{G}$ spannt diese ein Simplex auf, womit die linke Seite von (ii) folgt. Da das arithmetische Mittel positiver Zahlen stets $\geqq$ dem geometrischen ist, ergibt sich daraus die linke Seite von (i). — Die rechte Seite von (i) folgt durch Induktion über α: Die Fälle $\alpha = 1, 2$ sind trivial. Sei $\alpha \geqq 3$, die Behauptung für $\alpha - 1$ richtig. x sei beliebige Ecke von G. Ist $\chi(G - x) = \chi(G)$ oder $\chi(\overline{G} - x) = \chi(\overline{G})$, so folgt die Behauptung sofort aus der Induktionsvoraussetzung (beachte (1.1')). Daher sei $\chi(G - x) = \chi(G) - 1$, $\chi(\overline{G} - x) = \chi(\overline{G}) - 1$. Dann muß (vgl. den Anfang von § 2) $\gamma_G(x) \geqq \chi(G) - 1$, $\gamma_{\overline{G}}(x) \geqq \chi(\overline{G}) - 1$ gelten, woraus wegen $\gamma_G(x) + \gamma_{\overline{G}}(x) = \alpha - 1$ die Behauptung folgt. — Die rechte Seite von (ii) ergibt sich daraus vermöge der Ungleichung $4ab \leqq (a + b)^2$. —

Dieses Resultat wurde von FINCK [17, 18] wesentlich verfeinert.

Übungen

1. Ist $\chi(G) \geqq n$, so enthält G mindestens n Ecken des Grades $\geqq n - 1$.
2. Für endliches reguläres G ist $\chi(G) + \chi(\overline{G}) = \alpha + 1$ genau dann, wenn G ein Simplex, ein kantenloser Graph oder ein 5-Kreis ist.
3. Für nicht leere G, G' ist $\chi(G \cup G') \leqq \chi(G) \cdot \chi(G')$.
4. Ist $\chi(G) = r \cdot s$, so existieren $G', G'' \subseteq G$ mit $G = G' \cup G''$ und $\chi(G') = r$, $\chi(G'') = s$.
5. Zu $\alpha, r, s \in \mathbb{N}$ existiert ein Graph G mit $\alpha(G) = \alpha$, $\chi(G) = r$, $\chi(\overline{G}) = s$ dann (und nur dann), wenn $rs \geqq \alpha \geqq r + s - 1$ gilt; G kann simplexartig gewählt werden (Finck [17, 18]).
6. Eine *Grundy-Funktion* des endlichen Graphen G ist eine Abbildung $f: E \to \mathbb{N}$, die folgende Bedingungen erfüllt:

(i) $xy \in K \Rightarrow f(x) \neq f(y)$;
(ii) Für jedes $x \in E$ und jede natürliche Zahl $r < f(x)$ existiert ein $y \in N_G(x)$ mit $f(y) = r$.

Es sei M_G die Menge aller $n \in \mathbb{N}$, so daß eine Grundy-Funktion von G mit dem Maximum n existiert. Zu zeigen:

a) $\chi(G) = \min M_G$;
b) $\max M_G \leqq 1 + \gamma_G^{\max}$ und $\leqq \psi(G)$;
c) Es gibt Graphen G mit $\chi(G) < \max M_G < \psi(G)$.

7. Unter dem chromatischen Index $\chi_1(G)$ des Graphen G versteht man die kleinste Zahl von Farben, mit denen man die Kanten von G so färben kann, daß Kanten mit gemeinsamen Endpunkten verschiedene Farben tragen. Man überlege sich: $\chi_1(G) = \chi(L(G))$; $\chi_1(G) \geqq \gamma_G^{\max}$; $\chi_1(S(n)) = n - 1$ bzw. n, je nachdem ob n gerade oder ungerade ist; $\chi_1(\alpha * \beta) = \max(\alpha, \beta)$. Von Vizing [45] wurde gezeigt, daß für endliches G stets $\chi_1(G) = \gamma_G^{\max}$ oder $= \gamma_G^{\max} + 1$ ist; der Beweis dieses Satzes findet sich bei Behzad-Chartrand [B 1], S. 211 oder Berge [B 5], S. 244.
8. Für endliches G ist $\chi(G) \geqq \alpha^2/(\alpha^2 - 2\varkappa)$. (Sind $T_1, \ldots, T_n$ die Farbklassen einer n-Färbung von G, so ist $\varkappa \leqq \binom{\alpha}{2} - \sum_{i=1}^{n} \binom{|T_i|}{2}$. Daraus ergibt sich unschwer die Behauptung unter Beachtung der Ungleichung $\sum_{i=1}^{n} |T_i|^2 \geqq \frac{1}{n} \left(\sum_{i=1}^{n} |T_i|\right)^2$, die durch Anwendung der Cauchy-Schwarzschen Ungleichung auf die Vektoren $(|T_1|, \ldots, |T_n|)$ und $(1, \ldots, 1)$ folgt.)

§ 3. Kritische Graphen

Ein n-chromer Graph G heißt *kritisch*, wenn für jedes $e \in E$ gilt $\chi(G - e) < n$ (d. h., jeder echte Untergraph hat kleinere chromatische Zahl). Für endliches n enthält jeder n-chrome Graph G einen kritischen n-chromatischen Untergraphen; dies ist auch für unendliches G richtig, und jedes kritische n-chrome H ist nach (2.4) endlich. (Für unendliches n gibt es offenbar keine kritischen n-chromen Graphen.)

Die kritischen n-chromen Graphen, die natürlich, als die sozusagen allen überflüssigen Beiwerks entkleideten Graphen, für Färbungsprobleme eine grundlegende Rolle spielen, sind zuerst von Dirac und Gallai eingehend untersucht worden (vgl. etwa Dirac [8, 9, 10], Gallai [20]).

Jedes $S(n)$ ist kritisch n-chrom, für $n = 1, 2$ gibt es sonst keine kritischen Graphen. Die kritischen 3-chromen Graphen sind genau die ungeraden Kreise. Für $n \geqq 4$ ist die Struktur der kritischen Graphen völlig unüberblickbar; eine genaue Kenntnis der kritischen 4-chromen Graphen würde ja die Lösung des Vierfarbenproblems implizieren.

3.1. *Ist $\chi(G) = n < \infty$, so ist G kritisch genau dann, wenn zu jedem $e \in E$ eine n-Färbung φ von G existiert, so daß für alle $x \in E - \{e\}$ gilt $\varphi(x) \neq \varphi(e)$ (so daß also nur e mit $\varphi(e)$ gefärbt ist).*

Der Beweis folgt unmittelbar aus den Definitionen und sei dem Leser als Übung überlassen.

Nach dem Anfang von § 2 hat man:

3.2. *In einem n-chromen kritischen Graphen G ist* $\gamma_G^{\min} \geqq n - 1$.

Nach (1.3) hat ein kritischer Graph kein trennendes Simplex, ist also (falls $n \geqq 3$) sicher 2-zh.

Darüber hinaus gilt:

3.3. *Jeder kritische n-chrome Graph G ist* $(n - 1)$*-kantenzh.*

Dem Beweis schicken wir folgenden Hilfssatz voraus:

Es sei $P \subseteq A * B$ paarer Graph ohne isolierte Ecken mit $\varkappa(P) \leqq n - 2$, $A \cup B = E(P)$, $A = \{a_1, \ldots, a_r\}$. Dann existiert eine injektive Abbildung

$$f\colon B \to \mathbb{N}_{n-1}, \quad \text{so daß} \quad a_i b \in K(P) \Rightarrow f(b) \neq i.$$

(Der Beweis ergibt sich leicht durch Induktion über n, wenn man $k = ba_r \in K(P)$ wählt, $f(b) = n - 1$ setzt (beachte $r \leqq n - 2$) und dann k wegläßt. Einzelheiten als Übung.)

Nehmen wir nun an, (3.3) wäre falsch. Dann existieren disjunkte, nicht leere $X, Y \sqsubseteq G$ mit $E(X) \cup E(Y) = E$, so daß die Menge K^* der von X nach Y führenden Kanten weniger als $n - 1$ Elemente enthält. Es existieren $(n - 1)$-Färbungen φ bzw. σ von X bzw. Y. Es seien A^*, B^* die Menge der Ecken, die X bzw. Y mit $\langle K^* \rangle$ gemeinsam hat, und A bzw. B bezeichne die Menge der Farbklassen, die φ bzw. σ in A^* bzw. B^* induziert. P sei der paare Graph $\subseteq A * B$ mit der den Kanten $\in K^*$ entsprechenden Kantenmenge. Der Hilfssatz läßt sich nun so interpretieren, daß eine Permutation π der Farben bei σ derart existiert, daß sich φ vermöge σ und π zu einer $(n - 1)$-Färbung von G fortsetzen läßt, mit Widerspruch. —

Zur Konstruktion kritischer Graphen kann die folgende Bemerkung dienen, deren Beweis auf der Hand liegt:

3.4. *Ist G kritisch n-chrom, H kritisch m-chrom, so ist* $G * H$ *kritisch* $(n + m)$*-chrom.*

Für jedes $n \geqq 4$ erhält man also in $C * S(n - 3)$, C ungerader Kreis, unendlich viele kritische n-chrome Graphen. Indem man zu einem ungeraden Kreis C zwei neue benachbarte Ecken x, y hinzufügt und x mit Ecken a, b, c von C mit $ab, bc \in K(C)$, y mit den Ecken $\neq b$ von C durch Kanten verbindet, erhält man eine weitere Klasse kritischer 4-chromer Graphen. (Beweis als Übung.) Wir sehen:

3.5. *Für* $n \geqq 4$ *existiert zu jedem endlichen* $\alpha \geqq n$, $\alpha \neq n + 1$, *ein kritischer n-chromer Graph der Eckenzahl* α.

Schwieriger und interessanter ist die Frage nach den möglichen Kantenzahlen kritischer n-chromer Graphen bei gegebenem α. Die Fragestellung wird noch verfeinert, wenn man sie auf die zh. minimalen n-chromen Graphen (die also nach Weglassung irgendeiner beliebigen Kante $(n - 1)$-färbbar werden) einschränkt. (Es ist klar, daß jeder zh. minimale n-chrome Graph auch kritisch n-chrom ist, da Streichung irgendeiner Ecke auch Weglassung mindestens einer Kante bedingt. Umgekehrt ist jedoch nicht jeder kritische n-chrome Graph minimal, wie die Abb. 27 für $n = 4$ zeigt.)

Es bezeichne $f_n(\alpha)$ bzw. $F_n(\alpha)$ die kleinste bzw. größte Kantenzahl, die ein zh. minimaler n-chromer Graph mit α Ecken besitzen kann. Nach Brooks (2.2) ist für $\alpha > n \geqq 4$

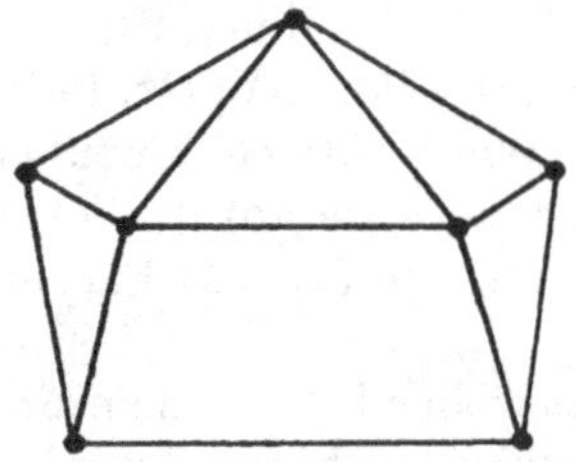

Abb. 27

3.6. $2f_n(\alpha) \geqq \alpha(n-1)+1$.

Von Dirac [11] wurde die schärfere Abschätzung

3.6'. $2f_n(\alpha) \geqq \alpha(n-1)+(n-3)$,

von Gallai [20] die weitere Verbesserung

3.6''. $2f_n(\alpha) \geqq \alpha(n-1)+\dfrac{\alpha}{n+9}$

hergeleitet.

3.7. *Für jedes $n \in \mathbb{N}$ existiert eine Konstante $c_n \leqq n-1$, so daß $f_n(\alpha) \leqq c_n \cdot \alpha$ gilt.* (Siehe Übung 7.)
Aufgrund des Satzes von Turán findet man

3.8. $F_n(\alpha) < \dfrac{1}{2}\dfrac{n-2}{n-1}\alpha^2$.

Von Dirac [8] wurde für jedes $n \geqq 6$ die Existenz einer Konstanten c'_n bewiesen, so daß

3.9. $F_n(\alpha) \geqq c'_n \cdot \alpha^2$

gilt; dieses Resultat wurde dann von Toft [40] auch für $n = 4, 5$ hergeleitet.

Übungen

1. Man zeige, daß der Graph der Abb. 27 4-chrom kritisch ist, aber nicht minimal 4-chrom ist.
2. Es gibt keinen kritischen n-chromen Graphen mit $n+1$ Ecken (induktiv über n). (Wohl existieren n-chrome Graphen mit $n+1$ Ecken, also auch minimale solche, wie man durch sukzessives Weglassen von Kanten, solange χ noch n bleibt, sieht; jeder solche besteht aber aus $S(n)$ und einer isolierten Ecke.)
3. Der Satz von Brooks ist äquivalent mit (3.6).
4. Man beweise (3.7).
5. Ist G minimal n-chrom, H minimal m-chrom, so ist $G * H$ minimal $(n+m)$-chrom (mittels 3.1)).
6. Mittels 5. beweise man (3.9) für $n = 6$.
7. Ebenfalls mittels 5. (wobei H als $S(n-4)$, G als einer der im Anschluß an (3.4) konstruierten 4-chromen kritischen (sogar minimalen) Graphen gewählt werde) zeige man (3.7).

§ 4. Die Konstruktion von Hajós

Φ_n bezeichne die Klasse aller endlichen Graphen G mit $\chi(G) \geqq n$. Wir betrachten folgende zwei Operationen, mittels derer wir aus Graphen $\in \Phi_n$ neue Graphen $\in \Phi_n$ gewinnen:

(I) Identifikation zweier nicht benachbarter Ecken (vgl. § 1, Übung 2);

(II) Sind $G, G' \in \Phi_n$ disjunkt sowie $ab \in K$, $a'b' \in K'$, so bilde man G^*, indem man a mit a' identifiziert, die Kanten ab, $a'b'$ löscht und die neue Kante bb' hinzufügt.

(Wäre $\chi(G^*) < n$ und f eine $(n-1)$-Färbung von G^*, so wäre $f(b) \neq f(b')$, also auch $f(b)$ oder $f(b')$ verschieden von $f(a) = f(a')$; f würde dann eine $(n-1)$-Färbung von G oder von G' liefern.)

Ein Graph G heiße *n-konstruierbar*, wenn man G, ausgehend von einem $S(n)$, durch iterierte Anwendung von (I) und (II) erhalten kann. Natürlich gehört jeder n-konstruierbare Graph zu Φ_n, und jeder zu einem n-konstruierbaren Graphen isomorphe Graph ist gleichfalls n-konstruierbar.

Folgender Satz von Hajós [22] gibt eine Möglichkeit an, wie man alle n-chromen Graphen sukzessive konstruieren kann:

4.1. Satz von Hajós. *Jedes $G \in \Phi_n$ $(n > 1)$ enthält einen n-konstruierbaren Teilgraphen.*

Beweis. Nehmen wir an, $G \in \Phi_n$ enthalte keinen n-konstruierbaren Teilgraphen. O. B. d. A. sei G maximal mit dieser Eigenschaft, d. h., Adjunktion irgendeiner neuen Kante zu G erzwingt das Vorhandensein eines n-konstruierbaren Teilgraphen (andernfalls „füllen" wir G entsprechend mit neuen Kanten auf). G ist nicht simplexartig, da sonst $G \supseteq S(n)$ wäre. Daher existieren nach Kap. 1, (5.1) $a, b, c \in E$ mit $ab, bc \notin K$, $ac \in K$. Sei $G' = G \cup ab$, $G'' = G \cup bc$. Wegen der Maximalität von G existieren n-konstruierbare $H' \subseteq G'$, $H'' \subseteq G''$; notwendig ab in H', bc in H''. Es sei H_0'' ein zu H'' (vermöge einer Abbildung φ) isomorpher Graph, der zu H' fremd ist. Wir identifizieren nun b und $\varphi(b)$, lassen die Kanten ab, $\varphi(b)\,\varphi(c)$ fort und fügen die Kante $a\varphi(c)$ hinzu; dies ist eine Anwendung von Operation (II). Alsdann identifizieren wir jede Ecke $x \neq b$ aus $H' \cap H''$ mit ihrem Bild $\varphi(x)$; dies entspricht endlich vielen Anwendungen von Operation (I). Am Schlusse erhält man einen n-konstruierbaren Graphen, der isomorph zu einem Teilgraphen von G ist. —

Übung

Sind G, G' speziell kritisch n-chrom, so führt die Anwendung von Operation (II) wieder zu einem kritischen n-chromen Graphen. Operation (I) dagegen kann aus der Klasse der kritischen n-chromen Graphen hinausführen. Jeder n-chrome kritische Graph ist n-konstruierbar.

§ 5. Die Reihenzahl

Wir definieren die *Reihenzahl* $\varrho(G)$ eines Graphen G als die kleinste Kardinalzahl $\mathfrak{a}$, so daß eine Wohlordnung $<$ von E existiert mit folgender Eigenschaft:

$$\text{Für jedes } e \in E \text{ ist } |N_G(e) \cap \{x \in E \mid x < e\}| < \mathfrak{a}. \qquad (*)$$

Der Begriff der Reihenzahl wurde von Erdös-Hajnal [15] eingeführt; sie wird dort „colouring number" genannt[1]). Die Verwandtschaft der Reihenzahl mit der chromatischen Zahl wird durch folgenden Satz deutlich:

[1]) Die von Lick-White [30] eingeführten k-degenerierten Graphen sind mit den (endlichen) Graphen der Reihenzahl $\leq k+1$ identisch. Die Arbeit von Lick-White sowie daran anschließende Untersuchungen beschäftigen sich vorwiegend mit Graphenzerlegungen, die die Zerlegungen in Farbklassen verallgemeinern. Vgl. hierzu den Übersichtsartikel von Simões-Pereira [38].

5.1. *Für jeden Graphen G ist $\chi(G) \leqq \varrho(G)$. (Jede Abschätzung von $\varrho(G)$ nach oben liefert daher auch eine Abschätzung von $\chi(G)$.)*

Beweis. Ist G endlich und $<$ eine Wohlordnung mit (*), so kann man die Ecken von G nacheinander (entsprechend der Reihenfolge bei $<$) mit $\varrho(G)$ Farben färben; bei jedem Schritt steht ja wegen (*) noch eine Farbe zur Verfügung. Diese Schlußweise kann ohne Schwierigkeit auf den transfiniten Fall übertragen werden. —

Ferner bestätigt man leicht:

5.2. $\varrho(S(\alpha)) = \alpha$;

5.3. $G \supseteq G' \Rightarrow \varrho(G) \geqq \varrho(G')$.

5.4. *Für endliches G ist $1 + \gamma_G^{\min} \leqq \varrho(G) \leqq 1 + \gamma_G^{\max}$.*

Von Halin [23] wurde gezeigt (die sich gemäß (5.1) ergebende obere Schranke für $\chi(G)$ wurde unabhängig auch von Szekeres-Wilf [39] hergeleitet):

5.5. *Für endliches G ist*

$$\varrho(G) = 1 + \max_{H \subseteq G} \gamma_H^{\min}.$$

Beweis. Es sei G' ein Teilgraph von G mit minimaler Eckenzahl, so daß $\varrho(G') = \varrho(G)$ gilt, und $e \in E'$ beliebig. Dann ist $\varrho(G' - e) < \varrho(G)$; man wähle eine entsprechende Wohlordnung $<$ von $E' - \{e\}$. Wäre $\gamma_{G'}(e) < \varrho(G) - 1$, so erhielte man, indem man e hinter die Ecken von $E' - \{e\}$ setzt, eine Wohlordnung von E', die $\varrho(G') \leqq \varrho(G) - 1$ zur Folge hätte. Also ist $\gamma_{G'}^{\min} \geqq \varrho(G) - 1$. Zusammen mit (5.3), (5.4) folgt daraus die Behauptung. —

Für $1 \leqq \alpha \leqq \beta < \infty$ ergibt sich $\varrho(\alpha * \beta) = 1 + \alpha$. $\varrho(G)$ kann also beliebig groß werden, auch wenn $\chi(G)$ nur gleich 2 ist.

Aus (5.5) ergibt sich wegen $\lambda^*(H) \geqq \gamma_H^{\min}$ und $G \supseteq H \Rightarrow \lambda^*(G) \geqq \lambda^*(H)$ (vgl. Kap. 2, (4.12)) das folgende Resultat von Wilf [50] für endliche G:

5.6. $\chi(G) \leqq \varrho(G) \leqq 1 + \lambda^*(G)$.

Von Hoffman [26] wurde als untere Schranke für $\chi(G)$ die Zahl $1 + \dfrac{\lambda^*(G)}{-\lambda_*(G)}$ angegeben (s. Biggs [B 7], S. 54f.).

Nach (5.5) existiert in einem endlichen G ein Teilgraph mit $\gamma_H^{\min} \geqq \varrho(G) - 1$. Daher folgt aus Kap. 5, (2.2):

5.7. *Zu jedem $n \in \mathbb{N}$ existiert ein (kleinstes) $f(n)$, so daß jedes endliche G mit $\varrho(G) \geqq f(n)$ eine Unterteilung von $S(n)$ enthält.*

Wegen einer Abschätzung von $f(n)$ vgl. Kap. 5, § 2. (5.7) ist auch noch für unendliche G richtig, allerdings mit einem evtl. größeren $f(n)$, da das Analogon des Satzes von de Bruijn-Erdös nur in der folgenden Form gilt (vgl. Erdös-Hajnal [15]):

5.8. *Ist $2 \leqq n < \infty$ und $\varrho(H) \leqq n$ für jedes endliche $H \subset G$, so ist $\varrho(G) \leqq 2n - 2$.*

Von Halin wurde gezeigt:

5.9. *Ist $\varrho(G) \geqq \aleph_0$, so ist $G >_u S(\beta)$ für jedes $\beta < \varrho(G)$.*

(Dieses Resultat ist scharf; vgl. Übung 6, 7. Ein Beweis wird sich in Kap. 10 ergeben.)

Von Erdös-Hajnal [15] wurde weiter der folgende interessante Satz bewiesen:

5.10. *Ist $\varrho(G) > \mathfrak{a} \geqq \aleph_0$, so $G \supseteq \mathfrak{a}^+ * n$ für jedes $n \in \mathbb{N}$.*

Beweis. Nehmen wir an, der Satz sei falsch. G sei ein Graph mit minimalem α, so daß zwar $\varrho(G) > \mathfrak{a}$ gilt, aber für ein gewisses $n \in \mathbb{N}$ kein $\mathfrak{a}^+ * n$ in G enthalten ist.

$M \subseteq E$ heiße n-abgeschlossen, wenn $|N_G(x) \cap M| \geqq n \Rightarrow x \in M$. E selbst ist n-abgeschlossen, und der Durchschnitt einer Familie n-abgeschlossener M_i ist offenbar wieder n-abgeschlossen; für jedes $T \subseteq E$ existiert daher die n-abgeschlossene Hülle T^* von T. Für $T \subseteq E$ bezeichne T^0 die Menge aller $x \in E - T$ mit $|N_G(x) \cap T| \geqq n$. Dann ist T^* die disjunkte Vereinigung von $T, T^0, (T \cup T^0)^0, \big(T \cup T^0 \cup (T \cup T^0)\big)^0, \ldots$ Gäbe es ein $M \subseteq E$ mit $|M^0| > |M|$ und $|M^0| \geqq \mathfrak{a}^+$, so wäre $G \supseteq \mathfrak{a}^+ * n$. Daher gilt stets $|M^0| \leqq \max(\mathfrak{a}, |M|)$. Für alle $T \subseteq E$ ist somit

$$|T^*| \leqq \max(\mathfrak{a}, |T|). \qquad (*)$$

Weiter überlegt man sich leicht, daß die Vereinigung einer Kette n-abgeschlossener M_i wiederum n-abgeschlossen ist.

Es sei y_γ $\big(\gamma < \omega(\alpha)\big)$ eine Wohlordnung von E. Sei $\tau < \omega(\alpha)$, und für alle $\sigma < \tau$ sei $E_\sigma \subseteq E$ schon definiert. Wir setzen $\bigcup_{\sigma<\tau} E_\sigma = E'_\tau$. Ist $E'_\tau = E$, so sei $E_\tau = \emptyset$. Andernfalls sei x_τ das y_γ mit dem kleinsten γ, das nicht in E'_τ vorkommt, und wir setzen $E_\tau = (E'_\tau \cup \{x_\tau\})^* - E'_\tau$. Auf diese Weise wird E disjunkt in die Mengen E_τ, $\tau < \omega(\alpha)$, zerlegt.

Durch transfinite Induktion zeigt man leicht $|E_\tau| \leqq \max(\mathfrak{a}, \bar{\tau}) < \alpha$. (Denn ist $|E_\sigma| \leqq \max(\mathfrak{a}, \bar{\sigma})$ für alle $\sigma < \tau$, so folgt $|E'_\tau| \leqq \mathfrak{a} + \sum_{0<\sigma<\tau} \mathfrak{a}\bar{\sigma} \leqq \mathfrak{a} + \mathfrak{a}\bar{\tau}^2 = \max(\mathfrak{a}, \bar{\tau})$; daraus ergibt sich wegen $(*)$ die behauptete Ungleichung.) Wegen der Minimalwahl von α ist also $\varrho(G[E_\tau]) \leqq \mathfrak{a}$ für alle $\tau < \omega(\alpha)$; $<_\tau$ sei eine entsprechende Wohlordnung von E_τ.

Nach Konstruktion ist jedes $E'_\tau \cup E_\tau$ n-abgeschlossen. Jedes E'_τ ist die Vereinigung der $E'_\sigma \cup E_\sigma$ mit $\sigma < \tau$, also als Vereinigung einer Kette n-abgeschlossener Mengen wieder n-abgeschlossen. Für $x \in E_\tau$ ist daher $|N_G(x) \cap E'_\tau| < n$. Für $x, y \in E$ mit $x \in E_\sigma$, $y \in E_\tau$, $\sigma \leqq \tau$, setze man $x \leqq y$, wenn $\sigma < \tau$ bzw. $\sigma = \tau$ und $x \leqq_\tau y$ gilt; man erhält eine Wohlordnung von E, bei der jedes x zu weniger als $\mathfrak{a}$ Vorgängern benachbart ist, mit Widerspruch zu $\varrho(G) > \mathfrak{a}$. —

Übungen

1. $\varrho(G * 1) = \varrho(G) + 1$.
2. Hat G die Komponenten G_i $(i \in I)$, so ist $\varrho(G) = \sup \varrho(G_i)$.
3. Ist G' Unterteilung von G, so $\varrho(G) \geqq \varrho(G')$.
4. Aus $G \succ G'$ folgt nicht $\varrho(G) \geqq \varrho(G')$.
5. $\varrho(G) \leqq n < \infty \Rightarrow \varkappa \leqq (n-1)\,\alpha - \binom{n}{2}$; diese Schranke ist bestmöglich.
6. $\varrho(a * b) = \min(a, b)^+$.
7. $a * a^+ \not\succ_u S(a^+)$.
8. $\varrho(G) + \varrho(\overline{G}) \leqq \alpha + 1$ (Finck-Sachs [19]).

§ 6. Konfigurationen in n-chromen Graphen

Wir haben gesehen, daß $\chi(G) \geqq 3$ mit dem Vorhandensein eines ungeraden Kreises in G äquivalent ist und daß aus $G \supseteq S(n)$ folgt $\chi(G) \geqq n$. Es erhebt sich die Frage: Inwieweit ist das Vorliegen einer hohen chromatischen Zahl an das Vorhandensein bestimmter Konfigurationen in dem betreffenden Graphen geknüpft? Insbesondere erscheint es sinnvoll zu fragen: Ist $\chi(G)$ sehr groß, muß dann in G auch ein „großes“ Simplex vorhanden sein? Die Antwort ist jedoch negativ: Es gibt Graphen beliebig hoher chromatischer Zahl, die nicht einmal ein Dreieck enthalten. Solche Graphen sind von TUTTE [7], MYCIELSKI [33] und ZYKOW [51] konstruiert worden; wir geben hier das Verfahren von TUTTE wieder, mittels dessen man noch schärfer erhält:

6.1. Satz. *Für jedes $n \in \mathbb{N}$ gibt es endliche Graphen der chromatischen Zahl n, die keinen Kreis der Länge $\leqq 5$ enthalten.*

Beweis. Für $n = 1, 2, 3$ ist die Behauptung trivial. — Es sei nun G ein Graph ohne Kreis der Länge $\leqq 5$ mit $\chi(G) = n$. Wir wählen $r > (\alpha - 1)\,n$ (ganz) und setzen $s = \binom{r}{\alpha}$. $G_1, \ldots, G_s$ seien zu G isomorphe disjunkte Graphen, und $M = \{x_1, \ldots, x_r\}$ sei eine Menge von r neuen Ecken. Die Elemente von $\binom{M}{\alpha}$ seien $M_1, \ldots, M_s$. Für jedes $\sigma = 1, \ldots, s$ ziehe man nun α unabhängige Kanten von G_σ nach M_σ (so daß also durch diese Kanten eine Bijektion zwischen $E(G_\sigma)$ und M_σ vermittelt wird). In dieser Weise erhalten wir einen Graphen H (mit $E(H) = E(G_1) \cup \cdots \cup E(G_s) \cup M$); H hat, wie man unschwer der Konstruktion entnimmt, wieder keinen Kreis der Länge $\leqq 5$. Ferner ist $\chi(H) > n$. (Nehmen wir nämlich an, $\varphi\colon E(H) \to \mathbb{N}_n$ sei eine n-Färbung von H. Wegen $|M| > (\alpha - 1) \cdot n$ muß es ein M_σ geben, so daß $\varphi(x)$ den gleichen Wert i für jedes $x \in M_\sigma$ hat. In G_σ dürfte dann aber keine Ecke mit i gefärbt sein, d. h., φ würde auf G_σ eine $(n - 1)$-Färbung induzieren, mit Widerspruch.) Natürlich ist H $(n + 1)$-färbbar, und zwar so, daß die x_i alle mit $n + 1$, die G_i jeweils mit $1, \ldots, n$ gefärbt werden. —

Es gilt sogar

6.1'. *Zu je zwei natürlichen Zahlen n, $m \geqq 3$ existieren (endliche) Graphen mit der chromatischen Zahl n, die keinen Kreis der Länge $\leqq m$ enthalten.*

Dies wurde von P. ERDÖS [14] auf nicht-konstruktive Weise (mit wahrscheinlichkeitstheoretischen oder kombinatorisch-abzählenden Methoden) bewiesen[1]); der Beweis ist dargestellt bei VOSS-WALTHER [W 2], S. 82ff. Durch Heranziehung von Mengensystemen gelang L. LOVÁSZ [31] ein konstruktiver Beweis; er bemerkt jedoch, daß er diese Konstruktion für Graphen nicht beschreiben kann unter alleiniger Benutzung von Graphen (unter Vermeidung der Mengensysteme).

Auf dem Hintergrund von (6.1') gewinnt der Satz (5.10) von ERDÖS-HAJNAL an Interesse: Nach ihm muß ja jeder Graph G mit $\chi(G) > \aleph_0$ Vierecke (sogar Kreise jeder geraden Länge) enthalten. Darüber hinaus zeigen ERDÖS-HAJNAL [15], § 7, daß es für jedes $\mathfrak{a} \geqq \aleph_0$ und jedes $j \in \mathbb{N}$ Graphen G mit $\alpha(G) = \chi(G) = \mathfrak{a}$ gibt, die keinen Kreis der Länge $2i + 1$ mit $1 \leqq i \leqq j$ enthalten. Hingegen gibt es zu jedem Graphen G mit $\chi(G) \geqq \aleph_1$ ein $n_0 = n_0(G) \in \mathbb{N}$, so daß G einen Kreis der Länge n für jedes $n \geqq n_0$ enthält (vgl. ERDÖS, HAJNAL und SHELAH [16]).

Was kann man nun über Kreise größter Länge in einem Graphen G mit einer bestimmten chromatischen Zahl $n \geqq 3$ aussagen? Es ist klar, daß man sich hierbei sinnvoller-

[1]) NEŠETŘIL [34] hat ein konstruktives Verfahren zur Herstellung von Graphen beliebig hoher chromatischer Zahl ohne Kreise der Länge $\leqq 7$ angegeben. Siehe auch SACHS [37] bez. weiterer Literatur und Variationen zu diesem Problem.

weise auf kritische Graphen beschränken darf. Aus dem Satz von DIRAC (Kap. 5, (5.1)) folgt zunächst wegen (3.2), (3.3):

6.2. *Ist G kritisch n-chrom, $n \geqq 3$, so enthält G einen Kreis der Länge $\geqq 2n - 2$, bzw. ist Hamiltonsch, falls $\alpha < 2n - 2$ ist.*

Von KELLY und KELLY [29] wurde das folgende Ergebnis über Kreise in kritischen Graphen bewiesen:

6.3. Satz. *Zu je zwei natürlichen Zahlen $n, l \geqq 3$ gibt es eine Zahl $g(n, l) \in \mathbf{N}$, so daß jeder kritische n-chrome Graph G mit $\alpha \geqq g(n, l)$ einen Kreis der Länge $\geqq l$ besitzt.*

Zum Beweise überlegen wir uns zunächst:

6.4. *In einem n-chromen kritischen Graphen G gilt für jedes $T \subset E$, $|T| = \tau$*

$$\sigma(G - T) \leqq (n - 1)^\tau.$$

(Angenommen, $G - T$ hätte mehr als $(n - 1)^\tau$ Komponenten G_i. Jeder der Graphen $G - G_i$ besitzt eine $(n - 1)$-Färbung φ_i (mit den Farben $1, \ldots, n - 1$). Aus Anzahlgründen muß es dann aber $i \neq j$ geben, so daß φ_i und φ_j auf T übereinstimmen; indem wir jedem $e \in E(G - G_i)$ die Farbe $\varphi_i(e)$, jedem $e \in E(G_i)$ die Farbe $\varphi_j(e)$ zuordnen, erhalten wir eine $(n - 1)$-Färbung von G, mit Widerspruch.)

Wir erinnern an die in Kap. 1, (2.2) definierte Funktion $f(s, t)$ und behaupten, daß es genügt, $g(n, l) = f\left(l^2, (n - 1)^{l^2} + 1\right)$ zu wählen. Denn ist $\alpha \geqq$ dieser Zahl, so enthält G entweder einen Weg der Länge $\geqq l^2$, und wir sind wegen Kap. 1, (2.3) fertig, oder aber es gibt einen Weg W (notwendig $\varkappa(W) < l^2$), so daß $\sigma(G - W) > (n - 1)^{l^2} \geqq (n - 1)^{\alpha(W)}$ ist, was aber wegen (6.4) nicht sein kann. —

Der folgende Satz von ERDÖS-HAJNAL [15] zeigt die Existenz ungerader Kreise großer Länge in Graphen mit hoher chromatischer Zahl:

6.5. Satz. *Ist $\chi(G) > 2n$ (wobei $n \in \mathbf{N}$), so existiert in G ein ungerader Kreis der Länge $> 2n$.*

Beweis. O. B. d. A. sei G kritisch, so daß also $\alpha < \infty$, $z(G) \geqq 2$, $\gamma_G^{\min} \geqq 2n$ gilt. Nehmen wir an, in G sei kein Kreis der verlangten Art vorhanden.

Zunächst zeigen wir die Existenz eines Kreises der Länge $\geqq 4n$. Es sei W mit den Ecken $0, 1, \ldots, m$ und den Kanten $01, 12, \ldots, (m - 1)\,m$ ein Weg größter Länge in G. Dann ist $N_G(0) \subseteq E(W)$. Sei j das größte i mit $i \in N_G(0)$; wegen $\gamma_G(0) \geqq 2n$ ist $j \geqq 2n$. Da $W_{0j} \cup 0j$ ein Kreis der Länge $j + 1$ ist, muß $j = 2n + 2d - 1$ ungerade sein, und die Annahme $d < n$ ist zu widerlegen.

Für $i \in N_G(0)$, $0 < i < j$, bilden $W_{0i} \cup 0i$, $W_{ij} \cup \langle 0j, 0i \rangle$ Kreise der Länge $i + 1$ bzw. $j - i + 2$. Daher kann $N_G(0)$ nur die ungeraden i (das sind $n + d$ Stück) sowie die geraden i mit $i + 1 \leqq 2n$, $j - i + 2 \leqq 2n$ (was mit $2d < i < 2n$ gleichbedeutend ist) enthalten; es ergäbe sich $\gamma_G(0) \leqq (n + d) + (n - d - 1) < 2n$, mit Widerspruch.

Wir haben also in G einen (geraden) Kreis C der Länge $\geqq 4n$. Zu je zwei Ecken $x \neq y$ von G gibt es x,y-Wege, deren Längen entgegengesetzte Parität haben (vgl. Kap. 4, § 2, Übung 14). Für $x, y \in E(C)$ sei $\pi(x, y) = 0$ bzw. 1, je nachdem, ob die beiden x,y-Wege $\subseteq C$ gerade oder ungerade Länge haben. Ist W ein x,y-Weg mit $\varkappa(W) \not\equiv \pi(x, y) \bmod 2$ und hat W eine Ecke $z \neq x, y$ mit C gemeinsam, so gilt auch $\varkappa(W_{xz}) \not\equiv \pi(x, z) \bmod 2$ oder $\varkappa(W_{zy}) \not\equiv \pi(z, y) \bmod 2$. Ist daher das genannte W kürzestmöglich gewählt (für alle Paare $x \neq y$ aus $E(C)$), so muß $W \cap C = \{x, y\}$ gelten. W zusammen mit dem nichtkleineren der beiden x,y-Wege $\subseteq C$ bildet dann einen ungeraden Kreis der Länge $> 2n$. —

Ist $\chi(G) = n < \infty$ und φ eine n-Färbung von G, so spannen je 3 Farbklassen bez. φ in G einen 3-chromen Untergraphen auf (vgl. § 1, Übung 3); G muß daher mindestens $\left[\frac{n}{3}\right]$ disjunkte ungerade Kreise enthalten. Ist $G = S(n)$, so gibt es auch keine größere Zahl solcher Kreise. Für den Fall, daß G kein $S(n)$ enthält, konnten BROWN und JUNG [5] jedoch wesentlich schärfere Resultate erzielen. Es bezeichne $\varsigma(G)$ die Eckenzahl eines größten in G enthaltenen Simplexes, $c_u(G)$ die Maximalzahl disjunkter ungerader Kreise Dann gilt:

6.6. (BROWN und JUNG [5])

(a) *Ist* $\chi(G) > \varsigma(G)$ *und* $\chi(G) \neq 4$, *so* $c_u(G) \geqq \left[\frac{\chi(G) + 2}{3}\right]$.

(b) *Ist* $\varsigma(G) < 4$, *so* $c_u(G) \geqq \left[\frac{2\chi(G) - 3}{3}\right]$.

(c) *Ist* $\varsigma(G) > 2$, *so* $c_u(G) \geqq \left[\frac{2\chi(G) - \varsigma(G)}{3}\right]$.

Die Frage erhebt sich in natürlicher Weise, ob wir mehr über das Vorhandensein bestimmter Konfigurationen (insbesondere von Simplexen) in Graphen hoher chromatischer Zahl aussagen können, wenn wir die Teilgraphbeziehung verallgemeinern, wobei sich besonders die Relation $\succ$ (oder auch $\succ_u$) anbietet.[1]) Hier besteht die seit langem offene Vermutung von HADWIGER [21], daß jeder Graph G mit $\chi(G) \geqq n$ c-homomorph zu $S(n)$ ist. Es ist zweckmäßig, diese Vermutung in Einzelaussagen für jedes $n \in \mathbb{N}$ aufzuspalten; mit (H_n) bezeichnen wir die Implikation

$$\chi(G) \geqq n \Rightarrow G \succ S(n)$$

für jedes endliche G.
(H_1), (H_2) sind trivial. Auch (H_3) ist leicht als richtig einzusehen: Es besagt nichts weiter, als daß $\chi(G) \geqq 3$ die Existenz eines Kreises in G zur Folge hat. Von DIRAC [8] wurde bewiesen:

6.7. (H_4) *ist richtig.*

Beweis. Es sei $\chi(G) \geqq 4$; o. B. d. A. kann G als kritisch 4-chrom angenommen werden. Ist G 3-zh., so $G \succ_u S(4)$ (vgl. Kap. 4, § 2, Übung 17). Andernfalls ist G 2-trennbar: $G = G' \cup G''$, $G' \cap G'' = T$, $G', G'' \supset T$, $|T| = 2$. x, y seien die Ecken von T; sie sind wegen der Kritizität von G nicht benachbart. Mindestens einer der Graphen $G' \cup xy$, $G'' \cup xy$ (etwa der erstere) ist wiederum 4-chrom. Wegen $\alpha(G') < \alpha(G)$ können wir annehmen, daß $G' \cup xy$ eine Unterteilung U von $S(4)$ enthält. Wegen des 2fachen Zusammenhangs kritischer Graphen gibt es in G'' einen x,y-Weg W; falls xy in U auftritt, ersetzen wir xy durch W. Die Behauptung folgt durch Induktion über α. —

[1]) Vgl. Kap. 1, § 4. Hier haben wir ja $\succ$ als eine natürliche Verallgemeinerung der Relation $\supseteq$ für Graphen erkannt.

Beim Übergang von 4 auf 5 findet ein ganz außerordentlicher Sprung der Schwierigkeit statt, es gilt nämlich:

6.8. Äquivalenzsatz von K. Wagner. (H_5) *ist dem Vierfarbensatz äquivalent.*

Dieses überraschende Resultat (vgl. K. WAGNER, Kap. 5, [76]), auf das wir in Kap. 10 noch zurückkommen werden, ist der früheste Versuch, das Vierfarbenproblem zu „enttopologisieren" (in der Tat wird bei der Formulierung von (H_5) keinerlei Bezug auf eine ebene Darstellung genommen); es hat auch den Anstoß dazu gegeben, die allgemeine Vermutung (H_n) auszusprechen und näher zu untersuchen.

Die Schwierigkeit von (H_n) wächst mit n; es gilt nämlich für alle $n \in \mathbb{N}$ (vgl. WAGNER-HALIN [47]):

6.9. $(H_{n+1}) \Rightarrow (H_n)$.

Beweis. Es sei $\chi(G) = n$. Dann ist $\chi(G * 1) = n + 1$; gilt (H_{n+1}), so ist also $G * 1 > S(n + 1) = S(n) * 1$. Aufgrund von Kap. 1, (5.4) muß dann aber $G > S(n)$ gelten. —

Aufgrund des Wagnerschen Äquivalenzsatzes und des Beweises des Vierfarbensatzes durch APPEL-HAKEN-KOCH (vgl. § 5 des nächsten Kapitels) ist (H_5) richtig. Für $n \geqq 6$ sind dagegen nur Teilaussagen von (H_n) bekannt.

Für 6-chrome Graphen G zeigte DIRAC [13], daß entweder $G > S(6)$ ist oder aber in G mindestens 11 (geeignete) Kanten gestrichen werden können, so daß der verbleibende Graph $> S(6)$, vermindert um eine Kante, ist. I. T. JAKOBSON [27] bewies, daß jeder 7-chrome Graph $>$ einem $S(7)$, vermindert um zwei Kanten, ist.

Für allgemeines n konnte K. WAGNER [46] die folgende Abschwächung der Hadwiger-Vermutung beweisen:

6.10. *Für jedes $n \in \mathbb{N}$ existiert ein (kleinstes) $\varphi(n) \in \mathbb{N}$, so daß $\chi(G) \geqq \varphi(n) \Rightarrow G > S(n)$. Für alle n gilt die Abschätzung $\varphi(n) \leqq 2^{n-1}$.*

Beweis (nach K. WAGNER [46]). Die Existenz von $\varphi(1)$ ist trivial, ebenso $\varphi(1) = 1$. Ist $\varphi(n) \leqq 2^{n-1}$ und $\chi(G) \geqq 2\varphi(n)$, so wähle man in G eine Ecke a. Wären alle $G_i := G[D_i(a, G)]$ mit weniger als $\varphi(n)$ Farben färbbar, so folgte $\chi(G) \leqq 2\varphi(n) - 2$, da ja für G_i, G_j die gleichen $\varphi(n) - 1$ Farben genommen werden dürfen, wenn $i \equiv j \pmod 2$ ist. Ist $\chi(G_i) \geqq \varphi(n)$, $i > 0$, so kontrahieren wir alle G_j mit $j < i$ auf eine Ecke; man erkennt $G > G_i * 1 > S(n) * 1 = S(n + 1)$. Also existiert $\varphi(n + 1)$ und ist $\leqq 2 \cdot \varphi(n) \leqq 2^n$. —

Von H. A. JUNG [28] konnte die Existenz eines $\psi(n)$ (für jedes $n \in \mathbb{N}$) gezeigt werden, so daß $\chi(G) \geqq \psi(n) \Rightarrow G >_u S(n)$. Diese letzten Resultate von WAGNER und JUNG folgen auch unmittelbar aus den (später bewiesenen) Sätzen von MADER in Kap. 5, § 2, wenn man sich vergegenwärtigt, daß in jedem n-chromen kritischen Graphen alle Ecken den Grad $\geqq n - 1$ haben.

Von MADER stammt auch die bisher beste Abschätzung von $\varphi(n)$. Er zeigte (Kap. 5, [47]):

6.11. $\varphi(n) \leqq 8 \left\{ \dfrac{n \log n}{\log 2} \right\}$.

Dies ist schon eine erstaunlich gute Annäherung an die Hadwiger-Vermutung: Für jedes $\varepsilon > 0$ und hinreichend großes n gilt

$$\chi(G) \geqq n^{1+\varepsilon} \Rightarrow G > S(n).$$

Man nenne einen n-chromen Graphen G ***homomorphie-kritisch*** (kurz: $\succ$-kritisch), wenn für jedes echte c-homomorphe Bild H von G (d. h., H ist nicht isomorph zu G) gilt $\chi(H) < n$. Natürlich ist $S(n)$ (für jedes $n \in \mathbb{N}$) n-chrom $\succ$-kritisch. (H_n) besagt gerade, daß es außer $S(n)$ keine anderen $\succ$-kritischen n-chromen Graphen gibt. Es ist nun interessant, nach der Struktur der $\succ$-kritischen Graphen zu fragen unter der Annahme, daß die Hadwiger-Vermutung nicht richtig sei. Hier zeigte DIRAC [12], daß jeder 5-chrome $\succ$-kritische Graph $\neq S(5)$ mindestens 5-zh. ist. MADER [32] vereinfachte den Beweis und leitete entsprechende Resultate für 6- und 7-chrome $\succ$-kritische Graphen her. TOFT [41] zeigte u. a., daß jeder $\succ$-kritische n-chrome Graph $\neq S(n)$ mindestens n-fach kantenzh. ist (vgl. hierzu (3.3)).

Übungen

1. Ist G kritisch n-chrom ($n \geqq 3$), so gibt es in G einen Kreis beliebig großer ungerader Länge, wenn α hinreichend groß ist.

2. Es sei G ein Graph ohne Dreieck mit $\chi(G) = n$ und den Ecken $x_1, \ldots, x_\alpha$. Man wähle zusätzliche Ecken $y_1, \ldots, y_\alpha, z$ und verbinde jedes y_i mit jeder Ecke aus $N_G(x_i)$ durch eine Kante; ferner ziehe man alle Kanten zy_i. Zu zeigen:

a) Der entstehende Graph G^* ist dreiecklos,

b) $\chi(G^*) = n + 1$,

c) Ist G kritisch, so ist auch G^* kritisch (MYCIELSKI [33]).

3. (Zum Satz (6.6) von BROWN-JUNG)

a) Es sei $H \neq \Theta$ echter Untergraph von G. Die Zahl der Ecken x von $G - H$ mit $|N_G(x) \cap E(H)| \geqq \chi(H)$ sei kleiner als $\chi(G - H)$. Dann ist $\chi(G) \leqq \chi(H) + \chi(G - H) - 1$.

b) Ist C ungerader Kreis in G und $x \in E(G - C)$ zu mindestens 3 Ecken in C benachbart, so existiert in G ein $S(4)$ oder ein ungerader Kreis von kürzerer Länge als C.

c) Ist C ungerader Kreis minimaler Länge in G und $G \not\supseteq S(4)$, so ist $\chi(G - C) \geqq \chi(G) - 2$ oder $G = C$.

d) Ist $\chi(G) \geqq 5$, $G \not\supseteq S(4)$, so enthält G zwei disjunkte ungerade Kreise.

e) Satz (6.6), (a) wird falsch, wenn $\chi(G) = 4$ zugelassen wird. Man gebe ein Beispiel an.

Kapitel 7

Ebene Graphen

Da die Graphen ihre Faszination wesentlich der Tatsache verdanken, daß man sie zeichnerisch realisieren kann, ist es verständlich, daß die in der Ebene (oder auch in anderen Flächen) darstellbaren Graphen für die Forschung besonders interessant gewesen sind. Auch hat das Vierfarbenproblem hier eine Fülle von Anregungen gegeben. So ist die Literatur zu diesem Thema unübersehbar groß; auch in die Lehrbücher sind viele tiefliegende Resultate eingegangen. Hier wollen wir nur auf die Monographien von Sachs [S 2], II, Ore [O 3], Heesch [H 6], Ringel [R 2], Saaty-Kainen [S 1] hinweisen. Wir werden uns, vor allem in den §§ 5 und 6, häufig auf diese beziehen, da es im Rahmen dieser Darstellung nicht möglich ist, alle relevanten Ergebnisse mit Beweis vorzustellen.

§ 1. Grundtatsachen

Schon in Kapitel 2, § 1 hatten wir exakt die Begriffe „plättbarer" und „ebener" Graph definiert. Ein Graph ist demnach plättbar genau dann, wenn er sich in der Ebene $\mathbb{R}^2$ „zeichnen" läßt (wobei die Kanten durch Jordan-Bögen wiedergegeben werden, von denen keiner einen inneren Punkt mit einem anderen gemeinsam haben darf). Ein Graph, der bereits (in $\mathbb{R}^2$) „gezeichnet" ist, ist ein ebener Graph. Eine sorgfältige Unterscheidung zwischen plättbaren und ebenen Graphen ist in manchen Zusammenhängen geboten, da ja ein plättbarer Graph auf sehr verschiedene Weise in der Ebene dargestellt werden kann; trotzdem werden wir im folgenden gelegentlich einen (plättbaren) Graphen mit einer seiner ebenen Darstellungen identifizieren, da andernfalls sich die Ausdrucksweise erheblich komplizieren würde. Auch sollen, sofern nicht ausdrücklich etwas anderes gesagt ist, alle in diesem Kapitel auftretenden Graphen endlich sein. Da die Ebene homöomorph ist zu der Oberfläche einer Kugel, aus der ein Punkt entfernt ist, ist die Plättbarkeit eines Graphen gleichbedeutend damit, daß er sich auf der Kugeloberfläche darstellen läßt.

Grundlegend für die Theorie der endlichen ebenen Graphen ist naturgemäß der Jordansche Kurvensatz, nach welchem jede geschlossene Jordan-Kurve (= homöomorphes Bild des Einheitskreises) die Ebene in genau zwei Gebiete, ein Inneres und ein Äußeres, zerlegt. Nun sind die Graphen, deren „topologisches Erscheinungsbild" Jordan-Kurven sind, gerade die Kreise. Ferner ist es wesentlich zu wissen, daß ein (nicht geschlossener) Jordan-Bogen in $\mathbb{R}^2$ nur genau ein Gebiet bestimmt (Satz von der Vermeidbarkeit des Jordan-Bogens).

Jeder endliche ebene Graph G stellt, als Punktmenge des $\mathbb{R}^2$ aufgefaßt, ein Kompaktum dar; sein Komplement im $\mathbb{R}^2$ ist daher die disjunkte Vereinigung von Gebieten[1]). Letztere heißen die *Gebiete* oder *Länder von G*; ihre Zahl werde mit $\lambda(G)$ oder kurz λ bezeichnet. Genau eins der Gebiete von G ist nicht beschränkt; es werde das *Außengebiet* von G genannt.

Offenbar kann man jeden endlichen zh. Graphen, ausgehend von einer isolierten Ecke, durch (iterierte) Anwendung folgender Operationen aufbauen:

(i) Hinzufügung einer Kante, die mit dem bereits konstruierten Teil genau eine Ecke gemeinsam hat;

(ii) Verbindung zweier bereits konstruierter Ecken durch eine (neue) Kante.

Im Falle eines zh. ebenen Graphen bewirkt (i) eine Vergrößerung von α und $\varkappa$ um jeweils 1, während λ konstant bleibt; bei (ii) vergrößern sich λ und $\varkappa$ um jeweils 1, während α konstant bleibt. Induktiv findet man

1.1. Eulersche Polyederformel (für die Ebene). *Für jeden endlichen zh. ebenen Graphen G gilt die Beziehung*

$$\alpha - \varkappa + \lambda = 2.$$

Bei einem zh. plättbaren Graphen ist also die Zahl der Länder, unabhängig von der speziellen Einbettung, allein durch Ecken- und Kantenzahl eindeutig bestimmt. (1.1) gilt übrigens auch, wenn Schlingen und Mehrfachkanten zugelassen werden. Im Falle eines nicht zh. ebenen Graphen G folgt mit i. w. dem gleichen Beweis

1.1'. $\alpha - \varkappa + \lambda = \sigma(G) + 1$. –

Man überlegt sich leicht (etwa durch einen ähnlichen induktiven Aufbau wie oben):

1.2. *Eine Kante k des ebenen Graphen G liegt auf dem Rande von genau zwei Ländern von G, wenn k in einem Kreise von G enthalten ist; andernfalls liegt k auf dem Rande genau eines Landes von G.*

Ist G eben und 2-zh., so läßt sich G wie folgt aufbauen: Es gibt 2-zh. Teilgraphen $G_0 \subset G_1 \subset \cdots \subset G_n$ von G derart, daß G_0 ein Kreis ist und jedes G_{i+1} ($i = 0, \ldots, n-1$) aus G_i entsteht, indem man durch eine Ecke $e \in E(G_{i+1} - G_i)$ einen G_i,G_i-Weg (in dem e enthaltenden Land von G_i) legt, schließlich sich G aus G_n durch Ziehen neuer Kanten (durch Länder von G_n hindurch) ergibt. Man sieht aus dieser Konstruktion, daß alle Länder eines ebenen 2-zh. Graphen durch Kreise berandet werden.

Hiervon gilt auch die Umkehrung. Es sei H ein 2-zh. Teilgraph eines ebenen Graphen G, $\mathcal{L}$ ein Land von H sowie C der Randkreis von $\mathcal{L}$. Es sei $\mathcal{L}$ nicht auch zugleich Land von G. Dann gibt es entweder in G einen Weg W, der zwei Ecken von C miteinander verbindet und dessen Inneres zu $\mathcal{L}$ gehört ($H \cup W$ ist dann ebenfalls 2-zh.), oder aber jede in $\mathcal{L}$ liegende Ecke von G wird durch eine Ecke $\in E(C)$ von dem Rest von C getrennt (in G). Im letzteren Falle (vgl. Abb. 28) ist C echte Teilmenge des Randes eines Landes von G, welches demnach nicht durch einen Kreis berandet wird. Setzt man

[1]) Der Rand jedes Gebietes ist eine Teilmenge der durch G repräsentierten Punktmenge, genauer: Er ist die Vereinigung gewisser Kanten von G zuzüglich evtl. auftretender isolierter Ecken von G. (Dies kann man sich etwa mittels der weiter unten genannten Operationen (i), (ii) induktiv klarmachen.)

also voraus, daß jedes Gebiet eines endlichen ebenen Graphen G durch einen Kreis berandet wird, so muß jeder maximale 2-zh. Teilgraph von G mit G übereinstimmen, d. h. G selbst 2-zh. sein. Also:

1.3. *Genau dann wird jedes Land eines endlichen ebenen Graphen G durch einen Kreis berandet, wenn G 2-zh. ist.*

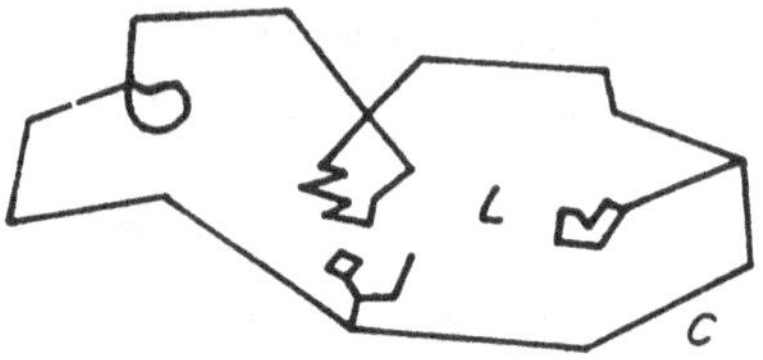

Abb. 28

Ohne weiteres klar ist:

1.4. *Ein Graph G ist plättbar genau dann, wenn alle Glieder von G plättbar sind.*

Es genügt also im folgenden weitgehend, sich bei der Betrachtung ebener Graphen auf 2-zh. Graphen zu beschränken, d. h. auf den Fall, daß alle Länder von G durch Kreise berandet werden. Für ein Land $\mathcal{L}$ von G bezeichne $C(\mathcal{L})$ bzw. $\varkappa(\mathcal{L})$ den Randkreis von $\mathcal{L}$ bzw. dessen Länge. Man hat dann aufgrund von (1.2):

1.5. $\varkappa(G) = \frac{1}{2} \sum \varkappa(\mathcal{L})$,

wobei die Summation über alle Länder $\mathcal{L}$ des 2-zh. ebenen Graphen erstreckt wird.

Insbesondere, ist u eine untere Schranke für die $\varkappa(\mathcal{L})$:

1.5′. $\varkappa(G) \geqq \frac{1}{2} u \cdot \lambda$,

mit Gleichheit genau dann, wenn $\varkappa(\mathcal{L}) = u$ für alle $\mathcal{L}$ gilt.

Als Anwendung kann man sehr leicht zeigen, daß $S(5)$ *und* $3 * 3$ *nichtplättbar* sind. Denn nach (1.1) müßte bei einer Einbettung von $S(5)$ bzw. $3 * 3$ gelten $\lambda = 7$ bzw. $\lambda = 5$; aus (1.5′) erhielte man aber $\varkappa > 10$ bzw. $\varkappa \geqq 10$ (mit $u = 3$ bei $S(5)$ und $u = 4$ bei $3 * 3$).

Ebene Graphen, bei denen jedes Land durch ein Dreieck berandet wird, heißen (ebene) *Dreiecksgraphen.* Jeder ebene Graph G mit $\geqq 3$ Ecken läßt sich durch Ziehen neuer Kanten in der Ebene zu einem Dreiecksgraphen erweitern. Denn ist $\varkappa(\mathcal{L}) \geqq 4$, so gibt es auf $C(\mathcal{L})$ zwei in G nicht benachbarte Ecken x, y. (Andernfalls könnte man in $\mathcal{L}$ eine Ecke wählen, von der man zu allen Ecken von C Kanten zieht, und erhielte eine Einbettung von $S(5)$.) Von x nach y kann man durch $\mathcal{L}$ hindurch eine neue Kante ziehen.

Aus (1.1), (1.5) ergibt sich, daß jeder ebene Dreiecksgraph G die Gleichung

$$\varkappa = 3\alpha - 6$$

erfüllt. Aufgrund der letzten Überlegung haben wir also:

1.6. *Für jeden ebenen Graphen G mit $\alpha \geqq 3$ ist*

$$\varkappa \leqq 3\alpha - 6, \tag{*}$$

wobei Gleichheit genau dann gilt, wenn G ein Dreiecksgraph ist.

Die Ungleichung (∗) besteht natürlich für alle plättbaren Graphen (mit mindestens 3 Ecken), und die maximalen unter ihnen sind dadurch charakterisiert, daß in (∗) Gleichheit gilt; unabhängig von der speziellen Wahl der Einbettung in die Ebene, stets werden also die maximal plättbaren Graphen durch Dreiecksgraphen realisiert.

1.7. *Hat man* $G = G' \cup G''$, $G' \cap G'' = S(2)$ *und sind* G', G'' *beide plättbar, so ist auch* G *plättbar.*

(Denn man zeichne G' in der Ebene. $\mathcal{L}'$ sei ein Land von G', das die Kante k des betreffenden $S(2)$ auf seinem Rande $C'(\mathcal{L})$ enthält. In $\mathcal{L}'$ kann, ausgehend von k, G'' eingezeichnet werden.)

Bemerkung. Haben G', G'' beide $\geqq 3$ Ecken, so wird $\mathcal{L}'$ bei letzterer Einbettung von G'' in weitere Teilländer zerlegt, von denen genau eines $C'(\mathcal{L}') - k$ als Teil seines Randes enthält; letzteres Land wird sicher nicht durch ein Dreieck berandet.

1.8. *Es sei* G *plättbar und 2-zh.* G *werde durch zwei Ecken* x, y *getrennt:* $G = G' \cup G''$, $G' \cap G'' = \{x, y\}$. *Dann ist auch* $G \cup xy$ *plättbar.*

Beweis. Es existiert in G'' ein x,y-Weg W''. $G' \cup W''$ ist plättbar und eine Unterteilung von $G' \cup xy$; letzterer Graph ist also ebenfalls plättbar. Analog folgt, daß $G'' \cup xy$ plättbar ist. Nach (1.7) ist also G plättbar. —

Aus (1.7) nebst Bemerkung und (1.8) folgt nun, daß ein Dreiecksgraph nicht 2-trennbar sein kann. Also:

1.9. *Jeder ebene Dreiecksgraph der Ordnung* $\geqq 4$ *ist 3-zh.*

Dieses Resultat kann noch verbessert werden (vgl. Übung 6 unten), wie aus den Eigenschaften der trennenden Untergraphen in ebenen Graphen folgt, die in den Übungen 4, 5 studiert werden.

Man macht sich leicht klar, daß sich die Begriffe „plättbar", „eben", „Länder" ganz entsprechend auch für M-Graphen definieren lassen und daß für diese gleichfalls die Eulersche Polyederformel gilt.

Übungen

1. Ist G eben und kein Kreis, so haben verschiedene Länder auch verschiedene Ränder.
2. Aus (1.6) schließe man $\gamma_G^{\min} \leqq 5$ für jedes endliche plättbare G.
3. Ein ebener Graph G mit $\alpha \geqq 4$ ist ein Dreiecksgraph genau dann, wenn jede Ecke von G zusammen mit ihren Nachbarn in G ein Rad aufspannt.
4. $H * 2$ ist plättbar genau dann, wenn H Teilgraph eines Kreises ist.
5. Ist T ein a,b-Schnitt in G, so $G \succ G[T] * 2$. Ist also G eben, so ist $G[T]$ entweder Kreis, oder $G[T]$ hat lauter Wege als Komponenten. Im Falle $|T| \geqq 3$ kann G durch Adjunktion neuer Kanten zwischen Ecken $\in T$ so zu einem wiederum ebenen Graphen G' erweitert werden, daß $G'[T]$ ein Kreis ist (der a, b trennt).

Hinweis. Es sei $G = G' \cup G''$, $G' \cap G'' = G[T]$, a in G', b in G''. Ist T kein Kreis, so existiert $t \in T$ mit $\gamma_G(t) \leqq 1$. Es sei C ein Kreis, der t und genau eine weitere Ecke $t' \in T$ enthält, so daß der eine t,t'-Weg von C zu G', der andere zu G'' gehört. Sei $\mathcal{L}$ Land von C, das keinen Nachbarn $\in T$ von t enthält, und man denke $\mathcal{L}$ „kleinstmöglich" gewählt. Dann kann man tt' durch $\mathcal{L}$ ziehen.

6. Ein ebener Dreiecksgraph mit $\geqq 5$ Ecken ist entweder durch ein Dreieck trennbar oder 4-zh. (Dies folgt sofort aus 5.)
7. Ein ebener Graph G mit $\alpha \geqq 3$ ist Dreiecksgraph genau dann, wenn für je zwei nichtbenachbarte $x, y \in E$ gilt: Jeder x,y-Schnitt spannt in G einen Kreis auf.

8. Aus 3. und (1.9) folgere man: Sind x, y nichtbenachbarte Ecken des Dreiecksgraphen G, so enthält G eine Unterteilung eines $S(5)$, vermindert um eine Kante, wobei x, y die Verzweigungspunkte[1]) vom Grade 3 sind. Insbesondere: Fügt man zu einem Dreiecksgraphen eine neue Kante hinzu, so enthält der entstehende Graph eine Unterteilung von $S(5)$.

9. Ist G ebener Dreiecksgraph und 4-zh., so enthält G eine Unterteilung des Oktaeders $2 * 2 * 2$.

10. (1.2), (1.3), (1.4) gelten auch noch für M-Graphen. In (1.3) ist nur auszuschließen, daß G aus einer einzigen Ecke mit Schlinge besteht.

§ 2. Äquivalenz von Einbettungen; Geradlinigkeit; Dualität

Es ist klar, daß, wenn ein Graph plättbar ist, er unendlich viele verschiedene ebene Darstellungen besitzt; denn aus jeder solchen Darstellung erhält man eine weitere durch Anwendung eines Homöomorphismus der Ebene auf sich. Wir wollen präzisieren, wann wir Darstellungen in der Ebene als im wesentlichen gleich ansehen wollen.

Es seien φ, φ' zwei Darstellungen des Graphen G in der Ebene, d. h. Isomorphismen von G auf ebene Graphen H bzw. H'. φ, φ' sollen *äquivalent* heißen, wenn für alle $R \subseteq G$ gilt: $\varphi(R)$ ist Rand eines Landes von H genau dann, wenn $\varphi'(R)$ Rand eines Landes von H' ist. Das bedeutet also m. a. W., daß $\varphi' \circ \varphi^{-1}$ eine Abbildung von H auf H' vermittelt, bei der nicht nur die Inzidenzen zwischen Ecken und Kanten invariant bleiben, sondern auch die Länder so aufeinander bijektiv bezogen sind, daß einander entsprechende Länder durch dieselben Ecken und Kanten von G (genauer: deren Bilder bei φ bzw. φ') berandet werden. Dabei brauchen sich die Außengebiete von H und H' nicht zu entsprechen. Vielmehr gilt: Ist φ irgendeine Einbettung von G in die Ebene, $R \subseteq G$ und $\varphi(R)$ der Rand irgendeines Landes $\mathcal{L}$ von $\varphi(G)$, so gibt es eine zu φ äquivalente Einbettung φ' derart, daß $\varphi'(R)$ das Außengebiet von $\varphi'(G)$ berandet. Kurz gesagt: Jedes Gebiet eines ebenen Graphen kann „zum Außengebiet gemacht" werden. (Denn man bilde mittels stereographischer Projektion $\varphi(G)$ auf die Einheitskugel ab, drehe diese so, daß der „Nordpol" (das Projektionszentrum) in das Innere des $\mathcal{L}$ entsprechenden Gebietes auf der Kugel fällt, und projiziere auf die Ebene zurück.)

Sind φ, φ' ebene Einbettungen von G, so heißen diese *stark äquivalent*, wenn sie äquivalent sind und sich bei $\varphi' \circ \varphi^{-1}$ die Außengebiete von $\varphi(G)$ und $\varphi'(G)$ entsprechen.

Ist φ ebene Einbettung von G und η ein Homöomorphismus des $\mathbb{R}^2$ auf sich, so liefern φ und $\eta \circ \varphi$ stark äquivalente Einbettungen von G. Umgekehrt gilt jedoch nicht allgemein, daß zu stark äquivalenten φ, φ' ein solches η gefunden werden kann mit $\varphi' = \eta \circ \varphi$.

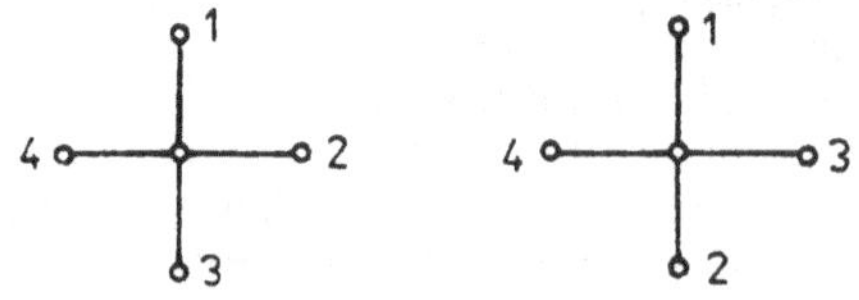

Abb. 29

Zum Beispiel zeigt Abb. 29 zwei Einbettungen von $1 * 4$, die natürlich stark äquivalent sind, aber nicht durch einen Homöomorphismus η der Ebene auseinander hervorgehen können. (Das Polygon 1 2 3 4 1 müßte nämlich bei η in eine Jordan-Kurve übergehen, auf der die Punkte $\eta(1), \ldots, \eta(4)$ in der entsprechenden Reihenfolge auftreten.) Man

[1]) Ist H^U Unterteilung des Graphen H, so heißen die Ecken des ursprünglichen Graphen H die *Verzweigungspunkte* der Unterteilung, die neu eingeführten deren *Teilungspunkte*.

kann jedoch zeigen, daß ein solches η immer zu stark äquivalenten Einbettungen eines 2-zh. Graphen gefunden werden kann.

Es sei G im folgenden 2-zh. und plättbar; als Gebietsränder kommen dann nach (1.3) nur Kreise in Frage. C sei irgendein Kreis von G. Dann sind folgende Fälle möglich:

1. Bei jeder Einbettung φ von G berandet $\varphi(C)$ ein Land von $\varphi(G)$;
2. Es gibt Einbettungen φ, ψ von G, so daß $\varphi(C)$ Rand eines Landes von $\varphi(G)$, aber $\psi(C)$ nicht Rand eines Landes von $\psi(G)$ ist;
3. Bei keiner Einbettung berandet das Bild von C ein Land.

Wir wollen C dann beziehentlich von 1., 2. oder 3. Art nennen.

G heiße *eindeutig einbettbar*, wenn je zwei ebene Einbettungen äquivalent sind; dies ist offenbar gleichbedeutend damit, daß in G kein Kreis 2. Art vorhanden ist.

Als eine *C-Brücke* von G definieren wir a) jede Kante von G, deren Endpunkte auf C liegen, die aber selbst nicht zu C gehört, sowie b) jede Komponente H von $G - C$ zuzüglich der von H nach C führenden Kanten (einschließlich der Endpunkte). C-Brücken $B \neq B'$ *trennen sich*, wenn entweder Eckenpaare $x \neq y$ aus $B \cap C$, $x' \neq y'$ aus $B' \cap C$ vorhanden sind, die sich auf C trennen, oder aber $B \cap C$ und $B' \cap C$ (genau) 3 Ecken gemeinsam haben; vgl. Abb. 30 und 31 für diese beiden Möglichkeiten.

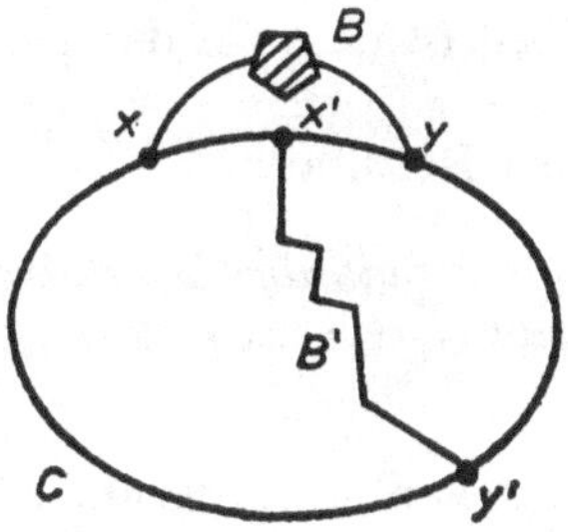

Abb. 30

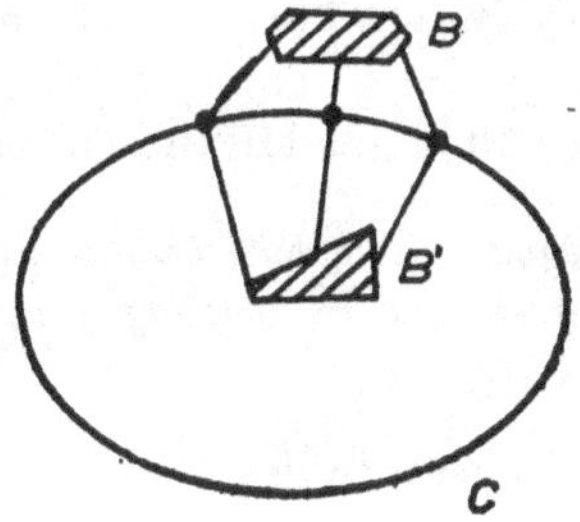

Abb. 31

$B \neq B'$ trennen sich genau dann nicht, wenn $C \cap B$ ganz in einem Teilweg von C enthalten ist, dessen Inneres zu B' fremd ist.

Folgende einander ausschließende Fälle sind für C möglich:

(i) Es gibt zwei sich trennende C-Brücken B, B'. Dann müssen diese bei jeder Einbettung φ von G in verschiedene Gebiete von $\varphi(C)$ (zuzüglich des Randes) fallen, d. h., C ist von 3. Art.

(ii) Es gibt höchstens eine C-Brücke. Dann muß C von 1. Art sein.

(iii) Es gibt mehr als eine C-Brücke, aber keine zwei sich trennenden C-Brücken. Ist dann φ eine Einbettung von G und B eine C-Brücke die (gemäß φ) im Inneren (bzw. Äußeren) von $\varphi(C)$ liegt, so kann man durch „Umklappen“ B in das Äußere (bzw. Innere) von $\varphi(C)$ verlegen, wobei im übrigen die Einbettung unverändert bleibt (vgl. Abb. 32). Man sieht, daß es möglich ist, alle C-Brücken in das Äußere von C zu „klappen“, und man erhält eine Einbettung, bei der C Gebietsrand ist; andererseits kann man erreichen, daß sowohl im Inneren als auch im Äußeren von C Brücken verlaufen (bei letzterer Einbettung ist dann C kein Gebietsrand). Fall (iii) ist also gleichbedeutend damit, daß C von 2. Art ist. Man zeigt auch leicht, daß G unter diesen Umständen 2-trennbar ist. Denn ist W ein x,y-Weg $\subset C$ mit $\{x, y\} = E(B \cap W)$, der $B' \cap C$ enthält (B, B' verschiedene C-Brücken), so wird G offenbar durch x, y getrennt.

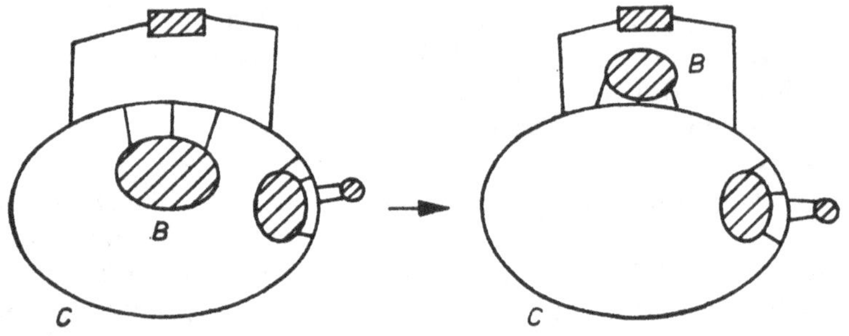

Abb. 32

Ist G 3-zh., so kann der Fall (iii) also nicht eintreten. Es folgt

2.1. (WHITNEY [35]). *Jeder 3-zh. plättbare Graph ist eindeutig einbettbar in die Ebene.*

Bezüglich anderer Beweise sowie Varianten des Begriffs der eindeutigen Einbettbarkeit vgl. FLEISCHNER [10], IMRICH [18]. In letzterer Arbeit ist (2.1) auf den unendlichen Fall ausgedehnt.

K. WAGNER [33] bewies 1936 das folgende interessante Resultat:

2.2. *Jeder endliche plättbare Graph G besitzt sogar eine geradlinige Darstellung in der Ebene. Schärfer: Zu jeder ebenen Einbettung φ von G gibt es eine zu φ stark äquivalente geradlinige Einbettung.*

Beweis. Es sei P ein Polygon in der Ebene mit den Ecken $p_1, \ldots, p_r$ und $\mathfrak{g}$ eines der beiden durch P bestimmten Gebiete. $\mathfrak{g}$ heiße sternförmig, wenn es in $\mathfrak{g}$ einen Punkt z gibt, so daß die Strecke zp_i für $i = 1, \ldots, r$ keinen Punkt von P (außer p_i) trifft. Jedes solche z heiße ein Zentrum von $\mathfrak{g}$; die Menge der Zentren ist eine offene Punktmenge. Man macht sich dann unschwer klar: Zieht man von z nach $s \geqq 2$ der p_i die Strecken zp_i, so wird hierdurch $\mathfrak{g}$ in s wiederum sämtlich sternförmige Gebiete zerlegt. (Zentren findet man, wenn man nur hinreichend nahe bei z in den betreffenden „neuen" Gebieten bleibt.)

Nach dieser Vorbemerkung kommen wir zum eigentlichen Beweis. O. B. d. A. sei G Dreiecksgraph (vgl. Übung 1). Γ sei die Menge aller 2-zh. Untergraphen H von G, die eine zu $\varphi|_H$ stark äquivalente Einbettung φ_H besitzen derart, daß jedes Land von $\varphi_H(H)$ durch ein Polygon berandet wird und sternförmig ist. $\Gamma \neq \emptyset$, da z. B. alle Dreiecke von G zu Γ gehören. Es sei nun H ein maximales Element in Γ; nehmen wir $H \neq G$ an. Da G Dreiecksgraph ist, finden wir ein Land $\mathcal{L}$ von $\varphi(H)$ sowie eine Ecke e von $G - H$, so daß $\varphi(e) \in \mathcal{L}$ und e zu $\geqq 2$ Ecken des Randes R von $\mathcal{L}$ benachbart ist. Gemäß φ_H entspricht R ein Polygon R', $\mathcal{L}$ ein sternförmiges Gebiet $\mathcal{L}'$ von $\varphi_H(H)$. Wir können nun leicht $G[H \cup e] \in \Gamma$ herleiten, indem wir e durch ein Zentrum von $\mathcal{L}'$ darstellen und die Vorbemerkung anwenden. Also muß $H = G$ sein, q. e. d. —

Bemerkenswerterweise konnte C. THOMASSEN [25] zeigen, daß auch jeder unendliche plättbare Graph eine geradlinie Darstellung in der Ebene besitzt.

Übrigens läßt sich (2.2) verschärfen zu

2.3. *Jeder 3-zh. plättbare Graph besitzt eine ebene Darstellung, in der alle Länder, mit Ausnahme des Außengebietes, konvex sind.*

Dies kann aus dem Satz von Steinitz [23], daß die 1-Skelette der konvexen 3-dimensionalen Polyeder identisch mit den 3-zh. plättbaren Graphen sind (vgl. Grünbaum [G 4], Chap. XIII), gefolgert werden.

Für einen kurzen Beweis von (2.3) vgl. den Anhang 1.

Sehr interessante Beiträge zu diesem Fragenkomplex liefern die Arbeiten [28, 29] von Tutte.

Wir behandeln noch kurz den Begriff der Dualität für ebene Graphen, der von H. Whitney in den dreißiger Jahren erstmals eingehend untersucht worden ist. Es sei G ein zh. ebener Graph (oder auch M-Graph). Auf jeder Kante k (als Jordan-Bogen aufgefaßt) wählen wir einen inneren Punkt p_k (als „Grenzübergang"), ferner in jedem Land $\mathscr{L}$ einen Punkt $h_{\mathscr{L}}$ (als „Hauptstadt"). Die $h_{\mathscr{L}}$ wählen wir als die Ecken eines neuen ebenen M-Graphen $\mathscr{D}(G)$; seine Kanten zeichnen wir wie folgt: Liegt die Kante k von G auf dem Rande zweier verschiedener Länder $\mathscr{L}, \mathscr{L}'$, so ziehen wir eine Kante $k^{\times}$ (Jordan-Bogen, „direkte Verkehrsverbindung") von $h_{\mathscr{L}}$ nach $h_{\mathscr{L}'}$ unter Benutzung des Grenzüberganges p_k. Liegt dagegen k nur auf dem Rande eines Landes $\mathscr{L}$, so zeichnen wir $k^{\times}$ als eine Schlinge, die in $h_{\mathscr{L}}$ beginnt, k bei p_k kreuzt und dann (in $\mathscr{L}$) wieder zu $h_{\mathscr{L}}$ zurückführt[1]). Die Konstruktion ist in Abb. 33 an einem Beispiel verdeutlicht (die Kanten von $\mathscr{D}(G)$ sind gestrichelt). Der so entstehende M-Graph $\mathscr{D}(G)$ heiße der *duale M-Graph* zu G, auch *Dual* von G.

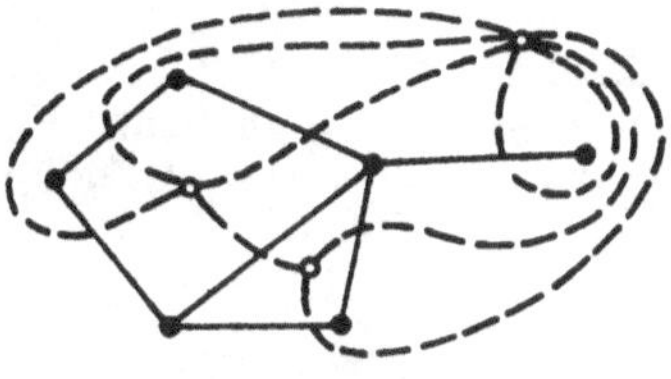

Abb. 33

Es ist klar, daß die Kanten von G und $\mathscr{D}(G)$ vermöge $k \to k^{\times}$ in natürlicher bijektiver Beziehung zueinander stehen, also $\varkappa(G) = \varkappa(\mathscr{D}(G))$ gilt, ferner, daß $\mathscr{D}(G)$ im allgemeinen Schlingen und Mehrfachkanten enthält, auch wenn G solche nicht besitzt. $\mathscr{D}(G)$ hängt wesentlich von der Einbettung von G ab; äquivalente Einbettungen führen jedoch zu isomorphen Dualen. Der „Operator" $\mathscr{D}$ hat die für Dualitäten wesentliche involutorische Eigenschaft:

2.4. $\mathscr{D}(\mathscr{D}(G)) = G$ *für alle ebenen zh. Graphen G.*

Man überlegt sich unschwer, daß k Schlinge ist genau dann, wenn $k^{\times}$ Brücke ist, und daß Mehrfachkanten in $\mathscr{D}(G)$ genau dann auftreten, wenn es zwei Länder in G gibt, die (mindestens) 2 Kanten gemeinsam haben. Liegen k_1, k_2 auf einem Kreis C in G, so erkennt man (durch Betrachtung von „Länderketten" im Innern und im Äußeren von C), daß auch $k_1^{\times}, k_2^{\times}$ auf einem Kreis in $\mathscr{D}(G)$ liegen. Damit folgt:

2.5. *Ist G 2-zh., so ist auch $\mathscr{D}(G)$ 2-zh.*

[1]) Natürlich sollen sich keine zwei der Jordan-Bögen $k^{\times}$ in inneren Punkten treffen, was offenbar leicht realisiert werden kann.

Sind C_1, C_2 Randkreise von Ländern $\mathcal{L}_1, \mathcal{L}_2$ von G, die höchstens eine gemeinsame Ecke haben, und sind $W_1, \ldots, W_n$ disjunkte Wege $\subseteq G$ von C_1 nach C_2, so bestimmen diese n Gebiete. Durch Betrachtung von „Länderketten" durch jedes dieser Gebiete sieht man, daß in $\mathcal{D}(G)$ auch n kreuzungsfreie $h_{\mathcal{L}_1}, h_{\mathcal{L}_2}$-Wege existieren. Damit folgt:

2.6. *Ist G 3-zh., so ist auch $\mathcal{D}(G)$ 3-zh.*

Die Klasse der 3-zh. ebenen Graphen ist also bez. $\mathcal{D}$ abgeschlossen, und $\mathcal{D}(G)$ ist für ein G dieser Klasse durch G (bis auf Isomorphie) eindeutig bestimmt.

$\mathcal{D}(2 * 2 * 2)$ ist isomorph dem Würfel; der Dual eines 4-zh. Graphen braucht also keineswegs wiederum 4-zh. zu sein.

Übungen

1. φ, ψ seien (stark) äquivalente Einbettungen von G in die Ebene und $H \subset G$. Dann sind die Einschränkungen $\varphi|_H, \psi|_H$ (stark) äquivalente Einbettungen von H.
2. Ein 2-*zh.*, plättbarer Graph G ist eindeutig einbettbar genau dann, wenn er sich nicht als kantendisjunkte Vereinigung von Graphen G', G'', die beide keine Wege sind, beide $\geqq 3$ Ecken besitzen, und die genau 2 Ecken gemeinsam haben, darstellen läßt.
3. Für äquivalente Einbettungen φ, ψ eines 2-zh. plättbaren Graphen G gilt: Entweder folgen für jede Ecke e von G die Kanten (beim Umlauf um e im Uhrzeigersinn) bei φ und ψ in gleicher zyklischer Reihenfolge aufeinander, oder sie folgen für jedes e bei φ, ψ in entgegengesetzter zyklischer Reihenfolge aufeinander.
4. Mittels (1.1) und (1.5) zeige man: Die Graphen der platonischen Körper (Abb. 1—5 in Kap. 1) sind genau diejenigen ebenen Graphen, die zugleich mit ihrem Dual regulär sind.
5. Man beweise (2.4). (Ist $e \in E(G)$, so bilden die $k^\times$ mit $e \in k$ den Rand eines Landes von $\mathcal{D}(G)$, das außer e keine Ecke von G enthält. Etwa mittels (1.1) schließt man, daß wirklich in jedem Land von $\mathcal{D}(G)$ eine Ecke von G liegt.)
6. Hat das ebene zh. G die Glieder $G_1, \ldots, G_n$, so hat $\mathcal{D}(G)$ die Glieder $\mathcal{D}(G_1), \ldots, \mathcal{D}(G_n)$.
7. G und $\mathcal{D}(G)$ können (bei obiger Konstruktion) niemals beide geradlinig sein.
8. Man führe den Beweis zu (2.6) genau aus. Warum versagt er für den 4fachen Zusammenhang?

§ 3. Der Satz von Kuratowski

Wir haben bereits gesehen, daß die Graphen $S(5)$ und $3 * 3$ (sowie deren Unterteilungen) nicht in die Ebene einbettbar sind. Es ist eines der frühesten und zugleich schönsten Resultate der Graphentheorie, daß auch umgekehrt eine dieser Konfigurationen vorhanden sein muß, wenn ein Graph nicht plättbar ist (Kuratowski [19]).

3.1. Satz von Kuratowski. *Ein endlicher Graph G ist plättbar genau dann, wenn er weder eine Unterteilung von $S(5)$ noch von $3 * 3$ enthält.*

Wir erinnern an (4.8) in Kap. 1; hiernach gilt $G \succ 3 * 3 \Leftrightarrow G \succ_u 3 * 3$. Durch eine ähnliche Überlegung wie dort zeigt man (genaue Durchführung als Übung) $G \succ S(5) \Rightarrow (G \succ_u S(5) \vee G \succ_u 3 * 3)$. Also können wir feststellen:

3.2. $(G \succ S(5) \vee G \succ 3 * 3) \Leftrightarrow (G \succ_u S(5) \vee G \succ_u 3 * 3)$.

Es ist also gleichgültig, welche der Relationen $\succ_u, \succ$ wir in (3.1) zugrunde legen.

Nehmen wir nun an, (3.1) sei falsch. G sei ein nichtplättbarer Graph mit kleinstmöglichen $\alpha, \varkappa$, der keine Unterteilung von $S(5)$ oder $3 * 3$ enthält. Nach (1.4) ist G 2-zh. Wäre G 2-trennbar, so erhielte man (unter Benutzung von (1.7)) mittels des Beweises von (1.8) einen nichtplättbaren Graphen H mit $G \succ_u H$ und $\alpha(H) < \alpha$. Also ist G 3-zh.

Nehmen wir an, G sei sogar 4-zh. $k = ab$ sei eine beliebige Kante von G. Wegen der Minimalwahl von G ist $G - k$ plättbar. Es gibt dann eine Einbettung von $G - k$, in der 3 kreuzungsfreie a,b-Wege W, W', W'' Gebiete I, II, III wie in Abb. 34 bestimmen. In I muß ein Weg $Z \subseteq G - a - b$ von W nach W' verlaufen; sonst lägen a, b auf dem gleichen Gebietsrand von $G - k$, und G wäre doch plättbar. Analog findet man „Sperren" Z', Z'' durch II und III (in Abb. 34 gestrichelt). Es ist dann aber $G \supseteq W \cup W' \cup W'' \cup Z \cup Z' \cup Z'' \cup ab > S(5)$.

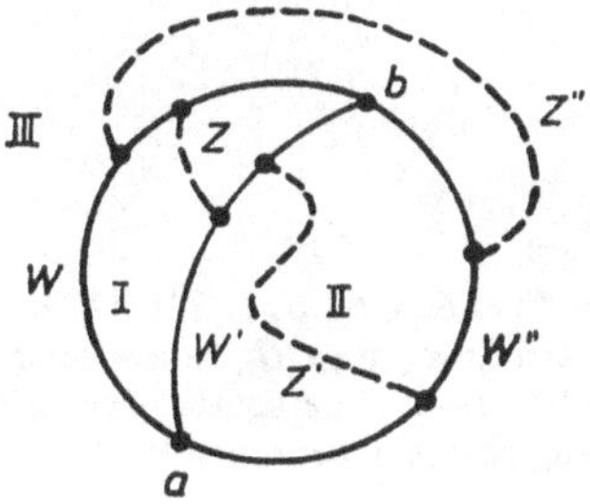

Abb. 34

G besitze also ein trennendes T mit den drei Ecken a, b, c, d. h. $G = G' \cup G''$, $G' \cap G'' = T$, $G', G'' \supset T$.
Es sei $\hat{G}$ der Graph, der dadurch entsteht, daß man T durch Adjunktion neuer Kanten zu einem Dreieck S vervollständigt. Für $H \sqsubseteq G$ sei $\hat{H} := \hat{G}[H]$. Dann ist also $\hat{G} = \hat{G}' \cup \hat{G}''$, $\hat{G}' \cap \hat{G}'' = S$.

1. Fall. $\hat{G}', \hat{G}''$ sind beide plättbar.

a) Falls S weder $\hat{G}'$ noch $\hat{G}''$ trennt, so berandet S bei jeder Einbettung von $\hat{G}'$ bzw. $\hat{G}''$ ein Gebiet. Daher ist dann $\hat{G}' \cup \hat{G}'' \supseteq G$ plättbar.

b) Falls $\hat{G}'$ durch S getrennt wird, etwa $x \cdot S \cdot y(\hat{G}')$, so wählen wir einen x,S-Fächer F_x und einen y,S-Fächer F_y in $\hat{G}'$; F_x, F_y bilden zusammen mit einem z,S-Fächer $F_z \subseteq \hat{G}''$ (mit $z \in E(G'')$) eine Unterteilung von $3 * 3$, die keine Kante von S benutzt, also sogar $\subseteq G$ ist.

2. Fall. $\hat{G}'$ ist nicht plättbar. Wegen der Minimalwahl von G ist $\hat{G}' >_u S(5)$ oder $3 * 3$.

a) Ist U eine in $\hat{G}'$ enthaltene Unterteilung von $3 * 3$, so ist etwa o. B. d. A. $ab \notin K(U)$, da U dreiecklos ist. Man wähle $x \in E(G'' - T)$ sowie einen x,T-Fächer $F \subseteq G$. Den c,x-Weg $W \subseteq F$ kontrahiere man auf eine Ecke. Man erkennt $G > G' \cup cb \cup ac \supseteq U$.

b) Es sei U eine in $\hat{G}'$ enthaltene Unterteilung von $S(5)$. Ist $S \not\subseteq U$, so folgt $G > U$ wie bei a). Daher sei $S \subseteq U$; es gibt dann x_1, x_2 in $U - S$, so daß x_i,S-Fächer $F_i \subseteq U$ $(i = 1, 2)$ existieren mit $F_1 \cap F_2 = \{a, b, c\}$. Ferner existiert ein x_3,T-Fächer $F_3 \subseteq G''$. $F_1 \cup F_2 \cup F_3$ bildet dann aber ein $(3 * 3)^U \subseteq G$.

Dieser Widerspruch beendet den Beweis. —

Vorstehender Beweis stammt von Halin [14]. Ein anderer Beweis sowie eine Ausdehnung des Kuratowskischen Satzes auf abzählbare Graphen findet sich bei Dirac-Schuster [9]. Ein besonders kurzer und eleganter Beweis, der allerdings ein Resultat aus Kap. 11 benutzt, ist im Anhang 1 dargestellt.

Interessante, bisher kaum behandelte Fragen treten im Zusammenhang mit abzählbaren Graphen auf. Zum Beispiel kann man fragen, welche unter diesen eine Einbettung in die Ebene besitzen, so daß die Eckenmenge keine Häufungspunkte aufweist. Diese Frage wurde von R. HALIN [15] für den lokalfiniten Fall, von RÜDIGER SCHMIDT für den allgemeinen Fall beantwortet, und zwar vermöge bestimmter „verbotener Konfigurationen". R. SCHMIDT charakterisierte auch die Graphen, die bei jeder Einbettung unendlich viele bzw. überabzählbar viele Häufungspunkte haben. Bezüglich dieser Resultate, deren Beweise noch nicht publiziert sind, und verwandter Probleme vgl. R. HALIN [16]. C. THOMASSEN [25] zeigte, daß ein lokalfiniter abzählbarer Graph, der häufungspunktfrei in der Ebene darstellbar ist, sogar auch noch zusätzlich geradlinig dargestellt werden kann.

Übungen

1. Ist G nichtplättbar, 3-zh. und $\neq S(5)$, so ist $G \succ_u 3 * 3$.
2. Man erweitere (3.1) auf abzählbares G. (Hierzu sei $G = G_1 \cup G_2 \cup G_3 \cup \ldots$, alle G_n seien endlich und plättbar sowie $G_n \subset G_{n+1}$ für alle $n \in \mathbb{N}$. Eine Einbettung φ_n und G_n heiße ausgezeichnet, wenn es für unendlich viele i eine Einbettung von G_{n+i} gibt, die φ_n fortsetzt. Man schließe nun analog dem Beweis von Kap. 1, (2.7), daß G eine Einbettung in die Ebene besitzt.)

§ 4. Das Kriterium von MacLane

MACLANE [20, 21] hat 1937 eine weitere Charakterisierung der plättbaren Graphen gegeben, die auf einer algebraischen Betrachtung der Randkreise der Länder in einem ebenen Graphen beruht.

Es sei $G = (E, K)$ endlicher Graph. $\mathfrak{P}(K)$ bildet bez. $\oplus$ (der symmetrischen Differenz) eine abelsche Gruppe, die wir (aufgrund von $T \oplus T = \emptyset$ für alle $T \subseteq K$) als einen Vektorraum über $\mathbb{F}_2 = \{0, 1\}$ auffassen können (also mit $1 \cdot T = T$, $0 \cdot T = \emptyset$). $L \subseteq K$ heißt ein *Zyklus* von G, wenn in (E, L) jedes $e \in E$ geraden Grad hat. Ist C Kreis in G, so ist $K(C)$ Zyklus; wir wollen zwischen C und $K(C)$ im folgenden nicht streng unterscheiden, insbesondere die Kreise selbst als Zyklen auffassen. $\mathfrak{Z}(G)$ bezeichne die Menge aller Zyklen von G. Man zeigt leicht, daß für $Z, Z' \in \mathfrak{Z}(G)$ auch stets $Z \oplus Z' \in \mathfrak{Z}(G)$ folgt. $\mathfrak{Z}(G)$ bildet also einen Unterraum des Vektorraumes $\mathfrak{P}(K)$, $\oplus$; $\mathfrak{Z}(G)$ heißt der *Zyklenraum* von G. Die Dimension von $\mathfrak{Z}(G)$ wird der *Zyklenrang* $r_z(G)$ von G genannt.

Durch sukzessives Abspalten von Kreisen zeigt man leicht, daß jeder Zyklus $\neq \emptyset$ sich kantendisjunkt in Kreise zerlegen läßt. Ferner: Ist $\mathfrak{B}$ Basis von $\mathfrak{Z}(G)$, so kommt ein $k \in K$ in wenigstens einem $C \in \mathfrak{B}$ vor genau dann, wenn k auf einem Kreis von G liegt. Weiter gilt:

4.1. *Ist $C_1, \ldots, C_r$ irgendeine Basis von $\mathfrak{Z}(G)$, so existieren Kreise $C_i' \subseteq C_i$ $(i = 1, \ldots, r)$ derart, daß $C_1', \ldots, C_r'$ wieder eine Basis von $\mathfrak{Z}(G)$ bildet.*

Beweis. C_1 ist kantendisjunkte Vereinigung von Kreisen $D_1, \ldots, D_l$. Nicht alle D_τ sind darstellbar aus $C_2, \ldots, C_r$; wir finden ein D_τ, das mit $C_2, \ldots, C_r$ eine neue Basis bildet. Von dieser ausgehend, können wir analog C_2 durch einen Kreis ersetzen. In dieser Weise fortfahrend, erhalten wir schließlich eine Basis der verlangten Art. —

Man macht sich unschwer klar:

4.2. *Ist $G = G' \cup G''$, $\alpha(G' \cap G'') \leq 1$, und ist $\mathfrak{B}'$ Basis von $\mathfrak{Z}(G')$, $\mathfrak{B}''$ Basis von $\mathfrak{Z}(G'')$, so ist $\mathfrak{B}' \dot\cup \mathfrak{B}''$ Basis von $\mathfrak{Z}(G)$. $\mathfrak{Z}(G)$ ist also die direkte Summe von $\mathfrak{Z}(G')$ und $\mathfrak{Z}(G'')$.* —

Im folgenden sei G zh., B ein Gerüst von G. Für $k \in K(G) - K(B) =: K'$ bezeichne C_k den eindeutig bestimmten Kreis in $B \cup k$.

4.3. *Die* C_k *(mit* $k \in K'$*) bilden eine Basis* $\mathfrak{B}_B$ von $\mathfrak{Z}(G)$. *Für zh. endliches* G *ist also*

$$r_z(G) = \varkappa - \alpha + 1.$$

Beweis. 1. In einer Summe $C_{k_1} \oplus \cdots \oplus C_{k_t}$ ist ein $k \in K'$ genau dann als Element enthalten, wenn C_k ungeradzahlig oft unter den C_{k_i} $(i = 1, \ldots, t)$ erscheint. $\emptyset$ besitzt daher nur die triviale Darstellung aus $\mathfrak{B}_B$.

2. Ist C Kreis in G, so ist C die Summe (in $\mathfrak{Z}(G)$) der C_k mit $k \in K(C) - K(B)$. Wir zeigen dies durch Induktion über $s(C) := \varkappa(C) - \varkappa(C \cap B)$. Im Falle $s(C) = 1$ ist $C = C_k$ für ein $k \in K'$ und die Behauptung klar. Daher sei $s = s(C) \geqq 2$, und $k_1, \ldots, k_s$ seien die Kanten von C, die nicht in B liegen. $C - \{k_1, \ldots, k_s\}$ zerfällt in s Komponenten $D_1, \ldots, D_s$, die sämtlich Teilwege ($\subseteq B$) sind. Weil B zh. ist, existiert ein Weg $W = W_{ab} \subseteq B$ mit $a \in D_i$, $b \in D_j$, $i \neq j$. Seien C' bzw. C'' die durch W und die beiden a,b-Wege $\subseteq C$ bestimmten Kreise. Es gilt $C = C' \oplus C''$, $s(C')$, $s(C'') < s(C)$. Nach Induktionsannahme ist C' die Summe der $C_{k'}$ mit $k' \in K(C') - K(B)$; analoges gilt für C''. Wegen $K(C) - K(B) = \big(K(C') - K(B)\big) \dot\cup \big(K(C'') - K(B)\big)$ folgt die Behauptung. —

Eine Basis $\{C_1, \ldots, C_r\}$ von $\mathfrak{Z}(G)$ heiße *schlicht*, wenn jedes $k \in K$ nur in höchstens zwei der C_i vorkommt. Existiert eine schlichte Basis von $\mathfrak{Z}(G)$, so (wegen (4.1)) auch eine solche aus lauter Kreisen.

Der Hauptsatz dieses Paragraphen lautet nunmehr:

4.4. Satz von MacLane. *Ein endlicher Graph* G *ist plättbar dann und nur dann, wenn* $\mathfrak{Z}(G)$ *eine schlichte Basis besitzt.*

Beweis. Aufgrund von (4.2) darf o. B. d. A. G als 2-zh. angenommen werden.

Es sei G plättbar; $\mathcal{L}_1, \ldots, \mathcal{L}_r$ seien die Länder bei irgendeiner Einbettung von G, unter Ausschluß des Außengebietes, und $C_1, \ldots, C_r$ die entsprechenden Randkreise. Jede $k \in K$ kommt dann in höchstens zwei der C_i vor. Nach (1.1) ist $r = \varkappa - \alpha + 1 = r_z(G)$. Ist $C \subseteq G$ irgendein Kreis, so seien $C_{i_1}, \ldots, C_{i_s}$ diejenigen C_j, die im Innengebiet von C (einschließlich C selbst) bei der betreffenden Einbettung erscheinen. Dann ist $C = C_{i_1} \oplus \cdots \oplus C_{i_s}$. Denn $K(C) \subseteq K(C_{i_1} \cup \cdots \cup C_{i_s})$, und $k \in K(C_{i_1} \cup \cdots \cup C_{i_s})$ gehört zu genau einem bzw. genau zwei der C_{i_σ}, je nachdem, ob k auf C oder im Inneren von C liegt. $C_1, \ldots, C_r$ erzeugen also $\mathfrak{Z}(G)$, und $r = r_z(G)$. Insgesamt erkennt man, daß $C_1, \ldots, C_r$ eine schlichte Basis von $\mathfrak{Z}(G)$ bilden.

Umgekehrt nehmen wir jetzt an, daß $\mathfrak{B} = \{C_1, \ldots, C_r\}$ eine schlichte Basis von $\mathfrak{Z}(G)$ sei.

Für jedes $k \in K(G)$ besitzt dann auch $\mathfrak{Z}(G - k)$ eine schlichte Basis. (Denn ist k in zwei der C_i, etwa C_1 und C_2, so ist $C_1 \oplus C_2, C_3, \ldots, C_r$ eine solche; ist aber k nur in C_1 (o. B. d. A.), so bildet $C_2, \ldots, C_r$ eine solche. Nämlich: Jeder Kreis $C \subseteq G - k$ enthält in seiner Darstellung aus $\mathfrak{B}$ im ersten Falle keinen der Kreise C_1, C_2 oder aber beide, im zweiten Falle jedenfalls C_1 nicht.) Wenn also G nichtplättbar wäre, so hätte nach Kuratowski auch eine Unterteilung U von $S(5)$ oder $3 * 3$ eine schlichte Basis. Da sich die Kreise von U und die Kreise von $S(5)$ bzw. $3 * 3$ in einfacher Weise entsprechen, folgte, daß auch $S(5)$ oder $3 * 3$ eine schlichte Basis $C_1, \ldots, C_r$ hätte.

Es sei $C_0 := C_1 \oplus \cdots \oplus C_r$. $C_0 \neq \emptyset$ ist die Menge der Kanten, die in genau einem C_i $(1 \leqq i \leqq r)$ erscheinen, und außerdem selbst Zyklus. Für $S(5)$ bzw. $3 * 3$ ist daher $|C_0| \geqq 3$ bzw. $\geqq 4$; es gilt $r_z\big(S(5)\big) = 6$, $r_z(3 * 3) = 4$.

Wir finden $6 \cdot 3 \leqq \sum_{i=1}^{r} |C_i| \leqq 2 \cdot \varkappa(S(5)) - |C_0| \leqq 17$

bzw. $4 \cdot 4 \leqq \sum_{i=1}^{r} |C_i| \leqq 2 \cdot \varkappa(3 * 3) - |C_0| \leqq 14.$

Dieser Widerspruch beendet den Beweis. —

Der Beweis benutzte wesentlich den Kuratowskischen Satz. Methodisch schöner, aber auch wesentlich langwieriger ist ein Beweis, der eine Einbettung direkt aus einer schlichten Zyklenbasis konstruiert. Vgl. hierzu K. Wagner [W 1], S. 120ff. Ein drittes klassisches Planaritätskriterium stammt von H. Whitney [35, 36]. Es beruht auf einer Formalisierung des Begriffes „dualer Graph". Wir kommen darauf zurück im nächsten Kapitel.

Übungen

1. Man gebe die schlichten Basen von $S(4)$ an. (Jede solche besteht notwendig aus lauter Dreiecken.)
2. Man drücke $r_z(G * 1)$ mittels der Parameter von G aus.
3. $\mathfrak{Z}(S(n))$ besitzt eine Basis aus lauter Dreiecken.
4. $\mathfrak{Z}(n * m)$ besitzt eine Basis aus lauter Vierecken.
5. Besitzt $\mathfrak{Z}(G)$ eine Basis aus lauter geraden Kreisen, so ist G paar.

§ 5. Färbungen

Schon verschiedentlich hatten wir die Vierfarbenvermutung erwähnt, das wohl berühmteste Problem der Graphentheorie, von dem auch viele entscheidende Impulse auf andere Fragestellungen unserer Disziplin ausgegangen sind. Die Frage, ob sich die Länder jeder (ebenen) Landkarte immer mit 4 Farben so färben lassen, daß benachbarte Länder stets verschiedene Farben tragen, ist, wie durch Dualisierung leicht folgt, äquivalent mit der Frage, ob $\chi(G) \leqq 4$ für jeden ebenen Graphen G ist. (Da $S(4)$ eben und von der chromatischen Zahl 4 ist, kommt man sicher nicht mit weniger Farben aus.) Daß 5 Farben immer ausreichen, läßt sich recht leicht zeigen:

5.1. Fünffarbensatz (Heawood [17]). *Für jeden ebenen Graphen G gilt $\chi(G) \leqq 5$.*

Beweis. Die Klasse Γ der ebenen Graphen erfüllt, aufgrund der Eulerschen Polyederformel, die Voraussetzungen von (2.3) in Kap. 6 mit $r = 5$ (vgl. § 1, Übung 2). Somit ist $\chi(G) \leqq 5$ für jedes ebene G. —

Das Vierfarbenproblem wurde um 1850 von Francis Guthrie zum ersten Male gestellt und durch de Morgan und Cayley der mathematischen Öffentlichkeit bekannt gemacht. Trotz zahlreicher Beweisversuche blieb es über hundert Jahre lang eine der großen offenen Fragen in der Mathematik, bis im Jahre 1976 Appel, Haken und Koch die Lösung in bejahendem Sinne gelang (Appel-Haken [2, 3, 4], Appel-Haken-Koch [5]). Der Beweis verlangt außerordentlich komplizierte, nur mit dem Computer durchführbare Rechnungen. Er liegt daher außerhalb der Möglichkeiten dieser Darstellung. Darüber hinaus ist ein solcher Beweis auch insofern problematisch, als er sich der Nachprüfung durch eine breitere Öffentlichkeit entzieht, da nur in seltenen Fällen die erforderliche enorme Rechenzeit zur Verfügung stehen wird; auch kann man sich fragen, ob der Computer wirklich unser Vertrauen in so hohem Maße verdient, daß man ihm die „selbständige“ Durchführung von Beweisschritten überlassen darf. Trotz dieser Probleme gilt aber der Beweis des Vierfarbensatzes heute in der Fachwelt i. w. als gesichert. Seine Grundgedanken sind von SAATY und KAINEN in ihrer Monographie [S 1] dargestellt; vgl. auch AIGNER [A 2]. Im Prinzip beruht der Beweis auf der alten und naheliegenden Idee, „reduzible Teilkonfigurationen“ aufzusuchen, d. h. solche Teilgraphen, bei deren Vorhandensein man die 4-Färbbarkeit des in Rede stehenden Graphen aus der 4-Färbbarkeit eines Graphen mit weniger Ecken herleiten kann. Es werden fast 2000 Konfigurationen ermittelt, von denen mindestens eine in jedem als nicht 4-färbbar angenommenen ebenen Dreiecksgraphen vorkommen müssen (sog. „unvermeidbare Konfigurationen“), und alle diese Konfigurationen werden als reduzibel nachgewiesen.

Wesentliche Vorarbeit ist vor allem von H. HEESCH geleistet worden, dessen Untersuchungen in seinem Werk [H 6] zusammengefaßt sind. Als weitere Publikation zum Vierfarbenproblem werde die Monographie von ORE [O 3] genannt, die, auch nachdem der Vierfarbensatz bewiesen ist, nicht überholt ist.

Ohne Beweis sollen noch einige klassische mit dem Vierfarbensatz äquivalente Aussagen aufgeführt werden (vgl. jedoch Übungen 2, 3). Es ist klar, daß man sich dabei auf die 4-Färbbarkeit einzelner ebener Dreiecksgraphen beschränken kann.

5.2. *Es sei D ein ebener Dreiecksgraph. Dann sind folgende Aussagen äquivalent:*

(a) $\chi(D) \leqq 4$.
(b) *Es gibt eine Färbung der Kanten von D mit 3 Farben, so daß an jedem Dreieck Δ von D alle 3 Farben auftreten* (TAIT [24]).
(c) *Man kann jedem Dreieck Δ von D derart einen „Charakter“ $f(\Delta) \in \{1, -1\}$ zuordnen, daß für jede Ecke e die Summe der $f(\Delta)$ mit $e \in \Delta$ eine durch 3 teilbare ganze Zahl ist* (HEAWOOD [17]).

Nun sind die dualen Graphen der ebenen Dreiecksgraphen der Eckenzahl $\geqq 4$ gerade die 3-regulären, 3-zh. Graphen G der Ebene. Durch Dualisierung erhält man also aus (5.2):

5.2'. *Es sei G ein 3-regulärer, 3-zh. ebener Graph. Folgende Aussagen sind äquivalent:*

(a) *Die Länder von G lassen sich mit 4 Farben so färben, daß stets benachbarte Länder verschiedene Farben tragen.*
(b) *Die Kantenmenge von G ist die disjunkte Vereinigung von 1-Faktoren.*
(c) *Es gibt eine Abbildung $f\colon E(G) \to \{1, -1\}$, so daß für jedes Land $\mathcal{L}$ von G die Summe der $f(e)$ mit e auf $\mathcal{L}$ eine durch 3 teilbare Zahl ist.*

Beweise von (5.2), (5.2') findet man bei WAGNER [W 1], § 15, oder SACHS [S 2] II, Abschnitt V. 1. Vgl. auch die Übungen weiter unten. Bezüglich Aussage (b) in (5.2') werde an die Bemerkung im Anschluß an den Satz von PETERSEN (Kap. 6, (6.3)) erinnert. (Tatsächlich hatte TAIT geglaubt, jeden 3-regulären Graphen ohne Brücken in drei 1-Faktoren zerlegen zu können, was jedoch durch den Petersen-Graph widerlegt wird, wie an der angegebenen Stelle ausgeführt wurde.)

Im § 6 von Kap. 6 hatten wir bereits den Wagnerschen Äquivalenzsatz zitiert, der besagt, daß (H_5), also

$$\chi(G) \geqq 5 \Rightarrow G > S(5),$$

mit dem Vierfarbensatz äquivalent ist. (H_5) ist also nach APPEL-HAKEN-KOCH ebenfalls bewiesen. Damit erhebt sich natürlich die Frage, ob nun die Hadwiger-Vermutung allgemein beweisbar ist. Jedoch ist kaum anzunehmen, daß der „Schwierigkeitssprung" von (H_5) auf (H_6) kleiner sei als der von (H_4) auf (H_5). Es darf die Prognose gewagt werden, daß entweder sich (H_n) schon für kleines n als falsch erweisen wird oder aber nie entschieden werden wird.

Wir erwähnen ohne Beweis das folgende schöne Resultat von GRÖTZSCH [12]:

5.3. Dreifarbensatz. *Für jeden ebenen Graphen G ohne Dreieck gilt $\chi(G) \leqq 3$.*

Dieses Resultat wurde von GRÜNBAUM [13] dahingehend verschärft, daß $\chi(G) \leqq 3$ auch dann noch geschlossen werden kann, wenn G nur höchstens 3 Dreiecke enthält.

Wir beschließen diesen Paragraphen mit einigen Bemerkungen über Graphen auf Flächen höheren Geschlechts. Für eine ausführliche, gut lesbare Darstellung der ganzen Theorie sei das Buch „Map Color Theorem" von G. RINGEL [R 2] hingewiesen.

Der Einfachheit halber beschränken wir uns auf orientierbare Flächen (für nichtorientierbare Flächen gilt alles analog). Die orientierbare Fläche vom Geschlecht p, bezeichnet durch S_p, kann aufgefaßt werden als eine Kugel mit p aufgesetzten Henkeln. Für $p = 1$ ergibt sich der Torus (die Oberfläche eines Ringes). Er entsteht aus einem Viereck durch Identifizieren gegenüberliegender Seiten (Abb. 35 und 36).

Abb. 35

Abb. 36

Als Euler-Charakteristik von S_p definieren wir die Zahl $2 - 2p$.

Hat man irgend n Punkte (Ecken) in der Ebene, so kann man durch Errichtung hinreichend vieler (höchstens $\binom{n}{2}$) Brücken erreichen, daß je zwei von ihnen durch Jordan-Bögen verbunden sind, von denen keine zwei sich kreuzen. Jeder endliche Graph G läßt sich also auf einem passenden S_p einzeichnen; das kleinste p dieser Art heißt das (orientierbare) Geschlecht $\gamma(G)$ von G. Natürlich ist γ monoton im folgenden Sinne: $G \supseteq G' \Rightarrow \gamma(G) \geqq \gamma(G')$, $G > G' \Rightarrow \gamma(G) \geqq \gamma(G')$.

Ist G ein in S_p eingebetteter zh. Graph, so bezeichne $\lambda(G) = \lambda$ (die „Länderzahl" von G) die Anzahl der Zusammenhangskomponenten, in die S_p nach Weglassung von G (als Punktmenge aufgefaßt) zerfällt. Es gilt dann die Eulersche Polyederformel:

5.4. $\alpha - \varkappa + \lambda \geqq 2 - 2p$,

mit Gleichheit, wenn $\gamma(G) = p$ ist. In letzterem Falle muß auch jede der genannten Zusammenhangskomponenten eine 2-Zelle (homöomorphes Bild einer Kreisscheibe) sein, und λ ist von der speziellen Einbettung von G unabhängig. (Im Falle $\gamma(G) < p$ gilt Entsprechendes nicht: Man kann einen Kreis auf den Torus so legen, daß einmal $\lambda = 1$, das andere Mal $\lambda = 2$ wird.) Da, im Falle $\alpha > 3$, jedes Land durch mindestens 3 Kanten berandet wird und jede Kante zum Rand von höchstens 2 Ländern gehört, schließen wir

5.5. $3\lambda \leqq 2\varkappa$.

Aus (5.4) und (5.5) berechnet man leicht

$$\varkappa \leqq 3\alpha + 6p - 6.$$

Zusammen mit

$$\varkappa \geqq \frac{1}{2} \gamma_G^{\min} \cdot \alpha, \qquad \alpha \geqq \gamma_G^{\min} + 1$$

ergibt dies unter der Annahme $\gamma_G^{\min} \geqq 6$

$$(\gamma_G^{\min} + 1)(\gamma_G^{\min} - 6) \leqq 12p - 12.$$

Es sei $f(x) = (x + 1)(x - 6) - 12p + 12$, d. h. $f(x) = x^2 - 5x - 12p + 6$. Dieses Polynom hat die Nullstellen $\frac{5}{2} \pm \frac{1}{2}\sqrt{1 + 48p}$; der Bereich der x mit $f(x) \leqq 0$ liegt zwischen diesen beiden Werten. Somit folgt für $p \geqq 1$

5.6. $\gamma_G^{\min} \leqq \left[\frac{1}{2}\left(5 + \sqrt{1 + 48p}\right)\right].$

Daraus ergibt sich

5.7. *Für die Reihenzahl eines Graphen G vom Geschlecht $p \geqq 1$ gilt*

$$\varrho(G) \leqq \left[\frac{1}{2}\left(7 + \sqrt{1 + 48p}\right)\right].$$

Wegen $\chi(G) \leqq \varrho(G)$ sind also die chromatischen Zahlen aller auf S_p einbettbaren Graphen durch den angegebenen Wert nach oben beschränkt (Heawood [17]). Als die chromatische Zahl von S_p, bezeichnet durch $\chi[S_p]$, definieren wir die kleinste Zahl s, so daß $\chi(G) \leqq s$ für jedes G mit $\gamma(G) \leqq p$ gilt. Die Vermutung von Heawood [17] war nun, daß für $p \geqq 1$ stets

5.8. $\chi[S_p] = \left[\frac{1}{2}\left(7 + \sqrt{1 + 48p}\right)\right] =: c_p$

gilt. (Für $p = 0$ ergibt sich übrigens gerade der Vierfarbensatz.) Zum Beweise genügte es offenbar zu zeigen, daß $S(c_p)$ in S_p einbettbar ist. M. a. W. ist das Geschlecht der vollständigen Graphen zu bestimmen, und zwar muß, wie einige elementare Rechnungen zeigen, für $n \geqq 7$

5.9. $\gamma(S(n)) = \left\{\frac{(n - 3)(n - 4)}{12}\right\}$

sein. Dies konnte (nach Vorarbeiten von Heffter, Gustin, Terry, Welch, J. Mayer u. a.) schließlich 1968 von Ringel und Youngs bewiesen werden. Der sehr eindrucksvolle Beweis ist i. w. der Inhalt des Buches von Ringel [R 2]. Hier findet man auch zahlreiche Hinweise zu der Geschichte des Problems.

Für $p = 1$ liefert Abb. 37 eine Einbettung des $S(7)$ in den Torus (wobei die Identifizierung der gegenüberliegenden Seiten zu beachten ist); dadurch wird für diesen speziellen Fall (5.8) in Evidenz gesetzt.

Erwähnenswert ist noch das Resultat von Dirac [8], daß jeder Graph G vom Geschlecht $p > 0$ mit $\chi(G) = \chi[S_p]$ ein Simplex der Ordnung $\chi[S_p]$ enthalten muß; d. h. also, letzteres ist der einzige kritische $\chi[S_p]$-chromatische Graph vom Geschlecht p.

Ein interessantes Problem ist es, diejenigen Graphen, die nicht in die Fläche vom Geschlecht p einbettbar sind, analog wie beim Satz von KURATOWSKI die nichtplättbaren Graphen, durch bestimmte Teilkonfigurationen zu kennzeichnen. VOLLMERHAUS [31, 32] kündigte das Resultat an, daß für jedes p die Zahl der bez. $>_u$ minimalen nicht in S_p einbettbaren Graphen endlich ist. Ein Beweis ist erst kürzlich durch N. ROBERTSON und P. D. SEYMOUR erbracht worden. Er erscheint im J. Combin. Theory (B).

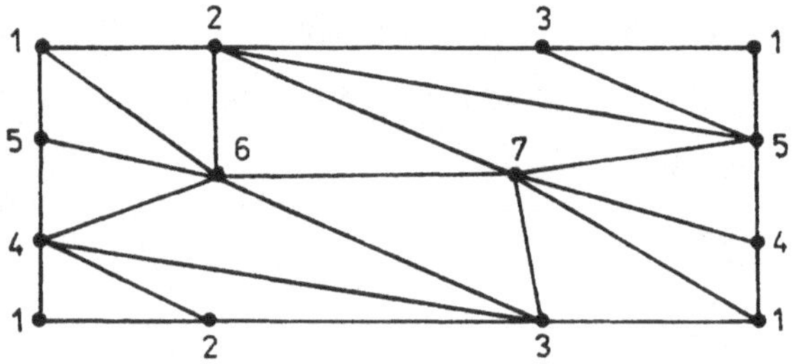

Abb. 37

Übungen

1. Es sei D ein ebener Dreiecksgraph. $\Delta_1, \ldots, \Delta_r$ seien die Länder von D mit ihrem Rand, wobei das Außengebiet unter den Δ_i nicht auftrete. Beh.: Man kann die Reihenfolge dieser Δ_i so wählen, daß für $j = 2, \ldots, r$ stets Δ_j mit $\Delta_1 \cup \cdots \cup \Delta_{j-1}$ entweder genau eine oder genau zwei Kanten gemeinsam hat. Im ersten Falle heißt Δ_j ausspringend, im zweiten einspringend (bez. der betreffenden Folge $\Delta_1, \ldots, \Delta_r$). Es gibt stets gleich viele ausspringende wie einspringende Dreiecke in einer Folge dieser Art, und zwar $\alpha(G) - 3$ viele von jeder Sorte.

2. Es sei φ eine Färbung des ebenen Dreiecksgraphen D mit den Farben 1, 2, 3, 4. Wir setzen $\mathrm{I} = \{\{1, 2\}, \{3, 4\}\}$, $\mathrm{II} = \{\{1, 3\}, \{2, 4\}\}$, $\mathrm{III} = \{\{1, 4\}, \{2, 3\}\}$; I, II, III sollen als Farben aufgefaßt werden. Jeder Kante $k = ab$ von D ordne man diejenige dieser Farben zu, in der $\{\varphi(a), \varphi(b)\}$ auftritt. Dann erhält man eine Färbung Φ der Kanten von D, so daß an jedem Dreieck von D alle drei Farben auftreten.

3. Umgekehrt sei Φ eine Färbung der Kanten von D mit 3 Farben, so daß an jedem Dreieck von D alle diese 3 Farben auftreten. O. B. d. A. seien diese Farben I, II, III wie in 2. Man konstruiere nun eine 4-Färbung φ der Ecken von D, so daß Φ und φ in dem in 2. beschriebenen Zusammenhang stehen, d. h., für jede Kante $k = ab$ gilt (*) $\{\varphi(a), \varphi(b)\} \in \Phi(k)$.
(Hierzu wähle man eine Dreiecksfolge wie in 1. sowie ein $k_0 = ab$ aus Δ_1 und schreibe für a, b die Farben $\varphi(a), \varphi(b)$ irgendwie vor, so daß nur (*) gilt; für alle andereren Ecken e ergibt sich dann $\varphi(e)$ sukzessive zwangsläufig.)

4. Wie sehen die (bez. $\subseteq$) minimalen Graphen vom Geschlecht 1 aus?

5. Sind G, H endliche Graphen, die höchstens eine Ecke gemeinsam haben, so gilt

$$\gamma(G \cup H) \leqq \gamma(G) + \gamma(H).$$

Hier gilt sogar Gleichheit (BATTLE-HARARY-KODAMA-YOUNGS [7]).

6. Man mache sich letzteres im Falle $\gamma(G) = \gamma(H) = 1$ klar.

7. Aufgrund des in 5. genannten Resultates überlege man sich, daß für ebenes G das Geschlecht von $G * 1$ beliebig groß werden kann.

§ 6. Längste Wege und Kreise in ebenen Graphen

Bereits 1931 bewies WHITNEY [34] das folgende schöne Resultat:

6.1. Satz von Whitney. *Jeder ebene Dreiecksgraph ohne trennendes Dreieck besitzt einen Hamilton-Kreis.*

Daß ein Dreiecksgraph kein trennendes Dreieck besitzt, ist (nach Übung 6, § 1) gleichbedeutend damit, daß er 4-zh. ist. Insofern ist der folgende Satz (TUTTE [27]) eine Verschärfung von (6.1):

6.2. Satz von Tutte. *Jeder 4-zh. ebene Graph besitzt einen Hamilton-Kreis.*

Beide Resultate sind recht tiefliegend, so daß wir ihre Beweise hier leider nicht bringen können. Hierzu sei auf die Werke SACHS [S 2], II, Kap. 3, sowie ORE [O 3], Chapter 5 (Satz von TUTTE), verwiesen; einen Beweis des Whitneyschen Satzes findet man bei WALTHER-VOSS [W 2], S. 26ff. TUTTE selbst hat kürzlich in [30] seinen Beweis für (6.1) in neuer, gut verständlicher und ausführlicher Form noch einmal publiziert.

Interessant wäre es, entsprechende Sätze für Graphen höheren Geschlechts zu finden. A. ALTSHULER zeigt in [1] u. a., daß jeder 6-zh. Graph auf dem Torus einen Hamilton-Kreis besitzt.

Kehren wir zu den ebenen Graphen zurück. Kann etwa eine Aussage wie (6.2) auch für 3-zh. ebene Graphen behauptet werden? Hier zeigen nun schon die Dreiecksgraphen (mit hoher Eckenzahl und sehr vielen trennenden Dreiecken), daß das Verhältnis aus größter Kreislänge (oder auch Weglänge) zu Eckenzahl beliebig klein werden kann. Wie steht es, wenn man bestimmte Annahmen über die Grade der Ecken macht? TAIT nahm im Zusammenhang mit seinen Untersuchungen zum Vierfarbenproblem an, daß jeder 3-zh. 3-reguläre ebene Graph einen Hamilton-Kreis besitze. Die Taitsche Annahme impliziert den Vierfarbensatz (vgl. (5.2), (5.2')); sie wurde aber von TUTTE [26] durch ein Gegenbeispiel widerlegt.

Auf eine recht hübsche Weise hat GRINBERG [11] (vgl. auch [22]) die Existenz nicht-Hamiltonscher 3-regulärer, 3-zh. ebener Graphen nachgewiesen. Nehmen wir an, der ebene Graph G habe einen Hamilton-Kreis C. Es bezeichne $\varkappa'$ (bz. $\varkappa''$) die Zahl der Kanten $\in K(G) - K(C)$, die im Inneren (bzw. im Äußeren) von C verlaufen, und für jedes $n \in \mathbb{N}$ bezeichne λ_n' bzw. λ_n'' die Zahl der innerhalb von C bzw. außerhalb von C liegenden Länder von G, die durch einen n-Kreis berandet werden. Dann gilt:

6.3. $\sum_{n=3}^{\alpha} (n-2)\,\lambda_n' = \sum_{n=3}^{\alpha} (n-2)\,\lambda_n''.$

Beweis. Das Innere von C enthält genau $\varkappa' + 1$ Gebiete, d. h.

$$\sum_{n=3}^{\alpha} \lambda_n' = \varkappa' + 1. \tag{$*$}$$

Da jede Kante, die durch das Innere von C läuft, auf dem Rand von zwei dieser Gebiete liegt, während jede Kante von C auf genau einem solchen Gebietsrand erscheint, hat man

$$\sum n\lambda_n' = 2\varkappa' + \alpha.$$

Mit ($*$) finden wir daraus

$$\sum (n-2)\,\lambda_n' = \alpha - 2.$$

Auf die gleiche Art finden wir $\sum (n-2)\,\lambda_n'' = \alpha - 2$, woraus die Behauptung folgt. —

Es ist nun ganz leicht zu zeigen, daß der „Grinberg-Graph“ (Abb. 38) keinen Hamilton-Kreis besitzt. Alle seine Länder werden nämlich von 5-, 8- oder 9-Kreisen berandet.

Hätte er einen Hamilton-Kreis, so müßte nach (6.3) gelten

$$3(\lambda_5' - \lambda_5'') + 6(\lambda_8' - \lambda_8'') + 7(\lambda_9' - \lambda_9'') = 0.$$

Nun ist aber $\lambda_9' = 0$, $\lambda_9'' = 1$, da das Außengebiet der Abb. 38 als einziges Land von einem 9-Kreis berandet wird. Es gäbe sich der Widerspruch, daß 7 durch 3 teilbar sei.

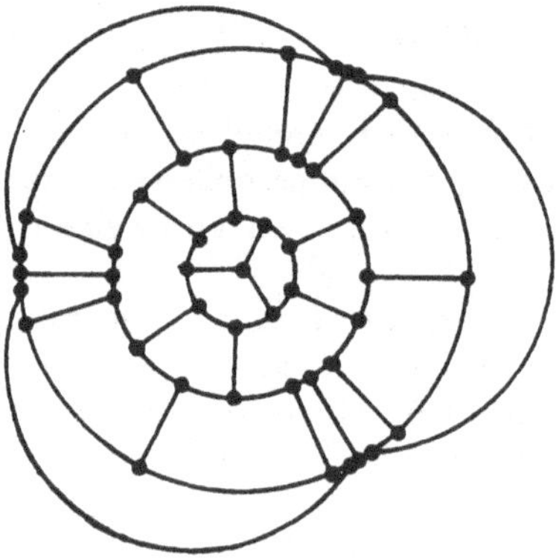

Abb. 38

Bezüglich weiterer Untersuchungen über 3-reguläre ebene Graphen vgl. Sachs [S 2] II, Kap. 3, 3.

Wir wollen zum Schluß eine Methode von Barnette [6] kennenlernen, um in 3-zh. ebenen Graphen „lange" Wege und Systeme von Wegen „kleiner Anzahl", die alle Ecken des gegebenen Graphen bedecken, zu ermitteln.

Unter einem *s-Baum* in einem zh. Graphen G verstehen wir ein Gerüst von G, in dem alle Ecken den Grad $\leqq s$ haben. Ein 2-Baum von G ist also dasselbe wie ein Hamilton-Weg von G. Man wird einen s-Baum in G als einen um so besseren Ersatz für einen Hamilton-Weg ansehen, je kleiner s ist.

D. Barnette [6] zeigte, daß jeder 3-zh. ebene Graph einen 3-Baum besitzt. Sein Resultat umfaßt sogar noch eine etwas größere Klasse ebener Graphen. Es sei G ein 3-zh. ebener Graph und C irgendein Kreis von G. Man bilde den Teilgraphen von G, der aus allen Ecken und Kanten besteht, die auf C oder in seinem Inneren verlaufen. Jeder in dieser Weise entstehende Graph heiße (nach Barnette) ein *C-Graph*. Wegen (1.3) ist jeder C-Graph der Ebene 2-zh. Ein 2-zh. Graph H (der Ebene) mit äußerem Randkreis C ist offenbar ein C-Graph genau dann, wenn der (wiederum ebene) Graph $H \cup (C * 1)$ 3-zh. ist. Insbesondere ist jeder 3-zh. ebene Graph selbst ein C-Graph (wenn C den äußeren Rand des betr. Graphen bezeichnet). Es gilt dann:

6.4. Satz von D. Barnette. *Jeder (ebene) C-Graph besitzt einen 3-Baum.*

Beweis. Ein Land $\mathcal{L}$ mit dem Randkreis C' des gegebenen Graphen G trennt C, wenn $C \cap C'$ aus mindestens 2 Komponenten (sämtlich Wege!) besteht, wenn also sozusagen $\mathcal{L}$ an zwei oder mehr verschiedenen Stellen an C „heranreicht". $\mathcal{L}$ trennt C offenbar genau dann, wenn $\mathcal{L}$ in dem Dualgraphen ohne das Außengebiet eine Artikulation ist. Da es in jedem endlichen zh. 1-trennbaren Graphen Artikulationen gibt, die selbst keine zwei Artikulationen mehr trennen, gibt es in G, falls dort überhaupt C trennende Länder existieren, ein (trennendes) Land $\mathcal{L}_0$, das selbst keine zwei C trennenden Länder mehr trennt. Der Rand C_0 von $\mathcal{L}_0$ enthält dann einen zwei Ecken a_0, b_0 von C verbindenden Teilweg Q_0, der zusammen mit einem a_0, b_0 verbindenden Bogen B_0 von C einen Kreis bildet, in dessen Innerem kein C trennendes Land mehr vorkommt.

Es sei E' die Menge der Ecken des Grades $\geqq 3$, die auf C liegen. Ist $E' = \emptyset$, so $G = C$, und die Behauptung folgt. Es sei also $E' \neq \emptyset$.

1. Fall. Es gibt ein $u \in E'$, so daß kein Land, das u auf seinem Rande enthält, C trennt.

$x_0 \in C$; $x_1, \ldots, x_{n-1}$; $x_n \in C$ seien die Nachbarn von u, und zwar im Uhrzeigersinne (bei der gegebenen Einbettung von G) aufeinander folgend. ux_{i-1}, ux_i liegen daher (für jedes $i = 1, \ldots, n$) auf dem Rande C_i eines Landes $\mathcal{L}_i$ von G. Sei $P_i = C_i - u$ für $i = 2, \ldots, n - 1$ sowie P_n der von x_{n-1} bis zu C führende Teilweg von $C_n - u$; P_n treffe C in y, und P sei der x_n enthaltende u,y-Weg $\subseteq C$. $P_2 \cup P_3 \cup \cdots \cup P_n$ ist ein Weg. (Andernfalls existierte ein kleinstes $j \geqq 3$, so daß $P_2 \cup \cdots \cup P_j$ kein Weg wäre. P_j, von x_j nach x_{j-1} durchlaufen, träfe $P_2 \cup \cdots \cup P_{j-1}$ in einer ersten Ecke $z \neq x_{j-1}$; dann würde aber x_{j-1} von dem Rest von C durch u, z getrennt, auch in $G \cup (C * 1)$.) Ferner wird C von $P_2 \cup \cdots \cup P_n$ nach Voraussetzung nur in y getroffen (andernfalls würde C durch eins der C_i getrennt). Sei B der u,y-Weg $\subseteq C$, der x_0 enthält; ux_1, $P_2 \cup \cdots \cup P_n$ und B bilden dann einen Kreis C'. Der zugehörige C'-Graph G' hat weniger Kanten als G, und in ihm hat u den Grad 2. Nehmen wir den Satz für G' als bewiesen an, so hat G' also einen 3-Baum B'; $\gamma_{B'}(u) \leqq 2$. Dann ist $B' \cup (P - y)$ ein 3-Baum von G.

2. Fall. Jedes u auf C mit $\gamma_G(u) \geqq 3$ inzidiert mit einem C trennenden Land.

Die oben betrachteten Q_0, B_0 müssen dann zusammen den Rand eines Landes bilden; außer a_0, b_0 haben alle Ecken dieses Randkreises in G den Grad 2. Insbesondere muß Q_0 die Kante a_0b_0 sein, und $G - a_0b_0$ ist wiederum ein C-Graph.

Die Behauptung folgt also durch Induktion über $\varkappa(G)$. —

Als unmittelbare Folgerungen erhält man aus (6.4):

6.5. *Es sei G ein ebener 3-zh. Graph. Dann gelten folgende Behauptungen:*

1. *In G existiert ein Weg der Länge* $\geqq 2 \cdot \log_2 \alpha - 5$.
2. *In G existiert ein Kreis der Länge* $\geqq 2 \cdot \sqrt{2 \cdot \log_2 \alpha - 5}$ (*vgl. Kap.* 1, *Übung* 29).
3. *Zwischen je zwei Ecken von G existiert ein Weg der Länge* $\geqq \sqrt{2 \cdot \log_2 \alpha - 5}$.
4. $E(G)$ *kann durch höchstens* $\dfrac{\alpha + 2}{3}$ (*disjunkte*) *Wege von G überdeckt werden.*

Übungen

1. Man konstruiere einen ebenen Dreiecksgraphen ohne Hamiltonschen Weg.
2. Man versuche, nach der Methode von GRINBERG weitere 3-reguläre ebene Graphen ohne Hamilton-Kreis zu konstruieren.
3. Man folgere die vier Behauptungen in (6.5) aus (6.4).

Kapitel 8

Matroide und Graphen

Die Theorie der Matroide stellt den bisher erfolgreichsten Versuch dar, die Graphentheorie in einen allgemeineren Rahmen innerhalb der Gesamtmathematik einzufügen. Erwachsen ist die Matroidtheorie aus dem Bestreben, die Eigenschaften der linearen Abhängigkeit in Vektorräumen zu axiomatisieren; hier haben um 1935 verschiedene Autoren erfolgreiche Ansätze gegeben (vgl. etwa BIRKHOFF [4], S. 104, Fußn. 7). Die Beziehungen zur Graphentheorie wurden erstmals von WHITNEY aufgedeckt, dem es darum ging, die Eigenschaften des Duals eines ebenen Graphen zu formalisieren. Diese graphentheoretische Richtung der Theorie wurde in der Folgezeit hauptsächlich von TUTTE weiter verfolgt, dem auch die bisher tiefsten Resultate über Matroide zu verdanken sind. Gegenwärtig steht die Matroidtheorie in voller Blüte.

In diesem Kapitel geben wir zunächst eine ausführliche axiomatische Behandlung des Matroidbegriffes; im Unterschied zu den meisten Darstellungen fordern wir nicht die Endlichkeit bzw. die endliche Erzeugbarkeit der Matroide. Im folgenden wird dann die Theorie der Matroide vor allem im Hinblick auf ihre Beziehungen zur Graphentheorie ausgebaut. Hauptanwendungen werden die Whitneysche Charakterisierung ebener Graphen sowie die Sätze von TUTTE und NASH-WILLIAMS über das Vorhandensein einer bestimmten Zahl kantendisjunkter zh. Faktoren in einem Graphen (vgl. Kap. 3, (2.4)) sein.

Bezüglich weitergehender Darstellungen der Matroidtheorie und ausführlicher Literaturhinweise vgl. man CRAPO-ROTA [C 3], WELSH [W 3], AIGNER [A 1] sowie TUTTE [20, 21].

§ 1. Begriff des Matroids

M sei eine Menge. Eine Relation α aus M in $\mathfrak{P}(M)$ (d. h. $\alpha \subseteq M \times \mathfrak{P}(M)$) heißt eine *Abhängigkeitsrelation* in M, wenn folgende Bedingungen gelten:

[A 1] $t \in T \subseteq M \Rightarrow t \alpha T$;

[A 2] aus $x \alpha T$ und $\bigwedge_{t \in T} t \alpha S$ folgt $x \alpha S$;

[A 3] aus $x \not\alpha T$ und $x \alpha T \cup y$[1]) folgt $x \alpha T \cup x$;

[A 4] $x \alpha T \Rightarrow \bigvee_{F \in \mathfrak{E}(T)} x \alpha F$. —

[1]) Wir identifizieren im folgenden öfter die Menge $\{y\}$ mit y; Irrtümer sind nicht zu befürchten.

Gilt $x\alpha T$, so sagen wir, x ist *abhängig* von T. [A 3] drückt eine Austauscheigenschaft aus, [A 4] den „finiten Charakter“ von α. — Ist α eine Abhängigkeitsrelation in M, so heißt (M, α) ein *Matroid* auf M. Wir bezeichnen Matroide durch $\mathcal{M}$ o. ä.

Das wichtigste Beispiel von Abhängigkeitsrelationen liefert die lineare Abhängigkeit in Vektorräumen; [A 3] entspricht dabei dem Steinitzschen Austauschprinzip. Auch die algebraische Abhängigkeit (in Körpern) erfüllt [A 1] bis [A 4].

In jeder Menge M ist $\in$ eine Abhängigkeitsrelation; wegen [A 1] ist $\in$ in jeder solchen Relation enthalten. Als Gegenstück zu dieser „feinsten“ erhält man die „gröbste“ Abhängigkeitsrelation in M, wenn man $x\alpha T$ für jedes $x \in M$, $T \subseteq M$ setzt.

Klar ist wegen [A 1], [A 2] für eine Abhängigkeitsrelation α auf M:

1.1. $x\alpha T,\ T \subseteq S \subseteq M \Rightarrow x\alpha S$.

Insbesondere: $x\alpha\emptyset \Rightarrow x\alpha T$ *für jedes* $T \subseteq M$. —

Ist $\beta \subseteq M \times \mathfrak{P}(M)$ und $T \subseteq M$, so heiße $\beta \cap \big(T \times \mathfrak{P}(T)\big) =: \beta \mid T$ die *Restriktion* von β auf T.

1.2. *Ist* $\mathcal{M} = (M, \alpha)$ *ein Matroid und* $T \subseteq M$, *so ist* $(T, \alpha \mid T)$ *wiederum ein Matroid.* Letzteres heiße die *Restriktion von* $\mathcal{M}$ *auf* T und werde mit $\mathcal{M} \mid T$ bezeichnet.

Es bedeutet keine wesentliche Einschränkung, wenn man Abhängigkeitsrelationen nur auf endlichen Mengen betrachtet:

1.3. *Es sei* $\alpha \subseteq M \times \mathfrak{E}(M)$. *Genau dann gibt es eine Abhängigkeitsrelation* $\hat{\alpha}$ *auf* M *mit* $\hat{\alpha} \mid F = \alpha \mid F$ *für jedes* $F \in \mathfrak{E}(M)$, *wenn* $\alpha \mid F$ *für jedes* $F \in \mathfrak{E}(M)$ *eine Abhängigkeitsrelation in* F *ist;* $\hat{\alpha}$ *ist dann eindeutig bestimmt.* —

Im folgenden beschreiben wir die Matroide mittels Hüllenoperationen; vgl. hierzu S. 15f., auch wegen der Axiome [H 1], [H 2].

Sei $\alpha \subseteq M \times \mathfrak{P}(M)$. Wir definieren zu α eine Abbildung $\varphi\colon \mathfrak{P}(M) \to \mathfrak{P}(M)$ vermöge

$$\varphi(A) = \bar{A} := \{x \mid x\alpha A\}.$$

Umgekehrt kann man natürlich auch zu jedem $\varphi\colon \mathfrak{P}(M) \to \mathfrak{P}(M)$ genau ein α finden, so daß φ diesem α in der angegebenen Weise entspricht (nämlich $x\alpha A :\Leftrightarrow x \in \varphi(A)$). Entsprechen sich α und φ in dieser Weise, so haben wir:

1.4. φ *erfüllt* [H 1] $\Leftrightarrow$ α *erfüllt* [A 1];

1.5. α *erfüllt* [H 2] $\Leftrightarrow$ α *erfüllt* [A 2].

Also: Daß $\alpha \subseteq M \times \mathfrak{P}(M)$ die Axiome [A 1], [A 2] erfüllt, ist äquivalent damit, daß $\varphi\colon A \to \bar{A} = \{x \mid x\alpha A\}$ eine Hüllenoperation in M ist.

Offenbar ist [A 3] für α gleichbedeutend mit

[H 3] $(x \notin \overline{T} \wedge x \in \overline{T \cup y}) \Rightarrow y \in \overline{T \cup x}$

und [A 4] gleichbedeutend mit

[H 4] $x \in \overline{T} \Rightarrow \bigvee_{F \in \mathfrak{E}(T)} x \in \overline{F}$

Wir nennen eine Menge M zusammen mit einer Abbildung $A \to \bar{A}$ von $\mathfrak{P}(M)$ in sich, die [H 1] bis [H 4] erfüllt, ein *H-System*. Dann können wir festhalten:

1.6. *(M, α) mit $\alpha \subseteq M \times \mathfrak{P}(M)$ ist ein Matroid genau dann, wenn M mit $A \to \bar{A}$ $:= \{x \in M \mid x\alpha A\}$ ein H-System ist.*

Matroide können also auch charakterisiert werden als Mengen mit einem Abschluß, der die Austauschbedingung [H 3] sowie die Endlichkeitsbedingung [H 4] erfüllt. Es steht uns somit frei, auch H-Systeme als Matroide anzusprechen; ist ein Matroid mittels einer Abhängigkeitsrelation gegeben, so wollen wir von einem *A-System* reden. Weitere äquivalente Beschreibungen werden in § 2 gegeben.

Eine (abstrakte) Abhängigkeitsrelation hat alle wesentlichen Eigenschaften der linearen Abhängigkeit in Vektorräumen; insbesondere können unabhängige Teilmengen, Erzeugendensysteme, Basen, Dimension eingeführt werden.

Im folgenden sei $\mathcal{M} = (M, \alpha)$ ein Matroid, $\bar{A}$ bezeichne wie oben die „α-Hülle" von $A \subseteq M$.

$T \subseteq M$ heiße *unabhängig*, wenn $\bigwedge_{t \in T} t \notin \overline{T - t}$ gilt; andernfalls heiße T *abhängig*. $\mathfrak{U}$ bezeichne die Menge der unabhängigen, $\mathfrak{A}$ die Menge der abhängigen Teilmengen von M. Man bestätigt unschwer:

1.7. $\emptyset \in \mathfrak{U}$.

1.8. $(U \in \mathfrak{U} \wedge T \subseteq U) \Rightarrow T \in \mathfrak{U}$.

1.9. $U \in \mathfrak{U} \Leftrightarrow \bigwedge_{F \in \mathfrak{E}(U)} F \in \mathfrak{U}$.

Grundlegend für das Folgende ist

1.10. $(U \in \mathfrak{U} \wedge x \not\alpha U) \Rightarrow U' := U \cup x \in \mathfrak{U}$.

Beweis. Wäre $U' \in \mathfrak{A}$, so existierte $u \in U'$ mit $u \alpha U' - u$. Wegen $x \not\alpha U$ ist $u \neq x$, also $u \in U$. Nun haben wir $u \alpha U' - u = (U - u) \cup x$, $u \not\alpha U - u$, also wegen [A 3] $x\alpha(U - u) \cup u = U$, mit Widerspruch. —

1.11. *Seien $U, U' \in \mathfrak{U}$ mit $|U| < |U'|$. Dann existiert ein $x \in U' - U$, so daß $U \cup x \in \mathfrak{U}$ gilt.*

Beweis. Nehmen wir an, der Satz sei falsch.

1. Es gibt dann auch ein endliches $U \in \mathfrak{U}$, für das er falsch ist. Denn sei $|U| \geq \aleph_0$, $|U| < |U'|$ und $\bigwedge_{x \in U'} x\alpha U$ (vgl. (1.10)). Dann gilt wegen [A 4] $\bigwedge_{x \in U'} \bigvee_{F_x \in \mathfrak{E}(U)} x\alpha F_x$. Wegen $|U'| > |U| = |\mathfrak{E}(U)|$ existieren ein unendliches $X \subseteq U'$ sowie ein $F \in \mathfrak{E}(U)$ mit $F_x = F$ für alle $x \in X$. Man hat dann $X, F \in \mathfrak{U}$, $|X| > |F|$, $F \in \mathfrak{E}(U)$ und $\bigwedge_{x \in X} x\alpha F$.

2. Wir können also $U, U' \in \mathfrak{U}$, für die der Satz falsch ist, so wählen, daß U endlich und $|U - U'|$ minimal ist. Wegen (1.10) ist $x\alpha U$ für alle $x \in U'$. Natürlich existiert ein $u_0 \in U - U'$, und für $U - u_0$ ist der Satz nach Annahme richtig. Somit existiert $x_0 \in U'$, so daß $x_0 \not\alpha U - u_0$, d. h. $U_0 := (U - u_0) \cup x_0 \in \mathfrak{U}$ gilt. Wegen $x_0 \not\alpha U - u_0$, $x_0 \alpha U$ folgt aus [A 3] $u_0 \alpha (U - u_0) \cup x_0 = U_0$. Daraus ergibt sich $U \subseteq \bar{U}_0$. Umgekehrt ist jedes $v \in U_0$ abhängig von U. Insgesamt haben wir $U' \subseteq \bar{U} = \bar{U}_0$, d. h., auch für U_0, U' ist der Satz falsch; es gilt aber $|U_0 - U'|$ $|U - U'|$. —

Wir setzen $\mathfrak{G} := \{T \mid T \subseteq M \wedge \overline{T} = M\}$ und nennen jedes $T \in \mathfrak{G}$ ein *Erzeugendensystem* von $\mathcal{M}$. Natürlich ist $M \in \mathfrak{G}$, und aus $T \in \mathfrak{G}$, $T \subseteq T' \subseteq M$ folgt $T' \in \mathfrak{G}$. Weiter setzen wir $\mathfrak{B} := \mathfrak{U} \cap \mathfrak{G}$; jedes $B \in \mathfrak{B}$ heißt eine *Basis* von $\mathcal{M}$. Es gilt dann:

1.12. *Folgende Aussagen über ein $T \subseteq M$ sind äquivalent:*

(a) $T \in \mathfrak{B}$;
(b) *T ist maximales Element (bez. $\subseteq$) in $\mathfrak{U}$;*
(c) *T ist minimales Element (bez. $\subseteq$) in $\mathfrak{G}$.*

Beweis. (a) $\Rightarrow$ (b). $T \in \mathfrak{U}$ ist klar. Sei $x \in M - T$. Wegen $T \in \mathfrak{G}$ ist $x \in \overline{T}$, d. h. $T \cup x \notin \mathfrak{U}$. T ist also maximal in $\mathfrak{U}$.

(b) $\Rightarrow$ (c). Wäre $T \notin \mathfrak{G}$, so existierte ein x in $M - \overline{T}$; wegen (1.10) wäre dann aber $T \cup x \in \mathfrak{U}$. Also $T \in \mathfrak{G}$. Ist $t \in T$, so $\overline{T - t} \subset \overline{T}$ wegen $T \in \mathfrak{U}$, d. h. $T - t \notin \mathfrak{G}$ für jedes $t \in T$. T ist also minimal in $\mathfrak{G}$.

(c) $\Rightarrow$ (a). Zu zeigen ist nur $T \in \mathfrak{U}$. Wäre $T \in \mathfrak{A}$, existierte $x \in T$ mit $\overline{T - x} = \overline{T} = M$, d. h. T wäre nicht minimal in $\mathfrak{G}$. —

Die Existenz von Basen wird gesichert durch

1.13. *Für jedes $U_0 \in \mathfrak{U}$ und $G_0 \in \mathfrak{G}$ mit $U_0 \subseteq G_0$ existiert ein $B \in \mathfrak{B}$ mit $U_0 \subseteq B \subseteq G_0$.*

Beweis. Es sei $\mathfrak{U}'$ die Menge aller $U \in \mathfrak{U}$ mit $U_0 \subseteq U \subseteq G_0$. Bilden U_i $(i \in I)$ eine Kette (bez. $\subseteq$) von Elementen $\in \mathfrak{U}'$, so ist auch $\hat{U} := \bigcup_{i \in I} U_i \in \mathfrak{U}'$.

(Denn natürlich gilt $U_0 \subseteq \hat{U} \subseteq G_0$. Wäre $x \in \hat{U}$, $x \alpha \hat{U} - x$, so $x \alpha F$ für ein $F \in \mathfrak{E}(\hat{U} - x)$. Wegen der Endlichkeit von $F \cup x$ müßte dann $F \cup x \subseteq U_i$ für ein $i \in I$ gelten; also $x \alpha F \subseteq U_i - x$, woraus $U_i \notin \mathfrak{U}$ folgte.)

Nach dem Zornschen Lemma existiert also in $\mathfrak{U}'$ ein maximales Element B; zu zeigen ist offenbar nur noch $G_0 \subseteq \overline{B}$. Wäre aber $g \in G_0$ nicht in $\overline{B}$, so $B \cup g \in \mathfrak{U}'$ nach (1.10), gegen die Maximalität von B. —

1.14. *Alle Basen von $\mathcal{M}$ haben die gleiche Mächtigkeit.*

Beweis. Gäbe es $B, B' \in \mathfrak{B}$ mit $|B| < |B'|$, so existierte wegen (1.11) ein $x \in B' - B$ mit $B \cup x \in \mathfrak{U}$, was (1.12), (b) widerspricht. —

Definition. Die aufgrund von (1.14) eindeutig bestimmte Kardinalzahl $|B|$, $B \in \mathfrak{B}$, heißt die *Dimension*, auch der *Rang*, des Matroides $\mathcal{M}$.

Für jedes $T \subseteq M$ können wir den Rang $r(T)$ als die Dimension von $\mathcal{M} \mid T$ erklären. Diese Rangfunktion werden wir in § 2 axiomatisch untersuchen. Bezüglich einiger Eigenschaften von r vgl. die Übungen zu diesem Abschnitt.

1.15. *Es sei $B \in \mathfrak{B}$, $U \subseteq B$ und $V \in \mathfrak{U}$ mit $\overline{U} = \overline{V}$. Behauptung: $B' = (B - U) \cup V \in \mathfrak{B}$.*

Beweis. Jedes $b \in B$ liegt in $\overline{B'}$ (speziell $u \in U \Rightarrow u \in \overline{V} \subseteq \overline{B'}$); also $B' \in \mathfrak{G}$. Nach (1.13) existiert $B_0 \in \mathfrak{B}$ mit $V \subseteq B_0 \subseteq B'$; $B_0 = V \cup T$ mit $T \subseteq B - U$. Wäre $T \neq B - U$ und $b \in (B - U) - T$, so $b \in \overline{T \cup V} \subseteq \overline{T \cup \overline{U}} = \overline{T \cup U} \subseteq \overline{B - b}$, gegen $B \in \mathfrak{U}$. Also folgt $B_0 = B'$. —

Jedes (bez. $\subseteq$) minimale Element von $\mathfrak{A}$ heißt ein *Kreis* von $\mathcal{M}$. Mit $\mathfrak{C}$ bezeichnen wir die Menge der Kreise in $\mathcal{M}$. Wegen (1.7) und [A 4] gilt

1.16. $\bigwedge_{C \in \mathfrak{C}} 0 < |C| < \infty$.

Die Kreise werden in § 2 ebenfalls zu einer axiomatischen Beschreibung der Matroide dienen. $\mathfrak{C}$ und α hängen wie folgt zusammen:

1.17. *Für $x \notin T \subset M$ gilt*

$$x\alpha T \Leftrightarrow \bigvee_{C \in \mathfrak{C}} x \in C \subseteq T \cup x.$$

Beweis. $\Leftarrow$ Es muß $x \alpha C - x \subseteq T$ gelten, da sonst wegen $C - x \in \mathfrak{U}$ und (1.10) auch $C \in \mathfrak{U}$ gälte.

$\Rightarrow$ Sei $T' \subseteq T$ minimal mit $x\alpha T'$ (wegen [A 4] ist T' endlich). Nach Wahl ist $T' \in \mathfrak{U}$, ebenso $S \cup x \in \mathfrak{U}$ für alle $S \subset T'$. Also $T' \cup x \in \mathfrak{A}$, aber alle echten Teilmengen von $T' \cup x$ sind in $\mathfrak{U}$. $T' \cup x$ ist somit Kreis. —

Übungen

1. Man führe die Beweise für (1.1) bis (1.9) in den Einzelheiten genau durch.

Im folgenden beziehen wir uns auf ein Matroid $\mathcal{M} = (M, \alpha)$, das fest zugrunde liegt.

2. Für $S \subseteq T \subseteq M$ ist die Hülle von S bez. $\mathcal{M} \mid T$ gleich $\overline{S} \cap T$.
3. Für $S \subseteq T \subseteq M$ ist S unabhängig (bzw. abhängig bzw. Kreis) in $\mathcal{M} \mid T$ genau dann, wenn S unabhängig (bzw. abhängig bzw. Kreis) in $\mathcal{M}$ ist.
4. Für $U \subseteq T \subseteq M$ ist U Basis von $\mathcal{M} \mid T$ genau dann, wenn U unabhängig ist und $\overline{U} \supseteq T$ gilt.
5. Für $T \subseteq M$ ist $r(T) = |U|$, wenn $U \in \mathfrak{U} \cap \mathfrak{P}(T)$ und $\overline{U} \supseteq T$ gilt (oder, äquivalent, wenn U maximal in $\mathfrak{U} \cap \mathfrak{P}(T)$ ist).
6. Für $A \subseteq B \subseteq M$ existieren unabhängige U, V mit $U \subseteq A$, $V \subseteq B$, $U \subseteq V$, $\overline{U} = \overline{A}$, $\overline{V} = \overline{B}$. (Mittels (1.13).)
7. Für $T \in \mathfrak{E}(M)$ ist $r(T) = |T| \Leftrightarrow T \in \mathfrak{U}$.
8. $T \in \mathfrak{E}(M)$ ist Kreis genau dann, wenn $r(T) = |T| - 1$ und $r(T - t) = |T| - 1$ für alle $t \in T$ gilt.
9. Ist $x \notin T$, $x\alpha T$ und $\bigwedge_{S \subset T} x \not\alpha S$, so ist $T \cup x$ Kreis.
10. Ist B Basis und $x \in M - B$, so gibt es $T \subseteq B$ derart, daß $T \cup x$ Kreis ist.

§ 2. Weitere Axiomensysteme für Matroide

In § 1 haben wir gesehen, daß die Matroide sich auch als Mengen mit einem Abschluß, der bestimmte zusätzliche Bedingungen erfüllt, definieren lassen. Ähnlich werden wir in diesem Abschnitt die Matroide mittels der Eigenschaften ihrer Basen, ihrer unabhängigen Mengen, der Rangfunktion und schließlich ihrer Kreise axiomatisch beschreiben. Dabei werden wir jeweils das in Rede stehende Axiomensystem aus dem vorher betrachteten herleiten, unter ausschließlicher Benutzung der dort verwendeten Begriffe und geltenden Sätze. Am Schluß dieser „axiomatischen Rundreise" werden wir dann die ursprünglichen Axiome des Matroides aus den Kreisaxiomen wiedergewinnen. In diesem Paragraphen liege eine nicht leere Menge M fest zugrunde.

Definition. $(M, \mathfrak{B})$ mit $\mathfrak{B} \subseteq \mathfrak{P}(M)$ heiße ein *B-System*, wenn folgende Bedingungen erfüllt sind:

[B 1] $\mathfrak{B} \neq \emptyset$;

[B 2] $(B, B' \in \mathfrak{B} \wedge b \in B - B') \Rightarrow \bigvee_{b' \in B' - B} (B' - b') \cup b \in \mathfrak{B}$;

[B 3] $\left(T \subseteq M \wedge \bigwedge_{B \in \mathfrak{B}} T \not\subseteq B\right) \Rightarrow \bigvee_{F \in \mathfrak{E}(T)} \bigwedge_{B \in \mathfrak{B}} F \not\subseteq B$.

Es gilt dann:

2.1. *Ist $\mathcal{M} = (M, \alpha)$ ein Matroid und $\mathfrak{B}$ die Menge der Basen von $\mathcal{M}$, so ist $(M, \mathfrak{B})$ ein B-System.*

Beweis. [B 1] folgt aus (1.13), [B 3] ergibt sich aus (1.13) und [A 4] (Übung!). Zu zeigen ist noch die Austauscheigenschaft [B 2]. Seien $B, B' \in \mathfrak{B}$, $b \in B - B'$. Wegen $b \alpha B'$ und [A 4] existiert ein kleinstes $F \in \mathfrak{E}(B')$ mit $b \alpha F$. Es ist $F \not\subseteq B$, da sonst $b \alpha B - b \supseteq F$ folgte. Sei $b' \in F - B$. $F^* := (F - b') \cup b$ ist unabhängig (sonst wäre $b \alpha F - b' \subset F$ wegen (1.10)). Wir behaupten $\bar{F} = \bar{F}^*$. (Denn wegen $b \alpha F$ ist $F^* \subseteq \bar{F}$. Aus $b \alpha F$, $b \not\alpha F - b'$ folgt $b' \alpha (F - b') \cup b = F^*$ und damit auch $F \subseteq \bar{F}^*$.) Aus (1.15) folgt nun $(B' - F) \cup F^* = (B' - b') \cup b \in \mathfrak{B}$, was zu zeigen war. –

Definition. $(M, \mathfrak{U})$ mit $\mathfrak{U} \subseteq \mathfrak{P}(M)$ heiße ein *U-System*, wenn folgende Bedingungen erfüllt sind:

[U 1] $\mathfrak{U} \neq \emptyset$;

[U 2] $(U \in \mathfrak{U} \wedge V \subset U) \Rightarrow V \in \mathfrak{U}$;

[U 3] $(U, V \in \mathfrak{U} \cap \mathfrak{E}(M) \wedge |U| < |V|) \Rightarrow \bigvee_{x \in V - U} U \cup x \in \mathfrak{U}$;

[U 4] $T \in \mathfrak{U} \Leftrightarrow \mathfrak{E}(T) \subseteq \mathfrak{U}$.

([U 1], [U 2] implizieren insbesondere $\emptyset \in \mathfrak{U}$.)

2.2. *Es sei $(M, \mathfrak{B})$ ein B-System und $\mathfrak{U}$ die Menge aller Teilmengen von Mengen $\in \mathfrak{B}$. Dann ist $(M, \mathfrak{U})$ ein U-System.*

Bemerkung. Ist $\mathfrak{B}$ die Basismenge eines Matroids $\mathcal{M} = (M, \alpha)$, so ist das zu $\mathfrak{B}$ soeben erklärte $\mathfrak{U}$ gleich der Menge der unabhängigen Teilmengen von M (vgl. (1.12), (b) bzw. (1.13)).

Beweis von (2.2): [U 1], [U 2] sind klar; [U 4] folgt leicht aus [B 3]. Zum Beweis von [U 3] seien $U, V \in \mathfrak{U} \cap \mathfrak{E}(M)$ mit $|U| < |V|$ gegeben; man wähle $B_U, B_V \in \mathfrak{B}$ mit $U \subseteq B_U$, $V \subseteq B_V$. Durch Anwendung von [B 3] können wir sukzessive Elemente in B_V gegen Elemente $\in U$ austauschen, so daß schließlich ein $B^* \in \mathfrak{B}$ entsteht von der Form $B^* = (B_V - X) \cup U$, wobei $X \subseteq B_V$, $|X| = |U|$ gilt. Aus Anzahlgründen enthält B^* ein $x \in V - U$; also $U \cup x \in \mathfrak{U}$. –
Wir werden nun die Rangfunktion eines Matroides axiomatisieren. Dabei genügt es, nur den endlichen Teilmengen einen Rang zuzuordnen.

Definition. r sei eine Abbildung von $\mathfrak{E}(M)$ in $\mathbb{N}'$. (M, r) heiße ein *R-System*, wenn (für alle $F \in \mathfrak{E}(M)$, $x, y \in M$) folgende Bedingungen erfüllt sind:

[R 1] $r(\emptyset) = 0$;

[R 2] $r(F \cup x) = r(F) + \delta$ mit $\delta = 0$ oder 1;

[R 3] $r(F \cup x) = r(F \cup y) = r(F) \Rightarrow r(F \cup x \cup y) = r(F)$.

Jedes U-System gibt Anlaß zu einem R-System:

2.3. *$(M, \mathfrak{U})$ sei ein U-System. Für $F \in \mathfrak{E}(M)$ sei* $r(F) := \max\big(|U| \mid U \in \mathfrak{U} \cap \mathfrak{P}(F)\big)$. *Dann ist (M, r) ein R-System.*

Bemerkung. Ist $\mathfrak{U}$ die Menge der unabhängigen Teilmengen eines Matroids $\mathcal{M}$ auf M, so ergibt das in (2.3) erklärte r gerade die Rangfunktion von $\mathcal{M}$ (eingeschränkt auf $\mathfrak{E}(M)$); vgl. Übung 4, 5 zu § 1.

Beweis von (2.3): [R 1], [R 2] sind nach Definition von r klar. Zum Nachweis von [R 3] nehmen wir $r(F \cup x) = r(F \cup y) = r(F)$ an und wählen $U \in \mathfrak{U} \cap \mathfrak{P}(F \cup x \cup y)$, $U' \in \mathfrak{U} \cap \mathfrak{P}(F)$ mit jeweils maximaler Elementezahl; natürlich $|U'| \leqq |U|$. Wäre $|U'| < |U|$, so gäbe es nach [U 3] ein $z \in U - U'$ mit $U' \cup z \in \mathfrak{U}$. Nach Wahl von U' müßte $z \in \{x, y\}$ sein; etwa $z = x$. Es folgte $r(F \cup x) \geqq |U' \cup x| = r(F) + 1$, mit Widerspruch. Also gilt $|U'| = |U|$, d. h. $r(F \cup x \cup y) = r(F)$. —

Wir beweisen jetzt einige Sätze über R-Systeme; wenn $r(T)$ für ein $T \subseteq M$ hingeschrieben wird, so soll dies $T \in \mathfrak{E}(M)$ implizieren. Aus [R 1], [R 2] folgt durch Induktion über $|T|$:

2.4. $r(A \cup T) \leqq r(A) + |T|$;

2.4'. $r(T) \leqq |T|$.

Aus [R 2] ergibt sich die „Monotonie" von r:

2.5. $A \subseteq B \Rightarrow r(A) \leqq r(B)$.

2.6. $[A \subset F \wedge \bigwedge_{x \in F - A} r(A \cup x) = r(A)] \Rightarrow r(F) = r(A)$.

Beweis. Nehmen wir $r(F) > r(A)$ an. Wir wählen B maximal mit $A \subseteq B \subset F$, $r(F) > r(B)$ und $r(B \cup x) = r(B)$ für alle $x \in F - B$. Für jedes solche x und jedes $y \in F - (B \cup x)$ folgt mit [R 3] dann $r(B \cup x \cup y) = r(B) = r(B \cup x)$, gegen die Maximalwahl von B. —

2.7. *Es sei $A \subseteq F$ mit $r(A) = |A|$. Dann gibt es ein B mit $A \subseteq B \subseteq F$ und $r(B) = |B| = r(F)$.*

Beweis. Man wähle B mit $A \subseteq B \subseteq F$, $r(B) = |B|$ und $|B|$ maximal. Wäre $r(F) > r(B)$, so gäbe es wegen (2.6) ein $t \in F - B$ mit $r(B \cup t) = r(B) + 1 = |B \cup t|$, gegen die Maximalwahl von B. —

2.8. *Ist $r(F) = |F|$ und $T \subset F$, so $r(T) = |T|$.*

Denn $r(T) < |T|$ ergäbe mit (2.4) $r(F) < |F|$. —

2.9. *Für alle $A, B \in \mathfrak{E}(M)$ gilt*

$$r(A \cup B) + r(A \cap B) \leqq r(A) + r(B).$$

Man sagt dafür: r ist *submodular*.

Beweis. Gemäß (2.7) wählen wir $U \subseteq V \subseteq W$ mit $U \subseteq A \cap B$, $V \subseteq A$, $W \subseteq A \cup B$ und $r(A \cap B) = r(U) = |U|$, $r(A) = r(V) = |V|$, $r(A \cup B) = r(W) = |W|$. Aus (2.5), (2.8) folgt $W \cap A = V$, also $U \cup (W - V) \subseteq B$. Aufgrund von (2.8) gilt $r\big(U \cup (W - V)\big) = |U| + |W| - |V|$; dies ist wegen (2.5) $\leqq r(B)$, woraus sich die Behauptung ergibt. —

Wir erhalten folgende andere Charakterisierung der Rangfunktionen:

2.10. *Es sei r eine Abbildung von $\mathfrak{E}(M)$ in $\mathbb{N}'$. Genau dann ist (M, r) ein R-System, wenn folgende Bedingungen erfüllt sind:*

[R 1′] $r(\emptyset) = 0; \bigwedge_{x \in M} r(\{x\}) = 0$ *oder* 1;

[R 2′] $A \subseteq B \Rightarrow r(A) \leqq r(B)$ (*Monotonie*);

[R 3′] $r(A \cup B) + r(A \cap B) \leqq r(A) + r(B)$ (*Submodularität*).

Beweis. Ist (M, r) ein R-System, so folgen [R 1′], [R 2′], [R 3′] aus [R 1] und [R 2] bzw. (2.5) bzw. (2.9).

Umgekehrt seien [R 1′], [R 2′], [R 3′] erfüllt. [R 1] folgt sofort aus [R 1′]. [R 2], [R 3] ergeben sich aus [R 3′] mit $A = F$, $B = \{x\}$ bzw. $A = F \cup x$, $B = F \cup y$, unter Berücksichtigung von [R 1′], [R 2′]. —

Wir notieren noch einen Hilfssatz über R-Systeme:

2.11. *Gilt $r(A \cup t) = r(A)$ für ein $A \in \mathfrak{E}(M)$, $t \in M$, so folgt $r(A \cup B \cup t) = r(A \cup B)$ für jedes $B \in \mathfrak{E}(M)$.*

Beweis. Offenbar genügt es, dies für den Fall $|B| = 1$, d. h. $B = \{b\}$, zu zeigen. Gilt $r(A \cup b) = r(A)$, so folgt aus [R 3] die Behauptung. Im Falle $r(A \cup b) = r(A) + 1$ haben wir aber $r(A) + 1 = r(A \cup t) + 1 \geqq r(A \cup t \cup b) \geqq r(A \cup b) = r(A) + 1$. —

Schließlich beschreiben wir die Matroide axiomatisch mittels der Kreise.

Definition. $(M, \mathfrak{C})$ mit $\mathfrak{C} \subseteq \mathfrak{P}(M)$ heiße ein *C-System*, wenn folgende Bedingungen erfüllt sind:

[C 1] $\bigwedge_{C \in \mathfrak{C}} 0 < |C| < \infty$;

[C 2] $(C, C' \in \mathfrak{C} \wedge C \subseteq C') \Rightarrow C = C'$;

[C 3] Eliminationsaxiom: Hat man $C, C' \in \mathfrak{C}$, $C \neq C'$, $x \in C \cap C'$, so gibt es ein $C'' \in \mathfrak{C}$ mit $C'' \subseteq (C \cup C') - x$.

Die Elemente von $\mathfrak{C}$ heißen die *Kreise* des in Rede stehenden C-Systems. $\mathfrak{C} = \emptyset$ ist möglich. Von den R-Systemen kommen wir zu den C-Systemen wie folgt:

2.12. *Ist (M, r) ein R-System und $\mathfrak{C}$ die Menge aller $C \in \mathfrak{E}(M)$ mit $r(C) < |C|$, $\bigwedge_{T \subset C} r(T) = |T|$[1]), so ist $(M, \mathfrak{C})$ ein C-System.*

Bemerkung. Ist r die Rangfunktion eines Matroides $\mathcal{M}$ auf M, so ist das in (2.12) erklärte $\mathfrak{C}$ gerade die Menge der Kreise in $\mathcal{M}$ (vgl. Übung 8, § 1).

Beweis von (2.12): [C 1] ist trivial. [C 2] folgt sofort aus der Definition von $\mathfrak{C}$ in (M, r). — Man überlegt sich leicht, daß, falls $r(A) < |A|$, jedes minimale $T \subseteq A$ mit $r(T) < |T|$ zu $\mathfrak{C}$ gehört. Zum Nachweis von [C 3] ist aus $C, C' \in \mathfrak{C}$, $x \in C \cap C'$ und $y \in C' - C$ (vgl. [C 2]) also nur zu folgern

$$|C \cup C'| - 1 > r\big((C \cup C') - x\big). \qquad (*)$$

[1]) Natürlich impliziert dies $r(C) = |C| - 1$.

Zweimalige Anwendung von (2.11) ergibt $|C \cup C'| - 2 \geqq r\big((C \cup C') - x - y\big) = r\big((C - x) \cup (C' - x - y)\big) = r\big(C \cup (C' - x - y)\big) = r\big(C \cup (C' - y)\big) = r(C \cup C')$, was $(*)$ impliziert. —

In C-Systemen gilt folgende Verschärfung des Eliminationsaxioms:

2.13. *Es sei $(M, \mathfrak{C})$ ein C-System. $C \neq C'$ seien Kreise, und es sei $x \in C \cap C'$, $y \in C' - C$. Dann gibt es ein $C'' \in \mathfrak{C}$ mit $y \in C'' \subseteq (C \cup C') - x$.*

Beweis. Nahmen wir an, (2.13) sei falsch. C, C', x, y seien ein Gegenbeispiel derart, daß $|C \cup C'|$ kleinstmöglich ist. Nach [C 3] gibt es $C'' \in \mathfrak{C}$ mit $x \notin C'' \subseteq C \cup C'$; $y \notin C''$ nach Annahme, so daß gilt $(*)$ $|C \cup C''| < |C \cup C'|$. Wegen $C'' \nsubseteq C'$ gibt es ein $z \in C'' - C'$; es muß $z \in C'' \cap C$ sein. Nun ist $x \in C - C''$, und wegen $(*)$ gilt (2.13) für C, C'', z, x. Es gibt also $D \in \mathfrak{C}$ mit $x \in D \subseteq (C \cup C'') - z$. Wegen $D \subseteq C \cup C'$ und $z \notin D$, $\notin C'$ gilt

$$|D \cup C'| < |C \cup C'|. \tag{$**$}$$

Aus $x \in C' \cap D$, $y \in C' - D$ und $(**)$ folgt die Existenz eines $D' \in \mathfrak{C}$ mit $D' \subseteq D \cup C' \subseteq C \cup C'$, $x \notin D'$, $y \in D'$, mit Widerspruch zur Annahme. —

Wir beschließen unsere „axiomatische Rundreise", indem wir von den Kreisen wieder zu den A-Systemen zurückkehren.

2.14. *$(M, \mathfrak{C})$ sei ein C-System. Für $x \in M$, $T \subseteq M$ setze man $x\alpha T :\Leftrightarrow \big(x \in T \vee \bigvee_{C \in \mathfrak{C}} x \in C \subseteq T \cup x\big)$. Dann ist (M, α) ein A-System, dessen Kreise (vgl. § 1) mit den Elementen von $\mathfrak{C}$ identisch sind.*

Beweis. [A 1] ist nach Definition von α trivial, und [A 4] folgt leicht aus [C 1].

Zum Nachweis von [A 2] werde $x\alpha T$, $\bigwedge_{t \in T} t\alpha S$ angenommen. Es sei $x \notin T \cup S$; sonst ist ja $x\alpha S$ trivial. Es gibt also Kreise $\subseteq T \cup x$, die x enthalten. Man wähle $C \in \mathfrak{C}$ mit $x \in C \subseteq T \cup S \cup x$, so daß $|C \cap (T - S)|$ minimal ist. Existierte ein $t \in C \cap (T - S)$, so gäbe es ein $C' \in \mathfrak{C}$ mit $t \in C' \subseteq S \cup t$. Nach (2.13) fänden wir $C'' \in \mathfrak{C}$ mit $x \in C'' \subseteq (C \cup C') - t$; es folgte $C'' \cap (T - S) \subseteq \big(C \cap (T - S)\big) - t$, gegen die Minimalwahl von C. Also gilt $C \cap (T - S) = \emptyset$, d. h. $C \subseteq S \cup x$ und damit $x\alpha S$.

Wir weisen [A 3] nach: Sei $x \alpha T \cup y$, $x \not\alpha T$ sowie $x \neq y$. Es gibt dann $S \subseteq T \cup y$ mit $S \cup x \in \mathfrak{C}$; es folgt $S = T' \cup y$, $T' \subseteq T$. Also $T' \cup x \cup y \in \mathfrak{C}$, d. h. $y \alpha T' \cup x \subseteq T \cup x$.

(M, α) ist also Matroid. Seine Kreise stimmen nach (1.17) mit den Elementen von $\mathfrak{C}$ überein. —

Zusammenfassend können wir feststellen:

2.15. Satz. *Die Matroide (auf M) lassen sich, je nachdem ob die Abhängigkeitsrelation, die Hüllenbildung, die Basen, die unabhängigen Mengen, die Rangfunktion oder die Kreise als Elementargegebenheiten zugrunde gelegt werden, beschreiben als die A-Systeme, die H-Systeme, die B-Systeme, die U-Systeme, die R-Systeme oder die C-Systeme (auf M).*

Übungen

1. Das T in Übung 10 zu § 1 ist eindeutig bestimmt.
2. (Schwer) Bei der Definition des B-Systems kann [B 2] ersetzt werden durch

[B 2*] $(B, B' \in \mathfrak{B}, b \in B - B') \Rightarrow \bigvee_{b' \in B' - B} (B - b) \cup b' \in \mathfrak{B}$.

3. In einem R-System (M, r) definiere man den *Defekt* von $A \in \mathfrak{E}(M)$ durch (*) $\delta(A) = |A| - r(A)$. $\delta: \mathfrak{E}(M) \to \mathbb{N}'$ hat dann folgende Eigenschaften:

[D 1] $\delta(\emptyset) = 0$;

[D 2] $A \subseteq B \Rightarrow \delta(B) \leqq \delta(A) + |B - A|$;

[D 3] $\delta(A \cup B) + \delta(A \cap B) \geqq \delta(A) + \delta(B)$.

Für δ gilt außerdem: $A \subseteq B \Rightarrow \delta(A) \leqq \delta(B) \leqq |B|$.

4. Ist $\delta: \mathfrak{E}(M) \to \mathbb{N}'$ eine Funktion, die den Bedingungen [D 1], [D 2], [D 3] genügt, so heiße (M, δ) ein *D-System*. Gemäß 3. (*) liefert also jedes Matroid ein D-System. Zu zeigen: Ist (M, δ) ein beliebiges D-System, so gibt es genau ein R-System (M, r), aus dem δ vermöge (*) entsteht. Die Matroide lassen sich mithin auch als D-Systeme beschreiben.

5. (M, δ) sei D-System. Es existiere das Maximum δ_0 aller $\delta(A)$, $A \in \mathfrak{E}(M)$. Für unendliches $T \subseteq M$ existiert dann auch $\max(\delta(F) \mid F \in \mathfrak{E}(T))$; dies werde gleich $\delta(T)$ gesetzt. Jedes $T \subseteq M$ mit $\delta(T) = \delta_0$ heiße *kritisch*. Zu zeigen: Es gibt genau eine kritische Menge K, so daß die kritischen Mengen in M gerade die Obermengen von K sind; K ist endlich, und es gilt $\delta(S) = 0$ für alle $S \subseteq M - K$.

6. Wie sind die unabhängigen Mengen, die Basen, die Kreise eine Matroides, das als D-System gegeben ist, mittels δ zu charakterisieren?

7. In einem Matroid auf M gilt für $A \in \mathfrak{E}(M)$ genau dann $r(A) = |A| - 1$, wenn A genau einen Kreis enthält.

8. $A_i' \subseteq A_i \subseteq M, r(A_i') = r(A_i)$ $(i = 1, \ldots, n) \Rightarrow r(A_1' \cup \cdots \cup A_n') = r(A_1 \cup \cdots \cup A_n)$.

9. Sind C, C' Kreise eines Matroides mit $C \cap C' \neq \emptyset$, $x \in C - C'$, $y \in C' - C$, so gibt es einen Kreis C'' mit $x, y \in C'' \subseteq C \cup C'$.
(Beweisskizze: Bei Annahme des Gegenteils denke man C, C' so gewählt, daß $|C \cup C'| = s$ kleinstmöglich unter allen Gegenbeispielen ist. Seien $z \in C \cap C'$, $X, Y \in \mathfrak{C}$ mit $x \in X$, $y \in Y$, $X \cup Y \subseteq (C \cup C') - z$. Wegen $|X \cup Y| < s$ muß $X \cap Y = \emptyset$ gelten. Sei $t \in (C - C') \cap Y$; also $t \notin X, \notin C'$, mithin $|X \cup C'| < s$. Natürlich $X \cap C' \neq \emptyset$; nach Wahl von s müßte dann doch ein Kreis durch x, y gehen.)

10. Ist $\mathcal{M}$ Matroid auf M vom Range n und $0 < m < n$, so erhält man ein Matroid $\mathcal{M}'$ vom Range m auf M, wenn man für $T \in \mathfrak{E}(M)$ setzt $r'(T) = \min(r(T), m)$.

11. Für ein Matroid auf M gilt: $A \subseteq M$ ist abgeschlossen (d. h. $A = \bar{A}$) genau dann, wenn für jedes $C \in \mathfrak{C}$ gilt $|C \cap (M - A)| \neq 1$.

12. $H \subset M$ heißt *Hyperebene* von $\mathcal{M}$, wenn $H = \bar{H} \subset M$, aber $\overline{H \cup x} = M$ für jedes $x \in M - H$ gilt. Folgende Aussagen sind äquivalent:

(a) H ist Hyperebene von $\mathcal{M}$;

(b) H hat die Form $\overline{B - b}$, wo $b \in B \in \mathfrak{B}$;

(c) H ist maximale echte abgeschlossene Teilmenge von M.

13. Erzeugt $T \subseteq M$ nicht $\mathcal{M}$, so gibt es eine Hyperebene, die T enthält.

14. Genau dann enthält $T \subseteq M$ das Komplement einer Hyperebene, wenn T jede Basis trifft.

§ 3. Punktmatroide und Verbände

Ein Hüllensystem $\mathcal{H}$ auf der Menge M (mit dem Abschluß $\varphi: A \to \bar{A}$ für $A \subseteq M$) heiße ein *P-System*, wenn folgende Bedingung erfüllt ist:

$$\text{[P]} \quad \bar{\emptyset} = \emptyset, \quad \bigwedge_{x \in M} \overline{\{x\}} = \{x\}. -$$

Ist $\mathcal{M}$ ein Matroid auf M, so nennen wir jedes $x \in \bar{\emptyset}$ eine *Schlinge*, und $x \neq y$ aus $M - \bar{\emptyset}$ heißen *parallel*, wenn $\overline{\{x\}} = \overline{\{y\}}$ gilt. ($x \in \bar{\emptyset}$ bedeutet dann, daß $\{x\}$ ein Kreis ist, und die Parallelität von x, y, daß $\{x, y\}$ ein Kreis ist.) Für $\mathcal{M}$ (als H-System aufgefaßt) ist [P] äquivalent mit dem Nichtvorhandensein von Schlingen und parallelen Elementen. Ein Matroid, das [P] erfüllt, heißt *Punktmatroid*.

Jedem Matroid $\mathcal{M} = (M, \alpha)$ kann man kanonisch ein Punktmatroid zuordnen, das die wesentlichen Eigenschaften von $\mathcal{M}$ widerspiegelt. In $M - \overline{\emptyset}$ erklären wir eine Äquivalenzrelation $\sim$ durch $x \sim y :\Leftrightarrow \overline{\{x\}} = \overline{\{y\}}$. $\underline{x}$ bezeichne die Äquivalenzklasse von $x \in M - \overline{\emptyset}$, und für $A \subseteq M$ sei $\underline{A} = \{\underline{x} \mid x \in A\}$. Mittels [A 2] folgt unschwer:

$[x \sim y, x_i \sim y_i \ (i = 1, \ldots, n), x\alpha\{x_1, \ldots, x_n\}] \Rightarrow y\alpha\{y_1, \ldots, y_n\}$ (d. h., $\sim$ spielt die Rolle einer Kongruenzrelation bez. α). Setzen wir daher für $x \in M - \overline{\emptyset}$, $A \subseteq M - \overline{\emptyset}$

$$\underline{x}\underline{\alpha}\underline{A} :\Leftrightarrow x\alpha A,$$

so ist $\underline{\alpha}$ eine wohldefinierte Relation zwischen $\underline{M}$ und $\mathfrak{P}(\underline{M})$. Man zeigt ohne Schwierigkeit, daß $\underline{\mathcal{M}} := (\underline{M}, \underline{\alpha})$ ein Punktmatroid ist (die Nachprüfung sei dem Leser als Übung überlassen). $\underline{\mathcal{M}}$ entsteht aus $\mathcal{M}$ ganz ähnlich, wie man einen projektiven Raum aus einem Vektorraum gewinnt.

Ist umgekehrt ein Punktmatroid $\mathcal{M}' = (M', \alpha')$ gegeben, so erhält man alle Matroide $\mathcal{M} = (M, \alpha)$ mit $\underline{\mathcal{M}} = \mathcal{M}'$, indem man disjunkte nicht leere Mengen G_x $(x \in M')$ sowie eine zu allen G_x fremde Menge N wählt, $M := N \cup \bigcup_{x \in M'} G_x$ setzt und α so definiert:

i) Falls $z \in N$, so gelte $z\alpha T$ für jedes $T \subseteq M$.

ii) Falls $z \in G_x$, $T \subseteq M$, so gelte $z\alpha T$ genau dann, wenn $x\,\alpha'\{y \in M' \mid G_y \cap T \neq \emptyset\}$ gilt.

(In (M, α) ist dann $\overline{\emptyset} = N$, $\underline{x} = G_x$ für $x \in M - N$.)

Zusammenfassend können wir sagen: Man überblickt alle Matroide, wenn man die Punktmatroide kennt; es bedeutet daher keine prinzipielle Einschränkung, nur Punktmatroide zu betrachten.

Die abgeschlossenen Mengen in einem Punktmatroid $\mathcal{M} = (M, \alpha)$ (d. h. die $A \in \mathfrak{P}(M)$ mit $\overline{A} = A$) werden auch die *Unterräume* von $\mathcal{M}$ genannt. Die Unterräume vom Rang 1 sind identisch mit den einelementigen Teilmengen von M; sie heißen die *Punkte* von $\mathcal{M}$. Meist identifiziert man $\{x\}$ mit x (für $x \in M$) und bezeichnet die Elemente von M als die Punkte des Matroides. Entsprechend bezeichnet man Unterräume vom Rang 2 bzw. 3 als Geraden bzw. Ebenen. Punktmatroide einfacherer Bauart können zeichnerisch realisiert werden, indem man Punkte durch Punkte des Anschauungsraumes, Geraden mit mehr als 2 Punkten durch Linien, Ebenen mit mehr als 3 Punkten durch Flächen wiedergibt. Als Beispiel zeigt Abb. 39 die sog. *Fano-Konfiguration*, ein Punktmatroid mit 7 Punkten und 7 Geraden, die den Punkten und Geraden der projektiven Ebene über $\mathbb{F}_2$ entsprechen.

Abb. 39

In jedem Matroid $\mathcal{M}$ bilden die abschlossenen Mengen ein Hüllensystem, also einen vollständigen Verband bez. $\subseteq$. Letzterer bestimmt $\mathcal{M}$ nicht (bis auf Isomorphie) eindeutig, da er z. B. zum Verband der Unterräume von $\underline{\mathcal{M}}$ isomorph ist. (Man ordne zu $A \to \{\underline{x} \mid x \in A - \overline{\emptyset}\}$ für jedes abgeschlossene A von $\mathcal{M}$; speziell also $\overline{\emptyset} \to \emptyset$.) Die eindeutige Bestimmtheit durch den Verband der Unterräume gilt jedoch für die Punktmatroide, da in diesen die Abhängigkeiten durch die Inklusionsbeziehung zwischen Punkten und Unterräumen völlig beschrieben werden (die Punkte selbst sind im Unterraumverband ja als dessen Atome charakterisiert).

Im folgenden wollen wir die Punktmatroide durch Eigenschaften, die ihre Unterraumverbände auszeichnen, axiomatisch beschreiben. Dabei werden sich fundamentale Beziehungen zwischen diesen Matroiden und den geometrischen Verbänden ergeben. Letztere formalisieren die Unterraumstruktur projektiver Räume, so daß hier auch grundlegende Verbindungen zur Geometrie sichtbar werden.

Supremum und Infimum in Verbänden bezeichnen wir durch $\sqcup$ bzw. $\sqcap$; im übrigen verweisen wir wegen der Grundbegriffe der Verbandstheorie auf H. Hermes, Einführung in die Verbandstheorie, Springer, Berlin 1955. Den Rest von § 3 werden wir übrigens später nicht benötigen.

Es sei V mit $\leqq$ ein Verband. Ist y oberer Nachbar von x, so sagen wir auch, y *bedeckt* x, und schreiben $y \cdot\!> x$. $P(V)$ bezeichne die Menge der Atome (= oberen Nachbarn der 0) von V; statt Atom werden wir im folgenden *Punkt* sagen. V heißt *Punktverband*, wenn jedes $x \in V$ Supremum einer Menge von Punkten $\in V$ ist; es ist dann $x = \bigsqcup (p \in P(V) \mid p \leqq x)$ für jedes $x \in V$.

Ist $\mathcal{H}$ ein Hüllensystem auf einer Menge M (mit dem Abschluß $A \to \bar{A}$), so bildet $\mathcal{H}$ bez. $\subseteq$ einen vollständigen Verband $V(\mathcal{H})$. In $V(\mathcal{H})$ stimmt $\sqcap$ mit $\cap$ überein, und $A \sqcup B$ ist gleich $\overline{A \cup B}$. Gilt [P] in $\mathcal{H}$, so ist $V(\mathcal{H})$ Punktverband mit $P(V(\mathcal{H})) = M$ und $\bigsqcup A = \bar{A}$ für jedes $A \subseteq M$.

Ist umgekehrt V ein vollständiger Punktverband und erklärt man für $A \subseteq P(V)$

$$\bar{A} := \{p \in P(V) \mid p \leqq \bigsqcup A\},$$

o liefert $A \to \bar{A}$ einen Abschluß auf $P(V)$, und das zugehörige Hüllensystem der abgeschlossenen Mengen, bezeichnet durch $\mathcal{H}(V)$, erfüllt [P].

Vermöge $\mathcal{H} \to V(\mathcal{H})$ entsprechen sich also P-Systeme $\mathcal{H}$ (auf M) und vollständige Punktverbände V (mit $P(V) = M$) in kanonischer Weise bijektiv; $V \to \mathcal{H}(V)$ ist die Umkehrung dieser Bijektion, so daß also

$$V(\mathcal{H}(V)) = V, \qquad \mathcal{H}(V(\mathcal{H})) = \mathcal{H}$$

gilt. Wir können feststellen:

3.1. *P-Systeme (auf M) und vollständige Punktverbände (mit der Punktmenge M) sind i. w. die gleichen Begriffe.*

Ein Punktverband V heiße *kompakt*, wenn für jedes $p \in P(V)$ gilt

$$[p \leqq \bigsqcup X \wedge X \subseteq P(V)] \Rightarrow \bigvee_{F \in \mathfrak{E}(X)} p \leqq \bigsqcup F.$$

Dann gilt offenbar:

3.2. *Ein P-System $\mathcal{H}$ erfüllt* [H 4] (vgl. § 1) *genau dann, wenn $V(\mathcal{H})$ kompakt ist.*

Es ist nun nur noch das Axiom [H 3] für H-Systeme in die Sprache der Verbände zu übersetzen. Ein Verband V heiße *semimodular* (nach oben), wenn für je zwei $x, y \in V$ gilt:

$$(y \cdot\!> x \sqcap y, x \cdot\!> x \sqcap y) \Rightarrow x \sqcup y \cdot\!> x, x \sqcup y \cdot\!> y.$$

3.3. *Es sei $\mathcal{H}$ ein P-System, das* [H 4] *erfüllt. Behauptung: $\mathcal{H}$ erfüllt* [H 3] *(d. h. $\mathcal{H}$ ist Matroid) genau dann, wenn $V(\mathcal{H})$ semimodular ist.*

Wir erhalten demnach die gewünschte verbandstheoretische Charakterisierung der Punktmatroide in folgender Weise:

3.4. Satz. *Die Begriffe „Punktmatroid“ und „vollständiger kompakter semimodularer Punktverband“ fallen zusammen (vermöge der beschriebenen Korrespondenz $\mathcal{H} \to V(\mathcal{H})$).*

Beweis von (3.3). (1) Sei $\mathcal{H}$ ein Punktmatroid. Für $A, B \in V(\mathcal{H})$ gilt dann

$$B \cdot\!> A \Leftrightarrow \bigvee_{x \in B - A} B = \overline{A \cup x} = A \sqcup x. \tag{*}$$

(Beweis: i) Ist $B \cdot\!> A$, so sei $x \in B - A$. Es folgt $\overline{A \cup x} \subseteq \bar{B} = B$. Wäre $\overline{A \cup x} \neq B$, so $A \subseteq \overline{A \cup x} = \bar{A} = A$, d. h. $x \in A$, mit Widerspruch.

ii) Existiert $x \in B - A$ mit $B = \overline{A \cup x}$ und wäre $A \subset C \subset B$, $C = \bar{C}$, so gäbe es $y \in C - A$ mit $A \subset \overline{A \cup y} \subseteq C \subset B = \overline{A \cup x}$. Dann wäre $y \in \overline{A \cup x}$, $\notin \bar{A} = A$, woraus wegen [H 3] $x \in \overline{A \cup y}$ und also $B \subseteq C$ folgte, mit Widerspruch.)

Nun können wir die Semimodularität von $V(\mathcal{H})$ leicht zeigen. Es gelte $A \cdot\!> A \cap B$, $B \cdot\!> A \cap B$ für $A, B \in V(\mathcal{H})$. Nach (*) gilt dann

$$A = \overline{(A \cap B) \cup x} = (A \sqcap B) \sqcup x, \qquad x \in A - B,$$

$$B = \overline{(A \cap B) \cup y} = (A \sqcap B) \sqcap y, \qquad y \in B - A.$$

Also $A \sqcup B = \overline{A \cup B} = (A \sqcap B) \sqcup x \sqcup y = \overline{(A \cap B) \cup x \cup y}$, was wegen (*) sowohl $(A \sqcap B) \sqcup x = A$ als auch $(A \sqcap B) \sqcup y = B$ bedeckt.

(2) Umgekehrt sei $V(\mathcal{H}) = V$ semimodular. Zunächst zeigen wir für Punkte $p, p_1, \ldots, p_n$ von V:

$$p \nleq p_1 \sqcup \cdots \sqcup p_n \Rightarrow p_1 \sqcup \cdots \sqcup p_n \sqcup p \cdot\!> p_1 \sqcup \ldots \sqcup p_n. \qquad (**)$$

(Beweis durch Induktion über n. Für $n = 1$ ergibt sich aus $p \cdot\!> 0$, $p_1 \cdot\!> 0$, $0 = p_1 \sqcap p$ wegen der Semimodularität $p_1 \sqcup p \cdot\!> p_1$. — Ist (**) für $n - 1$ richtig, so sind wir im Falle $p_n \leqq p_1 \sqcup \cdots \sqcup p_{n-1} =: q$ schon fertig. Andernfalls aber bedecken $s := q \sqcup p_n$, $s' := q \sqcup p$ nach Induktionsvoraussetzung $q = s \sqcap s'$, und es folgt wegen der Semimodularität $s \sqcup s' = p_1 \sqcup \cdots \sqcup p_n \sqcup p \cdot\!> s$.)

Nunmehr können wir leicht [H 3] für $\mathcal{H}$ zeigen. Es sei $p \in \overline{A \cup q}$, $p \notin \bar{A}$ (für gewisse $p, q \in P(V) = M$, $A \subseteq M$). Wegen der Kompaktheit gibt es $p_1, \ldots, p_n \in A$ mit $p \leqq p_1 \sqcup \cdots \sqcup p_n \sqcup q$; aber $p \nleq p_1 \sqcup \cdots \sqcup p_n =: s$ nach Annahme. Aufgrund von (**) bedecken $s \sqcup p$ und $s \sqcup q$ beide s (sonst wäre $p \in \bar{A}$). Wegen $s \sqcup p \leqq s \sqcup q$ folgt daraus $s \sqcup p = s \sqcup q$, insbesondere $q \leqq s \sqcup p$, d. h. q liegt in $\overline{A \cup p}$. —

3.5. *Jeder vollständige kompakte semimodulare Punktverband V ist relativ-komplementär.* (*Das bedeutet: Gilt $a \leqq x \leqq b$ in V, so existiert stets ein relatives Komplement y von x bez. a und b, also mit $x \sqcap y = a$, $x \sqcup y = b$.*)

Beweis. Aufgrund von (3.4) können wir V als Verband der Unterräume eines Punktmatroides $\mathcal{M}$ auf $P(V) = M$ auffassen. Zu zeigen ist dann (vgl. Übung 6 in § 1): Sind $A \subseteq X \subseteq B$ unabhängige Mengen von $\mathcal{M}$, so gibt es ein Y mit $A \subseteq Y \subseteq B$ und $\bar{X} \cap \bar{Y} = \bar{A}$, $\overline{X \cup Y} = \bar{B}$. Es sei $\mathfrak{Z}$ die Menge aller Z, $A \subseteq Z \subseteq B$, mit $\bar{X} \cap \bar{Z} = \bar{A}$. Die Vereinigung jeder Kette (bez. $\subseteq$) von Elementen aus $\mathfrak{Z}$ gehört wieder zu $\mathfrak{Z}$, und $\mathfrak{Z} \neq \emptyset$ wegen $A \in \mathfrak{Z}$; daher existiert nach dem Zornschen Lemma ein maximales Y in $\mathfrak{Z}$. Wäre $\overline{X \cup Y} \subset \bar{B}$, so existierte $b \in \bar{B} - \overline{X \cup Y}$. Wegen der Maximalwahl von Y gibt es ein $c \in (\bar{X} \cap \overline{Y \cup b}) - A$; also $c \in \bar{X}$, $\in \overline{Y \cup b}$, $\notin \bar{Y}$, woraus sich wegen [H3] der Widerspruch $b \in \overline{Y \cup c} \subseteq \overline{X \cup Y}$ ergäbe. —

Zum Schluß dieses Paragraphen wollen wir speziell noch Punktmatroide endlichen Ranges studieren. Ist V Verband, $X \subseteq V$ und gibt es in X nicht endlich viele $x_1, \ldots, x_n$ mit $x_1 \sqcup \cdots \sqcup x_n = \bigsqcup X$, so findet man in X leicht eine unendliche Kette der Form

$$x_1 < x_1 \sqcup x_2 < x_1 \sqcup x_2 \sqcup x_3 < \ldots$$

(mit $x_i \in X$, $i = 1, 2, 3, \ldots$). Daraus folgert man zweierlei: Enthält V keine unendliche aufsteigende Kette (man sagt dafür: V erfüllt die aufsteigende Kettenbedingung), so ist V vollständig; ist überdies V Punktverband, so folgt aus der aufsteigenden Kettenbedingung auch noch die Kompaktheit von V und sogar schärfer, daß jedes Element von V Supremum endlich vieler Punkte ist.

Ein semimodularer Punktverband, der die aufsteigende Kettenbedingung erfüllt, heißt *geometrischer Verband*. Wie wir gesehen haben, ist jeder geometrische Verband V vollständig und kompakt; ihm entspricht also ein bestimmtes Punktmatroid $\mathcal{M}$ auf $P(V) = M$ (mit dem Hüllensystem $\mathcal{H} = \mathcal{H}(V)$ und der Rangfunktion r). Gäbe es eine unendliche Basis in $\mathcal{M}$, so fände man leicht (vgl. Übung 3) in V unendliche Ketten (sowohl auf- als absteigende); ist dagegen $r(M) = d < \infty$, so haben alle Ketten in V höchstens $d + 1$ Elemente. Man nennt ein Punktmatroid endlichen Ranges ein *geometrisches Matroid* (auch: eine kombinatorische Geometrie). Wir können im Anschluß an (3.4) feststellen:

3.6. *Die Begriffe „geometrisches Matroid" und „geometrischer Verband" fallen zusammen* (*vermöge der Korrespondenz $\mathcal{H} \to V(\mathcal{H})$*).

Übungen

1. Man bestimme alle Matroide der Ränge 1 und 2.
2. Es gibt genau 4 nichtisomorphe geometrische Matroide vom Rang 3 mit 5 Punkten. (Unter Berücksichtigung von Übung 10 in § 1 und Übung 1 in § 2 zeigt man, daß es höchstens eine Gerade mit 4 Punkten sowie höchstens 2 Geraden mit 3 Punkten geben kann.) Man stelle diese Matroide zeichnerisch dar.
3. Ist B Basis eines Punktmatroides $\mathcal{M}$, so gibt es in $V(\mathcal{M})$ einen zu $\mathfrak{P}(B)$ isomorphen vollständigen Teilverband.
4. Ein semimodularer Verband ohne unendliche Kette ist geometrisch genau dann, wenn er relativ komplementär ist.

§ 4. Das Kreismatroid eines Graphen

In diesem Abschnitt beginnen wir damit, die engen Beziehungen zwischen Graphen und Matroiden zu untersuchen.

Es sei $G = (E, K, \varphi)$ ein M-Graph. Eine Kante k mit den Endpunkten a, b bezeichnen wir, auch beim Vorliegen von Mehrfachkanten, durch ab. Kreise in G identifizieren wir im folgenden häufig mit ihrer Kantenmenge. Für $L \subseteq K$ bezeichnen wir den M-Graphen $(E, L, \varphi|_L)$ einfach durch (E, L), und $\langle L \rangle$ entsteht aus (E, L) durch Weglassung der isolierten Ecken. Der Begriff des Gerüstes wird gegenüber Kap. 4 etwas erweitert: Bestimmen wir in jeder Komponente H von G einen Baum, der alle Ecken von H enthält, so heißt die Vereinigung dieser Bäume ein *Gerüst* von G.

4.1. *Für $k = ab \in K$ und $L \subseteq K$ setze man $k \alpha L$ genau dann, wenn a, b zur gleichen Komponente von (E, L) gehören (wenn also $k \in L$ gilt oder ein Kreis in $L \cup k$ existiert, der k enthält). Dann ist (K, α) ein A-System.*

Beweis. [A 1], [A 4] sind ohne weiteres klar. — Ist $k = ab \,\alpha\, L$, $\bigwedge_{h \in L} h \alpha L'$, so gibt es einen a,b-Weg mit Kanten $c_i d_i \in L$ $(i = 1, \ldots, r)$ sowie c_i,d_i-Wege W_i mit $K(W_i) \subset L'$ $(i = 1, \ldots, r)$. Man findet einen a,b-Weg auch in (E, L'), d. h. $k \alpha L'$; damit folgt [A 2]. — Zum Nachweis von [A 3] seien $h, k \in K$ mit $k \not\alpha L$, $k \,\alpha\, L \cup h$. Die Endpunkte a, b von k gehören dann zu verschiedenen Komponenten H', H'' von (E, L), aber zur gleichen Komponente von $(E, L \cup h)$, was nur möglich ist, wenn h von H' nach H'' führt, also Ecken der gleichen Komponente von $(E, L \cup k)$ verbindet. Dies bedeutet $h \,\alpha\, L \cup k$, und [A 3] folgt. —

Durch α ist also ein Matroid auf K definiert; wir nennen es das *Kreismatroid* von G und bezeichnen es durch $\mathcal{M}(G)$.

Die unabhängigen Mengen in $\mathcal{M}(G)$ sind offenbar genau die $L \subseteq K$, für die (E, L) kreislos ist; mithin entsprechen den Kreisen in G gerade die Kreise in $\mathcal{M}(G)$, was den Namen „Kreismatroid“ motiviert. Als maximale kreislose Mengen sind die Gerüste (bzw. genauer ihre Kantenmengen) gerade die Basen von $\mathcal{M}(G)$.

$\mathcal{M}(G)$ ist ein Punktmatroid offenbar genau dann, wenn G ein Graph ist.

Die Rangfunktion r in $\mathcal{M}(G)$ läßt sich sehr leicht bestimmen:

4.2. *Für $L \in \mathfrak{E}(K)$ ist*

$$r(L) = \alpha(\langle L \rangle) - \sigma(\langle L \rangle).$$

(Denn dies ist die Kantenzahl eines Gerüstes von $\langle L \rangle$.) Für endliches G ist $r(L)$ auch gleich $\alpha(G) - \sigma(E, L)$, und der Defekt von L (vgl. Übung 3 zu § 2) ergibt sich zu

$$\delta(L) = |L| - \alpha(G) + \sigma(E, L),$$

was mit dem in Kap. 7, § 4 betrachteten Zyklenrang von (E, L) übereinstimmt.

Wir fragen nun, inwiefern G durch $\mathcal{M}(G)$ eindeutig bestimmt ist. $G = (E, K, \varphi)$, $G' = (E', K', \varphi')$ heißen *kreisisomorph*, wenn eine Bijektion β von K auf K' existiert, bei der sich die Kreise von G und die Kreise von G' entsprechen. Ein solcher Kreisisomorphismus β ist dann dasselbe wie ein Isomorphismus der Matroide $\mathcal{M}(G)$ und $\mathcal{M}(G')$. Unsere Frage läuft also darauf hinaus, wann man aus der Existenz eines Kreisisomorphismus zwischen G und G' auf $G \simeq G'$ schließen kann.[1]) Da Hinzufügung isolierter Ecken nichts am Kreismatroid eines Graphen ändert, wird man solche auf jeden Fall auszuschließen haben. Aber auch dann legt $\mathcal{M}(G)$ nicht G eindeutig fest: Sind z. B. $G_1, \ldots, G_s$ 2-zh. Graphen, so haben alle Graphen, die die G_j als Komponenten oder Glieder besitzen, das gleiche Kreismatroid.

Ferner: Sind G', G'' disjunkte Graphen, $a', b' \in E(G')$, $a'', b'' \in E(G'')$ und entsteht G bzw. G^* aus $G' \cup G''$ durch Identifizieren von a' mit a'', b' mit b'' bzw. von a' mit b'', b' mit a'', so sind G und G^* kreisisomorph. Anschaulich geht G^* aus G dadurch hervor, daß man G längs zweier trennender Ecken aufspaltet und die beiden Bestandteile längs dieser Ecken „verkehrt herum wieder zusammenheftet"; wir sprechen von einer „Twist Operation". WHITNEY [23] hat gezeigt, daß endliche 2-zh. kreisisomorphe Graphen stets durch eine solche Folge von „Twist-Operationen" ineinander übergeführt werden können. Für 3-zh. Graphen gilt jedoch:

4.3. Satz (WHITNEY [23]). *Es seien G, G' kreisisomorphe Graphen ohne isolierte Ecken, G sei 3-zh. Dann sind G und G' isomorph, und jeder Kreisisomorphismus β von G auf G' wird durch einen Isomorphismus induziert.*

Beweis. Wegen (6.2) in Kap. 2 nebst der anschließenden Bemerkung genügt es, β als Isomorphismus von $L(G)$ auf $L(G')$ zu erweisen.[2])

Bei β müssen sich 2-zh. Teilgraphen von G und G' entsprechen, weil ja der 2-Zusammenhang damit gleichbedeutend ist, daß je zwei Kanten auf einem Kreise liegen. Die 2-zh. Graphen mit genau 3 Kreisen sind gerade die Graphen der Form θ_3, die gleich der Vereinigung von 3 kreuzungsfreien, ein festes Eckenpaar verbindenden Wegen sind. Bei β entsprechen sich also Graphen der Form θ_3.

Sind $k_1 = ee_1$, $k_2 = ee_2$ Kanten von G mit der gemeinsamen Ecke e, so existiert wegen $z(G) \geqq 3$ in $G - e$ ein Kreis C durch e_1, e_2. $C \cup \langle k_1, k_2 \rangle$ bildet ein $\theta_3(e_1, e_2) =: D \subseteq G$, dem nach obigem bei β ein Graph D' der Form θ_3 entspricht. In D' müssen die Kanten $\neq \beta(k_1)$, $\beta(k_2)$ einen Kreis C' bilden, und zwar das Bild von C. Dies ist nur möglich, wenn $\beta(k_1) \cap \beta(k_2) \neq \emptyset$ gilt. Also:

$$[k_1 \cap k_2 \neq \emptyset \text{ für } k_1, k_2 \in K(G)] \Rightarrow \beta(k_1) \cap \beta(k_2) \neq \emptyset. \qquad (*)$$

[1]) Natürlich induziert jeder Isomorphismus von G auf G' auch einen Kreisisomorphismus; nicht jeder solche wird aber notwendig auch durch einen Isomorphismus induziert, selbst wenn G und G' isomorph sind.

[2]) $\alpha(G) \leqq 4$ ist nur für $G = S(4)$ möglich; der einzige Isomorphismus von $L(S(4))$, der nicht durch einen Isomorphismus von $S(4)$ induziert wird, ist in Abb. 12, S. 51, dargestellt. Dieser ist jedoch kein Kreisisomorphismus von $S(4)$.

Gilt $k \cap h = \emptyset$ für $k, h \in K(G)$, so existiert wegen $z(G) \geqq 2$ ein Kreis in G, der k, h enthält; $\beta(k), \beta(h)$ liegen im Bild dieses Kreises, und das ist mit (*) nur dann verträglich, wenn $\beta(k) \cap \beta(h)$ ebenfalls leer ist. Insgesamt liefert also β einen Isomorphismus von $L(G)$ auf $L(G')$. —

Es erhebt sich naturgemäß die Frage, welche Matroide sich als Kreismatroid eines M-Graphen darstellen lassen; solche Matroide heißen *graphisch*. Wir werden sehen, daß die graphischen Matroide eine recht enge Teilklasse der Klasse aller Matroide bilden; vgl. hierzu § 12. Aufgrund der am Anfang von § 3 besprochenen Reduktion kennt man alle graphischen Matroide, wenn man die graphischen Punktmatroide kennt, so daß man zur Charakterisierung der ersteren nur die Kreismatroide von Graphen zu untersuchen braucht.

Übungen

1. Man zeige jeweils direkt (ohne (4.1) zu benutzen), daß
a) die $T \subseteq K$ mit $\langle T \rangle$ kreislos ein U-System,
b) die Kreise in G ein C-System
bilden.
2. Ein Element b eines Matroides $\mathcal{M}$ heiße eine *Brücke* von $\mathcal{M}$, wenn b in jeder Basis von $\mathcal{M}$ auftritt. Zu zeigen: $k \in K$ ist Brücke des Graphen G genau dann, wenn k Brücke von $\mathcal{M}(G)$ ist.
3. Man bestimme alle Unterräume von $\mathcal{M}(G)$, wenn G irgendein Graph ist.
4. Man realisiere $\mathcal{M}(S(4))$ zeichnerisch.
5. Die gröbste und feinste Abhängigkeitsrelation (vgl. § 1) auf einer Menge M liefern jeweils graphische Matroide; man bestimme alle sie realisierenden M-Graphen.
6. Die symmetrische Differenz zweier (und dann auch je endlich vieler) Kreise in $\mathcal{M}(G)$ ist die disjunkte Vereinigung von Kreisen bzw. leer. Ein Matroid mit dieser Eigenschaft heißt *binär*.
7. Für jedes $r \geqq 2$ und jedes s mit $r \leqq s \leqq \binom{r+1}{2}$ gibt es s-elementige graphische Punktmatroide vom Range r; es gibt jedoch kein graphisches Punktmatroid des Ranges r mit mehr als $\binom{r+1}{2}$ Elementen.
8. Das Fano-Matroid ist binär, aber nicht graphisch.
9. Kein Punktmatroid vom Rang 2 mit $\geqq 4$ Elementen ist binär.

§ 5. Dualität von Matroiden

Es sei $\mathcal{M}$ ein Matroid auf einer *endlichen* Menge M; $\mathcal{M}$ sei dargestellt als R-System (M, r). Für jedes $T \subseteq M$ definieren wir

$$r^*(T) := |T| + r(M - T) - r(M).$$

Dann gilt:

5.1. *(M, r^*) ist ein R-System.*

Denn [R 1′] ist für r^* unmittelbar klar. [R 2′] folgt unschwer mittels (2.4), und [R 3′] ergibt sich für r^* durch einfache Rechnung aus (2.9). —

Das Matroid auf M mit der Rangfunktion r^* heißt das *duale Matroid* (auch: *Dual*) von $\mathcal{M}$; es wird durch $\mathcal{M}^*$ bezeichnet. Die Menge der unabhängigen bzw. abhängigen Mengen in $\mathcal{M}^*$, der Kreise bzw. der Basen von $\mathcal{M}^*$ werden beziehentlich durch $\mathfrak{U}^*, \mathfrak{A}^*, \mathfrak{C}^*, \mathfrak{B}^*$ bezeichnet; die Elemente von $\mathfrak{C}^*$ heißen die *Co-Kreise* oder auch *Bänder* von $\mathcal{M}$, die Elemente von $\mathfrak{B}^*$ die *Co-Basen* (auch: *Dendroide*) von $\mathcal{M}$.

Für $T \subseteq M$ gilt nun

$$T \in \mathfrak{U}^* \Leftrightarrow r^*(T) = |T| \Leftrightarrow r(M) = r(M - T) \Leftrightarrow M - T \quad \text{erzeugt } \mathcal{M}$$

$$\Leftrightarrow \bigvee_{B \in \mathfrak{B}} T \subseteq M - B.$$

Also

5.2. *$T \subseteq M$ ist unabhängig bez. $\mathcal{M}^*$ genau dann, wenn es eine Basis von $\mathcal{M}$ gibt, die von T nicht getroffen wird.*

5.3. *Die Basen von $\mathcal{M}^*$ sind identisch mit den Komplementen (in M) der Basen von $\mathcal{M}$.*

5.4. *Die Bänder von $\mathcal{M}$ sind die minimalen Teilmengen von M, die mit jeder Basis von $\mathcal{M}$ nichtleeren Durchschnitt haben.*

Aus (5.3) (oder auch direkt aus der Definition von r^*) ergibt sich

5.5. $(\mathcal{M}^*)^* = \mathcal{M}$,

wie es sich für einen anständigen Dualitätsbegriff gehört.

Wir fragen nach dem Dual des Kreismatroides eines M-Graphen G; hierbei muß G (genauer: seine Kantenmenge K) als endlich vorausgesetzt werden.

In dem Dual $\mathcal{M}^*(G)$ von $\mathcal{M}(G)$ sind die Kreise gleich den Bändern von $\mathcal{M}(G)$; letztere heißen auch die *Bänder von G*, und wir nennen $\mathcal{M}^*(G)$ das *Bandmatroid von G*. Da die Basen von $\mathcal{M}(G)$ gerade die Gerüste von G sind, ist also $L \subseteq K$ unabhängig in $\mathcal{M}^*(G)$ genau dann, wenn es ein Gerüst von G gibt, das zu L fremd ist; das ist aber gleichbedeutend damit, daß G durch L nicht getrennt wird.[1]) Die Basen von $\mathcal{M}^*(G)$ sind also gerade die Komplemente (in K) der Gerüste von G, und $L \subseteq K$ ist abhängig in $\mathcal{M}^*(G)$ genau dann, wenn G durch L getrennt wird. Also:

5.6. *Die Kreise von $\mathcal{M}^*(G)$ (also die Bänder von G) sind identisch mit den minimalen trennenden Kantenmengen von G.*

Wir nennen ein Matroid $\mathcal{M}$ *co-graphisch*, wenn ein M-Graph G existiert, so daß $\mathcal{M}^*(G)$ isomorph zu $\mathcal{M}$ ist.

Übungen

1. Man zeige direkt (ohne Benutzung von (5.1)), daß die Komplemente der Basen eines endlichen Matroides ein B-System bilden (hierbei ist Übung 2 von § 2 nützlich). Woran scheitert der Versuch, auf diesem Wege das duale Matroid auch bei unendlicher Grundmenge einzuführen? (Auch die Voraussetzung, daß der Rang des gegebenen Matroids endlich ist, hilft hier nicht.)

2. Ist $\mathcal{M}$ (endliches) Punktmatroid, so braucht $\mathcal{M}^*$ kein Punktmatroid zu sein.

3. Die Brücken von $\mathcal{M}$ (vgl. Übung 2 in § 4) sind identisch mit den Schlingen von $\mathcal{M}^*$. Was bedeutet dies für das Kreis- bzw. Bandmatroid eines M-Graphen G?

4. Folgende Aussagen über eine Teilmenge T eines endlichen Matroides $\mathcal{M}$ (auf M) sind äquivalent:

(a) T ist Band von $\mathcal{M}$;

(b) T ist Komplement einer Hyperebene von $\mathcal{M}$ (vgl. Übung 12, 14 zu § 2);

(c) T ist minimale Menge, die Komplement einer abgeschlossenen echten Teilmenge von M ist;

(d) T ist minimal mit: $T \neq \emptyset$ und $\bigwedge_{C \in \mathfrak{C}} |T \cap C| \neq 1$.

[1]) $L \subseteq K$ trennt G, wenn sich nach Weglassung von L die Komponentenzahl erhöht.

5. Für einen M-Graphen G (mit Kantenmenge K) sollen r_G bzw. r_G^* die Rangfunktion in $\mathcal{M}(G)$ bzw. $\mathcal{M}^*(G)$ bezeichnen. Dann gilt

$$r_G^*(K) = \varkappa(G) - \alpha(G) + \sigma(G)$$

(dies stimmt also mit dem in Kap. 7, § 4 betrachteten Zyklenrang von G überein). Für $T \subseteq L \subseteq K$ gilt

$$r_{\langle L\rangle}(T) = r_G(T),$$

jedoch im allgemeinen

$$r^*_{\langle L\rangle}(T) \neq r_G^*(T).$$

6. Zu jeder nichtisolierten Ecke e von G gibt es ein Band von G, dessen Elemente sämtlich mit e inzidieren. Demnach gilt also $\gamma_G^{\min} \geqq \min\,(|T| \mid T \in \mathcal{M}^*(G))$.

7. $\mathcal{M}$ sei endliches Matroid, $A \in \mathfrak{U}$, $A^* \in \mathfrak{U}^*$ mit $A \cap A^* = \emptyset$. Dann gibt es $B \in \mathfrak{B}$, $B^* \in \mathfrak{B}^*$ mit $A \subseteq B$, $A^* \subseteq B^*$ und $B \cap B^* = \emptyset$.

8. Ist $C \in \mathfrak{C}$ und $x \neq y$ aus C, so gibt es ein Band C^* mit $C \cap C^* = \{x, y\}$.

9. Ist $U \neq \emptyset$ unabhängig, so existiert ein Band C^* mit $|U \cap C^*| = 1$. (Andernfalls wäre $|U \cap C^*| \neq 1$ für alle Bänder C^*. Wähle $U' \subseteq U$, $U' \neq \emptyset$, minimal mit dieser Eigenschaft. Nach Übung 4, (d) müßte U' Band in $\mathcal{M}^*$, also Kreis in $\mathcal{M}$ sein.)

§ 6. Minoren

Es sei $\mathcal{M}$ mit den üblichen Bezeichnungen ein Matroid über der Menge M, und $S, T \in \mathfrak{P}(M)$ seien fest gewählt mit $S \cap T = \emptyset$. Für $s \in S$, $X \subseteq S$ setze man

$$s\,\alpha'\,X$$

genau dann, wenn $s\,\alpha\,X \cup T$ gilt. Dann gilt:

6.1. *(S, α') ist ein Matroid.*

Beweis. [A 1], [A 2], [A 4] sind unmittelbar klar. Zum Nachweis von [A 3] nehmen wir $s\alpha' X \cup y$, $s \not\alpha' X$ an. Dann ist also

$$s\,\alpha\,X \cup y \cup T, \qquad s \not\alpha\, X \cup T,$$

woraus $y\,\alpha\,X \cup s \cup T$ und damit $y\,\alpha'\,X \cup s$ folgt. —

Definition. Ein Matroid der genannten Form (S, α') heißt ein *Minor* von $\mathcal{M}$.

Ist speziell $T = \emptyset$, so ist (S, α') gleich der *Restriktion* von $\mathcal{M}$ auf S, bezeichnet durch $\mathcal{M} \mid S$ (vgl. § 1).

Ist weiter speziell $T = M - S$, so heiße (S, α') die *Kontraktion* von $\mathcal{M}$ auf S; diese wird durch $\mathcal{M} \cdot S$ bezeichnet.

Wir wollen nun die Kreise im Minor (S, α') bestimmen. Zunächst gilt:

6.2. *$X \subseteq S$ ist abhängig in (S, α') genau dann, wenn $C \in \mathfrak{C}$ existiert mit $C \subseteq X \cup T$ und $C \cap X \neq \emptyset$.*

Beweis. X α'-abhängig $\Leftrightarrow \bigvee\limits_{t \in X} t\,\alpha'(X - t) \Leftrightarrow \bigvee\limits_{t \in X} t\,\alpha\,(X - t) \cup T \Leftrightarrow \bigvee\limits_{t \in X} \bigvee\limits_{C \in \mathfrak{C}} t \in C \subseteq X \cup T$ $\Leftrightarrow \bigvee\limits_{C \in \mathfrak{C}} (C \subseteq X \cup T \wedge C \cap X \neq \emptyset)$. —

$\mathfrak{C}'$ bezeichne die Menge der Kreise in (S, α'). Aus (6.2) folgt dann sofort:

6.3. *$X \subseteq S$ ist Element von $\mathfrak{C}'$ genau dann, wenn X minimal ist mit*

$$X \neq \emptyset \text{ und } \bigvee_{C \in \mathfrak{C}} (C \subseteq S \cup T \wedge C \cap S = X).$$

Ist insbesondere $(S, \alpha') = \mathcal{M} \cdot S$ die Kontraktion von $\mathcal{M}$ auf S, so ist $\mathfrak{C}'$ gleich der Menge der minimalen nichtleeren Durchschnitte von Kreisen aus $\mathcal{M}$ mit S.

Hiernach ist klar:

6.4. $$(S, \alpha') = \big(\mathcal{M} \mid (S \cup T)\big) \cdot S = (\mathcal{M} \mid R) \cdot S$$
$$= \big(\mathcal{M} \cdot (M - T)\big) \mid S = \big[\mathcal{M} \cdot \big((M - R) \cup S\big)\big] \mid S,$$

wobei $R = S \cup T$ gesetzt ist.

Folgerung:

6.5. *Die Minoren von $\mathcal{M}$ sind gerade die Matroide der Form*

$$(\mathcal{M} \mid R) \cdot S \qquad \text{mit } M \supseteq R \supseteq S$$

(oder auch der Form $(\mathcal{M} \cdot R) \mid S$, mit $M \supseteq R \supseteq S$). Man erhält also alle Minoren von $\mathcal{M}$ durch wiederholte Bildung von Restriktionen und Kontraktionen.

Weiter gilt:

6.6. *Für $M \supseteq R \supseteq S$ gilt:*

(i) $(\mathcal{M} \mid R) \mid S = \mathcal{M} \mid S$

(ii) $(\mathcal{M} \cdot R) \cdot S = \mathcal{M} \cdot S$.

Beweis. (i) ist unmittelbar klar.

Zum Beweis von (ii) bezeichnen wir die Abhängigkeitsrelation in $\mathcal{M} \cdot R$ mit α', die in $(\mathcal{M} \cdot R) \cdot S$ mit α'', und die in $\mathcal{M} \cdot S$ mit α^0.
Dann hat man für $x \in S$, $X \subseteq S$:

$$x \alpha'' X \Leftrightarrow x \alpha' \big(X \cup (R - S)\big)$$
$$\Leftrightarrow x \alpha [X \cup (R - S) \cup (M - R)] = X \cup (M - S)$$
$$\Leftrightarrow x \alpha^0 X. -$$

Es sei nun $M \supseteq R \supseteq S \supseteq X \supseteq Y$.
Dann gilt also

$\big([(\mathcal{M} \mid R) \cdot S] \cdot X\big) \mid Y = [(\mathcal{M} \mid R) \cdot X] \mid Y = [(\mathcal{M} \cdot R') \mid X] \mid Y$ (wegen (6.4), mit $R' := (M - R) \cup X$), und dies ist $= (\mathcal{M} \cdot R') \mid Y$.

Dies bedeutet:

6.7. *Jeder Minor eines Minors von $\mathcal{M}$ ist selbst ein Minor von $\mathcal{M}$.*

Es sei nun $G = (E, K, \varphi)$ ein M-Graph. Wir wollen uns einen Überblick über die Minoren von $\mathcal{M}(G)$ verschaffen. Zu diesem Zwecke genügt es wegen (6.5), für ein $L \subseteq K$ die Restriktion $\mathcal{M}(G) \mid L$ sowie die Kontraktion $\mathcal{M}(G) \cdot L$ zu studieren. Statt $\langle L \rangle$ wollen wir im folgenden auch $G \mid L$ schreiben und von der *Restriktion* von G auf L reden.

Zunächst bestätigt man leicht (durch Betrachtung der Kreise):

6.8. $\mathcal{M}(G) \mid L = \mathcal{M}(G \mid L)$.

Zur Untersuchung von $\mathcal{M}(G) \cdot L$ müssen wir etwas weiter ausholen. Es sei $\tilde{E}_L$ die Menge der Komponenten von $H := (E, K - L, \varphi|_{K-L})$; für $e \in E$ sei $\tilde{e}$ die e enthaltende dieser Komponenten. Ist $k \in L$ mit den Endpunkten a, b, so ziehen wir eine Kante $\tilde{k}$ von $\tilde{a}$ nach $\tilde{b}$ (evtl. $\tilde{a} = \tilde{b}$, auch wenn $a \neq b$); dadurch wird auf $\tilde{E}_L$ ein M-Graph mit der Kantenmenge $\tilde{L} := \{\tilde{k} \mid k \in L\}$ definiert, den wir mit $G \cdot L$ bezeichnen. Dabei steht $\tilde{L}$ vermöge $k \to \tilde{k}$ in bijektiver Beziehung zu L; wir wollen wieder k statt $\tilde{k}$ schreiben und somit L mit $\tilde{L}$ identifizieren. Es sei $\mathfrak{Z}$ die Menge aller Kreise von G, die mit L nichtleeren Durchschnitt haben (also nicht ganz in einer Komponente von H verlaufen); die Kreise von $\mathcal{M}(G) \cdot L$ sind dann, nach (6.3), identisch mit den minimalen Elementen von $\{C \cap L \mid C \in \mathfrak{Z}\}$. Jedes $C \in \mathfrak{Z}$ zerfällt in Segmente, die abwechselnd aus Kanten von L und (zum gleichen $\tilde{e}$ gehörenden) Wegen bestehen; $C \cap L$ ist minimal genau dann, wenn dasselbe $\tilde{e}$ nicht mehr als einmal durchquert wird, und jedes solche minimale $C \cap L$ bestimmt einen Kreis in $G \cdot L$. Umgekehrt entsteht jeder Kreis von $G \cdot L$ offenbar in der angegebenen Weise; mithin gilt:

6.9. $\mathcal{M}(G) \cdot L = \mathcal{M}(G \cdot L)$.

Wir nennen $G \cdot L$ die *Kontraktion* von G auf L. Ist G ein Graph und $k \in K(G)$, so ist $G \cdot (K - k)$ gleich G/k zuzüglich von Doppelkanten, die aus den k enthaltenden Dreiecken von G hervorgehen.

Wir können wegen (6.5) also feststellen:

6.10. *Ist G ein M-Graph, so erhält man genau alle Minoren von $\mathcal{M}(G)$ in der Form $\mathcal{M}(H)$, wo H aus G durch eine Restriktion und anschließende Kontraktion hervorgeht.*

Übungen

1. Die Hyperebenen von $\mathcal{M} \mid S$ sind die maximalen echten Teilmengen von S der Form $H \cap S$, wo H Hyperebene von $\mathcal{M}$ ist.
2. $\mathcal{M} \cdot S$ hat keine Schlingen genau dann, wenn $\overline{M - S} = M - S$ gilt.
3. Es sei B Basis von $\mathcal{M} \mid (M - S)$. $X \subseteq S$ ist unabhängig bez. $\mathcal{M} \cdot S$ genau dann, wenn $X \cup B$ unabhängig (in $\mathcal{M}$) ist.
4. Jeder Minor eines graphischen bzw. co-graphischen Matroides ist wiederum graphisch bzw. co-graphisch.
5. Ein Minor von $\mathcal{M}$ kann nicht mehr Kreise enthalten als $\mathcal{M}$ selbst.

§ 7. Rang und Dualität von Minoren

Es ist wieder $\mathcal{M}$ ein Matroid auf M und $S \subseteq M$.

7.1. *Es sei B Basis von $\mathcal{M} \mid S$ und B' Basis von $\mathcal{M} \cdot (M - S)$. Dann ist $B \cup B'$ Basis von $\mathcal{M}$.*

Beweis. 1. $B \cup B'$ erzeugt $\mathcal{M}$. Es sei nämlich $x \in M$. Ist $x \in S$, so $x(\alpha \mid S)\, B$, d. h. $x\alpha B \subseteq B \cup B'$. Ist $x \in M - S$, so ist nach Voraussetzung x abhängig von B' bez. $\mathcal{M} \cdot (M - S)$, also $x\alpha(B' \cup S)$, d. h. $x\alpha(B' \cup B)$ wegen [A 2].

2. $B \cup B'$ ist unabhängig (in $\mathcal{M}$). Zunächst ist natürlich $B \cap B' = \emptyset$. Wäre $B \cup B'$

abhängig, so gäbe es $C \in \mathfrak{C}$ mit $C \subseteq B \cup B'$. Es muß $C \cap B' \neq \emptyset$ sein, weil B unabhängig (auch in $\mathcal{M}$) ist. Das aber heißt, daß $C \cap (M - S)$ einen Kreis von $\mathcal{M} \cdot (M - S)$ enthält, der zu B' gehört, mit Widerspruch. —

Wir vereinbaren nun folgendes über die Bezeichnungsweise: r bezeichnet (wie üblich) die Rangfunktion im Matroid $\mathcal{M}$ auf M. Wenn $\mathcal{M}'$ irgendein anderes Matroid mit Grundmenge M' ist (im folgenden ist $\mathcal{M}'$ meist ein Minor von $\mathcal{M}$), so bezeichne $r_{\mathcal{M}'}$ die Rangfunktion von $\mathcal{M}'$, und wir schreiben speziell auch

$$r[\mathcal{M}'] := r_{\mathcal{M}'}(M').$$

Für $X \subseteq S \subseteq M$ gilt nach Definition von $\mathcal{M} \mid S$:

7.2. $r_{\mathcal{M}|S}(X) = r(X)$ *sowie speziell* $r[\mathcal{M} \mid S] = r(S)$.

Aus (7.1) folgt für jedes $S \subseteq M$ sofort

7.3. $r[\mathcal{M}] = r[\mathcal{M} \mid S] + r[\mathcal{M} \cdot (M - S)]$.

Sei jetzt $X \subseteq S \subseteq M$. Wir wollen $r_{\mathcal{M} \cdot S}(X)$ mittels r ausdrücken. Wegen (7.2) und (6.5) beherrschen wir dann die Rangfunktion aller Minoren von $\mathcal{M}$. Wir setzen zusätzlich voraus, daß M endlich ist. Nach (7.3) gilt

$$\begin{aligned} r[\mathcal{M} \cdot S] &= r[(\mathcal{M} \cdot S) \cdot (S - X)] + r[(\mathcal{M} \cdot S) \mid X] \\ &= r\,[\mathcal{M} \cdot (S - X)] + r_{\mathcal{M} \cdot S}(X) \text{ (wegen (6.6), (7.2))} \\ &= r(M) - r\big(M - (S - X)\big) + r_{\mathcal{M} \cdot S}(X) \text{ (wegen (7.3), (7.2))}. \end{aligned}$$

Gleichzeitig gilt auch wegen (7.3), (7.2):

$$r[\mathcal{M} \cdot S] = r(M) - r(M - S).$$

Aus den beiden letzten Gleichungen ergibt sich:

7.4. *Ist* $X \subseteq S \subseteq M$, *so gilt*

$$r_{\mathcal{M} \cdot S}(X) = r\big((M - S) \cup X\big) - r(M - S).$$

Wie erhält man zu dem endlichen $\mathcal{M}$ die Minoren des Duals $\mathcal{M}^*$ und deren Ränge? Wegen (7.2) und nach Definition von r^* (vgl. § 5) haben wir für $X \subseteq S \subseteq M$:

7.5. $r_{(M|S)^*}(X) = |X| + r(S - X) - r(S)$.

Nach (7.4) ist andererseits

$r_{\mathcal{M}^* \cdot S}(X) = r^*\big((M - S) \cup X\big) - r^*(M - S) = |\,(M - S) \cup X\,| + r(S - X) - r(M) - |M - S| - r(S) + r(M) = |X| + r(S - X) - r(S)$, so daß mit (7. 5) folgt

7.6. $r_{(\mathcal{M}|S)^*}(X) = r_{\mathcal{M}^* \cdot S}(X)$ *für jedes* $X \subseteq S$ oder

7.6′. *Für alle* $S \subseteq M$ *gilt* $(\mathcal{M} \mid S)^* = \mathcal{M}^* \cdot S$.

Daraus folgt weiter $(\mathcal{M} \cdot S)^* = \big((\mathcal{M}^*)^* \cdot S\big)^* = \big((\mathcal{M}^* \mid S)^*\big)^* = \mathcal{M}^* \mid S$, also

7.7. *Für alle* $S \subseteq M$ *gilt* $(\mathcal{M} \cdot S)^* = \mathcal{M}^* \mid S$.

Folgerung aus (7.6′) (oder auch (7.7)):

7.8. *Die Minoren des Duals von* $\mathcal{M}$ *sind die Duale der Minoren von* $\mathcal{M}$.

Für einen endlichen M-Graphen G folgt nun für das Bandmatroid $\mathcal{M}^*(G)$ aus (7.6'), (7.7) in Verbindung mit (6.8), (6.9) für $L \subseteq K$ sofort:

7.9. $\mathcal{M}^*(G \mid L) = \mathcal{M}^*(G) \cdot L$,

7.10. $\mathcal{M}^*(G \cdot L) = \mathcal{M}^*(G) \mid L$.

Die in L enthaltenen Bänder von G sind also identisch mit den Bändern von $G \cdot L$, wie rein matroid-theoretisch aus (6.9) folgt.

Übungen

1. Man beweise die letzte Schlußfolgerung direkt graphentheoretisch (ohne (6.9), (7.10)).
2. Für $S, T \subseteq M$ gilt

$r[\mathcal{M} \cdot S] + r[\mathcal{M} \cdot T] \leqq r[\mathcal{M} \cdot (S \cup T)] + r[\mathcal{M} \cdot (S \cap T)]$.

3. $X \subseteq S$ erzeugt $M \cdot S$ genau dann, wenn $\mathcal{M}$ durch $(M - S) \cup X$ erzeugt wird.
4. Für $S \subseteq M$ ist $r[\mathcal{M} \cdot S] = r[\mathcal{M}]$ genau dann, wenn $M - S$ nur Schlingen von $\mathcal{M}$ enthält.

§ 8. Separabilität

Es sei wieder $\mathcal{M}$ ein Matroid auf M. Eine Teilmenge S von M heißt *Separator* von $\mathcal{M}$, wenn jeder Kreis C von $\mathcal{M}$ entweder ganz in S oder ganz in $M - S$ liegt. Natürlich sind $\emptyset$ und M Separatoren; sie heißen die *trivialen* Separatoren von $\mathcal{M}$. Gibt es in $\mathcal{M}$ nichttriviale Separatoren, so heißt $\mathcal{M}$ *separabel*, andernfalls *inseparabel* oder auch *$\mathfrak{C}$-zusammenhängend* ($\mathfrak{C}$-zh.). Sofort klar ist dann:

8.1. *Durchschnitt, Vereinigung und Komplement von Separatoren von $\mathcal{M}$ sind stets wieder Separatoren von $\mathcal{M}$.*

Ein Separator S von $\mathcal{M}$ heißt *elementar*, wenn $S \neq \emptyset$ ist und keinen Separator $\neq \emptyset$ echt enthält. Aus (8.1) folgt dann

8.2. *Die elementaren Separatoren bilden die Klassen einer Zerlegung $\mathfrak{Z}$ von M. Für $x \in M$ findet man die x enthaltende Klasse von $\mathfrak{Z}$ als Durchschnitt aller x enthaltenden Separatoren von $\mathcal{M}$.*

Weiter hat man

8.3. *$S \subseteq M$ ist Separator von $\mathcal{M}$ genau dann, wenn*

$$\mathcal{M} \cdot S = \mathcal{M} \mid S.$$

Beweis. $\mathcal{M} \cdot S = \mathcal{M} \mid S$ ist gleichbedeutend damit, daß die Kreise von $\mathcal{M} \cdot S$ mit denen von $\mathcal{M} \mid S$ übereinstimmen, letzteres nach Definition von $\mathcal{M} \cdot S$ wiederum damit, daß für jedes $C \in \mathfrak{C}$ mit $C \cap S \neq \emptyset$ gilt $C \subseteq S$; dies aber heißt gerade, daß S Separator von $\mathcal{M}$ ist. —

Ist S elementarer Separator von $\mathcal{M}$ (also eine Klasse von $\mathfrak{Z}$), so heißt $\mathcal{M} \mid S = \mathcal{M} \cdot S$ eine *$\mathfrak{C}$-Komponente* von $\mathcal{M}$.

Aus (8.3) folgt mit (7.6'), (7.7) sofort

8.4. *M sei endlich, $S \subseteq M$. Genau dann ist S Separator von $\mathcal{M}$, wenn S Separator von $\mathcal{M}^*$ ist.*

Folgerung mit (8.2):

8.4'. *Sind $\mathcal{M}_1, \ldots, \mathcal{M}_n$ die $\mathfrak{C}$-Komponenten des endlichen $\mathcal{M}$, so sind $\mathcal{M}_1^*, \ldots, \mathcal{M}_n^*$ die $\mathfrak{C}$-Komponenten von $\mathcal{M}^*$.*

8.5. *Sei S Separator von $\mathcal{M}$, T Separator von $\mathcal{M} \cdot S = \mathcal{M} \mid S$. Dann ist T Separator von $\mathcal{M}$.*

Beweis. $\mathcal{M} \mid T = (\mathcal{M} \mid S) \mid T = (\mathcal{M} \cdot S) \cdot T = \mathcal{M} \cdot T$. —

8.6. *Jede $\mathfrak{C}$-Komponente von $\mathcal{M}$ ist $\mathfrak{C}$-zh.*
Denn ist S elementarer Separator von $\mathcal{M}$, so hat $\mathcal{M} \mid S$ wegen (8.5) keinen Separator $\neq \emptyset, S$. —

8.7. *S sei Separator von $\mathcal{M}$. Für jedes $T \subseteq M$ ist dann $S \cap T$ Separator sowohl von $\mathcal{M} \mid T$ als auch von $\mathcal{M} \cdot T$.*

Beweis. Es sei C Kreis von $\mathcal{M} \mid T$ bzw. $\mathcal{M} \cdot T$. Dann ist $C \subseteq T$, $C \in \mathfrak{C}$, bzw. es existiert $C' \in \mathfrak{C}$ mit $C' \cap T = C$. Wenn $\emptyset \neq C \cap (S \cap T) = C \cap S$ ist, so gilt nach Voraussetzung $C \subseteq S$ bzw. $C' \subseteq S$, d. h. sicher $C \subseteq S \cap T$. —

8.8. *$(\mathcal{M} \cdot R) \mid T$ mit $T \neq \emptyset$ sei ein $\mathfrak{C}$-zh. Minor von $\mathcal{M}$. Dann existiert genau ein elementarer Separator S von $\mathcal{M}$ mit $T \subseteq S$. Also: Die $\mathfrak{C}$-Komponenten sind in gewissem Sinne die maximalen $\mathfrak{C}$-zh. Minoren von $\mathcal{M}$.*

Beweis. Wegen (8.2) existiert ein elementarer Separator S mit $S \cap T \neq \emptyset$. Wäre $T \not\subseteq S$, so also

$$\emptyset \subset S \cap T \subset T. \tag{*}$$

Wegen (8.7) ist $S \cap R$ Separator von $\mathcal{M} \cdot R$ und $(S \cap R) \cap T = S \cap T$ Separator von $(\mathcal{M} \cdot R) \mid T$; wegen (*) folgte aber ein Widerspruch zur vorausgesetzten Inseparabilität von $(\mathcal{M} \cdot R) \mid T$. Die Eindeutigkeit von S folgt sofort aus (8.2). —

8.9. *Es seien R_i $(i \in I)$ Teilmengen von M, so daß jedes $\mathcal{M} \mid R_i$ $\mathfrak{C}$-zh. und $D = \bigcap_{i \in I} R_i \neq \emptyset$ ist. Dann ist auch $\mathcal{M} \mid \bigcup_{i \in I} R_i$ $\mathfrak{C}$-zh.*

Beweis. Wegen (8.2) existiert ein elementarer Separator S von $\mathcal{M} \mid \bigcup_{i \in I} R_i$, der D trifft. Wegen (8.8) gilt $S \supseteq R_i$ für alle $i \in I$. Daher ist $S = \bigcup_{i \in I} R_i$, also $\mathcal{M} \mid \bigcup_{i \in I} R_i$ $\mathfrak{C}$-zh. —

8.10. *Die das Element $x \in M$ enthaltende $\mathfrak{C}$-Komponente von $\mathcal{M}$ besteht aus x sowie allen den Elementen von M, die mit x zusammen auf einem Kreis von $\mathcal{M}$ liegen. Also $x \neq y$ aus M gehören genau dann der gleichen $\mathfrak{C}$-Komponente an, wenn es ein $C \in \mathfrak{C}$ gibt mit $x, y \in C$; $\mathcal{M}$ ist dann und nur dann $\mathfrak{C}$-zh., wenn je zwei $x \neq y$ aus M auf einem Kreise liegen.*

Beweis. Sei $X = \{x\} \cup \bigcup_{x \in C \in \mathfrak{C}} C$. Da $\mathcal{M} \mid \{x\}$ und $\mathcal{M} \mid C$ (für $C \in \mathfrak{C}$) $\mathfrak{C}$-zh. sind, folgt aus (8.9), daß $\mathcal{M} \mid X$ $\mathfrak{C}$-zh. ist. Bezeichnet S die $\mathfrak{C}$-Komponente von x, so ist wegen (8.8) $X \subseteq S$. Umgekehrt ist aber auch X Separator (und dann also $X = S$, weil S elementar ist). Andernfalls existierte ein Kreis C', der ein $y \notin X$ und ein $z \in X$ enthielte; nach Definition von X gibt es ein $C \in \mathfrak{C}$ mit $x, z \in C$. Nach Übung 9 zu § 2 existiert nun ein $C'' \in \mathfrak{C}$ mit $x, y \in C''$, und damit müßte y doch zu X gehören. —

$\mathcal{M}_1, \ldots, \mathcal{M}_n$ seien Matroide, gegeben als C-Systeme $(M_i, \mathfrak{C}_i)$; die M_i seien disjunkt, Man sieht sofort, daß $\mathfrak{C}_1 \cup \cdots \cup \mathfrak{C}_n$ ein C-System auf $M_1 \cup \cdots \cup M_n$ festlegt; das so definierte Matroid heißt die *direkte Summe* von $\mathcal{M}_1, \ldots, \mathcal{M}_n$ und wird durch

$$\mathcal{M}_1 + \cdots + \mathcal{M}_n$$

bezeichnet. Jede $\mathfrak{C}$-Komponente eines $\mathcal{M}_i$ ist dann auch $\mathfrak{C}$-Komponente von $\mathcal{M}_1 + \cdots + \mathcal{M}_n$, und jede $\mathfrak{C}$-Komponente von $\mathcal{M}_1 + \cdots + \mathcal{M}_n$ wird in dieser Weise erhalten. Jedes Matroid ist die direkte Summe seiner $\mathfrak{C}$-Komponenten. Es ist $(\mathcal{M}_1 + \cdots + \mathcal{M}_n) \mid M_i = \mathcal{M}_i$.

Wir wollen vorstehende Überlegungen für Graphen deuten. Ist G ein M-Graph ohne isolierte Ecken, so sind die $\mathfrak{C}$-Komponenten von $\mathcal{M}(G)$ gerade die Glieder von G (genauer deren Kantenmengen), und G ist 2-zh. genau dann, wenn G mindestens 2 Kanten enthält und $\mathcal{M}(G)$ inseparabel ist. Es gibt jedoch keine Möglichkeit, den Zusammenhang von Graphen mittels des Kreismatroids zu beschreiben; vgl. hierzu die Bemerkungen vor (4.3).

Übungen

1. Für $x \in M$ und $C \in \mathfrak{C}$ sind $M \mid \{x\}$ und $\mathcal{M} \mid C$ inseparabel. Wie steht es mit $\mathcal{M} \cdot \{x\}$, $\mathcal{M} \cdot C$?
2. Für $x \in M$ ist $\{x\}$ eine $\mathfrak{C}$-Komponente von $\mathcal{M}$ genau dann, wenn x Brücke oder Schlinge von $\mathcal{M}$ ist.
3. S sei Separator von $\mathcal{M}$, $\mathcal{M}'$ ein Minor von $\mathcal{M}$ auf $T \subseteq S$. Dann ist $\mathcal{M}'$ ein Minor von $\mathcal{M} \mid S$.

$\mathcal{M}$ habe die $\mathfrak{C}$-Komponenten $\mathcal{M}_i$ (auf M_i), $i \in I$.

4. $U \subseteq M$ ist unabhängig (in $\mathcal{M}$) genau dann, wenn $U \cap M_i$ für jedes $i \in I$ unabhängig in $\mathcal{M}_i$ ist.
5. Der Rang von $T \in \mathfrak{E}(M)$ bez. $\mathcal{M}$ ist gleich der Summe der Ränge der $T \cap M_i$ (bez. $\mathcal{M}_i$).
6. Wie stellen sich die Basen von $\mathcal{M}$ mittels derjenigen der $\mathcal{M}_i$ dar?
7. $\mathcal{M}$ (endlich) ist $\mathfrak{C}$-zh. genau dann, wenn zu je zwei $x \neq y$ aus M ein Band C^* von $\mathcal{M}$ existiert mit $x, y \in C^*$.
8. Genau dann ist S Separator von $\mathcal{M}$, wenn $r[\mathcal{M}] = r(S) + r(M - S)$ gilt.
9. Man bestimme Rang, Basen und Abschluß in $\mathcal{M}_1 + \cdots + \mathcal{M}_n$ (vermöge der entsprechenden Strukturelemente in den $\mathcal{M}_i$); vgl. Übung 4 bis 6.

§ 9. Dualität von Graphen; Kriterium von Whitney

Wir wenden uns jetzt dem in § 4 von Kap. 7 angekündigten Kriterium von H. Whitney für die Plättbarkeit von Graphen zu, das, wie wir sagten, auf einer Formalisierung des Dualitätsbegriffes bei ebenen Graphen beruht. Diese ist in den vorangegangenen Paragraphen geleistet worden, und zwar durch die Einführung des Duals zum Kreismatroid eines endlichen M-Graphen.

G, G' seien endliche M-Graphen ohne isolierte Ecken. G' heißt ein *Dualgraph* (kurz: *Dual*) zu G, wenn $\mathcal{M}(G)$ isomorph zu $\mathcal{M}^*(G')$ ist, wenn also die Kanten von G und G' sich bijektiv aufeinander so beziehen lassen, daß sich die Kreise von G und die Bänder von G' bei dieser Abbildung entsprechen.

Wegen (5.5) und (8.4′) haben wir dann:

9.1. *Ist G' Dual von G, so ist G Dual von G'.*

9.2. *G hat einen Dual G' genau dann, wenn jedes Glied von G einen Dual besitzt; die Duale der Glieder von G sind dann die Glieder von G'.*

Es genügt daher, sich im folgenden auf zh. M-Graphen zu beschränken.

Ist G ein ebener M-Graph, so heiße der in Kap. 7, § 2 eingeführte zu G duale Graph $\mathcal{D}(G)$ sein *geometrischer Dual*, im Unterschied zu dem soeben definierten sog. *kombinatorischen Dual* von G. Zwischen diesen beiden Dual-Begriffen besteht folgender grundlegender Zusammenhang:

9.3. *Ist G ein endlicher zh. ebener M-Graph, so ist sein geometrischer Dual $\mathcal{D}(G)$ auch ein kombinatorischer Dual von G.*

Beweis. Nach der Konstruktion von $\mathcal{D}(G)$ in Kap. 7, § 2 stehen die Kanten von G in natürlicher bijektiver Beziehung zu denen von $\mathcal{D}(G)$; jedem $k \in K$ wird nämlich diejenige Kante $k^\times$ von $\mathcal{D}(G)$ zugeordnet, die k „kreuzt“. Für $L \subseteq K$ sei $L^\times$ die Menge der $k^\times$ mit $k \in L$.

Ist C ein Kreis von G, so muß jeder Jordan-Bogen, der ein Land im Innern von C mit einem im Äußeren verbindet, C treffen; $C^\times$ ist also trennende Kantenmenge von $\mathcal{D}(G)$.

Enthält andererseits $L \subseteq K$ keinen Kreis, so kann man zwischen je zwei Ländern a, b von G einen Jordan-Bogen J finden, der innere Punkte dieser Länder verbindet und L sowie die Ecken von G vermeidet; die von J durchquerten Länder bzw. deren Grenzkanten bestimmen dann in $\mathcal{D}(G)$ einen Kantenzug von a nach b, der $L^\times$ vermeidet.

Bei der Korrespondenz $k \to k^\times$ gehen demnach Kreise von G in Bänder von $\mathcal{D}(G)$ über, und jedem Band von $\mathcal{D}(G)$ entspricht in dieser Weise ein Kreis in G. Damit folgt die behauptete Isomorphie zwischen $\mathcal{M}(G)$ und $\mathcal{M}^*(\mathcal{D}(G))$. —

Jeder plättbare endliche M-Graph besitzt also mindestens einen (kombinatorischen) Dual; gibt es mehrere nicht-äquivalente Einbettungen von G in die Ebene, so kann es mehrere nicht-isomorphe Duale von G geben; alle haben aber natürlich dasselbe Kreismatroid. Umgekehrt braucht es jedoch keineswegs zu jedem kombinatorischen Dual D von G eine Einbettung von G zu geben, so daß der entsprechende geometrische Dual isomorph zu D ist. Während also jeder geometrische Dual eines plättbaren G auch kombinatorischer Dual von G ist, kann es kombinatorische Duale geben, die nicht isomorph zu einem geometrischen Dual von G sind. Dies beruht auf Folgendem: Hat ein Dual D von G die Glieder $D_1, \ldots, D_m$, so ist (vgl. § 8, Schluß) jeder M-Graph D', der ebenfalls diese Glieder hat, auch Dual von G, da ja $\mathcal{M}^*(D) = \mathcal{M}^*(D')$ gilt. Ausgehend von einem geometrischen Dual D ist es unter Umständen möglich, die $D_1, \ldots, D_m$ so „neu zusammenzuheften“, daß der entstehende M-Graph D' bei keiner Einbettung von G als geometrischer Dual erscheinen kann. Dabei kann D' zugleich mit D zh. sein.

Weiter kann auch ein 2-zh. plättbarer Graph durchaus mehrere nichtisomorphe geometrische Duale besitzen (vgl. Übung 1 unten).

Für einen 3-zh. ebenen Graphen sind jedoch aufgrund der Sätze von Whitney (Kap. 7, (2.1) und Kap. 8, (4.3)) sowohl der geometrische als auch der kombinatorische Dual eindeutig bestimmt und zueinander isomorph.

Ist nun G ein nichtplättbarer M-Graph, so ist nach Kuratowski in G eine Unterteilung von $S(5)$ oder $3 * 3$ enthalten; dies bedeutet nach (6.10), daß $\mathcal{M}(G)$ eines der Matroide $\mathcal{M}(S(5))$, $\mathcal{M}(3 * 3)$ als Minor enthält. Hätte G einen Dual D, wäre also $\mathcal{M}^*(G)$ isomorph zu $\mathcal{M}(D)$, so müßte wegen (7.8) $\mathcal{M}^*(S(5))$ oder $\mathcal{M}^*(3 * 3)$ Minor von $\mathcal{M}(D)$, insbesondere also graphisch sein. Es gilt aber:

9.4. $\mathcal{M}^*(S(5))$, $\mathcal{M}^*(3 * 3)$ *sind nicht graphisch.*

Beweis. Angenommen, H sei M-Graph ohne isolierte Ecken, so daß $\mathcal{M}(H)$ isomorph zu $\mathcal{M}^*(S(5))$ ist. Da nach § 5 (vgl. Übung 5) $\mathcal{M}^*(S(5))$ den Rang 6 und $S(5)$ nur Kreise der Länge $\geqq 3$ besitzt, müßte $\mathcal{M}(H)$ den Rang 6 und jedes Band von H mindestens 3 Kanten enthalten. Das aber hieße (vgl. Übung 6 zu § 5) $\alpha(H) \geqq 7, \varkappa(H) \geqq \frac{1}{2} \cdot 7 \cdot 3 > \varkappa(S(5))$, mit Widerspruch zur angenommenen Isomorphie. Analog zeigt man, daß $\mathcal{M}^*(3 * 3)$ nicht graphisch sein kann. —

Zusammenfassend können wir als Hauptsatz aussprechen:

9.5. Whitneysches Plättbarkeitskriterium. *Ein endlicher M-Graph ist plättbar dann und nur dann, wenn er einen (kombinatorischen) Dual hat.*

Übungen

1. Es sei C ein 4-Kreis, und der 2-zh. Graph G entstehe aus $C * 1$ durch Identifizieren einer Kante von C mit einer Kante eines (zu $C * 1$ fremden) $S(4)$. Man gebe zwei ebene Darstellungen von G, so daß die entsprechenden geometrischen Duale nicht isomorph sind.
2. Man gebe einen zh. plättbaren Graphen G mit einem zh. kombinatorischen Dual D an, so daß D bei keiner ebenen Darstellung von G als geometrischer Dual auftreten kann.
3. Man beweise die Eulersche Polyederformel für ebene zh. M-Graphen G neu mittels der Rangformeln für $\mathcal{M}(G)$ und $\mathcal{M}^*(G) = \mathcal{M}(\mathfrak{D}(G))$.
4. Man folgere den Satz über die eindeutige Darstellbarkeit der ebenen 3-zh. Graphen (Kap. 7, (2.1)) aus dem Satz von Whitney (4.3).
5. Der endliche M-Graph G ist plättbar genau dann, wenn $\mathcal{M}^*(G)$ graphisch ist.
6. Ist jeder echte Minor des Fano-Matroides das Kreismatroid eines ebenen Graphen?

§ 10. Lineare Matroide

Nach (9.4) ist eine notwendige Bedingung dafür, daß ein Matroid graphisch ist, das Nichtvorhandensein eines Minors der Form $\mathcal{M}^*(S(5))$, $\mathcal{M}^*(3 * 3)$. Wie das Fano-Matroid zeigt, ist diese Bedingung aber nicht hinreichend; es ist ja nicht graphisch (vgl. Übung 8 in § 4) und enthält keinen Minor der beiden angegebenen Arten. Um die genannte notwendige Bedingung zu einer auch hinreichenden verschärfen zu können, müssen wir genauer diejenigen Matroide studieren, die sich aus der linearen Struktur von Vektorräumen über Körpern ergeben.

Es seien $V = V_K$ ein Vektorraum über dem (kommutativen) Körper K und $X = (x_i)_{i \in I}$ eine Familie von Elementen aus V. Setzt man für $j \in I$, $T \subseteq I$ genau dann $j \alpha T$, wenn x_j (in V_K) linear abhängig von $(x_i)_{i \in T}$ ist, so erhält man ein Matroid auf I; wir bezeichnen dieses durch $\mathcal{M}(X; V_K)$ o. ä. Schlingen in ihm sind gerade diejenigen $i \in I$, für die $x_i = O$ (dem Nullvektor von V_K) ist, und $i, j \in I$ sind parallel genau dann, wenn $x_i = \gamma x_j$ mit $\gamma \in K - \{0\}$ gilt.

Jedes Matroid $\mathcal{M}$, das isomorph zu einem Matroid der Form $\mathcal{M}(X; V_K)$ ist, heiße *linear*, genauer: *K-linear*, wenn man den Grundkörper K besonders hervorheben möchte.

Daß $\mathcal{M}$ (auf M) K-linear ist, ist also äquivalent damit, daß eine Abbildung φ von M in ein V_K existiert derart, daß für $T = \{t_1, \ldots, t_m\} \subseteq M$ die Familie $(\varphi(t_1), \ldots, \varphi(t_m))$ genau dann linear unabhängig (bez. V_K) ist, wenn T (in $\mathcal{M}$) unabhängig ist. Eine solche Abbildung φ heißt eine *Koordinatisierung* (auch: *Darstellung*) von $\mathcal{M}$ über K (innerhalb V_K). φ braucht dabei nicht injektiv zu sein, kann es im allgemeinen gar nicht sein, da $\varphi(t) = O$ für alle Schlingen t von $\mathcal{M}$ (und nur diese) sein muß. Weiter kann $\varphi(t) = \varphi(t') \neq O$ für $t \neq t'$ sein, aber nur, wenn t, t' parallel in $\mathcal{M}$ sind. Speziell sieht man:

Jede Koordinatisierung eines Punktmatroides (innerhalb eines V_K) ist eine injektive Abbildung in $V_K - \{O\}$. Ferner ist klar: Ist $\mathcal{M}$ (auf M) K-linear, so ist jedes $\mathcal{M} \mid T$ (mit $T \subseteq M$) K-linear.

Ist φ Darstellung von $\mathcal{M}$ über K (innerhalb V_K) und V_0 der durch die $\varphi(t)$, $t \in M$, erzeugte Unterraum von V, so geht jede Basis von $\mathcal{M}$ in eine solche von V_0 über; weiter: Ist B Basis von $\mathcal{M}$ und bilden x_b ($b \in B$) ein System linear unabhängiger Vektoren in einem beliebigen Vektorraum V' über K, so existiert eine Koordinatisierung φ' von $\mathcal{M}$ in V', bei der $\varphi'(b) = x_b$ für alle $b \in B$ gilt. (Für $x \in M$ mit $\varphi(x) = \sum \gamma_i \varphi(b_i)$, $b_i \in B$, braucht man ja nur $\varphi'(x) = \sum \gamma_i x_{b_i}$ zu setzen.) Wenn also $\mathcal{M}$ K-linear und vom Range n ist, so läßt sich $\mathcal{M}$ in K^n, aber in keinem K^s mit $s < n$ darstellen. Man sieht ferner: Ist $\mathcal{M}$ K-linear, so ist $\mathcal{M}$ auch K'-linear für jede Körpererweiterung K' von K.

Ein Matroid heißt *regulär*, wenn es K-linear für jeden Körper K ist. Für die Regularität von $\mathcal{M}$ reicht nach der letzten Bemerkung die K-Linearität für jeden Primkörper K hin.

Es sei $\mathcal{A}$ eine Matrix mit Elementen aus dem Körper K, den n Spalten $a_1, \ldots, a_n$ und den m Zeilen $a^1, \ldots, a^m$. $\mathcal{M}_{\mathcal{A}}$ bezeichne das Matroid, dessen Elemente die Spaltenindizes $1, \ldots, n$ von $\mathcal{A}$ sind und in dem für $i \in \mathbb{N}_n$, $T \subseteq \mathbb{N}_n$ genau dann $i \propto T$ gilt, wenn a_i linear abhängig von den a_j mit $j \in T$ ist. Dann ist klar: Ein Matroid $\mathcal{M}$ (mit n Elementen) ist K-linear genau dann, wenn es eine Matrix $\mathcal{A}$ mit Gliedern aus K (und der Spaltenzahl n) gibt, so daß $\mathcal{M}$ isomorph zu $\mathcal{M}_{\mathcal{A}}$ ist.

Wir betrachten folgende Operationen für Matrizen:

(i) Streichung oder Hinzufügung einer Zeile aus Nullen;
(ii) Multiplikation einer Zeile mit einem Skalar $\neq 0$;
(iii) Multiplikation einer Spalte mit einem Skalar $\neq 0$;
(iv) Addition des γ-fachen einer Zeile ($\gamma \in K$) zu einer anderen;
(v) Permutation der Spalten.

Dann gilt (vgl. elementare Lineare Algebra):

10.1. *Geht die Matrix $\mathcal{A}'$ aus $\mathcal{A}$ durch Anwendung von Operationen der Form* (i) *bis* (iv) *hervor, so ist $\mathcal{M}_{\mathcal{A}'} = \mathcal{M}_{\mathcal{A}}$. Wird auch noch* (v) *zugelassen, so bleibt jedenfalls $\mathcal{M}_{\mathcal{A}'}$ isomorph zu $\mathcal{M}_{\mathcal{A}}$.*

Ist also $\mathcal{M}$ ein K-lineares Matroid vom Rang r auf einer n-elementigen Menge, so gibt es eine r,n-Matrix $\mathcal{A}$ mit Koeffizienten in K, so daß $\mathcal{M}_{\mathcal{A}}$ isomorph zu $\mathcal{M}$ ist und die Spalten von $\mathcal{A}$ die Form $e_1, \ldots, e_r, a_{r+1}, \ldots, a_n$ haben, wo $e_i \in K^r$ an der i-ten Stelle eine 1, sonst nur Nullen enthält. Dabei kann überdies mittels (ii) und (iii) erreicht werden, daß in a_{r+1} nur Nullen und Einsen auftreten.

Wir wollen jetzt einen Zusammenhang zwischen der Dualität bei linearen Matroiden und dem Dualraum bzw. orthogonalen Komplement eines Unterraumes kennenlernen.

Es sei V ein Vektorraum der Dimension n über K, $B = (b_1, \ldots, b_n)$ sei eine geordnete Basis von V, und U sei irgendein Unter-Vektorraum von V; seine Dimension sei r. Weiter sei $u_1, \ldots., u_m$ irgendein Erzeugendensystem (kurz: ES) von U mit

$$u_i = \sum_{j=1}^{n} \alpha_{ij} b_j \tag{*}$$

für $i = 1, \ldots, m$; die m,n-Matrix (α_{ij}) werde mit $\mathcal{A}$ bezeichnet. Da jedes ES von U aus $u_1, \ldots, u_m$ durch Umformungen gewonnen werden kann, denen in $\mathcal{A}$ Operationen der Arten (i), (ii), (iv) entsprechen, folgt, daß $\mathcal{M}_{\mathcal{A}}$ von der speziellen Wahl des ES $u_1, \ldots, u_m$

unabhängig ist, also durch U und B eindeutig bestimmt ist. Wir bezeichnen deshalb dieses Matroid durch $\mathcal{M}_{U,B}$.

Es sei V^* der Dualraum von V; V^* besteht also aus den linearen Abbildungen φ von V in K; wir bezeichnen für $x \in V$ das Bild von x bei φ auch durch $x\varphi$. $B^* = (b_1^*, \ldots, b_n^*)$ sei die duale Basis von B; es ist also $b_i b_j^* = \delta_{ij}$. Das orthogonale Komplement $U^\perp$ von U besteht aus allen $z \in V^*$ mit $\bigwedge_{u \in U} uz = 0$; es ist $\dim U^\perp = n - r$.

10.2. *Es gilt* $\mathcal{M}_{U^\perp, B^*} = \mathcal{M}_{U,B}^*$.

Beweis. Wir haben zu zeigen: Ist $T \subseteq \mathbb{N}_n$ Basis von $\mathcal{M}_{U,B}$, so ist $\mathbb{N}_n - T$ Basis von $\mathcal{M}_{U^\perp, B^*}$ (die Umkehrung folgt dann aus Symmetriegründen). O. B. d. A. sei $T = \{1, \ldots, r\}$, und $u_1, \ldots, u_r$ sei Basis von U. $\mathcal{A} = (\alpha_{ij})$ sei die r,n-Matrix, die man gemäß (*) erhält; sie hat den Rang r. Man bekommt eine Basis von $U^\perp$ in der Form

$$v_i = \sum_{j=1}^{n} \gamma_{ij} b_j^*, \qquad i = 1, \ldots, n - r,$$

und für $C := (\gamma_{ij})_{n-r,n}$ ist dann $\mathcal{M}_C = \mathcal{M}_{U^\perp, B^*}$. C und $\mathcal{M}_C$ haben den Rang $n - r$. Wir haben uns nur noch zu überlegen, daß die r ersten Spalten von C sich aus den letzten $n - r$ Spalten linear kombinieren lassen.

Nun ist wegen der Orthogonalität

$$\alpha_{i1}\gamma_{j1} + \cdots + \alpha_{in}\gamma_{jn} = 0$$

für $i = 1, \ldots, r$, $j = 1, \ldots, n - r$. Für jedes $j \in \mathbb{N}_{n-r}$ ist daher $(\gamma_{j1}, \ldots, \gamma_{jr})$ Lösung des linearen Gleichungssystems

$$\alpha_{i1}x_1 + \cdots + \alpha_{ir}x_r = -\sum_{k=r+1}^{n} \alpha_{ik}\gamma_{jk} \qquad (i = 1, \ldots, r)$$

mit der regulären r,r-Matrix $(\alpha_{ij})_{i,j \in \mathbb{N}_r}$. Nach der Cramerschen Regel finden wir Skalare β_{kh} $(k = 1, \ldots, r,\ h = r + 1, \ldots, n)$, die nicht von j abhängen, mit

$$\gamma_{jk} = \sum_{h=r+1}^{n} \beta_{kh} \cdot \gamma_{jh} \qquad (k = 1, \ldots, r;\ j = 1, \ldots, n - r).$$

Daraus läßt sich die behauptete Spaltenabhängigkeit ablesen. —

Natürlich ist jedes $\mathcal{M}_{\mathcal{A}}$ auch ein $\mathcal{M}_{U,B}$, wie man sich mittels (*) unschwer klarmacht. Daher folgt aus (10.2):

10.3. *Der Dual eines K-linearen endlichen Matroides ist stets wiederum K-linear.*

Da eine Restriktion eines K-linearen Matroides stets wieder K-linear ist, folgt aus (10.3), (7.7), (5.5), (6.5):

10.4. *Jeder Minor eines endlichen K-linearen Matroides ist wiederum K-linear.*

Es erhebt sich die Frage, ob nicht vielleicht alle Matroide über einem passenden Körper koordinatisierbar seien. Diese Frage ist leicht verneinend zu beantworten. Beispiele erhalten wir etwa mittels bestimmter Schließungssätze, die in allen Vektorräumen bzw. affinen oder projektiven Ebenen über Körpern gelten müssen. Die Sätze von Desargues und Pappus z. B. lassen sich formal so auffassen, daß aus gewissen vorausgesetzten (linearen) Abhängigkeiten die Abhängigkeit (Kollinearität) von 3 bestimmten Punkten folgen muß. Ein Matroid, in dem zwar die vorausgesetzten Abhängigkeiten gelten, nicht aber die im betreffenden Satz behauptete, kann demnach nicht über einem Körper koordinatisierbar sein. Bezüglich einer expliziten Konstruktion vgl. die Übungen. (Diese stammt von LAZARSON.)

Übungen

Es sei $x_1, \ldots, x_{p+1}$ eine Basis von $\mathbb{F}_p^{p+1}, x = x_1 + \cdots + x_{p+1}$ und $M_p = \{x_1, \ldots, x_{p+1}, x, x - x_1, \ldots, x - x_{p+1}\}$.
Wir setzen $\mathcal{M}^{(p)} = \mathcal{M}(M_p; \mathbb{F}_p^{p+1})$. Nehmen wir nun an, $\mathcal{M}^{(p)}$ sei durch φ in K^{p+1} koordinatisiert.

1. O. B. d. A. kann $\varphi(x_1) = (1, 0, \ldots, 0) = e_1, \ldots, \varphi(x_{p+1}) = e_{p+1} = (0, \ldots, 0, 1)$ sowie $\varphi(x) = (1, \ldots, 1)$ angenommen werden. (Vgl. (10.1).)

2. $x - x_i$ ist linear abhängig sowohl von x, x_i als auch von $x_1, \ldots, x_{i-1}, x_{i+1}, x_{p+1}$. Daraus folgere man (mit 1.), daß $\varphi(x - x_i)$ die Form $(\alpha_i, \ldots, \alpha_i, 0, \alpha_i, \ldots, \alpha_i)$ hat (die 0 steht an der i-ten Stelle, $i = 1, \ldots, p + 1$).

3. $x - x_1, \ldots, x - x_{p+1}$ sind linear abhängig und damit auch ihre φ-Bilder, so daß $\det(\varphi(x - x_1), \ldots, \varphi(x - x_{p+1}))$ verschwindet. Diese Determinante hat wegen 2. die Form

$$\det \begin{pmatrix} 0 & \alpha_1 & \cdots & \cdots & \alpha_1 \\ \alpha_2 & 0 & \alpha_2 & \cdots & \alpha_2 \\ \cdots & \cdots & \cdots & \cdots & \cdots \\ \alpha_{p+1} & \cdots & \cdots & \alpha_{p+1} & 0 \end{pmatrix}.$$

Sie berechnet sich zu $\alpha_1 \alpha_2 \ldots \alpha_{p+1} \cdot (-1)^{p+1} \cdot (-p)$.

4. Daraus folgere man, daß $\mathcal{M}^{(p)}$ nur über Körpern der Charakteristik p koordinatisierbar sein kann.

5. Der Spezialfall $p = 2$ ergibt das Fano-Matroid, das also genau nur über Körpern der Charakteristik 2 koordinatisierbar ist.

6. Für $p \neq q$ ist $\mathcal{M}^{(p)} + \mathcal{M}^{(q)}$ nicht linear.

§ 11. Kettengruppen

M sei eine endliche Menge, K ein Körper. K^M, die Menge aller Abbildungen von M in K, wird in natürlicher Weise zu einem K-Vektorraum, wenn man für $f, g \in K^M$, $\gamma \in K$ wie folgt $f + g$, γf erklärt: Es ist $(f + g)(x) = f(x) + g(x)$ sowie $(\gamma f)(x) = \gamma f(x)$ für jedes $x \in M$. Eine bez. dieser linearen Operationen abgeschlossene Teilmenge N von K^M heißt eine *Kettengruppe* auf M über K; jedes $f \in N$ heißt auch eine *Kette* (aus N) und $\{x \in M \mid f(x) \neq 0\}$ der *Träger* $\|f\|$ von f.

11.1. *Definiert man $T \subseteq M$ als abhängig genau dann, wenn $f \in N - \{O\}$ existiert mit $\|f\| \subseteq T$, so erhält man ein Matroid auf M; dieses werde durch $\mathcal{M}(N)$ bezeichnet.*

Zu zeigen ist: Die minimalen Mengen der Form $\|f\|$ mit $f \in N - \{O\}$ (diese f heißen die *elementaren Ketten* von N) bilden ein C-System auf M.

Es seien also f, g mit $\|f\| \neq \|g\|$ elementare Ketten von N und $y \in \|f\| \cap \|g\|$. $h := f(y)g - g(y)f$ ist dann wieder in N und $\neq O$ wegen $\|f\| \neq \|g\|$; ferner ist $h(y) = 0$ und $\|h\| \subseteq \|f\| \cup \|g\|$. Daraus folgt [C 3]; die übrigen Kreisaxiome sind trivial. —

Für jedes $y \in M$ bezeichne δ_y die durch $y \to 1$ sowie $x \to 0$ für $x \neq y$ bestimmte Abbildung von M in K. Jedes $f \in K^M$ hat dann die Darstellung $f(x) = \sum_{y \in M} f(y) \cdot \delta_y(x)$.

11.2. *Für $\{x_1, \ldots, x_t\} \subseteq M$ gilt: $\{x_1, \ldots, x_t\}$ ist abhängig in $\mathcal{M}(N)$ genau dann, wenn $(\delta_{x_1}, \ldots, \delta_{x_t})$ linear abhängig* mod N *ist* (d. h., *wenn die Elemente $N + \delta_{x_j}$, $j = 1, \ldots, t$, linear abhängig im Faktorraum K^M/N sind*).

$x \to N + \delta_x$ liefert also eine Darstellung von $\mathcal{M}(N)$ in K^M/N.

Beweis. 1. Ist $\{x_1, \ldots, x_t\}$ linear abhängig in $\mathcal{M}(N)$, so existiert also ein $f = \sum_{i=1}^{t} f(x_i)\, \delta_{x_i}$ in N mit nicht sämtlich verschwindenden $f(x_i)$. In K^M/N bedeutet dies $\sum_{i=1}^{t} f(x_i)\,(N + \delta_{x_i}) = N$, also die lineare Abhängigkeit der $N + \delta_{x_i}$ $(i = 1, \ldots, t)$.

2. Sind $N + \delta_{x_i}$ $(i = 1, \ldots, t)$ linear abhängig in K^M/N, also $\sum_{i=1}^{t} \gamma_i(N + \delta_{x_i}) = N$, nicht alle $\gamma_i = 0$, so folgt $\sum_{i=1}^{t} \gamma_i \delta_{x_i} \in N - \{O\}$, d. h., $\{x_1, \ldots, x_t\}$ ist abhängig in $\mathcal{M}(N)$. —

Umgekehrt gilt auch:

11.3. *Ist $\mathcal{M}$ ein Matroid auf der endlichen Menge M und φ eine Darstellung von $\mathcal{M}$ in einem K-Vektorraum V, so existiert eine Kettengruppe N auf M über K mit $\mathcal{M}(N) = \mathcal{M}$.*

Beweis. Für $f \in K^M$ sei $\gamma(f) = \sum_{x \in M} f(x)\, \varphi(x)$. $\gamma\colon K^M \to V$ ist offensichtlich linear. Speziell ist $\gamma(\delta_x) = \varphi(x)$ für $x \in M$. Es sei N der Kern von γ.

Ist $\{x_1, \ldots, x_k\}$ abhängig in $\mathcal{M}(N)$, so existiert also in N ein $f \neq O$ mit $\|f\| \subseteq \{x_1, \ldots, x_k\}$, also $f = \sum_{i=1}^{k} y_i \delta_{x_i}$. Es folgt $\gamma(f) = \sum y_i \varphi(x_i) = 0$, d. h., $\varphi(x_1), \ldots, \varphi(x_k)$ sind linear abhängig, was die Abhängigkeit von $\{x_1, \ldots, x_k\}$ in $\mathcal{M}$ zur Folge hat.

Ist umgekehrt $\{x_1, \ldots, x_k\}$ abhängig in $\mathcal{M}$, so sind $\varphi(x_1), \ldots, \varphi(x_k)$ in V linear abhängig, d. h., es existieren $y_1, \ldots, y_k$ in K (nicht alle 0) mit $O = \sum_{i=1}^{k} y_i \varphi(x_i) = \sum_{i=1}^{k} y_i \gamma(\delta_{x_i})$. Also $O \neq \sum_{i=1}^{k} y_i \delta_{x_i} \in N$, d. h., $\{x_1, \ldots, x_k\}$ ist abhängig in $\mathcal{M}(N)$.

Insgesamt folgt $\mathcal{M} = \mathcal{M}(N)$. —

Folgerung aus (11.2), (11.3):

11.4. *Die endlichen K-linearen Matroide stimmen mit den Matroiden $\mathcal{M}(N)$ der Kettengruppen N (über K) überein.*

In Übung 6 zu § 4 hatten wir ein Matroid $\mathcal{M}$ *binär* genannt, wenn die symmetrische Differenz von (endlich) vielen Kreisen von $\mathcal{M}$ stets die disjunkte Vereinigung von Kreisen (bzw. leer) ist. Es gilt nun:

11.5. *Ein Matroid $\mathcal{M}$ (auf der endlichen Menge M) ist binär genau dann, wenn es $\mathbb{F}_2$-linear ist.*

Zunächst überlegen wir uns:

11.6. *In einer Kettengruppe N über $\mathbb{F}_2$ ist jedes $f \neq O$ Summe von elementaren Ketten $f_1, \ldots, f_r$ mit disjunkten Trägern.*

Denn zu f existiert ein elementares $g \in N$ mit $\|g\| \subseteq \|f\|$. Ist $\|g\| = \|f\|$, so $g = f$, und wir sind fertig. Ist $\|g\| \subset \|f\|$, so gilt $f = (g + f) + g$, wobei $\|g + f\|$, $\|g\|$ disjunkt und nicht leer sind und beide weniger Elemente als $\|f\|$ besitzen. Die Behauptung ergibt sich durch Induktion über die Elementezahl von $\|f\|$. —

Nunmehr beweisen wir (11.5).

1. Ist $\mathcal{M}$ $\mathbb{F}_2$-linear, so ist $\mathcal{M} = \mathcal{M}(N)$ für eine Kettengruppe N über $\mathbb{F}_2$ (wegen (11.4)). Wegen (11.6) ist nur zu zeigen: Sind $f_1, \ldots, f_k$ elementare Ketten von N, so existiert ein $f \in N$ mit $\|f_1\| \oplus \cdots \oplus \|f_k\| = \|f\|$. Dies ist aber wegen der über $\mathbb{F}_2$ gültigen Identität $\|f_1 + \cdots + f_k\| = \|f_1\| \oplus \cdots \oplus \|f_k\|$ (für alle $f_1, \ldots, f_k \in N$) klar.

2. $\mathfrak{P}(M)$ ist mit $\oplus$ als Addition und mit $1 \cdot T := T$, $0 \cdot T := \emptyset$ für $T \subseteq M$ ein $\mathbb{F}_2$-Vektorraum; dieser ist in natürlicher Weise isomorph zu $\mathbb{F}_2^M$ (jedem $T \subseteq M$ werde nämlich die Kette f_T mit $\|f_T\| = T$ zugeordnet). Es sei $\mathfrak{Z}(\mathcal{M})$ die durch die f_C, mit C Kreis von $\mathcal{M}$, erzeugte Kettengruppe in $\mathbb{F}_2^M$; jedes $D \subseteq M$ mit $f_D \in \mathfrak{Z}(\mathcal{M})$ heißt ein *Zyklus* von $\mathcal{M}$ und $\mathfrak{Z}(\mathcal{M})$ der *Zyklenraum* von $\mathcal{M}$.[1]) Wenn nun $\mathcal{M}$ binär ist, so besteht $\mathfrak{Z}(\mathcal{M})$ nach Definition aus $f_\emptyset$ sowie allen Elementen der Form $f_{C_1 \cup \cdots \cup C_r}$, wo $C_1, \ldots, C_r$ disjunkte Kreise von $\mathcal{M}$ sind. Es ist dann also $\mathcal{M}(\mathfrak{Z}(\mathcal{M})) = \mathcal{M}$, d. h. $\mathcal{M}$ nach (11.4) $\mathbb{F}_2$-linear. —

$\mathcal{U}$ bezeichne das Matroid mit 4 Elementen vom Range 2, in dem je 3 Elemente einen Kreis (und je zwei also eine Basis) bilden. Es heiße auch die 4-Punkte-Gerade. $\mathcal{U}$ ist nicht binär, wie sofort durch Betrachtung der symmetrischen Differenz zweier Kreise folgt.

11.7. *Ein Matroid ist binär genau dann, wenn es nicht die 4-Punkte-Gerade $\mathcal{U}$ als Minor enthält.*

Der Beweis ist nicht allzu schwierig; vgl. etwa WELSH [W3], S. 167ff.

Übungen

1. In welcher Beziehung steht der soeben erklärte Begriff des Zyklenraumes zu dem in § 4 von Kap. 7 definierten?
2. In welcher Beziehung stehen Grundmenge bzw. abhängige Mengen von $\mathcal{M}$ und $\mathcal{M}(\mathfrak{Z}(\mathcal{M}))$ für nichtbinäres $\mathcal{M}$?
3. Ein Matroid $\mathcal{M}$ ist binär genau dann, wenn die symmetrische Differenz zweier verschiedener Kreise stets abhängig ist.
4. Es ist $\mathcal{U}^* = \mathcal{U}$.
5. Über welchen Körpern ist $\mathcal{U}$ koordinatisierbar?

§ 12. Graphische Matroide

In (11.7) sind die binären Matroide durch „verbotene" Minoren charakterisiert worden. Auch die regulären Matroide lassen sich durch gewisse Minoren, die nicht auftreten dürfen, kennzeichnen, wie TUTTE [18] gezeigt hat.

12.1. Satz von Tutte. *Ein endliches Matroid ist regulär genau dann, wenn es binär ist und weder das Fano-Matroid noch dessen Dual als Minor besitzt.*

Ein Beweis dieses sehr tief liegenden Resultates liegt leider außerhalb des Rahmens dieser Darstellung.

Da das Fano-Matroid nicht $\mathbb{F}_p$-linear ist für Primzahlen $p \neq 2$ (vgl. Übung 5 zu § 10), genügt es zum Nachweis der Regularität eines Matroides $\mathcal{M}$, zu zeigen, daß $\mathcal{M}$ binär und noch für mindestens eine Primzahl $p \neq 2$ über $\mathbb{F}_p$ linear ist.

Wir wollen nun etwas genauer die graphischen Matroide untersuchen.

12.2. *Jedes graphische und jedes co-graphische Matroid ist regulär.*

---

[1]) $\mathfrak{Z}(\mathcal{M})$ ist also als Kettengruppe über $\mathbb{F}_2$ für jedes endliche Matroid $\mathcal{M}$ (nicht notwendig binäres $\mathcal{M}$) erklärt. Es besteht aus den f_D, wo D die symmetrischen Differenzen je endlich vieler Kreise von $\mathcal{M}$ durchläuft. Die Zyklen bilden einen (vermöge $D \to f_D$) zu $\mathfrak{Z}(\mathcal{M})$ isomorphen Unterraum (des oben betrachteten Vektorraumes $\mathfrak{P}(M)$ über $\mathbb{F}_2$); wir identifizieren $\mathfrak{Z}(\mathcal{M})$ gelegentlich mit diesem Unterraum.

Beweis. G sei M-Graph, R irgendein Körper. Für jede Ecke $e \in E$ wähle man einen Vektor x_e in einem Vektorraum V hinreichend großer Dimension über R, so daß die x_e ($e \in E$) linear unabhängig sind. Man orientiere die Kanten k von G irgendwie, so daß man diese als geordnete Paare von Ecken ansehen kann. Für $k = (a, b) \in K$ sei nun $\varphi(k) := x_b - x_a$. Wir behaupten, daß φ eine Darstellung von $\mathcal{M}(G)$ in V ist.

1. Ist $K' \subseteq K$ abhängig in $\mathcal{M}(G)$, so existiert ein Kreis C in G, etwa mit den Kanten $k_1, \ldots, k_s$, die alle zu K' gehören. Wir wählen einen bestimmten Durchlaufungssinn von C und setzen $\delta_i = 1$ bzw. -1 je nachdem, ob k_i bei der betreffenden Durchlaufung im Sinne der Orientierung von k_i oder dazu entgegengesetzt passiert wird. Nach Wahl von φ ist dann

$$\sum_{i=1}^{s} \delta_i \varphi(k_i) = O,$$

d. h., auch die $\varphi(k)$, $k \in K'$, sind linear abhängig in V.

2. Umgekehrt habe man $k_1, \ldots, k_s \in K$, für die eine Relation $\sum_{i=1}^{s} \beta_i \varphi(k_i) = O$ in V besteht, wobei alle $\beta_i \neq 0$ seien; es sei $k_i = (a_i, b_i)$, und wir setzen $H := \langle k_1, \ldots, k_s \rangle$. Wäre $\gamma_H(e) = 1$ für ein $e \in E(H)$, so käme in $\sum_{i=1}^{s} \beta_i (x_{b_i} - x_{a_i}) = O$ links x_e nur einmal vor, so daß x_e linear abhängig von den übrigen x_{a_i}, x_{b_i} wäre, mit Widerspruch. Also ist $\gamma_H^{\min} \geqq 2$, d. h., es gibt einen Kreis C in G mit $K(C) \subseteq \{k_1, \ldots, k_s\}$. Folglich gehen bei φ auch nur abhängige Mengen von $\mathcal{M}(G)$ in linear abhängige Mengen über.

Die Behauptung für co-graphische Matroide folgt aus (10.3). —

Die Regularität ist nun auch umgekehrt gerade die Bedingung, die zu dem Nichtvorhandensein von Minoren der Form $\mathcal{M}^*(S(5))$, $\mathcal{M}^*(3 * 3)$ hinzukommen muß, um alle graphischen Matroide zu erfassen. Letztere können also (im Hinblick auf (12.1)) ausschließlich durch verbotene Minoren charakterisiert werden. Dies ist das bislang tiefste Resultat der Matroidtheorie (Tutte [19]):

12.3. Satz von Tutte. *Ein endliches Matroid ist graphisch genau dann, wenn es keinen Minor folgender Art enthält:*

1. *die Vierpunktgerade,*
2. *das Fano-Matroid und dessen Dual,*
3. $\mathcal{M}^*(S(5))$, $\mathcal{M}^*(3 * 3)$.

Im Hinblick auf die Rolle der Graphen $S(5)$, $3 * 3$ kann (12.3) als abstrakte Verallgemeinerung des Satzes von Kuratowski angesehen werden. Es ist interessant, daß auch dem Plättbarkeitskriterium von MacLane (Kap. 7, § 4) eine Charakterisierung der graphischen Matroide entspricht (Graver [8], Welsh [22]).

Der Beweis ist nicht allzu schwierig. Es sei G ein 2-zh. M-Graph. $\mathfrak{Z}$ bezeichne den Zyklenraum von $\mathcal{M}^*(G)$. Für jedes $e \in E$ sei T_e die Menge der Kanten k von G, die e enthalten; jedes T_e ist ein Band von G, und für jedes Band T von G gilt, wenn H eine der Komponenten von $G - T$ ist, daß T die symmetrische Differenz der T_e mit $e \in E(H)$ ist (denn $k \in T$ dann und nur dann, wenn k genau einen Endpunkt mit H gemeinsam hat). Die T_e (mit $e \in E$) erzeugen also $\mathfrak{Z}$, so daß auch eine Basis B von $\mathfrak{Z}$ aus gewissen T_e existiert; diese Basis B hat die Eigenschaft, daß jedes Element von K (der Grundmenge von $\mathcal{M}^*(G)$) in mindestens einem, aber höchstens zwei der Elemente von B vorkommt.

Definition. $\mathcal{M}$ sei binäres Matroid auf M. Eine Basis B des Zyklenraumes $\mathfrak{Z}(\mathcal{M})$ heißt *schlicht*, wenn jedes Element von M nur in höchstens zwei der Zyklen $\in B$ auftritt.

Bemerkung. Ist eine schlichte Basis vorhanden, so gibt es auch eine schlichte Basis aus lauter Kreisen. (Denn jedes Element der Basis ist disjunkte Vereinigung von Kreisen (weil ja $\mathcal{M}$ binär ist); diese erzeugen alle zusammen also $\mathfrak{Z}(\mathcal{M})$, und jedes Element von M kommt nur in höchstens zwei dieser Kreise vor.)

Nunmehr folgt:

12.4. Satz. *Ein endliches Matroid $\mathcal{M}$ ist graphisch genau dann, wenn es binär ist und $\mathfrak{Z}(\mathcal{M}^*)$, der Zyklenraum seines Duals, eine schlichte Basis besitzt.*

Beweis. Aufgrund von § 8 genügt es, nur 2-zh. M-Graphen bzw. $\mathfrak{C}$-zh. Matroide zu betrachten. Es ist dann nach obigem klar, daß $\mathfrak{Z}(\mathcal{M}^*)$, wenn $\mathcal{M}$ graphisch ist, eine schlichte Basis besitzt.

Umgekehrt sei $\mathcal{M}$ (auf M) binär, und $\mathfrak{Z}(\mathcal{M}^*)$ habe die schlichte Basis $C_1^*, \ldots, C_r^*$; dabei dürfen wir nach obiger Bemerkung die C_i^* als Bänder von $\mathcal{M}$ annehmen. Wir wählen irgendwelche neuen Elemente $c_1, \ldots, c_{r+1}$. Nun sei G der M-Graph mit der Kantenmenge M und der Eckenmenge $E = \{c_1, \ldots, c_r, c_{r+1}\}$, wobei $k \in M$ die Endpunkte c_i, c_j $(i, j \leqq r)$ habe, wenn k in C_i^*, C_j^* mit $i \neq j$ vorkommt, bzw. die Endpunkte c_i, c_{r+1}, wenn k nur in C_i auftritt. Wir behaupten, daß $\mathcal{M}$ mit $\mathcal{M}(G)$ übereinstimmt.

1. $A \subseteq M$ sei abhängig in $\mathcal{M}$, und $C \subseteq A$ sei ein Kreis von $\mathcal{M}$. Für den Teilgraphen $H = (E, C)$ von G gilt dann

$$\gamma_H(c_i) = |C \cap C_i^*| \qquad (i = 1, \ldots, r),$$

und dies ist stets $\neq 1$ (vgl. Übung 4, (d) zu § 5). Es ist also $\varkappa(H) > 0$, und H hat höchstens eine Ecke des Grades 1 (nämlich evtl. c_{r+1}); H muß daher einen Kreis enthalten und $C \subseteq A$ ist auch in $\mathcal{M}(G)$ abhängig.

2. Umgekehrt sei C ein Kreis in G. C habe die Ecken $c_{i_1}, \ldots, c_{i_t}, c_{i_{t+1}} = c_{i_1}$ und die Kanten $k_r = c_{i_r}c_{i_{r+1}}$ $(r = 1, \ldots, t)$. Nehmen wir an, $U := \{k_1, \ldots, k_t\}$ sei in $\mathcal{M}$ unabhängig. Dann existiert ein Band C^* von $\mathcal{M}$ mit $|C^* \cap U| = 1$ (vgl. Übung 9 zu § 5); o. B. d. A. sei $k_1 \in C^*$. Da C^* in $\mathfrak{Z}(\mathcal{M}^*)$ liegt, ist es von der Form $C_{j_1}^* \oplus \cdots \oplus C_{j_s}^*$; wir setzen $J := \{j_1, \ldots, j_s\}$. Dann ist also k_1 in einer ungeraden, jedes k_i $(i \geqq 2)$ in einer geraden Zahl der $C_{j_\sigma}^*$ enthalten; d. h. $|\{i_1, i_2\} \cap J| = 1$, $|\{i_r, i_{r+1}\} \cap J| = 0$ oder 2 für $r = 2, \ldots, t$. O. B. d. A. sei $i_1 \notin J$, $i_2 \in J$. Dann folgt $i_3 \in J$ (sonst wäre $k_2 \in C^* \cap U$), analog $i_4 \in J$ usf., schließlich $i_t \in J$ und daraus $i_1 \in J$, mit Widerspruch. Also ist jede bez. $\mathcal{M}(G)$ abhängige Menge auch in $\mathcal{M}$ abhängig. —

Übungen

1. Man charakterisiere die co-graphischen Matroide entsprechend (12.3) und (12.4).
2. Aus den Sätzen dieses Paragraphen und von § 9 folgere man das MacLanesche Plättbarkeitskriterium (Kap. 7, § 4).
3. Man gebe die (eindeutig bestimmte) Zahl t an, so daß ein nichtgraphisches Matroid mit t Kreisen existiert, aber jedes Matroid mit weniger als t Kreisen graphisch ist.
4. Wie ändert sich t, wenn man in Übung 3 „Matroid" ersetzt durch „binäres Matroid"?

§ 13. Paare Graphen, Transversalen, Vereinigungsbildung von Matroiden

Die in Kap. 3 am Schluß von § 2 angekündigten Kriterien von Tutte und Nash-Williams, nämlich für das Vorhandensein einer bestimmten Zahl kantendisjunkter Gerüste in einem Graphen bzw. die Überdeckbarkeit eines Graphen durch eine gegebene Zahl von Wäldern, werden in diesem Abschnitt bewiesen werden, und zwar aus noch allgemeineren matroidtheoretischen Sachverhalten. Haupthilfsmittel wird die Vereinigungsbildung von Matroiden sein, und zur Entwicklung dieses Begriffes benötigen wir einige Tatsachen aus der Transversalentheorie, die auch für sich alleine von Interesse sind. Insbesondere ist hier die Verschärfung des Satzes von Hall (Kap. 4, (5.6)) durch Rado [14] zu nennen.

Es sei $G \subseteq S * T$ ein endlicher paarer Graph mit Zweiteilung S, T. Auf T sei ein Matroid $\mathcal{M}$ mit Rangfunktion r gegeben; $\mathfrak{U}$ sei das System der unabhängigen Mengen von $\mathcal{M}$. Für $A \subseteq S$ wird im folgenden kurz A' statt $N_G(A)$ geschrieben. $A \subseteq S$ heiße *$\mathfrak{U}$-paarbar* in G, wenn es in G eine Paarung von A auf irgendein $U \in \mathfrak{U}$ gibt (d. h. also, wenn disjunkte $a_1u_1, \ldots, a_su_s \in K(G)$ existieren, so daß $A = \{a_1, \ldots, a_s\}$ und $\{u_1, \ldots, u_s\} \in \mathfrak{U}$ gilt). Es gilt dann

13.1. Satz von Rado. *Eine Teilmenge A von S ist $\mathfrak{U}$-paarbar in G genau dann, wenn für A die folgende Bedingung erfüllt ist:*

(R) $$\bigwedge_{X \subseteq A} r(X') \geqq |X|.$$

Bemerkung. Ist $\mathcal{M}$ das Matroid $(T, \in)$, d. h. $r(Y) = |Y|$ für jedes $Y \subseteq T$, so geht diese sog. *Rado-Bedingung* (R) gerade in die Heiratsbedingung (vgl. Kap. 4, (5.2)) über.

Beweis. Ist $A \subseteq S$ in G paarbar auf ein $U \in \mathfrak{U}$, so gilt für $X \subseteq A$:

$$|X| \leqq |X' \cap U| = r(X' \cap U) \leqq r(X')$$

und damit (R).

Umgekehrt werde (R) vorausgesetzt. Wir unterscheiden zwei Fälle

1. Fall. $\gamma_G(a) = 1$ für alle $a \in A$.
Daraus folgt $|A'| \leqq |A|$; ferner ist wegen (R) $|A| \leqq r(A') \leqq |A'|$, woraus sich $A' \in \mathfrak{U}$, $|A'| = |A|$ und damit die Behauptung ergibt.

2. Fall. Es gibt ein $a \in A$ und $x \neq y$ in T mit $ax, ay \in K(G)$. Zu zeigen ist: Auch in $G - ax$ oder $G - ay$ genügt A der Bedingung (R). (Durch Iteration wird dann nämlich das Problem auf den 1. Fall zurückgeführt.) Nehmen wir an, A genüge (R) weder in $G - ax$ noch in $G - ay$. Dann existieren $X, Y \subseteq A$ mit $a \in X$, $a \in Y$, so daß $r(X' - x) \leqq |X| - 1$, $r(Y' - y) \leqq |Y| - 1$ sowie $x \notin (X - a)'$, $y \notin (Y - a)'$ gilt. Es muß $x \in Y'$, $y \in X'$ sein; daraus folgt $(X' - x) \cup (Y' - y) = X' \cup Y' = (X \cup Y)'$. Ferner ist $(X' - x) \cap (Y' - y) \supseteq ((X \cap Y) - a)'$. Wir erhalten

$$\begin{aligned} |X| + |Y| - 2 &\geqq r(X' - x) + r(Y' - y) \\ &\geqq r\big((X' - x) \cup (Y' - y)\big) + r\big((X' - x) \cap (Y' - y)\big) \quad \text{(wegen [R 3'])} \\ &\geqq r\big((X \cup Y)'\big) + r\big(((X \cap Y) - a)'\big) \\ &\geqq |X \cup Y| + |X \cap Y| - 1 \quad \text{(wegen (R))} \\ &= |X| + |Y| - 1, \quad \text{mit Widerspruch.} - \end{aligned}$$

13.2. *Bei gleichen Voraussetzungen und Bezeichnungen wie in* (13.1) *gilt:*
Die Menge der $\mathfrak{U}$-paarbaren Teilmengen von S bildet ein U-System auf S. Die zugehörige Rangfunktion ϱ ist gegeben durch

$$\varrho(A) = \min_{X \subseteq A} \left(r(X') + |A - X|\right)$$

für jedes $A \subseteq S$.

Bemerkungen. 1. $\varrho(A)$ ist auch gleich dem Minimum der Werte $r(X') + |A - X|$ mit $X \subseteq S$, wie man sich leicht klarmacht.

2. Im Beweis benötigen wir die allgemein für Mengen gültige Ungleichung

$$|A - X| + |B - Y| \geqq |(A \cup B) - (X \cup Y)| + |(A \cap B) - (X \cap Y)|.$$

Beweis von (13.2). Man sieht sofort $\varrho(\emptyset) = 0$ sowie $\varrho(\{x\}) \leqq 1$ für alle $x \in S$. Ist $A \subseteq B \subseteq S$, so existiert $X \subseteq B$ mit $\varrho(B) = r(X') + |B - X|$ nach Definition von ϱ; also gilt $\varrho(B) \geqq r(X') + |A - X| \geqq \varrho(A)$ (nach Bemerkung 1), womit die Monotonie von ϱ folgt. Für $A, B \subseteq S$ schließt man (unter Benutzung von Bemerkung 1 und 2 sowie der Submodularität von r):

$$\begin{aligned}
\varrho(A) + \varrho(B) &= \min_{X,Y \subseteq S} \left(r(X') + |A - X| + r(Y') + |B - Y|\right) \\
&\geqq \min_{X,Y \subseteq S} \left(r(X' \cup Y') + r(X' \cap Y') + |A - X| + |B - Y|\right) \\
&\geqq \min_{X,Y \subseteq S} \left(r\left((X \cup Y)'\right) + r\left((X \cap Y)'\right) + |(A \cup B) - (X \cup Y)| + |(A \cap B) - (X \cap Y)|\right) \\
&\geqq \min_{X,Y \subseteq S} \left(r\left((X \cup Y)'\right) + |(A \cup B) - (X \cup Y|\right) \\
&\quad + \min_{X,Y \subseteq S} \left(r\left((X \cap Y)'\right) + |(A \cap B) - (X \cap Y)|\right) \\
&= \varrho(A \cup B) + \varrho(A \cap B).
\end{aligned}$$

Nach (2.10) ist ϱ also Rangfunktion auf S. Für $A \subseteq S$ gilt nun

$$\varrho(A) = |A| \Leftrightarrow |A| = \min_{X \subseteq A} \left(r(X') + |A - X|\right) \Leftrightarrow \bigwedge_{X \subseteq A} \left(r(X') + |A - X|\right) \geqq |A| \Leftrightarrow \bigwedge_{X \subseteq A} r(X') \geqq |X|,$$

was nach (13.1) mit der $\mathfrak{U}$-Paarbarkeit von A gleichbedeutend ist. Damit folgt unser Satz. –

Gegeben sei eine Mengenfamilie M_i ($i \in I$), wobei alle M_i Teilmengen einer Menge M seien. $T \subseteq M$ heißt eine *partielle Transversale* dieser Mengenfamilie, wenn eine injektive Abbildung φ von T in I existiert, so daß für alle $t \in T$ gilt $t \in M_{\varphi(t)}$; $|I| - |T|$ werde der *Defekt* der partiellen Transversalen T genannt. T heißt *Transversale*, wenn φ sogar bijektiv gewählt werden kann, wenn also T den Defekt 0 hat. Ordnen wir obiger Mengenfamilie den paaren Graphen $G \subseteq I * M$ zu, in dem $ix \in K(G)$ genau dann gilt, wenn $x \in M_i$ ist, so entsprechen die partiellen Transversalen dieser Familie den unabhängigen Kantenmengen von G und die Transversalen den Paarungen von I. Umgekehrt macht man sich auch leicht klar, daß zu jedem paaren Graphen G eine Mengenfamilie existiert, so daß der dieser gemäß letzterer Überlegung entsprechende Graph mit G übereinstimmt. Aufgrund dieser Entsprechung konnten wir früher (vgl. Kap. 4, (5.6)) das Hallsche Kriterium für die Existenz von Transversalen auf graphentheoretischem Wege beweisen.

Unsere Sätze (13.1), (13.2) lassen sich in der Formulierung für Transversalen wie folgt zusammenfassen:

13.2'. *Es sei M_i ($i \in I$) eine endliche Familie von Teilmengen einer endlichen Menge M. Auf M sei ein Matroid $\mathcal{M}$ (mit Rangfunktion r) gegeben.*

1. *Für $J \subseteq I$ besitzt M_i ($i \in J$) genau dann eine bez. $\mathcal{M}$ unabhängige Transversale, wenn für jedes $J' \subseteq J$ gilt $r\left(\bigcup_{i \in J'} M_i\right) \geqq |J'|$.*

2. *Die Menge der $J \subseteq I$, für die M_i ($i \in J$) eine unabhängige Transversale besitzt, ist ein U-System auf I; die zugehörige Rangfunktion ϱ ist gegeben durch*

$$\varrho(J) = \min_{X \subseteq J}\left(r\left(\bigcup_{i \in X} M_i\right) + |J - X|\right). \text{ —}$$

Wir wenden uns jetzt der Vereinigung von Matroiden zu.

13.3. *Auf der Menge M seien Matroide $\mathcal{M}_1, \ldots, \mathcal{M}_n$ mit den Rangfunktionen $r_1, \ldots, r_n$ und den Systemen unabhängiger Mengen $\mathfrak{U}_1, \ldots, \mathfrak{U}_n$, resp., gegeben. Es sei $\mathfrak{U}$ die Menge aller Teilmengen von M der Form*

$$U_1 \cup \cdots \cup U_n \quad \textit{mit} \quad U_i \in \mathfrak{U}_i \qquad (i = 1, \ldots, n).$$

Dann ist $(M, \mathfrak{U})$ ein U-System; dieses Matroid heiße die Vereinigung der Matroide $\mathcal{M}_1, \ldots, \mathcal{M}_n$ und werde durch $\mathcal{M}_1 \vee \cdots \vee \mathcal{M}_n$ bezeichnet. Die Rangfunktion r dieses Matroides ist gegeben durch

$$r(A) = \min_{X \subseteq A}\left(\sum_{i=1}^{n} r_i(X) + |A - X|\right)$$

für alle $A \subseteq M$.

Beweis. Für jedes $i = 1, \ldots, n$ wähle man ein Matroid $\mathcal{M}_i'$ auf einer Menge M_i' mit Rangfunktion r_i' und U-System $\mathfrak{U}_i'$ derart, daß $M, M_1', \ldots, M_n'$ zu je zweien elementfremd sind und $\mathcal{M}_i, \mathcal{M}_i'$ vermöge einer Abbildung $\varphi_i: M \to M_i'$ isomorph sind. G sei dann der paare Graph mit Zweiteilung M, $M_1' \cup \cdots \cup M_n'$, in dem $x \in M$ und $y \in M_i'$ genau dann benachbart seien, wenn $y = \varphi_i(x)$ gilt. Als Matroidstruktur $\mathcal{M}'$ auf $M' := M_1' \cup \cdots \cup M_n'$ legen wir die direkte Summe von $\mathcal{M}_1', \ldots, \mathcal{M}_n'$ (vgl. § 8, Schluß, speziell auch Übung 9) zugrunde (mit den zugehörigen $\mathfrak{U}', r'$). $\mathfrak{U}$ ist dann identisch mit der Menge der $\mathfrak{U}'$-paarbaren Teilmengen von M. Ist nämlich $U = U_1 \cup \cdots \cup U_n \in \mathfrak{U}$ (mit $U_i \in \mathfrak{U}_i$), so können die U_i o. B. d. A. disjunkt angenommen werden, und in G existiert dann offenbar eine Paarung von U auf $\varphi_1(U_1) \cup \cdots \cup \varphi_n(U_n) \in \mathfrak{U}'$. Umgekehrt ergibt sich ähnlich, daß jede $\mathfrak{U}'$-paarbare Menge zu $\mathfrak{U}$ gehört (da jedes $U' \in \mathfrak{U}'$ die Form $\varphi_1(U_1) \cup \cdots \cup \varphi_n(U_n)$ mit $U_i \in \mathfrak{U}_i$ hat).

Ferner gilt $r'(N_G(X)) = r_1'(\varphi_1(X)) + \cdots + r_n'(\varphi_n(X)) = r_1(X) + \cdots + r_n(X)$ für jedes $X \subseteq M$. Die Behauptung folgt daher aus (13.2). —

Sind in $\mathcal{M}_1 \vee \cdots \vee \mathcal{M}_n$ alle $\mathcal{M}_i$ gleich demselben Matroid $\mathcal{M}$ (auf M), so schreiben wir statt dieses Ausdrucks auch kurz $\mathcal{M}^{(n)}$ (mit zugehörigen $r^{(n)}$, $\mathfrak{U}^{(n)}$). Für $A \subseteq M$ ist dann

$$r^{(n)}(A) = \min_{X \subseteq A} \left(n \cdot r(X) + |A - X|\right), \tag{*}$$

speziell also stets $r^{(n)}(A) \leqq n \cdot r(A)$, mit Gleichheit genau dann, wenn $n \cdot r(X) + |A - X| \geqq n \cdot r(A)$ für alle $X \subseteq A$ gilt. Nun ist $n \cdot r(M) = n^{(n)}(M)$ nach Definition von $\mathfrak{U}^{(n)}$ gleichbedeutend damit, daß n disjunkte Basen von $\mathcal{M}$ existieren. Damit folgt

13.4. *Ein Matroid $\mathcal{M}$ auf der endlichen Menge M hat n disjunkte Basen dann und nur dann, wenn für jedes $X \subseteq M$ gilt*

$$n \cdot r(X) + |M - X| \geqq n \cdot r(M).$$

Daß $A \subseteq M$ sich als Vereinigung von n unabhängigen Mengen von $\mathcal{M}$ darstellen läßt, ist nach Definition von $\mathfrak{U}^{(n)}$ äquivalent mit $A \in \mathfrak{U}^{(n)}$ bzw. mit $r^{(n)}(A) = |A|$. Aus (*) folgt daher

13.5. *Ist $\mathcal{M}$ Matroid auf der endlichen Menge M, so läßt sich M als Vereinigung von n unabhängigen Mengen von $\mathcal{M}$ darstellen genau dann, wenn für jedes $X \subseteq M$ gilt*

$$n \cdot r(X) \geqq |X|.$$

Die Sätze (13.4), (13.5) stammen von Edmonds [6]. Aus ihnen folgen sofort die Sätze von Tutte and Nash-Williams in Kap. 3, (2.4), (2.5), durch Anwendung auf das Kreismatroid des betreffenden Graphen. Sei nämlich $G = (E, K)$ endlicher Graph.

Es gelte $n \cdot \left(\sigma(G - L) - 1\right) \leqq |L|$ für jedes $L \subseteq K$ (vgl. Kap. 3, (2.4)). Mit $L = \emptyset$ folgt zunächst $\sigma(G) \leqq 1$, d. h., daß G *zh.* ist. Mit $X = K - L$, $M = K$, $r(X) = \alpha(G) - \sigma(G - L)$ folgt weiter das Erfülltsein der Bedingung in (13.4) und damit das Vorhandensein von n kantendisjunkten Gerüsten von G.

Weiter sei $\varkappa(H) \leqq n \cdot \left(\alpha(H) - 1\right)$ für jedes $H \subseteq G$ (vgl. Kap. 3, (2.5)). Betrachten wir ein H mit den Komponenten $H_1, \ldots, H_t$. Dann ist also $\varkappa(H_j) \leqq n \cdot \left(\alpha(H_j) - 1\right)$ für $j = 1, \ldots, t$, d. h. $\varkappa(H) \leqq n \cdot \left(\alpha(H) - \sigma(H)\right) = n \cdot r\left(K(H)\right)$. Nach (13.5) gibt es also n kreislose Graphen, die G überdecken.

Die umgekehrte Richtung dieser beiden Sätze hatten wir uns schon in Kap. 3 überlegt.

Übungen

1. Man benutze die Methode von (13.1), um zu zeigen: Es sei $G \subseteq S * T$ endlich, und $r: T \to \mathbb{Z}$ sei monoton und submodular. Genau dann existiert eine Abbildung $\varphi: A \to T$ derart, daß

   i) $a\varphi(a) \in K(G)$ für jedes $a \in A$,

   ii) $r\left(\varphi(X)\right) \geqq |X|$ für jedes $X \subseteq A$,

   wenn $r(X') \geqq |X|$ für jedes $X \subseteq A$ gilt.

2. Folgerung 1 (O. Ore): Die Mengenfamilie M_i ($i \in I$), I endlich, hat eine partielle Transversale mit Defekt d genau dann, wenn für alle $J \subseteq I$ gilt $\left|\bigcup_{i \in J} M_i\right| \geqq |J| - d$.

3. Folgerung 2 (H. Perfect): Unter den Voraussetzungen wie in 2. sei auf der Vereinigung der M_i zusätzlich ein Matroid $\mathcal{M}$ (mit Rangfunktion r) erklärt. M_i ($i \in I$) hat eine (bez. $\mathcal{M}$) unabhängige partielle Transversale vom Defekt d genau dann, wenn für jedes $J \subseteq I$ gilt

$$r\left(\bigcup_{i \in J} M_i\right) \geqq |J| - d.$$

4. Es seien $\mathcal{M}_i$ auf M_i Matroide (mit zugehörigen $\mathfrak{U}_i, r_i$), $i = 1, \ldots, n$. Es sei $M = M_1 \cup \cdots \cup M_n$ und $\mathfrak{U} = \{U_1 \cup \cdots \cup U_n \mid U_i \in \mathfrak{U}_i, i = 1, \ldots, n\}$. Dann ist $(M, \mathfrak{U})$ ein U-System mit der Rang-

funktion

$$r(A) = \min\left(\sum_{i=1}^{n} r_i(X \cap M_i) + |A - X|\right)$$

für $A \subseteq M$. Dieses Matroid $(M, \mathfrak{U})$ heiße die Vereinigung von $\mathcal{M}_1, \ldots, \mathcal{M}_n$; im Spezialfall $M_1 = \cdots = M_n$ geht diese Definition der Vereinigung in die von uns oben gegebene über. Trotzdem leistet diese (allgemeinere) Definition nichts prinzipiell Neues gegenüber der früher gegebenen. Warum?

5. Wo sind in den Beweisen der Sätze dieses Paragraphen die Endlichkeitsforderungen wesentlich?

6. Ein Matroid heißt *transversal*, wenn es einen paaren Graphen $G \subseteq S * T$ gibt, so daß es zum Matroid $\mathcal{M}$ (auf S) der paarbaren Teilmengen von S (als unabhängigen Mengen) isomorph ist. Für jedes $t \in T$ mit $N_G(t) \neq \emptyset$ sei $\mathcal{M}_t$ das (transversale!) Matroid vom Range 1 auf S, in dem eine 1-elementige Menge $\{s\}$ von S genau dann unabhängig ist, wenn $st \in K(G)$ gilt. Zu zeigen: $\mathcal{M}$ ist die Vereinigung der $\mathcal{M}_t$ $(t \in T)$. Umgekehrt ist jedes Matroid vom Range 1 isomorph zu einem $\mathcal{M}_t$ der betrachteten Art, und jede (endliche) Vereinigung von Matroiden des Ranges 1 ist transversal. Folgerung: Ein endliches Matroid ist transversal genau dann, wenn es die Vereinigung von Matroiden des Ranges 1 ist.

7. Das Fano-Matroid läßt sich nicht als Vereinigung von Matroiden kleineren Ranges darstellen. Daraus folgt mit 6., daß es nicht transversal ist.

8. Es seien $\mathcal{M}_1$, $\mathcal{M}_2$ Matroide auf M. $\mathfrak{G}_i$ bezeichne die Menge der Erzeugendensysteme von $\mathcal{M}_i$ $(i = 1, 2)$. Es sei $\mathfrak{G} := \{G_1 \cap G_2 \mid G_1 \in \mathfrak{G}_1, G_2 \in \mathfrak{G}_2\}$. Dann ist $\mathfrak{G}$ die Menge der Erzeugendensysteme eines Matroides $\mathcal{M}_1 \wedge \mathcal{M}_2$ auf M (genannt Durchschnitt von $\mathcal{M}_1$ und $\mathcal{M}_2$), und es gilt

$$\mathcal{M}_1 \wedge \mathcal{M}_2 = (\mathcal{M}_1^* \vee \mathcal{M}_2^*)^*.$$

9. Es seien $\mathcal{M}_1$, $\mathcal{M}_2$ mit den Rangfunktionen r_1, r_2 Matroide auf der endlichen Menge M. Dann und nur dann gibt es ein $X \subseteq M$ mit $|X| \geqq s$, das sowohl bez. $\mathcal{M}_1$ als auch bez. $\mathcal{M}_2$ unabhängig ist, wenn $\mathcal{M}_1 \vee \mathcal{M}_2^*$ den Rang $\geqq s + r_2^*(M)$ hat. Mittels (13.3) und der Definition von r_2^* folgere man daraus den „Durchschnittssatz" von Edmonds [7]: Dann und nur dann gibt es ein $X \subseteq M$ mit $|X| \geqq s$, das bez. beider Matroide unabhängig ist, wenn für jedes $T \subseteq M$ gilt

$$r_1(T) + r_2(M - T) \geqq s.$$

10. Die „Arborizität" (arboricity) $Y(G)$ eines endlichen Graphen G sei die kleinste Zahl von Wäldern, deren Vereinigung G ist. $q_n(G)$ sei die größte Zahl von Kanten, die irgendein Teilgraph von G mit n Ecken besitzt. Dann gilt nach dem Satz von Nash-Williams (Kap. 3, (2.5))

$$Y(G) = \max_{n \geq 2} \left\{\frac{q_n(G)}{n-1}\right\}.$$

11. $Y(S(n)) = \{n/2\}$, $Y(r * s) = \{(rs)/(r + s - 1)\}$.

12. Ein M-Graph G mit $\alpha \geqq 2$ heißt s-fach kantenzh., wenn je zwei Ecken von G durch $\geqq s$ kantenfremde Wege verbunden sind. Für eine Partition Π von $E(G)$ mit den Klassen E_i $(i \in I)$ bezeichne G_Π den M-Graphen, dessen Ecken die E_i sind und in dem E_i, E_j für $i \neq j$ durch so viele Kanten verbunden sind, wie in G zwischen E_i, E_j verlaufen. Zu zeigen: Ist G s-fach kantenzh. und $|\Pi| \geqq 2$, so ist G_Π auch s-fach kantenzh.

13. Satz (2.4) in Kap. 3 kann auch so gelesen werden: Ein endlicher Graph G hat n kantendisjunkte Gerüste genau dann, wenn für jedes G_Π (vgl. 12.) gilt $\varkappa(G_\Pi) \geqq n \cdot (|\Pi| - 1)$.

14. Es sei G s-fach kantenzh., aber nicht $(s + 1)$-fach kantenzh. t bezeichne die Maximalzahl kantendisjunkter Gerüste in G. Dann gilt

$$\left\{\frac{s-1}{2}\right\} \leqq t \leqq s \qquad \text{(Sukhamay Kundu [17])}.$$

(Die rechte Ungleichung ist leicht einzusehen. Zum Beweis der linken Seite überlegen wir uns, daß nach 13. ein G_Π existiert mit $\varkappa(G_\Pi) < (t + 1) \cdot (|\Pi| - 1)$; daher gibt es in G_Π eine Ecke des Grades $\leqq |\Pi|^{-1} \cdot 2((t + 1)(|\Pi| - 1) - 1) < 2(t + 1)$. Wegen 12. folgt $s < 2(t + 1)$ und daraus die Behauptung.)

§ 14. Einige Wegprobleme

Nach (13.2) bilden in einem paaren Graphen $G \subseteq A * B$ die paarbaren Teilmengen von A ein U-System. Nun soll gezeigt werden, daß Entsprechendes auch gilt, wenn Wegepaarungen in einem beliebigen (gerichteten oder ungerichteten) Graphen zugrunde gelegt werden. Darüber hinaus werden sich einige Resultate über Systeme unendlicher Wege ergeben. Wir formulieren die Ergebnisse sämtlich für ungerichtete Graphen; die Verallgemeinerung für den gerichteten Fall liegt dabei jeweils auf der Hand.

Es seien S, T Teilmengen der Eckenmenge eines Graphen G. Wir nennen S *fortsetzbar* nach T, wenn eine Wegepaarung von S auf eine Teilmenge von T existiert. Außerdem heiße eine Familie W_s $(s \in S)$ von Wegen je der Länge n, so daß jedes W_s einen Endpunkt in s hat und W_s, $W_{s'}$ für $s \neq s'$ fremd sind, eine *Fortsetzung der Länge n von S*. Wir nennen S *∞-fortsetzbar*, wenn es 1-Wege U_s $(s \in S)$ gibt derart, daß jedes U_s in s beginnt und je zwei der U_s fremd sind. Ein solches System von 1-Wegen heiße auch eine 1-*Fortsetzung* von S.

14.1. *$G = (E, K)$ sei Graph, T eine endliche, S eine beliebige Teilmenge von E mit $S \cap T = \emptyset$. Dann bildet die Menge $\mathfrak{U}$ der nach T fortsetzbaren Teilmengen von S ein U-System auf S. Wir bezeichnen das zugehörige Matroid mit $\mathcal{M}(G; S, T)$.*

Beweis. [U 1], [U 2] sind für $\mathfrak{U}$ trivial. Zum Beweis von [U 3] nehmen wir $U, U' \in \mathfrak{U}$ mit $|U| = n = |U'| - 1$ an. Gälte $U \cup x \notin \mathfrak{U}$ für jedes $x \in U' - U$, so gäbe es nach Menger zu jedem $x \in U'$ ein T_x mit $|T_x| = n$, das $U \cup x$ von T trennt; speziell für $x \in U$ wählen wir $T_x = U$. $\mathfrak{P} = \{P_1, \ldots, P_n\}$ sei eine Wegepaarung von U auf eine Teilmenge von T. Für jedes $i = 1, \ldots, n$ und jedes $x \in U'$ existiert dann genau eine Ecke t_{ix} in $T_x \cap P_i$. Es sei t_i die letzte der Ecken t_{ix}, die auf P_i (beim Passieren von U nach T) auftritt, $i = 1, \ldots, n$. Wir behaupten, daß U', T durch $T_0 := \{t_1, \ldots, t_n\}$ getrennt werden.

Es sei nämlich W ein x_0,T-Weg $\subseteq G$ für irgendein $x_0 \in U'$. W trifft sicher $\bigcup_{x \in U'} T_x$; t_{jx} sei die letzte Ecke, die W mit dieser Menge gemeinsam hat (wobei W von x_0 aus durchlaufen werde). Nehmen wir $t_{jx} \notin T_0$ an. Dann ist $t_j = t_{jy}$ für ein gewisses $y \neq x$, und t_{jx} kommt auf P_j vor t_{jy}. W^* sei der Teilweg von W von t_{jx} nach T; er vermeidet T_y. Der Teilweg von P_j bis t_{jx} zusammen mit W^* führte dann aber zu einem $U \cup \{y\},T$-Weg, der T_y vermeidet. W muß also T_0 treffen. Somit trennte T_0 (mit $|T_0| = n$) U' und T, was wegen $|U'| > n$ und $U' \in \mathfrak{U}$ nicht sein kann. Also gibt es $x \in U' - U$ mit $U \cup x \in \mathfrak{U}$. —

Die Theorie dieser Matroide $\mathcal{M}(G; S, T)$, die auch *Gammoide* heißen, wird bei Welsh [W 3], vor allem in Kap. 13, vertieft und ausgedehnt. Übrigens bleibt (14.1) nicht richtig, wenn man die Voraussetzung der Endlichkeit von T fallen läßt, auch wenn für G Lokalfinitheit gefordert wird.

Wir wenden uns jetzt den ∞-fortsetzbaren Eckenmengen zu. Unser Ziel ist, zu zeigen:

14.2. *Es sei G ein lokalfiniter Graph. Dann bildet die Menge $\mathfrak{U}$ der ∞-fortsetzbaren Teilmengen von $E(G)$ ein U-System auf $E(G)$.*

Zum Beweise müssen wir etwas weiter ausholen. $G = (E, K)$ sei also lokalfinit. Da wir die Komponenten von G einzeln untersuchen können und endliche Komponenten für unser Problem keine Rolle spielen, dürfen wir o. B. d. A. G als zh. und unendlich (d. h. abzählbar) voraussetzen.

14.3. *$T = \{t_1, \ldots, t_n\} \subseteq E$ ist ∞-fortsetzbar in G genau dann, wenn für jedes $h \in \mathbb{N}$ eine Fortsetzung der Länge h von T in G existiert.*

14.4. *$T = \{x_1, x_2, \ldots\} \subseteq E$ ist ∞-fortsetzbar genau dann, wenn jedes endliche $T' \subset T$ ∞-fortsetzbar ist.*

Der Beweis dieser beiden Feststellungen folgt genau nach der Methode von D. KÖNIG in Kap. 1, (2.7), nur daß jetzt W_h eine Fortsetzung der Länge h von $\{t_1, \ldots, t_n\}$ bzw. $\{x_1, \ldots, x_h\}$ bedeute. —

Ist $A \subseteq E$, so soll jeder in A beginnende 1-Weg ein *A,∞-Weg* heißen. *$T \subseteq E$ trennt A, ∞*, wenn jeder A,∞-Weg T trifft. Für endliches $A \subseteq E$ bezeichne $\mu_G(A, \infty)$ die größte Zahl disjunkter A,∞-Wege, $\tau_G(A, \infty)$ die kleinste Zahl von A, ∞ trennenden Ecken. Dann haben wir folgende Variante des Mengerschen Satzes:

14.5. *In dem lokalfiniten Graphen G gilt für jedes endliche $A \subseteq E$*

$$\tau_G(A, \infty) = \mu_G(A, \infty).$$

Zum Beweise ist nur zu zeigen: Gibt es kein A, ∞ trennendes T mit $|T| < n$, so existiert ein ∞-fortsetzbares $F \subseteq A$ mit $|F| = n$. Es sei D_h die (endliche) Menge der Ecken von G, die von A den Abstand h haben. Werden A und irgendein D_h durch T getrennt, so trennt T auch A, ∞. Daher folgt für alle $h \in \mathbb{N}$ $\mu_G(A, D_h) \geqq n$, d. h. existiert für jedes $h \in \mathbb{N}$ ein $A_h \in \binom{A}{n}$, das nach D_h fortsetzbar ist. Wegen der Endlichkeit von A muß ein $F \subseteq A$ existieren, das für unendlich viele h als A_h erscheint. Dieses F ist dann wegen (14.3) ∞-fortsetzbar.

Zum Beweise von (14.2) haben wir wegen (14.4) nur noch zu zeigen: Sind $S, T \in \mathfrak{E}(E)$ ∞-fortsetzbar und gilt $|S| > |T|$, so existiert ein $s \in S - T$, so daß auch $T \cup s$ ∞-fortsetzbar ist.

Nehmen wir dagegen aufgrund von (14.3) an, zu jedem $s \in S - T$ existiere ein $m(s) \in \mathbb{N}$, so daß keine Fortsetzung der Länge $m(s)$ von $T \cup s$ existiert. Sei h das größte dieser $m(s)$ und D die Menge der Ecken, die von $S \cup T$ den Abstand h haben. Dann sind S, T beide nach D fortsetzbar, aber kein $T \cup s$ mit $s \in S - T$, gegen (14.1). Dieser Widerspruch beendet den Beweis von (14.2). —

Nun können wir beweisen (vgl. HALIN [11]):

14.6. *Es sei G ein beliebiger Graph und T eine Teilmenge von $E(G)$. Mit $\omega(T)$ werde das Supremum aller Kardinalzahlen c bezeichnet, so daß in T eine ∞-fortsetzbare Teilmenge der Mächtigkeit c existiert. Dann gibt es eine ∞-fortsetzbare Teilmenge M von T mit $|M| = \omega(T)$. Ist F irgendeine endliche Teilmenge von T, die ∞-fortsetzbar ist, so kann überdies $M \supseteq F$ gewählt werden.*

Beweis. Der Fall $\omega(T) > \aleph_0$ wird leicht dadurch erledigt, daß man das Zornsche Lemma auf die Menge aller Systeme disjunkter 1-Wege mit Anfangspunkten in T, so daß unter diesen die Ecken von F sämtlich auftreten, anwendet.

Ist $\omega(T) < \aleph_0$, so sei T'' eine ∞-fortsetzbare Teilmenge von T mit $|T''| = \omega(T)$, und P_t $(t \in T'')$, Q_u $(u \in F)$ seien 1-Fortsetzungen von T'' bzw. F. Dann ist die Vereinigung G' der P_t und Q_u lokalfinit, und T'', F sind in G' ∞-fortsetzbar, $|T''| \geqq |F|$. Wegen (14.2) können wir eine $(|T''| - |F|)$-elementige Teilmenge R von T'' finden, die zu F fremd ist und so daß $F \cup R$ ∞-fortsetzbar in G' (und damit auch in G) ist.

Nun sei $\omega(T) = \aleph_0$. Wir werden eine Folge von 1-Wegen $P_{11}; P_{21}, P_{22}; \ldots; P_{n1}, \ldots, P_{nn}; \ldots$ konstruieren, so daß (für jedes n) $P_{n1}, \ldots, P_{nn}$ eine 1-Fortsetzung einer n-elementigen Teilmenge S_n von T ist und die Vereinigung der P_{ij} lokalfinit ist.

Es sei P_{11} ein beliebiger 1-Weg, der in einer Ecke von T beginnt. Nehmen wir nun an, daß für ein $n \geqq 1$ schon die P_{ij} $(1 \leqq j \leqq i \leqq n)$ konstruiert sind. $E_{ij}(n)$ sei die Menge der Ecken auf P_{ij}, die vom Anfangspunkt dieses 1-Weges den Abstand (bez. P_{ij}) $\leqq n$ haben. Dann ist die Vereinigung E_n der $E_{ij}(n)$ für $1 \leqq j \leqq i \leqq n$ endlich. Sei S eine ∞-fortsetzbare Teilmenge von T mit $|S| = |E_n| + n + 1$. Eine 1-Fortsetzung von S enthält $n + 1$ Wege, die E_n nicht treffen; diese werden als $P_{n+1,1}, \ldots, P_{n+1,n+1}$ gewählt.

Es sei H die Vereinigung aller P_{ij}, $1 \leqq j \leqq i < \aleph_0$. H ist lokalfinit, da jedes $e \in E(H)$ nur auf einer endlichen Zahl der P_{ij} erscheint. (Wenn e nämlich auf P_{ij} liegt und vom Anfangspunkt dieses 1-Weges den Abstand d hat, so erscheint e auf keinem P_{nm} mit $n > d$.) Nun fügen wir noch zu H eine 1-Fortsetzung von F hinzu; der entstehende (lokalfinite) Graph sei G'.

Sei $|F| = n$, S_m bezeichne die Menge der Anfangspunkte von $P_{m1}, \ldots, P_{mm}$. Nach (14.2) können wir $s_{n+1} \in S_{n+1}$, $s_{n+2} \in S_{n+2}, \ldots$ finden, so daß (in G')

$$F \subset F \cup \{s_{n+1}\} \subset F \cup \{s_{n+1}, s_{n+2}\} \subset \ldots$$

eine echt aufsteigende Folge ∞-fortsetzbarer Teilmengen von T bildet. Die Vereinigung dieser Teilmengen bildet dann das gesuchte M. —

Indem wir T einmal als ein $N_G(e)$, das andere Mal als $E(G)$ wählen, erhalten wir die beiden Folgerungen:

14.6'. (H. A. Jung [12]) *G sei ein Graph und e eine Ecke von G derart, daß für jedes $n \in \mathbb{N}$ ein System von n in e beginnenden 1-Wegen existiert, die zu je zweien nur e gemeinsam haben. Dann gibt es ein unendliches System in e beginnender und bis auf e fremder 1-Wege in G.*

14.6''. (R. Halin [9]) *Jeder Graph G enthält ein System fremder 1-Wege von maximaler Mächtigkeit.*

Ein Graph H habe die Eigenschaft (E) bzw. (E'), wenn gilt: Immer wenn ein Graph G für jedes $n \in \mathbb{N}$ ein System von n disjunkten zu H isomorphen bzw. homöomorphen[1]) Teilgraphen besitzt, so muß G notwendig auch unendlich viele disjunkte solche Teilgraphen enthalten.

Nach (14.6'') hat der 1-Weg die Eigenschaften (E) und (E'). Dagegen hat Andreae [1] Beispiele von Graphen konstruiert, die (E) bzw. (E') nicht besitzen. Für sehr umfassende Klassen von Graphen gelang Andreae [2, 4] andererseits der Nachweis von (E) bzw. (E'). Zum Beispiel zeigte er in [4], daß alle lokalfiniten Bäume (E') haben. Dies ist ein sehr tief liegendes Resultat; der Beweis benutzt entscheidend den Satz von Nash-Williams, daß die Klasse aller Bäume wohl-quasigeordnet ist. Woran aber nun das Erfülltsein von (E) bzw. (E') im Grunde liegt, bleibt ein Geheimnis.

In (14.5) haben wir den Mengerschen Satz erweitert, indem wir auch die „unendlich ferne" Ecke ∞ mit einbezogen haben. Diese Betrachtungsweise läßt sich noch verfeinern. Für zwei 1-Wege U, U' in einem Graphen G setzen wir $U \underset{G}{\sim} U'$ genau dann, wenn es einen weiteren 1-Weg U'' in G gibt, der sowohl U als auch U' unendlich oft trifft (oder, äquivalent, wenn es kein endliches T gibt, so daß unendliche Teilwege von U, U' zu verschiedenen Komponenten von $G - T$ gehören, oder auch, wenn es unendlich viele disjunkte (endliche) Wege in G gibt, die jeweils Ecken von U

[1]) Wir nennen eine Unterteilung von H auch einen zu H homöomorphen Graphen.

und U' verbinden). $\underset{G}{\sim}$ ist eine Äquivalenzrelation in der Menge der 1-Wege von G; jede der zugehörigen Äquivalenzklassen heißt ein *Ende* von G. Wir fassen jedes Ende als eine uneigentliche Ecke von G auf, so wie etwa in der projektiven Geometrie die unendlich fernen Punkte, die zum Abschluß der affinen Ebene dienen. Ist a Ecke, $\mathfrak{E}$ Ende von G, so ist ein $a,\mathfrak{E}$-Weg jeder in a beginnende 1-Weg $\in \mathfrak{E}$; $T \subset E(G)$ trennt a, $\mathfrak{E}$, wenn $a \notin T$ gilt und jeder $a,\mathfrak{E}$-Weg T trifft. $\mu_G(a,\mathfrak{E})$ bezeichne die Maximalzahl (bis auf a) fremder $a,\mathfrak{E}$-Wege (man kann zeigen, daß diese immer existiert), und $\tau_G(a, \mathfrak{E})$ sei die Minimalzahl von Ecken, die a, $\mathfrak{E}$ trennen. Für Enden $\mathfrak{E} \neq \mathfrak{E}'$ gibt es (nach Definition) endliche $T \subset E(G)$, so daß von jedem $U \in \mathfrak{E}$, $U' \in \mathfrak{E}'$ unendliche Teilwege in verschiedenen Komponenten von $G - T$ liegen; ein solches T trennt $\mathfrak{E}$, $\mathfrak{E}'$, und $\tau_G(\mathfrak{E}, \mathfrak{E}')$ sei die kleinste Eckenzahl eines solchen T. Ein $\mathfrak{E},\mathfrak{E}'$-Weg ist ein 2-Weg, der Teilwege sowohl in $\mathfrak{E}$ als auch in $\mathfrak{E}'$ enthält. T trennt $\mathfrak{E}$, $\mathfrak{E}'$ genau dann, wenn es jeden $\mathfrak{E},\mathfrak{E}'$-Weg trifft. $\mu_G(\mathfrak{E}, \mathfrak{E}')$ sei die Maximalzahl fremder $\mathfrak{E},\mathfrak{E}'$-Wege; sie ist $\leqq \tau_G(\mathfrak{E}, \mathfrak{E}')$, also immer endlich. Es gilt dann folgende Erweiterung des Mengerschen Satzes (vgl. Halin [10]):

14.7. *In lokalfiniten Graphen G gilt für $a \in E$ und Enden $\mathfrak{E}$, $\mathfrak{E}'$ stets*

$$\mu_G(a, \mathfrak{E}) = \tau_G(a, \mathfrak{E}), \qquad \mu_G(\mathfrak{E}, \mathfrak{E}') = \tau_G(\mathfrak{E}, \mathfrak{E}').$$

Durch Einführung einer weiteren Klasse uneigentlicher Ecken, die den Ecken unendlichen Grades Rechnung tragen, konnte Polat [13] die Voraussetzung der Lokalfinitheit eliminieren.

Es sei $T \subset E(G)$, $\mathfrak{E}$ ein Ende von G. T heiße $\mathfrak{E}$-fortsetzbar, wenn es eine 1-Fortsetzung von T in G gibt mit sämtlich zu $\mathfrak{E}$ gehörenden Wegen. Man kann dann z. B. zeigen:

14.8. *In einem lokalfiniten Graphen bildet für jedes Ende $\mathfrak{E}$ die Menge der $\mathfrak{E}$-fortsetzbaren Teilmengen von $E(G)$ ein U-System auf $E(G)$.*

Übungen

1. (14.1) bleibt richtig, wenn $S \cap T \neq \emptyset$ zugelassen wird.
2. Man zeige durch ein Gegenbeispiel, daß (14.1) nicht mehr richtig zu sein braucht, wenn T unendlich ist, auch wenn G lokalfinit ist.
3. Ebenso zeige man durch ein Gegenbeispiel, daß in (14.4) die Voraussetzung der Lokalfinitheit unerläßlich ist.
4. Man mache sich die im Anschluß an die Definition von $\underset{G}{\sim}$ zu $U \underset{G}{\sim} U'$ angegebenen äquivalenten Aussagen klar.
5. In $U * 1$ wäre (14.7) falsch.

§ 15. Matroidische Familien von Graphen

Nach § 4 bilden die Kreise in einem Graphen immer ein C-System. Die Frage liegt nahe, ob es andere Klassen von Graphen gibt, die, als Teilgraphen eines festen Graphen, in analoger Weise eine Matroidstruktur bestimmen. Auf Simões-Pereira [16] geht folgende Definition zurück: Eine nicht leere Menge Φ von endlichen Graphen heißt eine *matroidische Familie*, wenn für jeden Graphen G die Kantenmengen derjenigen Teilgraphen von G, die zu einem Element von Φ isomorph sind, ein C-System auf $K(G)$ bilden. Die Kreise bilden natürlich eine solche Familie. Simões-Pereira gab drei weitere matroidische Familien von Graphen an und stellte die Frage, ob darüber hinaus noch andere matroidische Familien existieren. Sie konnte von Andreae [3] wie folgt beantwortet werden:

15.1. *Es sei $2 \leqq n \in \mathbb{N}$. Für gerades n sei $q = \dfrac{n}{2}$ und $s = 1$, für ungerades n sei $q = \dfrac{n-1}{2}$ und $s = 0$. Φ_n' sei die Klasse aller endlichen zh. Graphen G mit $\alpha(G) > 1$,* *für die*

$$q \cdot (\alpha(G) - s) = \varkappa(G) \tag{*}$$

gilt. Φ_n sei die Klasse der (bez. $\subseteq$) minimalen Graphen von Φ'_n. Dann ist Φ_n eine matroidische Familie, die das Simplex $S(n)$ enthält.

Zuvor beweisen wir einen Hilfssatz:

15.2. *Für $q \in \mathbb{N}$, $s \in \{0, 1\}$ sei $\Delta_{q,s}$ die Klasse aller Graphen G mit $1 < \alpha(G) < \infty$, die (*) mit $\leqq$ anstatt $=$ erfüllen. Dann gibt es zu jedem $H \in \Delta_{q,s}$ in $\Delta_{q,s}$ ein zh. $G \subseteq H$, das (*) erfüllt.*

Denn G sei ein minimaler Teilgraph von H, der zu $\Delta_{q,s}$ gehört. G muß (*) erfüllen (sonst könnte man eine Kante in G weglassen). G kann nicht nur aus isolierten Ecken bestehen, und wenigstens eine der übrigen Komponenten muß zu $\Delta_{q,s}$ gehören (aus Anzahlgründen). Wegen der Minimalwahl muß G mit dieser Komponente übereinstimmen.

Nun beweisen wir (15.1). Zunächst ist $S(n) \in \Phi_n$ klar. Es genügt, folgendes zu zeigen: Sind $G, G' \in \Phi_n$ mit $K(G) \neq K(G')$, $k \in K(G) \cap K(G')$, so existiert $G'' \in \Phi_n$ mit $G'' \subseteq (G \cup G') - k$.

Wäre $q \cdot (\alpha(G \cap G') - s) \leqq \varkappa(G \cap G')$, so erhielten wir nach (15.2) einen Graphen $H \in \Phi'_n$ in $G \cap G'$ und daher weiter einen Graphen aus Φ_n, der in G echt enthalten wäre. Also können wir abschätzen $\varkappa((G \cup G') - k) = \varkappa(G) + \varkappa(G') - \varkappa(G \cap G') - 1$ $\geqq q \cdot (\alpha(G) - s) + q \cdot (\alpha(G') - s) - q \cdot (\alpha(G \cap G') - s) = q \cdot (\alpha(G) + \alpha(G') - \alpha(G \cap G') - s)$ $= q \cdot (\alpha((G \cup G') - k) - s)$. Nach (15.2) enthält also $(G \cup G') - k$ einen Graphen aus Φ'_n und damit auch einen aus Φ_n. Das war zu zeigen. —

R. Schmidt [15] konnte durch eine Verfeinerung dieser Methode zeigen, daß es sogar überabzählbar viele verschiedene matroidische Familien gibt.

Übungen

1. Bildet die Klasse aller geraden Kreise (bzw. die aller Kreise, deren Länge $\geqq$ einem festen Wert s ist) eine matroidische Familie?
2. Man bestimme die Elemente von Φ_2 und Φ_3.
3. Wenn eine matroidische Familie das Dreieck enthält, so muß sie aus allen Kreisen bestehen.

Kapitel 9

Gruppen und Graphen

Das Studium der Automorphismengruppen von Graphen hat zu vielen fruchtbaren Wechselbeziehungen zwischen den Disziplinen Graphentheorie und Gruppentheorie geführt. Folgende Fragen und Probleme etwa stellen sich in natürlicher Weise:

1. Welche Gruppen bzw. Permutationsgruppen kommen als Automorphismengruppen von Graphen vor?
2. Dieselbe Frage, wenn man sich auf eine bestimmte Klasse von Graphen (etwa die der ebenen Graphen oder derjenigen mit bestimmter Zusammenhangs- oder Färbungszahl) beschränkt.
3. Wie sehen die Graphen aus, deren Gruppen bestimmte algebraische Eigenschaften haben bzw. in ganz bestimmter Weise auf den Ecken oder irgendwelchen Teilgraphen spezieller Bauart operieren?
4. Kann man evtl. Gruppen mit bestimmten Eigenschaften konstruieren bzw. studieren, indem man sie als Automorphismengruppen spezieller Graphen darstellt? (Vgl. hierzu etwa Sims [27].)

Für uns stehen die beiden ersten Fragen im Vordergrund des Interesses. Hauptziel ist der Beweis eines Satzes von Babai, der besagt, daß eine bez. $>$ abgeschlossene Klasse von Graphen, die zu jeder endlichen Gruppe $\mathfrak{G}$ ein Element G enthält mit $\operatorname{Aut} G \simeq \mathfrak{G}$, alle endlichen Graphen enthalten muß. Dabei werden zugleich die Eigenschaften des Cayleyschen Farbgraphen einer Gruppe, des wichtigsten Bindegliedes zwischen Graphen und Gruppen, deutlich werden.

Wir bezeichnen in diesem Kapitel Gruppen meist durch große deutsche Buchstaben. Gruppentheoretische Kenntnisse werden in bescheidenem Maße vorausgesetzt. Ist $\mathfrak{G}$ eine auf X operierende Permutationsgruppe, so ist, die Bahn (orbit) von $x \in X$ bei $\mathfrak{G}$ gleich $\{\varphi(x) \mid \varphi \in \mathfrak{G}\}$. Ist diese gleich X, so heißt $\mathfrak{G}$ transitiv auf X. Der Stabilisator von x in $\mathfrak{G}$, bezeichnet $\mathfrak{G}_x$, ist die Untergruppe derjenigen $\varphi \in \mathfrak{G}$, die x festlassen. Für eine Menge M sei $\mathfrak{S}_M$ die Gruppe aller Permutationen von M (d. h. aller bijektiven Abbildungen von M auf sich). Das neutrale Element einer Gruppe bezeichnen wir mit 1.

§ 1. Die Automorphismengruppe eines Graphen

Bereits in Kap. 1 hatten wir den Begriff des Automorphismus eines Graphen $G = (E, K)$ definiert; die Menge der Automorphismen von G bildet (bez. der Hintereinanderausführung $\circ$) eine Gruppe, die Automorphismengruppe $\operatorname{Aut} G$ von G. Für $k = ab \in K$ und $\varphi \in \operatorname{Aut} G$ ist also $\varphi(a)\,\varphi(b)$ wiederum in K; wir bezeichnen diese Kante mit $\varphi(k)$. Ist H

irgendein Teilgraph von G, so ist $\varphi(H)$ (definiert als der Graph mit den Ecken $\varphi(e)$, $e \in E(H)$, und den Kanten $\varphi(k)$, $k \in K(H)$) ein zu H isomorpher Teilgraph von G, und man sieht, daß jedes $\varphi \in \operatorname{Aut} G$ auch eine Permutation der zu H isomorphen Teilgraphen von G bewirkt. Dabei können verschiedene φ, ψ aus $\operatorname{Aut} G$ dieselbe Permutation dieser Teilgraphen induzieren; man erkennt, daß die induzierte Permutationsgruppe isomorph zu der Faktorgruppe von $\operatorname{Aut} G$ nach dem Normalteiler derjenigen $\varphi \in \operatorname{Aut} G$ ist, die alle zu H isomorphen Teilgraphen (einzeln) in sich überführen.

Ein Element $\neq 1$ aus $\operatorname{Aut} G$ heißt eine *Symmetrie* von G; ein Graph ohne Symmetrien heißt *asymmetrisch*. Zum Beispiel erhält man asymmetrische Bäume als Vereinigungen von 3 oder mehr Wegen verschiedener Längen, die von einer Ecke ausgehen.

$S(n)$ hat, ebenso wie der kantenlose Graph mit n Ecken, die symmetrische Gruppe $\mathfrak{S}_n$ als Automorphismengruppe. Andere Graphen G mit n Ecken und $\operatorname{Aut} G = \mathfrak{S}_n$ gibt es offenbar nicht.

Für den Kreis C_n mit den Ecken $a_1, \ldots, a_n$ und den Kanten $a_1a_2, a_2a_3, \ldots, a_{n-1}a_n, a_na_1$ ist $\operatorname{Aut} C_n$ die Diedergruppe $\mathfrak{D}_{2n}$ der Ordnung $2n$. Denken wir uns nämlich C_n in der Ebene als reguläres n-Eck realisiert, so sehen wir, daß die Automorphismen von C_n den n Rotationen, die durch die Potenzen des Zyklus $\varrho = (a_1, \ldots, a_n)$ bestimmt sind, sowie den n Spiegelungen an den Geraden, die jeweils Ecken bzw. Mittelpunkte von Kanten mit dem diametral gegenüber liegenden Punkte des n-Ecks verbinden, entsprechen. $\operatorname{Aut} C_n$ wird also durch ϱ und $\sigma = (a_1, a_{n-1}) \circ (a_2, a_{n-2}) \circ \ldots$ erzeugt.

Für jeden Graphen gilt das folgende Resultat von Kagno [19]:

1.1 *Enthält* $\operatorname{Aut} G$ *einen Zyklus* $\varrho = (a_1, \ldots, a_n)$ *mit* $n \geqq 3$, *so liegt auch* $\sigma = (a_1a_{n-1}) \circ (a_2a_{n-2}) \circ \ldots$ *in* $\operatorname{Aut} G$; $\operatorname{Aut} G$ *enthält also dann die durch* ϱ, σ *erzeugte, auf* $a_1, \ldots, a_n$ *operierende Gruppe* $\mathfrak{D}_{2n}$.

Beweis. ϱ läßt alle Ecken $e \neq a_1, \ldots, a_n$ fest, d. h., jedes solche e ist entweder zu allen a_i oder zu keinem a_i benachbart. Daher ist nur zu prüfen, ob aus $a_ia_j \in K$ auch $\sigma(a_ia_j) = a_{n-i}a_{n-j} \in K$ folgt (die Indizes mod n genommen). Nun ist aber ϱ^{n-i-j} ein Automorphismus, der a_i in a_{n-j} und a_j in a_{n-i} überführt. —

Wir werden in § 3 sehen, daß es zu jeder (abstrakten) Gruppe $\mathfrak{G}$ einen Graphen G gibt, so daß $\operatorname{Aut} G$ isomorph zu $\mathfrak{G}$ ist. Es erhebt sich in natürlicher Weise die Frage, ob sich auch jede Permutationsgruppe als Automorphismengruppe eines Graphen auffassen läßt, d. h. genauer: Ist $\mathfrak{G}$ eine auf einer Menge E operierende Permutationsgruppe, gibt es dann einen Graphen $G = (E, K)$ mit $\operatorname{Aut} G = \mathfrak{G}$? Diese Frage ist nach (1.1) z. B. verneinend zu beantworten, wenn $\mathfrak{G}$ durch einen Zyklus der Länge $n \geqq 3$ erzeugt wird. Auch die alternierende Gruppe $\mathfrak{A}_n$ der Ziffern $1, \ldots, n$ kann nicht die Gruppe eines Graphen auf $\{1, \ldots, n\}$ sein ($n \geqq 2$); denn bei $\mathfrak{A}_n$ kann jede Zweiermenge der Ziffern $1, \ldots, n$ in jede andere solche Zweiermenge übergeführt werden, so daß der betreffende Graph entweder $S(n)$ oder kantenlos sein müßte.

Jedoch konnte eine interessante Abschwächung dieser Frage durch Bouwer [7] und Babai [1] bejahend beantwortet werden:

1.2. Satz von Bouwer und Babai. *Ist* $G = (E, K)$ *ein Graph und* $\mathfrak{H}$ *eine Untergruppe von* $\operatorname{Aut} G$, *so gibt es einen Graphen* H *mit folgenden Eigenschaften:*

1. H enthält G als Untergraphen;
2. Es ist $\varphi(G) = G$ für jedes $\varphi \in \operatorname{Aut} H$;
3. $\mathfrak{H}$ ist gleich der Menge der Einschränkungen $\varphi|_E$ aller $\varphi \in \operatorname{Aut} H$ (auf E);

4. Die Zuordnung $\varphi \to \varphi|_E$ liefert einen Isomorphismus der (abstrakten) Gruppen Aut H und $\mathfrak{H}$. —

Wir wollen uns nun überlegen, wie die Automorphismengruppe eines Graphen mit den Gruppen seiner Komponenten zusammenhängt.

Zunächst ist das Kranzprodukt zweier Permutationsgruppen $\mathfrak{A}$ auf A, $\mathfrak{B}$ auf B zu erklären: Für $\psi \in \mathfrak{A}$ und $\varphi: A \to \mathfrak{B}$ sei $\Pi_{\psi,\varphi}$ die durch $(a, b) \to (\psi(a), \varphi(a)(b))$ erklärte Permutation auf $A \times B$. Die Menge dieser $\Pi_{\psi,\varphi}$ bildet dann eine Permutationsgruppe auf $A \times B$, und eben diese definieren wir als das Kranzprodukt $\mathfrak{A}[\mathfrak{B}]$.

Es sei nun G ein zh. Graph und $n \in \mathbb{N}$. Jeden Automorphismus von nG erhält man dann so, daß man die n (sämtlich zu G isomorphen) Komponenten beliebig permutiert und in den einzelnen Komponenten beliebige Automorphismen von G ausführt. Es ergibt sich also (für zh. G):

1.3. Aut $(nG) \simeq \mathfrak{S}_n$ [Aut G].

Nun sei G ein Graph, der n_i zu G_i isomorphe Komponenten enthalte ($i = 1, \ldots, h$); $G_1, \ldots, G_h$ seien paarweise nichtisomorph, und andere Komponenten von G seien nicht vorhanden. Die Automorphismen von G erhält man dann, indem man in jedem n_iG_i beliebig Automorphismen ausführt. Somit gilt:

1.3'. Aut G *ist das direkte Produkt der Gruppen* $\mathfrak{S}_{n_i}$[Aut G_i], $i = 1, \ldots, h$.

Für jeden Graphen G ist sofort klar:

1.4. Aut G = Aut $\overline{G}$.

Da die $*$-primen Bestandteile von G (vgl. Kap. 1, § 5) gerade die Komponenten von $\overline{G}$ sind, ergibt sich wegen (1.4) aus (1.3') auch, wie Aut G aus den Automorphismengruppen dieser Bestandteile gewonnen werden kann. Insbesondere können wir die Automorphismengruppen der simplexartigen Graphen als direkte Produkte von lauter Gruppen der Form $\mathfrak{S}_n[\mathfrak{S}_m]$ erkennen.

$G = (E, K)$ heiße *eckensymmetrisch* bzw. *kantensymmetrisch*, wenn Aut G auf E bzw. auf K transitiv operiert. Die Prismen $C(n) \times S(2)$ (mit $n \neq 4$) sind Beispiele eckensymmetrischer Graphen, die nicht kantensymmetrisch sind. Andererseits sind die $n * m$ mit $n \neq m$ kantensymmetrisch, aber nicht eckensymmetrisch. Es gilt (vgl. Übung 8):

1.5. *Ein kantensymmetrischer, aber nicht eckensymmetrischer Graph ohne isolierte Ecken ist paar.*

Natürlich sind alle eckensymmetrischen Graphen regulär. Im Hinblick auf (1.5) und die Graphen $n * m$ ist es erstaunlich, daß es reguläre Graphen gibt, die kanten-, aber nicht eckensymmetrisch sind (Folkman [11]).

Eckensymmetrische Graphen in beliebiger Zahl erhält man z. B. in Form der sog. gesternten Polygone. Dabei heißt ein Graph G mit den Ecken $a_1, \ldots, a_n$ (Indizes mod n zu nehmen) ein gesterntes Polygon, wenn gilt

$$a_ia_j \in K \Rightarrow \bigwedge_{h \in \mathbb{N}} a_{i+h}a_{j+h} \in K.$$

Klar ist dann, daß der Zyklus $\varrho = (a_1, \ldots, a_n)$ zu Aut G gehört, und bei den Potenzen von ϱ wird jedes a_i in jedes andere a_j übergeführt. Natürlich ist nicht umgekehrt jeder eckensymmetrische Graph ein gesterntes Polygon, wie z. B. der Petersengraph zeigt.

Es gilt aber:

1.6. *Ist $\alpha(G) = p$ Primzahl, so ist G eckensymmetrisch genau dann, wenn G ein gesterntes Polygon ist.*

Beweis. Wir haben nur zu zeigen, daß aus der Eckensymmetrie von G folgt, daß G gesterntes Polygon sein muß. $\mathfrak{H}$ sei der Stabilisator irgendeines $a \in E$, und $\pi_1\mathfrak{H}, \ldots, \pi_r\mathfrak{H}$ sei die Zerlegung von Aut G in linke Nebenklassen nach $\mathfrak{H}$. Die Elemente der Bahn von a, d. h. wegen der Transitivität von Aut G die Ecken von G, entsprechen bijektiv diesen Nebenklassen (da ja für φ, $\Pi \in$ Aut G gilt $\varphi(a) = \Pi(a) \Leftrightarrow \Pi^{-1} \circ \varphi \in \mathfrak{H} \Leftrightarrow \varphi \in \Pi\mathfrak{H}$). Es muß also $r = p$ sein, d. h., $\mathfrak{H}$ hat unter Aut G den Index p; insbesondere hat Aut G durch p teilbare Ordnung. Es gibt somit (nach Sylow) ein Element Π der Ordnung p in Aut G. Wir setzen $a_s = \Pi^s(a)$ für $s \in \mathbb{Z}$. Dann ist Π gleich dem Zyklus $(a_1, \ldots, a_p)$, und aus $a_ia_j \in K$, $h \in \mathbb{N}$ folgt $a_{i+h}a_{j+h} = \Pi^h(a_i)\,\Pi^h(a_j) \in K$, so daß also G gesterntes Polygon ist. —

Bleiben wir noch bei den Bezeichnungen dieses Beweises. Ist etwa $a_1a_i \in K$, so betrachte man Π^{i-1} statt Π; d. h., ist $K \neq \emptyset$ und $p \geqq 3$, so kann o. B. d. A. angenommen werden, daß $a_1, \ldots, a_p$ in dieser Reihenfolge die Ecken eines Hamilton-Kreises H von G bilden. Läßt man die Kanten von H fort, so erhält man wieder ein gesterntes Polygon; induktiv folgt:

1.6′. *Man erhält genau alle eckensymmetrischen Graphen von Primzahlordnung $p \geqq 3$ und des Grades $2s$ als kantendisjunkte Vereinigung von s Hamilton-Kreisen $H_1, \ldots, H_s$, wobei für je zwei H_i, H_j gelten muß: Alle Paare in H_j benachbarter Ecken haben bez. H_i den gleichen Abstand. (Es genügt, daß dies für ein festes i und alle j erfüllt ist.)* —

Eine Klassifikation bzw. einen Algorithmus zur Herstellung aller eckensymmetrischen Graphen von Primzahlordnung p beschreiben Turner [28], Chao [8].

Mit den Graphen G von Primzahlordnung p, die sowohl ecken- als auch kantensymmetrisch sind, beschäftigt sich Chao [9]. Es wird gezeigt, daß der Grad der Ecken eines solchen G notwendig ein Teiler von $p - 1$ sein muß, und daß es umgekehrt zu jedem Teiler d von $p - 1$ bis auf Isomorphie genau ein ecken- und kantensymmetrisches $G_{p,d}$ des Grades d und der Ordnung p gibt; Aut $G_{p,d}$ hat die Ordnung dp, ist Frobenius-Gruppe, und alle Sylow-Untergruppen sind zyklisch.

In einer Reihe von Arbeiten untersuchten Watkins, Mader und Jung die eckensymmetrischen Graphen von ihrer Zusammenhangsstruktur her. Sei $G \neq S(n+1)$ ein endlicher Graph mit $z(G) = n$. $F \sqsubseteq G$ heißt ein *h-Fragment* von G, wenn es ein $T \subset E$ mit $|T| = n$ gibt, so daß F Komponente von $G - T$ ist sowie F und $G - T - F$ je mindestens h Ecken besitzen. Ein *h-Atom* von G ist ein h-Fragment minimaler Eckenzahl. Für $e \in E$ bezeichne $c_h(e)$ die Zahl der h-Atome, in denen e liegt. Jung [17, 18] charakterisiert die Struktur derjenigen Graphen G, für die $c_h(e) = c_h(e')$ für je zwei e, e' aus E und jedes h gilt. Es ist klar, daß die eckensymmetrischen Graphen eine Teilklasse dieser Graphenklasse bilden.

Von großem Interesse sind Graphen, deren Automorphismengruppen auch auf anderen Konfigurationen (als Ecken und Kanten) transitiv operieren.

Eine Kantenfolge $a_1k_1a_2 \ldots a_sk_sa_{s+1}$ (mit $s \geqq 1$) heiße eine *s-Route*, wenn $k_i \neq k_{i+1}$ für $i = 1, \ldots, s - 1$ gilt. (Da Kanten mehrfach auftreten dürfen, enthält also z. B. ein Kreis s-Routen beliebiger Länge s.) Ein endlicher Graph G heiße (nach Tutte) *s-transitiv*, wenn in G s-Routen existieren und es zu je zwei von ihnen ein $\varphi \in$ Aut G gibt, das die eine in die andere überführt. Wenn es zudem nur genau ein solches φ zu je zwei s-Routen gibt, so heiße G *s-unitransitiv* (bei TUTTE s-regulär). Die elementare Theorie der s-transitiven Graphen wird bei TUTTE [T 1], S. 56ff., entwickelt. Es gilt:

1.7. a) *Ist G s-transitiv, kein Kreis und ohne Ecken $\leqq 1$. Grades, so gilt* $s \leqq \frac{1}{2}\, t(G) + 1$.

b) *Unter den gleichen Voraussetzungen folgt, daß G auch t-transitiv für jedes t mit $1 \leqq t \leqq s$ sowie ecken- und kantensymmetrisch ist.*

c) *Ist G zh., ecken- und kantensymmetrisch sowie regulär von ungeradem Grade r, so ist G 1-transitiv.*[1])

Die nicht schweren Beweise möge der Leser zur Übung selbst durchführen. Wegen a) sind die s-Routen in s-transitiven Graphen, jedenfalls in den relevanten Fällen, identisch mit den Wegen der Länge s (wobei aber die Richtung der Durchlaufung dieser Wege wesentlich ist). Über die s-Transitivität von 3-regulären Graphen konnte TUTTE [29], [30] eine Reihe interessanter Resultate beweisen, die wir wie folgt zusammenfassen:

1.8. Satz von Tutte. *Es sei G ein 3-regulärer zh. Graph.*

a) *Ist G s-transitiv, aber nicht $(s+1)$-transitiv, so ist G s-unitransitiv.*

b) *Ist G ecken- und kantensymmetrisch, so ist G s-unitransitiv für ein bestimmtes* $s \in \mathbb{N}$.

c) *Ist G s-transitiv, so notwendig* $s \leqq 5$.

Für alle s mit $1 \leqq s \leqq 5$ gibt es tatsächlich auch s-unitransitive 3-reguläre Graphen; s. [T 1], S. 64.

Von SIMS [27], DJOKOVIĆ [10] und WEISS [32] wurde (1.8), c) auf reguläre Graphen anderer Grade von bestimmter Form ausgedehnt. Wir zitieren das (bisher stärkste) Resultat von WEISS:

1.9. Satz von R. M. Weiss. *Es sei G ein d-regulärer Graph, wobei $d = 1 + p^r n$, p Primzahl und $1 \leqq n < p$, $r \geqq 1$ sei. G sei s-unitransitiv. Dann muß notwendig $s \leqq 7$ und $s \neq 6$ gelten.*

Im Falle $d = 1 + p > 3$, d keine Potenz von 2, sowie im Falle $d = p^r + 1$, $r = 2^m$, $m \geqq 1$, $p \neq 2$ muß sich sogar $s = 1$ ergeben (DJOKOVIĆ [10], WEISS [32]).

Übungen

1. G sei Graph (auf E), $\varphi \in \mathfrak{S}_E$. Gilt

$$ab \in K \Rightarrow \varphi(a)\,\varphi(b) \in K, \qquad (*)$$

so folgt, falls E endlich ist, $\varphi \in \operatorname{Aut} G$; dies braucht jedoch nicht zu gelten, wenn E unendlich ist, wie man sich an einem Beispiel klar mache. Ist $\mathfrak{H}$ Untergruppe von $\mathfrak{S}_E$, so folgt, falls (*) für jedes $\varphi \in \mathfrak{H}$ gilt, $\mathfrak{H} \subseteq \operatorname{Aut} G$ (auch wenn E unendlich ist).

2. Jeder asymmetrische endliche Baum der Ordnung $\geqq 2$ enthält mindestens 3 Ecken des Grades 2.

3. φ sei Automorphismus des Baumes B. Dann gilt genau eine der folgenden drei Aussagen:

i) φ läßt (mindestens) eine Ecke von B fest;
ii) φ vertauscht zwei benachbarte Ecken von B;
iii) Es gibt einen 1-Weg, der durch φ auf einen echten Teilweg von sich abgebildet wird.

---

[1]) Für gerades r konnte die entsprechende Behauptung bisher nicht entschieden werden.

4. Ein endlicher Baum ist entweder asymmetrisch oder besitzt einen Automorphismus der Ordnung 2.

5. Die *Kantengruppe* von $G = (E, K)$ ist diejenige Permutationsgruppe, die durch Aut G auf K induziert wird. Sie ist (als abstrakte Gruppe) isomorph zu Aut G genau dann, wenn G keine zwei isolierten Ecken und kein $S(2)$ als Komponente besitzt.

6. Ist G (endlich) eckensymmetrisch, so hat Aut G durch α teilbare Ordnung.

7. Man gebe zwei eckensymmetrische (nicht isomorphe) Graphen des Grades 4 mit 13 Ecken an.

8. Man beweise (1.5).

9. Die Automorphismengruppe des Petersen-Graphen ist isomorph zu $\mathfrak{S}_5$.

10. Man beweise (1.7).

11. $3 * 3$ ist 2-unitransitiv, der Petersen-Graph 3-unitransitiv.

12. Haben die (endlichen) Graphen G, H keinen gemeinsamen kartesischen Primfaktor, so gilt $\text{Aut}\,(G \times H) \simeq \text{Aut}\,G \times \text{Aut}\,H$; existiert ein solcher, so umfaßt $\text{Aut}\,(G \times H)$ die letztere Gruppe echt.

§ 2. Cayleysche Farbgraphen

Es sei $\mathfrak{R} = (R_i)_{i \in I}$ eine Familie von binären Relationen auf der nicht leeren Menge E; $(E, \mathfrak{R})$ heißt dann ein *Relationensystem*. Für jedes $i \in I$ ist (E, R_i) ein gerichteter Graph. Wenn R_i symmetrisch ist, so soll (E, R_i), wie schon in Kap. 1, § 1, mit dem ungerichteten Graphen auf E identifiziert werden, dessen Kanten die xy mit $(x, y), (y, x) \in R_i$ sind. Jedes $i \in I$ fassen wir als eine Farbe auf und denken die Kanten von (E, R_i) mit dieser Farbe gefärbt. Man kann also ein Relationensystem als einen D-M-Graphen, in dem jede Kante in bestimmter Weise gefärbt ist, deuten. Jeder Graph ist natürlich auch ein Relationensystem, und zwar mit genau einer Relation.

Eine Abbildung $\varphi \in \mathfrak{S}_E$ heißt ein *Automorphismus* des Relationensystems $X = (E, \mathfrak{R})$, wenn für jedes $i \in I$ und alle $(x, y) \in E \times E$ gilt

$$(x, y) \in R_i \Leftrightarrow \varphi(x, y) := \big(\varphi(x), \varphi(y)\big) \in R_i\,. \tag{$*$}$$

Die Menge aller Automorphismen von X bildet (bez. $\circ$) die Automorphismengruppe Aut X des betreffenden Relationensystems.

Bemerkung. Ist $\mathfrak{G}$ Untergruppe von $\mathfrak{S}_E$ und will man $\mathfrak{G} \subseteq \text{Aut}\,X$ nachweisen, so braucht in $(*)$ nur die Richtung von links nach rechts (für alle $i \in I$), $(x, y) \in E \times E$) verifiziert zu werden (vgl. § 1, Übung 1).

Als *Schatten* $\tilde{X}$ von $X = (E, \mathfrak{R})$ definieren wir den (ungerichteten) Graphen (E, K), wo K die Menge aller xy mit $x \neq y$ ist, für die (x, y) oder $(y, x) \in R_i$ für mindestens ein $i \in I$ gilt. Man erhält also den Schatten von X, indem man von Richtung und Farbe der Kanten aller (E, R_i) absieht. Besteht X nur aus einer symmetrischen Relation, so gilt $X = \tilde{X}$. Klar ist nach diesen Definitionen:

2.1. *Stets ist* $\text{Aut}\,\tilde{X} \supseteq \text{Aut}\,X$.

Es sei nun $\mathfrak{G}$ eine (multiplikativ geschriebene) Gruppe, H Teilmenge von $\mathfrak{G} - \{1\}$. Für $h \in H$ definieren wir die Relation R_h auf $\mathfrak{G}$ durch

$$R_h = \{(g, gh) \mid g \in \mathfrak{G}\}\,,$$

und das Relationensystem $\big(\mathfrak{G}, (R_h)_{h \in H}\big)$ heiße (ein) *Cayleyscher Farbgraph* von $\mathfrak{G}$; es werde durch $X_{\mathfrak{G},H}$ bezeichnet. $\tilde{X}_{\mathfrak{G},H}$ ist dann also ein Graph auf $\mathfrak{G}$, in dem x, y genau dann benachbart sind, wenn y die Form xh oder xh^{-1} mit $h \in H$ hat. Ist speziell $H = \mathfrak{G} - \{1\}$, so soll $X_{\mathfrak{G},H}$ der *volle* Cayleysche Farbgraph von $\mathfrak{G}$ heißen.

2.2. *$\tilde{X}_{\mathfrak{G},H}$ ist zh. genau dann, wenn H die Gruppe $\mathfrak{G}$ erzeugt.*

Beweis. Es sei $\mathfrak{H}$ das Erzeugnis von H in $\mathfrak{G}$; $\mathfrak{H}$ besteht aus allen Elementen x der Form $h_1^{\pm 1} \dots h_s^{\pm 1}$ mit $h_j \in H$. Die Elemente 1 und $h_1^{\pm 1} \dots h_j^{\pm 1}$ ($j = 1, \dots, s$) bilden die Ecken eines $1,x$-Weges in $\tilde{X}_{\mathfrak{G},H}$, und umgekehrt hat jeder von 1 zu irgendeinem $x \in \mathfrak{G}$ führende Weg in $\tilde{X}_{\mathfrak{G},H}$ die angegebene Form. Die Elemente von $\mathfrak{H}$ sind also die Ecken der 1 enthaltenden Komponente von $\tilde{X}_{\mathfrak{G},H}$. —

Für $g \in \mathfrak{G}$ sei Π_g diejenige Permutation von $\mathfrak{G}$, die jedes $x \in \mathfrak{G}$ in gx überführt. Für $g \neq g'$ ist $\pi_g \neq \pi_{g'}$; es sei $^*\mathfrak{G} = \{\pi_g \mid g \in \mathfrak{G}\}$. Bezüglich $\circ$ bildet $^*\mathfrak{G}$ eine Gruppe, die vermöge der Entsprechung $g \to \pi_g$ zu $\mathfrak{G}$ isomorph ist; $^*\mathfrak{G}$ heiße die *linksreguläre Darstellung* von $\mathfrak{G}$. Analog bildet die Menge $\mathfrak{G}^*$ der Permutation $\tau_g\colon x \to xg$ (mit $g \in \mathfrak{G}$) eine Untergruppe von $\mathfrak{S}_{\mathfrak{G}}$, die vermöge der Entsprechung $g \leftrightarrow \tau_{g^{-1}}$ zu $\mathfrak{G}$ isomorph ist; $\mathfrak{G}^*$ heißt die *rechtsreguläre Darstellung* von $\mathfrak{G}$. Es gilt

2.3. *Für alle $H \subseteq \mathfrak{G} - \{1\}$ ist $^*\mathfrak{G}$ eine Untergruppe von* Aut $X_{\mathfrak{G},H}$.

Denn für $g \in \mathfrak{G}$ und irgendwelche $x \in \mathfrak{G}$, $h \in H$ gilt $\pi_g(x, xh) = g(x, g(xh)) = (gx, (gx)\,h)$. —

Entscheidend ist, daß man $\mathfrak{G}$ aus dem Farbgraphen $X_{\mathfrak{G},H}$ „wiedererkennen" kann, sofern nur $\mathfrak{G}$ durch H erzeugt wird.

2.4. *Ist H Erzeugendensystem von $\mathfrak{G}$, so gilt*

$$^*\mathfrak{G} = \text{Aut}\, X_{\mathfrak{G},H}.$$

(Diese — beide auf $\mathfrak{G}$ operierenden — Gruppen sind auch als Permutationsgruppen gleich.)

Beweis. Wegen (2.3) ist nur zu zeigen, daß jedes $\varphi \in \text{Aut}\, X_{\mathfrak{G},H}$ von der Form Π_g, $g \in \mathfrak{G}$ ist. Es sei $x \in \mathfrak{G}$ beliebig. Dann ist, weil H ja $\mathfrak{G}$ erzeugt, $x = h_1^{\pm 1} \dots h_s^{\pm 1}$ ($h_i \in H$). Für $\varphi \in \text{Aut}\, X_{\mathfrak{G},H}$, $y \in \mathfrak{G}$, $h \in H$ gilt dann $\varphi(yh^{\pm 1}) = \varphi(y)\, h^{\pm 1}$, so daß man iterativ findet $\varphi(x) = \varphi(1 \cdot x) = \varphi(1) \cdot h_1^{\pm 1} \dots h_s^{\pm 1} = \varphi(1) \cdot x$; es ist also $\varphi = \Pi_{\varphi(1)} \in {}^*\mathfrak{G}$, q. e. d. —

2.5. *Ist $\mathfrak{G}$ eine Gruppe, G ein Graph mit der Eckenmenge $\mathfrak{G}$ und ist* Aut $G \supseteq {}^*\mathfrak{G}$, *so ist $G = \tilde{X}_{\mathfrak{G},H}$ mit $H := N_G(1)$.*

Beweis. Ist $xy \in K(G)$, so folgt wegen $\Pi_{x^{-1}} \in \text{Aut}\, G$, daß auch $1 = x^{-1}x$ und $x^{-1}y$ in G benachbart sind. Es ist also $x^{-1}y \in H$, d. h. y von der Form xh mit $h \in H$ und somit xy Kante von $\tilde{X}_{\mathfrak{G},H}$.

Umgekehrt: Ist k Kante von $\tilde{X}_{\mathfrak{G},H}$, etwa mit den Endpunkten x, xh, so ist, nach Wahl von H, $1h \in K(G)$; wegen $\Pi_x \in \text{Aut}\, G$ folgt $\Pi_x(1)\, \Pi_x(h) = k \in K(G)$.

Insgesamt ergibt sich die Behauptung. —

Folgerung aus (2.3) und (2.5):

2.6. *Ist G ein Graph mit der Eckenmenge $\mathfrak{G}$, $(\mathfrak{G}, \cdot)$ eine Gruppe, so gilt* Aut $G \supseteq {}^*\mathfrak{G}$ *genau dann, wenn $G = \tilde{X}_{\mathfrak{G},H}$ für passendes $H \subseteq \mathfrak{G} - \{1\}$ ist.*

Aufgrund von (2.4) kann man Gruppen $\mathfrak{G}$ (durch die $X_{\mathfrak{G},H}$) zeichnerisch realisieren. Für endliches $\mathfrak{G}$ gibt es (zu jedem erzeugenden H) eine orientierbare Fläche, in die sich

$\tilde{X}_{\mathfrak{G},H}$ ohne Überschneidung von Kanten einzeichnen läßt. Das Minimum der Geschlechter aller solcher Flächen (für alle H) heiße das *Geschlecht* der Gruppe $\mathfrak{G}$. Näheres hierzu findet man bei White [W 4]. Ein interessanter Satz von Maschke [24] charakterisiert alle ebenen Gruppen (d. h. vom Geschlecht 0):

2.7. Satz von Maschke. *Die endliche Gruppe $\mathfrak{G}$ ist eben genau dann, wenn $\mathfrak{G}$ von der Form $\mathfrak{G}_1 \times \mathfrak{G}_2$ ist, wobei $\mathfrak{G}_1 = \mathfrak{Z}_1$ oder $\mathfrak{Z}_2$, $\mathfrak{G}_2 = \mathfrak{Z}_n$, $\mathfrak{D}_{2n}$, $\mathfrak{S}_4$, $\mathfrak{A}_4$ oder $\mathfrak{A}_5$* ist.[1])

Aufgrund von (2.4) spielen die Cayley-Graphen eine wichtige Rolle in der Theorie der Darstellung von Gruppen mittels Erzeugender und definierender Relationen; vgl. hierzu das Buch von Magnus-Karrass-Solitar [23], S. 56ff. Kürzlich konnten zentrale Sätze aus der Theorie der freien Gruppen und freien Produkte (so z. B. der Satz von Kurosch über die Untergruppen der freien Produkte) auf weitgehend graphentheoretischem Wege neu und einfacher bewiesen werden. Hierzu vgl. Imrich [14].

Übungen

1. Man gebe (wenn möglich, zeichnerisch) Cayleysche Farbgraphen für die Gruppen $\mathfrak{Z}_n$, $\mathfrak{Z}_2 \times \mathfrak{Z}_n$, $\mathfrak{D}_{2n}$, $\mathfrak{S}_4$, $\mathfrak{A}_4$ an.

2. Wie drückt sich die Kommutativität einer Gruppe in ihren Cayleyschen Farbgraphen aus?

3. Es sei $\mathfrak{H}$ die durch $H \subseteq \mathfrak{G} - \{1\}$ erzeugte Untergruppe von $\mathfrak{G}$. Dann liegen $x, y \in \mathfrak{G}$ in der gleichen Komponente von $\tilde{X}_{\mathfrak{G},H}$ genau dann, wenn sie derselben linken Nebenklasse von $\mathfrak{G}$ nach $\mathfrak{H}$ angehören. Jede solche Nebenklasse $x\mathfrak{H}$ (mit den entsprechenden „gefärbten" Kanten aus $X_{\mathfrak{G},H}$) ist isomorph zu $X_{\mathfrak{H},H}$ (d. h., es gibt eine farberhaltende Bijektion von $X_{\mathfrak{H},H}$ auf $x\mathfrak{H}$).

4. Der Petersen-Graph ist nicht Schatten eines Cayleyschen Farbgraphen für irgendeine Gruppe.

5. Ist $\mathfrak{G}$ unendlich und G endlicher Teilgraph von $\tilde{X}_{\mathfrak{G},H}$ (für irgendein $H \subseteq \mathfrak{G} - \{1\}$), so enthält $\tilde{X}_{\mathfrak{G},H}$ unendlich viele disjunkte, zu G isomorphe Teilgraphen. Aus der Gültigkeit des Satzes von Kuratowski für abzählbare Graphen und der Additivität des Geschlechtes bei Vereinigung disjunkter Graphen (vgl. Übung 5 zu § 5 in Kap. 7) schließe man daraus folgendes bemerkenswerte Resultat von Levinson [20]: Eine abzählbare Gruppe $\mathfrak{G}$ ist entweder eben, oder kein zh. Cayleyscher Farbgraph von $\mathfrak{G}$ läßt sich in eine Fläche endlichen Geschlechtes einzeichnen.

§ 3. Graphen mit gegebener Gruppe

D. König stellte 1936 das Problem, alle diejenigen (abstrakten) Gruppen zu bestimmen, die als Automorphismengruppen von Graphen auftreten können. Es wurde 1938 von R. Frucht [12] gelöst, der zu jeder Gruppe $\mathfrak{G}$ einen Graphen G angeben konnte, so daß Aut G isomorph zu $\mathfrak{G}$ ist. Grundlegend für diese Konstruktion war die Darstellung von Gruppen durch Cayleysche Farbgraphen (vgl. etwa (2.4)).

Es sei H ein Erzeugendensystem von $\mathfrak{G}$. Dann wissen wir nach (2.4), daß Aut $X_{\mathfrak{G},H}$ isomorph $\mathfrak{G}$ ist. $X_{\mathfrak{G},H}$ ist „fast" ein Graph, nur daß seine Kanten alle gefärbt sind und eine Richtung besitzen. Für jedes $h \in H$ wähle man nun einen zh. Graphen A_h mit zwei verschiedenen „Wurzeln" $a_h, b_h \in E(A_h)$, so daß die A_h paarweise nicht isomorph sind. Man ersetze jede gefärbte Kante (x, xh) von $X_{\mathfrak{G},H}$ durch ein Exemplar von A_h, wobei jeweils x mit a_h, xh mit b_h identifiziert werde; der so entsehende Graph heiße G. Es ist dann klar, daß jedem Automorphismus von $X_{\mathfrak{G},H}$ auch ein Automorphimus von G entspricht, d. h., Aut G enthält eine zu $\mathfrak{G}$ isomorphe Untergruppe. Um sicherzustellen, daß umgekehrt jeder Automorphismus von G in der angedeuteten Weise aus einem Automorphismus von $X_{\mathfrak{G},H}$ entspringt, bedarf es einiger zusätzlicher Forderungen an die A_h. Wir wollen die Konstruktion nur für den Fall eines endlichen $\mathfrak{G}$ genau durch-

[1]) $\mathfrak{Z}_n$ ist die zyklische Gruppe der Ordnung n, $\mathfrak{A}_n$ die alternierende Gruppe des Grades n.

führen (prinzipiell schwierig ist die Ausdehnung auf den unendlichen Fall jedoch nicht; vgl. etwa SABIDUSSI [26]).

Es sei $H = \{h_1, \ldots, h_r\}$. Für jedes $i = 1, \ldots, r$ wählen wir einen Weg der Länge 3 mit den Ecken $a_{h_i}, e_i, f_i, b_{h_i}$ und den Kanten $a_{h_i}e_i, e_if_i, f_ib_{h_i}$; sodann heften wir in e_i einen Weg W_i der Länge $2i$, in f_i einen Weg W_i' der Länge $2i + 1$ an, so daß ein Baum entsteht. Diesen wählen wir als A_{h_i}. In dem — wie oben beschrieben — mit diesen A_{h_i} gebildeten G haben alle aus $X_{\mathfrak{G},H}$ stammenden Ecken den Grad $2r$. Die Ecken des Grades 1 in G sind gerade die den Endpunkten $\neq e_i, f_i$ von W_i und W_i' entsprechenden Ecken; der Abstand einer Endecke von G zur nächstgelegenen Ecke 3. Grades legt jeweils das betreffende A_{h_i} und damit die „ursprüngliche" Kante von $X_{\mathfrak{G},H}$ (nach Farbe und Richtung) fest. Es kann also keine Automorphismen von G geben außer denen, die durch Aut $X_{\mathfrak{G},H}$ induziert sind, womit Aut $G \simeq \mathfrak{G}$ folgt. Wir stellen zusammenfassend fest:

3.1. Satz von Frucht. *Zu jeder Gruppe $\mathfrak{G}$ gibt es einen Graphen G, so daß $\mathfrak{G}$ isomorph zu* Aut *G ist.*

Das oben zu $\mathfrak{G}$ konstruierte G weist Ecken der Grade 1, 2, 3 auf und ist 3-chrom. Diese Einschränkungen liegen jedoch nicht in der Natur der Sache; vielmehr konnten FRUCHT [13], SABIDUSSI [25] und IZBICKI [15, 16] zeigen, daß man von G noch verschiedene wichtige graphentheoretische Eigenschaften fordern kann, wie n-Zusammenhang, Regularität des Grades r ($r \geqq 3$), $\chi(G) = m$ ($m \geqq 2$). Es hat den Anschein, daß das Vorschreiben der Automorphismengruppe keine sehr strenge Einschränkung bedeutet, was die „normalen" graphentheoretischen Eigenschaften betrifft. Das gilt jedoch nicht für das Geschlecht von Graphen, wie wir sehen werden.

Für eine endliche Gruppe $\mathfrak{G}$ bezeichne $\alpha(\mathfrak{G})$ das Minimum der Eckenzahlen aller Graphen G mit Aut $G \simeq \mathfrak{G}$. Von BABAI [4] wurde gezeigt:

3.2. *Mit Ausnahme der zyklischen Gruppen $\mathfrak{Z}_3, \mathfrak{Z}_4, \mathfrak{Z}_5$ gilt für jede endliche Gruppe $\mathfrak{G}$*

$$\alpha(\mathfrak{G}) \leqq 2 \cdot |\mathfrak{G}|.$$

Hier gilt Gleichheit für $\mathfrak{G} = \mathfrak{Z}_p$, p Primzahl $\geqq 7$.

Nach HARARY, PALMER und MERIWETHER gilt $\alpha(\mathfrak{Z}_3) = 9$, $\alpha(\mathfrak{Z}_4) = 10$, $\alpha(\mathfrak{Z}_5) = 15$.

Übungen

1. Man zeichne Graphen, die i) $\mathfrak{Z}_3$, ii) die Kleinsche Vierergruppe als Automorphismengruppe besitzen.
2. Die Konstruktion zu (3.1) gilt auch für alle Gruppen mit höchstens abzählbar vielen Erzeugenden. Durch leichte Modifikation kann erreicht werden, daß a) G paar ist, b) G beliebige chromatische Zahl $n \geqq 3$ hat, c) G einen vorgegebenen Graphen als Untergraphen enthält.
3. $\mathfrak{Z}_n$ ($n \geqq 3$) kann „realisiert" werden, indem man in jeder Kante von C_n ein Viereck mit einer Diagonale „anheftet", wobei je zwei dieser Diagonalen eckenfremd zu sein haben. Welche Abschätzung ergibt sich daraus für $\alpha(\mathfrak{Z}_n)$?
4. Man zeige $\alpha(\mathfrak{Z}_p) \geqq 2p$ für ungerades primes p. (Man benutze (1.1).)
5. Man beweise einen zu (3.1) analogen Satz für gerichtete Graphen.

§ 4. Einige Hilfssätze

Wir wenden uns nun dem angekündigten Satz von BABAI zu, dessen Beweis das Hauptziel dieses Kapitels ist. In diesem Paragraphen stellen wir einige Hilfssätze bereit, die für den eigentlichen Beweis in § 5 benötigt werden.

4.1. *Es sei $G = (E, K)$ ein zh. endlicher Graph und $\mathfrak{G}$ eine Untergruppe von* Aut G, *so daß kein $\Pi \in \mathfrak{G} - \{1\}$ einen Fixpunkt besitzt. Dann gilt $G > \tilde{X}_{\mathfrak{G},H}$ für ein passendes Erzeugendensystem H von $\mathfrak{G}$.*

Beweis. $B_1, \ldots, B_r$ seien die Bahnen von E bezüglich $\mathfrak{G}$. E ist dann die disjunkte Vereinigung der B_i, und es gilt aufgrund der vorausgesetzten Fixpunktfreiheit $|B_i| = |\mathfrak{G}|$ für $i = 1, \ldots, r$. Für $x \in B_i$, $y \in B_j$ und $xy \in K$ sowie beliebiges $\Pi \in \mathfrak{G}$ ist auch $\Pi(x)\,\Pi(y)$ eine von B_i nach B_j führende Kante. Daraus schließt man: Es gibt ein $S \subseteq E$ mit $|S \cap B_i| = 1$ für $i = 1, \ldots, r$ derart, daß $G[S]$ zh. ist; die $\Pi(S)$, mit $\Pi \in \mathfrak{G}$, sind paarweise disjunkt, und ihre Vereinigung ergibt E. Auch jedes $\Pi(S)$ trifft jedes B_i in genau einer Ecke.

Man kontrahiere nun in G jedes $\Pi(S)$ auf eine Ecke, die man wiederum Π nenne. Man erhält so einen Graphen Y auf $\mathfrak{G}$, der aus G ausschließlich durch Kantenkontraktionen entsteht, also zh. ist.

Für $\gamma \in \mathfrak{G}$ ist $\Pi_\gamma \in {}^*\mathfrak{G}$ ein Automorphismus von Y. Denn ist $\sigma\tau \in K(Y)$, so muß, nach Konstruktion von Y, in G eine Kante von $\sigma(S)$ nach $\tau(S)$ führen, d. h., $\gamma(\sigma(S)) = (\gamma \circ \sigma)(S)$ und $\gamma(\tau(S)) = (\gamma \circ \tau)(S)$ sind in G durch eine Kante verbunden, und somit sind $\gamma \circ \sigma = \Pi_\gamma(\sigma)$ und $\gamma \circ \tau = \Pi_\gamma(\tau)$ in Y gleichfalls benachbart.

Daher ist ${}^*\mathfrak{G} \subseteq$ Aut Y, woraus wegen (2.2), (2.6) $Y = \tilde{X}_{\mathfrak{G},H}$ für ein Erzeugendensystem H von $\mathfrak{G}$ folgt. —

4.2. *$G \subseteq A * B$ sei ein endlicher paarer Graph. Für ein $m \in \mathbb{N}$ gelte:*

(1) *Für jedes $a \in A$ ist $|D_i(a, G)| \geqq 4m^3$, $i = 1, 2$;*

(2) *für jedes $b \in B$ ist $\gamma_G(b) < 2m$.*

Dann enthält G eine Unterteilung eines Graphen H der Kantendichte $\Delta(H) \geqq m$.

Beweis. Es werde $\tilde{H} = (A, \tilde{K})$ definiert durch

$$aa' \in \tilde{K} :\Leftrightarrow \delta_G(a, a') = 2.$$

Aus (1) (mit $i = 2$) ergibt sich $\gamma_{\tilde{H}}(a) \geqq 4m^3$ für alle $a \in A$, d. h.

$$|\tilde{K}| \geqq 2m^3 \circ |A|. \tag{$*$}$$

Es sei $B = \{b_1, \ldots, b_s\}$. Wir zerlegen $\tilde{K}$ in Klassen $\tilde{K}_1, \ldots, \tilde{K}_s$, wobei $aa' \in \tilde{K}$ in $\tilde{K}_i$ geworfen werde genau dann, wenn $i = \min(j \mid a, a' \in N_G(b_j))$ ist. Nach (2) gilt

$$|\tilde{K}_j| \leqq \binom{\gamma_G(b_j)}{2} < \binom{2m}{2} < 2m^2. \tag{$**$}$$

Für die Zahl t der nichtleeren $\tilde{K}_j$ ergibt sich

$$t > \frac{|\tilde{K}|}{2m^2} \geqq m \cdot |A|.$$

Aus jedem nichtleeren $\tilde{K}_j$ wählen wir ein $k_j = a_j a_j'$ aus, und es sei H der Graph auf A mit diesen ausgewählten k_j als Kanten. Läßt man k_j das Kantenpaar $a_j b_j$, $a_j' b_j$ von G entsprechen, so erkennt man $G >_{\mathrm{u}} H$, und es ist $\varkappa(H) = t \geqq m \cdot |A|$, wie verlangt. —

Wir benötigen noch einige einfache Hilfsmittel aus der Gruppentheorie.

4.3. *$\mathfrak{G}$ sei Permutationsgruppe auf der Menge M, und $M_1, \ldots, M_s$ seien disjunkte Teilmengen von M. Für $i = 1, \ldots, s$ sei $\mathfrak{G}_i$ eine Untergruppe von $\mathfrak{G}$, wobei jedes $\pi \in \mathfrak{G}_i$ jedes Element von $M - M_i$ festlasse. $\mathfrak{H}$ sei die durch $\mathfrak{G}_1, \ldots, \mathfrak{G}_s$ erzeugte Untergruppe von $\mathfrak{G}$. Dann gilt $\mathfrak{H} = \mathfrak{G}_1 \times \cdots \times \mathfrak{G}_s$, und die $\pi \in \mathfrak{H}$ führen jedes M_i in sich über.*

Beweis. a) Für $g \in \mathfrak{G}_i$, $g' \in \mathfrak{G}_j$, $i \neq j$, gilt offenbar $g \circ g' = g' \circ g$.
b) Wegen a) hat jedes $h \in \mathfrak{H}$ eine Darstellung $h = g_1 \circ \cdots \circ g_s$ mit $g_i \in \mathfrak{G}_i$ $(i = 1, \ldots, s)$.
c) Diese Darstellung ist eindeutig (g_i beschreibt ja die Wirkungsweise von h auf M_i).
Damit folgt $\mathfrak{H} = \mathfrak{G}_1 \times \cdots \times \mathfrak{G}_s$.
Aus b) ergibt sich auch, daß jedes $h \in H$ jedes M_i in sich abbildet. —
Es sei nun $p \neq 2$ eine Primzahl, n sei eine natürliche Zahl. Dann ist $\mathfrak{Z}_p^n = \mathfrak{Z}_p \times \cdots \times \mathfrak{Z}_p$ (n Faktoren) abelsch und von der Ordnung p^n; alle Elemente $\neq 1$ von $\mathfrak{Z}_p^n$ haben die Ordnung p, und jedes Erzeugendensystem dieser Gruppe besteht aus mindestens n Elementen. (Denn die Ordnung der durch irgendwelche t Elemente der Ordnung p erzeugten Untergruppe einer abelschen Gruppe ist ja $\leqq p^t$.)
Jeder p-Zyklus in $\mathfrak{S}_m$ (mit $m \geqq p$) ist in $\mathfrak{A}_m$. $\mathfrak{A}_m$ ist für $m \geqq 5$ einfach, wie aus der Algebra bekannt ist.
Wir zerlegen $M := \{1, \ldots, np\}$ in Teilmengen $M_i = \{(i-1)p + 1, \ldots, ip\}$ $(i = 1, \ldots, n)$, und $\mathfrak{G}_i$ sei die durch den Zyklus $((i-1)p + 1, \ldots, ip)$ erzeugte Untergruppe (der Ordnung p) von $\mathfrak{S}_m$ (für irgendein $m \geqq np$). Nach (4.3) ist dann $\mathfrak{G}_1 \times \cdots \times \mathfrak{G}_n \simeq \mathfrak{Z}_p^n$ Untergruppe von $\mathfrak{A}_m$.
Folgerung:

4.4. *Für jede ungerade Primzahl p und jedes $n \in \mathbb{N}$ existiert eine einfache Gruppe $\mathfrak{G}$, die $\mathfrak{Z}_p^n$ als Untergruppe enthält.*

Weiter stellen wir noch fest:

4.5. *$\mathfrak{G}$ sei Permutationsgruppe auf M, $B_1, \ldots, B_s$ sei eine Blockzerlegung von M bez. $\mathfrak{G}$ (d. h., M ist die disjunkte Vereinigung von $B_1, \ldots, B_s$, und für jedes $i = 1, \ldots, s$ und $\pi \in \mathfrak{G}$ existiert ein $j \in \{1, \ldots, s\}$ mit $\pi(B_i) = B_j$). Für $\pi \in \mathfrak{G}$ sei $\bar{\pi}$ die durch $B_i \to \pi(B_i)$ $(i = 1, \ldots, s)$ bestimmte Permutation von $\bar{M} = \{B_1, \ldots, B_s\}$, und $\bar{\mathfrak{G}}$ sei die Menge der $\bar{\pi}$ mit $\pi \in \mathfrak{G}$. Dann ist $\bar{\mathfrak{G}}$ Permutationsgruppe auf $\bar{M}$ und epimorphes Bild von $\mathfrak{G}$ vermöge der Abbildung $\pi \to \bar{\pi}$ (deren Kern aus denjenigen $\pi \in \mathfrak{G}$ besteht, die jedes B_i in sich überführen).*

Übungen

1. Ist H Erzeugendensystem von $\mathfrak{Z}_p^n$ und n hinreichend groß gewählt bei beliebig gegebenem r so muß gelten

$$\tilde{X}_{\mathfrak{Z}_p^n, H} > S(r).$$

2. Man beweise (4.5).
3. In (4.2) ist die Endlichkeitsforderung wesentlich, in (4.1) dagegen nicht.

§ 5. Der Satz von L. Babai

Als Hauptresultat dieses Kapitels wollen wir nun beweisen

5.1. Satz von Babai [5]. *Σ sei eine Klasse von Graphen, die bez. $>$ abgeschlossen ist, d. h. $(G \in \Sigma \wedge G > H) \Rightarrow H \in \Sigma$. Zu jeder endlichen Gruppe $\mathfrak{G}$ existiere ein (evtl. unendliches) $G \in \Sigma$ mit* Aut $G \simeq \mathfrak{G}$. *Dann folgt: Σ enthält alle endlichen Graphen.*

Die große Bedeutung dieses Satzes erhellt allein schon daraus, daß damit eine von TURÁN 1969 gestellte Frage, ob nämlich jede endliche Gruppe (abstrakt) als Automorphismengruppe eines ebenen Graphen auftritt, sofort verneinend zu beantworten ist.

Es ist nicht leicht, Gruppen explizit anzugeben, die nicht als Automorphismengruppe eines ebenen Graphen erscheinen. Dies ist zuerst BABAI [2] gelungen; er zeigte, daß die verallgemeinerten Quaternionengruppen Q^n, die durch 2 Erzeugende x, y und die Relationen $x^{2^{n-1}} = 1$, $yxy^{-1} = x^{-1}$, $y^2 = y^{2^{n-2}}$ definiert sind, nicht als Gruppen ebener Graphen auftreten können. Später konnte BABAI [3] sogar die Gruppen aller ebenen Graphen bestimmen (d. h. genauer die Klasse der Gruppen, die isomorph zu Aut G für irgendein ebenes G sind). Durch (1.5) ist auch die der Turánschen analoge Frage für jede andere Fläche (beliebigen Geschlechtes, orientierbar oder nichtorientierbar) verneinend beantwortet.

BABAI [5] zeigt weiter folgendes Resultat:

5.2. Satz. *Es sei* $r \in \mathbb{N}$, $m = 2^{r-1}$, $n \geqq m$, $p \geqq 4m^3$ *prim.* $\mathfrak{G}$ *sei eine endliche einfache Gruppe, die* $\mathfrak{Z}_p^n$ *als Untergruppe enthält. Behauptung: Für jeden Graphen* G *mit* Aut $G \simeq \mathfrak{G}$ *gilt* $G \succ S(r)$.

(5.2) impliziert (5.1). Es erfülle nämlich Σ die Voraussetzungen von (5.1), und Y sei irgendein endlicher Graph, etwa mit r Ecken. Wir wählen $n, m, p, \mathfrak{G}$ gemäß (5.2) sowie $G \in \Sigma$ mit Aut $G \simeq \mathfrak{G}$. Nach (5.2) ist dann $G \succ S(r) \supseteq Y$, d. h. $Y \in \Sigma$.

BABAI [5] führt (5.2) wiederum zurück auf

5.3. Satz. $r, m, n, p, \mathfrak{G}$ *seien wie in* (5.2) *gegeben.* $G = (E, K)$ *sei ein zh. Graph, dessen Automorphismengruppe eine zu* $\mathfrak{G}$ *isomorphe Untergruppe* $\mathfrak{G}'$ *enthalte.* $\mathfrak{G}'$ *operiere fixpunktfrei auf* E *(das bedeutet, daß es zu jedem* $x \in E$ *ein* $\pi \in \mathfrak{G}'$ *gibt mit* $\pi(x) \neq x$*). Dann folgt* $G \succ S(r)$.

Beweis. Wir teilen den Beweis in fünf Abschnitte auf. Im ersten reduzieren wir das Problem auf endliche Graphen G.

(1) Es sei $x \in E$ beliebig und B die Bahn von x bei $\mathfrak{G}'$. Natürlich ist B endlich, und es existiert ein endlicher zh. Teilgraph Z von G, der B enthält. $G^* := \bigcup_{\pi \in \mathfrak{G}'} \pi(Z)$ ist wiederum endlich und zh.; nach Konstruktion ist $E^* := E(G^*)$ ein Festblock bei $\mathfrak{G}'$ (d. h., es ist $\pi(E^*) = E^*$ für jedes $\pi \in \mathfrak{G}'$). Für $\pi \in \mathfrak{G}'$ ist dann $\pi^* := \pi|_{E^*} \in$ Aut G^*; diese π^* bilden eine Untergruppe $\mathfrak{G}^*$ von Aut G^*, die auf E^* fixpunktfrei operiert, wie man aus der entsprechenden Eigenschaft von $\mathfrak{G}'$ ersieht. Insbesondere ist $\mathfrak{G}^* \neq \{1\}$. Nun liefert die Zuordnung $\pi \to \pi^*$ einen Epimorphismus f von $\mathfrak{G}'$ auf $\mathfrak{G}^*$, der wegen der Einfachheit von $\mathfrak{G}'$ und $\mathfrak{G}^* \neq \{1\}$ sogar ein Isomorphismus ist. Für den endlichen Graphen $G^* \subseteq G$ sind also wieder alle Voraussetzungen von (5.2) (mit den gleichen $r, p, m, n, \mathfrak{G}$) erfüllt. Es bedeutet also keine Einschränkung der Allgemeinheit, wenn wir im folgenden G als *endlich* voraussetzen.

(2) Es sei Y ein Graph kleinster Kantenzahl mit folgenden Eigenschaften: i) $G \succ Y$, ii) Y ist zh., iii) Aut Y enthält eine zu $\mathfrak{G}$ isomorphe, auf $E(Y)$ fixpunktfrei operierende Untergruppe $\mathfrak{G}''$. Dann muß $\mathfrak{G}''$ transitiv auf $K(Y)$ operieren.

Denn wegen iii) ist zunächst $K(Y) \neq \emptyset$. Sei $k = ab \in K(Y)$ beliebig und $Z_0 := \langle \pi(k) \mid \pi \in \mathfrak{G}'' \rangle$. $Z_1, \ldots, Z_s$ seien die Komponenten von Z_0. Nehmen wir $s \geqq 2$ an. $E(Z_1), \ldots, E(Z_s)$ sind Blöcke bei $\mathfrak{G}''$; jedes $\pi \in \mathfrak{G}''$ bewirkt eine Permutation der $E(Z_i)$, und $\mathfrak{G}''$ operiert transitiv auf dieser Menge. Jedes Z_i werde auf eine Ecke z_i kontrahiert; dabei geht Y in einen zh. Graphen Y_1 über. Jedes $\pi \in \mathfrak{G}''$ induziert eine Permutation π_1 auf $E(Y_1)$ (wobei $\pi_1(z_i) = z_j$, wenn $\pi(Z_i) = Z_j$, und $\pi_1(x) = \pi(x)$ für die übrigen $x \in E(Y_1)$ gilt). Die Menge dieser π_1 bildet eine Untergruppe $\mathfrak{G}_1$ von Aut Y_1, die auf $E(Y_1)$ fixpunktfrei operiert (alle z_i gehören nämlich zur gleichen Bahn von $\mathfrak{G}_1$, und für die übrigen Ecken von Y_1 überträgt sich die „Bewegbarkeit“ beim Übergang von Y zu Y_1 bzw. von $\mathfrak{G}''$ zu $\mathfrak{G}_1$). $\pi \to \pi_1$ liefert einen Epimorphismus von $\mathfrak{G}''$ auf $\mathfrak{G}_1 \neq \{1\}$; wie bei (1) schließen wir, daß dieser sogar ein Isomorphismus ist. Y_1 erfüllt also wiederum i), ii), iii), und wegen $\varkappa(Y_1) \leqq \varkappa(Y) - s$ ergäbe sich ein Widerspruch zur Minimalwahl von $\varkappa(Y)$. Es muß somit $s = 1$, d. h. Z_0 zh. sein. $\mathfrak{G}''$ induziert auf $E(Z_0)$ eine Permutationsgruppe $\mathfrak{G}^* \subseteq \operatorname{Aut} Z_0$, die dort fixpunktfrei operiert. $\mathfrak{G}^* \neq \{1\}$ ist epimorphes Bild von $\mathfrak{G}''$, so daß wiederum $\mathfrak{G}^* \simeq \mathfrak{G}''$ folgt. Z_0 erfüllt also i), ii), iii); wegen der Minimalwahl von Y muß $Z_0 = Y$ gelten. Auf $K(Z_0)$ operiert aber $\mathfrak{G}''$ (und damit auch $\mathfrak{G}^*$) transitiv, nach Konstruktion.

(3) $\mathfrak{Z}$ sei zu $\mathfrak{Z}_p^n$ isomorphe Untergruppe von $\mathfrak{G}''$. Gilt $\pi(y) \neq y$ für jedes $y \in E(Y)$ und jedes $\pi \in \mathfrak{Z} - \{1\}$, so folgt nach (4.1) $Y > \tilde{X}_{\mathfrak{Z},H} =: X$ mit einem Erzeugendensystem H von $\mathfrak{Z}$, also notwendig $|H| \geqq n$. Damit ergibt sich $\gamma_X^{\min} \geqq 2n \geqq 2m$, d. h. $\Delta(X) \geqq 2^{r-1}$, woraus $G > Y > X > S(r)$ mit Kap. 5, (2.1) folgt.

(4.) Als verbleibende Alternative ist noch der Fall zu betrachten: Es gibt ein $\pi \neq 1$ in $\mathfrak{Z}$ und ein $x_0 \in E(Y)$ mit $\pi(x_0) = x_0$.

Wegen $\pi \neq 1$ gibt es ein $y_0 \in E(Y)$ mit $\pi(y_0) \neq y_0$. Für jedes $y \in E(Y)$ mit $\pi(y) \neq y$ sind die Elemente $y, \pi(y), \ldots, \pi^{p-1}(y)$ paarweise verschieden. (Andernfalls wäre $\pi^h(y) = y$ für ein h mit $1 \leqq h \leqq p - 1$; der Stabilisator von y in der durch π erzeugten Gruppe (π) der Ordnung p wäre dann $\neq \{1\}$ und echte Untergruppe von (π), was nicht sein kann.) W sei ein x_0,y_0-Weg $\subseteq Y$. Durchlaufen wir W von x_0 nach y_0, so müssen wir auf eine Kante $\bar{k} = \bar{x}\bar{y}$ stoßen mit $\pi(\bar{x}) = \bar{x}$, $\pi(\bar{y}) \neq \bar{y}$. $\bar{x}$ ist dann in Y zu allen $\pi^i(\bar{y})$, $i = 0, \ldots, p - 1$, benachbart, so daß $\gamma_Y(\bar{x}) \geqq p \geqq 2m$ folgt. Im Falle $\gamma_Y^{\min} \geqq 2m$ wären wir wieder nach Kap. 5, (2.1) fertig. Nehmen wir also an

(5) $B := \{e \in E(Y) \mid \gamma_Y(e) < 2m\} \neq \emptyset$. Ferner sei $A := E(Y) - B$; sicher $\bar{x} \in A$. Da Y kantensymmetrisch ist, verbindet jede Kante von Y eine Ecke des Grades $\gamma_Y(\bar{x}) \geqq p$ mit einer des Grades $\gamma_Y(\bar{y}) < 2m$; Y ist also paar mit Zweiteilung A, B. $\mathfrak{G}''$ operiert transitiv auf $K(Y)$ und damit auch auf A; es ist $|A| \geqq 2$, da sonst $\bar{x}$ bei jedem $\tau \in \mathfrak{G}''$ fix bliebe. Die Gruppe $\mathfrak{G}^+$ der $\tau|_A$ mit $\tau \in \mathfrak{G}''$ ist also $\neq \{1\}$ und epimorphes Bild von $\mathfrak{G}''$, mithin sogar isomorph zu $\mathfrak{G}''$.

Wir definieren nun einen Graphen $\tilde{Y}$ auf A durch

$$aa' \in K(\tilde{Y}) : \Leftrightarrow \bigvee_{b \in B} ab, a'b \in K(Y). \qquad (*)$$

Dann ist $\tilde{Y}$ zh. und $\operatorname{Aut} \tilde{Y} \supseteq \mathfrak{G}^+$; insbesondere ist $\tilde{Y}$ eckensymmetrisch. Da $\tau \to \tau|_A$ ein Isomorphismus von $\mathfrak{G}''$ auf $\mathfrak{G}^+$ ist, muß für das π in (4) auch $\pi|_A \neq 1$ gelten. Es gibt also ein $a_0 \in A$ mit $\pi(a_0) \neq a_0$, und es ist $\pi(\bar{x}) = \bar{x}$. Wie in (4) schließen wir nun, daß in A ein $\bar{a}$ existieren muß mit $\gamma_{\tilde{Y}}(\bar{a}) \geqq p$; wegen der Eckensymmetrie von $\tilde{Y}$ haben alle $a \in A$ den Grad $\geqq p$. Aufgrund von $(*)$ heißt dies aber

$$|D_2(a, Y)| \geqq p \geqq 4m^3$$

für alle $a \in A$. Für Y sind also die Voraussetzungen von (4.2) erfüllt. Es ist daher $Y >_u Y'$ mit $\Delta(Y') \geqq m$, d. h., es folgt mit Kap. 5, (2.1) insgesamt $G > S(r)$. Der Beweis von (5.3) ist damit beendet. —

Es verbleibt uns noch, (5.2) aus (5.3) herzuleiten. $r, m, n, p, \mathfrak{G}$ seien also wie in (5.2) gewählt, und es sei G ein Graph mit $\operatorname{Aut} G = \mathfrak{G}' \simeq \mathfrak{G}$. F bezeichne die Menge der Ecken von G, die bei jedem $\pi \in \mathfrak{G}'$ fest bleiben, und G_i ($i \in I$) seien die Komponenten von $G - F$. Ist $x \in E_i := E(G_i)$, $\pi(x) \in E_j$ für ein $\pi \in \mathfrak{G}'$ und W ein x,y-Weg $\subseteq G_i$, so ist $\pi(W)$ ein $\pi(x), \pi(y)$-Weg $\subseteq G_j$. Daraus sehen wir, daß die E_i Blöcke bei $\mathfrak{G}'$ sind, d. h., jedes $\pi \in \mathfrak{G}'$ induziert eine Permutation der E_i.

$\mathfrak{G}_i$ (für ein $i \in I$) sei die Menge (Untergruppe) aller $\pi \in \mathfrak{G}'$, so daß $\pi|_{E_i} \in \operatorname{Aut} G_i$ ist und $\pi(x) = x$ für jedes $x \notin E_i$ gilt. Nach Wahl von F gibt es zu jedem $\pi \in \mathfrak{G}'$ mit $\pi(E_i) = E_i$ genau ein $\pi_i \in \mathfrak{G}_i$ mit $\pi|_{E_i} = \pi_i|_{E_i}$.

$\mathfrak{D}$ sei die Gruppe derjenigen $\pi \in \mathfrak{G}'$, für die $\pi(E_i) = E_i$ für alle $i \in I$ gilt. Hat π_i die zuvor genannte Bedeutung, so entsprechen den Elementen π von $\mathfrak{D}$ also bijektiv alle Familien der Form $(\pi_i)_{i \in I}$ mit $\pi_i \in \mathfrak{G}_i$, und dem Produkt zweier π, π' aus $\mathfrak{D}$ entspricht die Familie $(\pi_i \circ \pi_i')_{i \in I}$. Die $(\pi_i)_{i \in I}$ mit dieser „komponentenweisen" Multiplikation bilden das vollständige direkte Produkt der $\mathfrak{G}_i$, bezeichnet durch $\bigtimes_{i \in I} \mathfrak{G}_i$. $\mathfrak{D}$ kann also mit diesem vollständigen Produkt der $\mathfrak{G}_i$ identifiziert werden. Jedes $\mathfrak{G}_i$ ist Normalteiler in $\mathfrak{D}$. Wegen der Endlichkeit von $\mathfrak{G}$ können nur endlich viele der $\mathfrak{G}_i \neq \{1\}$ sein. Weiter ist $\mathfrak{D}$ Normalteiler in $\mathfrak{G}'$, wie man sich leicht klarmacht.

Die Faktorgruppe $\overline{\mathfrak{G}} := \mathfrak{G}'/\mathfrak{D}$ kann als Permutationsgruppe auf $\overline{E} := \{E_i \mid i \in I\}$ aufgefaßt werden, und zwar aller der Permutationen, die durch die $\varphi \in \mathfrak{G}'$ auf $\overline{E}$ induziert werden. (Denn $\pi, \varphi \in \mathfrak{G}'$ induzieren die gleiche Permutation der E_i genau dann, wenn $\pi \circ \varphi^{-1}$ zu $\mathfrak{D}$ gehört, also π, φ derselben Nebenklasse von $\mathfrak{G}'$ nach $\mathfrak{D}$ angehören.) Es seien B_j ($j \in J$) die Bahnen von $\overline{E}$ bei $\overline{\mathfrak{G}}$. Für $j \in J$ sei $\overline{\mathfrak{G}}_j$ die Gruppe der $\pi \in \overline{\mathfrak{G}}$, so daß π nur B_j permutiert und die übrigen Bahnen elementweise festläßt. $\overline{\mathfrak{G}}_j$ ist dann die symmetrische Gruppe auf B_j, wie sich aus der Gestalt unseres Graphen ergibt. (Zu jeder Permutation φ der E_i aus B_j existiert ja ein Automorphismus von G, der auf B_j gerade φ induziert und im übrigen alle Ecken festläßt.) Jedes B_j muß also endlich sein. Gleichfalls aus der Gestalt von G ergibt sich, daß bei $\overline{\mathfrak{G}}$ alle Bahnen B_j unabhängig voneinander beliebig permutiert werden können. Daher ist auch die Zahl der B_j mit $|B_j| \geqq 2$ endlich, und es ergibt sich

$$\overline{\mathfrak{G}} = \bigtimes_{j \in J} \overline{\mathfrak{G}}_j, \tag{**}$$

wobei alle $\overline{\mathfrak{G}}_j$ endliche symmetrische Gruppen sind. $\mathfrak{G}' \simeq \overline{\mathfrak{G}}$ ist unmöglich, da $\overline{\mathfrak{G}}$ wegen (**) nur für $|\overline{\mathfrak{G}}| = 1$ oder 2 einfach sein kann und $|\mathfrak{G}'| > 2$ ist. Wegen der Einfachheit von $\mathfrak{G}'$ muß also $\mathfrak{G}' = \mathfrak{D}$ sowie $\overline{\mathfrak{G}} = \{1\}$ gelten.

Wiederum aus der Einfachheit von $\mathfrak{G}' = \mathfrak{D}$ ergibt sich $\mathfrak{G}' = \mathfrak{G}_h$ für ein $h \in I$ (und $|\mathfrak{G}_i| = 1$ für alle $i \neq h$ aus I). $\mathfrak{G}_h$ kann in offensichtlicher Weise als eine Untergruppe von $\operatorname{Aut} G_h$ aufgefaßt werden, die auf E_h fixpunktfrei operiert (andernfalls müßte ja F noch erweitert werden). Jetzt kann (5.3) auf G_h bzw. $\mathfrak{G}_h$ angewendet werden, und es folgt $G \supseteq G_h > S(r)$. Damit ist alles bewiesen. —

Beschränkt man sich speziell auf abelsche Gruppen, so gilt (5.1) nicht mehr. Babai [2, 5] hat gezeigt, daß jede abelsche (endliche) Gruppe als Automorphismengruppe eines endlichen ebenen Graphen G erscheint. Dabei kann aber G im allgemeinen nicht als 2-zh. Graph gewählt werden: Babai [3] zeigt nämlich, daß $\operatorname{Aut} G$ für endliches ebenes 2-zh. G nur dann ungerade Ordnung haben kann, wenn diese Gruppe zyklisch ist. Andererseits gibt es zu jeder endlichen abelschen Gruppe $\mathfrak{G}$ einen 2-zh. Graphen G mit $\operatorname{Aut} G \simeq \mathfrak{G}$, der in den Torus und in den Kleinschen Schlauch einbettbar ist. Für 3-Zusammenhang ist wieder alles ganz anders: Zu jeder geschlossenen Fläche kann man eine endliche abelsche Gruppe finden, die nicht einmal isomorph zu einer Untergruppe der Automorphismengruppe irgendeines in diese Fläche einbettbaren 3-zh. endlichen Graphen ist (Babai [6]). Babai [5] zeigt weiter, daß in der Klasse Σ_n der nicht zu $S(n)$ (für gegebenes $n > 4$) c-homomorphen Graphen zu jeder endlichen abelschen Gruppe $\mathfrak{G}$ unendlich viele $(n - 4)$-

zh. Graphen G gefunden werden können mit Aut $G \simeq \mathfrak{G}$. Man sieht, daß diese Klassen Σ_n, was die Automorphismengruppen betrifft, weiter, umfassender sind als die Klassen von Graphen, die auf bestimmten Flächen realisierbar sind.

Übungen

1. Ist Σ eine bez. $\succ$ abgeschlossene Graphenklasse, die nicht alle endlichen Graphen enthält, so gibt es unendlich viele nichtisomorphe Gruppen, von denen keine $\simeq$ Aut G für $G \in \Sigma$ ist.

2. In (5.1) genügt es, Σ als eine bez. des Bildens endlicher Teilgraphen und des Kontrahierens von Kanten in endlichen Graphen abgeschlossene Graphenklasse vorauszusetzen.

3. Ist Σ eine Klasse endlicher Graphen, die bez. Kantenkontraktionen sowie des Streichens von Ecken abgeschlossen ist und alle endlichen Gruppen realisiert, so braucht Σ nicht alle endlichen Graphen zu enthalten. Man wähle z. B. Σ als die Klasse aller Komplemente endlicher paarer Graphen und beachte (1.4), Übung 2. a) zu § 3 und die Tatsache, daß Kantenkontraktionen die chromatische Zahl des Komplementes eines Graphen nicht erhöhen (Babai [5]).

Kapitel 10

Simpliziale Zerlegungen

Bereits in Kap. 2, § 5 hatten wir uns mit einer Zerlegungsform von Graphen beschäftigt, die formale Ähnlichkeiten mit den Zerlegungen in Arithmetik und Algebra (wie die Primfaktorzerlegung der ganzen Zahlen und die direkte Summendarstellung der abelschen Gruppen) besitzt. Im folgenden soll eine weitere Zerlegungsmethode für Graphen behandelt werden, die formale Analogien zu solchen Zerlegungen der Algebra aufweist. Sie besteht im Prinzip in dem wiederholten Aufspalten längs trennender Simplexe und wurde zuerst von K. WAGNER [24] bei seiner Charakterisierung aller zu $S(5)$ nicht c-homomorphen Graphen angewendet, aus der er seinen Äquivalenzsatz (Kap. 6, (6.8)) gewann. Wir werden hier die allgemeinen Gesetzmäßigkeiten dieser Zerlegungsform (speziell auch für unendliche Graphen) studieren, die sich i. w. in zwei Zerlegungssätzen ausdrücken. Wir werden den genannten Satz von K. WAGNER beweisen, ferner die Theorie auf Strukturuntersuchungen bei unendlichen Graphen anwenden. Darüber hinaus behandeln wir perfekte Graphen sowie Vergleichbarkeits- und Intervallgraphen.

§ 1. Begriff der simplizialen Zerlegung

Es sei $G = (E, K)$ ein Graph, und G_λ $(\lambda < \sigma)$ sei eine Familie von Teilgraphen von G, wobei σ eine (endliche oder unendliche) Ordinalzahl sei. Wir sagen, daß diese G_λ eine *simpliziale Zerlegung* (abgekürzt sZ) von G bilden, wenn folgende Bedingungen erfüllt sind:

(1) $G = \bigcup\limits_{\lambda<\sigma} G_\lambda$;

(2) $\bigwedge\limits_{0<\tau<\sigma} \Big(\bigcup\limits_{\lambda<\tau} G_\lambda\Big) \cap G_\tau =: S_\tau$ ist ein Simplex;

(3) $\bigwedge\limits_{0<\tau<\sigma} S_\tau \subset G'_\tau := \bigcup\limits_{\lambda<\tau} G_\lambda, \quad S_\tau \subset G_\tau$.[1])

Anschaulich entsteht der Graph G aus den G_λ durch sukzessives Zusammenheften längs der Simplexe S_λ etwa wie ein Kaktus (vgl. Abb. 40).

Die S_λ nennen wir auch die *Anschlußsimplexe* bei der betreffenden sZ. Hier können natürlich auch verschiedene der S_λ nichtleeren Durchschnitt haben. Wegen (3) ist

[1]) An dieser Stelle ist besonders darauf hinzuweisen, daß $\subset$ echte Inklusion bezeichnet.

keines der G_λ leer. Die G_λ müssen sämtlich Untergraphen von G sein, ebenso alle „Partialsummen"

$$G'_\tau := \bigcup_{\lambda<\tau} G_\lambda$$

(für $0 < \tau < \sigma$); vgl. Übung 1.

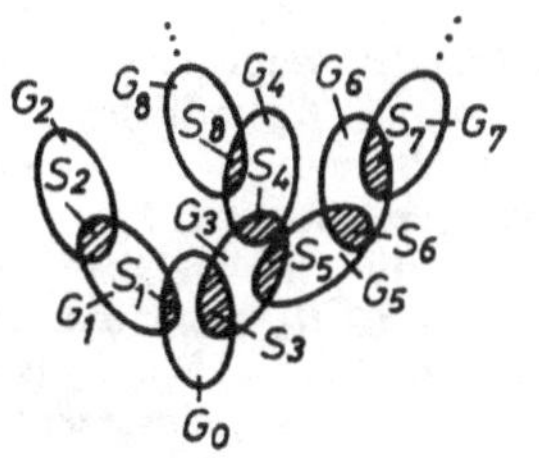

Abb. 40

1.1. *$a \cdot S_\tau \cdot b$ (G) für $a \in (G'_\tau - S_\tau)$, $b \in E(G_\tau - S_\tau)$.*

Andernfalls existierte ein kleinstes $\mu > \tau$, so daß ein S_τ vermeidender a,b-Weg P in $H := \bigcup_{\lambda \leq \mu} G_\lambda$ liegt. e bzw. l sei die erste bzw. letzte Ecke, die P mit G_μ gemeinsam hat. Wären e, l beide in S_μ, so erhielte man durch Ersetzen von P_{el} durch el einen Widerspruch zur Minimalwahl von μ. Es existiert also ein Teilweg P' von P, der eine Ecke aus $G'_\mu - S_\mu$ mit einer aus $G_\mu - S_\mu$ verbindet und S_μ vermeidet, gegen $H = G'_\mu \cup G_\mu$, $G'_\mu \cap G_\mu = S_\mu$ und Übung 1 zu Kap. 4, § 1. –

Die Zerlegung eines Graphen in seine Komponenten stellt, wenn diese in irgendeiner wohlgeordneten Reihenfolge angegeben werden, eine sZ (mit sämtlich leeren Anschlußsimplexen) dar. Auch die Zerlegung eines endlichen zh. Graphen in seine Glieder (vgl. Kap. 4, (2.11)) stellt eine sZ dar, wobei alle Anschlußsimplexe die Eckenzahl 1 haben. Dieser Zerlegung konnten wir einen Baum zuordnen, der den Aufbau des Graphen aus seinen Gliedern widerspiegelt (vgl. den Schluß von Kap. 4, § 4). Analog kann man jeder sZ G_λ $(\lambda < \sigma)$ eines Graphen G einen Baum zuordnen, sofern alle S_λ endlich sind.

Für $e \in E$ bezeichne λ_e das kleinste λ mit $e \in E(G_\lambda)$; im Falle $\lambda_e > 0$ muß e in $G_{\lambda_e} - S_{\lambda_e}$ liegen. Ist $S_\tau \neq \Theta$ und endlich $(0 < \tau < \sigma)$, so existiert unter den λ_e mit $e \in E(S_\tau)$ ein größtes, das wir mit τ^- bezeichnen wollen. Dann gilt $\tau^- < \tau$ sowie

1.2. *Für $0 < \tau < \sigma$ ist τ^- das kleinste λ mit $S_\tau \subseteq G_\lambda$.*

Den der gegebenen sZ zugeordneten Baum bekommen wir nun wie folgt:

1.3. *Ist G zh. und sind alle S_λ der gegebenen sZ G_λ $(\lambda < \sigma)$ von G endlich, so bildet der Graph mit den $\tau < \sigma$ als Ecken und den Kanten $\tau\tau^-$ $(0 < \tau < \sigma)$ einen Baum.*

(Der angegebene Graph ist zh., da jede Folge $\tau, \tau^-, (\tau^-)^-, \ldots$ nach endlich vielen Gliedern bei 0 endet. Er ist kreislos, da das Maximum irgend endlich vieler $\tau_1, \ldots, \tau_h$ nur zu einem dieser τ_i benachbart sein kann.)

Ist S_τ ein unendliches Anschlußsimplex, so ist möglicherweise S_τ in keinem G_λ mit $\lambda < \tau$ enthalten. Die Verhältnisse sind bei Zulassung unendlicher Simplexe wesentlich komplizierter. Es kann sogar z. B. geschehen, daß gewisse Anschlußsimplexe (bzw. Teile davon) sich zu einem überabzählbaren Simplex aufsummieren, obwohl alle Glieder der sZ höchstens abzählbar sind. (Vgl. Übung 2.)

Übungen

1. Alle Glieder G_τ und Partialsummen G'_τ einer sZ von G sind $\sqsubseteq G$. (Für $ab \in K$, $a, b \in E(G_\tau)$ sei $\mu = \min(\lambda \mid ab \in K(G_\lambda))$. Wenn $\mu < \tau$, so $ab \in K(S_\tau)$. $\mu > \tau$ ist unmöglich, da $a, b \in E(S_\mu)$, $ab \in K(G_\lambda)$ für ein $\lambda < \mu$ folgte. $G'_\tau \sqsubseteq G$ folgt dann mit (1.1).)

2. Für $\tau < \omega(\aleph_1)$ sei S_τ das Simplex auf $W(\tau)$ und x_τ eine zusätzliche Ecke, $G_\tau = S_\tau * x_\tau$. Die G_τ bilden eine sZ ihrer Vereinigung, die $\supset S(\aleph_1)$ ist.

3. Die sZ G_λ $(\lambda < \sigma)$ heiße *baumförmig*, wenn für jedes λ, $0 < \lambda < \sigma$, ein (kleinstes) $\lambda^- < \lambda$ existiert mit $S_\lambda \subset G_{\lambda^-}$. (Dies ist sicher der Fall, wenn σ endlich ist oder wenn jedes S_λ endlich ist; vgl. S. 215.) Für beliebiges $\tau < \sigma$ ist dann die Folge G_τ, G_{τ^-}, $G_{(\tau^-)^-}$, ..., G_0 endlich; läßt man auf diese die übrigen G_λ in der gegebenen Anordnung folgen, so erhält man wieder eine sZ von G. Jedes Glied einer baumförmigen sZ kann also „an die erste Stelle gebracht" werden.

4. Ist G_λ $(\lambda < \sigma)$ eine sZ und besitzt G_τ eine sZ $H_0, \ldots, H_m$ (mit endlich vielen Gliedern), so muß S_τ in einem der H_i enthalten sein. Gemäß 3. kann o. B. d. A. $S_\tau \subseteq H_0$ angenommen werden (sonst werden die H_i entsprechend umgestellt). Dann ist G_λ $(\lambda < \tau)$, $H_0, \ldots, H_m$, G_λ $(\tau < \lambda < \sigma)$ eine sZ. (Hat die sZ von G_τ dagegen unendlich viele Glieder, so ist dieses „Einsetzen" im allgemeinen nicht möglich.)

§ 2. Konvexe Teilgraphen

$H \subseteq G$ heiße ein *simplizialer Summand* von G, wenn es eine sZ von G gibt, in der H als Glied auftritt. Zur Charakterisierung dieser simplizialen Summanden führen wir einige weitere Begriffe ein.

Ein Teilgraph H von G heiße *konvex* in G, wenn für je zwei Ecken a, b von H jeder sehnenlose[1]) a,b-Weg $W \subseteq G$ zu H gehört.

2.1. *$H \subseteq G$ ist konvex in G dann und nur dann, wenn H trennungsinvariant in G in folgendem Sinne ist: Für $a, b \in E(H)$ und $T \subseteq H$ gilt*

$$a \cdot T \cdot b\ (H) \Rightarrow a \cdot T \cdot b\ (G).$$

Beweis. 1. H sei konvex, und es gelte $a \cdot T \cdot b(H)$. Wäre W ein a,b-Weg $\subseteq G - T$, so existierte auch ein sehnenloser a,b-Weg W' mit $E(W') \subseteq E(W)$; die Konvexität von H ergäbe $W' \subseteq H$, mit Widerspruch.

2. H sei trennungsinvariant und $W \sqsubseteq G$ ein a,b-Weg, $a,b \in E(H)$. Wäre $W \not\subseteq H$, so gäbe es einen Teilweg W' von W mit Endecken $x \neq y$ in H, der im übrigen fremd zu H ist. Es folgte $x \cdot H - x - y \cdot y\ (H)$, $\neg\, x \cdot H - x - y \cdot y\ (G)$, mit Widerspruch. —

Für $a \in E(G)$, $T \subseteq G - a$ definieren wir als den *Verbindungsgraphen* $G(a \to T)$ den Untergraphen von G, der durch die Menge all der Ecken x aufgespannt wird, für die a,x-Wege W mit $\mathring{W} \cap T = \Theta$ existieren.

Natürlich ist jedes Simplex $\subseteq G$ konvex in G, obwohl ein solches kein simplizialer Summand zu sein braucht. Es gilt aber

2.2. *Es sei $H \sqsubseteq G$ kein Simplex. Folgende Aussagen sind äquivalent:*

(a) *H ist simplizialer Summand von G.*

(b) *H ist konvex in G.*

---

[1]) Dies heißt, daß der betreffende Weg Untergraph von G ist. Zu jedem a,b-Weg W in G existiert ein sehnenloser a,b-Weg W' mit $E(W') \subseteq E(W)$.

(c) *Für jedes* $a \in E(G - H)$ *ist* $G(a \to H) \cap H$ *Simplex.*

(d) *Ist* W *ein* a,b*-Weg* $\subseteq G$ *mit* $a, b \in E(H)$, $a \neq b$ *und* $\mathring{W} \cap H = \Theta$, *so muß* $ab \in K(G)$ *gelten.*

Beweis. Die Äquivalenz von (d) mit jeder der Aussagen (b), (c) ist leicht zu zeigen; dies sei dem Leser als Übung überlassen. Wenn (c) gilt, so erhält man eine sZ mit H und den Graphen $G(x \to H)$ als Gliedern; daher (c) $\Rightarrow$ (a).

Nehmen wir nun (a) an. Dann gibt es eine sZ G_λ $(\lambda < \sigma)$ von G, so daß H als ein G_τ auftritt. Wäre (d) falsch, so gäbe es in G einen Weg W, der nichtbenachbarte Ecken $a \neq b$ von H verbindet und $\mathring{W} \cap H = \Theta$ erfüllt. Es sei ϱ $(\tau < \varrho < \sigma)$ die kleinste Zahl, so daß $\bigcup_{\lambda \leq \varrho} G_\lambda$ solch einen Weg W enthält; $\varrho > \tau$ nach Definition der sZ. W hat eine erste Ecke e und eine letzte Ecke l mit G_ϱ gemeinsam. Wegen (1.1) müssen $e \neq l$ zu S_ϱ gehören. Ersetzung von W_{el} durch el ergibt aber einen Weg der in Rede stehenden Art, der in $\bigcup_{\lambda \leq \varrho'} G_\lambda$ mit einem $\varrho' < \varrho$ enthalten ist, was der Wahl von ϱ widerspricht. Also (a) $\Rightarrow$ (d). —

Nach Definition der Konvexität ist klar:

2.3. *Es sei* G_i $(i \in I)$ *eine Familie konvexer Untergraphen von* G. *Dann ist auch* $\bigcap_{i \in I} G_i$ *konvex in* G.

Da G natürlich konvex in G ist, können wir für jedes $H \subseteq G$ den Durchschnitt aller H enthaltenden konvexen Untergraphen von G als die *konvexe Hülle* $C_G(H)$ (von H in G) definieren.

Wir geben nun eine Abschätzung für die Ordnung von $C_G(H)$ mittels der Menger-Zahlen nichtbenachbarter Ecken von G.

2.4. *Es sei* $\mathfrak{a}$ *eine reguläre Kardinalzahl* $> \aleph_0$, *so daß für jedes Paar* x, y *nichtbenachbarter Ecken von* G *gilt* $\mu_G(x, y) < \mathfrak{a}$.

Dann gilt für jedes $H \subseteq G$ *mit* $\alpha(H) < \mathfrak{a}$

$$\alpha(C_G(H)) < \mathfrak{a}.$$

Beweis. Es sei $H_0 := G[H]$. Nehmen wir an, für ein $n \in \mathbb{N}$ sei H_{n-1} schon definiert. Für jedes Paar $a \neq b$ von Ecken aus H_{n-1} mit $ab \notin K(G)$ wählen wir ein (bez. Inklusion) maximales System $\mathscr{P}_{ab}$ von $\mu_G(a, b)$ kreuzungsfreien a,b-Wegen in G und definieren H_n als den durch H_{n-1} und alle diese $\mathscr{P}_{ab}$ aufgespannten Untergraphen von G. Ist $\alpha(H_{n-1}) < \mathfrak{a}$, so gibt es weniger als $\mathfrak{a}$ Systeme $\mathscr{P}_{ab}$, und jedes hat weniger als $\mathfrak{a}$ Elemente, so daß $\alpha(H_n) < \mathfrak{a}$ gelten muß (wegen der Regularität von $\mathfrak{a}$).

Wir bekommen so eine Folge $H_0 \subseteq H_1 \subseteq H_2 \subseteq \ldots$ von Untergraphen mit $\alpha(H_i) < \mathfrak{a}$. Es sei $H^* = \bigcup_{n=0}^{\infty} H_n$. Wegen der Regularität von $\mathfrak{a}$ und $\mathfrak{a} > \aleph_0$ ist $\alpha(H^*) < \mathfrak{a}$. H^* ist konvex (also $\supseteq C_G(H)$). Andernfalls gäbe es ja einen Weg W in G, der Ecken $a \neq b$ von H^* verbindet und $\mathring{W} \cap H^* = \Theta$, $ab \notin K(G)$ erfüllt. Es gibt ein $n \in \mathbb{N}$ mit $a, b \in E(G_n)$. Dann könnte aber W zu dem $\mathscr{P}_{ab}$, das im $(n + 1)$-ten Schritte zu H_n hinzugefügt wurde, noch hinzugenommen werden, d. h., $\mathscr{P}_{ab}$ wäre nicht maximal gewählt worden; Widerspruch. —

Mit $\tilde{\mu}(G)$ wollen wir das Supremum aller Menger-Zahlen $\mu_G(a, b)$ mit $a, b \in E(G)$, $ab \notin K(G)$ bezeichnen. Ist G Simplex, so setzen wir $\tilde{\mu}(G) = 0$. (Wenn also $\mu_G(a, b) > \tilde{\mu}(G)$, so notwendig $ab \in K(G)$.)

Wie im Beweis von (2.4) ergibt sich

2.4'. *Für $H \subseteq G$ gilt* $\alpha(C_G(H)) \leqq \max(\alpha(G), \bar{\mu}(G), \aleph_0)$.

Als Korollar erhalten wir weiter:

2.4''. *Ist G überabzählbar und $\bar{\mu}(G) < \alpha(G)$, so besitzt G ein trennendes Simplex der Ordnung* $\leqq \max(\bar{\mu}(G), \aleph_0)$, *sofern G nicht selbst Simplex ist.*

Beweis. Ist G kein Simplex, so bestehe H aus zwei nichtbenachbarten Ecken. Man setze $\max(\bar{\mu}(G), \aleph_0)^+ = \mathfrak{a}$ und wende (2.4), (2.2) an. —

$T \sqsubseteq G$ heißt *einspringend* in G, wenn es ein $a \in E(G - T)$ gibt mit $G(a \to T) \cap T = T$ (d. h. also, daß jedes $t \in E(T)$ von a aus durch einen Weg W erreichbar ist mit $\mathring{W} \cap T = \Theta$). Nun folgt (vgl. HALIN [14]):

2.5. Erster Zerlegungssatz. *G sei ein Graph und $\mathfrak{a}$ eine reguläre Kardinalzahl mit $\alpha(G) \geqq \mathfrak{a} > \aleph_0$. G enthalte kein $S(\mathfrak{a})$, und es gelte $\mu_G(x, y) < \mathfrak{a}$ für je zwei nichtbenachbarte Ecken $x \neq y$ von G. Dann besitzt G eine sZ G_λ $(\lambda < \sigma)$, wo σ die Anfangszahl der Mächtigkeit $\alpha(G)$ ist und alle G_λ die Ordnung $< \mathfrak{a}$ haben. Überdies kann erreicht werden, daß jedes Anschlußsimplex S_λ in G_λ einspringend ist und $G_\lambda - S_\lambda$ zh. bleibt (für alle $0 < \lambda < \sigma$).*

Beweis. Wir ordnen $E(G)$ gemäß σ wohl: $E(G) = \{x_\nu \mid \nu < \sigma\}$. G kann kein Simplex sein. Wir wählen nichtbenachbarte y', y'' in G und setzen

$$G_0 := C_G(x_0, y', y'').$$

Wegen (2.4) ist dann $\alpha(G_0) < \mathfrak{a}$.

Nun sei $0 < \tau < \sigma$, und für jedes $\varrho < \tau$ sei bereits ein konvexer Untergraph G_ϱ mit $\alpha(G_\varrho) < \mathfrak{a}$ definiert, so daß diese G_ϱ $(\varrho < \tau)$ eine sZ ihrer Vereinigung bilden (die Anschlußsimplexe mögen wie bisher mit S_ϱ bezeichnet werden) und so daß folgende Bedingungen erfüllt sind:

1. Jedes x_ν $(\nu < \varrho)$ liegt in $\bigcup_{\lambda<\varrho} E(G_\lambda)$.
2. Jedes $G_\varrho - S_\varrho$ ist zh.
3. Für wenigstens ein (wegen 2. dann für jedes) $a \in E(G_\varrho - S_\varrho)$ gilt $S_\varrho = G\left(a \to \bigcup_{\lambda<\varrho} G_\lambda\right) \cap \left(\bigcup_{\lambda<\varrho} G_\lambda\right)$.

$G'_\tau := \bigcup_{\lambda<\tau} G_\lambda$ ist konvex in G. Andernfalls gäbe es einen sehnenlosen Weg $W \subseteq G$, der mit G'_τ nur genau seine Endecken $a \neq b$ gemeinsam hat. λ_a bzw. λ_b bezeichne das kleinste λ mit a bzw. b in $E(G_\lambda)$. O. B. d. A. sei $\lambda_a \leqq \lambda_b$; wegen der Konvexität von G_{λ_a} gilt dann $\lambda_a < \lambda_b$. Weil a in $G\left(b \to \bigcup_{\lambda<\lambda_b} G_\lambda\right)$ und in $\bigcup_{\lambda<\lambda_b} G_\lambda$ auftritt, folgt $a \in E(S_{\lambda_b})$, was aber wegen der Konvexität von G_{λ_b} unmöglich ist.

Nun konstruieren wir G_τ. x sei das x_ν mit kleinstem ν, das nicht in G'_τ liegt (es existiert wegen $\alpha(G'_\tau) < \alpha(G)$). Wegen (2.2) ist $G(x \to G'_\tau) \cap G'_\tau =: S_\tau$ ein Simplex; $\alpha(S_\tau) < \mathfrak{a}$ nach Voraussetzung. $S_\tau \neq G'_\tau$, weil y', y'' nichtbenachbarte Ecken von G'_τ sind.

Für jedes $s \in E(S_\tau)$ wählen wir einen x,s-Weg W_s in G mit $W_s \cap S_\tau = \{s\}$ und setzen $G_\tau := C_G\left(\bigcup_{s \in E(S_\tau)} W_s\right)$. Nach (2.4) ist $\alpha(G_\tau) < \mathfrak{a}$, ferner $G_\tau \cap G'_\tau = S_\tau$, S_τ einspringend in G_τ und $G_\tau - S_\tau$ zh. (Denn gälte $a \cdot S_\tau \cdot b(G_\tau)$, so auch $a \cdot S_\tau \cdot b(G)$, was unmöglich ist, da $a, b \in E(G_\tau)$ beide zu $G(x \to S_\tau)$ gehören müssen; vgl. Übung 5.) Die um G_τ erweiterte

Folge der G_λ erfüllt also wieder alle Forderungen, und wir sehen, daß in dieser Weise durch transfinite Induktion eine sZ G_λ $(\lambda < \sigma)$ mit den gewünschten Eigenschaften konstruiert wird. —

Übungen

1. G habe die sZ G_λ $(\lambda < \sigma)$. Genau dann ist G n-zh., wenn jedes G_λ n-zh. und jedes $\alpha(S_\lambda) \geqq n$ ist.
2. Jeder konvexe Teilgraph von G muß sogar Untergraph von G sein.
3. Man führe den Beweis für die Äquivalenz von (d) mit (b) und mit (c) in (2.2) genau durch.
4. Die Vereinigung einer Kette (bez. $\subseteq$) konvexer Untergraphen von G ist wieder konvex in G.
5. Ist $G = G' \cup G''$, $G' \cap G''$ Simplex und $H \subseteq G''$, so gilt $C_G(H) = C_{G''}(H)$.
6. Man zeige durch ein Beispiel, daß man $C_G(H)$ im allgemeinen noch nicht bekommt, wenn man zu je zwei Ecken a, b von H jeden sehnenlosen a,b-Weg $\subseteq G$ zu H hinzunimmt.

§ 3. Prime Graphen

Ein Graph G heiße *prim*, wenn er keine sZ mit mindestens zwei Gliedern besitzt, oder, damit äquivalent, wenn er kein trennendes Simplex hat.

3.1. *P_i $(i \in I)$ sei eine Kette primer Untergraphen von G (d. h., für alle $i, j \in I$ gilt $P_i \subseteq P_j$ oder $P_j \subseteq P_i$). Dann ist auch $P := \bigcup_{i \in I} P_i$ ein primer Untergraph von G.*

Beweis. Es sei $S \subseteq P$ ein Simplex, und $a \neq b$ seien aus $E(P - S)$. Dann existiert ein $i \in I$ mit $a, b \in E(P_i)$, und wegen der Primität von P_i gibt es einen a,b-Weg $W \subseteq P_i$, der das Simplex $P_i \cap S$ vermeidet. Somit ist $W \subseteq P - S$, und S trennt a, b nicht. P muß also prim sein. —

Mit dem Zornschen Lemma erhalten wir aus (3.1)

3.1'. *Ist $P \sqsubseteq G$ prim, so gibt es einen maximal primen Untergraphen $\hat{P}$ von G, der P enthält. (Hier bedeutet „maximal prim" natürlich, daß kein primer Untergraph von G den betreffenden Graphen echt enthält.)*

3.2. *P, Q seien prim $\sqsubseteq G$, $P \cap Q =: T$ kein Simplex. Dann ist auch $U := G[P \cup Q]$ ein primer Untergraph von G.*

Beweis. $t \neq t'$ seien nichtbenachbarte Ecken aus T. Es sei $S \subset U$ ein Simplex, und $a \neq b$ seien Ecken aus $U - S$. Eine der Ecken t, t', etwa t, liegt nicht in S. Ist etwa a in P, so gibt es in P wegen der Primität einen a,t-Weg W_a, der S vermeidet. Entsprechend finden wir einen b,t-Weg $W_b \subseteq U$, der S vermeidet. $W_a \cup W_b$ enthält dann einen S vermeidenden a,b-Weg $\subset U$. U wird also nicht durch ein Simplex getrennt. —

3.3. *$P \sqsubseteq G$ sei prim und kein Simplex. P ist* maximal *prim in G genau dann, wenn es konvex in G ist.*

Beweis. 1. Es sei P nicht konvex in G. Dann gibt es wegen (2.2) nichtbenachbarte a, b in $E(P)$ und einen kürzesten a,b-Weg $W \subseteq G$ mit $\mathring{W} \cap P = \Theta$. Wir behaupten, daß $Q := G[P \cup W]$ prim ist. Es sei nämlich $S \subseteq Q$ ein Simplex. O. B. d. A. ist $a \notin E(S)$. Es sei $x \in E(Q - S)$. Ist $x \in E(P)$, so gibt es einen x,a-Weg $\subseteq P - S$. Ist $x \in \mathring{W}$ und $W_{xa} \cap S \neq \Theta$, so ist (wegen $G[W] = W$) $W \cap S$ ein $S(1)$ oder $S(2)$, und sicher ist $b \notin E(S)$, so daß W_{xb} zusammen mit einem b,a-Weg $\subseteq P - S$ die Existenz eines x,a-Weges $\subseteq Q - S$ erweisen. S trennt also Q nicht, Q ist prim und enthält P echt.

2. Ist P konvex in G und $G \sqsupseteq H \supset P$, so wähle man $e \in E(H - P)$. Wegen (2.2) ist $G(e \to P) \cap P$ ein Simplex S, so daß $e \cdot S \cdot x(G)$ für alle $x \in E(P - S)$ gilt, und die entsprechenden Trennungsrelationen gelten auch in H, das also nicht prim ist. —

Definition. Eine sZ G_λ $(\lambda < \sigma)$ von G heißt eine *Primgraphenzerlegung* (PGZ) von G, wenn jedes G_λ prim ist.

In der Algebra sind Primelemente dadurch ausgezeichnet, daß sie, wenn sie ein Produkt teilen, notwendig auch einen Faktor dieses Produktes teilen. Dieser Eigenschaft der Primelemente entspricht hier folgender Sachverhalt:

3.4. *Es sei G_λ $(\lambda < \sigma)$ eine sZ von G und $P \sqsubseteq G$ prim. Es sei P kein unendliches Simplex oder aber $\sigma < \omega$. Dann ist $P \sqsubseteq G_\lambda$ für ein $\lambda < \sigma$.*

Beweis. Für $x \in E(P)$ sei λ_x das kleinste λ mit $x \in E(G_\lambda)$. Dann ist notwendig $x \in E(G_{\lambda_x} - S_{\lambda_x})$ (wo $S_0 := \Theta$ sei). Ist $\lambda_x < \lambda_y$ für $x, y \in E(P)$, so folgt $x \in S_{\lambda_y}$; andernfalls folgte ja $x \cdot S_{\lambda_y} \cdot y(G)$ bzw. $x \cdot (S_{\lambda_y} \cap P) \cdot y(P)$, und P wäre nicht prim. — Gibt es ein größtes λ^* unter den λ_x $(x \in E(P))$, so folgt $P \subseteq G_{\lambda^*}$. Bilden diese λ_x dagegen eine unendliche Kette ohne letztes Element, so muß P unendlich sein; und zu je zwei $x, y \in E(P)$ gibt es ein $z \in E(P)$ mit $\lambda_z > \lambda_x, \lambda_y$, woraus $x, y \in E(S_{\lambda_z})$ folgt. Es ergibt sich, daß dann P ein unendliches Simplex sein muß. —

Natürlich kann der Fall, daß ein unendliches Simplex von G in keinem G_λ einer sZ von G liegt, wirklich eintreten (vgl. Übung 2 zu § 1). Genauso wie (3.4) zeigt man:

3.4'. *Ist H endlicher Untergraph von G und G_λ $(\lambda < \sigma)$ eine sZ von G mit den Anschlußsimplexen S_λ, so wird entweder H durch ein Simplex $S_\lambda \cap H$ getrennt, oder aber H ist $\subseteq G_\lambda$ für ein $\lambda < \sigma$.*

Aus (3.1'), (3.3) und (3.4) folgt nun:

3.5. *Es sei P_λ $(\lambda < \sigma)$ eine PGZ von G. Ist $P \sqsubseteq G$ maximal prim in G und kein Simplex, so kommt P unter den P_λ vor. Umgekehrt ist jedes P_λ, das kein Simplex ist, maximal prim in G.*

Wir nennen eine PGZ G_λ $(\lambda < \sigma)$ von G *reduziert*, wenn $G_\lambda \subseteq G_\mu$ nur für $\lambda = \mu$ richtig ist.

3.6. *Die PGZ G_λ $(\lambda < \sigma)$ von G ist reduziert genau dann, wenn jedes G_λ maximal prim in G ist.*

Beweis. 1. Gibt es $\lambda \neq \mu$ mit $G_\lambda \subseteq G_\mu$, so ist notwendig $\lambda < \mu$ sowie $G_\lambda \subseteq S_\mu \subset G_\mu$, mithin G_λ nicht maximal prim.

2. Nun sei die gegebene PGZ reduziert. G_μ werde als nicht maximal prim angenommen. Nach (3.5) ist dann G_μ ein Simplex, und nach (3.1') gibt es ein maximal primes $P \supset G_\mu$. P ist Simplex (sonst käme P nach (3.5) unter den G_λ vor, und unsere PGZ wäre nicht reduziert). Für $x \in E(P - G_\mu)$ ist $\mu < \lambda_x := \min(\lambda \mid x \in E(G_\lambda))$, da andernfalls x nicht zu den Ecken von $G_\mu - S_\mu$ benachbart sein könnte (vgl. (1.1)). Ebenso liegen alle Nachbarn, die x in einem G_λ mit $\lambda < \lambda_x$ besitzt, in S_{λ_x}; insbesondere folgt $G_\mu \subseteq S_{\lambda_x} \subset G_{\lambda_x}$, und unsere PGZ wäre nicht reduziert. —

3.7. *Besitzt G eine PGZ, so besitzt G auch eine reduzierte PGZ.*

Beweis. Es sei P_λ $(\lambda < \sigma)$ eine PGZ von G. Für jedes $\tau < \sigma$ betrachte man die (maximale) Kette

$$[\mathrm{K}_\tau] \qquad P_\tau = P_{\tau(0)} \subset P_{\tau(1)} \subset \cdots \subset P_{\tau(\varrho)} \subset P_{\tau(\varrho+1)} \subset \ldots,$$

wobei jeweils $P_{\tau(\varrho)}$ gleich dem P_μ mit kleinstem μ ist, so daß $P_\mu \supset P_{\tau(\varkappa)}$ für alle $\varkappa < \varrho$ ist; der Ordnungstyp obiger Kette sei ζ_τ. Man setze $P_\tau^* = \bigcup_{\varrho<\zeta_\tau} P_{\tau(\varrho)}$, wenn P_τ in keinem $[\mathrm{K}_\lambda]$ mit $\lambda < \tau$ vorkommt; andernfalls werde P_τ^* nicht definiert. Natürlich ist P_0^* definiert. Wegen (3.1) ist jedes P_τ^* prim, und es gilt

$$G = \dot{\bigcup_{\lambda<\sigma}} P_\lambda^*,$$

wobei der Punkt in $\dot{\bigcup}$ andeute, daß die Vereinigung nur über diejenigen λ erstreckt wird, für die P_λ^* definiert ist.

Sind P_λ^*, P_τ^* definiert und $\lambda < \tau$, so gibt es ein $P_{\lambda(\varrho)}$ mit $\lambda^{(\varrho)} < \tau$ und $P_{\lambda(\varrho)} \not\subseteq S_\tau$.

Es sei nun, für ein $\tau > 0$, P_τ^* definiert. Dann gilt $a \cdot S_\tau \cdot b(G)$ für jedes a aus $\left(\dot{\bigcup_{\lambda<\tau}} P_\lambda^*\right) - S_\tau$, b aus $P_\tau^* - S_\tau$.

Andernfalls gäbe es a, b dieser Art (wobei $a = b$ zugelassen sei) und einen a,b-Weg $W \subseteq G - S_\tau$; etwa $a \in E(P_\varkappa^*)$, $\varkappa < \tau$. Es gibt nun ein ϱ mit $\varkappa^{(\varrho)} < \tau$, $P_{\varkappa(\varrho)} \not\subseteq S_\tau$. Man wähle a^* in $P_{\varkappa(\varrho)}$, $\notin E(S_\tau)$ und b^* in $P_\tau - S_\tau$. Wegen der Primität gibt es einen a^*,a-Weg W_a in $P_\varkappa^*$ und einen b^*,b-Weg W_b in P_τ^*, die beide S_τ vermeiden. $W_a \cup W \cup W_b$ enthielte dann aber einen a^*,b^*-Weg, der S_τ vermeidet, gegen (1.1).

Insbesondere, liegt die Ecke x in $\dot{\bigcup_{\lambda<\tau}} P_\lambda^*$ und in P_τ^*, so muß $x \in E(S_\tau)$ gelten. Daher

$$\left(\dot{\bigcup_{\lambda<\tau}} P_\lambda^*\right) \cap P_\tau^* = S_\tau \tag{$*$}$$

für jedes $\tau > 0$, für das P_τ^* definiert ist; natürlich ist auch $S_\tau \subset \bigcup_{\lambda<\tau} P_\lambda^*$, $S_\tau \subset P_\tau^*$. Wir sehen, daß die P_τ^* wiederum eine PGZ von G bilden.

Diese ist reduziert. Gälte nämlich $P_\lambda^* \subset P_\mu^*$ für gewisse $\lambda < \mu$, so müßte $P_\lambda^* \subseteq S_\mu \subset P_\mu$ gelten (wegen $(*)$), und $[\mathrm{K}_\lambda]$ wäre zu früh abgebrochen worden. —

Übungen

1. Ist G prim, so ist G gleich $S(1)$, $S(2)$ oder 2-zh.
2. Sind $P \neq Q$ maximal prim $\sqsubseteq G$, so ist $P \cap Q$ ein Simplex.
3. Ist $G = G' \cup G''$, $G' \cap G'' = S$ ein Simplex, so ist ein Untergraph $\neq S$ von G' maximal prim in G' genau dann, wenn er maximal prim in G ist.
4. Ein Graph G hat eine PGZ genau dann, wenn $G * 1$ eine solche besitzt. Wie hängen diese PGZ zusammen?
5. G habe eine PGZ. Muß dann auch jeder Untergraph von G eine solche besitzen? (Beachte hierzu den Anfang von § 4.)

§ 4. Die Existenz von Primgraphenzerlegungen

Die Frage stellt sich natürlich, ob jeder Graph eine PGZ besitzt. Die Antwort ist im allgemeinen verneinend:

4.1. *Es gibt Graphen, die keine PGZ besitzen.*

Wir konstruieren ein Beispiel wie folgt: Es sei G der Graph mit den (verschiedenen) Ecken

$$t_i, t_i', s_i, s_i' \qquad (i \in \mathbb{N})$$

und den Kanten

$$t_i t_{i+1}, \quad t_i' t_{i+1}' \qquad (i \in \mathbb{N});$$

$$s_i s_j, \quad s_i' s_j' \quad (i \neq j, \quad i, j \in \mathbb{N}); \quad s_i s_j' \quad (i, j \in \mathbb{N});$$

$$s_i t_j, \quad s_i' t_j' \quad (i \leqq j, \quad i, j \in \mathbb{N}).$$

Die s_i, s_i' spannen also in G ein Simplex $S(\aleph_0)$ auf; $t_1, t_2, \ldots$ und $t_1', t_2', \ldots$ bilden zwei 1-Wege; jedes t_j spannt mit $s_1, \ldots, s_j$ (ebenso wie t_j' mit $s_1', \ldots, s_j'$) ein Simplex auf.

Die maximalen Simplexe (zugleich die maximal primen Untergraphen) von G sind

$$P_0 := S(\aleph_0), \; P_i := G[s_1, \ldots, s_i, t_i, t_{i+1}],$$

$$P_i' := G[s_1', \ldots, s_i', t_i', t_{i+1}'] \qquad (\text{mit } i \in \mathbb{N}).$$

P_i enthält die Kante $t_i t_{i+1}$ (analog P_i' die Kante $t_i' t_{i+1}'$), die in keinem anderen maximal primen Untergraphen von G liegt.

Sei nun Q_λ $(\lambda < \sigma)$ als eine PGZ von G angenommen; gemäß (3.7) sei sie reduziert. Jedes Q_λ ist dann eines der P_i, P_i', und jedes P_i $(i \geqq 0)$, P_i' $(i \geqq 1)$ muß wirklich als eins der Q_λ erscheinen, da jedes von ihnen eine Kante enthält, die in keinem anderen maximal primen Untergraphen von G auftritt. Es gibt also λ_i $(i = 0, 1, 2, \ldots)$, λ_i' $(i = 1, 2, \ldots)$ mit $Q_{\lambda_i} = P_i$, $Q_{\lambda_i'} = P_i'$.

Wenn $i, j \in \mathbb{N}$ existieren, so daß λ_i, λ_j' beide $< \lambda_0$ sind, so liegen s_i, s_j' in $\bigcup_{\lambda < \lambda_0} Q_\lambda$, nicht aber die Kante $s_i s_j'$, gegen Übung 1 von § 1. Daher muß entweder $\lambda_i > \lambda_0$ für alle $i \in \mathbb{N}$ oder $\lambda_i' > \lambda_0$ für alle $i \in \mathbb{N}$ gelten; o. B. d. A. gelte das erstere. Ist $\lambda_h = \min(\lambda_i \mid i \in \mathbb{N})$, so liegen t_{h+1}, s_{h+1} in $\bigcup_{\lambda < \lambda_h + 1} Q_\lambda$, nicht aber die Kante $t_{h+1} s_{h+1}$, was wiederum einen Widerspruch bedeutet. G kann also keine PGZ haben. —

Wir werden jedoch zeigen, daß ein Graph immer dann eine PGZ besitzt, wenn er kein unendliches Simplex enthält. Dazu benötigen wir entscheidend

4.2. Hilfssatz. *Ein endliches Simplex $S \subseteq G$ ist maximal prim in G genau dann, wenn S nicht einspringend in G ist.*

Beweis. 1. S sei nicht einspringend in G. Ist $S \subset H \subseteq G$, so ist für $x \in E(H - S)$ das Simplex $S_x := H(x \to S) \cap S \subseteq G(x \to S) \cap S$ echt in S enthalten, trennt also H. Daher ist S maximal prim.

2. Nun sei S einspringend. Dann gibt es also ein x in $G - S$ mit

$$S \subseteq G(x \to S) =: G'. \tag{$*$}$$

Wir wählen einen maximal primen Untergraphen P von G' mit $P \neq S$ derart, daß $P \cap S =: S'$ größtmögliche Eckenzahl hat. Ist $S' = S$, so sind wir fertig, da P auch prim in G ist. Ist aber $S' \subset S$, so gibt es wegen $(*)$ einen Weg W, der eine Ecke p von $P - S'$ mit einer Ecke q von $S - S'$ verbindet und im übrigen S' vermeidet. Weiter seien P, W so gewählt, daß die Länge von W kleinstmöglich ist. Es ist dann $G[W]$

$= W$, $\mathring{W} \cap P = \mathring{W} \cap S = \Theta$, und p, S' gehören zu $G'(q \to P) \cap P$; daher ist $G[p, S']$ wegen (2.2) ein Simplex S_p. Weiter setzen wir $S_q = G[q, S']$ und $Q = G[S_p, S_q, W]$.

Besteht W nur aus einer Kante, so ist Q ein Simplex mit $Q \not\subseteq S$ und $\alpha(Q \cap S) > \alpha(S')$, was der Maximalwahl von S' und P widerspricht. Besitzt Q ein trennendes Simplex S^*, so muß dies aus ganz S' zuzüglich einer Ecke oder zwei benachbarten Ecken von W bestehen. Wählen wir ein maximal primes $P^* \supseteq S^*$ in G' so erhalten wir einen Widerspruch zur Minimalwahl von W.

Q muß also prim sein; $Q \not\subseteq S$ wegen $p \in E(Q)$, und $Q \cap S \supseteq S_q \supset S'$. Dieser Widerspruch zur Maximalwahl von S' beendet den Beweis. —

Nunmehr können wir zeigen (vgl. Halin [11]):

4.3. Zweiter Zerlegungssatz. *Jeder Graph ohne unendliches Simplex hat eine Primgraphenzerlegung. Diese kann reduziert gewählt werden*[1]*; ihre Glieder sind dann genau alle maximal primen Untergraphen von G.*

Beweis. Man betrachte alle Familien

$$\mathfrak{F} : P_\lambda \quad (\lambda < \tau)$$

(wo τ eine Ordnungszahl ist), so daß folgende Bedingungen erfüllt sind:

1. Jedes P_λ ist maximal primer Untergraph von G.
2. Für jedes $\varrho < \tau$ ist

$$\Big(\bigcup_{\lambda<\varrho} P_\lambda\Big) \cap P_\varrho =: S_\varrho$$

ein Simplex, das sowohl in $\bigcup_{\lambda<\varrho} P_\lambda$ als auch in P_ϱ echt enthalten ist.

3. S_ϱ trennt in G jedes x aus $\Big(\bigcup_{\lambda<\varrho} P_\lambda\Big) - S_\varrho$ von jedem y aus $P_\varrho - S_\varrho$.

Für zwei solche Familien $\mathfrak{F}_1 : P_\lambda$ $(\lambda < \tau)$, $\mathfrak{F}_2 : Q_\lambda$ $(\lambda < \varrho)$ setze man $\mathfrak{F}_1 \trianglelefteq \mathfrak{F}_2$, wenn $\tau \leqq \varrho$ gilt und $P_\lambda = Q_\lambda$ für jedes $\lambda < \tau$ ist. Offensichtlich ist $\trianglelefteq$ eine teilweise Ordnung in der Menge aller dieser Familien $\mathfrak{F}$.

Es ist unschwer zu sehen, daß die Vereinigung einer aufsteigenden Kette (bez. $\trianglelefteq$) solcher Familien wieder eine Familie dieser Art ist. Somit gibt es nach dem Zornschen Lemma eine maximale Familie $\mathfrak{F}_{\max} : P_\lambda$ $(\lambda < \sigma)$.

Wir setzen $G' := \bigcup_{\lambda<\sigma} P_\lambda$; offenbar ist $G' \sqsubseteq G$, und es genügt, $G = G'$ zu beweisen. Andernfalls wählen wir eine Ecke x aus $G - G'$ und setzen

$$G'' = G(x \to G').$$

$G' \cap G'' =: S$ ist ein Simplex. Es seien nämlich $a, b \in E(S)$, und λ_a bzw. λ_b sei das kleinste λ mit a bzw. b in G_λ. O. B. d. A. sei $\lambda_a \leqq \lambda_b$. Ist $\lambda_a < \lambda_b$, so folgt $a \in E(S_{\lambda_b})$ (andernfalls $a \cdot S_{\lambda_b} \cdot b(G)$, wogegen in G'' ein a,b-Weg existiert, der S_{λ_b} vermeidet). a, b liegen also in demselben P_λ, so daß sie wegen (3.3), (2.2) benachbart sein müssen.

Somit ist S ein Simplex und daher nach Voraussetzung endlich. S ist einspringend in G'', so daß nach (4.2) ein maximal primer Untergraph P von G'' existiert, der S echt enthält. P ist auch maximal prim in $G' \cup G''$ und damit in G (vgl. Übung 3 zu § 3).

[1]) Das ergibt sich aus der Konstruktion im Beweis, folgt aber auch aus (3.7).

S ist auch in einem der P_λ $(\lambda < \sigma)$ enthalten. (Denn nach (3.4) ist $S \subset P_\lambda$ für ein $\lambda < \sigma$. Wäre $S = P_\lambda$, so $P_\lambda \subset P$, entgegen 1.) Somit ist $G' \supset S$, und S trennt G.

Indem wir P zu $\mathfrak{F}_{\max}$ hinzunehmen, erhalten wir eine größere Familie derselben Art, mit Widerspruch. $\mathfrak{F}_{\max}$ muß also eine PGZ von G definieren. —

Ist $G \not\supseteq S(\aleph_0)$, so sind die Glieder einer (reduzierten) PGZ von G nach (4.3) genau alle maximal primen Untergraphen von G, also (bis auf die Reihenfolge) eindeutig bestimmt. Eine solche Eindeutigkeitsaussage gilt nun im Falle, daß in G unendliche Simplexe vorkommen, keineswegs mehr, auch wenn G eine reduzierte PGZ zuläßt. In § 11 werden wir einen abzählbaren Graphen kennenlernen, der überabzählbar viele maximal prime Untergraphen besitzt und als PGZ jede wohlgeordnete Folge solcher Untergraphen zuläßt, die sukzessive alle Ecken „ausschöpft" (er besitzt also überabzählbar viele wesentlich verschiedene PGZ).

Wir wollen unseren Begriff der Primität noch in folgender Weise relativieren:

Es sei m eine Kardinalzahl. G heiße *m-prim*, wenn es kein trennendes Simplex der Ordnung $< m$ in G gibt. Eine sZ von G heiße *vom Typ m*, wenn jedes Anschlußsimplex die Ordnung $< m$ hat, und eine sZ heiße eine *m-Primgraphenzerlegung*, wenn sie vom Typ m ist und jedes ihrer Glieder m-prim ist. Sie heißt *reduziert*, wenn kein Glied in einem anderen enthalten ist.

Dann ist also „1-prim" mit „zusammenhängend", „2-prim" mit „2-zh." äquivalent, und die Zerlegung in Komponenten bzw. Glieder des Graphen G ist eine 1- bzw. 2-Primgraphenzerlegung von G. Analog zu (3.1') beweist man, daß jedes m-prime $H \sqsubseteq G$ in einem maximal m-primen $H' \sqsubseteq G$ enthalten ist.

Unser Beispiel in (4.1) zeigte, daß nicht jeder Graph eine $\aleph_1$-Primgraphenzerlegung besitzt. Ist jedoch $m = \aleph_0$, so treten in einer sZ des Typs m nur endliche Anschlußsimplexe auf, und im Lichte von (4.3) schiene es vernünftig, zu vermuten, daß jeder Graph eine $\aleph_0$-Primgraphenzerlegung besitze. Aber unser Beispiel widerlegt auch diese Vermutung.

Nach dem Vorbild von (4.3) beweist man

4.4. Satz. *Ist $m < \aleph_0$, so besitzt jeder Graph G eine reduzierte m-Primgraphenzerlegung. Jede solche Zerlegung enthält als Glieder genau die maximal m-primen Untergraphen von G.*

Bemerkung. R. Diestel (Simplicial tree-decompositions of infinite graphs) hat inzwischen alle abzählbaren Graphen charakterisiert, die eine baumförmige PGZ besitzen. Die Arbeit wird voraussichtlich im J. Combin. Theorie (B) erscheinen.

Übungen

1. Ist $G = G' \cup G''$, $\alpha(G' \cap G'') \geqq m$ und sind G', G'' beide m-prime Untergraphen von G $(m \in \mathbb{N})$, so ist auch G selbst m-prim.

2. Sind $P \neq Q$ maximal m-prime Untergraphen von G $(m \in \mathbb{N})$, so ist $P \cap Q$ ein $S(t)$, $t < m$.

3. Man beweise (4.4).

(Hierbei gehen wie analog (4.3) vor. In den $\mathfrak{F}$ fordern wir statt „maximal prim" jetzt „maximal m-prim", ferner, daß alle S_ϱ die Ordnung $< m$ haben. Wieder sei $\mathfrak{F}_{\max}$: G_λ $(\lambda < \sigma)$ eine maximale solche Familie; es werde $G' := \bigcup_{\lambda<\sigma} G_\lambda \subset G$ angenommen. Wie bei (4.3) ergibt sich, daß, bei analog bestimmtem G'', $G' \cap G''$ ein Simplex S sein muß. Wäre $\alpha(S) \geqq m$ (evtl. unendlich), so folgte mittels der Schlußweise in (4.2) die Existenz eines maximal m-primen Untergraphen $U \subseteq G''$, der $\geqq m$ viele Ecken mit S gemeinsam hat und nicht ganz in S enthalten ist. In G' existiert ein G_λ, das mit $U \cap S$ mindestens m Ecken gemeinsam hat; $G_\lambda \cup U$ wäre dann aber m-prim (nach Übung 1). Somit folgt $\alpha(S) < m$. Mittels eines maximal m-primen $U \subseteq G''$, das S echt enthält (vgl. (4.2)), ergäbe sich ein Widerspruch zur Maximalität von $\mathfrak{F}_{\max}$. Also folgt $G = \bigcup_{\lambda<\sigma} G_\lambda$. Die Zerlegung ist reduziert, weil die G_λ alle maximal m-prim sind.)

4. Ist H_λ $(\lambda < \tau)$ eine sZ vom Typ m mit $H_\lambda \not\subseteq H_\mu$ für $\lambda \neq \mu$ und sämtlich m-primen H_λ, so müssen alle maximal m-primen Untergraphen (und nur solche) als Glieder auftreten.

5. Speziell für endliches G beweise man (4.3) per Induktion durch wiederholtes Aufspalten längs trennenden Simplexen.

§ 5. Die $\mathfrak{a}$-Saturation eines Graphen

Wir wollen den Ersten Zerlegungssatz anwenden, um solche Graphen zu studieren, die nicht $>_u$ bzw. $>$ zu einem gegebenen Graphen H sind. Hierbei macht die Bedingung über die Menger-Zahlen Schwierigkeiten. Die Betrachtungen dieses Abschnittes können zu deren Behebung dienen.

Ein Graph G heiße $\mathfrak{a}$-*saturiert* (wobei $\mathfrak{a}$ irgendeine Kardinalzahl ist), wenn (für $a \neq b$ aus $E(G)$)

$$\mu_G(a, b) \geqq \mathfrak{a} \Rightarrow ab \in K(G).$$

Die $\mathfrak{a}$-*Saturation* $[G]_\mathfrak{a}$ eines Graphen G ist der Graph, der aus G durch Hinzufügung aller ab entsteht mit $ab \notin K(G)$ und $\mu_G(a, b) \geqq \mathfrak{a}$. (Im Falle $\alpha(G) < \mathfrak{a}$ ist natürlich $[G]_\mathfrak{a} = G$.)

Dann haben wir:

5.1. *Für $T \subset G$ mit $\alpha(T) < \mathfrak{a}$ und $a, b \in E(G)$ gilt*

$$a \cdot T \cdot b\ (G) \Rightarrow a.T.b\ ([G]_\mathfrak{a}).$$

Insbesondere sind die Paare nichtbenachbarter Ecken a, b mit der Menger-Zahl $< \mathfrak{a}$ dieselben in G und in $[G]_\mathfrak{a}$, und es gilt $\mu_{[G]_\mathfrak{a}}(a, b) < \mathfrak{a}$ für alle nichtbenachbarten a, b in $[G]_\mathfrak{a}$.

Beweis. Es gelte $a \cdot T \cdot b(G)$, $\alpha(T) < \mathfrak{a}$, und C sei die Komponente von $G - T$, die a enthält. Gäbe es einen a,b-Weg in $[G]_\mathfrak{a} - T$, so müßte W eine Kante xy mit $x \in E(C)$, $y \notin E(C)$ enthalten; also $xy \notin K(G)$, was $\mu_G(x, y) \geqq \mathfrak{a}$ zur Folge hätte. Aber $x \cdot T \cdot y(G)$, da ja x, y zu verschiedenen Komponenten von $G - T$ gehören; Widerspruch! —

5.2. *H sei ein Graph der Eckenzahl $< \mathfrak{a}$, $\mathfrak{a}$ eine Kardinalzahl $\geqq \aleph_0$. Für jeden Graphen G gilt dann*

$$[G]_\mathfrak{a} >_u H \Leftrightarrow G >_u H,$$

$$[G]_\mathfrak{a} > H \Leftrightarrow G > H.$$

Beweis. Ist $[G]_\mathfrak{a} >_u$ (bzw. $>$) H, so gibt es auch ein $H' \subseteq [G]_\mathfrak{a}$ mit $H' >_u$ (bzw. $>$) H, so daß H' endlich ist, falls H endlich ist, bzw. $\alpha(H') = \alpha(H)$ ist, falls H unendlich ist. Ist xy eine Kante von H', die nicht in G vorkommt, so notwendig $\mu_G(x, y) \geqq \mathfrak{a}$; also gibt es aus Anzahlgründen einen x,y-Weg W in G mit $\mathring{W} \cap H' = \Theta$, und wir können xy durch W ersetzen. Diesen Ersetzungsprozeß können wir, mittels einer Standardanwendung des Zornschen Lemmas, für alle Kanten von H', die nicht in G liegen, „Schritt für Schritt" durchführen, so daß wir eine Unterteilung von H' in G finden. —

Ist speziell H ein Simplex, so bleibt die Aussage von (5.2) auch noch für $\alpha(H) = \mathfrak{a}$ richtig:

5.3. *$\mathfrak{a}$ sei eine unendliche Kardinalzahl. Für einen Graphen G sind folgende Aussagen äquivalent:*

(a) $[G]_\mathfrak{a} \supseteq S(\mathfrak{a})$, (b) $[G]_\mathfrak{a} >_u S(\mathfrak{a})$, (c) $G >_u S(\mathfrak{a})$.

Beweis. (b) $\Rightarrow$ (a) ergibt sich aus (5.1). Zum Beweis von (a) $\Rightarrow$ (c) betrachte man in G Unterteilungen U von Simplexen, deren Verzweigungspunkte alle zu dem gegebenen

$S(\mathfrak{a}) \subseteq [G]_\mathfrak{a}$ gehören. Die Vereinigung einer Kette (bez. $\subseteq$) solcher Unterteilungen ist wieder eine solche. Daher existiert nach Zorn eine maximale solche Unterteilung $U_m = S(\mathfrak{a}')^U$ in G. Wäre $\mathfrak{a}' < \mathfrak{a}$, so gäbe es eine Ecke a in $S(\mathfrak{a})$, die nicht zu U_m gehört. Man betrachte nun in G Systeme von bis auf a fremden Wegen, die a mit Verzweigungspunkten von U_m verbinden und keine innere Ecke mit U_m gemeinsam haben. Nach Zorn folgt, daß es ein (bez. $\subseteq$) maximales solches System W_m in G geben muß. Angenommen, es gäbe einen Verzweigungspunkt v von U_m, der nicht Endpunkt eines Weges aus W_m ist. Nach Definition von $[G]_\mathfrak{a}$ existiert in G entweder av oder ein $\Theta_\mathfrak{a}(a, v)$; in beiden Fällen könnten wir W_m noch durch einen a,v-Weg erweitern. U_m bildet daher zusammen mit W_m eine Unterteilung eines Simplexes, die der Maximalität von U_m widerspricht. Es folgt $\mathfrak{a}' = \mathfrak{a}$. Die übrigen in (5.3) behaupteten Implikationen sind trivial. —

Übungen

1. Man führe den Beweis von (5.2) genau durch.
2. Warum läßt sich die Beweisidee von (5.3) nicht benutzen, um (5.2) unter der schwächeren Voraussetzung $\alpha(H) \leqq \mathfrak{a}$ zu beweisen?
3. $z(G) \geqq n \Leftrightarrow [G]_n$ ist Simplex.
4. Ist $[G]_\mathfrak{a} \succ_u n * \mathfrak{a}$, $n < \aleph_0 \leqq \mathfrak{a}$, so $G \succ_u n * \mathfrak{a}$.

Es entspreche nämlich dem „Faktor" n die Menge $T \subset E$, dem „Faktor" $\mathfrak{a}$ die Menge $A \subset E$; also $|T| = n$, $|A| = \mathfrak{a}$. $\mathcal{F}$ sei die Menge aller Graphen $\subseteq G$, die sich als Vereinigung von bis auf T fremden a,T-Fächern mit $a \in A$ darstellen lassen. In $\mathcal{F}$ findet man mittels des Zornschen Lemmas ein maximales Element H; es ist ein $(n * \mathfrak{b})^U$. Wäre $\mathfrak{b} < \mathfrak{a}$, so gäbe es in dem $(n * \mathfrak{a})^U \subseteq [G]_\mathfrak{a}$ einen a,T-Fächer F mit $F \cap H = T$. Sukzessive ersetze man die Kanten xy von F mit $xy \notin K(G)$, also $\mu_G(x, y) \geqq \mathfrak{a}$, durch Wege $W_{xy} \subset G$; dies ist so möglich, daß ein zu H (bis auf T) fremder a,T-Fächer entsteht.)

§ 6. Verbotene Konfigurationen

Es sei Γ eine nichtleere Menge endlicher Graphen. Die Klasse aller Graphen, die zu keinem $G \in \Gamma$ c-homomorph sind, heiße (nach K. Wagner) die *Homomorphieklasse* von Γ und werde durch $\mathfrak{H}^*(\Gamma)$ bezeichnet. Entsprechend sei die *Unterteilungsklasse* $\mathfrak{H}^*_u(\Gamma)$ die Klasse aller der Graphen, die keine Unterteilung irgendeines $G \in \Gamma$ enthalten. Ist $\Gamma = \{A_1, \ldots, A_n\}$ endlich, so bezeichnen wir diese Klassen auch einfach mit $\mathfrak{H}^*(A_1, \ldots, A_n)$, $\mathfrak{H}^*_u(A_1, \ldots, A_n)$. $\hat{\mathfrak{H}}^*(\Gamma)$ bzw. $\hat{\mathfrak{H}}^*_u(\Gamma)$ ist die Klasse der maximalen Graphen aus $\mathfrak{H}^*(\Gamma)$ bzw. $\mathfrak{H}^*_u(\Gamma)$; vgl. S. 91. Bemerkung: Für ein $t \in \mathbb{N}$ ist $S(t) \in \hat{\mathfrak{H}}^*(\Gamma)$ und $\hat{\mathfrak{H}}^*_u(\Gamma)$ genau dann, wenn $t < \alpha(H)$ für jedes $H \in \Gamma$ gilt.

6.1. *Jeder Graph $G \in \mathfrak{H}^*(\Gamma)$ (bzw. $\mathfrak{H}^*_u(\Gamma)$) kann durch Adjunktion einer Menge neuer Kanten zu einem Graphen aus $\hat{\mathfrak{H}}^*(\Gamma)$ (bzw. $\hat{\mathfrak{H}}^*_u(\Gamma)$) erweitert werden.*

Beweis. Wir betrachten alle Graphen der Form $G \cup K' \in \mathfrak{H}^*(\Gamma)$, wo K' eine Menge neuer Kanten zu G ist (evtl. $K' = \emptyset$). Die Vereinigung $\hat{G}$ einer Kette (bez. $\subseteq$) solcher Graphen liegt wieder in $\mathfrak{H}^*(\Gamma)$, was sich leicht daraus ergibt, daß, wenn $\hat{G} \succ F \in \Gamma$ sein sollte, schon ein endlicher Teilgraph von $\hat{G}$ diese Eigenschaft haben müßte. Nach dem Lemma von Zorn existiert also ein maximaler Graph obiger Form $G \cup K'$; dieser muß offenbar zu $\hat{\mathfrak{H}}^*(\Gamma)$ gehören. Analog ergibt sich der Beweis für Graphen $\in \mathfrak{H}^*_u(\Gamma)$. —

Nach (4.3) hat jeder Graph aus $\hat{\mathfrak{H}}^*(\Gamma)$ eine PGZ. Die Klasse aller primen Graphen, die in der PGZ irgendeines $G \in \hat{\mathfrak{H}}^*(\Gamma)$ vorkommen, heiße die *Homomorphiebasis* von Γ; sie werde mit $\mathfrak{B}(\Gamma)$ bezeichnet. Analog definieren wir als *Unterteilungsbasis* $\mathfrak{B}_u(\Gamma)$ von Γ die Klasse aller primen Graphen, die in der PGZ irgendeines $G \in \hat{\mathfrak{H}}_u^*(\Gamma)$ auftreten.

Es gilt (vgl. HALIN [11]):

6.2. *Jedes Element von $\mathfrak{B}(\Gamma)$ oder $\mathfrak{B}_u(\Gamma)$ ist endlich oder abzählbar.*

Beweis. Es sei $G \in \hat{\mathfrak{H}}^*(\Gamma)$ bzw. $\hat{\mathfrak{H}}_u^*(\Gamma)$ und P_λ $(\lambda < \sigma)$ die PGZ von G. Zu zeigen ist $\alpha(P_\lambda) \leqq \aleph_0$ für jedes $\lambda < \sigma$. Nun ist wegen (5.2) $[G]_{\aleph_0} \in \mathfrak{H}^*(\Gamma)$ bzw. $\mathfrak{H}_u^*(\Gamma)$, so daß $G = [G]_{\aleph_0}$ wegen der Maximalität von G gelten muß. Insbesondere ist $\mu_G(x, y) < \infty$ für alle nichtbenachbarten x, y in G, und diese Eigenschaft überträgt sich auf die Untergraphen P_λ. Daher hat jedes P_λ wegen (2.4″) höchstens die Ordnung $\aleph_0$. —

Natürlich ist stets $\mathfrak{B}(\Gamma) \subseteq \mathfrak{H}^*(\Gamma)$ (nicht aber notwendig $\subseteq \hat{\mathfrak{H}}^*(\Gamma)$). Es ist klar, daß die Kenntnis der Basiselemente für die Beherrschung der Klasse $\mathfrak{H}^*(\Gamma)$ bzw. $\mathfrak{H}_u^*(\Gamma)$ eine entscheidende Rolle spielt. Nach Aufstellung der Basis ist jedoch auch folgendes Problem zu lösen: Wie muß man die Basiselemente zusammenheften, um genau alle Elemente von $\hat{\mathfrak{H}}^*(\Gamma)$ bzw. $\hat{\mathfrak{H}}_u^*(\Gamma)$ zu bekommen? Letztere Aufgabe ist indes in den konkreten Fällen, wenn die Basis erst einmal ermittelt ist, nicht mehr so schwierig.

Erstmalig hat K. WAGNER [24, 25, 26] Basen (für $\Gamma = \{3 * 3\}, \{S(5)\}, \{1 * 1 * 1 * 2\}$) explizit aufgestellt (s. § 7) und auf Färbungsprobleme, insbesondere Teilaussagen der Hadwiger-Vermutung, angewendet. Dies ist möglich wegen der guten Verträglichkeit der sZ mit der chromatischen Zahl und den c-Homomorphismen, die sich in den folgenden beiden Resultaten ausdrückt.

6.3. *Ist G_λ $(\lambda < \sigma)$ eine sZ von G mit sämtlich endlichen Anschlußsimplexen, so ist* $\chi(G) = \sup\limits_{\lambda<\sigma} \chi(G_\lambda)$.

Beweis. F sei eine Menge von $\sup\limits_{\lambda<\sigma} \chi(G_\lambda)$ Farben. Hat man eine Partialsumme G'_τ schon mit F gefärbt, so kann man diese Färbung leicht auf eine Färbung von G_τ (mit $\chi(G_\tau)$ Farben aus F) fortsetzen (vgl. (1.3) in Kap. 6). —

Wegen (6.10) in Kap. 6 ist es klar, daß es eine (kleinste) natürliche Zahl n_0 geben muß, so daß $\chi(G) \leqq n_0$ für alle $G \in \mathfrak{H}^*(\Gamma)$ gilt. Dann ist also $n_0 = \max\big(\chi(G) \mid G \in \mathfrak{H}^*(\Gamma)\big)$, und wegen (6.1), (6.3) ist zugleich $n_0 = \max\big(\chi(B) \mid B \in \mathfrak{B}(\Gamma)\big)$. Ist $\mathfrak{B}(\Gamma)$ bekannt und damit dieses n_0, so gewinnt man die Aussage

$$\chi(G) > n_0 \Rightarrow \bigvee_{H\in\Gamma} G \succ H,$$

was, insbesondere bei einelementigem Γ, eine Teilaussage der Hadwiger-Vermutung (für $n_0 + 1$) ergibt.

6.4. *Es sei $G = G' \cup G''$, $G' \cap G'' = S$ ein Simplex. φ sei ein c-Homomorphismus aus G auf einen Graphen H. Es seien $H' = H[\varphi(G')]$, $H'' = H[\varphi(G'')]$, $T = H[\varphi(S)]$ (evtl. H', H'' oder T leer). Dann gilt $G' \succ H'$, $G'' \succ H''$, $S \succ T$ vermöge der entsprechenden Einschränkungen von φ, und es ist $H = H' \cup H''$, $H' \cap H'' = T$.*

Beweis. Für $x' \in E(H')$ ist $\varphi^{-1}[x'] \cap G'$ zh. (Denn sind a, b Ecken aus letzterem Graphen, so existiert ein a,b-Weg $W \subseteq \varphi^{-1}[x']$. Sind $s \neq s'$ Ecken aus $W \cap S$, so kann $W_{ss'}$ durch die Kante ss' ersetzt werden. Man sieht, daß dieser Ersetzungsprozeß zu einem a,b-Weg $\subseteq \varphi^{-1}[x'] \cap G'$ führt.) Ist $x'y' \in K(H')$, so gibt es x aus $\varphi^{-1}[x']$, y aus $\varphi^{-1}[y']$ mit $xy \in K(G)$. Ist $\varphi^{-1}[x']$ oder $\varphi^{-1}[y']$ zu G'' fremd, so liegt xy schon in $K(G')$. Die

Alternative $\varphi^{-1}[x'] \cap G''$, $\varphi^{-1}[y'] \cap G''$ beide $\neq \Theta$ hat zur Folge, daß eine Kante von S zwischen $\varphi^{-1}[x'] \cap G'$ und $\varphi^{-1}[y'] \cap G'$ verläuft. Vermöge φ ist also $G' \succ H'$. Die übrigen Behauptungen folgen ähnlich. —

Als Korollare erhalten wir:

6.4'. *Ist* $G = G' \cup G''$, $G' \cap G'' = S(t)$ *sowie* $G \succ H$ *und* $z(H) > t$, *so muß* $G' \succ H$ *oder* $G'' \succ H$ *gelten.*

6.4''. *Ist* G_λ $(\lambda < \sigma)$ *eine sZ von* G *und* $G \succ H$, *wobei* H *endlich und* $z(H) > \alpha(S_\lambda)$ *für alle Anschlußsimplexe der Zerlegung sei, so muß* $G_\lambda \succ H$ *für mindestens ein* $\lambda < \sigma$ *gelten.*

Beweis. Man wähle ein endliches $F \sqsubseteq G$ mit $F \succ H$ und wende (3.4') sowie (6.4') an. —

6.4'''. G_λ $(\lambda < \sigma)$ *sei eine sZ von* G *mit den Anschlußsimplexen* S_λ. *Es gelte für jedes* λ, $0 < \lambda < \sigma$,

$$\alpha(S_\lambda) < z_\Gamma := \min\big(z(H) \mid H \in \Gamma\big).$$

Dann folgt:

(i) $G \in \mathfrak{H}^*(\Gamma) \Leftrightarrow \bigwedge_{\lambda<\sigma} G_\lambda \in \mathfrak{H}^*(\Gamma)$,

(ii) $G \in \hat{\mathfrak{H}}^*(\Gamma) \Rightarrow \bigwedge_{\lambda<\sigma} G_\lambda \in \hat{\mathfrak{H}}^*(\Gamma)$. —

In (ii) gilt die umgekehrte Implikation im allgemeinen nicht. Man kann das Problem, wie man die Elemente von $\mathfrak{B}(\Gamma)$ zusammenheften muß, um genau alle Graphen aus $\hat{\mathfrak{H}}^*(\Gamma)$ zu erhalten, nicht allgemein für jedes Γ lösen, zumal man auch unter Umständen Anschlußsimplexe der Ordnung $\geqq z_\Gamma$ zulassen muß. Im Falle $\Gamma = \{S(n)\}$ überblickt man jedoch die Verhältnisse (K. Wagner [26]):

6.5. *Es sei* $G = G' \cup G''$, $G' \cap G'' = S$ *ein Simplex. Genau dann liegt* G *in* $\hat{\mathfrak{H}}^*\big(S(n)\big)$, *wenn folgende beiden Bedingungen erfüllt sind:*

1. G', G'' *gehören beide zu* $\hat{\mathfrak{H}}^*\big(S(n)\big)$.
2. *Falls* $\alpha(S) < n - 2$, *so gibt es in wenigstens einem der Graphen* G', G'' *kein Simplex, das* S *echt als Teilgraph enthält.*

Bemerkung: Im Falle $n \geqq 3$ kann weder Θ noch $S(1)$ ein $G \in \hat{\mathfrak{H}}^*\big(S(n)\big)$ trennen, d. h. $z(G) \geqq 2$ für $\alpha(G) \geqq 3$.

Beweis. Die Notwendigkeit von 1. hatten wir in (6.4''') erkannt. Ist 2. nicht erfüllt, so ist also $\alpha(S) < n - 2$, und es gibt Simplexe S', S'' mit $S \sqsubset S' \sqsubseteq G'$, $S \sqsubset S'' \sqsubseteq G''$. e' bzw. e'' sei Ecke aus $S' - S$ bzw. $S'' - S$. e', e'', S zusammen mit der neuen Kante $e'e''$ spannen dann ein Simplex S^* mit $\alpha(S^*) < n$ auf, und $G \cup e'e''$ hätte die sZ G', S^*, G'', könnte nach (6.4''') daher nicht $\succ S(n)$ sein. Also ist auch 2. für die Maximalität von G notwendig.

Umgekehrt seien 1. und 2. erfüllt. $k = pq$ sei eine neue Kante zu G. Liegen p, q beide in G' (bzw. in G''), so folgt $G \cup k \sqsupseteq G' \cup k \succ S(n)$. Daher sei o. B. d. A. $p \in E(G' - S)$, $q \in E(G'' - S)$.

Sind p, q beide zu jeder Ecke von S benachbart, so muß $\alpha(S) \geqq n - 2$ gelten (wegen 2.); p, q, S spannen dann zusammen mit k ein $S(t)$, $t \geqq n$, auf. Also sei etwa p zu einer Ecke s von S nicht benachbart. S_0 sei das Simplex $G'(p \to S) \cap S$. Falls $G'[p, S_0]$ ein Simplex ist, so folgt $S_0 \subseteq S - s$; dann $s \cdot S_0 \cdot p(G')$, und wegen der im ersten Beweisteil als notwendig erkannten Bedingung für $G' \in \hat{\mathfrak{H}}^*(S(n))$ folgt $\alpha(S_0) = n - 2$. Ist nun auch q zu jeder Ecke von S_0 benachbart, so spannen p, q, S_0 mit k ein $S(n)$ auf. Ist aber q zu einem $s'' \in E(S_0)$ nicht benachbart, so bilden k und ps'' eine unterteilte neue Kante zu G''.

Andererseits sei p zu einem $s' \in E(S_0)$ nicht benachbart. Ist nun $qs' \in K(G)$, so bilden k und qs' eine unterteilte neue Kante zu G'. Gilt aber $qs' \notin K(G)$, so existiert nach Definition von S_0 ein p,s'-Weg $Z \subseteq G'$ mit $\mathring{Z} \cap S = \Theta$. Z, k bilden dann zusammen eine unterteilte neue Kante zu G''. In jedem Falle folgt $G \cup k \succ S(n)$ aus der Maximalität von G', G''. —

Man erkennt:

6.5'. *Jedes Element von* $\mathfrak{B}(S(n))$ *muß in* $\hat{\mathfrak{H}}^*(S(n))$ *liegen, und ein Graph G mit der PGZ* G_λ $(\lambda < \sigma)$ *liegt in* $\hat{\mathfrak{H}}^*(S(n))$ *genau dann, wenn jedes* G_λ *zu* $\mathfrak{B}(S(n))$ *gehört und für jedes Anschlußsimplex* S_λ $(0 < \lambda < \sigma)$ *gilt: Falls* $\alpha(S_\lambda) < n - 2$, *so gibt es in* G_λ *oder in* $\bigcup_{\nu<\lambda} G_\nu$ *kein Simplex, das* S_λ *echt enthält.* —

Für die praktische Aufstellung von Basen ist das folgende Resultat nützlich:

6.6. *Es sei* $G = G' \cup G'' \in \hat{\mathfrak{H}}^*(\Gamma)$, $G' \cap G'' = T$ *mit* $\alpha(T) < z_\Gamma$. $S(T)$ *bezeichne das Simplex mit der Eckenmenge* T. *Es gebe c-Homomorphismen* φ' *von* G' *auf* $S(T)$, φ'' *von* G'' *auf* $S(T)$ *derart, daß* $\varphi'(t) = \varphi''(t) = t$ *für jedes* $t \in E(T)$ ist.[1]) *Dann folgt* $T = S(T)$, *d. h.,* T *ist ein trennendes Simplex in* G.

Beweis. Es sei $S(T) = T \cup L$, wo L eine Menge neuer Kanten zu T ist. Wäre $L \neq \emptyset$, so $G \cup L \succ H$ für ein $H \in \Gamma$. Nun ist $G \cup L = (G' \cup L) \cup (G'' \cup L)$, $(G' \cup L) \cap (G'' \cup L) = S(T)$, und wegen (6.4') müßte $G' \cup L$ oder $G'' \cup L \succ H$ sein. Vermöge φ'' bzw. φ' erkennt man aber $G \succ G' \cup L$, $G \succ G'' \cup L$; es muß also L leer, d. h. T Simplex sein. —

In (6.1) und (6.2) sahen wir, daß jeder Graph G, der nicht $\succ$ (oder $\succ_u$) zu einem endlichen Graphen H ist, durch Adjunktion von Kanten zu einem Graphen $\hat{G}$ mit derselben Eigenschaft erweitert werden kann, so daß $\hat{G}$ eine sZ mit „kleinen" (d. h. höchstens abzählbaren) Gliedern besitzt. Ein entsprechendes Resultat bleibt auch gültig, wenn H unendlich ist, obwohl es in diesem Falle keinen Sinn hat, die maximalen Graphen bez. der betreffenden verbotenen Konfiguration zu betrachten.

6.7. *G, H seien Graphen mit* $\alpha(G) > \alpha(H) \geqq \aleph_0$ *und* $G \not\succ H$ *(bzw.* $G \not\succ_u H$*). Dann kann G durch Adjunktion neuer Kanten zu einem Graphen* $\hat{G}$ *erweitert werden, der gleichfalls* $\hat{G} \not\succ H$ *(bzw.* $\hat{G} \not\succ_u H$*) erfüllt und der eine sZ* G_λ $(\lambda < \omega(\alpha(G)))$ *besitzt, in der alle Glieder die Eckenzahl* $\leqq \alpha(H)$ *haben. Es kann etwa* $\hat{G} = [G]_\mathfrak{a}$ *mit* $\mathfrak{a} = \alpha(H)^+$ *gewählt werden.*

Dies folgt aus (5.2) und (2.5). Analog ergibt sich aus (5.3) und (2.5):

6.8. $\mathfrak{a}$ *sei eine reguläre überabzählbare Kardinalzahl und G ein Graph mit* $G \not\succ_u S(\mathfrak{a})$. *Dann ist* $[G]_\mathfrak{a} \not\succ_u S(\mathfrak{a})$, *und* $[G]_\mathfrak{a}$ *hat eine sZ, in der jedes Glied eine Ordnung* $< \mathfrak{a}$ *hat.*

Übungen

1. Die endlichen Elemente von $\mathfrak{H}^*(3 * 3, S(5))$ sind mit den endlichen plättbaren Graphen identisch.
2. $\hat{\mathfrak{H}}^*(S(3))$ ist gleich der Klasse der Bäume. Also besteht $\mathfrak{B}(S(3))$ aus $S(1)$, $S(2)$.

[1]) Gibt es ein solches φ von G' auf T, so schreiben wir kurz $G' \underset{T}{\succ} S(T)$.

3. Die Vereinigung einer Kette (bez. $\subseteq$) von Graphen $\in \mathring{\mathfrak{H}}^*(\Gamma)$ liegt wieder in $\mathring{\mathfrak{H}}^*(\Gamma)$.

4. Für eine Graphenmenge Γ sei $\Gamma * 1 = \{G * 1 \mid G \in \Gamma\}$.

Zu zeigen:

a) $G \in \mathfrak{H}^*(\Gamma) \Leftrightarrow G * 1 \in \mathfrak{H}^*(\Gamma * 1)$,

b) $G \in \mathring{\mathfrak{H}}^*(\Gamma) \Leftrightarrow G * 1 \in \mathring{\mathfrak{H}}^*(\Gamma * 1)$,

c) $G \in \mathfrak{B}(\Gamma) \Leftrightarrow G * 1 \in \mathfrak{B}(\Gamma * 1)$.

5. Die Sätze (6.4′) bis (6.5′) gelten entsprechend auch für Unterteilungen (d. h. für $\mathfrak{H}_u^*$ statt $\mathfrak{H}^*$).

6. Die Sätze (6.5), (6.5′) behandeln den Fall $\Gamma = \{S(n)\}$. Sie gelten genauso, wenn Γ außer $S(n)$ noch weitere Graphen der Zusammenhangszahl $\geqq n - 1$ enthält.

7. Es ist $G \in \mathfrak{B}(S(n))$ genau dann, wenn $G \in \mathring{\mathfrak{H}}^*(S(n))$ gilt und G außer Simplexen der Ordnung $\leqq n - 2$ kein Element von $\mathring{\mathfrak{H}}^*(S(n))$ als echten Teilgraphen enthält.

§ 7. Aufstellung der Homomorphiebasis von $S(5)$

Die Homomorphiebasis für $S(5)$ wurde 1937 von K. Wagner [24] ermittelt, im Zusammenhang mit dem Beweise seines Äquivalenzsatzes (vgl. Kap. 6, (6.8)). Wir folgen hier einem vereinfachten Beweise von Halin [10]; die Ausdehnung auf unendliche Graphen geschah in [12]. Zunächst stellen wir einige allgemeine Hilfsmittel bereit. Γ und z_Γ sollen dieselbe Bedeutung wie in § 6 haben.

7.1. *Gilt $z_\Gamma \geqq 3$, so ist jedes $G \in \mathring{\mathfrak{H}}^*(\Gamma)$ entweder ein $S(t)$ mit $t \leqq 2$ oder 2-zh., und jedes trennende $T \sqsubseteq G$ mit $\alpha(T) = 2$ ist ein Simplex. Jedes $G \in \mathfrak{B}(\Gamma)$ ist 3-zh. (ausgenommen die $S(t)$ mit $t \leqq 3$).*

Beweis. Sei $\alpha(G) \geqq 3$. Analog (6.5), 2. (vgl. die anschließende Bemerkung) folgt $z(G) \geqq 2$. $T \sqsubseteq G$ mit $E(T) = \{t, t'\}$ trenne G, d. h. $G = G' \cup G''$, $G' \cap G'' = T$, $T \subset G'$, G''. Wegen $z(G) \geqq 2$ gibt es t,t'-Wege $W' \subseteq G'$, $W'' \subseteq G''$; also $tt' \in K(G)$ wegen (6.6).

Würde $B \in \mathfrak{B}(\Gamma)$ durch Ecken t, t' getrennt, so würden t, t' wegen (2.1) auch jedes $G \in \mathring{\mathfrak{H}}^*(\Gamma)$, in dessen PGZ dieses B vorkommt, trennen; t, t' müßten also benachbart sein, gegen die Primität von B. —

Wegen $z(G) \geqq 3 \Rightarrow G \succ S(4)$ (vgl. Kap. 4, § 2, Übung 17) folgt aus (7.1) sofort:

7.2. $\mathfrak{B}(S(4)) = \{S(t) \mid t \leqq 3\}$.

Mit (6.5′) kennen wir daher alle (maximalen) Graphen, die keine Unterteilung eines $S(4)$ enthalten.

7.3. *Es sei $z_\Gamma \geqq 4$ und $G \in \mathfrak{B}(\Gamma)$. $T \sqsubseteq G$ mit den Ecken t, t', t'' trenne G. Dann gilt:*

1. *T ist kantenlos;*
2. *$G - T$ hat genau zwei Komponenten;*
3. *eine dieser Komponenten hat die Eckenzahl 1, die andere eine Eckenzahl $\geqq 2$.*

Beweis. H_i ($i \in I$; $|I| \geqq 2$) seien die Komponenten von $G - T$; wir setzen $G[H_i \cup T] =: G_i$ ($i \in I$). Nach (7.1) ist $z(G) \geqq 3$; zu jedem $e \in E(H_i)$ gibt es also drei bis auf e fremde Wege Z, Z', Z'', die e mit t, t' bzw. t'' verbinden.

Ist nun etwa $tt' \in K(G)$, so sehen wir $G_i \underset{T}{\succ} S(T)$ durch Kontraktion von Z'' auf t''.

Betrachten wir nun weiter den Fall, daß etwa Z keine Kante ist. Da G durch e, t nicht getrennt wird, muß es einen Weg $Q \subseteq G_i - e$ geben, der ein $p \in E(\mathring{Z})$ mit einem $q \in E(Z' \cup Z'')$ verbindet und $\mathring{Q} \cap (Z \cup Z' \cup Z'') = \Theta$ erfüllt; o. B. d. A. $q \in E(Z')$. Wir kontrahieren nun p längs Z mit t sowie q längs Z' mit t'. Durch den weiteren Zusammenzug von Z'' auf t'' folgt $G_i \underset{T}{>} S(T)$.

Sind Z, Z', Z'' sämtlich Kanten und ist $\alpha(H_i) \geqq 2$, so wähle man $f \in N_{H_i}(e)$ und einen f,T-Weg $W \subseteq G - e$; etwa $W \cap T = \{t\}$. Durch Ersetzung von Z durch $W \cup \langle ef \rangle$ folgt nach dem vorigen Fall $G_i \underset{T}{>} S(T)$.

Nach diesen Überlegungen folgt $G_i \underset{T}{>} S(T)$ sicher dann, wenn $K(T) \neq \emptyset$ oder $\alpha(H_i) \geqq 2$ gilt.

J sei nun ein Graph $\in \hat{\mathfrak{H}}^*(\Gamma)$, der G in seiner PGZ enthält. Wegen (2.1), (6.6) folgt also $K(T) = \emptyset$ und kann $\alpha(H_i) \geqq 2$ nur für höchstens ein i gelten. Sind alle $\alpha(H_i) = 1$, so ist $G = 3 * (\alpha(G) - 3)$, also dreiecklos; jedes $J(x \to G) \cap G$ ist daher ein $S(2)$. Ergänzen wir T zu $S(T)$, so muß der entstehende Graph $\hat{J} > F$ für ein $F \in \Gamma$ werden, und wegen (6.4'') gilt $G \cup S(T) > F$. $G \cup S(T)$ besteht aus lauter Tetraedern, die längs $S(T)$ zusammengeheftet sind, kann also wegen (6.4'') nicht $>$ einem 4-zh. F sein.

Daher gibt es genau ein $j \in I$ mit $\alpha(H_j) \geqq 2$. Gälte $|I| \geqq 3$, so erhielte man mit $G' := G_j$, $G'' := \bigcup_{i \neq j} G_i$ einen Widerspruch zu (2.1), (6.6). —

7.4. *Es sei $G, H \in \mathfrak{B}(\Gamma)$, $z_\Gamma \geqq 3$. Es gelte $\alpha(H) \geqq 3$, und H enthalte kein Dreieck. Ist $G >_u H$, so muß $G = H$ gelten.*

Beweis. Wegen (7.1) ist $z(H) \geqq 3$; wegen $H \not\sqsupseteq S(3)$ und (6.4''') folgt $H \in \hat{\mathfrak{H}}^*(\Gamma)$. Es sei U ein $H^U \subseteq G$. Ist der a,b-Weg Z eine echt unterteilte Kante von H, so muß in $G - \{a, b\}$ ein $\mathring{Z}$, $(U - Z)$-Weg W_{xy} existieren. Es gibt einen Verzweigungspunkt $v \neq a, b$ in U, so daß entweder $v = y$ gilt oder y Teilungspunkt einer von v auslaufenden (unterteilten) Kante Z' von H ist. Nach Voraussetzung existiert nur höchstens eine der Kanten va, vb in H; es sei etwa $va \notin K(H)$. Nun kontrahieren wir Z_{xa} und Z'_{yv} je auf eine Ecke; wir erkennen $G > H \cup av$, gegen $G \in \mathfrak{H}^*(\Gamma)$.

Es muß also $H \sqsubseteq G$ gelten. Gäbe es ein $e \in E(G - H)$, so müßte $G(e \to H) \cap H$ ein trennendes Simplex sein, gegen die Primität von G. —

Bei der Aufstellung von $\mathfrak{B}(S(5))$ wollen wir uns den Satz von Kuratowski zunutze machen, d. h., wir bestimmen die plättbaren und die nichtplättbaren Basiselemente getrennt. Ein Graph G mit $\alpha(G) \leqq \aleph_0$ heiße *maximal plättbar*, wenn G plättbar ist, aber $G \cup k$ für jede neue Kante k zu G diese Eigenschaft nicht mehr hat. Nach Kuratowski ist G (mit $\alpha(G) \leqq \aleph_0$) maximal plättbar genau dann, wenn $G \in \hat{\mathfrak{H}}^*(S(5), 3 * 3)$ gilt. Ein plättbares $G \in \hat{\mathfrak{H}}^*(S(5)) \leqq \aleph_0$ ist notwendig maximal plättbar; umgekehrt folgt nach Kap. 7, § 1, Übung 8, daß jeder endliche maximal plättbare Graph auch in $\hat{\mathfrak{H}}^*(S(5))$, sogar in $\hat{\mathfrak{H}}^*_u(S(5))$, liegen muß: Die endlichen plättbaren Elemente von $\hat{\mathfrak{H}}^*(S(5))$ sind die ebenen Dreiecksgraphen. Wir werden zeigen, daß auch die abzählbaren maximal plättbaren Graphen alle zu $\hat{\mathfrak{H}}^*(S(5))$ gehören. Bezüglich der Struktur dieser Graphen s. auch Übung 2, 3 unten. Wegen (7.1) muß jeder prime solche Graph 3-zh. sein.

7.5. *G sei plättbar mit $5 \leqq \alpha(G) \leqq \aleph_0$. G ist 3-zh. und maximal plättbar genau dann, wenn für je zwei nicht benachbarte $a, b \in E(G)$ jeder endliche a,b-Schnitt in G einen Kreis aufspannt.*

Beweis. 1. Zuerst werde die Bedingung des Satzes angenommen. Natürlich ist dann $z(G) \geqq 3$. Wir gehen von einer bestimmten ebenen Einbettung von G aus und zeigen zunächst $\mu_G(a, b) = \aleph_0 \Rightarrow ab \in K(G)$. Angenommen, es sei $ab \notin K(G)$ und es gebe ein unendliches System $\mathfrak{S}$ kreuzungsfreier a,b-Wege in G; o. B. d. A. seien die Wege aus $\mathfrak{S}$

sehnenlos. Nun seien Z, Z', Z'' beliebige Wege aus $\mathfrak{S}$. Wenigstens eins der 3 durch $Z \cup Z' \cup Z''$ bestimmten Gebiete enthält die inneren Ecken aller Wege aus einem unendlichen Teilsystem $\mathfrak{S}'$ von $\mathfrak{S}$. Wir können annehmen, daß dieses Gebiet das Äußere des Kreises $Z' \cup Z''$ ist und daß Z durch das Innere dieses Kreises läuft. Z trennt dann jedes $a' \in E(\mathring{Z}')$ von jedem $a'' \in E(\mathring{Z}'')$. (Denn jedes $Q \in \mathfrak{S}'$ bildet zusammen mit Z einen Kreis, der a', a'' trennt; ein a',a''-Weg $\subseteq G - Z$ müßte dann jedes der unendlich vielen disjunkten $\mathring{Q}$ mit $Q \in \mathfrak{S}'$ treffen.) Daher existiert ein a',a''-Schnitt $T \subseteq E(Z)$, und nach Voraussetzung müßte $G[T]$ ein Kreis sein, was wegen $G[Z] = Z$ unmöglich ist. Also $\mu_G(a, b) < \infty$.

Sind nun $a, b \in E(G)$ nicht benachbart und ist T ein a,b-Minimalschnitt, so muß $G[T]$ ein Kreis $C(m)$ sein. Man wähle ein $\theta_m(a, b) \subseteq G$; dieses bildet zusammen mit $G[T]$ ein $(C(m) * 2)^U$. Adjungiert man die neue Kante ab, so schließt man wegen $m \geqq 3$ $G \cup ab >_u S(5)$. G muß also maximal plättbar sein.

2. Umgekehrt sei G jetzt 3-zh. und maximal plättbar. T sei ein endlicher a,b-Schnitt. Dann gibt es natürlich auch einen endlichen Untergraphen H von G, in dem T ein a,b-Schnitt ist. Sind x,y aus T nicht benachbart in G, so gibt es ein endliches $F \subseteq G$, so daß $F \cup xy$ nicht plättbar ist. Wenn es r verschiedene Paare nicht benachbarter Ecken in T gibt, erhalten wir also endliche Untergraphen $F_1, \ldots, F_r$ in G, so daß $F_i \cup k_i$ nicht plättbar ist, wo k_i die neue Kante ist, die das i-te Eckenpaar verbindet ($i = 1, \ldots, r$). Es sei $H' = H \cup F_1 \cup \cdots \cup F_r$. Aus Kap. 7, § 1, Übung 5 folgt, daß T durch Adjunktion einer Menge L neuer Kanten so zu einem Kreis erweitert werden kann, daß $H' \cup L$ plättbar bleibt. L muß leer sein; sonst müßte $H' \cup L \supseteq F_i \cup k_i$ für ein i mit $1 \leqq i \leqq r$ gelten. Also ist $G[T]$ Kreis. —

Der Beweis hat auch ergeben, daß jeder Graph der in (7.5) betrachteten Art zu $\hat{\mathfrak{H}}^*(S(5))$ gehören muß (vgl. den Schluß des 1. Beweisteils). Also:

7.5'. *Die plättbaren Elemente von $\mathfrak{B}(S(5))$ sind gerade die 4-zh. maximal plättbaren (höchstens abzählbaren) Graphen.*

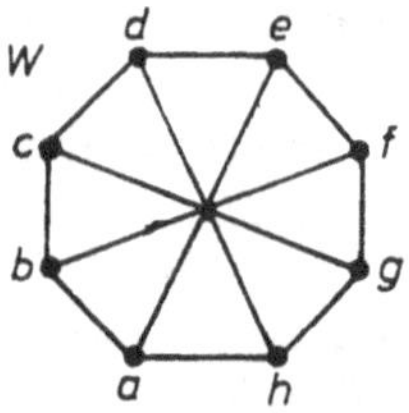

Abb. 41

Betrachten wir den nichtplättbaren Graphen W der Abb. 41. Er besteht aus einem Achteck mit seinen vier Hauptdiagonalen. Man erhält W auch, indem man in $3 * 3$ zwei fremde Kanten je einmal unterteilt und die neuen Ecken durch eine Kante verbindet. W ist in $\mathfrak{H}^*(S(5))$. (Denn W ist 3-regulär und hat 12 Kanten; um 5 Ecken des Grades $\geqq 4$ zu erhalten, müßte man in W mindestens 3 Kanten kontrahieren, erhielte also einen Graphen mit $\leqq 9$ Kanten.) Andererseits behaupten wir $W \cup k > S(5)$ für jede neue Kante k zu W. Aus Symmetriegründen brauchen wir nur die Fälle $k = ac$ und $k = ad$ zu betrachten. Im ersten erhalten wir durch Kontraktion von bf, de, gh, im zweiten durch Kontraktion von bc, ef, gh ein $S(5)$. W ist außerdem natürlich prim. Mithin: $W \in \mathfrak{B}(S(5))$.

Wir werden zeigen, daß W das einzige nichtplättbare Element dieser Basis ist. Hierzu müssen wir etwas weiter ausholen.

Es sei U eine Unterteilung von $3 * 3$; letzteres habe die Ecken $1, 1', 1''$ (Ecken der Klasse 1 genannt) sowie $2, 2', 2''$ (die Ecken der Klasse 2), und zwei Ecken sind benachbart genau dann, wenn sie zu verschiedenen Klassen gehören. Die unterteilten Kanten von $3 * 3$ heißen die *Elementarwege* von U. $[12]$ bezeichne den Elementarweg zwischen 1 und 2; ferner sei $[12] - \{1, 2\} = (12)$, $[12] - \{1\} = (12]$, $[12] - \{2\} = [12)$. Analog bezeichnen wir bei den übrigen Elementarwegen von U. Die Vereinigung zweier Elementarwege mit einem gemeinsamen Endpunkt e heiße ein *Winkel* ω von U; die betreffenden Elementarwege sind die *Schenkel* und e der *Scheitel* von ω. Die *Klasse* von ω ist gleich der Klasse von e. Ein Winkel ist offenbar bestimmt durch seinen Scheitel und zwei Ecken der von dessen Klasse verschiedenen Klasse von U. $\omega(212')$ bezeichne den Winkel mit dem Scheitel 1, der $2, 2'$ enthält. $2, 2'$ heißen die *Endpunkte* dieses Winkels und die Ecken $\neq 1, 2, 2'$ seine *inneren* Ecken. Analog bezeichnen wir bei den übrigen Winkeln.

Ist nun U Teilgraph eines Graphen G, so heiße ein Weg $Z \subseteq G$ ein *ω-Weg*, wo $\omega = \omega(ijh)$ ist, wenn $\mathring{Z} \cap U = \Theta$ gilt und Z von $[ij)$ zu $(jh]$ führt. Wir sagen dann auch: *Z gehört* zu ω. Z bestimmt ω eindeutig, wenn es wenigstens eine innere Ecke von ω enthält; Z legt jedenfalls die Klasse von ω fest.

Wir beweisen nun als entscheidenden Hilfssatz:

7.6. *Enthält $G \in \mathfrak{H}^*(S(5))$ eine Unterteilung U von $3 * 3$, so ist entweder $G >_u W$, oder es gibt eine Klasse von U derart, daß die 3 Ecken der anderen Klasse je zwei Ecken ersterer Klasse in G trennen.*

Beweis. Wenn in G die Ecken $1, 1'$ nicht durch $2, 2', 2''$ und die Ecken $2, 2'$ nicht durch $1, 1', 1''$ getrennt werden, so wähle man in $G - \{2, 2', 2''\}$ einen $1,1'$-Weg Q^1 und in $G - \{1, 1', 1''\}$ einen $2,2'$-Weg Q^2 derart, daß beide möglichst wenig Kanten außerhalb U besitzen. Als *Stücke* von Q^i bezeichnen wir die nichttrivialen Teilwege von Q^i, die genau ihre beiden Endpunkte mit U gemeinsam haben. Jedes Q^i enthält mindestens ein Stück. Betrachten wir ein Stück $Z = Q^1_{pq}$ von Q^1.

1. Wegen der Minimalwahl von Q^1 können p, q nicht dem gleichen Elementarweg von U angehören.

2. Z kann ein ω-Weg sein für ein ω der Klasse 1. Denn p, q wären dann innere Ecken von ω. Da Q^1 Ecken der Klasse 1 treffen darf, könnte man den Teilweg Z ersetzen durch einen über den Scheitel von ω führenden Weg $\subset U$.

3. Ist Z kein ω-Weg für irgendeinen Winkel ω, so müssen p, q innere Ecken von disjunkten Elementarwegen sein, und es folgt $G \supseteq U \cup Z = W^U$.

Es bleibt daher nur die Alternative: Entweder ist $G >_u W$, oder jedes Stück von Q^1 ist ein ω-Weg, mit ω von der Klasse 2. Da Entsprechendes für Q^2 gilt, ist nur noch folgendes zu zeigen: Gibt es in G einen ω_1-Weg Z^2 (ω_1 von der Klasse 1) und einen ω_2-Weg Z^1 (ω_2 von der Klasse 2), so ist $G > S(5)$.

O. B. d. A. ist 1 der Scheitel von ω_1, 2 der Scheitel von ω_2. Wir unterscheiden die Fälle:

a) Die Schenkel von ω_1 sind $[12']$ und $[12'']$.

b) Ein Schenkel von ω_1 ist $[12]$.

Im Falle a) seien p' aus $(12']$, p'' aus $(12'']$ die Endpunkte von Z^2. Wir ziehen p' mit $2'$, p'' mit $2''$ (längs der betreffenden Elementarwege von U) zusammen. Entsprechend kontrahieren wir die Endpunkte von Z^1 mit den Ecken der Klasse 1 von ω_2. Dabei bleibt $D := \mathring{Z}^1 \cap \mathring{Z}^2$ unverändert.

1. Ist $D = \Theta$, so sehen wir $G \succ S(5)$ durch die weitere Kontraktion des zu $Z^1 \cup Z^2$ fremden Elementarweges.

2. Ist $D \neq \Theta$, so kontrahieren wir $\mathring{Z}^1 \cup \mathring{Z}^2$ auf eine Ecke z. Von z aus gehen 4 Kanten zu $2'$, $2''$ und zwei Ecken der Klasse 1 (etwa o. B. d. A. $1'$, $1''$). Es folgt $G \succ S(5)$ durch Kontraktion von $[12']$, $[1'\,2]$.

Im Falle b) schließlich darf angenommen werden, daß $[12]$ auch ein Schenkel von ω_2 ist (sonst gelangen wir zu a) zurück, indem wir die Klassen 1 und 2 ihre Rollen vertauschen lassen). Die anderen Schenkel von ω_1 bzw. ω_2 seien $[12']$ bzw. $[21']$ (o. B. d. A.). Es seien p aus $(21]$, p' aus $(21']$ bzw. q aus $(12]$, q' aus $(12']$ die Endpunkte von Z^1 bzw. Z^2 (Abb. 42). Wir kontrahieren zunächst p' mit $1'$ und q' mit $2'$ (längs der betreffenden Elementarwege).

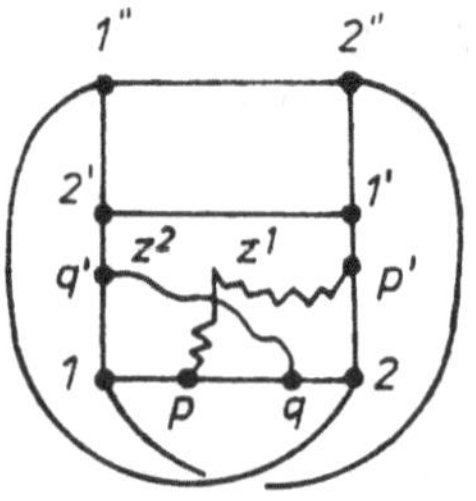

Abb. 42

1. Sind p, q beide aus (12), so ziehe man $(Z^1 - p') \cup (Z^2 - q') \cup [12]_{pq}$ auf eine Ecke zusammen. Der entstehende Graph ist $\succ S(5)$, wie man durch Kontraktion von $[1''\,2]$ und $[12'']$ erkennt.

2. Ist $p = 1$ oder $q = 2$, so kann o. B. d. A. das erstere angenommen werden. Man kontrahiere auch q mit 2. Ist $D = \mathring{Z}^1 \cap \mathring{Z}^2$ leer, so folgt $G \succ S(5)$ durch die weitere Kontraktion von $[1''\,2'']$; ist $D \neq \Theta$, so gelangen wir wie im Falle a) 2. zum Ziele.

Damit sind die möglichen Fälle erschöpft. —

Ist nun G ein nichtplättbares Element von $\mathfrak{B}(S(5))$, so muß nach KURATOWSKI $G \succ_u 3 * 3$ sein, d. h., wir können (7.6) anwenden. Wegen (7.3) kann die zweite Alternative von (7.6) nicht gelten, so daß $G \succ_u W$ und damit wegen (7.4) $G = W$ folgt.

Insgesamt können wir als Hauptresultat dieses Abschnittes feststellen:

7.7. Satz von K. Wagner [24]. $\mathfrak{B}(S(5))$ *besteht aus allen primen (d. h. 4-zh.) maximal plättbaren (höchstens abzählbaren) Graphen sowie dem nichtplättbaren Graphen W der Abb.* 41.

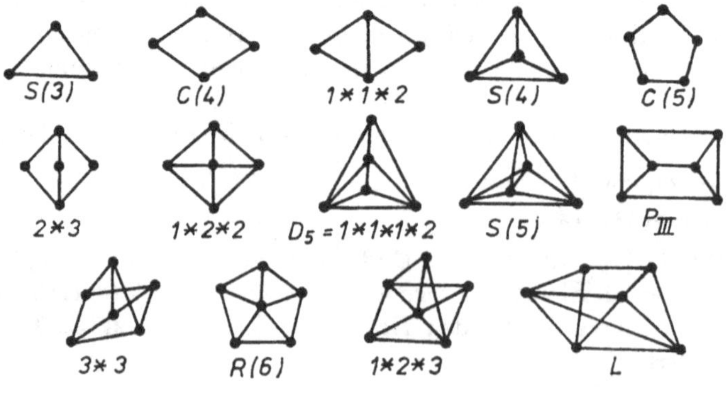

Abb. 43

Es ist $\chi(W) = 3$. Da der Vierfarbensatz mit $\chi(G) \leqq 4$ für jedes maximal plättbare G gleichbedeutend ist, erhält man wegen (6.3) aus (7.7) unmittelbar den bekannten Äquivalenzsatz von K. WAGNER (vgl. Kap. 6, (6.8)).

Homomorphiebasen weiterer Graphen (bis zur Eckenzahl 6) wurden in [25], [26], [9], [10], [13] aufgestellt. Abb. 43 zeigt die Graphen, deren Homomorphiebasen bekannt sind.

Wir zitieren noch einige Resultate.

7.8. (K. WAGNER [26]) $\mathfrak{B}(D_5)$ *besteht aus allen* $S(t)$ *mit* $t \leqq 4$, *allen Rädern, dem Prisma* P_{III} *und dem Graphen* $3 * 3$.

7.9. (K. WAGNER [25]) $\mathfrak{B}(3 * 3)$ *besteht aus* $S(5)$ *sowie allen primen maximal plättbaren Graphen.*

7.10. (R. HALIN [9]) $\mathfrak{B}(P_{III})$ *besteht aus allen* $S(t)$, $t \leqq 5$, *sowie allen Rädern der Eckenzahl* $\geqq 6$.

7.11. (R. HALIN [13]) *Ist* Γ *die Klasse der 4-zh. endlichen Graphen, so ist* $\mathfrak{B}(\Gamma) = \{S(t) \mid t \leqq 4\} \cup \{W, P_V\}$, *wo* P_V *das Fünfecksprisma (Abb. 44) bezeichnet.*

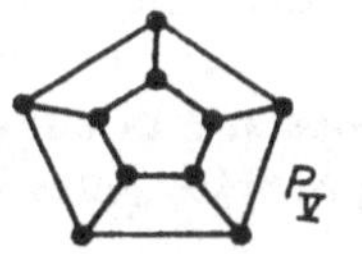

Abb. 44

Übungen

1. Es gilt $\mathfrak{B}(1 * \cdots * 1 * 2 \cdots * 2) \subseteq \mathfrak{H}^*(1 * \cdots * 1 * 2 * \cdots * 2)$.
2. Es gibt abzählbare maximal plättbare Graphen, die nicht 3-zh. sind.
3. G sei ein endlicher ebener Graph, dessen Länder sämtlich durch Vierecke berandet werden. $G^\#$ sei der Graph, der entsteht, wenn man in jedes Land $\mathscr{L}$ von G ein Viereck $V_{\mathscr{L}}$ einzeichnet und dessen Ecken mit denen von $\mathscr{L}$ so durch 4 zusätzliche Kanten verbindet, daß der Rand von $\mathscr{L}$ zusammen mit diesen Kanten und $V_{\mathscr{L}}$ einen Würfelgraphen bildet. Man bilde die aufsteigende Folge $G_0 = 2 * 2$, $G_{n+1} = G_n^\#$. Zu zeigen: Die Vereinigung der G_n ist maximal plättbar, 4-zh. und enthält kein Dreieck.
4. Man zeige in (7.8) bis (7.11), daß die jeweils angegebenen Graphen wirklich Basiselemente sind.
5. G sei 3-zh. Dann gilt eine der folgenden Aussagen a) bis d):

a) G ist aus lauter $S(4)$ längs Dreiecken zusammengeheftet;
b) $G \succ_u C(n) * 1$ für ein $n \geqq 4$;
c) $G \succ_u P_{III}$;
d) $G \succ_u 3 * 3$.

6. $\mathfrak{B}(1 * 2 * 2) = \{S(t) \mid t \leqq 4\}$. Wie muß man die Elemente dieser Basis zusammenheften, um genau alle Graphen aus $\mathfrak{H}^*(1 * 2 * 2)$ zu erhalten?
7. Ist $G \in \mathfrak{B}(D_5)$, $\alpha(G) \geqq 5$, so gilt $z(G) \geqq 3$; gilt beziehentlich b), c), d) in Übung 5, so überlege man sich, daß dann G isomorph einem Rad bzw. P_{III} bzw. $3 * 3$ sein muß. Daraus folgt (7.8).
8. Ähnlich leite man (7.10) mittels Übung 5 her.
9. Man stelle $\mathfrak{B}(3 * 3)$ auf (vgl. (7.9)), indem man für höchstens abzählbares G zeigt:

a) Ist G nicht plättbar, 3-zh. und $\not\succ 3 * 3$, so muß $G = S(5)$ gelten.
b) Ist G maximal plättbar und $\neq D_5$, so ist $G \in \mathfrak{H}^*(3 * 3)$.

10. Die maximal plättbaren 4-zh. Graphen sind die ebenen Elemente von $\mathfrak{B}_u(3 * 3)$, $\mathfrak{B}_u(1 * 2 * 3)$, $\mathfrak{B}_u(1 * 1 * 2 * 2)$.

§ 8. Anwendungen auf unendliche Graphen

In diesem Paragraphen soll an einigen Beispielen gezeigt werden, wie man vorstehende Theorie der sZ auf Strukturuntersuchungen an unendlichen Graphen anwenden kann. Wir beginnen mit einer Übertragung der Hadwiger-Vermutung auf Graphen mit unendlicher chromatischer Zahl. Es gilt:

8.1. *Ist $\chi(G) \geqq \aleph_0$, so ist $G >_u S(\mathfrak{a})$ für jedes $\mathfrak{a} < \chi(G)$.*

Wegen Kap. 6, (5.1) ist (8.1) in folgendem Satz enthalten (vgl. Kap. 6, [23]):

8.2. *Ist $\varrho(G) \geqq \aleph_0$, so ist $G >_u S(\mathfrak{a})$ für jedes $\mathfrak{a} < \varrho(G)$.*

Beweis. Nehmen wir zunächst $\varrho(G) > \aleph_0$ an und daß $G \not>_u S(\mathfrak{a})$ für ein $\mathfrak{a} < \varrho(G)$ gilt. Wegen (6.7) ist dann $[G]_{\mathfrak{a}^+} \not>_u S(\mathfrak{a})$, und $[G]_{\mathfrak{a}^+}$ hat eine sZ G_λ $\big(\lambda < \omega(\alpha(G))\big)$ mit $\alpha(G_\lambda) \leqq \mathfrak{a}$ für alle λ. Für jedes λ sei $<_\lambda$ eine Wohlordnung von $E(G_\lambda - S_\lambda)$ nach dem Ordnungstypus $\omega\big(\alpha(G_\lambda - S_\lambda)\big)$.[1]) Für $x \in E(G)$ sei λ_x das kleinste λ mit $x \in E(G_\lambda)$. Für $x, y \in E(G)$ setzen wir nun $x < y$, wenn entweder $\lambda_x < \lambda_y$ oder $\lambda_x = \lambda_y =: \lambda$, $x <_\lambda y$ gilt. Auf diese Weise wird eine Wohlordnung von $E(G)$ definiert, so daß jede Ecke zu weniger als $\mathfrak{a}$ Vorgängern benachbart ist, mit Widerspruch zu $\varrho(G) > \mathfrak{a}$.

Ist nun $\varrho(G) = \aleph_0$, so existiert in G nach Kap. 6, (5.8) für jedes $m \in \mathbb{N}$ ein endlicher Teilgraph H mit $\varrho(H) > m$; nach Kap. 6, (5.7) folgt damit $G >_u S(n)$ für jedes $n \in \mathbb{N}$. —

Bemerkung: Wir erinnern an Übung 6 und 7 von § 5 in Kap. 6, wonach ein Graph mit unendlicher Reihenzahl ϱ keineswegs ein $S(\varrho)^U$ enthalten muß, so daß (8.2) nicht dadurch verschärft werden kann, daß man $\mathfrak{a} = \varrho(G)$ zuläßt. Das Entsprechende gilt auch für (8.1). Wenn $\mathfrak{b}$ Limeskardinalzahl ist, so hat natürlich der Graph, dessen Komponenten alle $S(\mathfrak{a})$ mit $\mathfrak{a} < \mathfrak{b}$ sind, die chromatische Zahl $\mathfrak{b}$, ohne ein $S(\mathfrak{b})^U$ zu enthalten. Aber auch im Falle $\chi(G) = \aleph_1$ muß nicht $G >_u S(\aleph_1)$ gelten, wie wir in § 11 sehen werden.

Als nächstes behandeln wir überabzählbare n-zh. Graphen. Dirac [3, 4] hat gezeigt, daß für $n = 2$ bei regulärem $\alpha(G)$ jeder solche Graph G ein Eckenpaar a, b mit $\mu_G(a, b) = \alpha(G)$ enthält. Letzteres ist gleichbedeutend mit dem Vorhandensein einer Unterteilung von $2 * \alpha(G)$. Allgemeiner folgt nun (vgl. Halin [14])

8.3. *Es sei G ein n-zh. Graph ($n \in \mathbb{N}$) von überabzählbarer regulärer Ordnung $\mathfrak{a}$. Dann enthält G eine Unterteilung von $n * \mathfrak{a}$.*

Beweis. Im Falle $[G]_\mathfrak{a} \supseteq S(\mathfrak{a})$ folgt aus (5.3) $G >_u S(\mathfrak{a}) \supset n * \mathfrak{a}$. Daher gelte $[G]_\mathfrak{a} \not\supseteq S(\mathfrak{a})$. Wegen (5.1) ist $\mu_{[G]_\mathfrak{a}}(x, y) < \mathfrak{a}$ für alle x, y in G mit $xy \notin K([G]_\mathfrak{a})$. Somit sind die Voraussetzungen von (2.5) erfüllt. Wir finden daher eine sZ G_λ ($\lambda < \sigma$) von G mit den in (2.5) beschriebenen Eigenschaften. Wegen (2.1), (2.2) ist $z(G_\lambda) \geqq n$ für alle λ sowie $\alpha(S_\lambda) \geqq n$ für $\lambda > 0$. Für jedes λ, $0 < \lambda < \sigma$, wähle man ein $x_\lambda \in E(G_\lambda - S_\lambda)$ sowie einen x_λ, T_λ-Fächer $F_\lambda \subseteq G_\lambda$ mit $|T_\lambda| = n$, $E(F_\lambda \cap S_\lambda) = T_\lambda$. Für jedes λ, $0 < \lambda < \sigma$, sei $f(\lambda)$ das kleinste τ, so daß $T_\lambda \subseteq G_\tau$ gilt; wegen $|T_\lambda| < \infty$ gilt $f(\lambda) < \lambda$ für alle diese λ. Nach Kap. 1, (2.4') gibt es ein $\tau < \sigma$, so daß $|f^{-1}(\tau)| = \mathfrak{a}$ gilt. Für $\lambda, \mu \in f^{-1}(\tau)$, etwa $\lambda < \mu$, haben wir

$$F_\lambda \cap F_\mu \subseteq G_\lambda \cap G_\mu \cap F_\mu \subseteq S_\mu \cap F_\mu = T_\mu. \qquad (*)$$

[1]) Hier und im folgenden ist $S_0 := \theta$.

Da $\binom{E(G_\tau)}{n}$ eine Mächtigkeit $\leqq \max\left(\aleph_0, \alpha(G_\tau)\right) < \mathfrak{a}$ hat, gibt es $\mathfrak{a}$ Zahlen $\lambda \in f^{-1}(\tau)$, so daß die zugehörigen T_λ zusammenfallen. Wegen (*) haben je zwei der entsprechenden F_λ nur T_λ gemeinsam. Es folgt $[G]_\mathfrak{a} \succ_u n * \mathfrak{a}$, also $G \succ_u n * \mathfrak{a}$ (vgl. § 5, Übung 4). —

Wir beweisen noch zwei Sätze über die Struktur der Graphen, die keine Unterteilung eines unendlichen Simplexes enthalten.

8.4. *Es sei G ein Graph von überabzählbarer regulärer Ordnung* $\mathfrak{a}$ *mit* $G \not\succ_u S(\aleph_0)$. *Dann gibt es ein endliches* $T \subset G$, *so daß* $\sigma(G - T) = \mathfrak{a}$ *gilt.*

Beweis. Wegen (5.1), (5.2) sowie (2.5) gibt es eine sZ G_λ $\left(\lambda < \omega(\mathfrak{a})\right)$ von $H := [G]_{\aleph_1}$, in der alle G_λ höchstens abzählbar und die S_λ endlich sind. Für $\lambda > 0$ sei $f(\lambda)$ das kleinste τ mit $S_\lambda \subseteq G_\tau$. Wie im Beweis von (8.3) muß es ein τ geben, so daß $|f^{-1}(\tau)| = \mathfrak{a}$ ist, und es gibt ein endliches $T \subset G$, so daß $S_\lambda = T$ für $\mathfrak{a}$ der λ aus $f^{-1}(\tau)$ gilt. Wegen (1.1) trennt T jedes Paar von Ecken aus verschiedenen dieser $G_\lambda - T_\lambda$. —

Für das nächste Resultat erinnern wir an die Theorie der normalen Wurzelbäume (WB) in § 3 von Kap. 3.

8.5. *Jeder zh. Graph G, der keine Unterteilung eines unendlichen Simplexes enthält, besitzt einen normalen Wurzelbaum.*

Beweis. Wie im letzten Beweis finden wir eine sZ G_λ $\left(\lambda < \omega\left(\alpha(G)\right) =: \sigma\right)$ von $H := [G]_{\aleph_1}$ mit höchstens abzählbaren G_λ und endlichen S_λ. Zusätzlich können wir diese nach (2.5) so wählen, daß alle $G_\lambda - S_\lambda$ zh. sind und jedes S_λ in G_λ einspringend ist.

Gemäß Kap. 3, (3.17) wählen wir einen normalen WB B_0 von G_0 (bez. einer beliebig gegebenen Wurzel w_0). Es sei nun $0 < \tau < \sigma$, und für jedes $\lambda < \tau$ seien schon B_λ, w_λ bestimmt mit folgenden Eigenschaften:

(1) $w_\lambda \in E(S_\lambda)$ für $\lambda > 0$,
(2) B_λ ist ein normaler WB von $G_\lambda - (S_\lambda - w_\lambda)$ bez. der Wurzel w_λ,
(3) $\bigcup_{\nu \leqq \lambda} B_\nu =: B'_{\lambda+1}$ ist ein normaler WB von $G'_{\lambda+1} := \bigcup_{\nu \leqq \lambda} G_\nu$ (mit Wurzel w_0).

Dann ist $\bigcup_{\nu < \tau} B_\nu = \bigcup_{\lambda < \tau} B'_\lambda =: B$ ein normaler WB von G'_τ. (Denn als Vereinigung einer Kette von Bäumen ist B selbst Baum, und natürlich ist $E(B) = E(G'_\tau)$; schließlich, gäbe es benachbarte x, y in G'_τ, die bez. $\leqq_{(B,w_0)}$ unvergleichbar sind, so gälte die Unvergleichbarkeit von x, y schon bez. $\leqq_{(B'_{\lambda+1},w_0)}$ für ein $\lambda < \tau$, gegen (3).)

Weil S_τ Simplex ist und $E(S_\tau) \subseteq E(B)$ gilt, sind je zwei Ecken von S_τ vergleichbar bez. $\leqq_{(B,w_0)}$, so daß $E(S_\tau)$ eine Kette bez. $\leqq_{(B,w_0)}$ bildet. w_τ sei das Maximum dieser Kette. Nach Konstruktion ist $G_\tau - (S_\tau - w_\tau)$ zh. und höchstens abzählbar, so daß wir nach Kap. 3, (3.17) einen normalen WB B_τ von $G_\tau - (S_\tau - w_\tau)$ mit Wurzel w_τ wählen können. Wir behaupten, daß $\bigcup_{\nu \leqq \tau} B_\nu = B \cup B_\tau =: B'_{\tau+1}$ einen normalen WB von $G'_{\tau+1}$ mit Wurzel w_0 darstellt.

Zunächst ist natürlich $B'_{\tau+1}$ ein Gerüst von $G'_{\tau+1}$. Es sei nun $xy \in K(G'_{\tau+1})$. Sind x, y beide in G'_τ oder beide in $G_\tau - (S_\tau - w_\tau)$, so folgt aus der Normalität von B bzw. der Wahl von B_τ, daß x, y bez. $B'_{\tau+1}$ und w_0 vergleichbar sind. Ist andererseits x in $G_\tau - S_\tau$, y in G'_τ, so ist notwendig y in S_τ, also $y \leqq w_\tau \leqq x$ (bez. $B'_{\tau+1}$, w_0), d. h., y, x sind auch in diesem Falle vergleichbar.

Auf diese Weise erhalten wir B_λ, w_λ für jedes $\lambda < \sigma$ derart, daß (1), (2), (3) erfüllt sind, und man zeigt (durch Überlegungen ähnlich wie oben bei der Untersuchung von B) unschwer, daß die Vereinigung der B_λ einen normalen WB von H bildet. Aus $H \supseteq G$ und Kap. 3, (3.16) folgt daher die Behauptung. —

Übungen

1. Zum Beweis von (8.1) für den Fall $\chi(G) = \aleph_0$ wird der Satz von ERDÖS-HAJNAL (Kap. 6. (5.8)) nicht benötigt; es genügt, das Resultat von DE BRUIJN-ERDÖS (Kap. 6, (2.4)) anzuwenden.
2. Ist G n-zh. und $H \subseteq G$, so existiert ein n-zh. Graph H^* mit $H \subseteq H^* \subseteq G$ und $\alpha(H^*) \leqq \max(\alpha(H), \aleph_0)$. (Man füge, ähnlich wie im Beweis von (2.4), „immer wieder" a,b-Verbindungen der Stärke n hinzu.)
3. Ist G n-zh. und unendlich, so gibt es zu jedem $\mathfrak{a}$, $\aleph_0 \leqq \mathfrak{a} \leqq \alpha(G)$, einen n-zh. Untergraphen von G der Ordnung $\mathfrak{a}$.

Daraus folgere man mit (8.3)

4. Ist $\alpha(G) > \aleph_0$ singulär und G n-zh., so gilt $G \succ_u n * \mathfrak{b}$ für jedes $\mathfrak{b} < \alpha(G)$.
5. Jeder überabzählbare n-zh. Graph enthält eine Unterteilung eines endlichen n-zh. Graphen.

Bemerkung: Die letzte Behauptung stimmt nicht für abzählbare Graphen und $n \geqq 6$. Es gibt nämlich abzählbare ebene Graphen beliebig hoher endlicher Zusammenhangszahl, wie wir in Kap. 11 sehen werden; jeder endliche Teilgraph eines ebenen Graphen kann aber höchstens 5-zh. sein.

6. Ist G von singulärer Ordnung $\mathfrak{a} > \aleph_0$ und $G \not\succ_u S(\aleph_0)$, so gibt es zu jedem $\mathfrak{b} < \mathfrak{a}$ ein endliches $T \subset G$, so daß $\sigma(G - T) \geqq \mathfrak{b}$ gilt.
7. Satz (8.4) sowie Übung 6 werden falsch, wenn nur $G \not\supseteq S(\aleph_0)$ gefordert wird (statt $G \not\succ_u S(\aleph_0)$).

§ 9. Universelle Elemente in Graphenklassen

Es sei Γ eine Klasse von sämtlich höchstens abzählbaren Graphen. Ein Graph $G^* \in \Gamma$ heißt *universelles* Element (bzw. *stark universelles* Element) von Γ, wenn jedes $G \in \Gamma$ zu einem Teilgraphen (bzw. Untergraphen) von G^* isomorph ist.

Wir wollen Γ eine *monotone* Klasse von Graphen nennen, wenn mit jedem $G \in \Gamma$ auch jeder Teilgraph von G zu Γ gehört. Es ist in diesem Falle klar, daß wir Γ beherrschen, wenn wir in der betreffenden Klasse ein universelles (bzw. stark universelles) Element G^* kennen; die Elemente von Γ sind dann (bis auf Isomorphie) einfach alle Teilgraphen bzw. Untergraphen von G^*.

Universelle Graphen wurden zuerst von R. RADO [22] untersucht. Natürlich ist $S(\aleph_0)$ universell in der Klasse Γ_0 aller höchstens abzählbaren Graphen. Darüber hinaus zeigte R. RADO [22]:

9.1. *Die Klasse Γ_0 aller höchstens abzählbaren Graphen besitzt ein stark universelles Element R.*

Beweis. Es sei G_1 der triviale Graph mit Ecke x_1. Es sei G_n schon konstruiert als endlicher Graph, der für jeden Graphen F mit n Ecken einen zu F isomorphen Untergraphen enthält. Für jedes $F \sqsubseteq G$ mit $\alpha(F) = n$ und jedes $T \subseteq E(F)$ wählen wir eine neue Ecke $x_{F,T}$, die genau mit den Ecken aus T durch Kanten verbunden wird. Der so entstehende Graph heiße G_{n+1}. Er ist endlich, $\sqsupseteq G_n$ und enthält für jedes F mit $n + 1$ Ecken einen zu F isomorphen Untergraphen.

R sei nun die Vereinigung aller G_i ($i \in \mathbb{N}$). R ist stark universelles Element in Γ_0. Denn es sei H irgendein abzählbarer Graph mit den Ecken $a_1, a_2, \ldots$; es sei $H_n := H[a_1 \ldots a_n]$. Wir konstruieren eine Injektion $\varphi: E(H) \to E(R)$, die H isomorph auf einen Untergraphen von R abbildet. Zunächst sei $\varphi(a_1) = x_1$. Ist φ auf $a_1, \ldots, a_n$ schon erklärt, so daß dadurch H_n isomorph auf ein $F \sqsubseteq G_n$ abgebildet wird, so sei T die Menge der $\varphi(a_i)$ $(i \leqq n)$, für die a_i zu a_{n+1} in H_{n+1} benachbart ist; wir setzen $\varphi(a_{n+1}) = x_{F,T}$. Es ist klar, daß die so definierte Abbildung φ die gewünschte Einbettung von H leistet. —

Wir wenden uns nun der Klasse der lokalfiniten Graphen zu.

Über die unendlichen Wege in solchen Graphen gilt:

9.2. *Es sei G ein abzählbarer lokalfiniter Graph mit den Ecken $a_1, a_2, a_3, \ldots$ f sei eine Abbildung, die jedem a_i eine natürliche Zahl $f(a_i)$ zuordnet. Dann existiert eine Folge $\gamma_1, \gamma_2, \gamma_3, \ldots$ von natürlichen Zahlen, so daß für jeden 1-Weg U in G, etwa mit den Ecken $u_0, u_1, u_2, \ldots$ und den Kanten u_iu_{i+1}, ein $n_0 = n_0(U)$ gefunden werden kann mit $f(u_i) < \gamma_i$ für alle $i \geqq n_0$.*

Beweis. Es sei E_i die Menge der Ecken von G, die von irgendeinem e_j mit $j \leqq i$ den Abstand $\leqq i$ haben. Jedes E_i $(i \in \mathbb{N})$ ist endlich, wegen der Lokalfinitheit von G. Nun setze man

$$\gamma_i = 1 + \max\big(f(x) \mid x \in E_i\big)$$

für $i = 1, 2, \ldots$ Ist nun U wie im Satz gegeben, so erscheint u_0 als ein gewisses a_{n_0}. Für jedes $i \geqq n_0$ gehört dann u_i zu E_i, so daß $f(u_i) < \gamma_i$ für alle $i \geqq n_0$ folgt. —

Wählen wir speziell $f(e)$ als den Grad von e in G und die Folge γ_j wie in (9.2), ist ferner H irgendein Graph, der einen 1-Weg U (mit Ecken $u_0, u_1, u_2, \ldots$ und Kanten u_iu_{i+1}) enthält, so daß $\gamma_H(u_i) \geqq \gamma_i$ ist, so kann H nicht einem Teilgraphen von G isomorph sein (denn kein 1-Weg $\subseteq G$ kann Bild von U bei einem solchen Isomorphismus sein). Damit haben wir das folgende Resultat von DE BRUIJN (vgl. RADO [22]):

9.3. *Die Klasse der abzählbaren lokalfiniten Graphen besitzt kein universelles Element.*

Die in § 6 eingeführten Klassen $\mathfrak{H}^*(\Gamma)$, $\mathfrak{H}^*_{\mathrm{u}}(\Gamma)$ sind wichtige Beispiele monotoner Graphenklassen. Freilich sind in ihnen auch überabzählbare Graphen enthalten. Sprechen wir von einem universellen Element in einer der genannten Klassen, so soll sich dies nur auf die höchstens abzählbaren Elemente der betreffenden Klasse beziehen.

ULAM stellte die Frage nach der Existenz eines universellen Elementes in der Klasse aller höchstens abzählbaren ebenen Graphen. Nach KURATOWSKI ist dieses Problem gleichbedeutend mit der Frage nach einem universellen Graphen in $\mathfrak{H}^*_{\mathrm{u}}(S(5), 3 * 3)$ (oder auch $\mathfrak{H}^*(S(5), 3 * 3)$). Dieses Problem konnte von PACH [20] negativ gelöst werden. Wir werden im folgenden mit Hilfe der simplizialen Zerlegungen und Homomorphie- bzw. Unterteilungsbasen den Satz von PACH und einige weitergehende verwandte Resultate herleiten (vgl. DIESTEL-HALIN-VOGLER [2]). Zunächst einige Hilfsbetrachtungen:

9.4. *Wenn $\mathfrak{H}^*(\Gamma)$ bzw. $\mathfrak{H}^*_{\mathrm{u}}(\Gamma)$ ein universelles Element U besitzt, so gibt es auch ein universelles Element $\hat{U}$ der betreffenden Klasse, das zu $\hat{\mathfrak{H}}^*(\Gamma)$ (bzw. $\hat{\mathfrak{H}}^*_{\mathrm{u}}(\Gamma)$) gehört.*

(Denn durch Adjunktion von Kanten kann U wie im Beweis von (6.1) zu dem gesuchten $\hat{U}$ erweitert werden.)

9.5. *Liegen $H \subseteq G$ beide in $\hat{\mathfrak{H}}^*(\Gamma)$ (bzw. in $\hat{\mathfrak{H}}^*_{\mathrm{u}}(\Gamma)$) und ist H prim, so ist H ein Simplex oder ein Glied in der PGZ von G (also $H \in \mathfrak{B}(\Gamma)$ bzw. $\mathfrak{B}_{\mathrm{u}}(\Gamma)$).*

Denn wegen seiner Maximalität ist H Untergraph von G. Für jedes $x \in E(G - H)$ ist

$G(x \to H) \cap H$ ein Simplex, da andernfalls G eine unterteilte neue Kante zu H enthielte. Es folgt, daß H entweder Simplex ist oder als Glied in der PGZ von G auftritt. —

Ist nun G^* universell in $\mathfrak{H}^*(\Gamma)$ bzw. $\mathfrak{H}^*_{\mathrm{u}}(\Gamma)$, so nach (9.4) o. B. d. A. maximal. Jedes maximale Basiselement, das kein Simplex ist, muß wegen (9.5) in der PGZ von G^* erscheinen, welche nur höchstens abzählbar viele Elemente enthält. Damit folgt:

9.6. *Enthält $\mathfrak{B}(\Gamma)$ bzw. $\mathfrak{B}_{\mathrm{u}}(\Gamma)$ überabzählbar viele Elemente, die maximal in $\mathfrak{H}^*(\Gamma)$ bzw. $\mathfrak{H}^*_{\mathrm{u}}(\Gamma)$ sind, so kann $\mathfrak{H}^*(\Gamma)$ bzw. $\mathfrak{H}^*_{\mathrm{u}}(\Gamma)$ kein universelles Element besitzen.*

Aus § 7 wissen wir, daß eine ganze Reihe von Basen die primen maximal ebenen Graphen enthält. Es ist nicht schwer, überabzählbar viele solche Graphen zu konstruieren, die paarweise nicht isomorph sind:

$C_0, C_1, C_2, \ldots$ sei eine Folge von (graphentheoretischen) Kreisen in der Ebene, so daß jedes C_{i-1} im Innern von C_i liegt. C_0 habe die Länge 1000, während die übrigen C_i die Länge 4 oder 5 haben sollen. Wir fügen eine Ecke z (Zentrum genannt) im Innern von C_0 hinzu und verbinden diese mit allen Ecken von C_0 durch Kanten. Weiter ziehen wir Kanten zwischen jedem C_i und C_{i+1}, so daß ein ebener Dreiecksgraph entsteht, der kein trennendes Dreieck enthält, in dem jede Ecke $\neq z$ den Grad < 300 hat und in dem jede Ecke von C_i $(i \geqq 1)$ zu wenigstens einer Ecke von C_{i-1} benachbart ist. Es sei γ die 4,5-Folge, die durch die Längen der C_i $(i \geqq 1)$ bestimmt ist; entsprechend bezeichnen wir den eben konstruierten Dreiecksgraphen als ein D_γ. Für $\gamma \neq \gamma'$ kann D_γ nicht isomorph zu $D_{\gamma'}$ sein, da ja die Zentren jeweils die einzigen Ecken des Grades 1000 sind und $E(C_i)$ jeweils die Menge der Ecken mit Abstand i vom Zentrum ist. Also bilden die D_γ eine überabzählbare Menge von nichtisomorphen maximal ebenen primen Graphen.

Damit folgt aus (7.5'), Übung 10 in § 7 und (9.6):

9.7. Satz. *Die Klassen $\mathfrak{H}^*(\Gamma)$, $\mathfrak{H}^*_{\mathrm{u}}(\Gamma)$ haben kein universelles Element, wenn Γ eine der Mengen $\{S(5)\}$, $\{3 * 3\}$, $\{S(5), 3 * 3\}$, $\{1 * 2 * 3\}$, $\{1 * 1 * 2 * 2\}$ ist.*

Damit ist auch das Resultat von Pach neu bewiesen.

Ist ein Graph B maximal und prim in $\mathfrak{H}^*(F)$ oder $\mathfrak{H}^*_{\mathrm{u}}(F)$, so ist $B * 1$ maximal und prim in $\mathfrak{H}^*(F * 1)$ bzw. $\mathfrak{H}^*_{\mathrm{u}}(F * 1)$. Damit folgt aus (9.7) sofort durch Induktion:

9.8. Satz. *Keine der Klassen $\mathfrak{H}^*(S(n))$, $\mathfrak{H}^*_{\mathrm{u}}(S(n))$ $(n \geqq 5)$ besitzt ein universelles Element.*

Für $n = 3, 4$ dagegen besitzt $\mathfrak{H}^*(S(n))$ ein stark universelles Element. In $\mathfrak{H}^*(S(3))$ ist der $\aleph_0$-reguläre Baum ein solches, wie man sofort sieht; dagegen ist die Konstruktion eines stark universellen Elementes in $\mathfrak{H}^*(S(4))$ ziemlich mühsam (vgl. [2]).

Es ist interessant, daß $\mathfrak{H}^*(2 * 3)$ zwar ein universelles, aber kein stark universelles Element hat. Ebenso ist bemerkenswert, daß z. B. $\mathfrak{H}^*_{\mathrm{u}}(C(4), 1 * 4)$ zwar eine endliche Basis, aber kein universelles Element besitzt. (Beide Feststellungen stammen von R. Diestel.)

Weiter kann mit Hilfe bekannter Basen gefolgert werden, daß $\mathfrak{H}^*(G)$ ein universelles Element besitzt, wenn G einer der Graphen $1 * 1 * 1 * 2$, $1 * 2 * 2$, $C(5)$, $C(5) * 1$, P_{III} ist. Ebenso kann gezeigt werden, daß die Klasse der Graphen, die nicht zu einem 4-zh. Graphen c-homomorph sind, ein universelles Element besitzt.

Zum Schluß dieses Paragraphen sollen noch bestimmte Graphenklassen, die durch unendliche verbotene Konfigurationen definiert sind, auf universelle Elemente untersucht werden. Zunächst definieren wir für jede höchstens abzählbare Ordinalzahl einen Graphen G induktiv wie folgt: G_0 sei der triviale Graph; ist $0 < \lambda < \omega_1$ und G_ν für alle $\nu < \lambda$ bereits definiert, so fügen wir zu der disjunkten Vereinigung der G_ν

($\nu < \lambda$) eine neue Ecke w_λ hinzu, die zu allen Ecken derselben durch Kanten verbunden wird; der entstehende Graph heiße G_λ. — Es folgt leicht induktiv, daß kein G_λ einen 1-Weg enthält, und jedes G_λ ist höchstens abzählbar.

Σ bezeichne die Klasse der abzählbaren Graphen H, die für jedes $\lambda < \omega_1$ einen zu G_λ (vermöge einer Abbildung φ_λ von G_λ in H) isomorphen Teilgraphen enthalten. Ist $H \in \Sigma$, so muß es aus Kardinalitätsgründen überabzählbar viele $\mu < \omega_1$ geben, so daß $\varphi_\mu(w_\mu)$ gleich derselben Ecke a_0 von H ist. Jedes $\lambda < \omega_1$ wird durch ein solches μ übertroffen, und $G_\mu - w_\mu$ enthält alle G_λ mit $\lambda < \mu$; daher spannen die Nachbarn von a_0 in H einen Untergraphen H_1 auf, der wieder zu Σ gehört. Analog finden wir nun $a_1 \in E(H_1)$, so daß $N_{H_1}(a_1)$ einen Graphen $H_2 \in \Sigma$ aufspannt, usf. Durch Iteration dieser Überlegung erhalten wir eine Folge $a_0, a_1, a_2, \ldots$ von Ecken, die ein $S(\aleph_0)$ in H bilden. Also:

9.9. *Jeder Graph $\in \Sigma$ enthält ein $S(\aleph_0)$.*

9.10. Satz. ***Es sei Γ eine nichtleere Klasse von abzählbaren Graphen, die sämtlich einen unendlichen Weg enthalten. Dann besitzt die Klasse derjenigen höchstens abzählbaren Graphen, die keinen zu einem Element von Γ isomorphen Teilgraphen enthalten, kein universelles Element.***

Denn ein solches universelles Element müßte insbesondere alle G_λ ($\lambda < \omega_1$) enthalten, also zu Σ gehören und damit wegen (9.9) ein $S(\aleph_0)$ enthalten.

Übungen

1. Die Klasse der abzählbaren Graphen, die keine Unterteilung eines $S(\aleph_0)$ (oder auch kein $S(\aleph_0)$ als c-homomorphes Bild) besitzen, hat kein universelles Element.
2. Die Klasse der höchstens abzählbaren Graphen mit vorgegebener endlicher Zusammenhangszahl hat ein stark universelles Element.
3. Die Klasse der höchstens abzählbaren Graphen ohne $S(n)$ hat, für jedes $n \in \mathbb{N}$, ein stark universelles Element.

§ 10. Triangulierte und perfekte Graphen

Ein Graph G heiße *trianguliert*, wenn jeder Kreis der Länge $\geqq 4$ in G mindestens eine Sehne besitzt. Beispielsweise ist jedes Simplex trianguliert, und ein zh. paarer Graph ist trianguliert genau dann, wenn er ein Baum ist. Klar ist:

10.1. *Ist G trianguliert, so ist auch jeder Untergraph von G trianguliert.*

Die Struktur der triangulierten Graphen wird deutlicher durch

10.2. *Folgende Aussagen über den Graphen G sind äquivalent:*

(a) *G ist trianguliert.*
(b) *Jeder a,b-Schnitt T, für irgend zwei nichtbenachbarte Ecken a, b von G, spannt in G ein Simplex auf.*
(c) *Jeder maximal prime Untergraph von G ist ein Simplex.*

Beweis. (a) $\Rightarrow$ (b): Es seien $x \neq y$ aus T, C_a bzw. C_b die a bzw. b enthaltende Komponente von $G - T$. Es gibt dann x,y-Wege W', W'' mit $\mathring{W}' \subseteq C_a$, $\mathring{W}'' \subseteq C_b$; man wähle W', W'' mit diesen Eigenschaften kürzestmöglich. Wäre $xy \notin K$, so ergäbe $W' \cup W''$ einen Kreis der Länge $\geqq 4$ ohne Sehne.

(b) $\Rightarrow$ (c): Wäre $P \sqsubseteq G$ maximal prim und kein Simplex, so gäbe es a, b in P und einen a,b-Schnitt T in P mit $P[T] = G[T]$ kein Simplex. Wegen (3.3) gälte $a \cdot T \cdot b(G)$, gegen (*b*).

(c) $\Rightarrow$ (a): Ein Kreis C ohne Sehne mit $\alpha(C) \geqq 4$ ist prim in G; wegen (3.1′) kann C zu einem maximal primen Untergraphen erweitert werden, der kein Simplex ist. —

Aufgrund des zweiten Zerlegungssatzes gilt also:

10.2′. *Enthält G kein unendliches Simplex, so ist G trianguliert genau dann, wenn es eine PGZ mit lauter (endlichen) Simplexen besitzt.*

Für einen Graphen G bezeichne $\varsigma(G)$ das Supremum aller $\alpha(S)$, mit S ein Simplex $\subseteq G$. Stets ist $\varsigma(G) \leqq \chi(G)$. G heiße *χ-perfekt*, wenn $\chi(H) = \varsigma(H)$ für jedes $H \sqsubseteq G$ gilt. Weiter setzen wir $\bar{\varsigma}(G) := \varsigma(\overline{G})$ sowie $\bar{\chi}(G) := \chi(\overline{G})$. $\bar{\varsigma}(G)$ ist dann gleich der Stabilitätszahl von G und $\bar{\chi}(G)$ ist gleich der minimalen Zahl von Simplexen $\subseteq G$, die man benötigt, um alle Ecken von G zu überdecken. G heiße *$\bar{\chi}$-perfekt*, wenn $\bar{\chi}(H) = \bar{\varsigma}(H)$ für jedes $H \sqsubseteq G$ gilt, wenn also $\overline{G}$ χ-perfekt ist. G wird *perfekt* genannt, wenn G sowohl χ-perfekt als auch $\bar{\chi}$-perfekt ist.

Offensichtlich ist jedes Simplex perfekt. Ferner ist z. B. jeder endliche paare Graph perfekt. (Die χ-Perfektheit ist unmittelbar einsichtig, und die $\bar{\chi}$-Perfektheit ergibt sich aus dem Satz von Lovász weiter unten; vgl. aber auch Übung 2.) Ist G ein ungerader Kreis der Länge $2h + 1$, $h \geqq 2$, so ist $\chi(G) = 3$, $\varsigma(G) = 2$, $\bar{\chi}(G) = h + 1$, $\bar{\varsigma}(G) = h$, d. h., G ist weder χ-perfekt noch $\bar{\chi}$-perfekt.

Gegenüber simplizialen Zerlegungen verhält sich der Begriff der Perfektheit „invariant“ in folgendem Sinne:

10.3. *Ist $G = G_1 \cup G_2$, $G_1 \cap G_2 = S$ ein Simplex, so ist G perfekt dann und nur dann, wenn G_1 und G_2 perfekt sind.*

Beweisskizze. Zu zeigen ist nur: Sind G_1, G_2 beide $\bar{\chi}$-perfekt, so ist auch G $\bar{\chi}$-perfekt. Wir setzen (für $i = 1, 2$) $H_i := G_i - S$, $A_i := \{a \in E(S) \mid \bar{\varsigma}(G[H_i \cup a]) = \bar{\varsigma}(G[H_i])\}$.

Im Falle $A_1 \cup A_2 \neq E(S)$ existiert ein $a \in E(S)$, so daß Hinzunahme von a zu H_1 bzw. H_2 jeweils $\bar{\varsigma}$ um 1 erhöht. In jedem dieser erweiterten Graphen wählen wir eine maximale unabhängige[1]) Teilmenge U_1 bzw. U_2 (also $a \in U_1 \cap U_2$). $U_1 \cup U_2$ ist dann unabhängig und zeigt $\bar{\varsigma}(G) \geqq \bar{\varsigma}(H_1) + \bar{\varsigma}(H_2) + 1$; weiter findet man wegen der Perfektheit von H_1, H_2 und mittels S ein System von $\bar{\varsigma}(H_1) + \bar{\varsigma}(H_2) + 1$ Simplexen, die $E(G)$ überdecken.

Im Falle $A_1 \cup A_2 = E(S)$ überlegt man sich zunächst $\bar{\varsigma}(G[H_i \cup A_i]) = \bar{\varsigma}(H_i)$, $i = 1, 2$. (Andernfalls fände man ja ein $x \in A_i$ und eine maximale unabhängige Eckenmenge U in H_i, so daß x keine Nachbarn in U hätte.) Es ergibt sich, weil $G[H_i \cup A_i] =: J_i$ ($i = 1, 2$) $\bar{\chi}$-perfekt sind und zusammen $E(G)$ überdecken:

$$\bar{\chi}(G) \leqq \bar{\chi}(J_1) + \bar{\chi}(J_2) = \bar{\varsigma}(J_1) + \bar{\varsigma}(J_2) = \bar{\varsigma}(H_1) + \bar{\varsigma}(H_2) \leqq \bar{\varsigma}(G). \text{ —}$$

Bemerkung. (10.3) und Beweis schließen den unendlichen Fall mit ein. Für endliche G kann (10.3) auch aus (10.7) unten gefolgert werden.

Mit (10.2) ergibt sich (Hajnal-Suranyi [8]):

10.4. *Jeder endliche triangulierte Graph ist perfekt.*

[1]) $U \subseteq E(G)$ heißt unabhängig, wenn $G[U]$ kantenlos ist.

Dieser Satz bleibt nicht richtig, wenn die Forderung der Endlichkeit fortgelassen wird, wie ein Beispiel im nächsten Paragraphen zeigen wird. Es gelten jedoch die folgenden beiden Sätze:

10.5. (HALIN [15]) *Jeder triangulierte Graph ohne unendliches Simplex ist perfekt.*

(Die χ-Perfektheit folgt aus (10.2′), die $\bar{\chi}$-Perfektheit ergibt sich mittels des Satzes von DUSHNIK-MILLER ((6.6) in Kap. 5).)

10.6. (HAJNAL-SURANYI [8]) *Jeder triangulierte Graph, dessen Komplement kein unendliches Simplex enthält, ist perfekt.*

Wie wir gesehen haben, ist es für das Perfektsein eines endlichen Graphen G hinreichend, daß jeder Kreis der Länge $\geqq 4$ in G eine Sehne besitzt; diese Bedingung ist jedoch nicht notwendig, wie die paaren Graphen zeigen. Andererseits ist sowohl für die χ-Perfektheit von G als auch für die $\bar{\chi}$-Perfektheit von G folgende Bedingung notwendig:

[B] *Sowohl G als auch $\bar{G}$ besitzen keinen ungeraden Kreis der Länge $\geqq 5$ als Untergraphen.*

Das Vorhandensein oder Fehlen von Sehnen in Kreisen spielt also für das Perfektsein eines Graphen eine entscheidende Rolle. Hier besteht die

Vermutung von Berge („Strong perfect graph conjecture"). *Für endliches G sind folgende Aussagen äquivalent:*

(a) *G erfüllt* [B]; (b) *G ist χ-perfekt*; (c) *G ist $\bar{\chi}$-perfekt.*

Zum Beweis würde es offenbar genügen, (a) $\Rightarrow$ (b) zu zeigen (da, wenn [B] in G gilt, [B] auch in $\bar{G}$ gilt). Die Vermutung impliziert insbesondere die Aussage (b) $\Leftrightarrow$ (c), die als „weak perfect graph conjecture" jahrelang allen Beweisversuchen widerstanden hat, ehe von LOVÁSZ [18, 19] im Jahre 1972 ihre Richtigkeit gezeigt werden konnte. Dieses Resultat ist das bisher wichtigste in der Theorie der perfekten Graphen. Zu seinem Beweise müssen wir etwas weiter ausholen.

Denken wir uns $A \sqsubseteq G$ mit $\chi(A)$ Farben gefärbt. Da jede der betreffenden Farbklassen höchstens $\bar{\varsigma}(A)$ Elemente hat, muß $\chi(A) \cdot \bar{\varsigma}(A) \geqq \alpha(A)$ gelten. Wenn G nun χ-perfekt ist, also $\varsigma(A) = \chi(A)$ für jedes $A \sqsubseteq G$ gilt, haben wir demnach

$$[\mathrm{L}] \bigwedge_{A \sqsubseteq G} \varsigma(A) \cdot \bar{\varsigma}(A) \geqq \alpha(A).$$

Letztere Bedingung [L] ist somit notwendig dafür, daß G χ-perfekt ist. LOVÁSZ gelang nun, zu zeigen, daß [L] auch hinreichend dafür ist; da [L] symmetrisch in G und $\bar{G}$ ist, ist [L] dann ebenfalls mit der $\bar{\chi}$-Perfektheit von G äquivalent.

10.7. Satz von Lovász. *Folgende Aussagen über einen endlichen Graphen $G = (E, K)$ sind äquivalent:*

(a) *G erfüllt* [L];
(b) *G ist χ-perfekt;*
(c) *G ist $\bar{\chi}$-perfekt.*

Beweis. Nach der Vorbemerkung genügt der Nachweis von (a) $\Rightarrow$ (b).

Im Falle $\alpha = \alpha(G) = 1$ ist der Satz trivialerweise richtig. Es sei daher $\alpha > 1$, und für alle Graphen kleinerer Eckenzahl sei der Satz richtig. G erfülle [L]. Nach Induktionsannahme sind alle echten Untergraphen von G perfekt.

Es bezeichne $\mathfrak{U}$ die Menge aller unabhängigen Eckenmengen von G, $\mathfrak{U}^*$ die Menge der Elemente größter Elementezahl von $\mathfrak{U}$, und es werde kurz $\varsigma(G) = p$, $\bar{\varsigma}(G) = q$ gesetzt.

(1) Falls $pq = \alpha$, so ist jedes $x \in E$ in einem $U \in \mathfrak{U}^*$ enthalten. Dies ist klar, falls G oder $\bar{G}$ Simplex ist. Daher gelte $p \geqq 2$, $q \geqq 2$. Wegen $\bar{\chi}(G - x) \leqq q$ wird $E(G - x)$ überdeckt durch fremde Simplexe $S_1, \ldots, S_q$. Wegen $\sum \alpha(S_i) = pq - 1$ und $\alpha(S_i) \leqq p$ müssen alle S_i die Ordnung p haben, bis auf genau eines, o. B. d. A. etwa S_q, das $p - 1$ Ecken besitzt. Nun sei $H := G[S_1, \ldots, S_{q-1}, x]$; also $\alpha(H) = p(q-1) + 1 < pq$, $\varsigma(H) = p$ (wegen $q \geqq 2$), mithin wegen [L]

$$p \cdot \bar{\varsigma}(H) = \varsigma(H) \cdot \bar{\varsigma}(H) \geqq \alpha(H).$$

Nach Definition von H ist $\bar{\varsigma}(H) = \bar{\chi}(H) \leqq q$. $\bar{\chi}(H) \leqq q - 1$ hätte zur Folge $\alpha(H) \leqq p(q-1)$; somit muß $\bar{\chi}(H) = q$ gelten. Ist nun U eine größte unabhängige Eckenmenge von H, so $|U| = q$ und notwendig $x \in U$ sowie $U \in \mathfrak{U}^*$. Damit folgt (1).

(2) Es sei $x \in E$ und G' der Graph, der aus G durch Hinzunahme einer neuen Ecke x' und aller Kanten $x'y$ mit $y \in N_G(x)$ entsteht. Dann gilt

$$\alpha(G') \leqq \varsigma(G') \cdot \bar{\varsigma}(G').$$

Denn ist $\alpha < pq$, so $\alpha(G') = \alpha + 1 \leqq pq \leqq \varsigma(G') \cdot \bar{\varsigma}(G')$. Ist aber $\alpha = pq$, so wähle man gemäß (1) ein $U \in \mathfrak{U}^*$ mit $x \in U$. Dann ist $U \cup \{x'\}$ unabhängig in G', d. h. $\bar{\varsigma}(G') > q$, somit $\alpha(G') = pq + 1 \leqq \varsigma(G') \cdot \bar{\varsigma}(G')$.

(3) Jedem $x \in E$ sei eine (evtl. leere) Menge E_x zugeordnet mit $x \neq y \Rightarrow E_x \cap E_y = \emptyset$. Es sei H der Graph mit der Eckenmenge $\bigcup_{x \in E} E_x$, in dem a, b benachbart seien genau dann, wenn $a \in E_x$, $b \in E_y$ mit $xy \in K$ gilt. Dann folgt $\alpha(H) \leqq \varsigma(H) \cdot \bar{\varsigma}(H)$.

Denn H entsteht aus G durch Iteration der in (2) betrachteten Operation der „Eckenspaltung". Daß gewisse E_x leer sind, bedeutet nur, daß man statt von G von einem echten Untergraphen von G ausgeht, der ja auch [L] erfüllen muß.

Wir behaupten weiter:

(4) Es gibt ein $U \in \mathfrak{U}$ mit $\varsigma(G - U) < \varsigma(G)$. Andernfalls kann man für jedes $U \in \mathfrak{U}$ ein Simplex S_U der Ordnung p in $G - U$ wählen. Für die $x \in E$ wähle man disjunkte Mengen E_x, wobei speziell $|E_x|$ gleich der Zahl der S_U mit $x \in E(S_U)$ sei, und bilde H wie in (3); nach (3) ist dann $\varsigma(H) \cdot \bar{\varsigma}(H) \geqq \alpha(H) = \sum_{x \in E} |E_x| = \sum_{U \in \mathfrak{U}} \alpha(S_U) = p \cdot |\mathfrak{U}|$, ferner, nach Konstruktion von H, $\varsigma(H) \leqq p$. Es sei $V \in \mathfrak{U}$ so gewählt, daß $\left|\bigcup_{x \in V} E_x\right|$ größtmöglich ist. Dann ist nach Konstruktion: $\bar{\varsigma}(H) = \left|\bigcup_{x \in V} E_x\right| = \sum_{x \in V} |E_x| = \sum_{x \in V} \sum_{U \in \mathfrak{U}} |\{x\} \cap E(S_U)| = \sum_{U \in \mathfrak{U}} |V \cap E(S_U)| \leqq |\mathfrak{U}| - 1$, weil $|V \cap E(S_U)| \leqq 1$ für $U \in \mathfrak{U}$ und $= 0$ für $U = V$ ist. Es ergibt sich der Widerspruch $\varsigma(H) \cdot \bar{\varsigma}(H) \leqq p(|\mathfrak{U}| - 1) < \alpha(H)$.

Mit (4) kann der Beweis von (10.7) rasch zu Ende geführt werden. Es gibt also ein $U \in \mathfrak{U}$ mit $\chi(G - U) = \varsigma(G - U) \leqq p - 1$. Man färbe $G - U$ mit $\chi(G - U)$ Farben, U mit einer weiteren Farbe. Es ergibt sich $\chi(G) \leqq \chi(G - U) + 1 \leqq \varsigma(G)$, und da für die echten Untergraphen von G das Entsprechende schon richtig ist, folgt (b). —

Übungen

1. Ist G χ-perfekt, so $\chi(G) = \varrho(G)$. Die Umkehrung gilt nicht.

2. Daß jeder endliche paare Graph $\bar{\chi}$-perfekt ist, ist äquivalent mit dem Satz von D. KÖNIG (Kap. 4, (5.1)).

3. Jeder simplexartige Graph ist perfekt. Welche simplexartigen Graphen sind trianguliert?

4. G', G'' seien disjunkte, triangulierte endliche Graphen, S' bzw. S'' Simplexe in G' bzw. G''. G entstehe aus $G' \cup G''$ durch Ziehen irgendwelcher zusätzlicher Kanten zwischen S' und S''. Dann ist G perfekt.

5. Der Satz von LOVÁSZ ist auch noch für abzählbare Graphen richtig (wie mittels Kap. 6, (2.4) folgt), nicht aber für überabzählbare Graphen. Dies ergibt sich aus folgendem Beispiel von PERLES [21]: Es sei $G = (E, K)$ mit $E = W(\omega_1) \times W(\omega_1)$ und $(\lambda, \varkappa)\,(\mu, \nu) \in K$ genau dann, wenn $\lambda \leqq \mu$, $\varkappa \leqq \nu$ (aber nicht Gleichheit in beiden Fällen) gilt. G ist χ-perfekt, aber es gilt $\bar{\varsigma}(G) = \aleph_0 < \bar{\chi}(G) = \aleph_1$.

6. Es sei $G_0, \ldots, G_{h-1}$ die PGZ eines endlichen triangulierten Graphen G; h heiße die Länge von G. Frage: Kann aus h und $\varsigma(G) = \max \alpha(G_\lambda)$ eine Abschätzung von $\bar{\varsigma}(G)$ hergeleitet werden? Natürlich ist $\bar{\varsigma}(G) \leqq h$ und $h \leqq \alpha - \varsigma(G) + 1$, woraus sich mit [L] ergibt

$$h \geqq \bar{\varsigma}(G) \geqq 1 + \frac{h-1}{\varsigma(G)}.$$

7. Beide Schranken sind scharf. Für die obere Schranke ist dies trivial. Andererseits betrachten wir einen Graphen G mit den Ecken

$$a_{11}, \ldots, a_{1n}, a_{21}, \ldots, a_{2n}, \ldots, a_{r1}, \ldots, a_{rn}, \qquad (*)$$

in dem $a_{11}, \ldots, a_{1n}$ ein Simplex aufspanne und von jedem a_{ij} mit $i \geqq 2$ genau zu den $n-1$ unmittelbaren Vorgängern in (*) Kanten gezogen seien. Die r Simplexe $G[a_{i1}, \ldots, a_{in}]$ überdecken dann $E(G)$, also $\bar{\varsigma}(G) \leqq r$, während $h = 1 + (r-1)\,n$ und $\varsigma(G) = n$ gilt. Daraus folgt $\bar{\varsigma}(G) \leqq 1 + (h-1)/\varsigma(G)$.

8. Man betrachte zwei unendliche disjunkte Simplexe mit den Ecken $1, 2, 3, \ldots$ bzw. $1', 2', 3', \ldots$ und ziehe zusätzlich alle Kanten ij' mit $j < i$. Der entstehende Graph ist perfekt und trianguliert, er besitzt ein PGZ mit unendlich vielen Simplexen und erfüllt $\bar{\chi}(G) = \bar{\varsigma}(G) = 2$.

§ 11. Vergleichbarkeitsgraphen

Für eine Relation R auf E bezeichne $G(R)$ den Graphen auf E, in dem $x \neq y$ benachbart sind genau dann, wenn xRy oder (vel) yRx gilt. Ein (beliebiger) Graph G auf E heißt ein *Vergleichbarkeitsgraph* (kurz: Vgl-Graph), wenn es eine Teilordnung R auf E gibt mit $G = G(R)$.

$G = (E, K)$ sei Graph. Jedem $k = xy \in K$ sei als $\vec{k}$ genau eines der Paare (x, y), (y, x) zugeordnet. Dann heißt die durch $k \to \vec{k}$ gegebene Abbildung $K \to E \times E$ eine *Orientierung* von G; E mit $\vec{K} := \{\vec{k} \mid k \in K\}$ ist ein gerichteter Graph ohne Schlingen, Doppelkanten und 2-Zyklen, so daß also $\vec{K}$ eine irreflexive und antisymmetrische Relation auf E darstellt. Daß G Vgl-Graph ist, ist also äquivalent mit der Existenz einer Orientierung $k \to \vec{k}$, so daß gilt:

$$\big((x, y) \in \vec{K} \wedge (y, z) \in \vec{K}\big) \Rightarrow (x, z) \in \vec{K}.$$

Wir sprechen dann von einer *transitiven Orientierung* von G.

Ist R Teilordnung in E, so entsprechen die Ketten (= totalgeordneten Teilmengen bez. R den Simplexen in $G(R)$, und die unabhängigen Mengen bez. R (d. h. die Mengen paarweise unvergleichbarer Elemente) sind identisch mit den unabhängigen Eckenmengen in $G(R)$. Nach einem bekannten Satz von DILWORTH (vgl. Kap. 4, § 5, Übung 7) ist im Falle $|E| < \infty$ die Maximalzahl unabhängiger Elemente bez. R gleich der Minimalzahl von Ketten, die zur Überdeckung von E nötig sind; erstere Zahl ist gleich $\bar{\varsigma}(G(R))$, letztere gleich $\bar{\chi}(G(R))$. Mit (10.7) folgt

11.1. *Jeder endliche Vgl-Graph ist perfekt.*

Unser Ziel ist es im folgenden, die (endlichen) Vgl-Graphen graphentheoretisch zu charakterisieren. Wir folgen dabei GHOUILA-HOURI [6] bzw. GILMORE-HOFFMAN [7].

$R \subseteq E \times E$ heiße eine *Semiordnung* auf E, wenn R antisymmetrisch ist und

$$(xRy \wedge yRz) \Rightarrow (xRz \vee zRx) \qquad (*)$$

erfüllt.

11.2. (GHOUILA-HOURI [6]) *Ist R Semiordnung auf E (E endlich), so ist $G(R)$ ein Vgl-Graph.*

Beweisskizze. Wir induzieren über $|E|$. Ist R Teilordnung (was bei $|E| \leqq 2$ der Fall sein muß), so ist nichts zu zeigen. Andernfalls existiert in E ein „3-Zyklus" x_1, x_2, x_3 mit x_1Rx_2, x_2Rx_3, x_3Rx_1. Wegen (*) gilt:

> Ist $y \in E$ zu einem der x_i in $G(R)$ benachbart, so ist y noch zu mindestens einem weiteren der x_i benachbart. (**)

Fall 1. Jedes $y \in E - \{x_1, x_2, x_3\}$ ist entweder zu allen x_i oder zu keinem x_i benachbart.

Man richte, gemäß Induktionsannahme, $G(R) - x_2 - x_3 =: H$ so, daß H Vgl-Graph einer Teilordnung $<$ auf $E - \{x_2, x_3\}$ wird, ersetze (x_2, x_3) durch (x_3, x_2) und richte jede Kante yx_i ($y \neq x_1, x_2, x_3$; $i = 2, 3$) von $G(R)$ analog der Richtung von yx_1. Damit ist $G(R)$ transitiv orientiert, wie man durch Unterscheidung einiger einfacher Fälle einsieht.

Fall 2. Es gibt ein $a \in E - \{x_1, x_2, x_3\}$, das zu x_2, x_3, aber nicht zu x_1 in $G(R)$ benachbart ist.

Wegen (*) ist dann aRx_2, x_3Ra. Sei $A := \{y \mid yRx_2, x_3Ry\}$; also $a, x_1 \in A$, $x_2, x_3 \notin A$.

> Ist $x \notin A$ zu mindestens einem $y \in A$ benachbart, so ist x zu allen Elementen von A benachbart. (***)

(Denn wäre $xz \notin K(G(R))$ für ein $z \in A$, so folgte aus $xy \in K(G(R))$, yRx_2, x_2Rx_3, x_3Ry nach (**) xx_2 oder xx_3 in $G(R)$; wegen zRx_2, x_2Rx_3, x_3Rz ergäbe sich aus (**) sogar xx_2 und xx_3 in $G(R)$, was wegen $xz \notin K(G(R))$ zur Folge hätte xRx_2, x_3Rx und damit $x \in A$; Widerspruch.)

Gemäß Induktionsvoraussetzung orientiere man $G(R)[A]$ sowie $G(R) - (A - x_1)$ transitiv. Die restlichen Kanten von $G(R)$ haben die Form xy mit $x \notin A$, $y \in A - x_1$. Jedes solche xy richte man analog wie xx_1 (man beachte (***)). Diese Orientierung von $G(R)$ ist transitiv, wie man wieder durch Unterscheidung einiger einfacher Fälle einsieht. —

Es sei $G = (E, K)$ ein Graph. Eine Folge $(a_1, \ldots, a_r)$ von Ecken, wobei $r \geqq 2$ ist und Wiederholungen erlaubt sind, heißt ein *Pseudozyklus* (PZ) in G, wenn alle Kanten a_ia_{i+1} vorhanden sind (hier sind die Indizes mod r zu nehmen, so daß also $a_ra_1 \in K$ sein muß). Es ist also stets $a_i \neq a_{i+1}$, aber $a_i = a_{i+2}$ ist möglich. Ist r ungerade, so sprechen wir von einem ungeraden PZ. Eine Kante der Form $a_i a_{i+2}$ heißt eine *Dreieckssehne* unseres PZ.

G sei Vgl-Graph (etwa zu $<$ auf E), und $(a_1, \ldots, a_r)$ sei ein PZ in G, $r \geqq 5$ ungerade. Nehmen wir an, es sei keine Dreieckssehne vorhanden. Ist etwa o. B. d. A. $a_1 < a_2$, so muß (aufgrund der Transitivität von $<$) gelten $a_2 > a_3$, und es folgt analog der Reihe nach $a_3 < a_4, a_4 > a_5, a_5 < a_6, \ldots, a_r < a_1$; schließlich ergibt sich der Widerspruch $a_r a_2 \in K$. Damit haben wir eine notwendige Bedingung für Vgl-Graphen erhalten; diese ist auch hinreichend:

11.3. Satz (GHOUILA-HOURI [6], GILMORE-HOFFMAN [7]). *Ein endlicher Graph $G = (E, K)$ ist Vgl-Graph genau dann, wenn jeder ungerade PZ in G eine Dreieckssehne besitzt.*

Beweis. Nehmen wir in G diese Bedingung, deren Notwendigkeit schon erkannt ist, als erfüllt an. Es sei $H = (E^*, K^*)$ mit $E^* = \{(x, y) \in E \times E \mid xy \in K\}$ und $(w, x)\,(y, z) \in K^*$ $:\Leftrightarrow (x = y \wedge wz \notin K)$. Für $xy \in K$ ist demnach stets $(x, y)\,(y, x) \in K^*$. Wäre ein ungerader Kreis in H vorhanden, so hätten seine Ecken in der natürlichen Reihenfolge die Form $(x_1, x_2), (x_2, x_3), \ldots, (x_{r-1}, x_r), (x_r, x_1)$ mit $x_i x_{i+2}, x_r x_2 \notin K$, so daß $(x_1, \ldots, x_r)$ ein ungerader PZ ohne Dreieckssehne in G wäre. Daher muß H paar sein; R, R' sei eine Zweiteilung von H. Für $xy \in K$ ist genau eins der Paare $(x, y), (y, x)$ in R; R bestimmt daher eine Orientierung von G. Es seien $(x, y), (y, z) \in R$; mithin $(x, y)\,(y, z) \notin K^*$, so daß, nach Definition von K^*, $xz \in K$ und daher (x, z) oder $(z, x) \in R$ gelten muß. R ist somit eine Semiordnung auf E und $G(R) = G$. Nach (11.2) ist also G ein Vgl-Graph. —

Dieser von GHOUILA-HOURI stammende Beweis ist nur für endliches G gültig; nach GILMORE-HOFFMAN ist (11.3) aber auch für unendliche Graphen richtig.

Wir wollen uns speziell noch mit den Vgl-Graphen von Wurzelbäumen beschäftigen (vgl. Kap. 3, § 3). Ist (B, w) ein WB, $\leqq_{(B,w)}$ die zugehörige Teilordnung auf $E(B) =: E$, so erfüllt der ihr entsprechende Vgl-Graph G offenbar folgende Bedingungen:

(i) G ist zh.

(ii) Sind x_1, x_2, x_3, x_4 verschiedene Ecken von G mit $x_1x_2, x_2x_3, x_3x_4 \in K$, so ist x_1x_3 oder $x_2x_4 \in K$.

Nach E. S. WOLK sind (i), (ii) umgekehrt auch hinreichend dafür, daß G Vgl-Graph eines (endlichen) WB ist:

11.4. (E. S. WOLK [28]). *Ein endlicher Graph G ist Vgl-Graph eines Wurzelbaumes genau dann, wenn* (i), (ii) *erfüllt sind.*

Es erfülle nämlich G (i) und (ii). Zunächst folgt die Existenz einer „Hauptecke" h in G, nämlich einer solchen Ecke, die zu allen übrigen Ecken benachbart ist. (Es existiert $x \in E$, das G nicht trennt; $G - x$ erfüllt (i), (ii) wiederum. Der Fall $\alpha = 1$ ist trivial; daher kann $G - x \neq \Theta$ und in $G - x$ die Existenz einer Hauptecke h' angenommen werden. Ist $xh' \in K$, so sei $h := h'$. Ist $xh' \notin K$, so sei $h \in N_G(x)$; also $hh' \in K$. z sei eine weitere Ecke, also $zh' \in K$. Wegen $xh' \notin K$ und (ii) folgt $hz \in K$, also ist h Hauptecke von G.) $G_1, \ldots, G_s$ seien die Komponenten von $G - h$; sie erfüllen wieder (i), (ii). Nehmen wir an, G_i sei Vgl-Graph des WB (B_i, w_i). $\bigcup B_i$ zuzüglich h und der Kanten hw_i ergibt dann einen WB (mit Wurzel h), der G als Vgl-Graph besitzt. Die Behauptung folgt induktiv (über α). —

Als Folgerung aus (ii) ergibt sich sofort, daß jeder Vgl-Graph eines endlichen WB trianguliert sein muß, also eine PGZ aus lauter Simplexen besitzt. Durch Beschreibung der PGZ dieser Graphen erhalten wir eine neue, von (11.4) unabhängige Charakterisierung dieser Graphen:

11.5. *Es sei G ein endlicher zh. Graph mit der PGZ $G_0, \ldots, G_l$ und den Anschlußsimplexen S_i $(i = 1, \ldots, l)$. Folgende Aussagen sind äquivalent:*

(a) *G ist Vgl-Graph eines WB.*

(b) *Jedes G_i ist Simplex, und für jede Permutation $\pi \in \mathfrak{S}_{l+1}$ ist auch $G_{\pi(0)}, \ldots, G_{\pi(l)}$ eine sZ von G.*

(c) *Jedes G_i ist Simplex, und für alle $i, j, h \in \{0, \ldots, l\}$ gilt $G_i \cap G_j \subseteq G_i \cap G_h$ oder $G_i \cap G_j \supseteq G_i \cap G_h$ (d. h., für jedes i bilden die $G_i \cap G_j$ bez. $\subseteq$ eine Kette).*

(d) *Jedes G_i ist Simplex, und für jedes i bilden die in G_i enthaltenen S_j bez. $\subseteq$ eine Kette.*

Beweis. (a) $\Rightarrow$ (b): Es sei (B, w) endlicher WB und G sein Vgl-Graph. Die Endecken $\neq w$ von B seien $e_0, \ldots, e_l$. Dann entsprechen den w,e_i-Wegen $\subseteq B$ gerade die maximalen Simplexe von G, und in welcher Reihenfolge man diese Wege auch aufschreibt, stets ergibt sich eine sZ von G, deren Glieder gerade diese Simplexe sind.

(b) $\Rightarrow$ (c): Wäre $G_i \cap G_j \not\subseteq$ und $\not\supseteq G_i \cap G_h$, so könnte es keine sZ von G geben, die mit G_j, G_h, G_i anfängt.

(c) $\Rightarrow$ (d): Trivial.

(d) $\Rightarrow$ (a): Wir induzieren über α. Der Fall $\alpha = 1$ ist trivial; es sei $\alpha \geqq 2$. Induktion über l ergibt die Existenz einer Hauptecke x in G. (Denn für $l = 0, 1$ ist dies klar. Sei $l \geqq 2$ und S_i ein Anschlußsimplex, das in keinem anderen S_j echt enthalten ist. Sei $S_i \subseteq G_h$, $h < i$. $G_0, \ldots, G_{i-1}, G_{i+1}, \ldots, G_l$ bilden wieder eine sZ und genügen (d). Eine Hauptecke x von $\bigcup_{j \neq i} G_j$ muß in $\bigcap_{j \neq i} S_j$ liegen und damit auch in S_h, also Hauptecke von G sein.) Zu jeder Komponente von $G - x$ finden wir nach Induktionsannahme einen WB, der diese als Vgl-Graph hat. Man verbinde nun x mit allen diesen Wurzeln durch Kanten. Der entstehende Baum mit x als Wurzel hat G als Vgl-Graph. —

Wir wenden uns nun dem unendlichen Falle zu. Jede Kette in einer teilgeordneten Menge $(E, \leqq)$ läßt sich (nach Zorn) zu einer bez. Inklusion maximalen Kette in $(E, \leqq)$ erweitern. Im Falle einer Baumordnung enthält jede maximale Kette mit einem a auch alle $x \in E$ mit $x \leqq a$; sind $x, y \in E$ vergleichbar und enthalten in der Vereinigung gewisser maximaler Ketten H_i, so gibt es unter den H_i eines, das x, y beide enthält. Da die maximalen Ketten einer Teilordnung den maximalen Simplexen des zugehörigen Vgl-Graphen entsprechen, erhält man aus diesen Überlegungen (vgl. auch den Beweisteil (a) $\Rightarrow$ (b) in (11.5)):

11.6. *Ist G Vgl-Graph einer Baumordnung $(E, \leqq)$, so bildet jede wohlgeordnete Folge G_λ $(\lambda < \sigma)$ von maximalen Simplexen in G, so daß $\bigcup_{\lambda<\sigma} E(G_\lambda) = E(G)$, $\bigcup_{\lambda<\tau} E(G_\lambda) \not\supseteq E(G_\tau)$ für jedes τ, $0 < \tau < \sigma$, gilt, eine PGZ von G.*

Insbesondere muß in (11.6) stets $\bar{\sigma} \leqq \alpha(G)$ sein. Es sei B der (abzählbare) 3-reguläre Baum, w irgendeine Wurzel, und es sei G der Vgl-Graph von (B, w). Genau die in w beginnenden 1-Wege $\subset B$ spannen in G die maximalen Simplexe auf; G enthält also $\aleph$ viele maximal prime Untergraphen, und gemäß (11.6) gibt es überabzählbar viele verschiedene PGZ von G, von denen je zwei nicht einmal ein Glied gemeinsam zu haben brauchen.

Wir betrachten zum Schluß ein interessantes Beispiel von R. Laver (vgl. Wagon [27]).

Für eine Abbildung $f\colon M \to \mathbb{N}$ setzen wir kurz $\mathbb{N}_f := \mathbb{N} - f(M)$. Es sei nun E die Menge aller injektiven Abbildungen f eines $W(\tau)$, τ eine abzählbare Ordnungszahl, in

$\mathbb{N}$ derart, daß $\mathbb{N}_f$ unendlich ist; dabei sei τ variabel. E ist durch die Inklusion (von Funktionen) teilgeordnet, und für jedes $f \in E$ ist die Menge der Vorgänger von f sogar wohlgeordnet. G sei der Vgl-Graph von $(E, \subseteq)$. Wir behaupten:

$$\chi(G) \geqq \aleph_1. \qquad (*)$$

Andernfalls gäbe es abzählbar viele Teilmengen $A_1, A_2, \ldots$ von E, die zusammen E überdecken und so daß je zwei Elemente eines A_i unvergleichbar sind. Wir definieren Folgen $(f_n)_{n<\omega}$, $(a_n)_{n<\omega}$ mit $f_n \in E$, $a_n \in \mathbb{N}$ sowie $f_{n+1} \supset f_n$, $\mathbb{N}_{f_n} \supset \{a_0, \ldots, a_n\}$ wie folgt: Es sei f_0 die Abbildung $n \to 2n$ für alle $n < \omega$, $a_0 := 1$. Nehmen wir an, $f_0, \ldots, f_n \in E$ und $a_0, \ldots, a_n \in \mathbb{N}$ seien bereits definiert. Dann wählen wir $f_{n+1} \in E$ mit:

1. $f_{n+1} \supset f_n$, 2. $a_0, \ldots, a_n \in \mathbb{N}_{f_{n+1}}$, 3. $f_{n+1} \in A_n$, sofern dies möglich ist, ohne 1. oder 2. zu verletzen.

Ferner sei $a_{n+1} := \min(\mathbb{N}_{f_{n+1}} - \{a_0, \ldots, a_n\})$.

Nun sei $f := \bigcup_{n<\omega} f_n$. $f \in E$ wegen $\mathbb{N}_f \supseteq \{a_0, a_1, \ldots\}$. f kommt in einem A_n vor. Nach Vorschrift 3. muß $f_{n+1} \in A_n$ gelten (denn sonst hätte ja f ohne Verletzung von 1. oder 2. als f_{n+1} gewählt werden können). Es ist aber $f \supset f_{n+1}$, mit Widerspruch dazu, daß A_n unabhängig bez. $\subseteq$ sein sollte. Also folgt $(*)$.

Dagegen enthält G kein überabzählbares Simplex, weil in E wegen der Abzählbarkeit von $\mathbb{N}$ nur Ketten der Mächtigkeit $\leqq \aleph_0$ existieren. Wegen (11.6) besitzt G eine PGZ mit lauter höchstens abzählbaren Simplexen; man folgert leicht $[G]_{\aleph_1} = G$, d. h. $G \succ_u S(\aleph_1)$ wegen (5.3). G ist außerdem trianguliert (wegen (10.2), (11.6)) und $\bar{\chi}$-perfekt.

Insgesamt können wir festhalten:

11.7. a) *Es gibt Graphen G mit $\chi(G) \geqq \aleph_1$ und $G \succ_u S(\aleph_1)$. (Das heißt, die „Hadwiger-Vermutung" für $\aleph_1$ ist falsch.)*

b) *Es gibt (überabzählbare) triangulierte Graphen, die $\bar{\chi}$-perfekt, aber nicht χ-perfekt sind.*

Übungen

1. Jeder paare und jeder simplexartige Graph ist Vgl-Graph.
2. Ist G Vgl-Graph, so auch $G * 1$.
3. Nicht jeder triangulierte Graph ist Vgl-Graph (Abb. 45).
4. Ist G der Vgl-Graph eines endlichen WB, so ist auch $\bar{G}$ ein Vgl-Graph.
5. Man führe die „einfachen Fallunterscheidungen", auf die im Beweis von (11.2) verwiesen wird, genau durch.

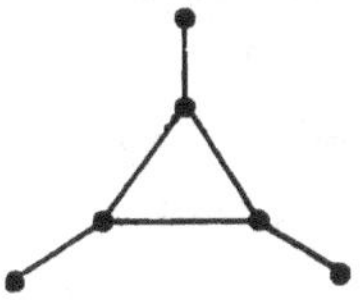

Abb. 45

§ 12. Intervallgraphen

Ein endlicher Graph $G = (E, K)$ heißt ein *Intervallgraph*, wenn es eine Familie $I(e)$, $e \in E$, von offenen Intervallen in $\mathbb{R}$ gibt, so daß (für $e \neq e'$) gilt:

$$ee' \in K \Leftrightarrow I(e) \cap I(e') \neq \emptyset.$$

Bemerkung. Für $e \neq e'$ kann also $I(e) = I(e')$ sein. Indem man die Grenzen der Intervalle in geeigneter Weise „ein ganz klein wenig" verschiebt, erkennt man, daß es für den Begriff des (endlichen) Intervallgraphen im Prinzip ohne Belang ist, ob man die Verschiedenheit der $I(e)$ fordert oder nicht und ob man die betreffenden $I(e)$ auch als abgeschlossen, halboffen oder ausgeartet zuläßt. Im Rahmen der vorliegenden Darstellung ist die gewählte Definition zweckmäßig. Im übrigen ist das Zugrundelegen von $\mathbb{R}$ ein wenig willkürlich; ist ein endliches G in $\mathbb{R}$ als Intervallgraph darstellbar, so, bei sinngemäßer Übertragung der Begriffe Intervall und Intervallgraph, auch in jeder anderen unendlichen total-geordneten Menge. Man kann natürlich auch unendliche Intervallgraphen ganz genau so einführen, wenn nur total-geordnete Mengen hinreichend großer Mächtigkeit zugrunde gelegt werden; der Ordnungstypus dieser Mengen spielt dabei eine untergeordnete Rolle.

In $\mathbb{R}$ gilt die sog. Helly-Bedingung: Ist $I_j = [a_j, b_j]$, $j \in J$, eine Familie abgeschlossener reeller Intervalle, von denen je zwei nichtleeren Durchschnitt haben, so ist der Durchschnitt aller I_j nichtleer (er ist $= \left\{x \in \mathbb{R} \mid \sup_j a_j \leqq x \leqq \inf_j b_j\right\}$); für offene I_j gilt Entsprechendes auch, wenn J endlich ist.

Gallai hat als erster Intervallgraphen untersucht (nach Hajnal-Suranyi [8]). Im Anschluß an ein Problem der Genetik (es ging dabei um die Überprüfung der Hypothese, daß nicht nur die Gene, sondern auch deren Substrukturen linear angeordnet sind; vgl. S. Benzer [1]) haben Lekkerkerker und Boland [17] zuerst die Intervallgraphen charakterisiert. Weitere Charakterisierungen stammen von Gilmore-Hoffman [7] und Fulkerson-Gross [5]. Wir werden hier zunächst ein Kriterium beweisen, das wesentlich die PGZ benutzt und mit dem vom Fulkerson-Gross eng verwandt ist (letzteres wurde in Matrizenform ausgesprochen); daraus werden sich dann die Kriterien von Gilmore-Hoffman und Lekkerkerker-Boland relativ leicht ergeben.

Als erste wichtige Eigenschaft der Intervallgraphen stellen wir fest:

12.1. *Jeder Intervallgraph ist trianguliert.*

Beweis. Einem sehnenlosen Kreis der Länge $n \geqq 4$ in G entspräche eine Folge von Intervallen $I_j = (a_j, b_j)$, $j = 1, \ldots, n$, mit $I_j \cap I_{j+1} \neq \emptyset$ (Indizes mod n), aber $I_j \cap I_{j+h} = \emptyset$ für $h \neq \pm 1$. Keins der I_j kann in einem anderen enthalten sein, und genau einer der Punkte a_2, b_2 liegt in I_1; o. B. d. A. sei dies a_2 (sonst werde $\mathbb{R}$ gespiegelt). Dann müßte gelten $a_1 < a_2 < b_1 \leqq a_3 \leqq b_2 \leqq a_4 < b_3 \leqq a_5 < \cdots \leqq a_n$; das hätte aber $I_n \cap I_1 = \emptyset$ zur Folge. —

Jeder endliche Intervallgraph hat also eine PGZ mit lauter Simplexen. Wir untersuchen, wie diese zusammengeheftet sein müssen.

Definition. Eine sZ $G_0, \ldots, G_l$ von G mit den Anschlußsimplexen $S_1, \ldots, S_l$ heiße *konsekutiv*, wenn $S_i \subseteq G_{i-1}$ für $i = 1, \ldots, l$ gilt.

12.2. *Die sZ $G_0, \ldots, G_l$ von G ist konsekutiv genau dann, wenn gilt: Ist eine Ecke e in G_i und in G_j mit $i < j$ enthalten, so ist e auch in jedem G_h mit $i < h < j$ enthalten.*

Beweis. Ist die sZ konsekutiv und e in $G_i \cap G_j$, $i < j$, so ist e in $S_j \subseteq G_{i-1}$. Analog folgt, falls $j - 1 > i$, daß e in G_{i-2} liegt, usf.

Umgekehrt sei die Bedingung von (12.2) erfüllt. Sei $e \in E(S_j)$. Es ist $S_j \subseteq G_i$ für ein $i < j$; nach der genannten Bedingung ist also e in G_{j-1}, somit $S_j \subseteq G_{j-1}$. —

Nunmehr folgt:

12.3. Satz. *Der endliche Graph $G = (E, K)$ ist ein Intervallgraph genau dann, wenn G eine konsekutive PGZ aus lauter Simplexen besitzt.*

Beweis. 1. G habe eine konsekutive PGZ $G_0, \ldots, G_l$ aus lauter Simplexen. Für $e \in E$ sei $\lambda(e) := \min(i \mid e \text{ in } G_i)$, $\mu(e) := \max(i \mid e \text{ in } G_i)$. Man setze $I(e) := \left(\lambda(e) - \frac{1}{2}, \mu(e) + \frac{1}{2}\right)$ $(\subset \mathbb{R})$. Für ganzes j gilt dann

(i) $j \in I(e) \Leftrightarrow e$ in G_j.

Ferner haben wir

(ii) $I(x) \cap I(y) \neq \emptyset \Rightarrow \bigvee_{j \in \{0, \ldots, l\}} j \in I(x) \cap I(y)$.

Für $x \neq y$ aus E gilt daher

$$xy \in K \Leftrightarrow \bigvee_j x, y \in E(G_j) \Leftrightarrow \bigvee_j j \in I(x) \cap I(y) \Leftrightarrow I(x) \cap I(y) \neq \emptyset.$$

G ist also Intervallgraph.

2. Umgekehrt werde G als Intervallgraph angenommen, $e \to I(e)$ sei eine entsprechende Darstellung. $G_0, \ldots, G_l$ seien die maximal primen Untergraphen von G (in irgendeiner Reihenfolge); nach (12.1) ist jedes G_j ein Simplex. Wegen der Helly-Bedingung ist für jedes $j = 0, \ldots, l$

$$I^{(j)} := \bigcap_{e \in E(G_j)} I(e)$$

ein offenes Intervall. Ist $x \in E$ mit $I(x) \cap I^{(j)} \neq \emptyset$, so ist x zu allen Ecken von G_j benachbart, was wegen der Maximalität von G_j bedeutet $x \in E(G_j)$. Es gilt also

$$x \in E\,(G_j) \Leftrightarrow I(x) \cap I^{(j)} \neq \emptyset \Leftrightarrow I(x) \supseteq I^{(j)},$$

und für $j \neq h$ ist $I^{(j)} \cap I^{(h)} = \emptyset$. O. B. d. A. sei die Numerierung der G_j so gewählt, daß

$$I^{(0)} < I^{(1)} < I^{(2)} < \cdots < I^{(l)}$$

gilt ($<$ bedeute hier „links von" auf $\mathbb{R}$). Wir behaupten nun, daß $G_0, \ldots, G_l$ in dieser Reihenfolge eine konsekutive PGZ bilden.

a) Für jedes j ist $(G_0 \cup \cdots \cup G_{j-1}) \cap G_j =: D$ ein Simplex. Nehmen wir nämlich an, $a \neq b$ seien aus $E(D)$, aber $ab \notin K(D)$. Dann ist o. B. d. A. a in G_h, b in G_i, $h < i < j$; notwendig $a \notin E(G_i)$, $b \notin E(G_h)$ und $I(a) \supset I^{(h)}, I^{(j)}$. Wegen $I^{(h)} < I^{(i)} < I^{(j)}$ folgt $I(a) \supset I^{(i)}$, d. h. $a \in E(G_i)$, mit Widerspruch.

b) Die angegebene sZ ist konsekutiv. Denn ist x in G_i, G_j mit $i < j$, so also $I(x) \supseteq I^{(i)} \cup I^{(j)}$; und ist $i < h < j$, also $I^{(i)} < I^{(h)} < I^{(j)}$, so muß auch $I(x) \supseteq I^{(h)}$ gelten und damit x in G_h liegen. —

Wir benutzen nun (12.3), um relativ einfach das folgende Kriterium von Gilmore-Hoffman zu beweisen:

12.4. Satz. *Der endliche Graph $G = (E, K)$ ist Intervallgraph genau dann, wenn folgende beiden Bedingungen erfüllt sind:*

(i) *Jeder 4-Kreis in G hat eine Sehne;*
(ii) *$\overline{G}$ ist Vgl-Graph.*

Beweis. 1. G sei Intervallgraph, habe also eine konsekutive PGZ

$$G_0, \ldots, G_l \qquad (*)$$

aus Simplexen. Für $x \in E$ sei $\lambda(x) = \min\big(i \mid i \in E(G_i)\big)$. Für $x \neq y$ aus E setze man $x < y$, wenn $xy \notin K$ und $\lambda(x) < \lambda(y)$ gilt. Das zugehörige $\leqq$ ist natürlich reflexiv und antisymmetrisch. $<$ ist auch transitiv. (Ist nämlich $x < y$, $y < z$, so nach Definition $\lambda(x) < \lambda(y)$, $\lambda(y) < \lambda(z)$, also $\lambda(x) < \lambda(z)$; $xz \in K$ ergäbe $x \in E(G_{\lambda(z)})$ und damit, wegen der Konsekutivität, auch $x \in E(G_{\lambda(y)})$, mit Widerspruch.) $\leqq$ heiße die zur PGZ $(*)$ gehörende Teilordnung; $\bar{G}$ ist, nach Konstruktion, der Vgl-Graph von $\leqq$. Damit ist (ii) bewiesen; (i) ergibt sich aus (12.1).

2. Umgekehrt seien (i), (ii) erfüllt. $\bar{G}$ ist Vgl-Graph einer gewissen Teilordnung $\leqq$ auf E. Wir zeigen durch Induktion über α, daß eine konsekutive PGZ von G mit Simplexen existiert, zu der $\leqq$ gehört. Für $\alpha = 1$ ist dies trivial. Sei $\alpha > 1$ und die Behauptung für kleinere Eckenzahlen richtig.

z sei ein minimales Element von $(E, \leqq)$. $G - z$ erfüllt wieder (i), (ii), und wir können nach Induktionsannahme eine PGZ $G_0, \ldots, G_l$ (mit Simplexen) von $G - z$ wählen, zu der $\leqq|_{E-z}$ gehört.

Ist $N_G(z) = \emptyset$, so setzen wir $\{z\}$ vor $G_0, \ldots, G_l$. Ist $N_G(z) \neq \emptyset$, so wählen wir ein $y \in N_G(z)$ mit größtem $\lambda(y) =: j$. Ist $j = 0$, so bilden z und seine Nachbarn ein Simplex G_{-1}, und $G_{-1}, G_0, \ldots, G_l$ ist eine PGZ der verlangten Art.

Es sei $j > 0$. Ist x aus $(G_0 \cup \cdots \cup G_{j-1}) - S_j$, so $xy \notin K$ und $\lambda(x) < \lambda(y)$, daher $x < y$. Wäre $zx \notin K$, so wären z, x vergleichbar, d. h. $z < x$ wegen der Minimalität von z; aus $z < x$, $x < y$ folgte aber $z < y$ und damit der Widerspruch $zy \notin K$. Also haben wir

$$N_G(z) \supseteq E\big((G_0 \cup \cdots \cup G_{j-1}) - S_j\big).$$

Sei w eine beliebige Ecke von S_j. Mit irgendeinem $u \in E(G_{j-1} - S_j)$ haben wir dann $uw, wy, yz, zu \in K$, $uy \notin K$, so daß wegen (i) folgt $wz \in K$. Es gilt also

$$E(S_j) \subseteq N_G(z).$$

Es sei H das Simplex, das z und seine Nachbarn in G_j als Ecken hat (also speziell $H \supseteq S_j$). Dann ist $G_0 * z, G_1 * z, \ldots, G_{j-1} * z, H, G_j, G_{j+1}, \ldots, G_l$ (wobei G_j entfalle, falls $H \supseteq G_j$ ist) eine PGZ von G der verlangten Art; G ist also Intervallgraph. —

Wir behandeln jetzt das Kriterium von LEKKERKERKER-BOLAND, den schönsten der bekannten Charakterisierungssätze für Intervallgraphen. Sein erster Beweis in [17] war sehr kompliziert und langwierig; durch Anwendung der PGZ, insbesondere von (10.2′) und (12.3), konnte er erheblich vereinfacht werden (vgl. HALIN [16]). In einem Hilfssatz stellen wir zunächst einige Eigenschaften einer konsekutiven PGZ zusammen, die aus dem Bisherigen offensichtlich sind.

12.5. *Es sei G endlicher Intervallgraph und $G_0, G_1, \ldots, G_l$ eine konsekutive PGZ von G, die aus den Cliquen von G besteht (also reduziert ist). $S_1, \ldots, S_l$ sollen wir bisher die Anschlußsimplexe bezeichnen. Dann haben wir:*

(a) *Auch $G_l, \ldots, G_1, G_0$ ist eine konsekutive PGZ von G;*

(b) *Für $1 \leqq i \leqq l$ trennt S_i jede Ecke aus $(G_0 \cup \cdots \cup G_{i-1}) - S_i$ von jeder Ecke aus $(G_i \cup \cdots \cup G_l) - S_i$;*

(c) *Jedes $T \subset E(G)$, das G trennt, muß die Ecken eines S_i enthalten;*

(d) *Jedes G_i mit $1 \leqq i < l$ trennt G, speziell jedes $a \in E(G_j - G_i)$ mit $j < i$ von jedem $b \in E(G_h - G_i)$ mit $h > i$.*

(e) *Wenn G_i nicht G trennt, so notwendig $i = 0$ oder $i = l$. —*

Entscheidend im Lekkerkerker-Boland-Kriterium ist der folgende Begriff:

Definition. Drei Ecken x, y, z eines Graphen G bilden ein *sternartiges* Tripel in G, wenn je zwei von ihnen durch einen Weg in G verbunden sind, der die dritte Ecke sowie deren Nachbarn vermeidet.

Zum Beispiel bilden in den Abb. 46 bis 49 (s. unten) jeweils x, y, z ein sternartiges Tripel, und zwar das einzige derartige Tripel. Natürlich können in einem sternartigen Tripel keine zwei Ecken benachbart sein, und wenn x, y, z ein sternartiges Tripel in einem Untergraphen von G bilden, so auch in G selbst.

Es seien G ein Intervallgraph mit einer PGZ wie in (12.5) und x, y, z irgend drei Ecken von G; etwa $x \in E(G_i)$, $y \in E(G_j)$, $z \in E(G_h)$ mit $i \leqq j \leqq h$. Dann geht wegen (12.5), (d) jeder x,z-Weg durch G_j, trifft also y oder einen Nachbarn von y. Somit kann kein Intervallgraph ein sternartiges Tripel enthalten. Umgekehrt kennzeichnet diese Eigenschaft gerade die Intervallgraphen unter den triangulierten Graphen; dies ist der eigentliche Inhalt des Satzes von Lekkerkerker-Boland:

12.6. Satz. *Ein endlicher Graph ist ein Intervallgraph genau dann, wenn er trianguliert ist und kein sternartiges Tripel enthält.*

Beweis (vgl. [16]). Zu zeigen ist, daß ein endlicher triangulierter Graph G entweder ein sternartiges Tripel enthält oder eine konsekutive PGZ besitzt. Wir induzieren über die Cliquenzahl von G.

Wenn G nur eine Clique hat, ist die Behauptung trivial. Nehmen wir nun an, G habe die PGZ $G_0, \ldots, G_{l+1}$ (mit den Anschlußsimplexen $S_1, \ldots, S_{l+1}$), wo die G_i die Cliquen von G sind ($l \geqq 0$), und es sei die Behauptung richtig für Graphen mit weniger Cliquen. Wir schreiben kurz C anstelle von G_{l+1} und S anstelle von S_{l+1}. Wenn $H = G_0 \cup \cdots \cup G_l$ ein sternartiges Tripel enthält, so auch G. Daher kann H als ein Intervallgraph angenommen werden, und o. B. d. A. sei $G_0, \ldots, G_l$ eine konsekutive PGZ von H. Ist S in G_0 oder G_l enthalten, so bekommen wir eine konsekutive PGZ von G, wenn wir C vor G_0 bzw. hinter G_l plazieren. Daher sei $S \subseteq G_m$ mit $0 < m < l$; $S \subset G_m$, weil G_m Clique ist.

Fall 1. $S \supseteq S_i$ für ein i mit $1 \leqq i \leqq l$.

Man definiere $S_0 = S_{l+1} = \Theta$ und setze

$$p = \max(i \mid S \supseteq S_i, 0 \leqq i \leqq m),$$

$$q = \min(i \mid S \supseteq S_i, m+1 \leqq i \leqq l+1),$$

$$Z = G_p \cup \cdots \cup G_m \cup \cdots \cup G_{q-1}.$$

Nach Annahme gilt

$$p \geqq 1 \quad \text{oder} \quad q \leqq l. \tag{$*$}$$

Wegen (12.5), (b) und (c) ist $Z - S$ die $G_m - S$ umfassende Komponente von $H - S$. Nach (12.2) gilt $G_j \supseteq S_p$ für $p \leqq j \leqq m$ und $G_j \supseteq S_q$ für $m \leqq j \leqq q - 1$. Wegen $(*)$ hat $Z \cup C$ weniger Cliquen als G; daher können wir annehmen, es habe eine konsekutive PGZ $Z_0 \cup \cdots \cup Z_t$ mit seinen Cliquen $G_p, \ldots, G_{q-1}, C$ als Gliedern. Da Z durch S nicht getrennt wird, haben wir $C = Z_0$ oder $= Z_t$ (wegen (12.5), (e)); o. B. d. A. sei $C = Z_0$ (andernfalls kehren wir die Anordnung der Cliquen um, entsprechend (12.5), (a)).

Nehmen wir $Z_t = G_s$ an $(p \leqq s \leqq q - 1)$. Ist $s \leqq m$, so $S_p \subseteq G_s = Z_t$, und

$$G_0, \ldots, G_{p-1}, Z_t, Z_{t-1}, \ldots, Z_1, C, G_q, \ldots, G_l$$

ist eine konsekutive PGZ von G. Ist dagegen $s \geqq m + 1$, so $S_q \subseteq G_s = Z_t$, und analog ist

$$G_0, \ldots, G_{p-1}, C, Z_1, \ldots, Z_t, G_q, \ldots, G_l$$

eine konsekutive PGZ von G.

Fall 2. $S \not\supseteq S_i$ für alle $i = 1, \ldots, l$.

Falls

(i) $S_l \not\supseteq S, \not\supseteq S_i$ für $i = 1, \ldots, l - 1$

und

(ii) $S_1 \not\supseteq S, \not\supseteq S_i$ für $i = 2, \ldots, l$,

so wählen wir Ecken x in $G_0 - S_1$, y in $G_l - S_l$, z in $C - S$; je zwei dieser Ecken sind dann durch einen Weg in G verbunden, der weder die dritte Ecke noch einen ihrer Nachbarn trifft, so daß wir also ein sternartiges Tripel in G haben. Wenn andererseits (i) nicht gilt, so kommen wir auf Fall 1 zurück mit G_l, S_l anstelle von C, S, und wenn (ii) falsch ist, erhalten wir Fall 1 wieder mit G_0, S_1 in den Rollen von C und S. —

Aus (12.6) leiten Lekkerkerker-Boland weiter folgende Charakterisierung der Intervallgraphen her:

12.7. *Ein endlicher Graph G ist Intervallgraph dann und nur dann, wenn er trianguliert ist und keinen Graphen der Form A, B_n $(n \geqq 2)$, C, D_n $(n \geqq 1)$ der Abb. 46 bis 49 als Untergraphen enthält.*

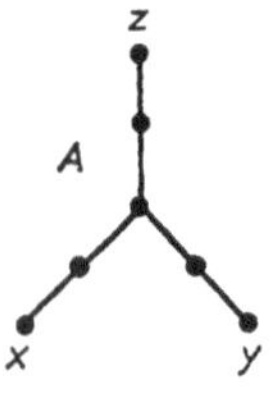

Abb. 46

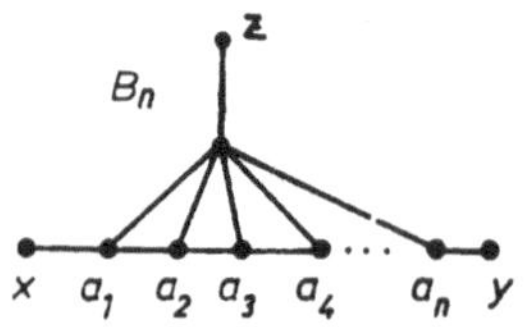

Abb. 47

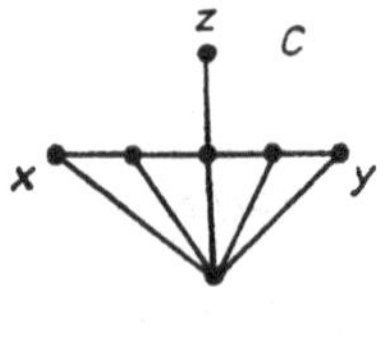

Abb. 48

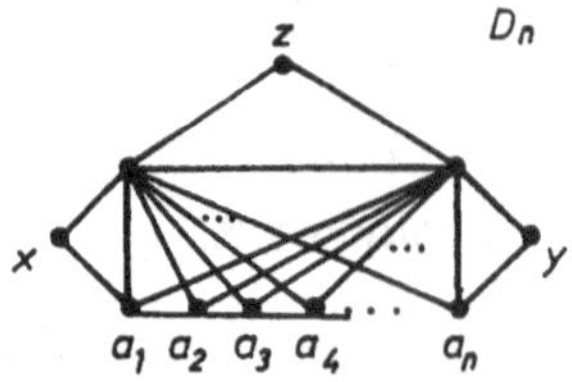

Abb. 49

Zum Beweis dieses Satzes betrachtet man minimale triangulierte Graphen mit einem sternartigen Tripel x_1, x_2, x_3. Alle Ecken liegen dann auf 3 sehnenlosen Wegen, die jeweils zwei der x_i verbinden und das dritte samt seinen Nachbarn vermeiden. Um die genannten Konfigurationen herauszubekommen, sind indessen noch einige recht langwierige Fallunterscheidungen nötig.

Es sei bemerkt, daß Gilmore-Hoffman ihr Kriterium auch für unendliche Graphen beweisen (wobei man anstelle von $\mathbb{R}$ jeweils eine Totalordnung hinreichend großer Mächtigkeit zugrunde legen muß). Man kann daraus schließen, daß ein Graph Intervallgraph ist genau dann, wenn jeder seiner endlichen Untergraphen Intervallgraph ist. In [16] wird der Begriff der konsekutiven PGZ so modifiziert, daß eine Verallgemeinerung von (12.2) auf Graphen beliebiger Mächtigkeit möglich wird, was zu einem neuen Beweis dieses Resultates führt. (12.6), (12.7) gelten also auch für unendliche Graphen, ebenso das Kriterium in Übung 4.

Hajnal und Surányi [8] haben zuerst entdeckt, daß interessante Beziehungen zwischen den in den §§ 10—12 betrachteten Graphen und der Suslin-Hypothese bestehen. Diese besagt das Folgende:

[SH] Ist $(M, <)$ eine total-geordnete stetige Menge ohne größtes und kleinstes Element und ist in M jedes System disjunkter offener Intervalle höchstens abzählbar, so ist $(M, <)$ ähnlich zu $\mathbb{R}$.

Zur Verifizierung von [SH] genügte es, in M die Existenz einer abzählbaren dichten Teilmenge nachzuweisen (vgl. E. Kamke, Mengenlehre, Berlin 1955, § 27). Betrachten wir die folgende Aussage:

$$[A] \quad (G \text{ trianguliert} \wedge \bar{\varsigma}(G) \leqq \aleph_0) \Rightarrow \bar{\chi}(G) \leqq \aleph_0.$$

Hajnal-Surányi zeigten

$$[A] \Rightarrow [SH]$$

wie folgt: In M ist, bei Gültigkeit der Prämissen von [SH], auch jedes disjunkte System abgeschlossener Intervalle höchstens abzählbar. Der allen abgeschlossenen Intervallen von M entsprechende Intervallgraph G erfüllt demnach $\bar{\varsigma}(G) \leqq \aleph_0$ und ist trianguliert, so daß nach [A] $\bar{\chi}(G) \leqq \aleph_0$ gilt. Es gibt also höchstens abzählbar viele Simplexe $S_1, S_2, \ldots$ in G, die $E(G)$ überdecken. Die jedem S_i entsprechenden Intervalle $I(e)$, $e \in E(S_i)$, haben zu je zweien nichtleeren Durchschnitt, so daß der Durchschnitt D_i aller $I(e)$ mit $e \in E(S_i)$ für jedes i nichtleer ist. (Die Helly-Eigenschaft gilt in M wegen der Stetigkeit.) Wählt man ein x_i in D_i für jedes $i = 1, 2, \ldots$, so liegt $\{x_1, x_2, x_3, \ldots\}$ dicht in M, da jedes abgeschlossene Intervall ein $I(e)$ mit e aus einem $E(S_i)$ ist.

Es gilt aber auch umgekehrt [SH] $\Rightarrow$ [A], d. h., [A] ist mit der Suslin-Hypothese äquivalent.

Es sei $\mathfrak{a}$ eine transfinite Kardinalzahl. Ein $\mathfrak{a}$-*Suslin-Baum* ist eine teilgeordnete Menge $(M, \leqq)$ mit $|M| = \mathfrak{a}$, so daß $\{x \mid x \leqq a\}$ für jedes $a \in M$ wohlgeordnet ist und keine Kette und keine unabhängige Menge der Mächtigkeit $\mathfrak{a}$ existiert. [SH] ist äquivalent mit der Nichtexistenz eines $\aleph_1$-Suslin-Baumes[1]). Der Vgl-Graph eines $\mathfrak{a}^+$-Suslin-Baumes ist trianguliert und weder χ- noch $\bar{\chi}$-perfekt. Andererseits leitete W. T. Trotter aus der Existenz eines nicht $\bar{\chi}$-perfekten triangulierten Graphen G mit $\bar{\varsigma}(G) = \aleph_0$ die Existenz eines $\aleph_1$-Suslin-Baumes her. Allgemein gilt (Wagon [27]): Die Existenz eines $\mathfrak{a}^+$-Suslin-Baumes ist mit der Existenz eines triangulierten Graphen G mit $\bar{\varsigma}(G) = \mathfrak{a} < \bar{\chi}(G)$ äquivalent.

Für weitere interessante Fragen, die die Unabhängigkeit der Existenz bestimmter unendlicher triangulierter Graphen von den Axiomen der Mengenlehre mit AWP betreffen, konsultiere man Wagon [27] und die dort angegebene Literatur.

Übungen

1. Welche simplexartigen Graphen und welche Bäume sind Intervallgraphen?
2. Jeder Vgl-Graph eines endlichen WB ist Intervallgraph.
3. Sind G, H Intervallgraphen, so braucht $G * H$ kein Intervallgraph zu sein.
4. Ein Graph G ist ein Intervallgraph genau dann, wenn unter je drei Cliquen von G immer eine ist, die die beiden anderen trennt (Halin [16]).
5. G sei endlich und $G_0, \ldots, G_l$ eine konsekutive PGZ von G, bestehend aus den Cliquen von G. Man setze $S_0 = S_{l+1} = \Theta$, und $S_1, \ldots, S_l$ seien wie üblich die Anschlußsimplexe unserer PGZ. Es gelte $0 \leqq i < j \leqq l$, und $G_i, \ldots, G_j$ mögen sämtlich S_i und S_{j+1} enthalten. Offenbar ist dann auch

$$G_0, \ldots, G_{i-1}, G_j, G_{j-1}, \ldots, G_i, G_{j+1}, \ldots, G_l$$

eine konsekutive PGZ; wir sagen, sie entstehe aus der gegebenen durch eine elementare Umstellung. Zu zeigen ist: Je zwei (reduzierte) konsekutive PGZ von G können durch eine Folge elementarer Umstellungen ineinander übergeführt werden (Halin [16]). Im Hinblick auf (12.3) wirft dieses Resultat ein gewisses Licht auf die möglichen Intervalldarstellungen von G.

6. Es seien $I_1, \ldots, I_n$ Intervalle von $\mathbb{R}$. Unter je $h + 1$ der I_j gebe es immer zwei mit nichtleerem Durchschnitt. Dann gibt es h Punkte in $\mathbb{R}$, so daß jedes I_j einen dieser Punkte enthält.

[1]) Vgl. die Einführung von E. S. Rudin [23].

Kapitel 11

Probleme höheren Zusammenhangs

Bereits in Kap. 4 hatten wir den Mengerschen Satz sowie den n-fachen Zusammenhang von Graphen kennengelernt. In diesem Kapitel werden wir die früheren Untersuchungen ausbauen und vertiefen; insbesondere werden wir Einsichten in die Struktur derjenigen n-zh. Graphen gewinnen, die bez. bestimmter Reduktionsoperationen minimal sind. Wir beginnen mit einem verbandstheoretischen Ansatz zum Studium von Zusammenhangsproblemen in Graphen.

§ 1. Schnittverbände

Erstmalig in [9] wurde beobachtet, daß (bei Vorgabe bestimmter Ausgangsecken) die trennenden Eckenmengen eines Graphen bez. einer natürlichen Vorgängerrelation einen vollständigen Verband induzieren. In diesem Paragraphen sollen die so entstehenden Beziehungen zwischen Graphentheorie und Verbandstheorie kurz beleuchtet werden. Aus Platzgründen können die benötigten verbandstheoretischen Hilfsmittel hier nicht entwickelt werden; vielmehr sei auf die einschlägigen Lehrbücher von Hermes und Birkhoff verwiesen. Infimum und Supremum in Verbänden werden durch $\sqcap$ bzw. $\sqcup$ bezeichnet.

Wir werden die Resultate dieses Paragraphen in den späteren Abschnitten nicht benötigen.

a, b sei ein festes Paar nicht benachbarter Ecken eines Graphen $G = (E, K)$. Wir erinnern an die Bezeichnungen $S_G(a, b)$, $S_G^*(a, b)$ für die Menge der a,b-Schnitte bzw. der a,b-Minimalschnitte in G (vgl. Kap. 4, § 1). Unter den a, b trennenden Eckenmengen sind die $T \in S_G(a, b)$ dadurch ausgezeichnet, daß es zu jedem $t \in T$ einen a,b-Weg W gibt mit $T \cap W = t$.

Für $T, U \in S_G(a, b)$ setzen wir $T \trianglelefteq U$ und nennen T *Vorgänger* von U, U *Nachfolger* von T (bez. (a, b)), wenn jeder a,b-Weg $W \subseteq G$ zuerst T, dann U trifft, genauer: wenn für $u \in U \cap W$ notwendig $W_{au} \cap T \neq \emptyset$ gilt. $\trianglelefteq$ ist trivialerweise reflexiv und transitiv. — Nehmen wir $T \trianglelefteq U$ und $U \trianglelefteq T$ an. Sei $t \in T$; es existiert dann ein a,b-Weg W mit $W \cap T = t$. Wegen $U \trianglelefteq T$ existiert ein u in $W_{at} \cap U$. $u \neq t$ hätte wegen $T \trianglelefteq U$ zur Folge, daß W_{au} ein $t' \in T - t$ enthielte. Also ist $u = t$, mithin $T \subseteq U$. Analog folgt $U \subseteq T$. Somit ist $\trianglelefteq$ auch antisymmetrisch, also eine Teilordnung in $S_G(a, b)$.

Es ist $T \trianglelefteq U$ genau dann, wenn für jeden a,b-Weg W mit $t \in W \cap T$ gilt $W_{tb} \cap U \neq \emptyset$ (Beweis als Übung). Unsere $\trianglelefteq$-Beziehung ist also bezüglich a, b symmetrisch, d. h., die Vorgängerbeziehung in $S_G(b, a)$ ist die duale Teilordnung zu der in $S_G(a, b)$.

1.1. *$S_G(a, b)$ ist bez. $\trianglelefteq$ ein vollständiger Verband. Ist $\mu_G(a, b) < \infty$, so ist $S_G^*(a, b)$ ein endlicher distributiver Teilverband von $S_G(a, b)$.*

Beweis. 1. Es sei T_i $(i \in I)$ eine Familie von Elementen aus $S_G(a, b)$. Die a bzw. b enthaltende Komponente von $G - \bigcup T_i$ sei C_a bzw. C_b, und T_* bzw. T^* sei die Menge der $t \in \bigcup T_i$, die zu einem x aus C_a bzw. C_b benachbart sind. Dann gilt $a \cdot T_* \cdot b(G)$, $a \cdot T^* \cdot b(G)$. T_* ist a,b-Schnitt. (Andernfalls existierte ein $t \in T_*$ mit $a \cdot T_* - t \cdot b(G)$. Es gibt ein $j \in I$ mit $t \in T_j$. W sei ein a,b-Weg mit $W \cap T_j = t$. W hat eine letzte Ecke u in $T_* - t$; nach Definition von T_* gibt es einen a,u-Weg Z mit $Z \cap \bigcup T_i = u$. $Z_{au} \cup W_{ub}$ ergäbe einen a,b-Weg, der T_j vermeidet, mit Widerspruch.) Nach Konstruktion ist natürlich $T_* \trianglelefteq T_i$ für alle i. Ist $U \in S_G(a, b)$ mit $\bigwedge_{i \in I} U \trianglelefteq T_i$, so sei W ein beliebiger a,b-Weg. W treffe T_* erstmalig in t; $t \in T_j$ für ein $j \in I$. Wegen $U \trianglelefteq T_j$ ist $W_{at} \cap U \neq \emptyset$. Also $U \trianglelefteq T_*$, und insgesamt hat sich T_* als das Infimum der T_i erwiesen. Analog folgt $T^* = \bigsqcup_{i \in I} T_i$.

2. Es sei $\mu_G(a, b) = n < \infty$ und H ein $\theta_n(a, b) \subseteq G$ mit den a,b-Wegen $W_1, \ldots, W_n$. Jedes $T \in S_G^*(a, b)$ hat dann mit jedem W_i genau eine Ecke gemeinsam; insbesondere ist $S_G^*(a, b)$ endlich. Seien $T, U \in S_G^*(a, b)$, $T \cap W_i = t_i$, $U \cap W_i = u_i$. $T \sqcap U$ (bzw. $T \sqcup U$) bez. $\trianglelefteq$ in $S_G(a, b)$ wird dann erhalten, indem man jeweils auf W_i die von a aus erste (bzw. letzte) der Ecken t_i, u_i wählt (Beweis als Übung). $S_G^*(a, b)$ ist also Teilverband von $S_G(a, b)$, zugleich aber auch von $S_H(a, b)$, und letzterer Verband ist als direktes Produkt („cardinal product" bei Birkhoff) von n Ketten distributiv. —

Die Frage stellt sich, welche Verbände als ein $S_G(a, b)$ bzw. $S_G^*(a, b)$ (mit $\trianglelefteq$) auftreten können. Dieses Darstellungsproblem wurde von F. Escalante [5] in den folgenden beiden Sätzen gelöst.

1.2. Satz (Escalante [5]). *Zu jedem vollständigen Verband $(V, \leqq)$ gibt es einen Graphen G mit Ecken a, b, so daß $S_G(a, b)$ mit $\trianglelefteq$ zu $(V, \leqq)$ isomorph ist.*

Beweis. Für $x \in V$ sei $\bar{x} := \{v \in V \mid x \nleqq v\}$. V' sei eine zu V fremde Menge, die vermöge einer Abbildung $x \to x'$ bijektiv auf V bezogen sei. Wir bilden den Graphen $G = (E, K)$ wie folgt: Es sei $E = V \cup V' \cup \{a, b\}$ (wo $a, b \notin V \cup V'$); K bestehe aus allen av', bv mit $v \in V$ sowie aus den $x'v$ mit $x \in V$, $v \in \bar{x}$ (also $N_G(x') = \bar{x} \cup \{a\}$). Für $x \in V$ sei $T_x := \bar{x} \cup \{v' \in V' \mid \bar{v} \not\subseteq \bar{x}\}$; es ist $x' \notin T_x$, $T_x \cap V = \bar{x}$, und es folgt leicht $T_x \in S_G(a, b)$. Wegen $x \leqq y \Leftrightarrow \bar{x} \subseteq \bar{y} \Leftrightarrow T_x \trianglelefteq T_y$ (für $x, y \in V$) liefert $x \to T_x$ eine ordnungstreue Injektion von V in $S_G(a, b)$. Zu zeigen ist nur noch, daß diese surjektiv ist. Sei $T \in S_G(a, b)$ gegeben; setze $Y := \{y \in V \mid \bar{y} \subseteq T \cap V\}$, $Z := \bigcup_{y \in Y} \bar{y}$. Natürlich ist $Z \subseteq T \cap V$. Gäbe es ein $t \in (T \cap V) - Z$, so gälte $a \cdot T - t \cdot b(G)$; es folgt $Z = T \cap V$. Sei $x := \bigsqcup Y$. Dann gilt $\bar{x} \supseteq \bar{y}$ für alle $y \in Y$, d. h. $\bar{x} \supseteq T \cap V$. Gäbe es ein $v \in \bar{x} - T$, so wäre $y'v \notin K$, d. h. $y \leqq v$, für alle $y \in Y$; es folgte $x \leqq v$, gegen $v \in \bar{x}$. Mithin $T \cap V = \bar{x} = T_x \cap V$, woraus $T = T_x$ folgt. —

1.3. Satz (Escalante [5]). *Zu jedem endlichen distributiven Verband $(V, \leqq)$ gibt es einen Graphen G mit Ecken a, b, so daß $S_G^*(a, b)$ mit $\trianglelefteq$ zu $(V, \leqq)$ isomorph ist.*

Beweis. Q sei die Menge der $\sqcup$-irreduziblen Elemente von V, also die Menge der $q \in V$ mit genau einem unteren Nachbarn. $\overline{V}$ bezeichne die Menge der Anfänge von $(Q, \leqq)$, d. h. derjenigen $A \subseteq Q$, für die gilt $(q \in A, p \in Q, p \leqq q) \Rightarrow p \in A$. Für $x \in V$ sei

$\bar{x} := \{q \in Q \mid q \leqq x\}$; sicher $\bar{x} \in \bar{V}$. Nach einem bekannten Zerlegungssatz (vgl. HERMES, S. 113) liefert $x \to \bar{x}$ einen Isomorphismus von $(V, \leqq)$ auf $(\bar{V}, \subseteq)$.

Q' sei eine zu Q fremde Menge, die vermöge einer Abbildung $x \to x'$ bijektiv auf Q bezogen sei. Für $T \subseteq Q$ sei $T' := \{q' \mid q \in T\}$. Wir bilden den Graphen $G = (E, K)$ wie folgt: Es sei $E = Q \cup Q' \cup \{a, b\}$ (wo $a, b \notin Q \cup Q'$); K bestehe aus allen aq' und bq mit $q \in Q$ sowie aus den pq' mit $p \leqq q$ in Q. Für alle $q \in Q$ ist $qq' \in K$; wir sehen $\mu_G(a, b) = |Q|$ und $Q, Q' \in S_G^*(a, b)$. Für $F \subseteq Q$ sei $F^* := F \cup (Q' - F')$; jedes $T \in S_G^*(a, b)$ ist offenbar ein F^* für passendes $F \subseteq Q$. Für $F \subseteq Q$ gilt nach Konstruktion: $F^* \in S_G^*(a, b) \Leftrightarrow N_G(F') \cap (Q - F) = \emptyset \Leftrightarrow \bigwedge_{q \in F} \bigwedge_{p \in Q} (pq' \in K \Rightarrow p \in F) \Leftrightarrow \bigwedge_{q \in F} \bigwedge_{p \in Q} (p \leqq q \Rightarrow p \in F) \Leftrightarrow F \in \bar{V}$. Also bebesteht $S_G^*(a, b)$ aus den $\bar{x}^*$ mit $x \in V$. Wegen $\bar{x}^* \trianglelefteq \bar{y}^* \Leftrightarrow \bar{x} \subseteq \bar{y} \Leftrightarrow x \leqq y$ (für $x, y \in V$) folgt die Behauptung. —

Nach den beiden Sätzen von ESCALANTE wird man schärfer fragen, ob es wohl zu jedem Paar V, V^*, wo V ein vollständiger Verband, V^* ein endlicher distributiver Teilverband von V ist, einen Graphen G mit Ecken a, b gibt, so daß gleichzeitig V zu $S_G(a, b)$, V^* zu $S_G^*(a, b)$ isomorph ist. Diese Frage konnte von E. DAHLHAUS verneinend beantwortet werden (briefliche Mitteilung). Er betrachtet die folgenden beiden Verbände:

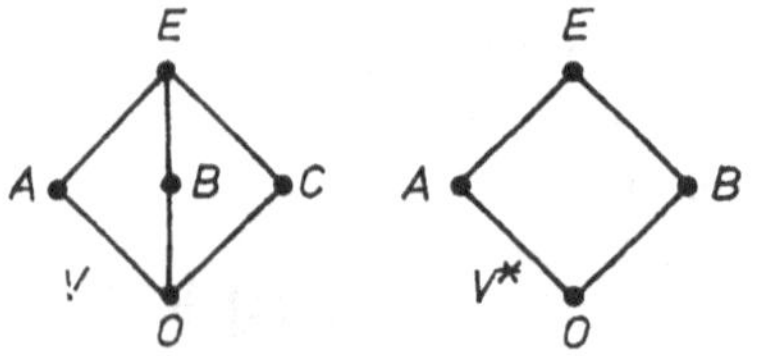

Abb. 50

Offenbar ist V^* distributiver Teilverband von V. Nehmen wir an, es gäbe einen Graphen G und a, b in G mit $S_G(a, b) = V$, $S_G^*(a, b) = V^*$. Sei $\mu_G(a, b) = n$, und es seien $W_1, \ldots, W_n$ kreuzungsfreie a,b-Wege. Jedes $X \in V^*$ hat mit jedem W_i genau eine Ecke X_i gemeinsam; sup und inf erhält man, wie in Teil 2 des Beweises von (1.1) beschrieben. Wegen $A \sqcap B = 0$, $A \sqcup B = E$ ist für jedes i genau eine der Ecken A_i, B_i gleich O_i, die andere gleich E_i (sofern nicht diese 4 Ecken zusammenfallen, was natürlich nicht für alle i eintreten kann). Jedes W_i trifft auch C, aber nur in Ecken, die auf W_i zwischen O_i und E_i liegen. Ist $O_i = A_i$, so notwendig $E_i \in C \cap W_i$ wegen $A \sqcup C = E$, und ist $E_i = A_i$, so wegen $A \sqcap C = O$ analog $O_i \in C \cap W_i$. Es ergäbe sich $B \subseteq C$, Widerspruch. —

Es seien a, b Ecken eines Graphen $G = (E, K)$. $T \subseteq K$ heißt ein *a,b-Kantenschnitt*, wenn T eine (bez. $\subseteq$) minimale a, b trennende Kantenmenge ist, und $\bar{S}_G(a, b)$ bezeichne die Menge der a,b-Kantenschnitte. $\bar{S}_G(a, b)$ bildet dann bez. der Vorgängerbeziehung, die derjenigen in $S_G(a, b)$ ganz analog ist, gleichfalls einen vollständigen Verband, und im Falle $\bar{\mu}_G(a, b) < \infty$ bilden die a,b-Kantenschnitte kleinster Mächtigkeit einen endlichen distributiven Teilverband $\bar{S}_G^*(a, b)$ von $\bar{S}_G(a, b)$ (ESCALANTE [5], Satz 7). Man könnte vermuten, daß die Analoga von (1.2) und (1.3) auch für Kantenschnitte gelten. Dies trifft jedoch nur im Falle minimaler Kantenschnitte zu: Wie ESCALANTE-GALLAI [7] zeigten, läßt sich jeder endliche distributive Verband in der Form $\bar{S}_G^*(a, b)$ darstellen. Andererseits konnte F. ESCALANTE beweisen, daß jeder Verband $\bar{S}_G(a, b)$ die Jordan-Dedekindsche Kettenbedingung erfüllen muß. (Dieses Resultat ist in [6] angekündigt, vor der Publikation des Beweises verstarb der Verfasser jedoch plötzlich in tragischer

Weise.) $\bar{S}_G(a, b)$ braucht indessen nicht semimodular zu sein, wie F. Escalante [5] an folgendem einfachen Beispiel zeigte:

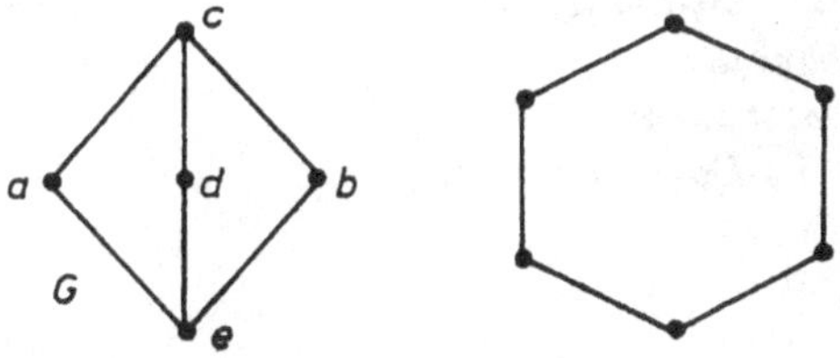

$\bar{S}_G(a,b)$ Abb. 51

Auf verwandte, aber doch auch wieder ganz anders gelagerte Fragestellungen wird man geführt, wenn man, statt wie bisher ein Eckenpaar, eine einzige Ecke a, oder was im Prinzip auf dasselbe hinausläuft, eine Menge A von Ecken als „Ursprung“ auszeichnet.

$G = (E, K)$ sei Graph; für A, $T \subseteq E$ werde $G(A \underset{i}{\to} T)$, genannt *Verbindungsgraph i-ter Art* von A nach T in G ($i = 1, 2, 3$), definiert

im Falle $i = 1$ als der Untergraph, der durch alle von A aus durch Wege W erreichbaren Ecken erzeugt wird, so daß $\mathring{W} \cap T = \emptyset$ gilt (Halin [9]);

im Falle $i = 2$ als der Teilgraph, der aus allen den Kanten gebildet wird, von denen wenigstens ein Endpunkt von A aus durch Wege erreicht werden kann, die T nicht treffen (Sabidussi [31]);

im Falle $i = 3$ als Vereinigung aller Komponenten von $G - T$, die A treffen (Polat [29], Pym [30]).

Zur Verdeutlichung dieser Begriffe studiere der Leser das in Übung 4 dargestellte Beispiel. Für T, $T' \subseteq E$ setze man $T \underset{i}{\sim} T' :\Leftrightarrow G(A \underset{i}{\to} T) = G(A \underset{i}{\to} T')$ ($i = 1,2,3$). Jedes $\underset{i}{\sim}$ ist eine Äquivalenzrelation in $\mathfrak{P}(E)$. In jeder Äquivalenzklasse bez. $\underset{i}{\sim}$ existiert ein (bez. $\subseteq$) kleinstes Element; jeder solche kleinste Vertreter heiße eine *A-primitive Eckenmenge i-ter Art* von G ($i = 1, 2, 3$). Für T, $U \subseteq E$ setze man $T \trianglelefteq_A U$, wenn jeder A,U-Weg T trifft. Dann gilt:

1.4. (Halin [9], Sabidussi [31], Polat [29]) *Bez.* $\trianglelefteq_A$ *bilden die A-primitiven Eckenmengen i-ter Art in G einen vollständigen Verband* $V_i(G; A)$, $i = 1, 2, 3$. $V_i(G; A)$ *ist ein infimumtreuer Teilverband von* $V_{i+1}(G; A)$, $i = 1, 2$. —

Ein Verband V heiße *V_i-darstellbar*, wenn ein Graph G mit einer Eckenmenge A existiert, so daß V isomorph zu $V_i(G; A)$ ist ($i = 1, 2, 3$).

M. Fuchs (unveröffentlicht) und M. Hager [8] zeigten unabhängig voneinander unter Benutzung der Methode von Escalante in (1.2):

1.5. *Jeder vollständige Verband ist V_1-darstellbar.*

Polat [29] charakterisiert die V_3-darstellbaren Verbände; die Wiedergabe seines Resultats würde jedoch wegen der Kompliziertheit der Bedingungen zu weit führen. Jedenfalls ergibt sich aus seiner Charakterisierung, daß die V_3-darstellbaren Verbände halbmodular sein müssen (d. h., sind x, y unvergleichbar und gilt $x \sqcap y < z < x$, so existiert ein t mit $x \sqcap y < t \leqq y$, $(z \sqcup t) \sqcap x = z$); insbesondere sind die V_3-darstellbaren Verbände semimodular (nach oben). Hager [8] hat ein Beispiel eines V_2-

darstellbaren nicht semimodularen Verbandes angegeben (vgl. Übung 6). Die logischen Abhängigkeiten der Begriffe V_1-, V_2-, V_3-Darstellbarkeit hat HAGER [8] aufgedeckt:

1.6. Satz. (a) *Der in Abb. 52 dargestellte Verband ist nicht V_2-darstellbar. V_1-Darstellbarkeit impliziert also nicht die V_2-Darstellbarkeit.*

(b) *V_3-Darstellbarkeit impliziert V_2-Darstellbarkeit.*

(c) *V_2-Darstellbarkeit impliziert nicht V_3-Darstellbarkeit.*

Abb. 52

Übungen

1. Man führe in den Beweisen von (1.1), (1.2), (1.3) die dem Leser überlassenen Beweisteile aus.
2. Wie sehen 0- und 1-Element von $S_G(a, b)$, $S_G^*(a, b)$ aus?
3. Man bestimme $\bar{S}_G(a, b)$ und $\bar{S}_G^*(a, b)$ für das in Abb. 51 links angegebene Beispiel.
4. Im Graphen der Abb. 53 sei $A = \{a\}$, $T = \{t_1, \ldots, t_5\}$. Man bestimme $G(A \underset{i}{\rightarrow} T)$ und die in T enthaltene A-primitive Eckenmenge i-ter Art für $i = 1, 2, 3$.

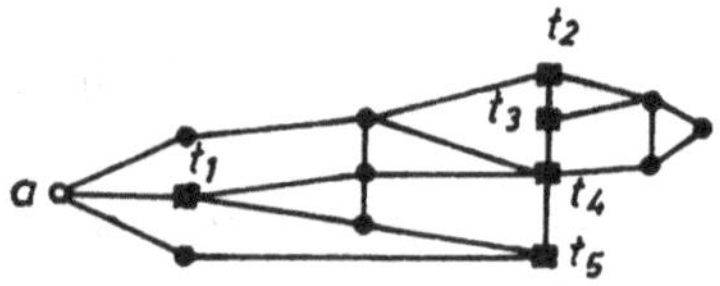

Abb. 53

5. Ist T A-primitiv i-ter Art, so auch A-primitiv $(i + 1)$-ter Art $(i = 1, 2)$.
6. Man prüfe folgendes von HAGER [8] angegebenes Beispiel nach:

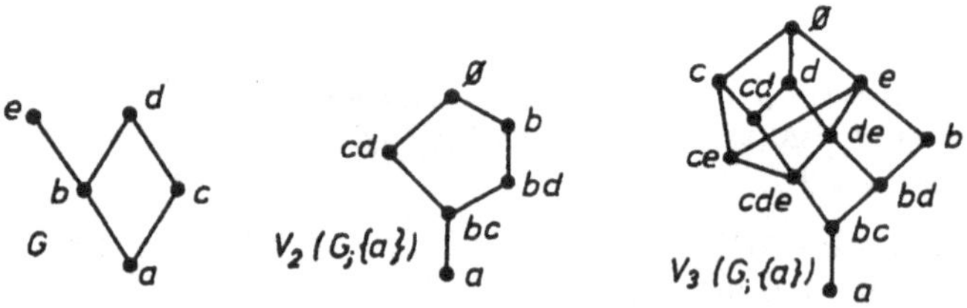

Abb. 54

Hier ist $V_3(G; \{a\})$ nicht semimodular nach unten (b und ce haben e als oberen Nachbarn, aber keinen gemeinsamen unteren Nachbarn).

§ 2. Zur Struktur der n-zh. Graphen

Wir erinnern an die Definition der n-zh. Graphen und der Zusammenhangszahl $z(G)$ eines Graphen G in Kap. 4, § 2. Im folgenden beziehen sich E, K, α, $\varkappa$ immer auf einen Graphen G. Einfache Kriterien für $z(G) \geqq n$ erhält man, wenn man Eigenschaften, die ein Graph mit einem trennenden T der Mächtigkeit $\leqq n - 1$ haben muß, negiert. So gewinnt man z. B.:

2.1. *Es sei* $\alpha \geqq n + 1$. *Dann impliziert jede der folgenden Aussagen* (a), (b) *schon* $z(G) \geqq n$:

(a) *Es gibt n Ecken* $x_1, \ldots, x_n$ *in G, so daß für jedes* $i = 1, \ldots, n$ *und jedes* $y \notin N_G(x_i)$ *aus E gilt* $\mu_G(x_i, y) \geqq n$.

(b) *Für jedes* $x \in E$ *ist die Zahl der y mit* $\mu_G(x, y) \geqq n$ *größer als* $\dfrac{\alpha + n - 3}{2}$.

2.2. *Es sei* $n + 1 \leqq \alpha < \infty$.

(a) (Chartrand-Harary [1]) $\gamma_G^{\min} > \dfrac{\alpha + n - 3}{2} \Rightarrow z(G) \geqq n$.

(b) (Chartrand-Kapoor-Kronk [2]) *Wenn für jedes d mit* $1 \leqq d \leqq \dfrac{\alpha - n + 1}{2}$ *die Zahl der Ecken des Grades* $\leqq n + d - 2$ *in G kleiner als d ist, so folgt* $z(G) \geqq n$.

2.3. *Es sei* $n + 1 \leqq \alpha < \infty$. *Mit* $J_{\alpha,n}$ *werde der Graph bezeichnet, der aus einem* $S(\alpha - 1)$ *und einem* $S(n)$ *durch Zusammenheften längs eines* $S(n - 1)$ *entsteht. Dann hat* $J_{\alpha,n}$ *unter allen Graphen der Eckenzahl* α, *die nicht n-zh. sind, größtmögliche Kantenzahl und ist dadurch (bis auf Isomorphie) eindeutig bestimmt.*

Es seien $a_1, \ldots, a_p, b_1, \ldots, b_q$ aus $\mathbb{N}$ mit $n = \sum_{i=1}^{p} a_i = \sum_{j=1}^{q} b_j$. Wir sagen, G hat die Eigenschaft $Z(a_1, \ldots, a_p \mid b_1, \ldots, b_q)$, wenn $\alpha \geqq p + q$ gilt und zu je zwei disjunkten Teilmengen $X = \{x_1, \ldots, x_p\}$, $Y = \{y_1, \ldots, y_q\}$ von E stets n kreuzungsfreie X,Y-Wege $W_1, \ldots, W_n$ existieren, so daß jedes x_i in a_i, jedes y_j in b_j dieser W_ν erscheint. O. B. d. A. sei $a_1 \leqq \cdots \leqq a_p$, $b_1 \leqq \cdots \leqq b_q$, $p \leqq q$. Wegen (3.3) in Kap. 4 gilt:

2.4. *Ist* $z(G) \geqq n$ *und* $\alpha \geqq p + q$, *so hat G die Eigenschaft* $Z(a_1, \ldots, a_p \mid b_1, \ldots, b_q)$.

Umgekehrt: Wann impliziert diese Eigenschaft $z(G) \geqq n$? Dieses Problem wurde von Mesner und Watkins [27] gelöst. Wir können feststellen:

2.5. *Gilt*

$$p \geqq 2,\ q \geqq 2 \text{ und } 2 \leqq a_{p-1} \leqq a_p,\ 2 \leqq b_{q-1} \leqq b_q, \tag{$*$}$$

so hat jedes $J_{\alpha,n}$ *mit* $\alpha \geqq 2n$ *die Eigenschaft* $Z(\ldots a_i \ldots \mid \ldots b_j \ldots)$, *ohne n-zh. zu sein.*

In den anderen Fällen können wir jedoch aus $Z(\ldots)$ den n-Zusammenhang schließen, wenn nur α hinreichend groß ist:

2.5′. *Erfüllen die* a_i, b_j *nicht* $(*)$ *in* (2.5), *d. h., gilt* $a_1 = \cdots = a_{p-1} = 1$, $a_p = n - p + 1$ *oder* $b_1 = \cdots = b_{q-1} = 1$, $b_q = n - q + 1$, *so ist jedes G mit* $Z(a_1, \ldots, a_p \mid b_1, \ldots, b_q)$ *und* $\alpha \geqq n - 2 + 2q$ *notwendig n-zh.*

Beweis. Würde G durch $T \subseteq E$ mit $|T| = n - 1$ getrennt, so hätte $G - T$ eine Komponente C derart, daß $G - (C \cup T)$ mindestens q Ecken hat; diese seien $z_1, \ldots, z_s$ $(s \geqq q)$. Sei etwa $a_1 = \cdots = a_{p-1} = 1$ (der andere Fall ist symmetrisch). Man wähle x_p in C, $x_1, \ldots, x_{p-1}$ in T und $y_i = z_i$ $(i = 1, \ldots, q)$. Dann kann $Z(a_1, \ldots, a_p \mid b_1, \ldots, b_q)$ offensichtlich nicht gelten. —

Als Folgerungen haben wir (vgl. aber Übung 1):

2.5″. *Ist* $\alpha \geqq n + 1$, $q \in \mathbb{N}_n$, *so sind äquivalent:*

(a) $z(G) \geqq n$.

(b) $Z(n \mid \underbrace{1, \ldots, 1}_{(q-1)\text{-mal}}, n - q + 1)$ *gilt in* G.

(c) *Zu jedem* $e \in E$ *und jedem* $T \in \binom{E - e}{n}$ *existiert ein* x,T*-Fächer in* G.

2.5'''. *Ist* $\alpha \geqq 2n$, *so ist* $z(G) \geqq n$ *genau dann, wenn es für je zwei* $X, Y \subseteq E$ *mit* $X \cap Y = \emptyset$, $|X| = |Y| = n$ *eine Wegepaarung von* X *und* Y *in* G *gibt.*

Wir fragen nach weiteren Konfigurationen, die ein n-zh. Graph enthalten muß. Von Dirac [3] ist beobachtet worden:

2.6. (a) *Ist* $z(G) = n \geqq 1$, *so liegen je* $n + 1$ *Ecken* $x_1, \ldots, x_{n+1}$ *von* G *auf einem Weg.*

(b) *Ist* $z(G) = n \geqq 2$, *so liegen je* n *Ecken* $x_1, \ldots, x_n$ *von* G *auf einem Kreis.*

(Ist nämlich C ein Kreis in G, auf dem bereits $x_1, \ldots, x_i$ liegen, $i < n$, so zerlegen diese C in i Abschnitte. Falls $x_{i+1} \notin E(C)$, so gibt es $\min\big(i + 1, \alpha(C)\big)$ Wege W_ν, die von x_{i+1} nach C führen und paarweise nur x_{i+1} gemeinsam haben. Zwei der W_ν enden in demselben Abschnitt; mit ihrer Hilfe kann man C so abändern, daß auch noch x_{i+1} „eingefangen" wird. So folgt (b). Analog ergibt sich (a).)

Wir sagen, G hat die Eigenschaft $C(i^+, j^-)$ bzw. $W(i^+, j^-)$, wenn zu beliebig gegebenen verschiedenen Ecken $x_1, \ldots, x_i, y_1, \ldots, y_j$ von G stets ein Kreis bzw. Weg in G existiert, der $x_1, \ldots, x_i$ enthält und $y_1, \ldots, y_j$ vermeidet. Wegen $z(G - Y) \geqq z(G) - |Y|$ für jedes $Y \subset E$ und wegen (2.6) haben wir:

2.7. (a) *Ist* $z(G) \geqq n \geqq 1$, *so hat* G *für jedes* i, $0 \leqq i \leqq n + 1$, *die Eigenschaft* $W\big(i^+, (n + 1 - i)^-\big)$.

(b) $W\big(2^+, (n - 1)^-\big)$ *impliziert den* n*-Zusammenhang.*

(c) *Ist* $z(G) \geqq n \geqq 2$, *so hat* G *für jedes* i, $0 \leqq i \leqq n$, *die Eigenschaft* $C\big(i^+, (n - i)^-\big)$.

(d) $C\big(2^+, (n - 2)^-\big)$ *impliziert den* n*-Zusammenhang.*

Es ist interessant, die Eigenschaften $C(i^+, j^-)$, $W(i^+, j^-)$ für sich zu studieren; vgl. hierzu z. B. Wilson, Hemminger und Plummer [37]. Eine Hauptvermutung in dieser Arbeit ist:

$$W(i^+, j^-) \Rightarrow W\big((i + 1)^+, (j - 1)^-\big) \qquad (\text{für } i, j \geqq 1).$$

Dies wird für $i + j \leqq 5$ bewiesen.

(2.6) kann so gelesen werden:

(a) $z(G) \geqq n \geqq 1 \Rightarrow W\big((n + 1)^+, 0^-\big)$

(b) $z(G) \geqq n \geqq 2 \Rightarrow C(n^+, 0^-)$.

Unter welchen Umständen können diese Implikationen zu $W\big((n + 2)^+, 0^-\big)$ bzw. $C\big((n + 1)^+, 0^-\big)$ verbessert werden? Die Antworten werden wir in den nächsten zwei Sätzen geben, die wir wegen der Länge ihrer Beweise nur zitieren können.

2.8. (Wilson, Hemminger, Plummer [37]) *Es sei* $z(G) = n \geqq 2$, *und* $x_1, \ldots, x_{n+2}$ *seien Ecken von* G. *Genau dann gibt es keinen Weg, der alle* x_i *enthält, wenn ein* $T \in \binom{E}{n}$ *existiert, so daß die* x_i *alle zu verschiedenen Komponenten von* $G - T$ *gehören.*

2.9. (Watkins, Mesner [36]) *Es sei* $z(G) = n \geqq 3$, *und* $x_1, \ldots, x_{n+1}$ *seien Ecken von* G. *Genau dann gibt es keinen Kreis, der alle* x_i *enthält, wenn ein* $T \in \binom{E}{n}$ *existiert, so daß die* x_i *alle zu verschiedenen Komponenten von* $G - T$ *gehören.*

(Zu diesen Sätzen vgl. Übungen 5, 6 und 7 unten.)

Natürlich gibt es Graphen beliebig hohen Zusammenhanges ohne Dreieck, ja sogar von vorgegebener Taillenweite. Wegen $z(G) \geqq n \Rightarrow \gamma_G^{\min} \geqq n$ ist für endliches n-zh. G die Kantendichte $\Delta(G) \geqq \frac{n}{2}$. Nach Kap. 5, (2.1), (2.2) haben wir also für **endliches** G:

2.10. $z(G) \geqq 2^n \Rightarrow G \succ S(n)$;

$$z(G) \geqq 2^{\binom{n}{2}+1} \Rightarrow G \succ_u S(n).$$

Jeder endliche Graph hinreichend hohen Zusammenhanges enthält also eine Unterteilung eines Simplexes gegebener Ordnung. Aus Kap. 10, (8.3) (vgl. dort auch Übung 4 zu § 8) folgt, daß in jedem überabzählbaren n-zh. Graphen ein $S(n)^U$ vorhanden ist. Ganz anders ist die Situation bei abzählbaren Graphen. Nach einer überraschenden Feststellung von W. MADER (vgl. [47] in Kap. 5) gilt nämlich:

2.11. *Es gibt abzählbare ebene Graphen beliebig hoher (endlicher) Zusammenhangszahl.*

Beweis. Es sei $n \in \mathbb{N}$ gegeben. Wir sagen, ein endlicher ebener Graph H ist *n-porös*, wenn es zu je zwei Punkten X, Y der Ebene, die nicht im (topologischen) Inneren einer Kante von H liegen, n Jordan-Bögen gibt, die X mit Y verbinden, zu je zweien nur X, Y gemeinsam haben und H nur in Ecken treffen. Dann ist klar:

(1) Ist H n-porös und entsteht H' aus H durch Hinzufügung eines Weges der Länge $\geqq n+1$, der zwei Ecken von H verbindet und sonst H nicht trifft, so ist H' wiederum n-porös.

Es seien $H \subseteq G$ Graphen. H heiße (relativ) n-zh. *in* G, wenn $\mu_G(x, y) \geqq n$ für alle $x \neq y$ aus $E(H)$ gilt. Dann gilt wegen (1):

(2) Ist H (endlich) eben und n-porös, dann gibt es ein endliches ebenes $H^* \supseteq H$, das wiederum n-porös ist und so daß H in H^* n-zh. ist.

Weiterhin ist klar:

(3) Es seien $H_1 \subset H_2 \subset H_3 \subset \ldots$ (endliche) Graphen, so daß jedes H_i in H_{i+1} n-zh. ist. Dann ist $\bigcup_{i=1}^{\infty} H_i$ n-zh.

Konstruiert man nun, ausgehend von einem n-porösen H_1, eine Folge $(H_i)_{i\in\mathbb{N}}$, indem man jeweils H_{i+1} als ein H_i^* gemäß (2) wählt, so sieht man, daß die Vereinigung dieser H_i ein abzählbarer ebener n-zh. Graph ist. —

Wir beschließen diesen Paragraphen mit einem Resultat von MADER (vgl. [47] in Kap. 5), das besagt, daß jeder endliche Graph hinreichend großer Kantendichte einen Teilgraphen beliebig hohen Zusammenhangs enthält.

2.12. *Ist G endlich mit $\alpha \geqq n$, $\varkappa > \alpha \cdot n - \binom{n+1}{2}$, so enthält G einen Teilgraphen H mit $z(H) \geqq \left[\frac{n+3}{2}\right]$.*

Beweis. Man betrachte alle $J \subseteq G$ mit $\alpha(J) \geqq n$ und

$$\varkappa(J) > \alpha(J) \cdot n - \binom{n+1}{2}. \qquad (*)$$

Unter diesen Teilgraphen sei H einer mit kleinster Eckenzahl.

Wir behaupten $z(H) \geqq \left[\frac{n+3}{2}\right]$.

Wegen $n^2 - \binom{n+1}{2} = \binom{n}{2}$ folgt $\alpha(H) \geqq n + 1$. Weiter ist $\gamma_H^{\min} > n$. (Im Falle $\gamma_H(x) \leqq n$ hätte man nämlich $\alpha(H - x) \geqq n$, $\varkappa(H - x) > \alpha(H) \cdot n - n - \binom{n+1}{2} = \alpha(H - x) \cdot n - \binom{n+1}{2}$, gegen die Minimalwahl von H.)

Ist H Simplex, so sind wir fertig. Daher sei T ein trennender Untergraph von H: $H = A \cup B$, $A \cap B = T$, $A, B \supset T$. Für jedes $a \in E(H - T)$ ist $N_H(a) \subseteq A$; also $\alpha(A) \geqq n + 1$, und analog $\alpha(B) \geqq n + 1$. Wegen $\alpha(A), \alpha(B) < \alpha(H)$ haben wir:

$$\varkappa(A) \leqq \alpha(A)\, n - \binom{n+1}{2}, \quad \varkappa(B) \leqq \alpha(B) \cdot n - \binom{n+1}{2}.$$

Addition dieser Ungleichungen ergibt:

$$\alpha(H) \cdot n - \binom{n+1}{2} < \varkappa(H) \leqq \varkappa(A) + \varkappa(B)$$
$$\leqq \big(\alpha(A) + \alpha(B)\big) \cdot n - 2\binom{n+1}{2}$$
$$= \big(\alpha(H) + \alpha(T)\big) \cdot n - 2\binom{n+1}{2},$$

also $\alpha(T) \cdot n > \binom{n+1}{2}$ oder $\alpha(T) > \frac{n+1}{2}$, d. h. $\alpha(T) \geqq \left[\frac{n+3}{2}\right]$. Also ist $z(H) \geqq \left[\frac{n+3}{2}\right]$. —

Übungen

1. Für kleine Werte von α folgen (2.5″), (2.5‴) nicht aus (2.5′). Man vervollständige die Beweise für diese kleinen α.

2. Man zeige $z(m * n) = \min(m, n)$.

3. Ist G n-zh., $T \in \binom{E}{n}$ und x eine neue Ecke, die genau mit den Ecken von T durch Kanten verbunden wird, so ist der entsprechende Graph wieder n-zh.

4. G sei n-zh. und vom Durchmesser d. Dann ist $\alpha(G) \geqq (d - 1)\, n + 2$.

5. Man beweise in (2.8), (2.9) die Richtung von „rechts nach links".

6. Für $z(G) = 1$ bzw. $= 2$ wären (2.8), (2.9) falsch, wie folgende Beispiele zeigen:

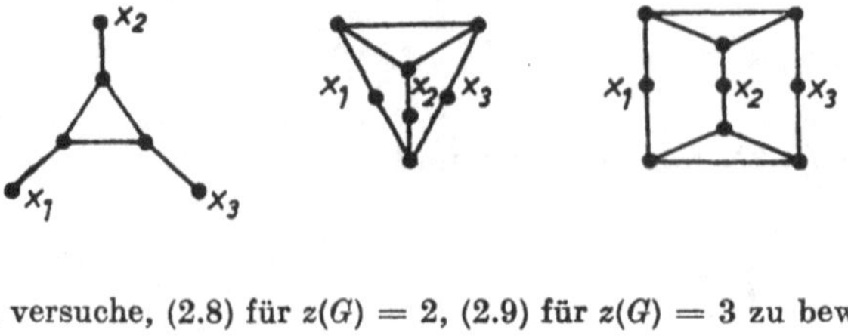

Abb. 55

7. Man versuche, (2.8) für $z(G) = 2$, (2.9) für $z(G) = 3$ zu beweisen.

§ 3. Scharf n-fach zusammenhängende Graphen

Ein Graph G heiße *scharf n-fach zusammenhängend*, wenn $\alpha(G) \geqq 2n$ ist und für jedes $2n$-Tupel $x_1, \ldots, x_n, y_1, \ldots, y_n$ verschiedener Ecken n disjunkte Wege $W_1, \ldots, W_n$ in G existieren, so daß W_i von x_i nach y_i führt ($i = 1, \ldots, n$).

Im Unterschied zu den im Kriterium (2.5''') für n-Zusammenhang auftretenden Wegepaarungen kommt es also jetzt darauf an, die gegebenen Ecken in ganz bestimmter Reihenfolge zu verbinden.

In [V], S. 222f., wurde von Halin die Frage aufgeworfen, ob es zu jedem $n \in \mathbb{N}$ ein (kleinstes) $h(n) \in \mathbb{N}$ gebe, so daß jeder endliche $h(n)$-zh. Graph scharf n-zh. ist. Klar ist jedenfalls

3.1. *Wird G durch ein T mit $|T| = 2n - 2$ getrennt, so ist G nicht scharf n-zh. Das heißt, falls $h(n)$ existiert, so muß $h(n) \geqq 2n - 1$ gelten.*
(Nämlich es gelte $x_1 \cdot T \cdot y_1(G)$; man wähle $x_2, \ldots, x_n, y_2, \ldots, y_n$ in T.)

Weiter hat man $h(2) \geqq 6$. Es sei nämlich G ein 5-zh. ebener Graph, dessen Außengebiet durch einen Kreis C der Länge $\geqq 4$ berandet wird. Auf C wähle man zwei sich trennende Eckenpaare x_1, y_1 und x_2, y_2. Dann trennt jeder x_1,y_1-Weg von G die Ecken x_2, y_2, so daß G nicht scharf 2-zh. sein kann. H. A. Jung zeigte $h(2) = 6$, darüber hinaus aber, daß alle 4-zh. Graphen, mit Ausnahme der nicht maximal ebenen unter ihnen, scharf 2-zh. sind. Kürzlich hat C. Thomassen [33] alle scharf 2-zh. Graphen charakterisiert.

Allgemein konnten H. A. Jung [15] und Larman-Mani [16] unabhängig voneinander unter Benutzung des Satzes (2.2) in Kap. 5 von Mader die Existenz von $h(n)$ zeigen:

3.2. Satz. *$h(n)$ existiert für jedes n, und es gilt $h(n) \leqq 2^{\binom{3n}{2}+1}$.*

Beweis. Es sei G ein endlicher Graph mit $z(G) \geqq 2^{\binom{3n}{2}+1}$. Nach (2.10) existiert eine Unterteilung U von $S(3n)$ in G. V sei die Menge der Verzweigungspunkte dieser Unterteilung. Es sei $X = \{x_1, \ldots, x_n, x_{n+1}, \ldots, x_{2n}\}$ eine Menge von $2n$ (verschiedenen) Ecken von G. Wir werden zeigen, daß es n disjunkte Wege $W^1, \ldots, W^n$ in G gibt, so daß jedes W^i von x_i nach x_{n+i} führt.

Nach (2.5''') existieren $2n$ disjunkte X,V-Wege $Q^1, \ldots, Q^{2n}$ in G. Wir bezeichnen die Ecken von V mit $v_1, \ldots, v_{3n}$; Q^i verbinde x_i mit v_i (o. B. d. A.). $v_{2n+1}, \ldots, v_{3n}$ erscheinen also auf keinem Q^i. Auf jedem Q^i gibt es gewisse (disjunkte) maximale Teilwege $\subseteq U$ (diese können aus nur einer Ecke bestehen). Es sei s_i die Zahl dieser Teilwege, und wir denken uns die X,V-Wege Q^i so gewählt, daß $\sum_{i=1}^{2n} s_i$ kleinstmöglich ist.

Die unterteilten Kanten v_iv_{2n+i}, $v_{n+i}v_{2n+i}$ von U ($i = 1, \ldots, n$) seien mit R^i bzw. R^{n+i} bezeichnet. Dann haben wir:

(1) Für $1 \leqq j \leqq 2n$ wird R^j nur von einem Q^ν getroffen. (Denn nehmen wir an, zwei der Q^ν träfen R^j (o. B. d. A. sei $1 \leqq j \leqq n$). Dann gibt es eine Ecke u in $R^j \cap Q^\nu$ für ein gewisses ν, so daß $R^j_{uv_{2n+j}} - u$ keins der Q^i trifft. Q^ν endet aber nicht in v_{2n+j}, so daß, wenn wir Q^ν durch $Q^\nu_{x_\nu u} \cup R^j_{uv_{2n+j}}$ ersetzen, $\sum s_i$ verkleinert wird.)

(2) Daher ist (für jedes $i = 1, \ldots, 2n$) $Q^i \cap R^i$ ein Teilweg von R^i. Schärfer: Ist u_i die

erste Ecke von $Q^i = Q^i_{x_i v_i}$ auf R^i, so ist $Q^i_{u_i v_i} = R^i_{u_i v_i}$. (Andernfalls könnte $\sum s_i$ reduziert werden.)

Wir finden also in

$$W_i = Q^i_{x_i u_i} \cup R^i_{u_i v_{2n+i}} \cup R^{n+i}_{v_{2n+i} u_{n+i}} \cup Q^{n+i}_{u_{n+i} x_{n+i}}$$

($i = 1, \ldots, n$) die gewünschten Wege. —

Wir geben noch zwei Folgerungen an. G sei jeweils endlich.

3.3. *Ist $z(G) \geqq h(n^2)$, so gibt es zu je zwei disjunkten $X, Y \in \binom{E}{n}$ eine Unterteilung von $X * Y$ in G.*

Beweis. Es sei $X = \{x_1, \ldots, x_n\}$, $Y = \{y_1, \ldots, y_n\}$. Wir wählen Ecken $x_{i1} = x_i$, $x_{i2}, \ldots, x_{in}$ mit $x_{i_\nu} \in N_G(x_i)$ für $i = 1, \ldots, n$, $\nu \geqq 2$, und $y_{1j} = y_j, y_{2j}, \ldots, y_{nj}$ mit $y_{\nu j} \in N_G(y_j)$ für $j = 1, \ldots, n$, $\nu \geqq 2$, so daß keine zwei der $x_{i\nu}$, $y_{j\mu}$ zusammenfallen. Dies ist möglich wegen $\gamma_G^{\min} \geqq h(n^2) \geqq 2n^2 - 1$. Nach Voraussetzung existieren n^2 disjunkte Wege W_{ij}, wobei W_{ij} von x_{ij} nach y_{ij} führt. Diese W_{ij}, zusammen mit den Kanten $x_i x_{ij}$, $y_{ij} y_j$, bilden dann die unterteilten Kanten eines $X * Y$. —

3.4. *Ist $z(G) \geqq h\left(\binom{n}{2}^2\right)$, so gibt es zu je n Ecken $x_1, \ldots, x_n$ in G eine Unterteilung von $S(n)$, die $x_1, \ldots, x_n$ als Verzweigungspunkte besitzt.*

Übungen

1. Man folgere (3.4) aus (3.3).
2. Mittels Kap. 5, (2.6) gebe man verbesserte Abschätzungen für die in (3.2), (3.3), (3.4) benötigten Zusammenhangszahlen.
3. Es gibt abzählbare Graphen beliebig hohen (endlichen) Zusammenhanges, die nicht scharf 2-zh. sind. (Man modifiziere die Konstruktion in (2.11) so, daß ein Kreis der Länge $\geqq 4$ entsteht, außerhalb dessen keine Ecke des Graphen liegt, und schließe wie oben beim Beweis von $h(2) \geqq 6$.)
4. Jeder überabzählbare $3n$-zh. Graph ist scharf n-zh.

§ 4. Reduktionen von n-zh. Graphen

Es bezeichne Z_n die Klasse der endlichen n-zh. Graphen. Wie bei so vielen anderen Graphenklassen, die uns begegnet sind, ist, bei Zugrundelegung bestimmter Reduktionsoperationen, die Minimalschicht von Z_n von besonderem Interesse, d. h. die Menge derjenigen n-zh. Graphen, die bei jeder der betreffenden Reduktionen die Eigenschaft, n-zh. zu sein, verlieren. Als (elementare) Reduktionen betrachten wir:

a) Streichung einer Kante k,
b) Kontraktion einer Kante $k = xy$ (zu einer Ecke),
c) Streichung einer Ecke e.

Dabei erscheint c) insofern etwas weniger wichtig, als es durch Hintereinanderausführen von Kantenstreichungen, nämlich aller Kanten, die e enthalten, bis auf eine, und anschließende Kontraktion der verbleibenden Kante gewonnen werden kann.

Als die Umkehrungen dieser Operationen für die $G \in Z_n$ können wir auffassen:

a^{-1}) Adjunktion einer neuen Kante k zu G,

b^{-1}) (n)-Aufspaltung einer Ecke e von G; dies soll bedeuten: Adjunktion zwei neuer benachbarter Ecken x, y zu $G - e$ und Verbinden jeder Ecke $z \in N_G(e)$ mit x oder y (oder beiden), wobei noch x, y in dem entstehenden Graphen beide den Grad $\geqq n$ haben sollen.

c^{-1}) Hinzufügung einer neuen Ecke e zu G und Verbinden von e mit mindestens n Ecken von G.

Man bestätigt unschwer (vgl. Übung 3 zu § 2 für c^{-1}), Übung 1 für b^{-1})), daß keine der Operationen a^{-1}), b^{-1}), c^{-1}) aus Z_n herausführt. Kennt man also die Minimalschicht bez. gewisser Reduktionen a), b), c), so könnte man, durch Anwendung der betreffenden Umkehrungen, der Reihe nach alle n-zh. Graphen ermitteln und mit wachsender Ecken- oder Kantenzahl in einer Liste zusammenstellen. Hier konnten nur für $n \leqq 4$ konkrete Resultate erzielt werden; wir werden diese im nächsten Paragraphen darstellen.

Ein Graph G heiße *minimal n-zh.*, kurz *n-minimal*, wenn er n-zh. ist und bez. a) nicht reduzierbar ist, wenn also $z(G) \geqq n$, aber $z(G - k) < n$ für jedes $k \in K(G)$ gilt. (Insbesondere muß dann $z(G) = n$ sein.)

Eine Kante k von G heiße *kritisch*, wenn $z(G - k)$, $z(G/k)$ beide $< z(G)$ sind. G heißt *kritisch n-zh.*, kurz *n-kritisch*, wenn $z(G) = n$ gilt und jede Kante von G kritisch ist. G heiße *eckenkritisch n-zh.*, kurz *n-eckenkritisch*, wenn $z(G) \geqq n$, $\bigwedge_{e \in E} z(G - e) < n$ gilt (notwendig dann $z(G) = n$). Ist $k = xy \in K$ und wird $G - k$ durch T getrennt, so wird entweder schon G durch T getrennt, oder es gilt $x \cdot T \cdot y(G - k)$. Wenn daher G n-minimal ist, so muß

$$\bigwedge_{xy \in K} \mu_G(x, y) = n \qquad (*)$$

gelten, und umgekehrt folgt natürlich für n-zh. G aus (*) die n-Minimalität. Also gilt:

4.1. *Ist $z(G) \geqq n$, so ist G n-minimal genau dann, wenn* (*) *gilt.*

4.2. *Ist G n-minimal, so ist jede Ecke x mit $\gamma_G(x) > n$ in einem Minimalschnitt von G enthalten.*

(Andernfalls wäre $z(G - x) \geqq n$. Man verbinde x mit n Ecken aus $N_G(x)$. Dann ist der entstehende Graph n-zh., entsteht aber aus G durch Weglassung mindestens einer Kante.)

Weiter ergibt sich aus Kap. 4, (2.3):

4.3. *G ist n-kritisch genau dann, wenn G n-minimal ist und es zu jedem $xy \in K$ einen Minimalschnitt T von G gibt, der x, y enthält.*

4.4. *Ist $\alpha(G) \geqq n + 2$, so ist G n-eckenkritisch genau dann, wenn $z(G) = n$ gilt und jedes $x \in E(G)$ in einem Minimalschnitt von G liegt.*

Der folgende Satz (4.5) von Halin [10] steht am Anfang einer Reihe von Untersuchungen über minimale n-zh. Graphen, die in einigen erstaunlichen Resultaten von W. Mader gipfelten.

4.5. Satz. *Jeder endliche n-minimale Graph G hat eine Ecke des Grades n.*

W. Mader [18] beobachtete, daß der in [11] gegebene Beweis dieses Satzes bei leichter Modifikation das folgende schärfere Resultat liefert:

4.6. Satz. *Ist G endlich und n-minimal, so ist $\gamma_H^{\min} \leqq n$ für jeden Teilgraphen $H \neq \Theta$ von G.*

Nach Kap. 6, (5.5) ist dies gleichbedeutend mit:
G (endlich) n-minimal $\Rightarrow \varrho(G) = n + 1$.

Beweis. Ist $K(H) = \emptyset$, so natürlich $\gamma_H^{\min} = 0 \leqq n$. Wenn es ein $k = xy \in K(H)$ gibt, so gilt nach Voraussetzung $\mu_{G-k}(x, y) < n$, d. h., es gibt $T' \in \binom{E}{n-1}$ mit $x \cdot T' \cdot y(G - k)$. Gilt $\gamma_H(x)$ oder $\gamma_H(y) \leqq n$, so sind wir fertig. Sind aber $\gamma_H(x), \gamma_H(y) > n$, so trennen $T' \cup x$, $T' \cup y$ in G ein Paar von Ecken aus H, nämlich geeignete Nachbarn von x bzw. y.

Wir wählen nun T, A mit folgenden Eigenschaften:

1. T trennt (in G) zwei Ecken aus H, $|T| = n$;
2. A ist eine Komponente von $G - T$ mit $A \cap H \neq \Theta$;
3. $\alpha(A)$ ist kleinstmöglich, bei allen möglichen Wahlen von T, A gemäß 1., 2.

B sei die Vereinigung aller übrigen Komponenten von $G - T$; es ist auch $B \cap H \neq \Theta$ nach Wahl von T. Gibt es ein $x \in E(H \cap A)$, das zu keiner anderen Ecke von $H \cap A$ (in H) benachbart ist, so muß $N_H(x) \subseteq T$, also $\gamma_H(x) \leqq n$ gelten. Nehmen wir daher

$$k = xy \in K(H), \qquad x, y \in E(A) \tag{$*$}$$

an. Weil G n-minimal ist, gibt es ein $T' \in \binom{E}{n-1}$ mit

$$x \cdot T' \cdot y\ (G - k).$$

Wir behaupten: Es gibt einen x,T-Fächer F_x in $G - k$.

Andernfalls nämlich gibt es ein T'', $|T''| \leqq n - 1$, in $E(G - k)$ mit $x \notin T''$, so daß jeder x,T-Weg $\subseteq G - k$ dieses T'' trifft. Natürlich ist $T'' \cap B = \Theta$, weil jeder x,B-Weg T und damit auch T'' in einer inneren Ecke trifft. Es sei $T^* = T'' \cup y$ und A^* die x enthaltende Komponente von $G - T^*$. Dann wäre $|T^*| = n$, $A^* \subseteq A - y$, $A^* \cap H \neq \Theta$, $B^* := G - (T^* \cup A^*) \supset B$, d. h. $B^* \cap H \neq \Theta$, mit Widerspruch zur Wahl von T und A.

Es gibt also F_x wie behauptet, und analog finden wir in $G - k$ einen y,T-Fächer F_y.

Weiter behaupten wir

$$E(B) \subseteq T'. \tag{$**$}$$

Nehmen wir nämlich $b \in E(B) - T'$ an. Wir wählen einen b,T-Fächer $F_b \subseteq G$. Wegen

$$x \cdot T \cdot b\ (G), \qquad y \cdot T \cdot b\ (G), \qquad F_b \cap F_x = F_b \cap F_y = T$$

ist $F_b \cup F_x$ ein $\theta_n(b, x)$, $F_b \cup F_y$ ein $\theta_n(b, y)$; beide enthalten k nicht. Ferner gilt $x, y, b \notin T'$. Wir finden also einen x,b-Weg W_{xb} sowie einen b,y-Weg W_{by} in $(G - k) - T'$, und damit erhalten wir durch $W_{xb} \cup W_{by}$ einen x,y-Weg in $G - k$, der T' vermeidet, mit Widerspruch. Also gilt ($**$) und damit $\alpha(B) \leqq n - 1$.

Unser Beweis ist bereits beendet, wenn $\alpha(G)$ hinreichend groß (nämlich $\geqq 3n - 1$) ist, weil dann ja $\alpha(A) \geqq n > \alpha(B)$ folgte. Im Falle $\alpha(G) < 3n - 1$ ist noch eine Zusatzüberlegung erforderlich. Es sei $d = |T \cap T'|$. Dann ist

$$\alpha(A \cap T') \geqq \frac{n - d}{2}.$$

(Denn für jedes $t \in T - T'$ muß die Vereinigung des x,t-Weges in F_x und des y,t-Weges in F_y eine Ecke von T' enthalten. Jede Ecke von $T' \cap A$ kann auf diese Weise nur höchstens zwei $t \in T - T'$ „abdecken", wie sich aus der Gestalt von F_x, F_y ergibt.)

Wegen (**) verbleiben höchstens $(n-1) - \left(d + \frac{n-d}{2}\right) = \frac{n-d}{2} - 1$ Ecken für B, und es folgte $\alpha(A) < \alpha(B)$. Damit ist (*) widerlegt und der Beweis beendet. —

Als unmittelbare Folgerungen von (4.6) stellen wir noch zusammen:

4.7. *Es sei G endlich und n-minimal. Dann gelten:*

(a) $\chi(G) \leqq n + 1$.

(b) $\varkappa(G) \leqq n \cdot \alpha(G) - \binom{n+1}{2}$.

(c) *Ist $T \in \binom{E}{n}$ und sind $C' \neq C''$ Komponenten von $G - T$ mit $\alpha(C') \leqq \alpha(C'')$, so enthält C' eine Ecke des Grades n.*

Beweis. (a) folgt aus (4.6) und Kap. 6, (5.1). (c) ergibt sich im Beweise von (4.6) mit; Nachvollzug als Übung. Wir werden dies übrigens in § 6 noch verschärfen (vgl. (6.5)). (b) ergibt sich wie folgt: Wäre $\varkappa(G) > n \cdot \alpha(G) - \binom{n+1}{2}$, so sei H ein Teilgraph mit kleinstem $\alpha(H) \geqq n + 1$, für den $\varkappa(H) > n \cdot \alpha(H) - \binom{n+1}{2}$ gilt. Es folgt dann $\alpha(H) \geqq n + 2$, weil diese Ungleichung $\varkappa(H) > \binom{n+1}{2}$ für $\alpha(H) \geqq n + 1$ impliziert. H enthält eine Ecke x mit $\gamma_H(x) \leqq n$. Es ist dann aber $\varkappa(H - x) \geqq \varkappa(H) - n > n \cdot \alpha(H) - n - \binom{n+1}{2} > n \cdot \alpha(H - x) - \binom{n+1}{2}$, mit Widerspruch. —

Auch für unendliche n-minimale Graphen bleibt (4.5) richtig, sofern $n \geqq 2$ ist (vgl. [13]). Sei B^r der Baum, der regulär vom Grade r ist ($r \geqq 2$); natürlich ist B^r 1-minimal ohne Ecke des Grades 1. Während aber jeder endliche n-zh. Graph durch Streichung geeigneter Kanten zu einem n-minimalen Graphen reduziert werden kann, gilt das Entsprechende für unendliche Graphen und $n \geqq 2$ nicht mehr. Zum Beispiel ist $B^2 \times S(2)$ (die „zweiseitig unendliche Leiter") 2-zh.; streicht man irgendwie „Sprossen", so daß nur „in beiden Richtungen" unendlich viele „Sprossen" stehenbleiben (und nur dann), so bekommt man wieder einen 2-zh. Graphen. Immerhin kann diese Leiter unter Erhaltung des 2-Zusammenhanges auf einen Graphen reduziert werden, der Ecken 2ten Grades enthält. Aber nicht einmal das ist immer möglich, wie das kartesische Produkt von B^r mit $S(2)$ für $r \geqq 3$ zeigt: Dieser Graph ist 2-zh., man kann aber durch Fortnahme von Kanten niemals den Minimalgrad unter r herunterdrücken, ohne den 2-Zusammenhang zu zerstören. Mehr zu diesen Problemen findet man bei Halin [13].

Für endliches n-zh. eckenkritisches G zeigte Lick [17], daß $\gamma_G^{\min} \leqq \frac{3n-1}{2}$ gelten muß; dies ist bestmöglich. Dagegen ist $B^r \times S(2)$ ein unendlicher 2-zh. eckenkritischer Graph, der regulär vom Grade $r + 1$ ist.

Mader [19] untersuchte minimale n-kantenzusammenhängende Graphen. Im endlichen Falle muß jeder solche auch eine Ecke n-ten Grades enthalten; jedoch erhält man, wenn man in B^r jede Kante y durch ein $\theta_n(x, y)$ ersetzt, einen minimalen n-kantenzusammenhängenden unendlichen Graphen, der regulär vom Grade $n \cdot r$ ist.

Es ist ein ungelöstes Problem, ob für jedes n die Zahl der n-kritischen Graphen endlich ist (für $n \leqq 4$ vgl. § 5). Wir bringen noch zwei Reduktionssätze von HALIN [12], von denen der erste für $n = 3$ in § 5 benutzt werden wird.

4.8. *G sei n-zh. ($n \geqq 3$), S sei ein Simplex der Ordnung n in G. x, y seien aus $E(S)$ mit $\gamma_G(x), \gamma_G(y) > n$. Dann gibt es eine mit x inzidente Kante $k \in K(S)$, so daß $G - k$ wiederum n-zh. ist.*

Beweis. Wenn xy nicht schon die gesuchte Kante ist, so gibt es ein $T' \in \binom{E}{n-1}$ mit $x \cdot T' \cdot y(G - xy)$; natürlich $T' \supseteq E(S) - \{x, y\}$, und T' enthält genau eine Ecke $t \notin E(S)$. Man wähle $u \in N_G(x) - T' - y$, $v \in N_G(y) - T' - x$; dann folgt $u \cdot T' \cup x \cdot v(G)$, $u \cdot T' \cup y \cdot v(G)$. Es seien $P^1, \ldots, P^n$ kreuzungsfreie u,v-Wege in G. Einer von ihnen, etwa P^1, enthält xy; daher können wir annehmen, daß er aus den Kanten ux, xy, yv besteht. Wegen $\gamma_G(x) > n$ gibt es einen Nachbarn $u^* \neq u$ von x, der nicht zu S gehört. Weiter gibt es wegen $n \geqq 3$ einen u^*,t-Weg Q, der x, u vermeidet. Es sei Q' der in Q enthaltene $u^*, \bigcup_{i=1}^{n} P^i$-Weg, und es sei z die Ecke, die Q' mit $\bigcup P^i$ gemeinsam hat; etwa $z \in E(P^i)$, $i \neq 1$.

Fall 1. $t \in E(P^i)$.
Sei $a \in E(S) - x - y$, etwa a in P^j, $j \neq i$. Dann ist xa die gesuchte Kante k, da

$$\langle xu^* \rangle \cup Q' \cup P^i_{zv} \cup P^j_{va},$$

$$\langle xu \rangle \cup P^j_{ua}$$

sowie die Wege $\langle xs, sa \rangle$, mit $s \in E(S) - x - a$, ein $\theta_n(x, a) \subseteq G - xa$ bilden.

Fall 2. $t \notin E(P^i)$,
etwa $P^i \cap T' =: a$; natürlich $a \in E(S) - x - y$.
Es sei t in P^j. Dann erhalten wir wieder ein $\theta_n(x, a)$ in $G - xa$, nämlich vermöge der Wege

$$\langle xu^* \rangle \cup Q' \cup P^i_{za},$$

$$\langle xu \rangle \cup P^j \cup P^i_{va}$$

sowie $\langle xs, sa \rangle$, mit $s \in E(S) - \{x, a\}$. —

4.9. *Es sei $z(G) = n$, und $k = xy$ sei kritische Kante in G mit $\gamma_G(x), \gamma_G(y) > n$. Dann gibt es ein trennendes $T \subset E(G)$ mit folgenden Eigenschaften:*

1. $|T| = n$.
2. *Sind $G_1, \ldots, G_r$ mit $\alpha(G_1) \geqq \alpha(G_2) \geqq \cdots \geqq \alpha(G_r)$ ($r \geqq 2$) die Komponenten von $G - T$, so gilt*

$$\sum_{i=2}^{r} \alpha(G_i) \leqq \left[\frac{n}{2}\right] - 1$$

(d. h., G_1 umfaßt „fast" den ganzen Graphen G).
3. *x oder y (oder beide) liegen in T.*

Beweis. Es gibt ein $T' \in \binom{E}{n-1}$ mit $x \cdot T' \cdot y(G - k)$. Seien $T_x := T' \cup x$, $T_y := T' \cup y$. Wir können $x' \in N_G(x) - T' - y$, $y' \in N_G(y) - T' - x$ wählen; T_x, T_y trennen beide x', y' in G. Weiter, weil k kritisch ist, gibt es $T'' \in \binom{E}{n-2}$, so daß G von $T_{xy} := T'' \cup \{x, y\}$ getrennt wird.

Fall 1. Es gibt $u, v \in E - T_{xy}$ mit $u \cdot T' \cdot v(G - k)$. Man wähle ein $\theta_n(u, v)$ mit den u,v-Wegen $P^1, \ldots, P^n$ in G. Jedes P^i hat genau eine Ecke t_i gemeinsam mit T_x; sei etwa $t_n = x$. Dann muß k, und damit auch y, auf P^n liegen. Also gibt es ein P^i $(i < n)$, das T_{xy} vermeidet, und wir sehen, daß u,v zur gleichen Komponente von $G - T_{xy}$ gehören.

Sind $G_1, \ldots, G_r$ $(r \geqq 2)$ die Komponenten von $G - T_{xy}$ mit $u, v \in E(G_1)$, so gehören also alle Ecken von $G_2 \cup \cdots \cup G_r =: H$ zu T'. Es sei $E(H) = \{t_1, \ldots, t_s\}$. Für jedes $i = 1, \ldots, s$ müssen die beiden Nachbarn von t_i auf P^i zu T_{xy} gehören und $\neq x, y, u, v$ sein. Daher finden wir $2s$ verschiedene Ecken in T'', so daß $2s \leqq n - 2$ und damit $s \leqq \left[\frac{n}{2}\right] - 1$ folgt. $T := T_{xy}$ erfüllt also die Forderungen unseres Satzes, und Fall 1 ist erledigt.

Es bezeichne C_x bzw. C_y diejenige Komponente von $(G - k) - T'$, die x bzw. y enthält. Aus Symmetriegründen ist daher nur noch zu behandeln:

Fall 2. $E(C_x) \subseteq T_{xy}$.

Wenn $\alpha(C_x) \leqq \left[\frac{n}{2}\right]$ ist, wähle man $T := T_x$; die Komponenten von $G - T$ sind dann $G_1 := C_y$ und $G_2, \ldots, G_r$, mit $G_2 \cup \cdots \cup G_r \subseteq C_x - x$ und daher $\sum_{i=2}^{r} \alpha(G_i) \leqq \left[\frac{n}{2}\right] - 1$. Daher sei $\alpha(C_x) > \left[\frac{n}{2}\right]$.

Gilt $E(C_y) \subseteq T_{xy}$, so $\alpha(C_y) \leqq n - \alpha(C_x) \leqq \left[\frac{n}{2}\right]$, und wir beenden den Beweis wie in der vorangegangenen Situation.

Daher nehmen wir die Existenz eines $u \in E(C_y) - T_{xy}$ an.

(a) Wenn es ein $v \in E(C_y) - T_{xy}$ gibt mit $u \cdot T_{xy} \cdot v(G)$, so wählen wir n kreuzungsfreie u,v-Wege $P^1, \ldots, P^n$. Jedes $P^i \cap T_{xy}$ besteht aus genau einer Ecke z_i, und jedes P^i mit $z_i \in E(C_x)$ trifft T' zweimal. Daher: $\alpha(C_x) \leqq \frac{|T'|}{2} = \frac{n-1}{2} \leqq \left[\frac{n}{2}\right]$, mit Widerspruch.

Es folgt:

(b) $E(C_y) - T_{xy}$ gehört zu derselben Komponente G_1 von $G - T_{xy}$.

$G_2, \ldots, G_r$ $(r \geqq 2)$ seien die anderen Komponenten von $G - T_{xy}$. Es folgt, daß alle Ecken von $H := G_2 \cup \cdots \cup G_r$ zu T' gehören. F sei ein u,T_y-Fächer von G. Jeder u,H-Weg von F trifft T_{xy} in einer Ecke $\neq u$ aus $T_{xy} \cap C_y$. Daher folgt (wobei zu beachten ist, daß y von keinem der u,H-Wege von F getroffen wird):

$$\alpha(H) \leqq |T_{xy}| - \alpha(C_x) - 1 \leqq n - \left[\frac{n}{2}\right] - 2 \leqq \left[\frac{n}{2}\right] - 1.$$

Also erfüllt $T := T_{xy}$ die Forderungen unseres Satzes, der damit bewiesen ist. —

Übungen

1. (n)-Aufspaltung einer Ecke e in dem n-zh. Graphen G führt wieder zu einem n-zh. Graphen.
2. Jeder kritische n-zh. Graph ist n-minimal und eckenkritisch.
3. Man führe die Beweise für (4.3), (4.4) durch.
4. Man beweise (4.7), (c).
5. Es seien $r, s \geqq 3$, und B sei ein in die Ebene eingezeichneter Baum mit folgenden Eigenschaften:

i) Jede Ecke von B hat den Grad 1 oder $> s$.
ii) Es gibt eine Ecke c von B, die von allen Endecken den Abstand $\geqq r$ hat.
Man zeichne weiter einen Kreis in der Ebene, der genau die Endecken von B als seine Ecken hat. Zu zeigen:

a) Der entstehende Graph ist 3-minimal,
b) Jede Ecke hat in G den Grad 3 oder $> s$,
c) Es gibt keine Ecke des Grades 3, die von c den Abstand $< r$ hat.

6. Durch dieselbe Konstruktion wie in 5. und geeignetes Anheften von $n - 3$ weiteren Exemplaren von B längs der Endecken zeige man: Es gibt n-minimale Graphen G (für jedes $n \geqq 3$), in denen alle Ecken entweder den Grad n oder den Grad $> s$, bei beliebig gegebenem s, haben; es kann Ecken in G geben, die von den Ecken n-ten Grades beliebig großen Abstand haben.
7. Dagegen folgere man aus (4.9): Ist G n-minimal und $k = xy$ in G kritisch, so gibt es eine Ecke n-ten Grades in G, die von x den Abstand $\leqq \left[\frac{n}{2}\right]$ hat. (Mit (4.7), (c).)
8. Für $n = 2$ würde (4.8) falsch sein. Dies zeige man an einem Beispiel.

§ 5. Konstruktion der 2- und 3-zh. Graphen

In diesem Abschnitt zeigen wir, wie man alle 2-zh. und alle 3-zh. Graphen, ausgehend von bestimmten einfachen Grundelementen, sukzessive konstruieren kann.

Zunächst betrachten wir 2-zh. Graphen, wobei uns die 2-minimalen Graphen besonders interessieren werden. Man könnte denken, daß diese eine recht magere, strukturarme Klasse von Graphen bilden; dem ist jedoch nicht so, wie daraus erhellt, daß aus jedem 2-zh. Graphen ein 2-minimaler gewonnen wird, wenn jede Kante (mindestens) einmal unterteilt wird.

Es sei G ein Graph, W ein Weg, der mit G genau seine Endpunkte gemeinsam hat; im Falle $\varkappa(W) = 1$ seien diese in G nicht benachbart. Dann sagen wir, $G \cup W$ entsteht aus G durch *Hinzufügung eines Weges*. Von Halin-Jung ([14], S. 84f.) wurde gezeigt:

5.1. *Man gewinnt alle (endlichen) 2-zh. Graphen, indem man, ausgehend von den Kreisen, sukzessive zu den jeweils konstruierten Graphen Wege hinzufügt.*

Beweis. Zunächst ist klar, daß alle in der angegebenen Weise konstruierten Graphen 2-zh. sind. Umgekehrt sei G ein 2-zh. endlicher Graph. G enthält einen Kreis. Somit gibt es einen maximalen Teilgraphen H von G, der in der angegebenen Weise konstruierbar ist. Nehmen wir an, es gebe ein $x \in E(G) - E(H)$. Wegen $z(G) \geqq 2$ gibt es in G zwei x,H-Wege W, W' mit $W \cap W' = x$; dann ist aber $H \cup W \cup W'$ ein größerer Teilgraph als H, der in der angegebenen Weise konstruierbar ist. Somit ist $E(H) = E(G)$, und es ergibt sich $G = H$, d. h., G ist in der behaupteten Weise konstruierbar. —

Diese Konstruktion ist übrigens auch mittels des Zornschen Lemmas ins Unendliche übertragbar. Ist G 2-minimal, so muß jeder der hinzugefügten Wege stets die Länge $\geqq 2$ haben, und es ergibt sich sofort die Existenz einer Ecke des Grades 2 in jedem 2-minimalen Graphen (auch im unendlichen Fall).

Speziell mit 2-minimalen Graphen beschäftigen sich die Arbeiten von Dirac [4] und Plummer [28]. Unter anderem zeigt Dirac, daß auf jedem Kreis C eines 2-minimalen Graphen G, der kein Kreis ist, zwei einander (auf C) trennende Eckenpaare x, y bzw. u, v liegen, so daß $\gamma_G(x) = \gamma_G(y) = 2$ und $\gamma_G(u), \gamma_G(v) > 2$ ist. Insbesondere kann ein 2-minimaler Graph kein Dreieck enthalten, außer wenn er selbst ein Dreieck ist. Weiter heißen nach Dirac zwei Ecken x,y eines 2-minimalen Graphen G *kompatibel*, wenn jeder x,y-Weg $\subseteq G$ Untergraph von G ist, wenn also zu keinem $W_{xy} \subseteq G$ eine Kante k in G existiert, die zwei Ecken a, b von W_{xy} verbindet, ohne selbst zu W_{xy} zu gehören. Gibt es ein solches $k = ab$, so würde in dem durch Hinzufügung eines x,y-Weges W mit $\varkappa(W) > 1$ entstehenden G' gelten $\mu_{G'}(a, b) = 3$, und G' wäre nicht wieder 2-minimal. Andererseits gibt es zu jeder Kante $k = ab$, die in G' „überflüssig" würde (also $\mu_{G'}(a, b) \geqq 3$ erfüllt), in G einen x,y-Weg, der a, b enthält, nicht aber k. Also: Genau dann ist G' wieder 2-minimal, wenn x, y kompatibel sind, und es gilt:

5.2. *Man erhält genau alle 2-minimalen (endlichen) Graphen, indem man, ausgehend von den Kreisen, sukzessive Wege der Länge $\geqq 2$ zwischen jeweils kompatiblen Eckenpaaren hinzufügt. (Dies kann wiederum ins Transfinite übertragen werden.)*

Allerdings bleibt offen, wie man bei den einzelnen Konstruktionsschritten die kompatiblen Eckenpaare in dem jeweils „neu" konstruierten Graphen aus denen des „alten" Graphen bestimmen kann.

Wir wenden uns den 3-zh. Graphen zu. Schon 1961 hat W. T. Tutte eine Reduktionstheorie dieser Graphenklasse entwickelt, wobei die Räder als Ausgangselemente eine entscheidende Rolle spielen; sein Resultat ist deswegen als „Tutte's Wheel Theorem" bekannt geworden. Wir werden dieses Ergebnis in etwas verschärfter Form beweisen (vgl. [11], § 7).

5.3. Hilfssatz. *Es sei $z(G) \geqq 3$, $\alpha(G) \geqq 5$. Zu jedem $T = \{t_1, \ldots, t_4\} \in \binom{E}{4}$ gibt es einen Kreis C in G mit $|E(C) \cap T| = 2$.*

Beweis. Falls $G[T]$ Simplex ist, so wähle man für $u \in E - T$ einen $u,\{t_1, t_2, t_3\}$-Fächer F in G; mittels zweier Wege von F und einer Kante aus $G[T]$ findet man leicht das gesuchte C.

Andererseits seien o. B. d. A. t_1, t_2 in G nicht benachbart. Man wähle kreuzungsfreie t_1,t_2-Wege P^1, P^2, P^3 in G. Wenn zwei dieser P^i nicht t_3 oder t_4 enthalten, sind wir fertig. Andernfalls sei o. B. d. A. t_3 in $\mathring{P}^2$, t_4 in $\mathring{P}^3$. Wegen $z(G) \geqq 3$ gibt es einen $\mathring{P}^1, \mathring{P}^2 \cup \mathring{P}^3$-Weg $Q \subseteq G$ mit $\mathring{Q} \cap (P^1 \cup P^2 \cup P^3) = \Theta$; o. B. d. A. seien x in P^1, y in P^2 die Endpunkte von Q. Es sei R derjenige der Teilwege $P^2_{t_1y}$, $P^2_{yt_2}$, der t_3 enthält. Dann bilden R, Q und $P^1_{t_2x}$ bzw. $P^1_{xt_1}$ den gesuchten Kreis. –

5.4. *Es sei $z(G) \geqq 3$, $\alpha(G) \geqq 5$ und e eine Ecke des Grades 3 in G. Dann gibt es eine mit e inzidente Kante k von G, so daß G/k wiederum 3-zh. ist.*

Beweis. Es seien x, y, z die Nachbarn von e. Nach (5.3) gibt es einen Kreis C, der genau zwei der Ecken e, x, y, z enthält. Wäre e auf C, so müßte C noch mindestens zwei der Ecken x, y, z enthalten, was der Wahl von C widerspricht. O. B. d. A. kann daher $x, z \in E(C)$, $y, e \notin E(C)$ angenommen werden. Wir behaupten $z(G/ey) \geqq 3$. Andernfalls gäbe es ein trennendes $T \in \binom{E}{3}$ mit $e, y \in T$. Von jeder der (mindestens 2) Komponenten von $G - T$ müßte eine Kante nach e führen. Es folgte $x \cdot T \cdot z(G)$. Aber C enthält x, z

und vermeidet e, y, so daß T von einem der x, z-Wege $\subseteq C$ vermieden werden müßte, mit Widerspruch. —

Mit (4.5) ergibt sich die Folgerung:

5.4'. *In jedem (endlichen) 3-zh. Graphen, ausgenommen $S(4)$, existiert eine Kante, deren Kontraktion wieder zu einem 3-zh. Graphen führt.*

Mit (5.4), (5.4') ist im Prinzip das in § 4 angesprochene Reduktionsproblem für die 3-zh. (endlichen) Graphen gelöst: Zu jedem endlichen 3-zh. Graphen G existiert eine Folge von 3-zh. Graphen

$$G = G_0, G_1, \ldots, G_m \qquad (*)$$

mit $G_m = S(4)$ sowie eine Folge von Kanten $k_i \in K(G_i)$, $i = 0, \ldots, m-1$, derart, daß gilt $G_{i+1} = G_i - k_i$, falls G_i nicht 3-minimal ist, und $G_{i+1} = G_i/k_i$ falls G_i 3-minimal ist; in letzterem Falle kann k_i so gewählt werden, daß es mit einer Ecke 3. Grades inzidiert.

In (*) ist also $\varkappa(G_{i+1}) < \varkappa(G_i)$, $i = 0, \ldots, m-1$; genau dann ist $\varkappa(G_i) - \varkappa(G_{i+1}) > 1$, wenn k_i in einem Dreieck liegt und kontrahiert wird. In [34] untersuchte Tutte, wann man k_i so wählen kann, daß sich beim Übergang von G_i auf G_{i+1} die Kantenzahl nur um 1 verringert. Nach Tutte heißt eine Kante k in einem 3-zh. Graphen G *wesentlich*, wenn

1. $z(G - k) < 3$ ist,
2. k in einem Dreieck liegt oder $z(G/k) < 3$ gilt.

Offenbar kann man in (*) von G_i immer dann zu einem G_{i+1} mit $\varkappa(G_{i+1}) = \varkappa(G_i) - 1$ gelangen, wenn in G_i eine nicht wesentliche Kante (die also als k_i zu wählen ist) existiert. Die Räder haben die Eigenschaft, daß in ihnen jede Kante wesentlich ist. Tuttes Hauptsatz in [34] besagt nun, daß umgekehrt ein 3-zh. Graph, der nur wesentliche Kanten besitzt, notwendig ein Rad ist. Wir zeigen hier noch etwas schärfer:

5.5. Satz. *Es sei G endlich und 3-minimal. Jede eine Ecke des Grades 3 enthaltende Kante von G sei wesentlich. Dann muß G ein Rad sein.*

Beweis. Wir bemerken vorweg, daß nach (4.8) jedes Dreieck von G nur höchstens eine Ecke des Grades > 3 enthalten kann.

Nach (4.5) existiert eine Ecke e_1 mit $\gamma_G(e_1) = 3$; ihre Nachbarn seien x, y, z. Ist $\alpha(G) = 4$, so $G = S(3) * 1$, und wir sind fertig. Daher sei $\alpha(G) \geqq 5$. Nach (5.4) ist o. B. d. A. $z(G/e_1y) \geqq 3$. Weil e_1y wesentlich ist, muß diese Kante in einem Dreieck liegen; o. B. d. A. sei x dessen dritte Ecke. Es sei u eine von e_1, x, y, z verschiedene Ecke von G, und F sei ein $u,\{x, y, z\}$-Fächer in G. Mittels xy und dem u,x- sowie dem u,y-Weg $\subset F$ finden wir einen Kreis, der x,y enthält und e_1, z vermeidet. Es folgt (vgl. den Beweis zu (5.4)) $z(G/e_1z) \geqq 3$, und demnach muß auch e_1z in einem Dreieck liegen; o. B. d. A. sei $yz \in K(G)$. Weil y in F einen Nachbarn $\neq x, z, e_1$ hat, gilt $\gamma_G(y) \geqq 4$. Nach der Vorbemerkung zum Beweis muß $\gamma_G(z) = 3$ gelten; wir setzen $e_2 := z$, und es sei e_3 der von e_1, y verschiedene Nachbar von e_2. Indem wir dieselben Überlegungen, die wir für e_1 und seine Nachbarn angestellt haben, auf e_2 und seine Nachbarn anwenden, finden wir $ye_3 \in K(G)$ und $\gamma_G(e_3) = 3$. Nun sei e_4 der von e_2, y verschiedene Nachbar von e_3; es folgt $ye_4 \in K(G)$, $\gamma_G(e_4) = 3$ usf. Wir wiederholen diese Überlegung so oft wie möglich; wir erhalten eine endliche Folge von Ecken $e_1, e_2, \ldots, e_t$ mit e_iy sowie $e_ie_{i+1} \in K(G)$, $\gamma_G(e_i) = 3$ für alle i.

Wenn das Verfahren bei e_t endet, so muß $e_t = x$ sein; in jedem anderen Falle könnte es doch noch einen Schritt weiter fortgesetzt werden. Daher spannen $e_1, \ldots, e_t, y$ in G ein Rad R der Ordnung $t + 1$ auf, und man zeigt leicht $G = R$. —

Ohne Beweis werden noch folgende Ergebnisse über 3-minimale Graphen mitgeteilt (vgl. HALIN [11], [12]):

5.6 *Ist G 3-minimal, $k = xy \in K$ mit $\gamma_G(x), \gamma_G(y) > 3$, so ist auch G/k 3-minimal.*

Da jedes Dreieck in G zwei Ecken 3. Grades enthält, zeigt man daraus durch Induktion über die Länge eines Kreises C:

5.7. *Jeder Kreis C in einem 3-minimalen Graphen enthält mindestens 2 Ecken des Grades 3.*

Daraus schließt man:

5.8. *Ist G 3-minimal, so enthält G mindestens $\frac{2}{5}$ $(\alpha + 2)$ Ecken des Grades 3.*

Weiter ergibt sich im Zusammenhang mit (5.5)

5.9. *Es sei G 3-minimal und kein Rad. k sei eine (gemäß (5.5) existierende) nichtwesentliche Kante, die mit einer Ecke 3. Grades inzidiert. Dann ist G/k 3-zh. und kann durch Wegnahme von höchstens 2, mit dem Bilde von k inzidierenden Kanten in einen wiederum 3-minimalen Graphen übergeführt werden.*

Daraus erhält man:

5.10. *Ist G 3-minimal, $\alpha \geqq 7$, so ist $\varkappa \leqq 3\alpha - 9$; für $\alpha \geqq 8$ ist $3 * (\alpha - 3)$ der einzige 3-minimale Graph mit α Ecken und $3\alpha - 9$ Kanten.*

In § 7 werden wir ein analoges Resultat für n-minimale Graphen und allgemeines n erhalten.

TUTTE überträgt in [35] seine Theorie der 3-zh. Graphen auf Matroide.

SLATER [32] gibt eine Reihe von Spaltungs- und anderen Erweiterungsoperationen von Graphen an, mittels derer man, ausgehend von $S(5)$, alle endlichen 4-zh. Graphen konstruieren kann.

Übungen

1. Es seien x, y kompatible Ecken in dem 2-minimalen G, und G^* entstehe aus G durch Hinzufügung eines W_{xy} der Länge > 1. a, b seien in G kompatibel. Sind a, b in G^* nicht kompatibel, so ist eins der Paare $(a, x), (a, y), (b, x), (b, y)$ in G nicht kompatibel.
2. In einem 2-minimalen Graphen G kann es Kreise geben, die beliebig lange Teilwege besitzen, deren Ecken alle den Grad > 2 (bez. G) haben.
3. Jeder 2-minimale (endliche) Graph G mit $\alpha \geqq 4$ erfüllt $\varkappa \leqq 2\alpha - 4$. Dies zeige man mittels (5.2). Gleichheit wird für die Graphen $2 * (\alpha - 2)$ angenommen (und nur für diese).
4. Ist G 3-zh., $k = xy \in K$ mit $\gamma_G(x), \gamma_G(y) > 3$, so ist auch G/k 3-zh.
5. Ist G 4-zh. und $k = xy$ kritische Kante von G, $\gamma_G(x), \gamma_G(y) > 4$, so liegen x, y in einem Dreieck, dessen von x,y verschiedene Ecke den Grad 4 hat.

§ 6. Ecken des Grades n in n-minimalen Graphen

In diesem Abschnitt bringen wir Sätze von W. MADER [21] über Anzahl und Lage der Ecken n-ten Grades in n-minimalen Graphen. Wir beschränken uns auf endliche Graphen $G = (E, K)$, obwohl die Sätze (sinngemäß) auch für unendliche Graphen richtig bleiben (vgl. MADER [22]).

6.1. Hilfssatz. *Es gelte $z(G) = n$, $vx, vy \in K$ mit $x \neq y$, $\gamma_G(v) > n$. Es seien $T, T' \in \binom{E}{n-1}$, T trenne $G - vx$, T' trenne $G - vy$. Für $z \in E - T$ sei C_z die z enthaltende Komponente von $(G - vx) - T$, und für $z \in E - T'$ sei C'_z die z enthaltende Komponente von $(G - vy) - T'$. Behauptung: $C'_y \subseteq G[C_v \cup T]$, $\alpha(C'_y) < \alpha(C_v)$.*

Beweis. Wir zeigen zuerst

$$\alpha(C'_v \cap T) \geqq \alpha(C_x \cap T'). \qquad (*)$$

Nehmen wir im Gegenteil $\alpha(C'_v \cap T) < \alpha(C_x \cap T')$ an. Dann folgt

$$\alpha\big((C'_v \cap T) \cup (T' - C_x)\big) \leqq \alpha(C'_v \cap T) + \alpha(T' - C_x)$$
$$\leqq \alpha(C_x \cap T') + \alpha(T' - C_x) - 1$$
$$= |T'| - 1 = n - 2.$$

Wegen $\gamma_G(v) > n$ existiert eine Ecke v^* in G mit $vv^* \in K$, $v^* \neq x, y$, $v^* \notin (C'_v \cap T) \cup (T' - C_x)$. Wir behaupten: Mit $R := (T \cap C'_v) \cup (T' - C_x) \cup v$ gilt

$$v^* \cdot R \cdot x(G).$$

(Denn es sei P ein v^*,x-Weg in G, der v vermeidet. P trifft T in einer ersten Ecke t. Sei $t \notin E(C'_v)$; dann muß t in $T \cap T'$ oder $C'_y \cap T$ liegen. Wegen $v^* \notin E(C'_y)$[1]) enthält P_{v^*t} ein (erstes) $t' \in T'$. Aus $P_{v^*t} - t \subseteq C_v$ folgt $t' \in T \cap T'$ (falls $t = t'$) oder $t' \in C_v \cap T'$. Also $t' \in (T \cap T') \cup (C_v \cap T') = T' - C_x$. Auf jeden Fall trifft P somit R.)

Diese Trennbeziehung ist aber wegen $|R| < n$ unmöglich; damit folgt (*). Symmetrisch folgt

$$\alpha(C_v \cap T') \geqq \alpha(C'_y \cap T). \qquad (**)$$

Wir behaupten weiter

$$C'_y \cap C_x = \Theta. \qquad (***)$$

Denn nehmen wir an, es gebe eine Ecke z in $C'_y \cap C_x$. Zunächst stellen wir $y \notin E(C_x)$ fest (da $yv \in K$, $v \notin E(C_x) \cup T$). Wir setzen

$$P := (C'_y \cap T) \cup (T' - C_v).$$

Wegen (**) gilt

$$\alpha(P) \leqq \alpha(C_v \cap T') + \alpha(T' - C_v) = |T'| = n - 1.$$

Wir behaupten

$$z \cdot P \cdot x\,(G).$$

(Es sei nämlich W ein z,x-Weg $\subseteq G - P$. Wegen $x \notin E(C'_y)$ trifft dieser Weg $T' \cup y$ in einer ersten Ecke t'.

(i) Ist $t' = y$, so $W_{zy} \subseteq C'_y$; W_{zy} trifft T wegen $z \in E(C_x)$, $y \notin E(C_x)$. W_{zy} trifft also $T \cap C'_y \subseteq P$.

(ii) Ist $t' \in T'$, so folgt $t' \in E(C_v)$ (wegen $t' \notin P$). $W_{zt'}$ muß T vor t' treffen (man beachte $C_x \neq C_v$). Wegen $W_{zt'} - t' \subseteq C'_y$ folgt: $W_{zt'}$ trifft $T \cap C'_y \subseteq P$.)

Diese Trennbeziehung bedeutet aber einen Widerspruch wegen $|P| < n$. Damit folgt (***).

---

[1]) Dies folgt aus $v \cdot T' \cdot y\ (G - vy)$ und der Wahl von v^*.

Aus (***) ergibt sich durch Komplementbildung sofort $C'_y \subseteq G[C_v \cup T]$, die erste Behauptung von (6.1).

$$\begin{aligned}\text{Mit } \alpha(C'_y) &= \alpha(C'_y \cap C_v) + \alpha(C'_y \cap T)\\ &\leqq \alpha(C'_y \cap C_v) + \alpha(C_v \cap T')\\ &\leqq \alpha\big(C_v \cap (C'_y \cup T')\big)\\ &\leqq \alpha(C_v - v) < \alpha(C_v)\end{aligned}$$

ergibt sich auch die zweite Behauptung. —

Für $k = vx \in K(G)$ mit $z(G - k) < n = z(G)$ werde nun $\lambda(v, x)$ als das Minimum der $\alpha(C)$ definiert, wo C die v enthaltenden Komponenten der Graphen $(G - k) - T$, $T \in \binom{E}{n-1}$ durchläuft. Nach (6.1) gilt dann:

6.1′. *Unter den Voraussetzungen von* (6.1) *über* G, x, y, v *gilt*

$$\lambda(y, v) < \lambda(v, x).$$

Nunmehr folgt

6.2. Satz. *Es sei* $z(G) = n$, Q *ein Kreis in* G *derart, daß* $z(G - k) < n$ *gilt für jedes* $k \in K(Q)$. *Dann enthält* Q *eine Ecke des Grades* n.

Beweis. Es seien $v_1, v_2, \ldots, v_s$ die Ecken des Kreises Q, $v_1v_2, v_2v_3, \ldots, v_{s-1}v_s, v_sv_1$ seine Kanten. Wäre $\gamma_G(v_i) > n$ für alle $i = 1, \ldots, s$, so erhielte man nach (6.1)

$$\lambda(v_1, v_2) < \lambda(v_2, v_3) < \cdots < \lambda(v_s, v_1) < \lambda(v_1, v_2),$$

mit Widerspruch. —

Folgerung:

6.2′. Satz. *Jeder Kreis eines n-minimalen Graphen* G *enthält eine Ecke des Grades* n. *Also: Bezeichnet* E_n *die Menge der Ecken n-ten Grades in* G, *so ist* $G - E_n$ *ein Wald.*

6.3. Satz. *Jeder n-minimale Graph* G *enthält mehr als* $\dfrac{n-1}{2n-1} \cdot \alpha(G)$ *Ecken des Grades* n.

Beweis. Es bezeichne $\varkappa_i$ die Zahl derjenigen Kanten von G, die mit genau i Ecken n-ten Grades inzidieren ($i = 0, 1, 2$). Dann ist $\varkappa_1 \leqq n|E_n|$ und $\varkappa_0 = \varkappa(G - E_n) \leqq \alpha(G) - |E_n| - 1$ (wegen Kap. 3, (1.5)); da jede Ecke von $G - E_n$ in G den Grad $\geqq n + 1$ hat, folgt

$$\begin{aligned}(n+1) \cdot \big(\alpha(G) - |E_n|\big) &\leqq \sum_{x \in E - E_n} \gamma_G(x) = 2\varkappa_0 + \varkappa_1\\ &\leqq 2 \cdot \alpha(G) - 2|E_n| - 2 + n \cdot |E_n|,\end{aligned}$$

woraus sich durch einfache Rechnung die Behauptung ergibt. —

Für die nächsten Resultate benötigen wir einen weiteren Hilfssatz:

6.4. *Es sei* B *Baum und Untergraph eines Graphen* G. *Es gelte, für ein* $n \in \mathbb{N}$, $\gamma_G(b) > n$ *für jedes* $b \in E(B)$. $k = xy$ *sei irgendeine Kante von* B. *Behauptung: Es gibt* n *Wege* $P_1, \ldots, P_n$ *in* G *mit folgenden Eigenschaften:*

1. *Je zwei der P_i haben genau y gemeinsam.*
2. *Jedes P_i verbindet y mit einem $u_i \in E(G - B)$.*
3. $\mathring{P}_i \subseteq B - xy$ $(i = 1, \ldots, n)$.

Beweis. Es seien $u_1, \ldots, u_m$ die Nachbarn von y, die nicht in B liegen. Ist $m \geqq n$, so haben die Wege (der Länge 1) $\langle yu_i \rangle$, $i = 1, \ldots, n$, die gewünschten Eigenschaften. Daher nehmen wir $m < n$ an. Wegen $\gamma_B(y) > n - m$ gibt es in der y enthaltenden Komponente von $B - k$ Wege $Q_{m+1}, \ldots, Q_n$, von denen je zwei (genau) y gemeinsam haben und die zu Endecken $w_{m+1}, \ldots, w_n$ (beziehentlich) von B führen. Nach Voraussetzung ist jedes w_j zu mindestens n Ecken außerhalb B benachbart. Daher existieren

$$\begin{aligned} &u_{m+1} \in N_G(w_{m+1}) - \big(E(B) \cup \{u_1, \ldots, u_m\}\big), \\ &u_{m+2} \in N_G(w_{m+2}) - \big(E(B) \cup \{u_1, \ldots, u_{m+1}\}\big), \\ &\vdots \\ &u_n \in N_G(w_n) - \big(E(B) \cup \{u_1, \ldots, u_{n-1}\}\big). \end{aligned}$$

$P_i = \langle yu_i \rangle$ $(i = 1, \ldots, m)$ und $P_j = Q_j \cup \langle w_j u_j \rangle$ $(j = m + 1, \ldots, n)$ bilden somit die gewünschten Wege. —

Nun folgt ohne Schwierigkeit:

6.5. Satz. *Ist G minimal und $T \in \binom{E}{n}$, so enthält jede Komponente von $G - T$ eine Ecke n-ten Grades.*

Beweis. Nehmen wir an, B sei Komponente von $G - T$ ohne Ecke n-ten Grades. Nach (6.2′) ist B ein Baum, und es muß $\alpha(B) \geqq 2$ sein. Es sei $xy \in K(B)$ mit $\gamma_B(x) = 1$. Aufgrund der Annahme muß x zu jeder der n Ecken von T benachbart sein. Nach (6.4) existieren y,u_i-Wege $P_i \subseteq G$ $(i = 1, \ldots, n)$ mit $\mathring{P}_i \subseteq B - xy$, $u_i \notin E(B)$ und $P_i \cap P_j = y$ für alle $i \neq j$. Es folgt $T = \{u_1, \ldots, u_n\}$. Aber dann erhalten wir $n + 1$ kreuzungsfreie x,y-Wege in G, nämlich $\langle xy \rangle$, $\langle xu_i \rangle \cup P_i$ $(i = 1, \ldots, n)$, was wegen (4.1) einen Widerspruch zur n-Minimalität von G bedeutet. —

6.6. Satz. *Jeder n-minimale Graph G enthält mindestens $n + 1$ Ecken des Grades n.*

Denn nach (6.5) liegt außerhalb jeder n-elementigen Menge von Ecken in G noch eine Ecke n-ten Grades. —

Satz (6.6) ist für kleine Eckenzahlen besser als (6.3). Die n-minimalen Graphen, die genau $n + 1$ Ecken n-ten Grades enthalten, sind in [26] charakterisiert.

Wir wollen noch eine Abschätzung für $|E_n|$ mittels des Maximalgrades in einem n-minimalen Graphen herleiten. Als Hilfssatz zeigen wir zunächst:

6.7. *Es seien G ein Graph, w eine Ecke in G derart, daß $G - w$ paar mit Zweiteilung X, Y ist. Ferner gelte $N_G(w) \supseteq X$, $\gamma_G(x) > n$ für alle $x \in X$ sowie $|Y| < \gamma_G(w)$. Dann gibt es ein $x \in X$ mit $\mu_G(w, x) > n$.*

Beweis. Wegen $|Y| < \gamma_G(w)$ kann X nicht leer sein. Wir wenden nun Induktion über $|X|$ an. Es sei $x_0 \in X$. Ist $N_G(x_0) - w \subseteq N_G(w)$[1]), so $\mu_G(x_0, w) > n$ wegen $\gamma_G(x_0) > n$. Daher werde angenommen: Es gibt ein $y_0 \in Y$ mit $x_0 y_0 \in K$, $wy_0 \notin K$. Wir setzen

$$G' := (G - x_0) \cup wy_0.$$

[1]) Bei $X = \{x_0\}$ gilt dies. (Induktionsanfang!)

Dann erfüllt G' mit $w' := w$, $X' := X - \{x_0\}$, $Y' := Y$ die Voraussetzungen von (6.7) (speziell ist ja $\gamma_{G'}(x) = \gamma_G(x)$ für alle $x \in X' \cup \{w\}$). Somit existiert nach Induktionsvoraussetzung ein $x \in X'$ derart, daß ein $\theta_{n+1}(w, x)$ in G' vorhanden ist. Falls in einem der w,x-Wege dieses $\theta_{n+1}(w,x)$ die Kante wy_0 vorkommt, ersetze man sie durch $\langle wx_0, x_0y_0\rangle$; es gibt also auch in G schon $n + 1$ kreuzungsfreie w,x-Wege. —

Nunmehr folgt:

6.8. Satz. *Ist G n-minimal und $\gamma_G^{\max} = m$, so gibt es in G mindestens m Ecken des Grades n.*

Beweis. Es sei $m > n$ und $\gamma_G(w) = m$ $(w \in E)$. Da $G - E_n$ ein Wald ist, ist die w enthaltende Komponente B von $G - E_n$ ein Baum. Es sei $N_B(w) =: X = \{x_1, \ldots, x_h\}$. Im Falle $X = \emptyset$ ist unsere Behauptung trivial; daher sei $h > 0$. Für jedes r, $1 \leqq r \leqq h$, gibt es nach (6.4) in G ein n-Tupel von Wegen $P_1^r, \ldots, P_n^r$, so daß

1. $\bigwedge_{1\leqq i<j\leqq n} P_i^r \cap P_j^r = x_r$,
2. $\mathring{P}_i^r$ in der x_r enthaltenden Komponente C_r von $B - wx_r$ verläuft,
3. jedes P_i^r von x_r zu einem $y_r^i \in E_n$ führt.

Für $r \neq r'$ ist $C_r \cap C_{r'} = \Theta$; für $(i, r) \neq (j, s)$ ist daher $P_i^r \cap P_j^s$ entweder leer oder eine gemeinsame Endecke dieser beiden Wege.

Wir definieren nun einen Graphen G' wie folgt: Es sei

$$E(G') := \{w, x_1, \ldots, x_h\} \cup E_n,$$

$$K(G') := \{wu \mid u \in N_G(w)\} \cup \{x_r y_i^r \mid r = 1, \ldots, h; \quad i = 1, \ldots, n\}.$$

Nehmen wir $|E_n| < m = \gamma_{G'}(w)$ an. Mit $E_n = Y$ erfüllt dann G' die Voraussetzungen von (6.7). Daher existiert ein x_r mit $\mu_{G'}(w, x_r) \geqq n + 1$. Da G einen Teilgraphen enthält, der aus G' durch Unterteilungen von Kanten der Form $x_s y_i^s$ hervorgeht (sie entsprechen den P_i^s), sehen wir, daß auch $\mu_G(w, x_r) \geqq n + 1$ sein muß, was der n-Minimalität von G widerspricht. Also folgt $|E_n| \geqq m$. —

In [26] vertieft W. Mader die vorstehende Theorie weiter. Für $n = 2$ und 3 enthält jeder Kreis eines n-minimalen Graphen mindestens zwei Ecken n-ten Grades. Dies gilt für $n \geqq 4$ nicht mehr (vgl. Übung 2). Als Verallgemeinerung von (5.7) wird statt dessen bewiesen:

6.9. (Mader [26]). *Ist G endlich und n-minimal, $n \geqq 3$, so ist jede Ecke aus E_n nur zu höchstens $n - 2$ Ecken derselben Komponente von $G - E_n$ benachbart.*

Weiter wird (6.3) verbessert:

6.10. (Mader [26]). *Für jeden endlichen n-minimalen Graphen G gilt*

$$|E_n| \geqq \frac{n-1}{2n-1}\,\alpha + \frac{2n}{2n-1}.$$

An Beispielen wird gezeigt, daß diese Abschätzung bestmöglich ist.

In [23] beweist W. Mader für jedes $n \neq 1, 3$ die Existenz eines $c_n > 0$, so daß jeder endliche minimal n-kantenzh. Graph G mindestens $c_n \cdot \alpha$ Ecken n-ten Grades enthält. Für $n = 3$ gibt es erstaunlicher Weise eine solche Konstante nicht (vgl. Übung 4).

Übungen

1. Es sei G n-zh. und endlich, $G - E_n$ sei Wald. Ist dann G notwendig n-minimal?
2. Ist W_{n-1} der Weg der Länge $n - 1$, so ist $W_{n-1} * (n-1)$ für jedes $n \geqq 2$ ein n-minimaler Graph. Für $n \geqq 4$ enthält dieser ein Dreieck, das nur eine Ecke n-ten Grades besitzt.

3. Wieso folgt (5.7) aus (6.9)?
4. Jeder Graph folgender Form ist minimal 3-kantenzh., hat aber nur 6 Ecken des Grades 3:

Abb. 56

5. Man beweise das zuletzt zitierte Resultat von MADER [23] für $n = 2$.

§ 7. Ecken mit starken Zusammenhangseigenschaften

Im folgenden sei $G = (E, K)$ stets ein endlicher Graph. — Man versuche, ein G mit $\gamma_G^{\min} \geqq 3$ so zu finden, daß kein $ab \in K$ vorhanden ist mit $\mu_G(a, b) \geqq 3$. Bald wird man feststellen, daß alle solchen Versuche scheitern. Andererseits wird es gar nicht so leicht sein, zu beweisen, daß tatsächlich aus $\gamma_G^{\min} \geqq 3$ die Existenz einer solchen Kante ab folgt; denn wo im Graphen könnte man eine solche suchen? Noch wesentlich schwieriger wird natürlich das entsprechende Problem für 4 oder höhere Werte des Minimalgrades. Die Lösung wurde von MADER [20] mittels einer neuartigen, sehr geistreichen Reduktionsmethode gegeben:

7.1. Satz von W. Mader. *In jedem endlichen Graphen G gibt es eine Kante ab mit $\mu_G(a, b) \geqq \gamma_G^{\min}$.*

In [25] beweist MADER noch eine Verschärfung dieses Ergebnisses. Er nennt zwei Ecken $a \neq b$ *stark zh.* in G, wenn $ab \in K$ gilt und folgende Bedingung erfüllt ist: Sind $ax_1, \ldots, ax_s, y_1b, \ldots, y_sb$ irgendwelche Kanten $\neq ab$ in G (wobei $x_1, \ldots, x_s$ verschiedene Ecken sind, ebenso wie $y_1, \ldots, y_s$), so gibt es s kreuzungsfreie a,b-Wege $W_1, \ldots, W_s$ in G mit $ax_i, y_{\pi(i)}b \in K(W_i)$ ($i = 1, \ldots, s$; π eine passende Permutation von $1, \ldots, s$).

Sind a, b stark zh., so muß $\mu_G(a, b) = \min\big(\gamma_G(a), \gamma(b)\big)$ gelten. (7.1) wird also bewiesen sein, wenn die Existenz wenigstens eines stark zh. Eckenpaares in jedem endlichen Graphen gesichert ist. Wir werden sehen, daß in G, wenn $\alpha \geqq 3$ ist, mindestens zwei solche Eckenpaare vorhanden sind. Mehr als zwei dieser Paare brauchen nicht zu existieren, auch wenn Minimalgrad und Eckenzahl beliebig wachsen; vgl. Übung 3.

Für eine Ecke a bezeichne K_a im folgenden eine Menge von Kanten aus G, von denen jede a enthält. Hat man Ecken $a \neq b$ und gewisse K_a, K_b, so sei $G \mid K_a \cup K_b$ der Graph, der aus G durch Weglassung aller a oder b enthaltenden, nicht in $K_a \cup K_b$ vorkommenden Kanten entsteht. Daß $a, b \in E$ mit $ab \in K$ stark zh. sind, ist also äquivalent mit: Für je zwei K_a, K_b mit $ab \notin K_a \cup K_b$ und $|K_a| = |K_b| = s$ ist $\mu_{G|K_a \cup K_b}(a, b) = s$.

Die Hauptidee der Maderschen Beweisführung[1]) liegt in dem folgenden

7.2. Hauptlemma. *Es sei $\Theta \neq S \subset G$, S ein Simplex, sowie $<$ eine Totalordnung von $E(S)$, die durch die Numerierung $e_0, \ldots, e_m$ der Ecken von S gegeben ist (also $e_i < e_j \Leftrightarrow i < j$). Es sei*

$$X := \left\{x \in E(G - S) \mid xe_0 \in K, \bigvee_i xe_i \notin K\right\};$$

[1]) Diese Reduktionsmethode ist von MADER verschiedentlich mit Erfolg angewendet worden, z. B. auch bei seinem Beweis von (2.6) in Kap. 5.

für $x \in X$ definiere man

$$g(x) = \min (j \mid xe_j \notin K).$$

Ferner setzen wir

$$K^* := \{xe_{g(x)} \mid x \in X\}, \qquad G[S^<] := (G - e_0) \cup K^*$$

Dann gilt für $a \neq b$ aus $E(G - S)$

$$\mu_{G[S^<]}(a, b) \leqq \mu_G(a, b).$$

Beweis. O. B. d. A. kann $ab \notin K$ angenommen werden, da Weglassung dieser Kante die Menger-Zahl von a, b sowohl in G als auch in $G[S^<]$ um genau 1 reduzieren würde. Es sei $T \subset E$ beliebig mit $a \cdot T \cdot b(G)$ und $|T| = \mu_G(a, b)$; C_a bzw. C_b sei die a bzw. b enthaltende Komponente von $G - T$. Da S Simplex ist, muß $C_a \cap S$ oder $C_b \cap S$ leer sein; o. B. d. A. gelte $C_a \cap S = \Theta$.

1. Fall. $e_0 \notin T$. Dann gilt $e_0 \cdot T \cdot a(G)$. Für $xy \in K^*$ folgt $x, y \in N_G(e_0)$, also $x, y \notin E(C_a)$, woraus sich ergibt $a \cdot T \cdot b$ $(G[S^<])$.

2. Fall. $e_0 \in T$. Nehmen wir $\neg\, a \cdot T - e_0 \cdot b$ $(G[S^<])$ an. Dann muß $e_jx \in K^*$ existieren mit $e_j \in E(S) - T$, $x \in E(C_a)$. Nach Definition von K^* liegen $e_0, \ldots, e_{j-1}$ in $N_G(x)$, jedoch nach obigem nicht in C_a. Daher hat man $e_0, \ldots, e_{j-1} \in T$.

Gibt es ein weiteres $e_hy \in K^*$ mit $e_h \in E(S) - T$, $y \in E(C_a)$, so muß also $h \geqq j$ gelten; symmetrisch folgt auch $j \geqq h$. Daher: Jede Kante, die $T - e_0$ in $G[S^<]$ überbrückt, muß e_j enthalten; es folgt $a \cdot (T - e_0) \cup e_j \cdot b$ $(G[S^<])$ mit $|(T - e_0) \cup e_j| = |T|$, q. e. d. —

Wir benötigen noch folgenden Hilfssatz:

7.3. *S sei ein maximales Simplex in G. In $E(S)$ sei eine Totalordnung $<$ zugrunde gelegt, die durch die Numerierung $e_0, \ldots, e_m$ der Ecken von S gegeben ist. Wenn a, b mit $ab \in K(G - S)$ in $G[S^<]$ stark zh. sind, so sind a, b auch in G stark zh.*

Beweis. Es seien K_a, K_b mit $|K_a| = |K_b| = s$ und $ab \notin K_a \cup K_b$ gegeben. Wir setzen $H := G \mid K_a \cup K_b$. Zu zeigen ist $\mu_H(a, b) \geqq s$. Es gilt $H[S^<] = G[S^<] \mid K'_a \cup K'_b$ mit $|K'_a| = |K'_b| = s$, wobei $K'_a = K_a$ sei, falls $ae_0 \notin K_a$ gilt, und $K'_a = (K_a - ae_0) \cup ae_{h(a)}$ sei, falls $ae_0 \in K_a$ und $h(a) = \min \big(j \mid ae_j \notin K(H)\big)$ ist. (Hier ist zu beachten, daß wir auf jeden Fall $K'_a \subseteq K(G[S^<])$ haben, da $h(a) \leqq g(a) := \min \big(i \mid ae_i \notin K(G)\big)$ ist und $ae_i \in K(G[S^<])$ für $1 \leqq i \leqq g(a)$ gilt. Ferner ist wegen der Maximalität von S ja $g(a)$ für jedes $a \in E(G - S)$ mit $ae_0 \in K$ definiert.) Analoges gelte für K'_b. Wegen des starken Zusammenhanges von a, b in $G[S^<]$ ist also auch $\mu_{H[S^<]}(a, b) = s$, d. h. $s \leqq \mu_H(a, b)$ nach (7.2), womit die Behauptung folgt. —

Nunmehr können wir zeigen:

7.4. Satz. *Es sei S Simplex in G, und $K(G - S)$ sei nicht leer. Dann gibt es $ab \in K(G - S)$, so daß a, b in G stark zh. sind.*

Beweis durch Induktion über α. Der Fall $\alpha = 1$ ist trivial. Daher sei $\alpha > 1$ und die Behauptung für kleinere Eckenzahlen richtig. Es sei V ein maximales Simplex $\supseteq S$ in G.

1. Fall: $K(G - V) = \emptyset$. Dann muß, nach Voraussetzung, $V \supset S$ gelten.

i) Wenn für alle $x \in E(V - S)$ gilt $N_G(x) \subseteq E(V)$, so ist für $xy \in K(G - S)$ notwendig $x, y \in E(V)$, und x, y müssen in V und auch in G stark zh. sein.

ii) Daher existiere $a \in E(V - S)$ und ein $x \in N := N_G(a) - E(V)$. Wegen $K(G - V) = \emptyset$ muß jedes $k \in K\big(G - (V - a)\big)$ a enthalten; wählen wird aher $b \in N$ mit $\gamma_G(b) = \min\big(\gamma_G(x) \mid x \in N\big)$, so leistet ab das Verlangte. (Denn für jede Kante by mit $y \neq a$ folgt $y \in E(V)$.)

2. Fall: $K(G - V) \neq \emptyset$. Dann ist auch $K(G[V^<] - V) \neq \emptyset$, wenn $<$ irgendeine Totalordnung von $E(V)$ ist. Nach Induktionsvoraussetzung existiert ab in $K(G[V^<] - V)$, so daß a, b stark zh. in $G[V^<]$ sind, und nach (7.3) sind diese a, b auch stark zh. in G. —

Als Folgerung erhalten wir

7.5. Satz. *In jedem endlichen Graphen G mit $\varkappa(G) \geqq 2$ existieren mindestens zwei Paare von stark zh. Ecken.*

Beweis. Es gibt in G eine Ecke e, die wenigstens eine Kante freiläßt. Mit $S := \{e\}$ finden wir nach (7.4) eine Kante $k = ab$ mit $e \notin k$, so daß a, b stark zh. sind. Mindestens eine der Ecken a, b läßt eine weitere Kante k' frei; Wiederholung des vorhergehenden Schlusses liefert das gesuchte zweite Paar von stark zh. Ecken. —

Insbesondere ist damit auch Satz (7.1) bewiesen. Ein weiteres erstaunliches Resultat ist die Lösung des Extremalproblems bez. der in (7.1) auftretenden Konfigurationen durch Mader [20], die wir zum Schluß behandeln wollen. Zunächst können wir mittels (7.4) unschwer zeigen:

7.6. *G sei ein endlicher Graph mit $\alpha \geqq n$ und $\varkappa > n \cdot \alpha - \binom{n+1}{2}$. Dann existiert $ab \in K$ mit $\mu_G(a, b) > n$. Ist S ein Simplex in G mit $\alpha(S) \leqq n$, so können a, b in $G - S$ gewählt werden.*

Beweis. Ist $\alpha \leqq n + 2$, so folgt $G = S(n + 2)$ wegen $\varkappa > n(n + 2) - \binom{n+1}{2} = \binom{n+2}{2} - 1$. Nehmen wir nun an, der Satz sei falsch, und G sei ein Gegenbeispiel minimaler Eckenzahl. Zunächst muß dann also $\alpha > n + 2$ sein. Gäbe es ein x in $G - S$ mit $\gamma_G(x) < n + 1$, so wäre $G - x$ ein Gegenbeispiel kleinerer Ordnung. Also ist $\gamma_G(x) \geqq n + 1$ für jedes $x \in E(G - S)$, und Anwendung von (7.4) zeigt das Verlangte. —

Als Hilfssatz brauchen wir noch (vgl. [11]):

7.7. *Es sei $z(G) = n$ und $T \in \binom{E}{n}$, G' eine Komponente von $G - T$. Man habe $X, Y \subset T$ mit $X \cap Y = \emptyset$ und $|X| = |Y| \leqq \alpha(G')$. Dann gibt es in $H := G[G' \cup X \cup Y]$ eine vollständige Wegepaarung von X auf Y.*

Beweis. Nehmen wir an, eine solche Wegepaarung sei nicht vorhanden. Dann existiert ein $U \subseteq H$, so daß jeder X,Y-Weg $\subseteq H$ dieses U trifft und $|U| < |X| = |Y| \leqq \alpha(G')$ gilt. Es gibt ein a in $E(G') - U$, und wegen $z(G) \geqq n$ existiert ein a,T-Fächer F in G. Wegen $|U| < |X| = |Y|$ existieren ein a,X-Weg P und ein a,Y-Weg P' in F, die U vermeiden. $P \cup P'$ enthält dann einen X,Y-Weg $\subseteq H - U$, mit Widerspruch. —

7.8. Satz. *Für jedes $n \geqq 2$ existiert ein (kleinstes) $m(n) \in \mathbb{N}$, so daß folgendes gilt: Ist G ein beliebiger endlicher Graph mit $\alpha(G) \geqq m(n)$ und $\varkappa(G) \geqq n \cdot \alpha(G) - n^2$, so ist G entweder isomorph zu $(\alpha(G) - n) * n$ oder G enthält eine Kante ab mit $\mu_G(a, b) \geqq n + 1$.*

Also: $n\alpha - n^2$ ist (für $\alpha \geqq m(n)$) die größte Kantenzahl, die ein Graph mit α Ecken haben kann, ohne eine Kante ab mit $\mu_G(a, b) \geqq n + 1$ zu enthalten; $(\alpha - n) * n$ ist der einzige Graph ohne eine solche Konfiguration, der diese maximale Kantenzahl hat. Das Rad mit 7 Ecken zeigt, daß z. B. sicher $m(3) \geqq 8$ sein muß.

Beweis. Es sei $n \geqq 2$ fest gegeben. Für $r, c \in \mathbb{Z}$ mit $c \geqq n \geqq 2$ bezeichne $A(c, r)$ die folgende Aussage:

Ist $\alpha(G) \geqq c$ und $\varkappa(G) \geqq n \cdot \alpha(G) - n^2 + r$, so ist entweder $G \simeq (\alpha(G) - n) * n$, oder G enthält eine Kante ab mit $\mu_G(a, b) \geqq n + 1$.

Natürlich gilt $A(c, r) \Rightarrow A(c, r + 1)$, und wegen (7.6) (unter Beachtung von $\binom{n+1}{2} = n^2 - \binom{n}{2}$) gilt:

(1) $A\left(n, \binom{n}{2} + 1\right)$ ist wahr.

Weiter ergibt sich (etwa durch die Graphen, die aus $(c - n) * n$ durch Weglassung einer Kante entstehen):

(2) $A(c, h)$ ist falsch für alle $h < 0$, $c \geqq n$.

Es genügt also, für $0 \leqq r \leqq \binom{n}{2}$, $c \geqq n$ nachzuweisen

$$A(c, r + 1) \Rightarrow A(2c, r).$$

Dagegen nehme man für einschlägige c, r an, daß $A(c, r + 1)$ richtig, aber $A(2c, r)$ falsch ist. Dann existiert also ein Graph G mit $\alpha(G) \geqq 2c$ und $\varkappa(G) \geqq n \cdot \alpha(G) - n^2 + r$, der weder eine Kante ab mit $\mu_G(a, b) \geqq n + 1$ enthält noch $\simeq (\alpha(G) - n) * n$ ist. Über dieses G treffen wir eine Reihe von Feststellungen, die schließlich in einen Widerspruch münden.

(3) $\gamma_G^{\min} \geqq n$.

(Andernfalls führte Weglassung einer Ecke des Grades $< n$ zu einem Widerspruch gegen $A(c, r + 1)$.)

Natürlich ist $z(G) \leqq n$. Man zerlege demgemäß: $G = G' \cup G''$, $G' \cap G'' = T$, $\alpha(T) = z(G)$, $G', G'' \supset T$; o. B. d. A. sei $\alpha(G') \geqq \alpha(G'')$. $\hat{G}$ bzw. $\hat{G}''$ entstehe aus G bzw. G'' durch Vervollständigung von T zu einem Simplex. Es gilt dann

(4) $\varkappa(\hat{G}'') \leqq n \cdot \alpha(G'') - \binom{n+1}{2}$.

Andernfalls nämlich wäre $\alpha(G'') \geqq n + 1$ wegen (3). Wegen (7.6) existieren x, y in $E(G'' - T)$, $xy \in K(G'')$, so daß $\mu_{\hat{G}}(x, y) > n$ ist. $P^1, \ldots, P^{n+1}$ seien kreuzungsfreie x,y-Wege in $\hat{G}$. O. B. d. A. seien $P^1, \ldots, P^h$ $(h \leqq n)$ diejenigen der P^i, die mindestens zwei Ecken mit T gemeinsam haben. Es sei x_i die erste, y_i die letzte Ecke, die P^i mit T gemeinsam hat $(i = 1, \ldots, h)$. $X = \{x_1, \ldots, x_h\}$, $Y = \{y_1, \ldots, y_h\}$ sind disjunkte Teilmengen von T. Wäre $\alpha(G' - T) < \frac{n}{2}$, so $\alpha(G) = \alpha(G' - T) + \alpha(T) + \alpha(G'' - T) < 2 \cdot \frac{n}{2} + \alpha(T) \leqq 2n \leqq 2c$. Also folgt $\alpha(G' - T) \geqq \frac{n}{2} \geqq h$, und mittels (7.7) finden wir Wege $Q_1, \ldots, Q_h$ in $H := G[(G' - T) \cup X \cup Y]$, die X, Y paaren. Es führe etwa Q_i von x_i zu $y_{\varphi(i)}$, φ eine Permutation von $1, \ldots, h$. Dann ergibt sich mittels der Wege $P^i_{xx_i} \cup Q_i \cup P^{\varphi(i)}_{y_{\varphi(i)}y}$ $(i = 1, \ldots, h)$ und $P^{h+1}, \ldots, P^{n+1}$, daß $\mu_G(x, y) > n$ sein muß, mit Widerspruch. Damit folgt (4).

Natürlich folgt wegen $\alpha(G') \geqq c$ und $A(c, r + 1)$

(5) $\varkappa(G') \leqq n \cdot \alpha(G') - n^2 + r$.

Weiter behaupten wir

(6) $z(G) = n$,

(7) $\varkappa(G') = n \cdot \alpha(G') - n^2 + r$.

Durch Addition von (4) und (5) folgt nämlich

$$(8)\quad \begin{cases} \varkappa(G) + \binom{|T|}{2} = \varkappa(G') + \varkappa(\hat{G}'') \\ \leqq n \cdot \alpha(G'') - \binom{n+1}{2} + n \cdot \alpha(G') - n^2 + r \\ = n \cdot \alpha(G) - n^2 + r + n \cdot |T| - \binom{n+1}{2}. \end{cases}$$

Wäre $|T| < n$, so $n \cdot |T| - \binom{n+1}{2} - \binom{|T|}{2} < 0$[1], d. h. $\varkappa(G) < n \cdot \alpha(G) - n^2 + r$, gegen die Voraussetzung. Also ist $|T| = z(G) = n$.

Wäre (7) falsch, so ergäbe sich aus (5) $\varkappa(G') < n \cdot \alpha(G') - n^2 + r$, und in (8) hätten wir $<$, was wiederum der Voraussetzung über $\varkappa(G)$ widerspricht, wegen $n^2 - \binom{n}{2} + \binom{n+1}{2} = 0$. Also ist G n-zh. und sogar n-minimal wegen (4.1).

(9) Es gibt kein $vw \in K(G)$ mit $\gamma_G(v) = \gamma_G(w) = n$. Andernfalls gälte mit $H := G - v - w$ nämlich $\alpha(H) \geqq 2c - 2 \geqq c$, $\varkappa(H) = \varkappa(G) - 2n + 1 \geqq n \cdot \alpha(G) - 2n - n^2 + r + 1 = n \cdot \alpha(H) - n^2 + r + 1$, mit Widerspruch zu $A(c, r + 1)$.

(10) Es gibt $uv \in K(G)$ mit $\gamma_G(u), \gamma_G(v) > n$. Sonst hätte wegen (9) jede Kante einen Endpunkt des Grades n und einen des Grades $> n$. Ist m die Zahl der Ecken des Grades $> n$, so $\varkappa(G) = (\alpha(G) - m) \cdot n$. Wegen $\varkappa(G) \geqq \alpha(G) \cdot n - n^2 + r$ folgt dann $m \leqq n$. Andererseits ist $m \geqq n$, da $m \geqq \gamma_G(e)$ für jedes e des Grades n gilt. Insgesamt folgt $m = n$, und es ergäbe sich $G = (\alpha(G) - n) * n$, so daß G kein Gegenbeispiel wäre.

Nun kann der Beweis rasch zu Ende geführt werden. Wegen der n-Minimalität gilt

$$u \cdot T' \cdot v \; (G - uv)$$

für ein T' mit $|T'| = n - 1$. Daher ist

$$G - uv = G_1 \cup G_2$$

[1]) Für beliebige $t, n \in \mathbb{N}$ gilt nämlich die Identität $nt - \binom{n+1}{2} - \binom{t}{2} = -\frac{1}{2}((n-t)^2 + (n-t))$.

mit $G_1 \cap G_2 = T'$, $u \in E(G_1)$, $v \in E(G_2)$. O. B. d. A. sei $\alpha(G_1) \geqq \alpha(G_2)$, insbesondere $\alpha(G_1) \geqq c$. Es sei $T := T' \cup v$, $G' := G[G_1 \cup v]$, $G'' := G_2$. Wegen $\gamma_G(v) > n$ gilt $G'' \supset T$. Daher ist

$$G = G' \cup G'', \qquad G' \cap G'' = T, \qquad \alpha(G') \geqq c + 1.$$

Wegen (7) haben wir

$$\varkappa(G') = n \cdot \alpha(G') - n^2 + r.$$

Existierte $w \in E(G')$ mit $\gamma_{G'}(w) < n$, so erhielten wir durch $G' - w$ einen Widerspruch zu $A(c, r + 1)$. Daher:

(11) $\gamma_{G'}^{\min} \geqq n$.

Speziell $\gamma_{G'}(v) \geqq n$, was nur sein kann, wenn gilt

(12) $N_{G'}(v) = T' \cup u$.

Es sei t_0 beliebig aus T'. Wegen $\gamma_{G'}(t_0) \geqq n$ existieren $x_1, \ldots, x_{n-1} \in N_{G'}(t_0) - \{v\}$. Weiter gibt es wegen $z(G - t_0) = n - 1$ zu $X := \{x_1, \ldots, x_{n-1}\}$ und $Y := T - t_0$ eine Wegepaarung: $P_1, \ldots, P_{n-1}$; o. B. d. A. sei x_i in P_i, $P_i \cap (T - t_0) =: t_i$ und $v = t_{n-1}$, so daß uv also in P_{n-1} liegt. (Den Elementen von $X \cap Y$ entsprechen einelementige Wege P_i.) Da G durch T getrennt wird und t_0 nicht in $P_1 \cup \cdots \cup P_{n-1}$ liegt, folgt $P_1 \cup \cdots \cup P_{n-1} \subseteq G'$. Dann bilden

$$\langle t_0 x_i \rangle \cup P_i \cup \langle t_i v \rangle \qquad (i = 1, \ldots, n - 2),$$

$$\langle t_0 x_{n-1} \rangle \cup P_{n-1} \quad \text{sowie} \quad \langle t_0 v \rangle$$

n kreuzungsfreie t_0,v-Wege in G'. Mittels eines z,T-Fächers $\subseteq G''$ (für irgendein $z \in E(G'' - T)$) finden wir leicht einen weiteren, zu diesen (bis auf t_0, v) fremden t_0,v-Weg in G. Damit folgt $\mu_G(t_0, v) \geqq n + 1$, $t_0 v \in K(G)$. Dieser Widerspruch beendet den Beweis. —

Als unmittelbare Folgerung erhalten wir:

7.9. Satz. *Zu jedem $n \geqq 2$ existiert ein (kleinstes) $m'(n)$, so daß folgendes gilt: Ist G n-minimal mit $\alpha(G) \geqq m'(n)$, so ist $\varkappa(G) \leqq n \cdot \alpha(G) - n^2$, mit Gleichheit dann und nur dann, wenn $G \simeq (\alpha(G) - n) * n$ gilt.*

Der Beweis von (7.8) liefert

$$m'(n) \leqq m(n) \leqq n \cdot 2^{\binom{n}{2}}.$$

Mader [20, 22] bewies

$$3n \leqq m(n) \leqq \binom{n}{2} + 2n + 2$$

sowie

$$m'(2) = 4, \qquad m'(n) = 3n - 1 \quad \text{für } n \geqq 3.$$

Zum Schluß werde auf weitere interessante verwandte Resultate von Mader [24] hingewiesen: In jedem endlichen G mit $\gamma_G^{\min} \geqq 2$ gibt es 3 Ecken x_1, x_2, x_3 mit $\mu_G(x_i, x_j) = \min(\gamma_G(x_i), \gamma_G(x_j))$ für alle $1 \leqq i < j \leqq 3$, während 4 solche Ecken auch bei beliebig hohem Minimalgrad nicht zu existieren brauchen. Ist $\gamma_G^{\min} \geqq 3$, so existieren indessen 4 Ecken x_1, x_2, x_3, x_4 mit $\mu_G(x_i, x_j) \geqq \gamma_G^{\min}$ für $1 \leqq i < j \leqq 4$, während 5 solche Ecken nicht notwendig vorhanden sein müssen, auch wenn $\gamma_G^{\min}$ beliebig groß wird. Ist $\gamma_G^{\min} \geqq n \geqq 5$, so existieren Ecken $x_1, \ldots, x_{n+1}$ in G mit $\mu_G(x_i, x_j) > \sqrt{n}$ für $1 \leqq i < j \leqq n + 1$.

Übungen

1. Für welche der in § 7 bewiesenen Sätze käme eine Ausdehnung auf unendliche Graphen in Betracht?
2. Man folgere (4.5) aus (7.1).
3. Es seien $G_1, G_2, \ldots, G_{h+1}$ disjunkte Simplexe mit $\alpha(G_1) = \alpha(G_{h+1}) = 2$, $\alpha(G_1) = \cdots = \alpha(G_h) = n$. Man ziehe zusätzlich alle Kanten von G_i nach G_{i+1} ($i = 0, \ldots, h$). Der entstehende Graph hat genau zwei Paare stark zh. Ecken (diese „stecken" in G_0 und G_{h+1}). Entsprechendes gilt auch, wenn man den Begriff des starken Zusammenhanges eines Eckenpaares dadurch abschwächt, daß man die Forderung des Benachbartseins für die betr. beiden Ecken fallen läßt.
4. Man beweise $m'(2) = 4$, $m'(3) = 8$, $m(2) = 6$.
5. Man mache sich klar, wieso (7.9) durch (7.8) impliziert wird.

Anhang

In diesem Anhang bringen wir in loser Folge kurze Beiträge zu Themen, die im eigentlichen Text nicht behandelt werden konnten, die aber für die Graphentheorie ganz wesentliche Entwicklungslinien bezeichnen. Dabei soll wenigstens ein Eindruck dieser Problemstellungen und Resultate vermittelt und ein erster Zugang zu der betreffenden Literatur eröffnet werden.

1. Zur Einbettung von Graphen in die Ebene

Die folgende Reduktionsmethode von C. Thomassen [15] ermöglicht es, zugleich den Satz von Kuratowski, den Satz von Tutte über konvexe Einbettungen (Kap. 7, (2.3)) sowie den Satz von K. Wagner über die geradlinige Darstellung ebener Graphen (Kap. 7, (2.2)) verblüffend einfach zu beweisen. Wir übernehmen dabei aus Kap. 7 die Reduktion des Problems auf 3-zh. Graphen sowie aus Kap. 11 den Satz (5.4′), nach dem jedes 3-zh. G mit $\alpha \geqq 5$ eine Kante k besitzt, so daß $z(G/k) \geqq 3$ ist.

Satz 1. *Es sei G ein endlicher 3-zh. Graph, der $\not\succ_{\mathrm{u}} S(5)$, $3 * 3$ sei. Dann hat G eine geradlinige Darstellung in der Ebene, so daß jedes durch G bestimmte Gebiet, mit Ausnahme des Außengebietes, konvex ist.*[1])

Beweis. Durch Induktion über α. Der Anfang $\alpha = 4$, d. h. $G = S(4)$, ist trivial. Sei daher $\alpha \geqq 5$ und der Satz für kleinere Eckenzahlen richtig. Es sei $k = xy \in K(G)$ mit $z(G/k) \geqq 3$, $\dot{k} =: z$ das Bild von k. Wäre $G/k \succ S(5)$ oder $3 * 3$, so $G \succ_{\mathrm{u}} S(5)$ oder $3 * 3$ (Kap. 7, (3.2)). Daher hat nach Induktionsannahme G/k eine geradlinige Darstellung in der Ebene, so daß alle beschränkten Gebiete konvex sind. $H := G/k - z$ ist 2-zh.; C sei der Randkreis des Landes von H, das z enthält. $x_1, \ldots, x_r, x_{r+1} = x_1$ seien die Nachbarn von x, $y_1, \ldots, y_s, y_{s+1} = y_1$ die Nachbarn von y (in G/k), jeweils in zyklischer Reihenfolge auf C im Uhrzeigersinne hingeschrieben. P_i sei der Teilweg von x_i nach x_{i+1} auf C (wobei C im Uhrzeigersinne durchlaufen werde).

Falls $y_1, \ldots, y_s$ alle in ein P_i fallen, benennen wir den Punkt z in x um, ziehen alle Strecken xx_ν (dies ergibt dann eine ebene Darstellung von $G - y$); wenn wir y in dem durch P_i und die Strecken xx_i, xx_{i+1} bestimmten Land von $G - y$ hinreichend nahe bei x

---

[1]) Bei einer ebenen Darstellung eines Graphen, bei der alle beschränkten Länder konvex sind, muß „von selbst" jede Kante geradlinig wiedergegeben sein, sofern sie nicht auf dem Rande des Außengebietes liegt.

ansiedeln, erhalten wir durch Ziehen der Strecken xy, yy_j eine ebene Darstellung von G in der verlangten Weise.

Wenn aber $y_1, \ldots, y_s$ in keinem P_i sämtlich enthalten sind, so gibt es entweder drei dieser y_j, die mit gewissen x_i zusammenfallen, oder es gibt ein Paar von y_j und ein Paar von x_i, die sich auf C trennen. Im ersten Falle erhalten wir ein $S(5)^U$, im zweiten ein $(3 * 3)^U$ in G.

Damit folgt der Satz durch Induktion. —

2. Hypergraphen

Anhand der Arbeit [8] von LEHEL führen wir einige grundlegende Begriffe und Methoden aus der Theorie der Hypergraphen ein; diese Arbeit behandelt Überdeckungsprobleme, insbesondere eine Erweiterung des Satzes von KÖNIG (Kap. 4, (5.1)) auf Hypergraphen.

Ein *Hypergraph* $H = (E, K)$ ist eine Menge E, deren Elemente die *Ecken* von H heißen, zusammen mit einer Menge K von nichtleeren Teilmengen von E; die Elemente von K heißen die *Kanten* von H. Man erhält den Begriff „Graph" als Spezialfall, wenn $K \subseteq \binom{E}{2}$ gefordert wird. Die Hypergraphen bilden also eine Verallgemeinerung der Graphen; andererseits kann jeder Hypergraph in natürlicher Weise mit dem paaren Graphen mit Zweiteilung E, K identifiziert werden, in dem $e \in E$ und $k \in K$ benachbart sind genau dann, wenn $e \in k$ gilt.

$H = (E, K)$, $H' = (E', K')$ seien Hypergraphen. Wir setzen $\alpha(H) = |E|$, $\varkappa(H) = |K|$; H' heißt *Teilhypergraph* von H (in Zeichen $H' \subseteq H$), wenn $E' \subseteq E$, $K' \subseteq K$ gilt, und H' heißt *Unterhypergraph* von H (in Zeichen $H' \sqsubseteq H$), wenn $H' \subseteq H$ gilt und jedes $k \in K$ mit $k \subseteq E'$ in K' liegt. Für $H' \subseteq H$ bzw. $T \subseteq E$ sei $H[H']$ bzw. $H[T]$ der Unterhypergraph mit der Eckenmenge E' bzw. T.

$H = (E, K)$ heißt *r-uniform*, wenn $K \subseteq \binom{E}{r}$ gilt; die 2-uniformen Hypergraphen sind also identisch mit den Graphen.

Im folgenden sei H stets ein endlicher Hypergraph (E, K) mit $|E| = \alpha$, $|K| = \varkappa$ und $|k| \geqq 2$ für jedes $k \in K$. $F \subseteq E$ heißt *stabil* in H, wenn $k \not\subseteq F$ für alle $k \in K$ gilt. Die *Stabilitätszahl* $\operatorname{st}(H)$ ist definiert als das Maximum aller $|F|$ mit F stabil in H. Die *chromatische Zahl* $\chi(H)$ von H sei die kleinste Zahl stabiler Eckenmengen, mit denen E überdeckt werden kann; dies steht mit der Definition von $\chi(G)$ für Graphen G in Einklang. Natürlich gilt $\chi(H') \leqq \chi(H)$ für $H' \subseteq H$, und man folgert aus der Definition von χ leicht:

$$(1)\ \operatorname{st}(H) \geqq \frac{\alpha(H)}{\chi(H)}.$$

Weiter definieren wir:

$\mu(H)$ = Maximalzahl disjunkter Kanten von H;
$\tau(H)$ = Minimalzahl von Ecken, die alle Kanten von H treffen;
$\beta(H)$ = Minimalzahl von Ecken oder Kanten, die E überdecken;
$\beta_0(H)$ = Minimalzahl paarweise fremder Kanten oder Ecken, die E überdecken.

Dann gelten folgende einfache Feststellungen:

(2) $\mu(H) \leqq \tau(H)$;

(3) $\beta(H) \leqq \beta_0(H)$ mit Gleichheit, falls H Graph ist;

(4) $\operatorname{st}(H) + \tau(H) = \alpha(H)$.

(Denn $F \subseteq E$ ist stabil genau dann, wenn $E - F$ jede Kante von H trifft.)

Speziell für r-uniformes H gilt:

(5) $\beta_0(H) + (r - 1) \cdot \mu(H) = \alpha(H)$.

Denn haben wir $\mu(H)$ disjunkte Kanten in H, so bilden diese zusammen mit den $\alpha - r \cdot \mu(H)$ restlichen Ecken eine minimale disjunkte Überdeckung von E; d. h., es ist $\beta_0(H) = \alpha - r \cdot \mu(H) + \mu(H)$, woraus (5) folgt.

Für endliche Graphen G ergeben (3), (4), (5) folgendes Resultat von Gallai [6]:

(6) $\alpha(G) = \beta(G) + \mu(G) = \operatorname{st}(G) + \tau(G)$.

Für paare Graphen G besagt der Satz von König (Kap. 4, (5.1)) gerade $\mu(G) = \tau(G)$; dies ist wegen (2), (6) mit $\operatorname{st}(G) \geqq \beta(G)$ gleichbedeutend. Paare Graphen G erfüllen außerdem $\operatorname{st}(G') \geqq \frac{\alpha(G')}{2}$ für jedes $G' \subseteq G$ (vgl. (1)). Daher ist der folgende Satz eine Erweiterung des Satzes von König:

Satz 2 (Lehel [8]). *Ist $H = (E, K)$ endlicher Hypergraph mit $\operatorname{st}(H') \geqq \frac{\alpha(H')}{2}$ für jedes $H' \subseteq H$, so gilt $\operatorname{st}(H) \geqq \beta(H)$.*

Beweis. Es sei $F \subseteq E$ stabil mit $|F| = \operatorname{st}(H)$. Wir definieren einen paaren Graphen G mit Zweiteilung $F, E - F$, in dem $x \in F, y \in E - F$ benachbart seien genau dann, wenn es ein $k \in K$ gibt mit $x, y \in k$. Sicher gilt dann

$$\beta(H) \leqq \beta(G) \tag{*}$$

nach Definition von G. Wir betrachten ein $Q \subseteq E - F$. Nach Voraussetzung hat $H[Q \cup N_G(Q)]$ eine stabile Menge T mit $|T| \geqq \frac{1}{2}|Q| + \frac{1}{2}|N_G(Q)|$. $(F - N_G(Q)) \cup T$ ist stabil in H; also erhalten wir insgesamt

$$|F| \geqq |(F - N_G(Q)) \cup T| = |F| - |N_G(Q)| + |T|$$

$$\geqq |F| - |N_G(Q)| + \frac{1}{2}|Q| + \frac{1}{2}|N_G(Q)|$$

oder $|N_G(Q)| \geqq |Q|$. Dies ist gerade die Heiratsbedingung. Es gibt also in G eine Paarung von $E - F$, d. h., es gilt $\beta(G) = \beta_0(G) = |F|$, woraus wegen (*) die Behauptung folgt. —

Ein Hypergraph H mit $\chi(H) = 2$ heiße *paar*. Wegen (1) und Satz 2 gilt dann folgende Ausdehnung des Satzes von König:

Satz 3. *Für jeden paaren Hypergraphen H gilt*

$$\operatorname{st}(H) \geqq \beta(H).$$

Wir bezeichnen $S^r(\alpha) := \left(\mathbb{N}_\alpha, \binom{\mathbb{N}_\alpha}{r}\right)$ (sowie jedes zu $S^r(\alpha)$ isomorphe H) als *vollständigen* r-uniformen Hypergraphen der Ordnung α. Eine Teilmenge K von $\binom{E}{r}$ heiße *p-frei*, wenn kein $F \in \binom{E}{p}$ existiert, so daß $\binom{F}{r} \subseteq K$ gilt. Natürlich ist ein p-freies K erst recht q-frei für $q > p$. Ist H r-uniform, so heißt eine Familie L_i $(i = 1, \ldots, h)$ eine *p-Überdeckung* von H, wenn $K = L_1 \cup \cdots \cup L_h$ gilt und jedes L_i entweder aus nur einer Kante besteht oder aus den Kanten eines $S^r(p)$.

Hilfssatz. *Für $r \geqq 2$ hat jeder r-uniforme Hypergraph $H = (E, K)$, $K \neq \emptyset$, eine $(r + 1)$-freie Menge L von Kanten mit $|L| > \frac{|K|}{2}$.*

Beweis durch Induktion über r und α.

Im Falle $r = 2$ ist H ein Graph. Wir wählen disjunkte A, B mit $E = A \cup B$ so, daß die Zahl z der von A nach B führenden Kanten maximal, aber $|A|$ minimal ist. Für $e \in E$ sei $\alpha(e) = |N_G(e) \cap A|$, $\beta(e) = |N_G(e) \cap B|$. Dann folgt $\alpha(e) < \beta(e)$ für $e \in A$, $\beta(e) \leqq \alpha(e)$ für $e \in B$ (andernfalls tausche man e aus) und daher

$$2 \cdot \varkappa(H) = \sum_{e \in A} \alpha(e) + \sum_{e \in B} \beta(e) + 2z$$

$$< \sum_{e \in A} \beta(e) + \sum_{e \in B} \alpha(e) + 2z = 4z.$$[1]

Nun sei $r > 2$ und der Satz für $r - 1$ richtig. Für $\alpha \leqq r + 1$ ist die Behauptung trivial. Daher sei $\alpha > r + 1$, die Behauptung für $\alpha - 1$ richtig. Es sei $e \in E$; K zerfällt in die Menge K' der k mit $e \notin k$ und die Menge K'' der k mit $e \in k$; K', K'' sind nicht beide leer. Nach Induktionsvoraussetzung enthält K' eine $(r + 1)$-freie Teilmenge F' mit $|F'| \geqq \frac{|K'|}{2}$ und der $(r - 1)$-uniforme Hypergraph $(E - e, \{k - e \mid k \in K''\})$ eine r-freie Kantenmenge F_0 mit $|F_0| \geqq \frac{|K''|}{2}$ (hier muß mindestens einmal $>$ stehen). Auch $F'' := \{k \cup e \mid k \in F_0\}$ ist dann $(r + 1)$-frei; ebenso $F = F' \cup F''$, und es ist $|F| > \frac{\varkappa(H)}{2}$. —

Nunmehr folgt:

Satz 4. *Für $1 < r < p$ hat jeder r-uniforme Hypergraph $H = (E, K)$ eine p-Überdeckung mit höchstens h Elementen, wobei h die maximale Mächtigkeit einer p-freien Teilmenge von K ist.*

Beweis. Wir betrachten den Hypergraphen $J = (F, L)$, wo $F := K$ sei und L aus allen $K' \subseteq K$ bestehe, so daß $K' = \binom{A}{r}$ für ein $A \in \binom{E}{p}$ gilt. Dann entsprechen den p-freien Kantenmenge von H die stabilen Eckenmengen in J und den p-Überdeckungen

[1]) Wir haben hier das interessante (P. Erdös zugeschriebene) Resultat erhalten, daß in jedem Graphen G mit $\varkappa > 0$ eine Menge $L \subseteq K$ so gefunden werden kann, daß $|L| > \varkappa/2$ gilt und $\langle L \rangle$ paar ist.

von H die Überdeckungen von F durch Ecken bzw. Kanten von J. Insbesondere ist $\mathrm{st}(J) = h$ und $\beta(J)$ die minimale Elementezahl einer p-Überdeckung von H. Nach dem Hilfssatz ist $\mathrm{st}(J') \geqq \frac{\alpha(J')}{2}$ für jedes $J' \subseteq J$, so daß nach Satz 2 folgt $\beta(J) \leqq \mathrm{st}(J)$, was die Behauptung ergibt. —

Für $\alpha, r, p \in \mathbb{N}$ bezeichne die „Turán-Zahl" $\tau(\alpha, r, p)$ die größte Zahl von Kanten, die ein r-uniformer Hypergraph der Eckenzahl α haben kann, ohne ein $S^r(p)$ zu enthalten. Dann impliziert Satz 4 folgenden von Bollobás [1] vermuteten Satz:

Satz 5. *Die Kanten eines r-uniformen Hypergraphen H mit α Ecken können durch höchstens $\tau(\alpha, r, p)$ in H enthaltene $S^r(p)$ oder Kanten überdeckt werden.*

3. Eine Reduktionsmethode von Mader und ein Satz von Nash-Williams

G sei ein endlicher M-Graph ohne Schlingen; x, y, z seien verschiedene Ecken von G, k eine x, z und h eine y, z verbindende Kante von G. G^{hk} bezeichne den M-Graphen, der aus G durch Weglassung von k, h sowie Hinzufügung einer zusätzlichen Kante zwischen x, y entsteht; G^{hk} heiße eine *Aufspaltung* von G bei z. Für je zwei Ecken $a, b \neq z$ aus G gilt dann

$$\bar{\mu}_G(a, b) \geqq \bar{\mu}_{G^{hk}}(a, b)\ ^{1}). \qquad (*)$$

G^{hk} heiße eine *zulässige* Aufspaltung bei z, wenn in $(*)$ sogar Gleichheit (für alle $a, b \neq z$) gilt. W. Mader beweist in [9] den tiefliegenden Satz, daß, falls G nicht durch z getrennt wird und $\gamma_G(z) \geqq 4$ gilt, stets eine zulässige Aufspaltung bei z existiert.

Dieses Resultat wird angewendet, um ein einfaches Konstruktionsverfahren für alle n-kantenzh. M-Graphen zu erhalten. Außerdem benutzt W. Mader seinen Satz, um folgendes schwierige und schöne Resultat von Nash-Williams [10] zu beweisen:

In jedem endlichen M-Graphen ohne Schlingen lassen sich die Kanten so orientieren, daß in dem entstehenden gerichteten M-Graphen D für je zwei Ecken $a \neq b$ gilt $\bar{\mu}_D(a, b) \geqq \left[\frac{1}{2} \cdot \bar{\mu}_G(a, b)\right]$.

Als Übung beweise man folgendes Vorgängerresultat von Robbins [14], das auch für Anwendungen interessant ist (Einbahnstraßenregelung!):

Ist G ein 2-zh. M-Graph, so lassen sich die Kanten von G so orientieren, daß der entstehende gerichtete Graph stark zh. ist.

4. n-zh. Graphen mit beschränkten Kreislängen

Wir bringen ein interessantes Resultat von H. J. Voss (vgl. [W 2], letztes Kapitel) über die Reduzibilität von solchen n-zh. (endlichen) Graphen G, deren maximale Kreislängen $l(G)$ eine gegebene Zahl h nicht übertreffen. Die Klasse dieser Graphen werde

1) $\bar{\mu}_G(a, b)$ ist die Maximalzahl kantendisjunkter a,b-Wege in G. Ebenso bezeichne $\bar{\mu}_G(a, b)$, wenn G gerichteter M-Graph ist, die Maximalzahl kantenfremder a,b-Bahnen in G.

mit $\Phi_{n,h}$ bezeichnet. Mittels Standardmethoden (vgl. etwa Kap. 11, Beweis zu (2.6)) erhält man leicht

$$z(G) \geqq n, \quad \alpha(G) \geqq 2n \quad \Rightarrow l(G) \geqq 2n,$$

so daß es sinnvoll ist, $h \geqq 2n$ anzunehmen. Andererseits enthält $\Phi_{n,2n}$ alle $n * m$ mit $m \geqq n$.

G sei Graph, $T \subset E$ und C eine Komponente von $G - T$ mit $N_G(C) = T$. Dann heißt $B := G[C \cup T]$ eine *T-Brücke* von G; wir setzen $\mathring{B} := C$. T-Brücken B, B' heißen *T-isomorph*, wenn ein Isomorphismus φ von B auf B' existiert mit $\varphi(t) = t$ für alle $t \in T$.

G heißt *m-reduzibel*, wenn für ein $T \subset E$ mehr als m paarweise T-isomorphe T-Brücken $B_1, \ldots, B_p$ existieren; $H := G - (\mathring{B}_{m+1} \cup \cdots \cup \mathring{B}_p)$ heißt dann eine *m-Reduktion* von G, und umgekehrt sagen wir, daß G eine *m-Erweiterung* von H sei. G heißt *m-irreduzibel*, wenn G nicht m-reduzibel ist. Für $m \geqq n$ ist $z(G) \geqq n \Leftrightarrow z(H) \geqq n$ (Beweis als Übung). Wenn m bei gegebenen n, h hinreichend groß ist, so gilt offenbar $G \in \Phi_{n,h} \Leftrightarrow H \in \Phi_{n,h}$.

Satz 6 (H. J. Voss). *Zu $h, m, n, \in \mathbb{N}$ mit $m \geqq n \geqq 2$, $h \geqq 2n$ existiert $c(h, m, n) \in \mathbb{N}$, so daß jedes m-irreduzible G aus $\Phi_{n,h}$ höchstens $c(h, m, n)$ Ecken hat.*

Beweis. G sei aus $\Phi_{n,h}$. Wegen Kap. 1, (2.3) ist $l'(G) < h^2 + 1 =: s$. Ist $t \in \mathbb{N}$, so gilt mit dem $f(t, s)$ von Kap. 1, (2.2): $\alpha(G) \geqq f(s, t)$ impliziert die Existenz eines T mit $|T| < s$ und $\sigma(G - T) \geqq t$. Bei festen s, n findet man zu jedem $t \in \mathbb{N}$ auch ein $g(t) \in \mathbb{N}$ derart, daß $\alpha(G) \geqq g(t)$ die Existenz eines T mit $|T| < s$ impliziert, so daß G mindestens t T-Brücken besitzt (es genügt, $g(t) \geqq 2^{s-1} \cdot f(s, t)$ zu wählen). Weiter findet man zu jedem $p > s$ ein $q(p) \in \mathbb{N}$, so daß in jedem $G \in \Phi_{n,h}$ mit $\alpha(G) \geqq q(p)$ ein T mit $|T| < s$ existiert, bez. dessen G so viele T-Brücken hat, daß die Alternative gilt:

1. G hat mindestens zwei T-Brücken der Ordnung $\geqq p$ und s weitere T-Brücken.
2. Haben alle T-Brücken bis auf höchstens eine die Ordnung $< p$, so müssen $m + 2$ von ihnen T-isomorph sein.

Wir setzen $c_0 = g(2) + s$, $c_r = q(c_{r-1})$ für $r \geqq 1$ und behaupten: Jedes $G \in \Phi_{n,h}$ mit $\alpha(G) \geqq c_s$ ist m-reduzibel.

Nehmen wir dagegen an, G sei m-irreduzibel. Dann existiert T_1, $|T_1| < s$, so daß G zwei T_1-Brücken $B_0 \neq B_1$ mit $\alpha(B_i) \geqq c_{s-1}$ sowie s weitere T_1-Brücken besitzt. G_1 entstehe aus B_1 durch Vervollständigung von T_1 zu einem Simplex S_1. G_1 liegt wieder in $\Phi_{n,h}$ (denn zu jedem Kreis $\subseteq G_1$, der Kanten von S_1 benutzt, finden wir mittels der übrigen T_1-Brücken einen mindestens ebenso langen Kreis in G).

Für jedes $T \subset E(G_1)$ gehört S_1 zu höchstens einer T-Brücke B von G_1, und jede T-Brücke $\neq B$ von G_1 ist auch T-Brücke von G (bis auf Kanten von S_1). Nach Definition von c_{s-1} und wegen der m-Irreduzibilität von G gibt es ein T_2 mit $|T_2| < s$ und eine T_2-Brücke B_2 von G_1 mit $\alpha(B_2) \geqq c_{s-2}$ und $\mathring{B}_2 \cap S_1 = \Theta$ sowie s weitere T_2-Brücken B mit $\mathring{B} \cap S_1 = \Theta$; $T_2 \nsubseteq T_1$, weil B_2 durch kein $T \subseteq T_1$ getrennt wird. G_2 entstehe aus T_2 durch Vervollständigung zu einem Simplex S_2. Auf G_2 wenden wir den entsprechenden Schluß wie auf G_1 an und erhalten T_3, eine T_3-Brücke B_3 von G_2 mit $\alpha(B_3) \geqq c_{s-3}$, $\mathring{B}_3 \cap S_2 = \Theta$ sowie s weitere T_3-Brücken B mit $\mathring{B} \cap S_2 = \Theta$. G_3 entstehe aus B_3 durch Erweiterung von T_3 zum Simplex S_3. So fortfahrend erhalten wir s Simplexe $S_1, \ldots, S_s$, und in jedem $E(S_i)$ können wir ein $e_i \notin E(S_1 \cup \cdots \cup S_{i-1})$ wählen (e_1 sei beliebig $\in E(S_1)$). Weil T_{i-1} einspringend in B_{i-1} ist, existieren e_{i-1}, e_i-Wege $W_i \subseteq G_{i-1}$ mit $\mathring{W}_i \cap S_{i-1} = \Theta$

($i \geqq 2$). Außerdem sei W_1 eine von e_1 nach $\mathring{B}_0$ führende Kante. Durch Benutzung von Kanten aus S_i können wir $W_i \cap \mathring{G}_i = \Theta$ erzwingen; diese können wir durch Teilwege $\subseteq G$ durch die übrigen T_i-Brücken ersetzen. Die Vereinigung der W_i, mit den genannten Abänderungen, ergibt dann einen Weg der Länge $\geqq s$ in G, mit Widerspruch. —

In jedem $\Phi_{n,h}$ ist also die Zahl der m-irreduziblen Elemente (für festes $m \geqq n$) endlich. Ist m hinreichend groß (bei festen n, h), so erhält man offenbar auch alle Elemente von $\Phi_{n,h}$ durch beliebige m-Erweiterungen, ausgehend von den m-irreduziblen Elementen dieser Klasse.

Vorstehender Beweis ist gegenüber der Darstellung in [W 2] stark vereinfacht; dafür gibt diese quantitativ genauere Aussagen und umfaßt auch den unendlichen Fall.

5. Hinweise zur Zähltheorie

Die Zahl der Graphen auf $\mathbb{N}_n$ ist gleich der Zahl der Teilmengen von $K(S(n))$, also gleich $2^{\binom{n}{2}}$. Dabei werden verschiedene Graphen aber auch dann mehrfach gezählt, wenn sie isomorph sind. Es sei $g(n)$ die Zahl der Klassen isomorpher Graphen auf $\mathbb{N}_n$; G_i $(i = 1, \ldots, g(n))$ mögen ein vollständiges Repräsentantensystem bilden, d. h., die G_i sind paarweise nichtisomorphe Graphen auf $\mathbb{N}_n$. Für $\pi \in \mathfrak{S}_n$ sind G_i und $\pi(G_i)$ verschieden genau dann, wenn $\pi \notin \operatorname{Aut} G_i$ gilt; d. h., für jedes i ist die Zahl der zu G_i isomorphen Graphen gleich $\frac{n!}{|\operatorname{Aut} G_i|}$. Daher folgt $2^{\binom{n}{2}} = \sum_{i=1}^{g(n)} \frac{n!}{|\operatorname{Aut} G_i|} \leqq n! \cdot g(n)$, d. h.

$$g(n) \geqq \frac{2^{\binom{n}{2}}}{n!}. \qquad (*)$$

Hier bestünde Gleichheit, wenn jeder Graph auf $\mathbb{N}_n$ eine triviale Automorphismengruppe hätte. In (*) gilt daher immer $>$; indessen folgt aber, daß $g(n)$ (für $n \to \infty$) asymptotisch gleich der rechten Seite von (*) wird. Man kann dies so interpretieren, daß für wachsende Eckenzahlen die Graphen mit Symmetrien relativ immer seltener werden, so daß sie gegenüber den asymmetrischen Graphen immer weniger ins Gewicht fallen.

Diese asymptotische Anzahlbestimmung wurde von Pólya [13] im Rahmen seiner monumentalen Zähltheorie für Gruppen, Graphen und chemische Verbindungen gewonnen. Eine Verfeinerung findet sich etwa bei Oberschelp [12]. Harary-Palmer geben in [H 5] eine Gesamtdarstellung der kombinatorischen Anzahlbestimmungen auf der Basis der Pólya-Theorie. Auf deutsch findet man Einführungen etwa bei Halder-Heise [H 1], Aigner [A 1], de Bruijn [4].

Auch wahrscheinlichkeitstheoretische Methoden haben in die Graphentheorie Eingang gefunden (vgl. Erdös [5]). Als ein Beispiel haben wir die Abschätzung der Ramsey-Zahlen in Übung 3 zu Kap. 5, § 6 kennengelernt. Auch die Erdössche Konstruktion von Graphen hoher chromatischer Zahl und Taillenweite (vgl. Kap. 6, § 6) beruht auf wahrscheinlichkeitstheoretischen Argumenten. Eine Einführung in diese Methode gibt Bollobás [B 11], Chap. 7. Dort wird z. B. gezeigt, daß „fast alle" Graphen 1. n-zh. (für ein fest gegebenes n) sind, 2. den Durchmesser 2 haben, 3. Hamilton-zh. sind. Die Methode der Zufallsgraphen (random graphs) wird in dem Buch von Erdös-Spencer [E 1] behandelt, neuerdings ausführlich in Bollobás [B 12].

In [2] zeigten BOLLOBÁS, CATLIN und ERDÖS, daß HADWIGERS Vermutung für fast alle Graphen richtig ist; dagegen ist die schärfere Vermutung von HAJÓS, daß $\chi(G) \geqq n$ sogar $G \succ_u S(n)$ impliziere, für fast alle Graphen falsch.

6. Das Rekonstruktionsproblem

Die von ULAM aufgestellte sog. Rekonstruktionsvermutung ist eines der faszinierendsten ungelösten Probleme der Graphentheorie. Im Prinzip geht es dabei um folgende Frage: Liegt ein Graph G der Ordnung n eindeutig fest (bis auf Isomorphie), wenn die Struktur aller seiner Untergraphen mit $n - 1$ Ecken bekannt ist?

Wir wollen dieses Problem präziser fassen. G sei ein Graph mit n Ecken $x_1, \ldots, x_n$. Ein Graph H mit $\alpha(H) = n$ heiße eine *Rekonstruktion* von G, wenn seine Ecken in einer Folge $y_1, \ldots, y_n$ so hingeschrieben werden können, daß für jedes $i \in \mathbb{N}_n$ ein Isomorphismus φ_i von $G - x_i$ auf $H - y_i$ existiert. G heißt *rekonstruierbar*, wenn jede Rekonstruktion von G isomorph zu G ist.

Die beiden Graphen der Ordnung 2 sind Rekonstruktionen voneinander; $S(2)$ ist also nicht rekonstruierbar. Aber z. B. ist jedes $S(n)$ mit $n \geqq 3$ rekonstruierbar, ebenso jeder Kreis und jeder Weg $\neq S(2)$, wie man sich leicht klarmacht. Zur Übung zeige man weiter, daß jeder simplexartige Graph mit $\geqq 3$ Ecken rekonstruierbar ist.

Bisher sind nichtrekonstruierbare Graphen mit mehr als zwei Ecken nicht gefunden worden; andererseits konnte aber die Vermutung, daß jeder endliche Graph der Ordnung $\geqq 3$ rekonstruierbar ist, trotz großer Anstrengungen und bedeutender Teilerfolge nicht bewiesen werden. Eins der schönsten Resultate ist der Satz von P. J. KELLY [7], daß jeder endliche Baum rekonstruierbar ist. Weitere Klassen rekonstruierbarer Graphen sind z. B. alle nichtzh. Graphen sowie alle regulären endlichen Graphen.

Über die ausgedehnte Literatur, zahlreiche Varianten des Problems und die geistreichen Methoden bei den Lösungsversuchen informieren die Übersichtsartikel von BONDY-HEMMINGER [3] und NASH-WILLIAMS [11].

Literaturverzeichnis

A. Lehrbücher und Monographien

[A 1] AIGNER, M.: Kombinatorik I, II. Springer-Verlag, Berlin, New York 1975, 1976.

[A 2] AIGNER, M.: Graphentheorie. Teubner, Stuttgart 1984.

[A 3] ANDERSON, S. S.: Graph theory and finite combinatorics. Markham Publ. Co., Chicago (Ill.) 1970.

[B 1] BEHZAD, M., und G. CHARTRAND: Introduction to the theory of graphs. Allen and Bacon, Boston (Mass.) 1971.

[B 2] BEHZAD, M., G. CHARTRAND und L. LESNIAK FOSTER: Graphs and Digraphs. Prindle, Weber and Schmidt International Ser., Boston (Mass.) 1979.

[B 3] BERGE, C.: Théorie des graphes et ses applications. Dunod, Paris 1958.

[B 4] BERGE, C.: Principles of combinatorics. Academic Press, New York, London 1971.

[B 5] BERGE, C.: Graphes et hypergraphes (2. Auflage). Dunod, Paris 1973.

[B 6] BERGE, C., und A. GHOUILA-HOURI: Programming, games and transportation networks. Methuen, London 1965.

[B 7] BIGGS, N. L.: Algebraic graph theory. Cambridge University Press, Cambridge 1974.

[B 8] BIGGS, N. L., E. K. LLOYD und R. J. WILSON: Graph theory 1736–1936. Oxford 1976.

[B 9] BIGGS, N. L., und A. T. WHITE: Permutation groups and combinatorial structures. London Math. Soc. Lecture Notes Series Vol. 33 (1979).

[B 10] BOLLOBÁS, B.: Extremal graph theory. Academic Press, London, New York 1978.

[B 11] BOLLOBÁS, B.: Graph theory. An introductory course. Springer-Verlag, New York 1978.

[B 12] BOLLOBÁS, B.: Random graphs. Academic Press, London, New York 1985.

[B 13] BONDY, J. A., und U. S. R. MURTY: Graph theory with applications. MacMillan Press, London 1976.

[B 14] BRYLAWSKI, T., und D. KELLY: Matroids and combinatorial geometries. Carolina Lecture Series 8, Dept. of Math., Univ. of North Carolina, Chapel Hill 1980.

[B 15] BRYANT, V., und H. PERFECT: Independence theory in combinatorics. Chapman and Hall, London 1980.

[B 16] BUSACKER, R. G., und T. L. SAATY: Finite graphs and networks. McGraw Hill, New York 1965 (*deutsche Übers.*: Oldenbourg, München, Wien 1968).

[C 1] CHACHRA, V., P. M. GHARE und J. M. MOORE: Applications of graph theory algorithms. North-Holland, Amsterdam 1979.

[C 2] CHEN, W. K.: Applied graph theory. North-Holland, Amsterdam, London 1971.

[C 3] CRAPO, H., und G. C. ROTA: On the foundations of combinatorial theory: Combinatorial geometries. MIT Press, Boston (Mass.) 1970.

[C 4] CVETKOVIĆ, D. M., M. DOOB und H. SACHS: Spectra of graphs. VEB Deutscher Verlag der Wissenschaften, Berlin; Academic Press, London, New York 1980.

[D 1] DÖRFLER, W., und J. MÜHLBACHER: Graphentheorie für Informatiker. Sammlung Göschen, Bd. 6016. De Gruyter, Berlin, New York 1973.

[E 1] ERDÖS, P., und J. SPENCER: Probabilistic methods in combinatorics. Academic Press, London, New York 1974.

[F 1] FISHBURN, P. C.: Interval orders and interval graphs. Wiley, New York 1985.

[F 2] FLAMENT, C.: Théorie des graphes et structures sociales. Gauthier-Villars, Paris 1968.

[F 3] FORD, L. R., und D. R. FULKERSON: Flows in networks. Princeton University Press, Princeton (N. J.) 1962.

[G 1] Golumbic, M. C.: Algorithmic graph theory and perfect graphs. Academic Press, London, New York 1980.
[G 2] Gondran, M.: Graphs and algorithms, Wiley, New York, London 1984.
[G 3] Graham, R. L., B. Rothschild und J. Spencer: Ramsey theory. Wiley, New York 1980.
[G 4] Grünbaum, B.: Convex polytopes. Interscience, London, New York, Sydney 1967.
[H 1] Halder, H. R., und W. Heise: Einführung in die Kombinatorik. Carl Hanser Verlag, München, Wien 1976.
[H 2] Hall, M.: Combinatorial theory. Blaisdell, Waltham (Mass.), Toronto, London 1967.
[H 3] Harary, F.: Graph theory. Addison Wesley, Reading (Mass.) 1969 (*deutsche Übers.*: Oldenbourg, München, Wien 1974).
[H 4] Harary, F., R. Z. Norman und D. Cartwright: Structural models. Wiley, New York 1965.
[H 5] Harary, F., und E. Palmer: Graphical enumeration. Academic Press, New York 1973.
[H 6] Heesch, H.: Untersuchungen zum Vierfarbenproblem. BI, Hochschulskripten 810/810a/810b, Mannheim 1970.
[K 1] Kaufmann, A.: Einführung in die Graphentheorie. Oldenbourg, München, Wien 1971.
[K 2] Knödel, W.: Graphentheoretische Methoden und ihre Anwendungen. Springer-Verlag Berlin, New York 1969.
[K 3] König, D.: Theorie der endlichen und unendlichen Graphen. Leipzig 1936 (*Nachdruck:* Chelsea Publ. Co., New York 1950, sowie B. G. Teubner, Leipzig 1986).
[L 1] Liu, C. L.: Introduction to combinatorial mathematics. McGraw Hill, New York 1968.
[L 2] Lovász, L.: Combinatorial problems and exercises. North-Holland, Amsterdam 1979.
[M 1] Marshall, C. W.: Applied graph theory. Wiley, New York 1971.
[M 2] Mayeda, W.: Graph theory. Wiley-Interscience, New York 1972.
[M 3] Mirsky, L.: Transversal theory. Academic Press, New York, London 1971.
[M 4] Moon, J. W.: Topics in tournaments. Holt, Rinehart and Winston, New York 1968.
[M 5] Moon, J. W.: Counting labeled trees. Canadian Mathematical Monographs No. 1, Canad. Math. Congress 1970.
[N 1] Noboru Nakanishi: Graph theory and Feynman integrals. Gordon and Breach, New York, London, Paris 1971.
[N 2] Noltemeier, H.: Graphentheorie mit Algorithmen und Anwendungen. De Gruyter, Berlin, New York 1976.
[O 1] Ore, O.: Theory of graphs. Amer. Math. Soc. Coll. Publ. 38, Providence (R. I.) 1962.
[O 2] Ore, O.: Graphs and their uses. L. W. Singer Co., New York, Toronto 1962.
[O 3] Ore, O.: The four colour problem. Academic Press, New York, London 1967.
[P 1] Palmer, E. M.: Graphical evolution. Wiley, New York, London 1985.
[P 2] Picard, C. F.: Graphs and Questionnaires. North-Holland, Amsterdam 1979.
[P 3] Price, W. L.: Graphs and networks. Butterworth, London 1973.
[R 1] Ringel, G.: Färbungsprobleme auf Flächen und Graphen. VEB Deutscher Verlag der Wissenschaften, Berlin 1959.
[R 2] Ringel, G.: Map color theorem. Springer-Verlag, Berlin, New York 1974.
[R 3] Riordan, J.: An introduction to combinatorial analysis. Wiley, New York 1958.
[R 4] Roy, B.: Algèbre moderne et théorie des graphes, I, II. Dunod, Paris 1969, 1970.
[R 5] Ryser, H. J.: Combinatorial mathematics. Carus Math. Monographs 14. Amer. Math. Assoc. and Wiley, New York 1963.
[S 1] Saaty, T. L., und P. C. Kainen: The four-color problem. Assaults and conquest. McGraw Hill, New York, London 1977.
[S 2] Sachs, H.: Einführung in die Theorie der endlichen Graphen, I, II. Teubner, Leipzig 1970, 1972.
[S 3] Sedlaček, J.: Einführung in die Graphentheorie. Teubner, Leipzig 1972.
[S 4] Seshu, S., und M. B. Reed: Linear graphs and electrical networks. Addison-Wesley, Reading (Mass.) 1961.
[T 1] Tucker, A.: Applied combinatorics. Wiley, New York 1980.
[T 2] Tutte, W. T.: Connectivity in graphs. Mathematical Expositions 15. University of Toronto Press, Toronto, London 1966.
[T 3] Tutte, W. T.: Graph theory. Cambridge University Press, Cambridge 1984.

[W 1] WAGNER, K.: Graphentheorie. BI Hochschultaschenbücher 248–248a, Bibliographisches Institut, Mannheim 1972.
[W 2] WALTHER, H., und H.-J. VOSS: Über Kreise in Graphen. VEB Deutscher Verlag der Wissenschaften, Berlin 1974.
[W 3] WELSH, D. J. A.: Matroid theory. Academic Press, New York, London 1976.
[W 4] WHITE, A. T.: Graphs, groups and surfaces. North-Holland, Amsterdam, London 1973.
[W 5] WILSON, R. J.: Introduction to graph theory. Oliver & Boyd, Edinburgh 1972.
[Z 1] ZYKOW, A. A.: Theorie der endlichen Graphen (russisch). Nauka, Nowosibirsk 1969.

B. Sammelbände, hauptsächlich Kongreßberichte

Bei Kongreßberichten sind Konferenzort und -jahr meist in ⟨...⟩ angegeben.

[I] Theory of graphs and its applications. ⟨Smolenice, 1963⟩. Hrsg. M. FIEDLER. Publishing House of the Czechoslovak Academy of Sciences, Prag 1964.
[II] A seminar on graph theory. Hrsg. F. HARARY, L. BEINEKE. Holt, Rinehart and Winston, New York 1967.
[III] Theory of graphs: International symposium Rome 1966. Hrsg. P. ROSENSTIEHL. Gordon & Breach, New York; Dunod, Paris 1967.
[IV] Graph theory and theoretical physics. Hrsg. F. HARARY. Academic Press, London, New York 1967.
[V] Beiträge zur Graphentheorie. ⟨Manebach (DDR), 1967⟩. Hrsg. H. Sachs, H.-J. Voss, H. WALTHER. Teubner, Leipzig 1968.
[VI] Theory of graphs. ⟨Tihany (Ungarn), 1966⟩. Hrsg. P. ERDÖS, G. KATONA. Academic Press, New York, London; Akadémiai Kiadó, Budapest 1968.
[VII] Combinatorial mathematics and its applications. ⟨Univ. of North Carolina, Chapel Hill, 1967⟩. Hrsg. R. C. BOSE, T. A. DOWLING. The University of North Carolina Press, Chapel Hill (N. C.) 1969.
[VIII] Recent progress in combinatorics. ⟨Waterloo (Ont.), 1968⟩. Hrsg. W. T. TUTTE. Academic Press, New York, London 1969.
[IX] Proof techniques in graph theory. ⟨Ann Arbor (Mich.), 1968⟩. Hrsg. F. HARARY. Academic Press, New York, London 1969.
[X] The many facets of graph theory. ⟨Kalamazoo (Mich.), 1968⟩. Hrsg. G. CHARTRAND, S. F. KAPOOR. Lecture Notes in Math., vol. 110. Springer-Verlag, Berlin, New York 1969.
[XI] Proceedings of the Louisiana Conference on combinatorics, graph theory, and computing. Hrsg. R. C. MULLIN, K. B. REID, D. P. ROSELLE. Louisiana State University, Baton Rouge (La.) 1970.
[XII] Combinatorial mathematics and its applications. Proc. of the Second Chapel Hill Conference on combinatorial mathematics and its applications. ⟨Chapel Hill (N. C.), 1970⟩. The University of North Carolina, Chapel Hill (N. C.) 1970.
[XIII] Graph theory and its applications. Proc. of an advanced seminar at the University of Wisconsin 1969. Hrsg. B. HARRIS. Academic Press, New York, London 1970.
[XIV] Combinatorial structures and their applications. ⟨Calgary 1969⟩. Hrsg. R. K. GUY, H. HANANI, N. SAUER, J. SCHÖNHEIM. Gordon and Breach, New York, London, Paris 1970.
[XV] Recent trends in graph theory. ⟨New York City, 1970⟩. Hrsg. M. CAPOBIANCO, J. B. FRECHEN, M. KROLIK. Lecture Notes in Math., vol. 186. Springer-Verlag, Berlin, New York 1971.
[XVI] Combinatorial mathematics and its applications. ⟨Oxford, 1969⟩. Hrsg. D. J. A. WELSH. Academic Press, London, New York 1971.
[XVII] Applied combinatorial mathematics. Hrsg. F. BECKENBACH. Wiley, New York, London 1964.
[XVIII] Combinatorial theory and its applications, I–III. ⟨Balatonfüred (Ungarn), 1969⟩. Hrsg. P. ERDÖS, A. RÉNYI, V. T. SÓS. North-Holland, Amsterdam, London 1970.
[XIX] Combinatorics. Proc. Sympos. Pure Math., Vol. XIX, Univ. California, Los Angeles (Cal.) 1968. Hrsg. T. S. MOTZKIN. Amer. Math. Soc., Providence (R. I.) 1971.

[XX] Proceedings of the Second Louisiana Conference on combinatorics, graph theory and computing. ⟨Baton Rouge (La.), 1971⟩. Hrsg. R. C. MULLIN, K. B. REID, D. P. ROSELLE, R. S. D. THOMAS. Louisiana State University, Baton Rouge (La.) 1971.

[XXI] Proc. of the Third Southeastern Conference on combinatorics, graph theory and computing. ⟨Boca Raton (Fla.), 1972⟩. Hrsg. F. HOFFMAN, R. B. LEVOW, R. S. D. THOMAS. Florida Atlantic University, Boca Raton (Fla.) 1972.

[XXII] Proc. of the Fourth Southeastern Conference on combinatorics, graph theory and computing. ⟨Boca Raton (Fla.) 1973⟩. Hrsg. F. HOFFMAN, R. B. LEVOW, R. S. D. THOMAS. Utilitas Math. Publ. Inc., Winnipeg (Man.) 1973.

[XXIII] Combinatorics ⟨Oxford, 1972⟩. Hrsg. D. J. A. WELSH, R. D. WOODALL. Institute of Mathematics and its applications, Southend-on-Sea 1972.

[XXIV] Théorie des matroïdes. ⟨Brest, 1970⟩. Hrsg. C. P. BRUTER. Lecture Notes in Math., Vol. 211, Springer-Verlag, Berlin, New York 1971.

[XXV] Colloque sur la théorie des graphes. ⟨Brüssel, 1973⟩ Centre d'Etudes de Recherche Opérationelle, Brüssel 1973.

[XXVI] Certain problems of pattern recognition and graph theory. Hrsg. V. V. ČAVČANIDZE. Mecniereba, Tbilisi 1972.

[XXVII] Mathematical aspects of electrical network analysis. ⟨New York City, 1969⟩. Hrsg. H. S. WILF, F. HARARY, SIAM-AMS Proceedings, Vol. III. Amer. Math. Soc., Providence (R. I.) 1971.

[XXVIII] Graph theory and its applications. ⟨Kalamazoo (Mich.), 1972⟩. Hrsg. Y. ALAVI, D. R. LICK, A. T. WHITE. Lecture Notes in Math. vol. 303. Springer-Verlag, Berlin, New York 1972.

[XXIX] Graph theory and computing. Hrsg. R. C. READ. Academic. Press, New York, London 1972.

[XXX] New directions in the theory of graphs. ⟨Ann Arbor (Mich.), 1971⟩. Hrsg. F. HARARY. Academic Press, New York, London 1973.

[XXXI] Combinatorics (3 Bände). ⟨Nijenrode Castle, Breukelen, 1974⟩. Hrsg. M. HALL, J. H. VAN LINT. Mathematisch Centrum, Amsterdam 1974.

[XXXII] Studies in applied mathematics. 4: Studies in combinatorics. ⟨Santa Barbara, 1967⟩. Hrsg. J. B. KRUSKAL, E. C. POSNER. Society for Industrial and Applied Mathematics, Philadelphia (Pa.) 1970.

[XXXIII] Combinatorial algorithms. Courant Computer Science Symposium 9, 1972. Hrsg. R. RUSTIN, Algorithmics Press, Inc., New York 1973.

[XXXIV] Proceedings of the First Australian Conference on Combinatorial Mathematics. ⟨Newcastle, 1972⟩. Hrsg. J. WALLIS, W. D. WALLIS. The University of Newcastle Research Associates Ltd., Newcastle 1972.

[XXXV] Combinatorial mathematics. ⟨Melbourne, 1973⟩. Hrsg. D. A. HOLTON. Lecture Notes in Math., vol. 403. Springer-Verlag, Berlin, New York 1974.

[XXXVI] Combinatorics. ⟨Aberystwyth, 1973⟩. Hrsg. T. P. MCDONOUGH, V. C. MAVRON. Cambridge University Press, London, New York 1974.

[XXXVII] Graphs and combinatorics. ⟨Washington (D. C.), 1973⟩. Hrsg. R. A. BARI, F. HARARY. Lecture Notes in Math, vol. 406. Springer-Verlag, Berlin, New York 1974.

[XXXVIII] Proceedings of the Fifth Southeastern Conference on combinatorics, graph theory and computing. Hrsg. F. HOFFMAN, R. A. KINGSLEY, R. B. LEVOW, R. C. MULLIN, R. S. D. THOMAS. Utilitas Math. Publ. Inc., Winnipeg (Man.) 1974.

[XXXIX] Topological aspects of graph theory (russ.). Hrsg. M. P. HOMENKO. Izdanie Inst. Mat. Akad. Nauk Ukrain. SSR, Kiew 1971.

[XL] φ-transformations of graphs (*ukrain.*). Hrsg. N. P. HOMENKO. Vidannja Inst. Mat. Akad. Nauk Ukrain. SSR, Kiew 1973.

[XLI] Hypergraph seminar. ⟨Columbus, Ohio, 1972⟩. Hrsg. C. BERGE, D. RAY-CHAUDHURI. Lecture Notes in Math., vol. 411. Springer-Verlag, Berlin, New York 1974.

[XLII] Infinite and finite sets (3 Bände). ⟨Keszthely (Ungarn), 1973⟩. Hrsg. A. HAJNAL, R. RADO, V. T. SÓS. North-Holland, Amsterdam 1973.

[XLIII] Recent advances in graph theory. ⟨Prag, 1974⟩. Hrsg. M. FIEDLER. Academia, Prag 1975

[XLIV] Combinatorial mathematics. III. ⟨3rd Australian Conference, Univ. of Queensland,

St. Lucia, 1974⟩. Hrsg. A. P. STREET, W. D. WALLIS. Lecture Notes in Math., vol. 452. Springer-Verlag, Berlin, New York 1975.
[XLV] Proc. of the conference on algebraic aspects of combinatorics. ⟨Toronto, 1975⟩. Hrsg. D. CORNEIL, E. MENDELSOHN. Utilitas Math. Publ. Inc., Winnipeg (Man.) 1975.
[XLVI] Proc. of the Sixth Southeastern Conference on combinatorics, graph theory and computing. ⟨Boca Raton (Fla.), 1975⟩. Hrsg. F. HOFFMAN, R. C. MULLIN, R. B. LEVOW, D. ROSELLE, R. G. STANTON, R. S. D. THOMAS. Utilitas Math. Publ. Inc., Winnipeg (Man.) 1975.
[XLVII] Combinatorial aspects of optimization problems (*russ.*) Hrsg. J. L. VASILEV. Akad. Nauk SSR Sibirsk, Nowosibirsk 1975.
[XLVIII] Colloque sur la théorie des graphes. ⟨Paris, 1974⟩. Institut de Statistique, Univ. Libre de Bruxelles, Brüssel 1975.
[XLIX] Studies in graph theory, I, II. Hrsg. D. R. FULKERSON. The Math. Assoc. of America, Washington (D. C.) 1975.
[L] Proc. of the Fifth British Combinatorial Conference. ⟨Aberdeen, 1975⟩. Hrsg. C. ST. J. A. NASH-WILLIAMS, J. SHEEHAN. Utilitas Math. Publ. Inc., Winnipeg (Man.) 1976.
[LI] Microsymposium. Graph theory in chemistry. ⟨Mühlheim, 1975⟩. Inst. für Strahlenchemie. Max-Planck-Inst. Kohleforschung, Mühlheim 1976.
[LII] Combinatorial mathematics. IV. ⟨Adelaide (Australien), 1975⟩. Hrsg. L. R. A. CASSE, W. D. WALLIS. Lecture Notes in Math., vol. 560. Springer-Verlag, Berlin, New York 1976.
[LIII] Numerische Methoden bei graphentheoretischen und kombinatorischen Problemen. ⟨Oberwolfach, 1975⟩. Hrsg. L. COLLATZ, G. MAINARDUS, H. WERNER. Birkhäuser Verlag, Basel, Stuttgart 1975.
[LIV] Proc. of the Seventh Southeastern Conference on combinatorics, graph theory and computing. ⟨Baton Rouge (La.), 1976⟩. Hrsg. F. HOFFMAN, L. LESNIAK, R. MULLIN, K. B. REID, R. STANTON. Utilitas Math. Publ. Inc., Winnipeg (Man.) 1976.
[LV] Colloquio Internationale sulle Teorie Combinatorie. Tomo I. ⟨Rom, 1973⟩. Accademia Nazionale dei Lincei, Rom 1976.
[LVI] International conference on combinatorial mathematics. ⟨New York, 1970⟩. Hrsg. A. GEWIRTZ, L. V. QUINTAS. New York Academy of Sciences, New York 1970.
[LVII] Chemica l applications of graph theory. Hrsg. A. T. BALABAN. Academic Press, London, New York 1976.
[LVIII] Graphs, hypergraphs, and block systems. ⟨Zielona Góra (Polen), 1976⟩. Hrsg. M. BOROWIECKI, Z. SKUPIEN. L. SZAMKOŁOWICZ. Zielona Góra 1976.
[LIX] Advances in graph theory; Annals of Discrete Mathematics **3** (1978). ⟨Cambridge, 1977⟩. Hrsg. B. BOLLOBÁS. North-Holland, Amsterdam, London 1978.
[LX] A survey of combinatorial theory. Hrsg. J. N. SRIVASTAVA, F. HARARY, C. R. RAO, G. C. ROTA, S. S. SHRIKHANDE. North-Holland, Amsterdam, London 1973.
[LXI] Combinatorial theory and its applications, I—III. Hrsg. P. ERDÖS, A. RÉNYI, V. T. SÓS. North-Holland, Amsterdam, London 1976.
[LXII] Problèmes combinatoires et théorie des graphes. ⟨Orsay, 1976⟩. Editions du CNRS, Paris 1978.
[LXIII] Selected topics in graph theory I, II. Hrsg. L. W. BEINEKE and R. J. WILSON. Academic Press, London, New York 1978, 1983.
[LXIV] Applications of graph theory. Hrsg. R. J. WILSON, L. W. BEINEKE. Academic Press, London, New York 1979.

C. Originalarbeiten

Zu Kap. 1

[1] DIRAC, G. A.: Some theorems on abstract graphs. Proc. London Math. Soc. (3) **2** (1952), 69—81.
[2] DUSHNIK, B.: A note on transfinite ordinals. Bull. Amer. Math. Soc. **37** (1931), 860—862.
[3] ERDÖS, P., T. GRÜNWALD und E. VÁSZONYI: Über Euler-Linien unendlicher Graphen. J. Math. Phys. Massachusetts Inst. of Technology **17** (1938), 59—75.

[4] EULER, L.: Solutio problematis ad geometriam situs pertinentis. Comment. Academiae Sci. I. Petropolitanae **8** (1736), 128–140 = Opera omnia Ser. I, Vol. 7 (1766), 1–10. *Deutsche Übers. in:* SPEISER, A., Klassische Stücke der Mathematik. Zürich 1927, S. 127–138.

[5] HALIN, R.: Charakterisierung der Graphen ohne unendliche Wege. Arch. Math. **16** (1965), 227–231.

[6] NASH-WILLIAMS, C. ST. J. A.: Decomposition of graphs into two-way infinite paths. Canad. J. Math. **15** (1963), 479–485.

[7] NASH-WILLIAMS, C. ST. J. A.: Euler lines in infinite directed graphs. Canad. J. Math. **18** (1966), 692–714, sowie [VI], S. 243-249.

[8] RINGEL, G.: Selbstkomplementäre Graphen. Arch. Math. **14** (1963), 354–358.

[9] ROTHSCHILD, B.: The decomposition of graphs into a finite number of paths. Canad. J. Math. **17** (1965), 468–479.

[10] SACHS, H.: Über selbstkomplementäre Graphen. Publ. Math. Debrecen **9** (1962), 270–288.

[11] VAN AARDENNE-EHRENFEST, T., und N. G. DE BRUIJN: Circuits and trees in oriented graphs. Simon Stevin **28** (1951), 203–217.

[12] VIZING, V. G.: On the number of edges in a graph with given radius (*russ.*). Dokl. Akad. Nauk SSSR **173** (1967), 1245–1246.

[13] WALTHER, H.: Über die Nichtexistenz eines Knotenpunktes, durch den alle längsten Wege eines Graphen gehen. J. Combin. Theory **6** (1969), 1–6.

Zu Kap. 2

[1] BEINEKE, L.: Derived graphs and digraphs. *In:* [V], S. 17–33.

[2] COLLATZ, L., und U. SINOGOWITZ: Spektren endlicher Grafen. Abh. Math. Sem. Univ. Hamburg **21** (1957), 63–77.

[3] ERDÖS, P., A. GOODMAN und L. PÓSA: The representation of a graph by set intersections. Canad. J. Math. **18** (1966), 106–112.

[4] IMRICH, W.: Automorphismen und das kartesische Produkt von Graphen. Österr. Akad. Wiss. Math.-Naturw. Kl. S.-B. II, **177** (1968), 203–214.

[5] IMRICH, W.: Über das schwache kartesische Produkt von Graphen. J. Combin. Theory (B) **11** (1971), 1–16.

[6] IMRICH, W.: Assoziative Produkte von Graphen. Österr. Akad. Wiss. Math.-Naturw. Kl. S.-B. II **180** (1971), 203–239.

[7] JUNG, H. A.: Zu einem Isomorphiesatz von H. Whitney für Graphen. Math. Ann. **164** (1966), 270–271.

[8] KRAUSZ, J.: Démonstration nouvelle d'une théorème de Whitney sur les réseaux. Mat. Fiz. Lapok **50** (1943), 75–89.

[9] MILLER, D. J.: Weak cartesian product of graphs. Colloq. Math. **21** (1970), 55–74.

[10] MILLER, D. J.: The automorphism group of a product of graphs. Proc. Amer. Math. Soc. **25** (1970), 24–28.

[11] MOWSHOWITZ, A.: The characteristic polynomial of a graph. J. Combin. Theory (B) **12** (1972), 177–193.

[12] SABIDUSSI, G.: Graph multiplication. Math. Z. **72** (1960), 446–457.

[13] SABIDUSSI, G.: Existence and structure of self-adjoint graphs. Math. Z. **104** (1968), 257–280.

[14] VIZING, V. M.: Das kartesische Produkt von Graphen (*russ.*). Vyčisl. Sistem **9** (1963), 30–43. *Engl. Übers.:* Comp. El. Systems **2** (1966), 352–365.

[15] WHITNEY, H.: Congruent graphs and the connectivity of graphs. Amer. J. Math. **54** (1932), 150–168.

[16] ZARETSKII, K. A.: Die Zerlegung eines unzusammenhängenden Graphen in ein kartesisches Produkt (*russ.*). Kibernetika (Kiew) **1** (1965), 89. *Engl. Übers.:* Cybernetics **1** (1965), 92.

Zu Kap. 3

[1] HIGMAN, G.: Ordering by divisibility in abstract algebras. Proc. London Math. Soc. (3) **2** (1952), 326–336.

[2] HÜNSELER, U.: Über bezüglich Homomorphie wohlquasigeordnete Klassen von Graphen. Diss., Duisburg 1974.

[3] Jung, H. A.: Wurzelbäume und Kantenorientierungen in Graphen. Math. Nachr. **36** (1968), 351–359.

[4] Jung, H. A.: Wurzelbäume und unendliche Wege in Graphen. Math. Nachr. **41** (1969), 1–22.

[5] Kirchhoff, G.: Über die Auflösungen der Gleichungen, auf welche man bei der Untersuchung der linearen Verteilung galvanischer Ströme geführt wird. Ann. der Physik und Chemie **72** (1847), 497–508.

[6] Kruskal, J. A.: Well-quasi ordering, the tree theorem, and Vászonyi's conjecture. Trans. Amer. Math. Soc. **95** (1960), 210–225.

[7] Mader, W.: Wohlquasigeordnete Klassen endlicher Graphen. J. Combin. Theory (B) **12** (1972), 105–122.

[8] Nash-Williams, C. St. J. A.: Edge-disjoint spanning trees of finite graphs. J. London Math. Soc. **36** (1961), 445–450.

[9] Nash-Williams, C. St. J. A.: On well-quasi-ordering finite trees. Proc. Cambridge Phil. Soc. **59** (1963), 833–835.

[10] Nash-Williams, C. St. J. A.: On well-quasi-ordering trees. *In:* [I], S. 83–84.

[11] Nash-Williams, C. St. J. A.: On well-quasi-ordering lower sets of finite trees. Proc. Cambridge Phil. Soc. **60** (1964), 369–384.

[12] Nash-Williams, C. St. J. A.: Decomposition of finite graphs into forests. J. London Math. Soc. **39** (1964), 12.

[13] Nash-Williams, C. St. J. A.: On well-quasi-ordering transfinite sequences. Proc. Cambridge Phil. Soc. **61** (1965), 33–39.

[14] Nash-Williams, C. St. J. A.: On well-quasi-ordering infinite trees. Proc. Cambridge Phil. Soc. **61** (1965), 697–720.

[15] Nash-Williams, C. St. J. A.: On better-quasi-ordering transfinite sequences. Proc. Cambridge Phil. Soc. **64** (1968), 273–290.

[16] Nash-Williams, C. St. J. A.: A survey of the theory of well-quasi-ordered sets. *In:* [XIV], S. 293–299.

[17] Prüfer, H.: Neuer Beweis eines Satzes über Permutationen. Archiv der Math. und Phys. (3) **27** (1918), 142–144.

[18] Rado, R.: Partial well ordering of vectors. Mathematika **1** (1954), 89–95.

[19] Sein-Win: Existenz von Gerüsten mit vorgeschriebenem Maximalgrad in Graphen. Abh. Math. Sem. Univ. Hamburg **43** (1975), 263–267.

[20] Sein-Win: On a conjecture of Las Vergnas concerning certain spanning trees in graphs. Resultate der Mathematik **2** (1979), 215–224.

[21] Tarkowski, S.: On the comparability of dentrites. Bull. Acad. Polon. Sci. Ser. Sci. Math. Astr. Phys. **8** (1960), 39–41.

[22] Trent, H.: A note on the enumeration and listing of all possible trees in a connected linear graph. Proc. Nat. Acad. Sci. USA **40** (1954), 1004–1007.

[23] Tutte, W. T.: On the problem of decomposing a graph into n connected factors. J. London Math. Soc. **36** (1961), 221–230.

Zu Kap. 4

[1] Anderson, I.: Perfect matchings of graphs. J. Combin. Theory **10** (1971), 183–186.

[2] Beineke, L., und F. Harary: The connectivity function of a graph. Mathematika **14** (1967), 197–202.

[3] Beineke, L., und M. D. Plummer: On the 1-factors of a nonseparable graph. J. Combin. Theory **2** (1967), 285–289.

[4] Berge, C.: Sur le couplage maximum d'un graphe. C. R. Acad. Sci. (Paris) **247** (1958), 258–259.

[5] Dirac, G. A.: Connectivity theorems for graphs. Quart. J. Math. Oxford (2) **3** (1952), 171 bis 174.

[6] Dirac, G. A.: Généralisations du théorème de Menger. C. R. Acad. Sci. (Paris) **250** (1960), 4252–4253.

[7] Dirac, G. A.: Extensions of Menger's theorem. J. London Math. Soc. **38** (1963), 148–161.

[8] Dirac, G. A.: Short proof of Menger's theorem. Mathematika **13** (1966), 42–44.

[9] Escalante, F.: Schnittverbände in Graphen. Abh. Math. Sem. Univ. Hamburg **38** (1972), 199–220.
[10] Fulkerson, D. R.: Note on Dilworth's decomposition theorem for partially ordered sets. Proc. Amer. Math. Soc. **7** (1956), 701–702.
[11] Gallai, T.: Neuer Beweis eines Tutteschen Satzes. Magyar Tud. Akad. Közl. **8** (1963), 135–139.
[12] Gallai, T.: Maximale Systeme unabhängiger Kanten. Mat. Kut. Int. Közl. **9** (1964), 353 bis 395.
[13] Grünwald, T.: Ein neuer Beweis eines Mengerschen Satzes. J. London Math. Soc. **13** (1938), 188.
[14] Hajós, G.: Zum Mengerschen Graphensatz. Acta Lit. Sci. Szeged **7** (1934), 44–47.
[15] Halin, R.: Über trennende Eckenmengen in Graphen und den Mengerschen Satz. Math. Ann. **157** (1964), 34–41.
[16] Halin, R.: Zum Mengerschen Graphensatz. *In:* [V], S. 41–48.
[17] Halin, R., und H. A. Jung: Über Minimalstrukturen von Graphen, insbesondere von n-fach zusammenhängenden Graphen. Math. Ann. **152** (1963), 75–94.
[18] Hall, P.: On representatives of subsets. J. London Math. Soc. **10** (1935), 26.
[19] Harary, F., und R. Z. Norman: The dissimilarity characteristic of Husimi trees. Ann. of Math. **58** (1953), 134–141.
[20] König, D.: Graphen und Matrizen. Mat. Fiz. Lapok **38** (1931), 116–119.
[21] Kotzig, A.: Ein Beitrag zur Theorie der endlichen Graphen mit linearen Faktoren, I–III. Mat. Fyz. Čas. **9** (1959), 73–91, 136–159; **10** (1960), 205–215.
[22] Lovász, L.: A remark on Menger's theorem. Acta Math. Acad. Sci. Hungar. **21** (1970), 365–368.
[23] Lovász, L.: Subgraphs with prescribed valencies. J. Combin. Theory **8** (1970), 391–416.
[24] Lovász, L.: Factors of graph. *In:* [XXI], S. 13–22.
[25] Lovász, L.: Three short proofs in graph theory. J. Combin. Theory (B) **19** (1975), 269–271.
[26] Mader, W.: 1-Faktoren von Graphen. Math. Ann. **201** (1973), 269–282.
[27] Mader, W.: Über die Anzahl der von 1-Faktoren eines Graphen überdeckten Ecken. Math. Nachr. **56** (1973), 195–200.
[28] Mader, W.: Über die Anzahl der 1-Faktoren in 2fach zusammenhängenden Graphen. Math. Nachr. **74** (1976), 217–232.
[29] McDiarmid, E.: Extensions of Menger's theorem. Quart. J. Math. Oxford (3) **26** (1975), 141–157
[30] Menger, K.: Zur allgemeinen Kurventheorie. Fundam. Math. **10** (1927), 96–115.
[31] Nash-Williams, C. St. J. A., und W. T. Tutte: More proofs of Menger's theorem. J. Graph Theory **1** (1977), 13–17.
[32] Ore, O.: Graphs and Subgraphs, I, II. Trans. Amer. Math. Soc. **84** (1957), 109–136; **93** (1959), 185–204.
[33] Ore, O.: Studies on directed graphs. I, II. Ann. of Math. **63** (1956), 383–406; **64** (1956), 142–153.
[34] Petersen, J.: Die Theorie der regulären Graphs. Acta Math. **15** (1891), 193–220.
[35] Polat, N.: Treillis de séparation des graphes. Canad. J. Math. **28** (1976), 725–752.
[36] Pym, J. S.: A proof of Menger's theorem. Monatsh. Math. **73** (1969), 81–83.
[37] Rado, R.: Bemerkungen zur Kombinatorik im Anschluß an die Untersuchungen von Herrn D. König. Sitzungsber. Berliner Math. Ges. **32** (1933), 60–75.
[38] Rado, R.: Factorization of even graphs. Quart. J. Math. Oxford **20** (1949), 95–104.
[39] Rado, R.: Note on the transfinite case of Hall's theorem on representatives. J. London Math. Soc. **42** (1967), 321–324.
[40] Sperner, E.: Note zu der Arbeit von Herrn B. L. van der Waerden: „Ein Satz über Klasseneinteilungen endlicher Mengen". Abh. Math. Sem. Univ. Hamburg **5** (1927), 232.
[41] Tutte, W. T.: The factorization of linear graphs. J. London Math. Soc. **22** (1947), 107–111.
[42] Tutte, W. T.: The factorization of locally finite graphs. Canad. J. Math. **2** (1950), 44–49.
[43] Tutte, W. T.: The factors of graphs. Canad. J. Math. **4** (1952), 314–328.
[44] Tutte, W. T.: The 1-factors of oriented graphs. Proc. Amer. Math. Soc. **4** (1953), 922–931.
[45] Tutte, W. T.: A short proof of the factor theorem for finite graphs. Canad. J. Math. **6** (1954), 347–352.

[46] VAN DER WAERDEN, B. L.: Ein Satz über Klasseneinteilungen von endlichen Mengen. Abh. Math. Sem. Univ. Hamburg **5** (1927), 185—188.
[47] WALTHER, H.: Über die Nichtexistenz zweier Knotenpunkte eines Graphen, die alle längsten Kreise fassen. J. Combin. Theory **8** (1970), 330—333.
[48] WHITNEY, H.: Congruent graphs and the connectivity of graphs. Amer. J. Math. **54** (1932), 150—168.
[49] ZAKS, J.: On the 1-factors of n-connected graphs. *In:* [XIV], S. 481—488.
[50] ZAKS, J.: On the 1-factors of n-connected graphs. J. Combin. Theory (B) **11** (1971), 169—180.

Zu Kap. 5

[1] BOLLOBÁS, B.: Relations between sets of complete subgraphs. *In:* [L], S. 79—84.
[2] BOLLOBÁS, B.: On complete subgraphs of different orders. Math. Proc. Cambridge Phil. Soc. **79** (1976), 19—24.
[3] BOLLOBÁS, B.: Cycles mod k. Bull. London Math. Soc. **9** (1977), 97—98.
[4] BONDY, J. A.: Properties of graphs with constraints on degrees. Studia Sci. Math. Hungar. **4** (1969), 473—475.
[5] BONDY, J. A.: Pancyclic graphs I. J. Combin. Theory **11** (1971), 80—84.
[6] BONDY, J. A., und V. CHVÁTAL: A method in graph theory. Preprint, Univ. de Montréal, CRM — 352.
[7] BURR, S. A.: Generalized Ramsey theory for graphs — a survey. *In:* [XXXVII].
[8] CHARTRAND, G., S. F. KAPOOR und D. R. LICK: n-Hamiltonian graphs. J. Combin. Theory **9** (1970), 308—312.
[9] CHVÁTAL, V.: On Hamilton's ideals. J. Combin. Theory (B) **12** (1972), 163—168.
[10] CHVÁTAL, V., und P. ERDÖS: A note on hamiltonian circuits. Discrete Math. **2** (1972), 111 bis 113.
[11] CORRADI, K., und A. HAJNAL: On the maximal number of independent circuits in a graph. Acta Math. Acad. Sci. Hungar. **14** (1963), 423—439.
[12] DIRAC, G. A.: In abstrakten Graphen vorhandene vollständige 4-Graphen und ihre Unterteilungen. Math. Nachr. **22** (1960), 61—85.
[13] DIRAC, G. A.: Extensions of Turán's theorem on graphs. Acta Math. Acad. Sci. Hungar. **14** (1963), 417—422.
[14] DIRAC, G. A.: Homomorphism theorems for graphs. Math. Ann. **153** (1964), 69—80.
[15] DIRAC, G. A.: On Hamilton circuits and Hamilton paths. Math. Ann. **197** (1972), 57—70.
[16] DIRAC, G. A.: Note on Hamilton circuits and Hamilton paths. Math. Ann. **206** (1973), 139—147.
[17] DUSHNIK, B., und E. W. MILLER: Partially ordered sets. Amer. J. Math. **63** (1941), 600—610.
[18] ERDÖS, P.: Some remarks on the theory of graphs. Bull. Amer. Math. Soc. **53** (1947), 292 bis 294.
[19] ERDÖS, P.: Remarks on a paper of Pósa. Publ. Math. Inst. Hungar. Acad. Sci **7** (1962), 227—229.
[20] ERDÖS, P.: On a theorem of Rademacher-Turán. Illinois J. Math. **6** (1962), 122—127.
[21] ERDÖS, P.: On the number of complete subgraphs contained in certain graphs. Acta Math. Acad. Sci. Hungar. **7** (1962), 459—474.
[22] ERDÖS, P.: Über den Turánschen Graphensatz (*ungar.*). Mat. Fiz. Lapok **21** (1970), 249—251.
[23] ERDÖS, P., R. J. FAUDREE, C. C. ROUSSEAU und R. H. SCHELP: Generalized Ramsey theory for multiple colors. J. Combin. Theory (B) **20** (1976), 250—264.
[24] ERDÖS, P., und T. GALLAI: On maximal paths and circuits in graphs. Acta Math. Acad. Sci. Hungar. **10** (1959), 337—356.
[25] ERDÖS, P., und L. PÓSA: On the maximal number of disjoint circuits of a graph. Publ. Math. Debrecen **9** (1962), 3—12.
[26] ERDÖS, P., und L. PÓSA: On independent circuits contained in a graph. Canad. J. Math. **17** (1965), 347—352.
[27] ERDÖS, P., und R. RADO: A partition calculus in set theory. Bull. Amer. Math. Soc. **62** (1956), 427—489.

[28] ERDÖS, P., und H. SACHS: Reguläre Graphen gegebener Taillenweite mit minimaler Knotenzahl. Wiss. Z. Univ. Halle—Wittenberg, Math.-Nat. R. **12** (1963), 251—258.

[29] ERDÖS, P., und M. SIMONOVITS: A limit theorem in graph theory. Studia Sci. Math. Hungar. **1** (1966), 51—57.

[30] ERDÖS, P., und M. SIMONOVITS: Some extremal problems in graph theory. *In:* [LXI], S. 601—623.

[31] ERDÖS, P., und G. SZEKERES: A combinatorial problem in geometry. Compositio Math. **2** (1935), 463—470.

[32] FLEISCHNER, H.: On spanning subgraphs of a connected bridgeless graph and their applications to DT-graphs. J. Combin. Theory (B) **16** (1974), 17—28.

[33] FLEISCHNER, H.: The square of every two-connected graph is Hamiltonian. J. Combin. Theory (B) **16** (1974), 29—34.

[34] FLEISCHNER, H.: In the square of graphs, Hamiltonicity and pancyclicity, Hamilton connectedness and panconnectedness are equivalent concepts. Monatsh. Math. **82** (1976), 125—149.

[35] FRANKL, P.: A constructive lower bound for some Ramsey numbers. Ars Combinatoria **3** (1979), 297—302.

[36] GALLAI, T.: Maximum-Minimum-Sätze und verallgemeinerte Faktoren von Graphen. Acta Math. Acad. Sci. Hungar. **12** (1961), 131—173.

[37] GHOUILA-HOURI, A.: Une condition suffisante d'existence d'un circuit hamiltonien. C. R. Acad. Sci. (Paris) **251** (1960), 494.

[38] GRAHAM, R. L., K. LEEB und B. L. ROTHSCHILD: Ramsey's theorem for a class of categories. Advances in Math. **8** (1972), 417—433.

[39] GRAHAM, R. L., und B. L. ROTHSCHILD: Ramsey's theorem for n-parameter sets. Trans. Amer. Math. Soc. **159** (1971), 257—292.

[40] HÄGGKVIST, R., und C. THOMASSEN: Pancyclic digraphs. J. Combin. Theory (B) **20** (1976), 20—40.

[41] HALIN, R.: Über einen graphentheoretischen Basisbegriff und seine Anwendung auf Färbungsprobleme. Diss., Univ. Köln 1962.

[42] HALIN, R.: Über einen Satz von K. Wagner zum Vierfarbenproblem. Math. Ann. **153** (1964), 47—62.

[43] HARARY, F., und A. J. SCHWENK: Trees with hamiltonian squares. Mathematika **18** (1971), 138—140.

[44] LAS VERGNAS, M.: Sur une propriété des arbres maximaux dans un graphe. C. R. Acad. Sci. (Paris) **272 A** (1971), 1297—1300.

[45] LOVÁSZ, L., und M. SIMONOVITS: On the number of complete subgraphs of a graph. *In:* [L], S. 431—441.

[46] MADER, W.: Homomorphieeigenschaften und mittlere Kantendichte von Graphen. Math. Ann. **174** (1967), 265—268.

[47] MADER, W.: Homomorphiesätze für Graphen. Math. Ann. **178** (1968), 154—168.

[48] MADER, W.: Hinreichende Bedingungen für die Existenz von Teilgraphen, die zu einem vollständigen Graphen homöomorph sind. Math. Nachr. **53** (1972), 145—150.

[49] MEYNIEL, M.: Une condition suffisante d'existence d'un circuit Hamiltonien dans un graphe orienté. J. Combin. Theory (B) **14** (1973), 137—142.

[50] MOON, J. W., und L. MOSER: On Hamiltonian bipartite graphs. Israel J. Math. **1** (1963), 163—165.

[51] NASH-WILLIAMS, C. ST. J. A.: On hamiltonian circuits in finite graphs. Proc. Amer. Math. Soc. **17** (1966), 466—467.

[52] NASH-WILLIAMS, C. ST. J. A.: Hamilton circuits in graphs and digraphs. In [X], S. 237—243.

[53] NASH-WILLIAMS, C. ST. J. A.: Edge disjoint Hamiltonian cicuits in graphs with vertices of large valency. Fac. of Math., Univ. of Waterloo (Canada). Preprint.

[54] NEŠETŘIL, J., und V. RÖDL: The Ramsey property for graphs with forbidden complete subgraphs. J. Combin. Theory (B) **20** (1976), 243—249.

[55] ORE, O.: Note on Hamilton circuits. Amer. Math. Monthly **67** (1960), 55.

[56] ORE, O.: Arc coverings of graphs. Ann. Mat. Pura Appl. **55** (1961), 315—321.

[57] ORE, O.: Hamilton connected graphs. J. Math. Pure Appl. **42** (1963), 21—27.

[58] OVERBECK-LARISCH, M.: Hamiltonian paths in oriented graphs. J. Combin. Theory (B) **21** (1976), 76—80.

[59] Pósa, L.: A theorem concerning Hamilton lines. Publ. Math. Inst. Hungar. Acad. Sci. **7** (1962), 225–226.
[60] Ramsey, F. P.: On a problem of formal logic. Proc. London Math. Soc. (2) **30** (1930), 264 bis 286.
[61] Rédei, L.: Ein kombinatorischer Satz. Acta Litt. Szeged **7** (1934), 39–43.
[62] Robertson, N.: The smallest graph of girth 5 and valency 4. Bull. Amer. Math. Soc. **70** (1964), 824–825.
[63] Schur, I.: Über die Kongruenz $x^m + y^m = z^m (\mathrm{mod}\, p)$. Jahresber. Dtsch. Math.-Verein. **25** (1916), 114–117.
[64] Sein-Win: On a conjecture of Las Vergnas concerning certain spanning trees in graphs. Resultate der Mathematik **2** (1979), 215–224.
[65] Sekanina, M.: On an ordering the set of vertices of a connected graph. Publ. Fac. Univ. Brno **42** (1960), 137–142.
[66] Simonovits, M.: A method for solving extremal problems in graph theory, stability problems. *In:* [VI], S. 279–318.
[67] Simonovits, M.: A new proof and generalizations of a theorem of Erdös and Pósa on graphs without $k + 1$ independent circuits. Acta Math. Acad. Sci. Hungar. **18** (1967), 191–206.
[68] Thomassen, C.: Some homomorphism properties of graphs. Math. Nachr. **64** (1974), 119–133.
[69] Thomassen, C.: A minimal condition implying a special K_4-subdivision in a graph. Arch. Math. **25** (1974), 210–215.
[70] Turán, P.: Über ein Extremalproblem der Graphentheorie (*ungar.*). Mat. Fiz. Lapok **48** (1941), 436–452.
[71] Turán, P.: On the theory of graphs. Colloq. Math. **3** (1954), 19–30.
[72] van der Waerden, B. L.: Beweis einer Baudetschen Vermutung. Niew Arch. Wiskunde **15** (1927), 212–216.
[73] Voss, H. J.: Some properties of graphs containing k independent circuits. *In:* [VI], S. 321 bis 334.
[74] Voss, H. J.: Eigenschaften von Graphen, die keine $k + 1$ knotenfremde Kreise enthalten. Math. Nachr. **40** (1969), 19–25.
[75] Voss, H. J., und C. Zuluaga: Maximale gerade und ungerade Kreise in Graphen I. Wiss. Z. TH Ilmenau **23** (1977), 57–70.
[76] Wagner, K.: Über eine Eigenschaft der ebenen Komplexe. Math. Ann. **114** (1937), 570–590.
[77] Wagner, K.: Bemerkungen zu Hadwigers Vermutung. Math. Ann. **141** (1960), 433–451.
[78] Zarankiewicz, K.: Sur les rélations symétriques dans l'ensemble fini. Colloq. Math. **1** (1947), 10–15.

Zu Kap. 6

[1] Birkhoff, G. D.: A determinant formula for the number of ways of colouring a map. Ann. of Math. (2) **14** (1912), 42–46.
[2] Birkhoff, G. D.: On the number of ways of coloring a map. Proc. Edinburgh Math. Soc. (2) **2** (1930), 83–91.
[3] Birkhoff, G. D., und D. Lewis: Chromatic polynomials. Trans. Amer. Math. Soc. **60** (1946), 355–451.
[4] Brooks, R. L.: On colouring the nodes of a network. Proc. Cambridge Phil. Soc. **37** (1941), 194–197.
[5] Brown, W. G., und H. A. Jung: On odd circuits in chromatic graphs. Acta Math. Acad. Sci. Hungar. **20** (1969), 129–134.
[6] de Bruijn, N. G., und P. Erdös: A colour problem for infinite graphs and a problem in the theory of relations. Nederl. Akad. Wetensch. Proc. Ser. A, **54** (= Indag. Math. **13**) (1951), 371–373.
[7] Descartes, B. (= W. T. Tutte): A three colour problem. Eureka, April 1947 (Lösung: März 1948).
[8] Dirac, G. A.: A property of 4-chromatic graphs and some remarks on critical graphs. J. London Math. Soc. **27** (1952), 85–92.
[9] Dirac, G. A.: The structure of k-chromatic graphs. Fundam. Math. **40** (1953), 42–55.

[10] Dirac, G. A.: Circuits in critical graphs. Monatsh. Math. **59** (1955), 178–187.
[11] Dirac G. A.: A theorem of R. L. Brooks and a conjecture of H. Hadwiger. Proc. London Math. Soc. **7** (1957), 161–195.
[12] Dirac, G. A.: Trennende Knotenpunktmengen und Reduzibilität abstrakter Graphen mit Anwendung auf das Vierfarbenproblem. J. Reine Angew. Math. **204** (1960), 116–131.
[13] Dirac, G. A.: On the structure of 5- and 6-chromatic abstract graphs. J. Reine Angew. Math. **214/215** (1964), 43–52.
[14] Erdös, P.: Graph theory and probability. I, II. Canad. J. Math. **11** (1959), 34–38 und **13** (1961), 346–352.
[15] Erdös, P., und A. Hajnal: On chromatic number of graphs and set systems. Acta Math. Acad. Sci. Hungar. **17** (1966), 61–99.
[16] Erdös, P., A. Hajnal und S. Shelah: On some properties of chromatic numbers. Colloq. Math. Soc. János Bolyai 8, Topics in topology. Keszthely (Ungarn). North-Holland und Bolyai Math. Soc. 1972, S. 243–255.
[17] Finck, H. J.: Über die chromatischen Zahlen eines Graphen und seines Komplementes I, II. Wiss. Z. TH Ilmenau **12** (1966), 243–251.
[18] Finck, H. J.: Chromatic numbers of a graph and its complement. *In:* [VI], S. 99–113.
[19] Finck, H. J., und H. Sachs: Über eine von H. S. Wilf angegebene Schranke für die chromatische Zahl endlicher Graphen. Math. Nachr. **39** (1969), 373–386.
[20] Gallai, T.: Kritische Graphen I, II. Magyar Tud. Akad. Mat. Kutató Int. Közl. **8** (1963), 165–192; 373–395.
[21] Hadwiger, H.: Über eine Klassifikation der Streckenkomplexe. Vierteljahresschr. Naturforsch. Ges. Zürich **88** (1943), 133–142.
[22] Hajós, G.: Über eine Konstruktion nicht n-färbbarer Graphen. Wiss. Z. Martin-Luther-Univ. Halle–Wittenberg. Math. Nat. X/1 (1961), 113–114.
[23] Halin, R.: Unterteilungen vollständiger Graphen in Graphen mit unendlicher chromatischer Zahl. Abh. Math. Sem. Univ. Hamburg **31** (1967), 156–165.
[24] Harary, F., S. Hedetniemi und G. Prins: An interpolation theorem for graphical homomorphisms. Portug. Math. **26** (1967), 453–462.
[25] Hell, P., und D. J. Miller: On forbidden quotients and the achromatic number. *In:* [L], S. 283–292.
[26] Hoffman, A. J.: On eigenvalues and colorings of graphs. *In:* [XIII], S. 79–92.
[27] Jakobson, I. T.: A homomorphism theorem with an application to the conjecture of Hadwiger. Studia Sci. Math. Hungar. **6** (1971), 151–160.
[28] Jung, H. A.: Anwendung einer Methode von K. Wagner bei Färbungsproblemen für Graphen. Math. Ann. **161** (1965), 325–326.
[29] Kelly, J. B., und L. M. Kelly: Paths and circuits in critical graphs. Amer. J. Math. **76** (1954), 786–792.
[30] Lick, D. J., und A. T. White: k-degenerate graphs. Canad. J. Math. **22** (1970), 1082–1096.
[31] Lovász, L.: On chromatic number of finite set systems. Acta Math. Acad. Sci. Hungar. **19** (1968), 59–67.
[32] Mader, W.: Über trennende Eckenmengen in homomorphiekritischen Graphen. Math. Ann. **175** (1968), 243–252.
[33] Mycielski, J.: Sur le coloriage des graphes. Colloq. Math. **3** (1955), 161–162.
[34] Nešetřil, J.: k-chromatische Graphen ohne Zyklen der Länge $\leqq 7$ (*russ.*). Comment. Math. Univ. Carolinae **7** (1966), 373–376.
[35] Nordhaus, E. A., und J. W. Gaddum: On complementary graphs. Amer. Math. Monthly **63** (1956), 175–177.
[36] Read, R. C.: An introduction to chromatic polynomials. J. Combin. Theory **4** (1968), 52–71.
[37] Sachs, H.: Finite graphs (Investigations and generalizations concerning the construction of finite graphs having given chromatic number and no triangles). *In:* [VIII], S. 175–184.
[38] Simões-Pereira, J. M. S.: A survey of k-degenerate graphs. Graph Theory Newsletter **5** (**6**) (1976).
[39] Szekeres, G., und H. S. Wilf: An equilaty for the chromatic number of a graph. J. Combin. Theory **4** (1968), 1–3.
[40] Toft, B.: Some contributions to the theory of colour-critical graphs. Ph. D. thesis, Univ. of London 1970; Publicat. Series No. **14** Aarhus Univ., Matematisk Inst.

[41] Toft, B.: On separating sets of edges in contraction-critical graphs. Math. Ann. **196** (1972), 129–147.
[42] Tutte, W. T.: On chromatic polynomials and the golden ratio. J. Combin. Theory **9** (1970), 289–296.
[43] Tutte, W. T.: More about chromatic polynomials and the golden ratio. *In:* [XIV], S. 439 bis 453.
[44] Tutte, W. T.: The dichromatic polynomial. *In:* [L], S. 605–635.
[45] Vizing, V. G. On an estimate of the chromatic class of a *p*-graph (*russ.*). Diskret. Anal. **3** (1964), 25–30.
[46] Wagner, K.: Beweis einer Abschwächung der Hadwiger-Vermutung. Math. Ann. **153** (1964), 139–141.
[47] Wagner, K., und R. Halin: Homomorphiebasen von Graphenmengen. Math. Ann. **147** (1962), 126–142.
[48] Whitney, H.: The coloring of graphs. Ann. of Math. (2) **33** (1932), 688–718.
[49] Whitney, H.: A logical expansion in mathematics. Bull. Amer. Math. Soc. **38** (1932), 572–579.
[50] Wilf, H. S.: The eigenvalues of a graph and its chromatic number. J. London Math. Soc. **42** (1967), 330–332.
[51] Zykow, A. A.: Über einige Eigenschaften linearer Komplexe (*russ.*). Mat. Sbornik **24** (1949), 163–188.

Zu Kap. 7

[1] Altshuler, Y.: Hamiltonian circuits in some maps on the torus. Discrete Math. **1** (1972), 299–314.
[2] Appel, K., und W. Haken: Every planar map is four-colorable. Part I: Discharging. Illinois J. Math. **21** (1977), 429–490.
[3] Appel, K., und W. Haken: The existence of unavoidable sets of geographically good configurations. Illinois J. Math. **20** (1976), 218–297.
[4] Appel, K., und W. Haken: An unavoidable set of configurations in planar triangulations. J. Combin. Theory (B) **26** (1979), 1–21.
[5] Appel, K., W. Haken und J. Koch: Every planar map is four-colorable. Part II: Reducibility. Illinois J. Math. **21** (1977), 491–567.
[6] Barnette, D.: Trees in polyhedral graphs. Canad. J. Math. **18** (1966), 731–736.
[7] Battle, J., F. Harary, Y. Kodama und J. W. T. Youngs: Additivity of the genus of a graph. Bull. Amer. Math. Soc. **68** (1962), 565–568.
[8] Dirac, G. A.: Map colour theorems related to the Heawood colour formula II. J. London Math. Soc. **32** (1957), 436–455.
[9] Dirac, G. A., und S. Schuster: A theorem of Kuratowski. Nederl. Akad. Wetensch. Proc. Ser. A, **57** (1954), 343–348.
[10] Fleischner, H.: The uniquely embeddable planar graphs. Discrete Math. **4** (1973), 347–358.
[11] Grinberg, E. J.: Ebene homogene Graphen vom Grade 3 ohne Hamiltonsche Kreise (*russ.*). Lett. Math. Jahrbuch **4** (1968), 51–58.
[12] Grötzsch, H.: Zur Theorie der diskreten Gebilde, 7. Mitteilung. Ein Dreifarbensatz für dreikreisfreie Netze auf der Kugel. Wiss. Z. Martin-Luther-Univ. Halle–Wittenberg, Math.-nat. Reihe 8 (1958/59), 109–120.
[13] Grünbaum, B.: Grötzsch's theorem on 3-colorings. Michigan Math. J. **10** (1963), 303–310.
[14] Halin, R.: Bemerkungen über ebene Graphen. Math. Ann. **153** (1964), 38–46.
[15] Halin, R.: Zur häufungspunktfreien Darstellung abzählbarer Graphen in der Ebene. Arch. Math. **17** (1966), 239–243.
[16] Halin, R.: Abzählbare ebene Graphen. *In:* Beiträge zur geometrischen Algebra. Hrsg. H. J. Arnold, W. Benz, H. Wefelscheid. Birkhäuser, Basel, Stuttgart 1977, S. 133–139.
[17] Heawood, P. J.: Map colour theorem. Quart. J. Math. **24** (1890), 332–338.
[18] Imrich, W.: On Whitney's theorem on the unique embeddability of 3-connected planar graphs. *In:* [XLIII], S. 303–306.
[19] Kuratowski, C.: Sur le problème des courbes gauches en topologie. Fundam. Math. **15** (1930), 271–283.

[20] MacLane, S.: A combinatorial condition for planar graphs. Fundam. Math. **28** (1937), 22–32.
[21] MacLane, S.: A structural characterization of planar combinatorial graphs. Duke Math. J. **3** (1937), 460–472.
[22] Sachs, H.: Ein von Kozyrew und Grinberg angegebener nicht-hamiltonscher kubischer planarer Graph. *In:* [V], S. 127–130.
[23] Steinitz, E.: Polyeder und Raumeinteilungen. Enzykl. math. Wiss., Bd. 3 (Geometrie), Teil 3AB **12** (1922), 1–139.
[24] Tait, P. G.: Note on a theorem in geometry of position. Trans. Royal Soc. Edinburgh **29** (1880), 657–660.
[25] Thomassen, C.: Straight line representations of infinite planar graphs. J. London Math. Soc. (2) **16** (1977), 411–423.
[26] Tutte, W. T.: On Hamiltonian circuits. J. London Math. Soc. **21** (1946), 98–101.
[27] Tutte, W. T.: A theorem on planar graphs. Trans. Amer. Math. Soc. **82** (1956), 99–116.
[28] Tutte, W. T.: Convex representations of graphs. Proc. London Math. Soc. **10** (1960), 304–320.
[29] Tutte, W. T.: How to draw a graph. Proc. London Math. Soc. **13** (1963), 743–767.
[30] Tutte, W. T.: Bridges and Hamiltonian circuits in planar graphs. Aequationes Math. **15** (1977), 1–33.
[31] Vollmerhaus, W.: Über die Einbettung von Graphen in zweidimensionale orientierbare Mannigfaltigkeiten. *In:* [V], S. 163–167.
[32] Vollmerhaus, W.: A characterization of minimal graphs which are embeddable (non-embeddable) in a given 2-dimensional manifold. *In:* [XIV], S. 457–458.
[33] Wagner, K.: Bemerkungen zum Vierfarbenproblem. Jahresber. Deutsche Math.-Verein. **46** (1936), 26–32.
[34] Whitney, H.: A theorem on graphs. Ann. of Math. **32** (1931), 378–390.
[35] Whitney, H.: Non-separable and planar graphs. Trans. Amer. Math. Soc. **34** (1932), 339–362.
[36] Whitney, H.: Planar graphs. Fundam. Math. **21** (1933), 73–84.

Zu Kap. 8

[1] Andreae, T.: Bemerkung zu einem Problem aus der Theorie der unendlichen Graphen. Abh. Math. Sem. Univ. Hamburg **46** (1977), 91–95.
[2] Andreae, T.: On a problem of R. Halin concerning infinite graphs. Discrete Math. **23** (1978), 1–15.
[3] Andreae, T.: Matroidal families of finite connected nonhomeomorphic graphs exist. J. Graph Theory **2** (1978), 149–153.
[4] Andreae, T.: Über eine Eigenschaft lokalfiniter, unendlicher Bäume. J. Combin. Theory (B) **27** (1979), 202–215.
[5] Birkhoff, G.: Lattice theory. AMS Colloq. Publ. XXV (2. Aufl.), New York 1948.
[6] Edmonds, J.: Lehman's switching game and a theorem of Tutte and Nash-Williams. J. Res. Nat. Bur. Stand. (B) **69** (1965), 73–77.
[7] Edmonds, J.: Submodular functions, matroids and certain polyhedra. *In:* [XIV], S. 69–87.
[8] Graver, J. E. Lectures on the Theory of Matroids. Univ. of Alberta 1966.
[9] Halin, R.: Über die Maximalzahl fremder unendlicher Wege in Graphen. Math. Nachr. **30** (1965), 63–86.
[10] Halin, R.: A note on Menger's theorem for infinite locally finite graphs. Abh. Math. Sem. Univ. Hamburg **40** (1974), 111–114.
[11] Halin, R.: Some path problems in graph theory. Abh. Math. Sem. Univ. Hamburg **44** (1975), 175–186.
[12] Jung, H. A.: Wurzelbäume und unendliche Wege in Graphen. Math. Nachr. **41** (1969), 1–22.
[13] Polat, N.: Aspects topologiques de la séparation dans les graphes infinis. I, II. Math.. Z. **165** (1979), 73–100; 171–191.
[14] Rado, R.: A theorem on independence structures. Quart. J. Math. (Oxford) **13** (1942), 83–89.

[15] Schmidt, R.: On the existence of uncountably many matroidal families. Discrete Math. **27** (1979), 93–97.
[16] Simões-Pereira, J. M. S.: On subgraphs as matroid cells. Math. Z. **127** (1972), 315–322.
[17] Sukhamay Kundu: Bounds for the number of disjoint spanning trees. J. Combin. Theory (B) **17** (1974), 199–203.
[18] Tutte, W. T.: A homotopy theorem for matroids I, II. Trans. Amer. Math. Soc. **88** (1958), 144–174.
[19] Tutte, W. T.: Matroids and graphs. Trans. Amer. Math. Soc. **90** (1959), 527–552.
[20] Tutte, W. T.: Lectures on matroids. J. Res. Nat. Bur. Stand. (B) **69** (1965), 1–47.
[21] Tutte, W. T.: Introduction to the theory of matroids. Rand Report R **448** PR (1968), 1–98.
[22] Welsh, D. J. A.: On the hyperplanes of a matroid. Proc. Cambridge Phil. Soc. **65** (1969), 11–18.
[23] Whitney, H.: 2-isomorphic graphs. Amer. J. Math. **55** (1933), 245–254.
[24] Whitney, H.: On the abstract properties of linear dependence. Amer. J. Math. **57** (1935), 509–533.

Zu Kap. 9

[1] Babai, L.: Representation of permutation groups by graphs. *In:* [XVIII], 55–80.
[2] Babai, L.: Automorphism groups of planar graphs I. Discrete Math. **2** (1972), 295–307.
[3] Babai, L.: Automorphism groups of planar graphs II. *In:* [XLII], S. 29–84.
[4] Babai, L.: On the minimum order of graphs with given group. Canad. Math. Bull. **17** (1974), 467–470.
[5] Babai, L.: Automorphism groups of graphs and edge contraction. Discrete Math. **8** (1974), 13–20.
[6] Babai, L.: Groups of graphs on given surfaces. Acta Math. Acad. Sci. Hungar. **24** (1973), 215–221.
[7] Bouwer, I. Z.: Section graphs for finite permutation groups. J. Combin. Theory **6** (1969), 378–386.
[8] Chao, C. Y.: On groups and graphs. Trans. Amer. Math. Soc. **118** (1965), 488–497.
[9] Chao, C. Y.: On the classicifation of symmetric graphs with a prime number of vertices. Trans. Amer. Math. Soc. **158** (1971), 247–256.
[10] Djoković, D. Z.: On regular graphs. II, IV. J. Combin. Theory (B) **12** (1972), 252–259; **15** (1973), 167–173.
[11] Folkman, J.: Regular line symmetric graphs. J. Combin. Theory **3** (1967), 215–232.
[12] Frucht, R.: Herstellung von Graphen mit vorgegebener abstrakter Gruppe. Compositio Math. **6** (1938), 239–250.
[13] Frucht, R.: Graphs of degree three with a given abstract group. Canad. J. Math. **1** (1949), 365–378.
[14] Imrich, W.: Subgroup theorems and graphs. *In:* Combinatorial Mathematics V, 1–27. Lecture Notes in Math. vol. 622. Springer-Verlag, Berlin, New York 1977.
[15] Izbicki, H.: Reguläre Graphen 3., 4. und 5. Grades mit vorgegebenen abstrakten Automorphismengruppen, Farbenzahlen und Zusammenhängen. Monatsh. Math. **61** (1957), 42–50.
[16] Izbicki, H.: Reguläre Graphen beliebigen Grades mit vorgegebenen Eigenschaften. Monatsh. Math. **64** (1960), 15–21.
[17] Jung, H. A.: Über den Zusammenhang von Graphen mit Anwendung auf symmetrische Graphen. Math. Ann. **202** (1973), 307–320.
[18] Jung, H. A.: Die Zusammenhangsstruktur symmetrischer Graphen. J. Reine Angew. Math. **283/284** (1976), 202–221.
[19] Kagno, I. N.: Linear graphs of degree $\leqq 6$ and their groups. Amer. J. Math. **68** (1946), 505–520.
[20] Levinson, H.: On the genera of graphs of group presentations. Ann. New York Acad. Sci. **175** (1970), 277–284.
[21] Mader, W.: Über den Zusammenhang symmetrischer Graphen. Arch. Math. **21** (1970), 331–336.

[22] Mader, W.: Eine Eigenschaft der Atome endlicher Graphen. Arch. Math. **22** (1971), 333–336.
[23] Magnus, W., A. Karrass und D. Solitar: Combinatorial group theory. Interscience Publ., New York 1956.
[24] Maschke, W.: The representation of finite groups. Amer. J. Math. **18** (1896), 156–194.
[25] Sabidussi, G.: Graphs with given group and graph-theoretical properties. Canad. J. Math. **9** (1957), 515–525.
[26] Sabidussi, G.: Graphs with given infinite groups. Monatsh. Math. **64** (1960), 64–67.
[27] Sims, C. C.: Graphs and finite permutation groups. Math. Z. **95** (1967), 76–86.
[28] Turner, J.: Point-symmetric graphs with a prime number of points. J. Combin. Theory **3** (1967), 136–145.
[29] Tutte, W. T.: A family of cubical graphs. Proc. Cambridge Phil. Soc. **43** (1947), 459–474.
[30] Tutte, W. T.: On the symmetry of cubic graphs. Canad. J. Math. **11** (1959), 621–624.
[31] Watkins, M. E.: Connectivity of transitive graphs. J. Combin. Theory **8** (1970), 23–29.
[32] Weiss, R. M.: Über *s*-reguläre Graphen. J. Combin. Theory (B) **16** (1974), 229–233.

Zu Kap. 10

[1] Benzer, S.: On the topology of the genetic fine structure. Proc. Nat. Acad. Sci. USA **45** (1959), 1607–1620.
[2] Diestel, R., R. Halin und W. Vogler: Some remarks on universal graphs. Combinatorica **5** (1985), 283–293.
[3] Dirac, G. A.: Structural properties and circuits in graphs. *In:* [L], S. 135–140.
[4] Dirac, G. A.: Cardinal-determining subgraphs of infinite graphs. Aarhus Univ., Matematisk Inst. Preprint Series **27** (1976/77).
[5] Fulkerson, D. R., und O. A. Gross: Incidence matrices and interval graphs. Pacific J. Math. **15** (1965), 835–855.
[6] Ghouila-Houri, A.: Caractérisation des graphes non orientés dont on peut orienter les arêtes de manière à obtenir le graphe d'une relation d'ordre. C. R. Acad. Sci. (Paris) **254** (1962), 1370–1371.
[7] Gilmore, P. C., und A. J. Hoffman: A characterization of comparability graphs and interval graphs. Canad. J. Math. **16** (1964), 539–548.
[8] Hajnal, A., und J. Surányi: Über die Auflösung von Graphen in vollständige Teilgraphen. Ann. Univ. Sci. Budapestinensis **1** (1958), 113–121.
[9] Halin, R.: Über einen graphentheoretischen Basisbegriff und seine Anwendung auf Färbungsprobleme. Diss., Köln 1962.
[10] Halin, R.: Über einen Satz von K. Wagner zum Vierfarbenproblem. Math. Ann. **153** (1964), 47–62.
[11] Halin, R.: Simpliziale Zerfällungen beliebiger (endlicher oder unendlicher) Graphen. Math. Ann. **156** (1964), 216–225.
[12] Halin, R.: Ein Zerlegungssatz für unendliche Graphen und seine Anwendung auf Homomorphiebasen. Math. Nachr. **33** (1967), 91–105.
[13] Halin, R.: Zur Klassifikation der endlichen Graphen nach H. Hadwiger und K. Wagner. Math. Ann. **172** (1967), 46–78.
[14] Halin, R.: Simplicial decompositions of infinite graphs. *In:* [LIX], S. 93–109.
[15] Halin, R.: A note on infinite triangulated graphs. Discrete Math. **31** (1980), 325–326.
[16] Halin, R.: Some remarks on interval graphs. Combinatorica **2** (1982), 297–304.
[17] Lekkerkerker, C., und J. Boland: Representation of a finite graph by a set of intervals on the real line. Fundam. Math. **51** (1962), 45–64.
[18] Lovász, L.: Normal hypergraphs and the perfect graph conjecture. Discrete Math. **2** (1972), 253–267.
[19] Lovász, L.: A characterization of perfect graphs. J. Combin. Theory (B) **13** (1972), 95–98.
[20] Pach, J.: A problem of Ulam on planar graphs. Europ. J. Combin. **2** (1982), 357–361.
[21] Perles, M. A.: On Dilworth's theorem in the infinite case. Israel J. Math. **1** (1963), 108–109.
[22] Rado, R.: Universal graphs and universal functions. Acta Arith. **9** (1964), 331–340.
[23] Rudin, M. E.: Souslin's conjecture. Amer. Math. Monthly **76** (1969), 1113–1119.
[24] Wagner, K.: Über eine Eigenschaft der ebenen Komplexe. Math. Ann. **114** (1937), 570–590.

[25] WAGNER, K.: Über eine Erweiterung eines Satzes von Kuratowski. Deutsche Math. **2** (1937), 280–285.
[26] WAGNER, K.: Bemerkungen zu Hadwigers Vermutung. Math. Ann. **141** (1960), 433–451.
[27] WAGON, S.: Infinite triangulated graphs. Discrete Math. **22** (1978), 183–189.
[28] WOLK, E. S.: A note on the comparability graph of a tree. Proc. Amer. Math. Soc. **16** (1965), 17–20.

Zu Kap. 11

[1] CHARTRAND, G., und F. HARARY: Graphs with prescribed connectivities. *In:* [VI], S. 61–63.
[2] CHARTRAND, G., S. F. KAPOOR, und H. V. KRONK: A sufficient condition for n-connectedness of graphs. Mathematika **15** (1968), 51–52.
[3] DIRAC, G. A.: 4-chrome Graphen und vollständige 4-Graphen. Math. Nachr. **22** (1960), 51–60.
[4] DIRAC, G. A.: Minimally 2-connected graphs. J. Reine Angew. Math. **228** (1967), 204–216.
[5] ESCALANTE, F.: Schnittverbände in Graphen. Abh. Math. Sem. Univ. Hamburg **38** (1972), 199–220.
[6] ESCALANTE, F.: Cut set lattices of graphs. *In:* [XXXVI] S. 35–36.
[7] ESCALANTE, F., und T. GALLAI: Note über Kantenschnittverbände in Graphen. Acta Math. Acad. Sci. Hungar. **25** (1974), 93–98.
[8] HAGER, M.: Primitive Mengen in Graphen. Diss., Hamburg 1980.
[9] HALIN, R.: Über trennende Eckenmengen in Graphen und den Mengerschen Satz. Math. Ann. **157** (1964), 34–41.
[10] HALIN, R.: A theorem on n-connected graphs. J. Combin. Theory **7** (1969), 150–154.
[11] HALIN, R.: Zur Theorie der n-fach zusammenhängenden Graphen. Abh. Math. Sem. Univ. Hamburg **33** (1969), 133–164.
[12] HALIN, R.: Untersuchungen über minimale n-fach zusammenhängende Graphen. Math. Ann. **182** (1969), 175–188.
[13] HALIN. R.: Unendliche minimale n-fach zusammenhängende Graphen. Abh. Math. Sem. Univ. Hamburg **36** (1971), 75–88.
[14] HALIN, R., und H. A. JUNG: Über Minimalstrukturen von Graphen, insbesondere von n-fach zusammenhängenden Graphen. Math. Ann. **152** (1963), 75–94.
[15] JUNG, H. A.: Eine Verallgemeinerung des n-fachen Zusammenhangs für Graphen. Math. Ann. **187** (1970), 95–103.
[16] LARMAN, D. G., und P. MANI: On the existence of certain configurations within graphs and the 1-skeletons of polytopes. Proc. London Math. Soc. **20** (1970), 144–160.
[17] LICK, D.: Critically and minimally n-connected graphs. *In:* [X], S. 199–205.
[18] MADER, W.: Minimale n-fach zusammenhängende Graphen mit maximaler Kantenzahl. J. Reine Angew. Math. **249** (1971), 201–207.
[19] MADER, W.: Minimale n-fach kantenzusammenhängende Graphen. Math. Ann. **191** (1971), 21–28.
[20] MADER, W.: Existenz gewisser Konfigurationen in n-gesättigten Graphen und in Graphen genügend großer Kantendichte. Math. Ann. **194** (1971), 295–312.
[21] MADER, W.: Ecken vom Grad n in minimalen n-fach zusammenhängenden Graphen. Arch. Math. **23** (1972), 219–224.
[22] MADER, W.: Über minimal n-fach zusammenhängende, unendliche Graphen und ein Extremalproblem. Arch. Math. **23** (1972), 553–560.
[23] MADER, W.: Kantendisjunkte Wege in Graphen. Monatsh. Math. **78** (1974), 395–404.
[24] MADER, W.: Kreuzungsfreie a,b-Wege in endlichen Graphen. Abh. Math. Sem. Univ. Hamburg **42** (1974), 187–204.
[25] MADER, W.: Ecken mit starken Zusammenhangseigenschaften in endlichen Graphen. Math. Ann. **216** (1975), 123–126.
[26] MADER, W.: Zur Struktur minimal n-fach zusammenhängender Graphen. Abh. Math. Sem. Univ. Hamburg **49** (1979), 49–69.
[27] MESNER, D. M., und M. E. WATKINS: Some theorems about n-vertex connected graphs. J. Math. Mech. **16** (1966), 321–326.
[28] PLUMMER, M. D.: On minimal blocks. Trans. Amer. Math. Soc. **134** (1968), 85–94.
[29] POLAT, N.: Treillis de séparation des graphes. Canad. J. Math. **28** (1976), 725–752.

[30] PYM, J. S.: A lattice of separating sets in a graph. *In:* [XVI], S. 245—247.
[31] SABIDUSSI, G.: Weak separation lattices of graphs. Canad. J. Math. **28** (1976), 691—724.
[32] SLATER, P. J.: A classification of 4-connected graphs. J. Combin. Theory (B) **17** (1974), 281—298.
[33] THOMASSEN, C.: 2-linked graphs. Europ. J. Combin. **1** (1980), 371—378.
[34] TUTTE, W. T.: A theory of 3-connected graphs. Indag. Math. **23** (1961), 441—455.
[35] TUTTE, W. T.: Connectivity in matroids. Canad. J. Math. **18** (1966), 1301—1324.
[36] WATKINS, M. E., und D. M. MESNER: Cycles and connectivity in graphs. Canad. J. Math. **19** (1967), 1319—1328.
[37] WILSON, E. L., R. L. HEMMINGER und M. D. PLUMMER: A family of path properties for graphs. Math. Ann. **197** (1972), 107—122.

Zum Anhang

[1] BOLLOBÁS, B.: Extremal Problems in Graph Theory. J. Graph Theory **1** (1977), 117—123.
[2] BOLLOBÁS, B., P. A. CATLIN und P. ERDÖS: Hadwiger's conjecture is true for almost every graph. Europ. J. Combin. **1** (1980), 195—199.
[3] BONDY, J. A., und R. L. HEMMINGER: Graph reconstruction — a survey. J. Graph Theory **1** (1977), 227—268.
[4] DE BRUIJN, N. G.: Pólyas Abzähltheorie. *In:* Selecta Mathematica III. Springer-Verlag, Berlin 1971.
[5] ERDÖS, P.: Graph theory and probability I, II. Canad. J. Math. **11** (1959), 34—38; **13** (1961), 346—352.
[6] GALLAI, T.: Über extreme Punkt- und Kantenmengen. Ann. Univ. Sci. Budapest Eötvös Sect. Math. **2** (1959), 133—138.
[7] KELLY, P. J.: A congruence theorem for trees. Pacific J. Math. **7** (1957), 961—968.
[8] LEHEL, J.: Covers in hypergraphs. Combinatorica **2** (1982), 305—309.
[9] MADER, W.: Eine Reduktionsmethode für den Kantenzusammenhang in Graphen. Math. Nachr. **93** (1979), 182—204.
[10] NASH-WILLIAMS, C. J. ST. A.: On orientations, connectivity and odd-vertex pairings in finite graphs. Canad. J. Math. **12** (1960), 555—567.
[11] NASH-WILLIAMS, C. J. ST. A.: The reconstruction problem. *In:* Selected topics in graph theory. Hrsg. L. W. BEINEKE, R. J. WILSON. Academic Press, New York 1978.
[12] OBERSCHELP, W.: Kombinatorische Anzahlbestimmungen von Relationen. Math. Ann. **174** (1967), 53—78.
[13] PÓLYA, G.: Kombinatorische Anzahlbestimmungen für Gruppen, Graphen und chemische Verbindungen. Acta Math. **68** (1937), 145—254.
[14] ROBBINS, H. E.: A theorem on graphs, with an application to a problem of traffic control. Amer. Math. Monthly **46** (1939), 281—283.
[15] THOMASSEN, C.: Planarity and duality of finite and infinite graphs. J. Combin. Theory (B) **29** (1980), 244—271.
[16] THOMASSEN, C.: Duality of infinite graphs. J. Combin. Theory (B) **33** (1982), 137—160.

Namen- und Sachverzeichnis

Verzeichnis der verwendeten Symbole und Abkürzungen

Symbole, die in den „Vorbemerkungen“ (S. 14f.) erklärt worden sind, werden hier nicht noch einmal aufgeführt. Die Zahlen geben die Seitenzahl an, wo die betr. Bezeichnungen eingeführt werden.

Zu Kap. 4

Zu Kap. 5

Zu Kap. 6

Zu Kap. 7

Zu Kap. 8

Zu Kap. 9

Zu Kap. 10

Zu Kap. 11

$\trianglelefteq$ Vorgänger (Schnitt) 256
$G(a \xrightarrow[i]{} T)$ Verbindungsgraph i-ter Art 259
$Z(a_1, \ldots, a_p \mid b_1, \ldots, b_q)$ 261
$W(i^+, j^-)$ 262
$C(i^+, j^-)$ 262
$G \mid K_a \cup K_b$ 280
$G[S^<]$ 281

Zum Anhang

$H = (E, K)$ Hypergraph 288
$\alpha(H)$ Eckenzahl 288
$\varkappa(H)$ Kantenzahl 288
$\subseteq$ Teilhypergraph 288
$\sqsubseteq$ Unterhypergraph 288
$H[H']$, $H[T]$ erzeugter Unterhypergraph 288
$\chi(H)$ chromatische Zahl 288
st(H) Stabilitätszahl 288
$\mu(H)$, $\tau(H)$, $\beta(H)$, $\beta_0(H)$ Funktionen für Hypergraphen 288
$S^r(\alpha)$ vollständiger r-uniformer Hypergraph 290
$\Phi_{n,h}$ die n-zh. G mit $l(G) < h$ 292
$\mathring{B}$ „Inneres" (T-Brücke) 292

Abkürzungen

AWP Auswahlpostulat
bez. bezüglich
o. B. d. A. ohne Beschränkung der Allgemeinheit
PGZ Primgraphenzerlegung
PZ Pseudozyklus
sZ simpliziale Zerlegung
Vgl-Graph Vergleichbarkeitsgraph
WB Wurzelbaum
1-Weg einseitig unendlicher Weg
2-Weg zweiseitig unendlicher Weg
wqo wohlquasigeordnet
zh. zusammenhängend

FSC
www.fsc.org
MIX
Papier | Fördert gute Waldnutzung
FSC® C083411

Kolibri 360 GmbH
Ferdinand-Jühlke-Straße 7
99095 Erfurt, Deutschland
produktsicherheit@kolibri360.de